Däumler/Grabe

Betriebliche Finanzwirtschaft

www.nwb.de

NWB Studium Betriebswirtschaft

Betriebliche Finanzwirtschaft

- mit Fragen und Aufgaben
- Antworten und Lösungen
- Tests und Tabellen

Von
Professor Klaus-Dieter Däumler
und Professor Jürgen Grabe

9., vollständig überarbeitete Auflage

nwb STUDIUM

ISBN 978-3-482-**56459**-8 – 9., vollständig überarbeitete Auflage 2008

Satz und Druck: Griebsch & Rochol Druck GmbH & Co. KG, Hamm

VORWORT

Dieses Buch enthält eine systematische Darstellung der Finanzierungsformen und -probleme. Es verfolgt das Ziel, aus der betriebswirtschaftlichen Finanzierungslehre praktische Lösungen zu entwickeln und eignet sich deshalb gleichermaßen für Studium und Praxis. Der Text des Buches ist in zwölf Kapitel gegliedert:

- Grundlagen,
- Finanzplanung,
- Bestimmung des optimalen Finanzvolumens,
- Beteiligungsfinanzierung,
- Grundlagen der Fremdfinanzierung,
- Langfristige Fremdfinanzierung,
- Effektivzinsbestimmung bei langfristiger Fremdfinanzierung,
- Kurzfristige Fremdfinanzierung,
- Effektivzinsbestimmung bei kurzfristiger Fremdfinanzierung,
- Leasing und Factoring,
- Innenfinanzierung aus Gewinngegenwerten,
- Innenfinanzierung aus Abschreibungs- und Rückstellungsgegenwerten.

Beim Gang durch den Text unterstützt Sie das Buch durch zahlreiche Beispiele, Abbildungen und Übersichten und durch die praxisorientierte Stoffauswahl. Am Kapitelende finden Sie Checklisten, die der Stoffwiederholung dienen, sowie Fragen und Aufgaben, die den Lernerfolg festigen. Zur Selbstkontrolle können Sie, liebe Leser, die Antworten und Lösungen dem Anhang entnehmen. Sie sollten das Buch mit dem Bleistift in der Hand durcharbeiten und alle angebotenen Übungsmöglichkeiten nutzen, denn das Fachgebiet Finanzierung lässt sich nicht durch bloßes Lesen, sondern nur durch selbstständiges Üben durchdringen.

Das Buch ist so aufgebaut, dass Sie es nicht nur als Lehr- und Nachschlagewerk, sondern auch als Grundlage zum Selbststudium nutzen können. Betrachten Sie jedes Kapitel als eine Lektion. Gehen Sie erst dann zur Folgelektion über, wenn Sie die Fragen und Aufgaben am Kapitelende bearbeitet haben. Nehmen Sie sich für jedes Kapitel mindestens zwei bis dreieinhalb Stunden Zeit. Insgesamt benötigen Sie ca. 35 Stunden, dann haben Sie das Buch durchgearbeitet. Lösen Sie danach, das ist der krönende Abschluss, die Testklausur auf Seite 366. Sie schaffen das in ca. 60 Minuten, weil die Klausur nach dem Multiple-Choice-Verfahren aufgebaut ist. Erzielen Sie bei der Klausur mindestens 50 Prozent der Gesamtpunktzahl, haben Sie Ihre Zeit vorteilhaft investiert.

Das Buch wurde an der Fachhochschule Kiel und an der Wirtschaftsakademie Kiel erprobt. Es enthält Erfahrungen aus Weiterbildungsveranstaltungen für Führungskräfte der Wirtschaft, ist also für Studierende und Praktiker geschrieben. Es eignet sich für das Studium an Hochschulen ebenso wie für die Ausbildung an Berufs-, Wirtschafts- und Verwaltungsakademien. Es spricht neben Wirtschaftlern auch betriebswirtschaftlich interessierte Vertreter ingenieurwissenschaftlicher Fachrichtungen an. Ein Schwerpunkt der Darstellung liegt in der Bestimmung der Effektivbelastung unterschiedlicher Finanzierungsmöglichkeiten, da nur so rationale Finanzierungsentscheidungen getroffen werden können. Zur korrekten Lösung finanzierungsrechnerischer Fragen benötigen Sie die Werte der finanzmathematischen Faktoren. Deshalb enthält das Buch einen finanzmathematischen Tabellenanhang. Dieser reicht für die Lösung der im Text behandelten Beispiele aus. Falls darüber hinaus zur Bewältigung praktischer Fragen weitere Faktorenwerte benötigt werden, sei auf mein „Finanzmathematisches Tabellenwerk" (vgl. Literaturverzeichnis) verwiesen. Es eignet sich sowohl für die Lösung von Problemen auf Jahresbasis (Zinsperiode = 1 Jahr) als auch für die Lösung unterjähriger Probleme (zum Beispiel bei monatlicher oder vierteljährlicher Zahlungsweise).

Die neunte Auflage wurde unter Mitarbeit von Herrn Grabe vollständig überarbeitet: Neben einer neuen Gliederung wurden Zahlen- und Literaturangaben und Beispiele, Abbildungen und Übersichten aktualisiert. Die Konsequenzen aus dem Unternehmensteuerreformgesetz 2008 für die Selbstfinanzierung wurden berücksichtigt. Am Ende des detaillierter gegliederten Lehrtextes steht die erweiterte Testklausur Betriebliche Finanzwirtschaft, die sich auf den gesamten Stoff bezieht. Das Literaturverzeichnis wurde auf den neuesten Stand gebracht. Als Währungseinheit wird grundsätzlich der Euro genutzt. Bei einigen historischen Fällen oder Beispielen erscheint es sinnvoll, weiter die D-Mark zu verwenden. Für Anregungen und konstruktive Kritik danken wir unseren Studenten und Herrn Dipl. Informatiker I. Grabe, Herrn Prof. Dr. M. Hennies, Frau Dipl.-Ing. S. Hoffmann, Herrn Dipl.-Volksw. W. Idelberger, Frau Dipl.-Betriebsw. A. Kauke, Herrn Prof. P. Müller-Diercksen, Frau Dipl.-Volksw. R. Zachos und Herrn Dipl.-Betriebsw. G. Ziegler.

Kiel, im Januar 2008

Klaus-Dieter Däumler
Jürgen Grabe

INHALTSVERZEICHNIS

ABBILDUNGSVERZEICHNIS

ABKÜRZUNGSVERZEICHNIS

A

a. a. O.	am angegebenen Ort
AbF	Abzinsungsfaktor
Abs.	Absatz
AfA	Absetzung für Abnutzung
AG	Aktiengesellschaft
ABG	Allgemeine Geschäftsbedingungen
AktG	Aktiengesetz
AuF	Aufzinsungsfaktor
Aufl.	Auflage

B

BAV	Bundesaufsichtsamt für das Versicherungswesen
BBankG	Bundesbankgesetz
BBergG	Bundesberggesetz
BdF	Bundesministerium der Finanzen
BewG	Bewertungsgesetz
BFH	Bundesfinanzhof
BGB	Bürgerliches Gesetzbuch
BGBl	Bundesgesetzblatt
BörsG	Börsengesetz
BStBl	Bundessteuerblatt

D

DSF	Diskontierungssummenfaktor

E

eG	eingetragene Genossenschaft
EGHGB	Einführungsgesetz zum HGB
ERP	European Recovery Programm, Europäisches Wiederaufbauprogramm
ESt	Einkommensteuer
EStG	Einkommensteuergesetz
EStR	Einkommensteuerrichtlinien
EWF	Endwertfaktor

F

f. oder ff.	folgende

G

GbR/GdbR	Gesellschaft des bürgerlichen Rechtes
GenG	Genossenschaftsgesetz
GewESt	Gewerbeertragsteuer
GewStG	Gewerbesteuergesetz
GmbH	Gesellschaft mit beschränkter Haftung
GmbHG	GmbH-Gesetz

H

HBG	Hypothekenbankgesetz
HGB	Handelsgesetzbuch
Hrsg.	Herausgeber
hrsg.	herausgegeben

I

InsO	Insolvenzordnung

K

KAGG	Gesetz über Kapitalanlagegesellschaften
KG	Kommanditgesellschaften
KGaA	Kommanditgesellschaften auf Aktien
KO	Konkursordnung
KSt	Körperschaftsteuer
KStG	Körperschaftsteuergesetz
KWF	Kapitalwiedergewinnungsfaktor
KWG	Kreditwesengesetz

L

LSP	Leitsätze für die Preisermittlung auf Grund von Selbstkosten

O

OHG	Offene Handelsgesellschaft

P

p. a.	pro annum
p. Hj.	pro Halbjahr
p. J.	pro Jahr
p. M.	pro Monat
p. Q.	pro Quartal
p. T.	pro Tag
PublG	Publizitätsgesetz
p. W.	pro Woche

R

RVF	Restwertverteilungsfaktor

S

S.	Seite
Sp.	Spalte

V

VAG	Versicherungsaufsichtsgesetz
VPöA	Verordnung zur Preisermittlung bei öffentlichen Aufträgen

1. Grundlagen

1.1 Zum Finanzierungsbegriff

1.1.1 Unterschiedliche Begriffe

Unsere Wirtschaft ist eine arbeitsteilige Tauschwirtschaft in Gestalt der Geldwirtschaft. Jede in dieser Wirtschaft agierende Unternehmung hat neben anderen Funktionen auch die Finanzierungsfunktion zu erfüllen. Ein Kauf von Waren und Dienstleistungen führt zu der Verpflichtung, eine bestimmte Geldsumme zu bezahlen. Die aus dem Kauf (Verkauf) resultierende Auszahlung (Einzahlung) kann

- vor Übergabe der Kaufsache (Anzahlung),
- zeitgleich mit ihr (Barzahlung),
- nach der Transaktion (Zielzahlung) erfolgen.

Folgende Begriffe sind zu unterscheiden[1]:

Ausgabe	=	Geldwert eines Einkaufes
Einnahme	=	Geldwert eines Verkaufes
Auszahlung	=	Abgang liquider Mittel
Einzahlung	=	Zugang liquider Mittel

In Literatur und Praxis findet sich kein einheitlicher Finanzierungsbegriff. Es gibt nahezu so viele Definitionen wie Autoren. Die Unterschiede zwischen den einzelnen Finanzierungsdefinitionen resultieren im Wesentlichen aus dem unterschiedlichen Umfang des Finanzierungsbegriffes und einer uneinheitlichen Interpretation des Kapitalbegriffes.

Folgt man einem engen Finanzierungsbegriff, dann ist unter Finanzierung lediglich die Beschaffung von Eigenkapital oder aber die Kapitalbeschaffung für Anlageinvestitionen zu verstehen. Nach einer weiten Auslegung des Finanzierungsbegriffes ist Finanzierung die Summe aller Kapitaldispositionen im Leben eines Unternehmens. Zwischen diesen Extremen findet sich ein häufig benutzter Begriff, der Finanzierung mit Kapitalbeschaffung und Kapitalverwendung gleichsetzt.

Die unterschiedliche Begriffsausdehnung lässt sich anhand der folgenden Entwicklungsstufen des Finanzierungsbegriffes darstellen[2]:

ABB. 1.1: Finanzierungsdefinitionen mit zunehmender Begriffsausweitung

1. Finanzierung = Kapitalbeschaffung.
2. Finanzierung = Kapitalbeschaffung, Fremdkapitaltilgung und Kapitalumschichtung.
3. Der Finanzierungsbegriff wird auf die Vermögenssphäre ausgedehnt. Es gilt: Finanzierung = Kapitalaufbringung und Kapitaldisposition.
4. Der Finanzierungsbegriff wird monetär gesehen. Finanzierung ist dann die Gestaltung betrieblicher Zahlungsströme.

1 Ausführlicher bei: K.-D. Däumler/J. Grabe, Grundlagen der Investitions- und Wirtschaftlichkeitsrechnung, S. 24.

2 Gekürzt in Anlehnung an: R. Köhler/W. Zöller, Arbeitsbuch zu Finanzierung, S. 10 f.

Als zweckmäßig hat sich die vierte Definition erwiesen. Danach ist Finanzierung die Gestaltung betrieblicher Zahlungsströme. Es kommt also darauf an, wie sich die Ein- und Auszahlungen einer Unternehmung künftig entwickeln, und wie man darauf Einfluss nehmen kann.

1.1.2 Bilanzverlängerung und -verkürzung, Aktiv- und Passivtausch

Der Begriff Kapitalbeschaffung wird häufig gleichgesetzt mit der Beschaffung von Geldmitteln. Üblicherweise denkt man bei dem Begriff Kapitalbeschaffung an eine Bilanzverlängerung: Hier kommt man in der Weise zu zusätzlichen Geldmitteln, dass das Eigen- oder Fremdkapital der Unternehmung erhöht wird.

Wenn einer Unternehmung etwa auf dem Kreditwege zusätzliche Geldmittel in Höhe von 100 Euro zufließen, so steigt die Bilanzsumme um 100 Euro.

ABB. 1.2: Bilanzverlängerung: Bilanzsumme steigt

Aktiva		Bilanz		Passiva
diverse Aktiva			diverse Passiva	
Kasse	+ 100		Verbindlichkeiten	+ 100

Geldmittelbeschaffung liegt auch dann vor, wenn ein Aktivtausch zu diesem Zweck vorgenommen wird, wenn beispielsweise Wertpapiere oder Grundstücke verkauft werden, um den Kassenbestand zu erhöhen. Abbildung 1.3 zeigt, dass die Bilanzsumme bei einem Aktivtausch unverändert bleibt.

ABB. 1.3: Aktivtausch: Bilanzsumme bleibt konstant

Aktiva		Bilanz		Passiva
Grundstücke	- 100			
Kasse	+ 100			

Auch ein Passivtausch, eine Kapitalumschichtung kann zu Finanzierungszwecken vorgenommen werden, etwa mit dem Ziel, künftige Auszahlungen für das aufgenommene Fremdkapital zu vermeiden oder zu senken. Dieser Fall liegt etwa dann vor, wenn Fremdkapital (FK) in eine Beteiligung, in Eigenkapital (EK) umgewandelt wird, oder wenn Verbindlichkeiten konsolidiert werden (Konsolidierung = Festigung, Sicherung, z. B. Ablösung kurzfristiger Verbindlichkeiten durch langfristige). Auch ein Passivtausch lässt die Bilanzsumme unberührt.

ABB. 1.4: Passivtausch: Bilanzsumme bleibt konstant

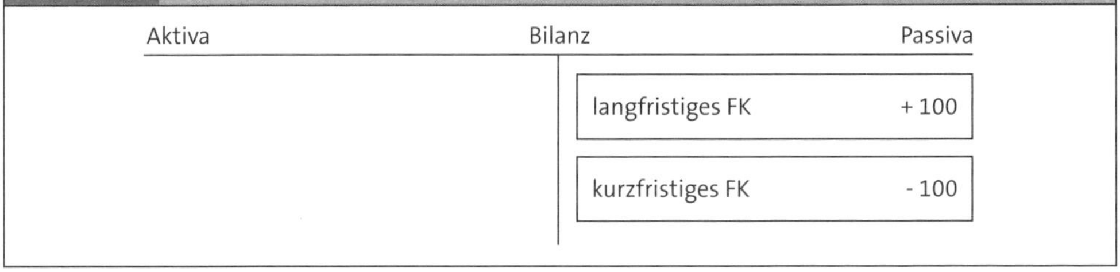

Generell kann man die folgenden Arten von Kapitalumschichtungen im Rahmen eines Passivtausches unterscheiden:

(1) Ersatz von Eigenkapital durch anderes Eigenkapital,

(2) Ersatz von Eigenkapital durch Fremdkapital,

(3) Ersatz von Fremdkapital durch anderes Fremdkapital,

(4) Ersatz von Fremdkapital durch Eigenkapital.

Neben den Begriffen Bilanzverlängerung, Aktiv- und Passivtausch ist auch die Bilanzverkürzung zu erwähnen. Bei der Bilanzverkürzung nehmen Gesamtvermögen und Gesamtkapital der Unternehmung ab, etwa durch Rückzahlung von Fremd- und/oder Eigenkapital oder durch Ausschüttung von Gewinnen.

ABB. 1.5: Bilanzverkürzung

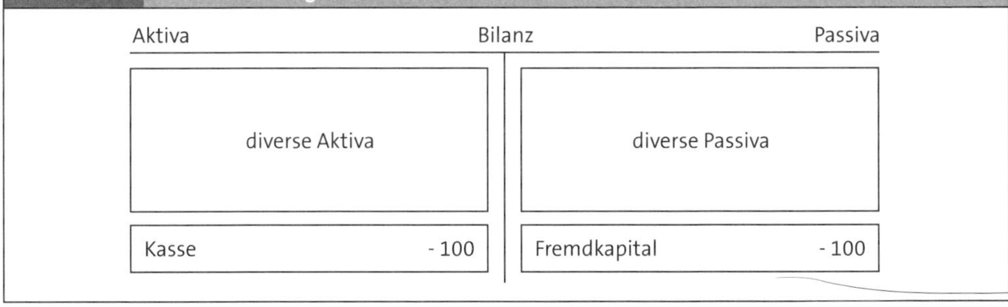

> Finanzierung ist die Gestaltung betrieblicher Zahlungsströme. Sie lässt sich bilanziell erklären als Bilanzverlängerung oder -verkürzung, Aktiv- oder Passivtausch.

1.2 Zum Kapitalbegriff

1.2.1 Kapital in traditioneller Sicht

Bei Kapitaldefinitionen wird der Begriff „Kapital“ häufig verschieden interpretiert. Dieser Begriff gehört zu den schillerndsten und unklarsten Begriffen der Betriebswirtschaftslehre und der Volkswirtschaftslehre.

1. Im Rahmen der klassischen Volkswirtschaftslehre ist Kapital der dritte Produktionsfaktor neben Boden und Arbeit.

2. In der Betriebswirtschaftslehre wird nicht selten eine Kapitaldefinition von Preiser[1] verwendet, der von einer monetären Kapitalauffassung ausgeht. Er definiert Kapital als Geld für Investitionszwecke.
3. Eine dritte Version geht auf Schmalenbach[2] zurück. Er sieht das Kapital als abstrakte Wertsumme der betriebswirtschaftlichen Bilanz.
4. Häufig wird der Kapitalbegriff auch anstelle des Begriffes Geld verwendet. Jedoch gilt die Gleichung Kapital = Geld nicht uneingeschränkt. Vielmehr wird Geld nur in bestimmten wirtschaftlichen Funktionen zu Kapital.

1.2.2 Kapital als Anspruch auf Gegenleistung

Betrachten Sie in Abbildung 1.6 die Hauptpositionen einer Bilanz, nämlich Anlagevermögen und Umlaufvermögen einerseits sowie Eigenkapital und Fremdkapital andererseits. Sie stellen fest:

Beim Fremdkapital handelt es sich um Ansprüche Dritter (z. B. Banken, Lieferanten, Kunden) gegen die Unternehmung, die erst später zu begleichen sind, deren Erfüllung also zeitlich aufgeschoben ist.

ABB. 1.6: Hauptpositionen einer Bilanz

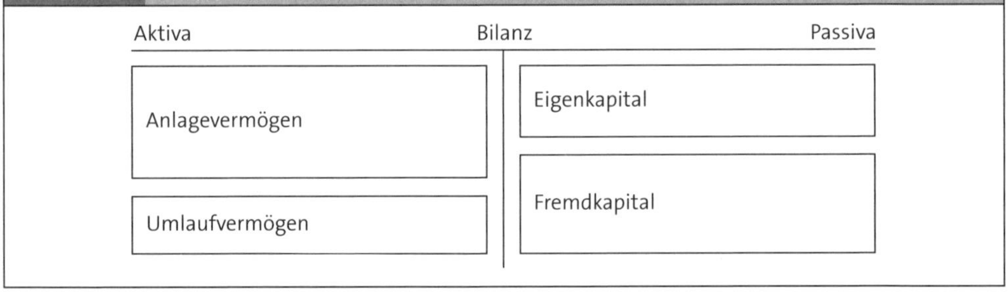

Das Eigenkapital kann gesehen werden:

1. als Größe, die die Bilanzseiten ausgleicht,
2. als Nettovermögen des Unternehmers oder
3. a) als Summe der Verbindlichkeiten der Unternehmung gegenüber dem Eigentümer[3],
   b) als zurzeit noch nicht realisierter, als aufgeschobener Anspruch des Unternehmers an seine Unternehmung.

Der dritte Punkt zeigt eine wichtige Gemeinsamkeit von Eigen- und Fremdkapital: Es sind Ansprüche, deren Erfüllung zeitlich aufgeschoben ist. Darauf basiert die folgende auf Fischer und Braun zurückgehende Definition[4]:

---

1 Vgl. E. Preiser, Der Kapitalbegriff und die neuere Theorie, S. 16.
2 Vgl. E. Schmalenbach, Kapital, Kredit und Zins in betriebswirtschaftlicher Beleuchtung, S. 37.
3 Vgl. O. Hahn, Finanzwirtschaft, S. 30.
4 Vgl. G. Fischer, Allgemeine Betriebswirtschaftslehre, S. 259 ff.; W. Braun, Finanzierung, S. 29.

Kapital ist die Summe aller Ansprüche (auf Gegenleistung, Steuerzahlung, Schadenersatz usw.) gegen eine Unternehmung, deren Erfüllung auf bestimmte oder unbestimmte Zeit aufgeschoben ist, wobei die Summe dieser Ansprüche limitiert wird durch die Höhe des Vermögens.

Definitionsmerkmale sind also:

(1) Ansprüche gegen die Unternehmung. – Hierbei stellen die Ansprüche auf Gegenleistung die Hauptmasse dar. Zu betonen ist, dass ein Anspruch auf Gegenleistung (nicht nur auf Leistung) existieren muss. Hat ein Kunde etwa eine Anzahlung erbracht, so ist diese Anzahlung als Anspruch auf Gegenleistung zum Kapital zu rechnen. Solange indessen von keiner Seite Leistungen erbracht sind, etwa bei einer vertraglichen Lieferverpflichtung mit späterer Zahlung, liegt auch kein Kapital vor.

(2) Aufgeschobene Erfüllung der Ansprüche. – Im Normalfall wird die Erfüllung eines Anspruches durch vertragliche Vereinbarung aufgeschoben, indem man eine bestimmte Frist vereinbart (befristetes Kapital) oder ein Kündigungsrecht einräumt.

(3) Limitierung durch die Höhe des Vermögens. – Als Kapital können nur diejenigen Ansprüche gegen die Unternehmung angesehen werden, die auch unter erschwerten Bedingungen realisierbar sind. Wenn das zur Verfügung stehende Vermögen die Verbindlichkeiten nicht mehr abdeckt, ist ein Teil der Ansprüche gegen die Unternehmung uneinbringlich. Uneinbringliche Ansprüche werden nicht als Kapital bezeichnet.

1.3 Investition und Finanzierung

Heute wird Finanzierung meist monetär definiert. So fasst Heinen[1] unter dem Begriff Finanzierung jene Entscheidungstatbestände zusammen, die sich auf die Gestaltung und Steuerung des betriebswirtschaftlichen Geldstromes beziehen. Schneider[2] definiert folgendermaßen:

Eine Investition ist durch eine Zahlungsreihe gekennzeichnet, die mit einer Auszahlung beginnt.
Eine Finanzierung ist durch eine Zahlungsreihe gekennzeichnet, die mit einer Einzahlung beginnt.

Zur Beschreibung und Analyse einer Finanzierung ist – ähnlich wie bei einer Investition – die anhand des Zeitstrahles dargestellte Zahlungsreihe[3] von Nutzen. Auch können sich Investition und Finanzierung spiegelbildlich entsprechen. Dies verdeutlicht das folgende Beispiel.

BEISPIEL (Annuitätenberechnung bei Hypothekarkredit)

Wir betrachten einen Hypothekarkredit über 100.000 Euro, der zu 100 % ausgezahlt wird und mit einer Laufzeit von 20 Jahren und einem Zinssatz von 6 % ausgestattet ist. Die zugehörige Annuität erhalten Sie, indem Sie den Darlehensbetrag mit dem Kapitalwiedergewinnungsfaktor (KWF) multiplizieren[4]. Es

1 Vgl. E. Heinen, Einführung in die Betriebswirtschaftslehre, S. 139.

2 Vgl. D. Schneider, Investition, Finanzierung und Besteuerung, S. 20 f.

3 Vgl. K.-D. Däumler/J. Grabe, Kostenrechnungs- und Controllinglexikon, S. 341.

4 Zur Berechnung der Annuität vgl.: K.-D. Däumler/J. Grabe, Grundlagen der Investitions- und Wirtschaftlichkeitsrechnung, S. 126 ff.
Die Werte des Kapitalwiedergewinnungsfaktors und der anderen finanzmathematischen Faktoren stehen im finanzmathematischen Tabellenanhang. Ausführlichere Tabellen finden sich bei: Dieselben, Finanzmathematisches Tabellenwerk.

ergibt sich eine Annuität von 100.000 · KWF = 100.000 · 0,087185 = 8.719 (€/Jahr). Die Annuität ist eine im Zeitablauf konstante Jahreszahlung, die sich in einen Zins- und einen Tilgungsanteil zerlegen lässt. Der Zahlungsvorgang kann anhand zweier Zeitstrahlen dargestellt werden.

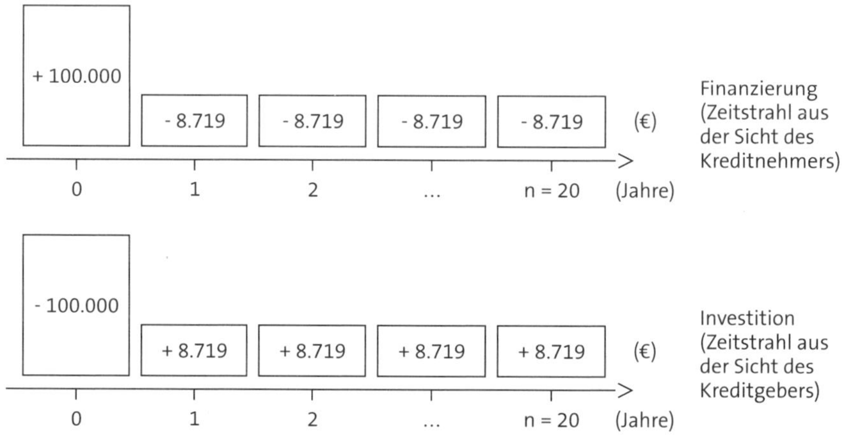

Der Kreditnehmer erhält 100.000 Euro und zahlt 20 Jahre lang die Annuität von 8.719 Euro an die Bank. Diese zahlt 100.000 Euro und erhält 20 Jahre lang die Annuität von 8.719 Euro. Die Zahlungsreihen unterscheiden sich nur durch das Vorzeichen. Ein und derselbe Vorgang kann, je nach Standpunkt des Beobachters, sowohl eine Finanzierung als auch eine Investition darstellen[1]. Deshalb besteht zwischen den betrieblichen Bereichen Investition und Finanzierung eine besonders enge Wechselbeziehung: Jede Investition muss finanziert werden. Eine positive Investitionsentscheidung, also eine Entscheidung über die Verwendung finanzieller Mittel, kann erst dann getroffen werden, wenn die Beschaffung der hierfür benötigten Mittel gesichert ist.

1.4 Finanzierungsmöglichkeiten im Überblick

1.4.1 Einteilung der Finanzierung

Der Begriff Finanzierung lässt sich nach verschiedenen Kriterien einteilen und untersuchen: nach der Häufigkeit, der Frist, der Rechtsstellung des Geldgebers und der Mittelherkunft. Man gelangt dann zu folgender Abbildung:

1 Das ist die betriebswirtschaftliche Sicht. Gesamtwirtschaftlich gilt jener Teil des Bruttoinlandsproduktes als Investition, der nicht an Haushalte abgesetzt wird, sondern dort verbleibt, wo er entstanden ist: im Unternehmenssektor.

ABB. 1.7: Finanzierungsarten

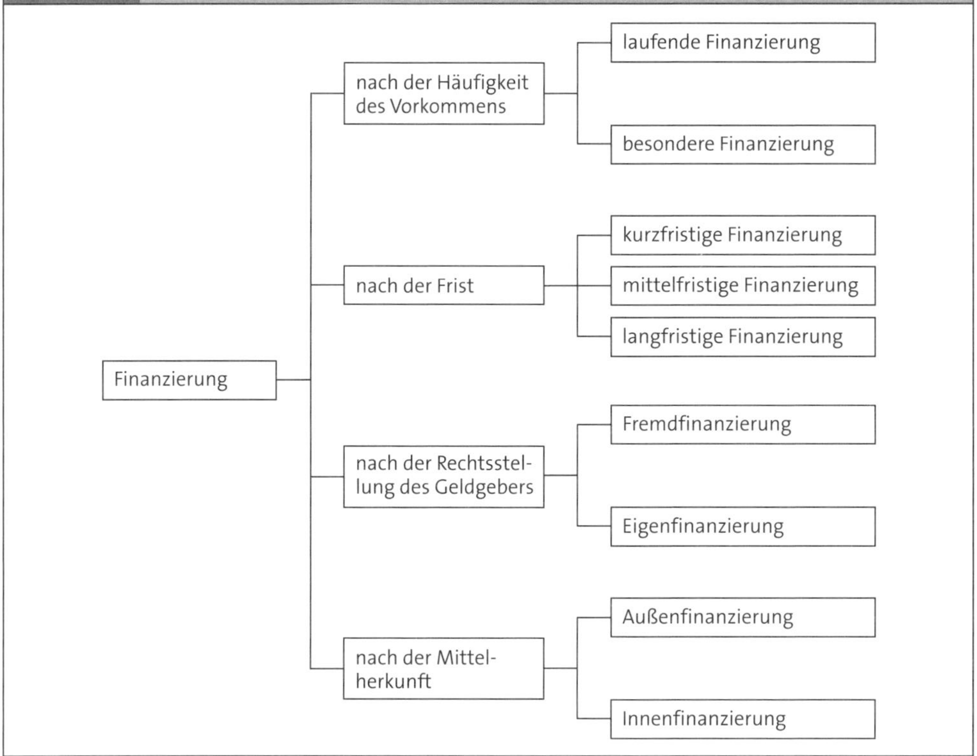

1.4.2 Laufende und besondere Finanzierung

Die laufende Finanzierung bezieht sich auf tägliche oder periodische Bedarfsfälle. Die besondere Finanzierung dagegen hat einmaligen oder gelegentlichen Charakter. Sie tritt beispielsweise bei Gründungen, Fusionen oder Sanierungen auf.

1.4.3 Kurz-, mittel- und langfristige Finanzierung

Die Frage, was kurz-, mittel- oder langfristig ist, könnte von jedem Wirtschaftssubjekt anders beantwortet werden. Üblicherweise spricht man bei einer Finanzierungsdauer, die 1 Jahr nicht übersteigt, von kurzfristiger Finanzierung. Bei einem Zeitraum von 1 bis 5 Jahren liegt eine mittelfristige Finanzierung vor. Übersteigt der Zeitraum 5 Jahre, so spricht man von langfristiger Finanzierung. Vor 1987 lag die Grenze zwischen mittel- und langfristig bei vier Jahren. Aufgrund der Änderungen des Handelsgesetzbuches durch das Bilanzrichtliniengesetz sind bei Verbindlichkeiten drei nach ihren Restlaufzeiten zu unterscheidende Gruppen zu trennen: unter einem Jahr, ein bis fünf Jahre, über fünf Jahre (vgl. §§ 268 Abs. 4 u. 5, 285 Nr. 1a HGB).

1.4.4 Eigen- und Fremdfinanzierung

Bei der Eigenfinanzierung wird einem Betrieb zusätzliches Geld von Anteilseignern (Eigenkapital) zugeführt. Das kann geschehen, indem die alten Anteilseigner zusätzliche Anteile erwerben und damit ihre Ansprüche gegen die Unternehmung erhöhen. Denkbar ist aber auch, dass neue Anteilseigner auftreten, die neue Ansprüche gegen die Gesellschaft erwerben. Bei der Fremdfinanzierung erfolgt die Zuführung von Fremdkapital, ohne dass die Geldgeber Anteilseigner werden.

Unter Umständen enthalten weitere Bilanzpositionen – mehr oder weniger versteckt – Eigenkapital. Das trifft beispielsweise auf die Rückstellungen zu, die für ungewisse Verbindlichkeiten und drohende Verluste gebildet werden müssen. So sind z. B. Rückstellungen für Schäden, die durch den Bergbau an der Erdoberfläche verursacht werden, so genannte Bergschäden,

- bedingt als Eigenkapital oder
- bedingt als Fremdkapital

aufzufassen. Die Bedingung, von der die Einordnung in Eigen- oder Fremdkapital abhängt, ist in dem Eintreffen des Ereignisses (Bergschaden) zu sehen. Treten Bergschäden ein, die entsprechende Zahlungen an die Betroffenen notwendig machen, so sind die hierfür gebildeten Rückstellungen Fremdkapital, weil Dritte entsprechende Ansprüche gegen die Unternehmung erlangen. Bleiben die Bergschäden aus, so sind die Rückstellungen als Eigenkapital zu betrachten, weil das Nettovermögen der Anteilseigner entsprechend steigt.

Die folgende Abbildung zeigt, dass der Eigenkapitalanteil der Unternehmungen in der Bundesrepublik Deutschland von 24,6 % (1972) auf 18,0 % (1995) zurückgegangen ist. Jedoch sind in diesen Jahren die Rückstellungen von 9,2 % auf 22,1 % gestiegen. Die Summe aus Eigenkapital und Rückstellungen ist in diesem Zeitraum von 33,8 % auf 40,1 % gestiegen. Seit 1995 ist die Eigenkapitalquote bis 2004 wieder auf 23,0 gestiegen, gleichzeitig sind die Rückstellungen leicht zurückgegangen (19,3 %).

ABB. 1.8: Eigen- und Rückstellungskapital

Jahr	1972	1982	1986	1990	1995	1997	1999	2002	2004
	in % der Bilanzsumme								
Eigenmittel	24,6	18,4	19,0	18,2	18,0	19,0	19,0	21,1	23,0
Rückstellungen	9,2	15,9	19,4	20,4	22,1	22,1	21,4	18,8	19,3
Eigenmittel + Rückstellungen	33,8	34,3	38,4	38,6	40,1	41,4	40,4	39,9	42,3

Quelle: Monatsberichte der Deutschen Bundesbank, 2001/03, S. 19 ff., 2006/06, S. 69 ff.

Die durch die Rückstellungsbildung ermöglichte Steuerersparnis hat mittlerweile so manche andere Kapitalquelle in den Schatten gestellt. Die Rückstellungsbildung ist hoch bei prosperierenden und vitalen Branchen. Sie ist dagegen niedrig bei jenen, die Reserven wegen des schlechten Geschäftsganges besonders nötig hätten. Kleine Bauunternehmungen unter der Umsatzgrenze von 5 Millionen Mark verfügten 1990 gerade über 0,5 % Eigenkapital und 5,6 % Rückstellungen (vgl. Abbildung 1.9 und 1.10). Nur wer gut verdient, kann Eigenkapital und Rückstellungen bilden[1]. Bei den mittelständischen Unternehmungen, die in unserer Volkswirtschaft mindestens jeden zweiten Arbeitsplatz stellen, ist die Eigenkapital- und Rückstellungsausstattung wesentlich schlechter als bei den Umsatzmilliardären (vgl. Abbildung 1.9 und 1.10).

1 So auch: S. Welzk, Boom ohne Arbeitsplätze, S. 50 ff.

ABB. 1.9: Rückstellungen bei Klein- und Großunternehmungen

Anteil der Rückstellungen am Kapital der Unternehmen 1990	Unternehmen mit Umsätzen von				
	weniger als 5 Mio DM	5 bis unter 10 Mio DM	10 bis unter 25 Mio DM	25 bis unter 100 Mio DM	100 und mehr Mio DM
alle Unternehmen	6,1	8,3	10,2	13,7	30,2
Chemie	7,2	12,9	12,7	16,1	32,5
Maschinenbau	9,5	11,4	13,5	17,8	24,5
Straßenfahrzeugbau	5,8	8,8	11,8	13,9	41,7
Elektrotechnik	10,3	12,5	14,6	16,6	38,1
Baugewerbe	5,6	7,9	11,0	14,2	21,2

Quelle: Deutsche Bundesbank, Verhältniszahlen aus Jahresabschlüssen westdeutscher Unternehmungen für 1990, Frankfurt 1994, S. 16 ff.

ABB. 1.10: Eigenmittel bei Klein- und Großunternehmungen

Anteil der Eigenmittel am Kapital der Unternehmen 1990	Unternehmen mit Umsätzen von				
	weniger als 5 Mio DM	5 bis unter 10 Mio DM	10 bis unter 25 Mio DM	25 bis unter 100 Mio DM	100 und mehr Mio DM
alle Unternehmen	5,1	9,5	11,6	16,0	25,8
Chemie	9,8	12,6	13,4	19,6	42,0
Maschinenbau	7,3	10,3	11,7	16,9	22,5
Straßenfahrzeugbau	5,0	6,4	11,8	16,0	27,0
Elektrotechnik	4,9	12,6	16,4	21,0	25,4
Baugewerbe	0,5	4,0	5,1	7,2	15,2

Quelle: Deutsche Bundesbank, Verhältniszahlen aus Jahresabschlüssen westdeutscher Unternehmungen für 1990, Frankfurt 1994, S. 16 ff.

Auch der Groß- und Einzelhandel muss mit einer relativ geringen Eigenkapitalausstattung auskommen, die seit 1971 ständig gesunken ist, sich aber in den letzten Jahren deutlich wieder verbessert hat (vgl. Abbildung 1.11).

ABB. 1.11: Entwicklung der Eigenkapitalquoten

Eigenkapital (in % der Bilanzsumme)	**Alle Unternehmen**	Verarb. Gewerbe	Baugewerbe	Großhandel	Einzelhandel
1971	**25,3**	28,7	10,2	20,5	26,5
1980	**20,1**	23,6	6,2	14,9	15,7
1990	**18,2**	23,0	5,5	13,7	4,8
1994	**17,9**	23,1	5,8	13,9	4,7
2000	**17,0**	22,5	2,0	15,5	3,0
2003	**21,6**	26,6	6,1	21,1	14,1
2004	**23,0**	27,1	7,9	23,5	15,9

Quelle: Deutsche Bundesbank, Statistische Sonderveröffentlichung 5, S. 20 ff., Monatsbericht Juni 2006, S. 76 ff.

Kleine und mittelständische Unternehmen (KMU) in der Rechtsform der Einzelunternehmung und der Personengesellschaft haben deutlich weniger Eigenkapital als solche in der Rechtsform der Kapitalgesellschaft, die nahezu an die Eigenkapitalquote der Großunternehmen heranreichen (vgl. Abbildung 1.12).

ABB. 1.12: Eigenmittelausstattung der KMU nach Wirtschaftsbereichen im Jahr 2004

	Eigenmittel in % der Bilanzsumme in 2004			
	KMU	Davon:		Zum Vergleich
		Nicht-Kapitalgesellschaften	Kapitalgesellschaften	Großunternehmen
Alle Wirtschaftszweige	**15,1**	**8,8**	**23,4**	**27,5**
Verarbeitendes Gewerbe	**21,2**	15,6	27,8	28,8
Baugewerbe	**5,8**	1,6	12,8	14,5
Großhandel	**21,6**	18,2	24,5	24,3
Einzelhandel	**6,5**	2,6	16,4	24,9
Verkehr	**11,1**	3,4	24,0	23,7
Dienstleistungen	**13,7**	3,3	23,2	26,5

Quelle: Deutsche Bundesbank, Monatsbericht Dezember 2006, S. 51

1.4.5 Außen- und Innenfinanzierung

Betrachten wir die Herkunft der Mittel, lassen sich Außen- und Innenfinanzierung unterscheiden. Außenfinanzierung liegt dann vor, wenn einer Unternehmung von außen zusätzliche Geldmittel zugeführt werden. Begrifflich ist es gleichgültig, ob diese Mittel von den bisherigen Gesellschaftern bzw. Eigentümern (= Beteiligungsfinanzierung), weiteren (neuen) Anteilseignern (= Beteiligungsfinanzierung) als Eigenkapital oder von Fremdkapitalgebern (= Fremdfinanzierung) kommen. Für den Begriff der Außenfinanzierung ist allein entscheidend, dass die Finanzmittel extern aufgebracht werden. Man spricht deshalb auch von externer Finanzierung.

Entsprechend liegt Innenfinanzierung oder interne Finanzierung vor, wenn die Geldmittel intern aufgebracht, also durch die Unternehmung selbst erwirtschaftet werden. Hauptquelle ist der Verkauf von Sachgütern und Dienstleistungen, d. h. die Erzielung von Einzahlungen durch Umsätze. Dabei ist zu unterscheiden zwischen der Bildung zusätzlichen Kapitals (= Bilanzverlängerung) und der Schaffung disponiblen Kapitals mittels Vermögensumschichtung. Zusätzliches Kapital (Bilanzverlängerung) entsteht im Rahmen der Selbstfinanzierung aus einbehaltenem Gewinn. Disponibles Kapital entsteht im Rahmen der so genannten Verflüssigungsfinanzierung beispielsweise aus Abschreibungsgegenwerten und Rückstellungsgegenwerten (vgl. Kapitel 5.2). Abbildung 1.13 zeigt, wie sich Innen- und Außenfinanzierung deutscher Aktiengesellschaften in den vergangenen Jahren entwickelt haben.

ABB. 1.13: Innen- und Außenfinanzierung westdeutscher Unternehmen

Jahr	1991	1993	1995	1999	2002	2003	2004
	Mrd DM, ab 2002 Mrd €						
Innenfinanzierung	261,9	185,0	216,0	265,0	165,2	132,7	140,5
Außenfinanzierung	189,6	56,9	40,5	132,5	0,9	– 7,9	– 8,5
Mittelaufkommen insgesamt	451,5	241,9	256,5	397,5	166,1	124,7	132,0

Quelle: Monatsberichte der Deutschen Bundesbank, 2001/03, S. 29, 2006/06, S. 66.

1.4.6 Finanzierungsarten in systematischer Darstellung

Die Finanzierungsarten lassen sich nach verschiedenen Kriterien einteilen. In den meisten Fällen stehen jedoch zwei Gliederungskriterien im Vordergrund.

(1) Man beachtet die Herkunft der Finanzmittel und unterscheidet zwischen Innen- und Außenfinanzierung.

(2) Man beachtet die Rechtsstellung des Geldgebers und unterscheidet Eigen- und Fremdfinanzierung.

Beide Gliederungskriterien gemeinsam führen zu dem Schema[1]:

ABB. 1.14: Systematik der Finanzierungsarten

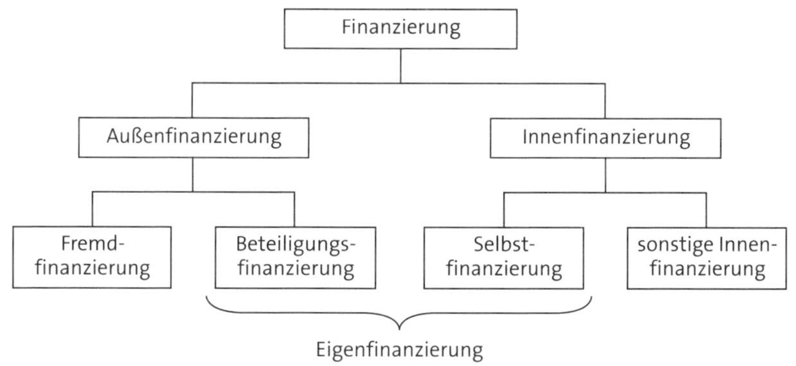

Eine Finanzierung ist im konkreten Fall meist durch eine Kombination der angeführten (und keineswegs erschöpfenden) Kriterien gekennzeichnet. Dies sei beispielhaft für die Kriterien Kapitalherkunft und Rechtsstellung gezeigt[2].

1 Vgl. O. Fischer, Finanzwirtschaft der Unternehmung I, S. 44. – J. Süchting, Finanzmanagement, S. 22. – G. Wöhe/J. Bilstein, Grundzüge der Unternehmensfinanzierung, S. 13.

2 Vgl. auch: H.-T. Beyer/U. Bestmann, Finanzlexikon, S. 99.

ABB. 1.15: Systematik der Kapitalzuführung

Rechts-stellung ⇓ / Kapitel-herkunft ⇒	Innenfinanzierung	Außenfinanzierung
Eigenfinanzierung	z. B. Selbstfinanzierung durch Gewinneinbehaltung	z. B. Kapitalerhöhung durch Ausgabe von Aktien
Fremdfinanzierung	z. B. Belegschaftsobligationen, Pensionsrückstellungen	z. B. Fremdkapitalzuführung durch Ausgabe von Obligationen
Zwischenformen	z. B. Bildung von Sonderposten mit Rücklagenanteil	z. B. Genussscheine, Optionsanleihen

So ist etwa die Selbstfinanzierung, fragt man nach der Kapitalherkunft, (Finanzierung aus nicht ausgeschütteten Gewinnen), als Innenfinanzierung zu bezeichnen. Gleichzeitig stellt sie aber auch Eigenfinanzierung dar, wenn man nach der Rechtsstellung der Anteilseigner fragt. Bildet ein Betrieb Pensionsrückstellungen, so erwerben die Mitarbeiter Anwartschaften auf spätere Pensionszahlungen. Diese Rückstellungen haben demnach Fremdkapitalcharakter; gleichzeitig erfüllen sie aber auch das Kriterium der Innenfinanzierung, da die durch die Rückstellungsbildung gebundenen Geldmittel intern aufzubringen sind. Werden junge Aktien ausgegeben, so erhält der Betrieb zusätzliches Eigenkapital (Eigenfinanzierung). Die Geldmittel fließen dem Betrieb von außen zu (Außenfinanzierung). Entsprechend liegt bei der Ausgabe von Obligationen gleichzeitig Fremd- und Außenfinanzierung vor.

Finanzierung können Sie einteilen nach der Häufigkeit des Vorkommens, der Frist, der Rechtsstellung des Geldgebers und der Mittelherkunft. Diese Kriterien sind im Einzelfall nicht alternativ, sondern additiv anzuwenden.

1.5 Checkliste und Zusammenfassung

Finanzierung ist die Gestaltung betrieblicher Zahlungsströme. Bei der Gestaltung der Ein- und Auszahlungsströme finden sich immer Auswirkungen auf die Bilanz. Eine Bilanzverlängerung liegt vor, wenn beide Bilanzseiten um denselben Betrag zunehmen, eine Bilanzverkürzung, wenn beide Seiten um denselben Betrag abnehmen. Unverändert bleibt die Bilanzsumme bei Aktiv- und Passivtausch: Aktivtausch bedeutet, dass eine bestimmte Aktivposition um einen bestimmten Betrag wächst, während gleichzeitig ein anderer Aktivposten um denselben Betrag abnimmt. Passivtausch heißt, dass eine Passivposition wächst und eine andere Passivposition entsprechend abnimmt.

Finanzierungs- und Investitionsdefinition: Finanzierung ist eine Zahlungsreihe, die mit einer Einzahlung beginnt. Investition ist eine Zahlungsreihe, die mit einer Auszahlung beginnt. Investitions- und Finanzierungszahlungsreihen unterscheiden sich nur durch das Vorzeichen.

Kapital ist die Summe aller Ansprüche gegen einen Betrieb, deren Erfüllung um bestimmte oder unbestimmte Zeit aufgeschoben ist. Das Kapital wird nach oben begrenzt durch die Höhe des Vermögens.

Systematik der Finanzierung: Finanzierung kann man systematisch einteilen nach

- der Häufigkeit des Vorkommens in laufende und besondere Finanzierung,
- der Fristigkeit in kurz-, mittel- und langfristige Finanzierung,
- der Rechtsstellung des Geldgebers in Eigen- und Fremdfinanzierung,
- der Herkunft der Geldmittel in Außen- und Innenfinanzierung.

FRAGEN UND AUFGABEN

1.1 Skizzieren Sie die Entwicklung des Finanzierungsbegriffs. Wie wird Finanzierung heute definiert?

1.2 Ordnen Sie die Begriffe Bilanzverkürzung und -verlängerung, Aktiv- und Passivtausch den folgenden Vorgängen zu:

Vorgang	Begriff
Kauf einer Maschine gegen Barzahlung	
Erwerb von Roh-, Hilfs- und Betriebsstoffen gegen spätere Zahlung (Zielkauf)	
Hausbank der Unternehmung wandelt einen Kredit in Beteiligung um	
Anteilseigner scheidet gegen Rückerstattung seiner Sacheinlage (Grundstück) aus	
Kurzfristiges Bankdarlehen wird in langfristiges umgewandelt	
Verkauf von Fertigprodukten gegen bar	

1.3 a) Erläutern Sie den Kapitalbegriff.

b) Investition und Finanzierung können sich spiegelbildlich entsprechen. Es gibt dann nur noch einen Unterschied beim ______________.

c) Finanzierung nennt man die Zahlungsreihe, die mit einer ______________ beginnt.

d) Investition nennt man die Zahlungsreihe, die mit einer ______________ beginnt.

1.4 Welche Bilanzpositionen werden unter der Bezeichnung Eigenkapital bei verschiedenen Unternehmungsformen zusammengefasst?

1.5 Warum kann man die Rückstellungen als bedingtes Eigenkapital oder bedingtes Fremdkapital bezeichnen? Nehmen Sie als Beispiel Rückstellungen für noch nicht entschiedene Prozesse.

1.6 Ist eine Kapitalerhöhung auch mittels Innenfinanzierung möglich?

1.7 Aus welchen Komponenten besteht die Eigenfinanzierung?

1.8 Wie kann man den Finanzierungsbegriff systematisch einteilen?

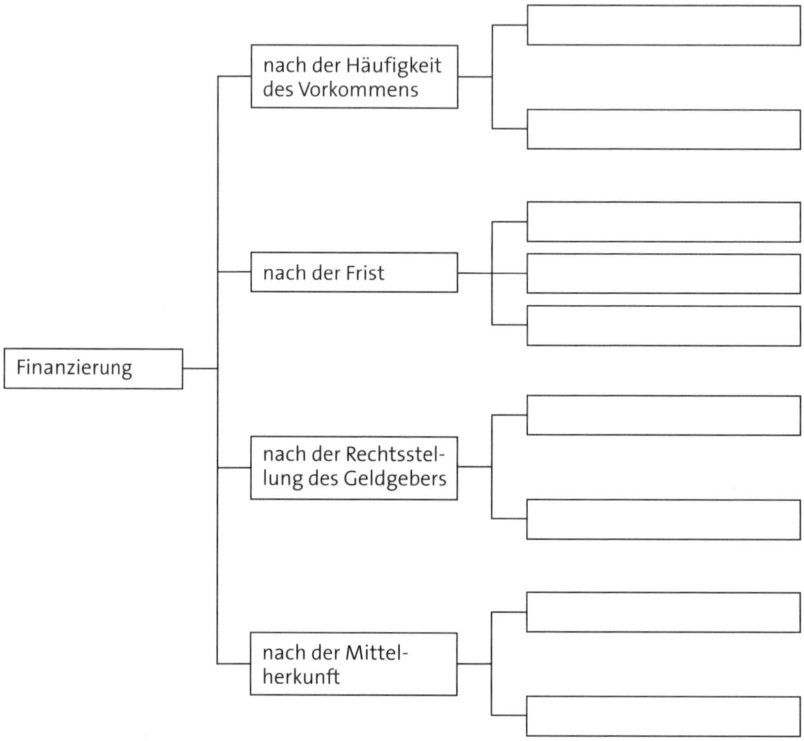

2. Finanzplanung

2.1 Problemstellung

2.1.1 Begriff Liquidität

Das Kernproblem der finanzwirtschaftlichen Planung ist die Wahrung der Liquidität, des Flüssigseins einer Wirtschaftseinheit. Die Liquidität ergibt sich aus den Zahlungseingängen und -ausgängen. Die Wahrung der Liquidität ist ein strenger Anspruch an alle Unternehmungen, der ihnen vom Gesetzgeber auferlegt wird. Die Strenge dieses Anspruches kommt darin zum Ausdruck, dass seine Verletzung das Ende des Unternehmens bedeuten kann: Nach geltendem Recht drohen Konkurs oder gerichtlicher Vergleich, wenn zwingend fällige Zahlungsverpflichtungen dauerhaft nicht erfüllt werden. Das gilt auch für ein mit Gewinn arbeitendes Unternehmen. § 16 der Insolvenzordnung (InsO) bestimmt:

(1) Allgemeiner Eröffnungsgrund (für das Insolvenzverfahren) ist die Zahlungsunfähigkeit (Illiquidität).

(2) Der Schuldner ist zahlungsunfähig, wenn er nicht in der Lage ist, die fälligen Zahlungsverpflichtungen zu erfüllen. Zahlungsunfähigkeit ist in der Regel anzunehmen, wenn der Schuldner seine Zahlungen eingestellt hat.

Neben der offenkundigen gegenwärtigen Zahlungsunfähigkeit kann auch die drohende Zahlungsunfähigkeit Eröffnungsgrund für das Insolvenzverfahren sein, sofern der Schuldner das Verfahren beantragt (§ 18 InsO). Bei juristischen Personen ist auch die Überschuldung Eröffnungsgrund. Sie liegt vor, wenn das Vermögen des Schuldners die bestehenden Verbindlichkeiten nicht mehr deckt (§ 19 InsO).

2006 meldete das Statistische Bundesamt rund 30.000 Unternehmensinsolvenzen mit fast 20 Milliarden € Forderungen[1]. Etwa 75 % der Insolvenzverfahren werden üblicherweise mangels pfändbaren Vermögens (mangels Masse) abgelehnt, weitere 10 % vorzeitig wieder eingestellt. Soweit es überhaupt etwas zu verteilen gibt, beträgt die durchschnittliche Konkursquote 3 bis 5 %. Das Insolvenzverfahren ist juristisch die Summe von Konkurs- und Vergleichsverfahren, also ein Oberbegriff. Dem trägt die neue Insolvenzordnung[2] Rechnung: Sie hat das Nebeneinander von Konkurs- und Vergleichsverfahren nach altem Recht beseitigt. Die Insolvenzordnung ist an die Stelle der Konkursordnung und der Vergleichsordnung getreten. Wörtlich steht Insolvenz (lat. = Zahlungsunfähigkeit) nur für einen der beiden Konkursgründe. Da die Statistik nur die gerichtlich abgewickelten Insolvenzverfahren ausweist und außergerichtliche vernachlässigt, liegt die wahre Anzahl von Insolvenzfällen über dem statistischen Wert. Insolvent werden vor allem junge Unternehmen innerhalb der ersten fünf Jahre. Eigenkapitalmangel, Forderungsausfälle, Marktschwäche und Missmanagement sind die hauptsächlichen Insolvenzgründe. Zum Missmanagement gehören

- schlechte Geschäftsführung und Organisation,

1 Statistisches Bundesamt, Fachserie 2, R.4.1, 12/2006, Zusammenfassende Übersichten 10.

2 Die Insolvenzordnung gilt seit dem 1. 1. 1997. Sie hat in den alten Bundesländern die Konkursordnung (KO) und in den neuen Ländern die Gesamtvollstreckungsordnung ersetzt.

- Fehlinvestitionen und falsches Produktionsprogramm,
- Fehler im Rechnungswesen und schlechte Finanzplanung.

Die etablierten Großunternehmungen verfügen in aller Regel über eine gut ausgebaute Finanzplanung und mindern so die Gefahr eines unvorhergesehenen Liquiditätsengpasses. Überdurchschnittlich anfällig sind einerseits Einzelunternehmen, Freie Berufe und Kleingewerbetreibende und andererseits GmbHs, auf die zusammen ca. 90 % aller Insolvenzen entfallen.

ABB. 2.1: Insolvenzentwicklung

Unternehmensinsolvenzen	1985[1]	1990[1]	2003[2]	2006[2]
Gesamt	13.560	8.730	39.320	30.357
nach Rechtsformen				
► Einzelunternehmen, Freie Berufe, Kleingewerbe	5.187	3.043	15.042	14.162
► Personengesellschaften	1.426	630	3.266	2.313
► GmbH	6.891	5.017	20.038	12.867
► AG, KGaA	19	14	508	272
► Sonstige	37	26	466	743
[1] Stat. Jahrbuch 1986, 1991 [2] Statistisches Bundesamt, Fachserie 2, R.4.1, 12/2006, Tabelle 7				

Neben seiner Bedeutung als jederzeitige Zahlungsfähigkeit wird der Begriff Liquidität auch auf ein Aktivum, einen einzelnen Vermögensgegenstand bezogen, ferner auf das Deckungsverhältnis von Vermögensteilen zu Verbindlichkeiten und schließlich auf Wirtschaftssubjekte (Haushalte oder Unternehmen).

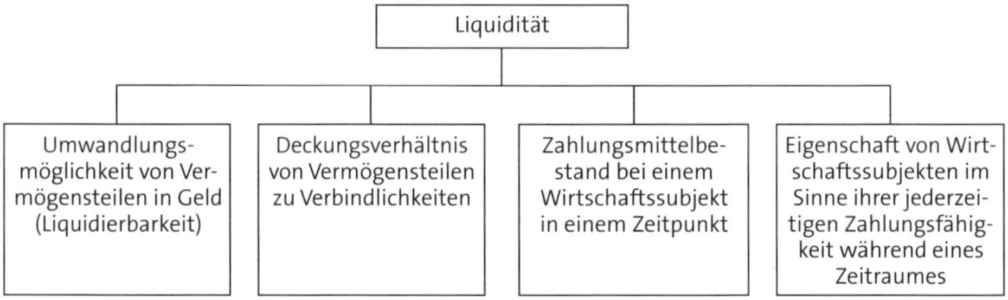

(1) Ein Aktivum wird dann als liquide (= flüssig) bezeichnet, wenn es schnell und ohne wesentliche Werteinbuße zu Geld gemacht werden kann. Diese Fähigkeit eines Aktivums bezeichnet man auch als Liquidierbarkeit. Gelegentlich spricht man auch von der Geldnähe eines Vermögensgegenstandes. So sind etwa festverzinsliche Wertpapiere in aller Regel liquider (geldnäher) als Rohstoffvorräte.

(2) Aus der Relation von Vermögensteilen zu Verbindlichkeiten lässt sich die Liquidität eines Unternehmens anhand von Kennzahlen beurteilen. Kennzahlen[1] dieser Art sind:

1 Vgl. K.-D. Däumler/J. Grabe, Kostenrechnungs- und Controllinglexikon, S. 172 f. u. 215 ff.

$$\text{Liquidität 1. Grades} = \frac{\text{liquide Mittel}}{\text{kurzfristige Verbindlichkeiten}}$$

$$\text{Liquidität 2. Grades} = \frac{\text{liquide Mittel + kurzfristige Forderungen + Wertpapiere}}{\text{jetzt fällige + kurzfristig fällige Verbindlichkeiten}}$$

$$\text{Liquidität 3. Grades} = \frac{\text{liquide Mittel + kurzfristige Forderungen + Wertpapiere + Vorräte}}{\text{kurzfristige Verbindlichkeiten}}$$

Diese Kennziffern sind meist vergangenheitsbezogen und daher nur wenig geeignet, die künftige Zahlungsfähigkeit von Unternehmen zu beurteilen. Sie beziehen sich auf einen bestimmten Stichtag, geben also keine Auskunft über die Liquidität der Unternehmung in einem Zeitraum. Sie erfassen weder künftige Zahlungsverpflichtungen noch künftige Zahlungseingänge und vernachlässigen darüber hinaus auch etwaige ausnutzbare Kreditlinien der betrachteten Unternehmung.

2.1.2 Liquidität einer Unternehmung

Die Liquidität einer Unternehmung können Sie zeitpunkt- oder zeitraumbezogen sehen[1].

Eine Unternehmung ist in einem bestimmten Zeitpunkt liquide, wenn sie in der Lage ist, allen Zahlungsverpflichtungen nachzukommen, die in dem betreffenden Zeitpunkt fällig werden. Eine Unternehmung ist in einer bestimmten Periode liquide, wenn sie alle in der betreffenden Periode fällig werdenden Zahlungsverpflichtungen erfüllen kann.

Eine Unternehmung kann auch überliquide sein, wenn die Menge an flüssigen Mitteln[2] so groß ist, dass für sie keine sinnvolle interne Anlagemöglichkeit mehr besteht. Dann ist die externe verzinsliche Anlage zu prüfen. Die Überliquidität beeinträchtigt die Rentabilität. Störungen der Liquidität (Über- oder Unterliquidität) können folgende Gründe haben:

- Ein- und Auszahlungen einer Periode stimmen nicht miteinander überein,
- die Istwerte der Zahlungen weichen von den Planwerten ab.

Zur Aufrechterhaltung des finanziellen Gleichgewichts, der Liquidität, benötigt man finanzielle Puffer. Geringfügige Differenzen zwischen Ein- und Auszahlungen können durch Kassenbestände ausgeglichen werden. Zum Ausgleich größerer Differenzen hält man Liquiditätsreserven in Form

- nicht ausgeschöpfter Kreditzusagen und Kreditlinien für Kontokorrentkredite,
- nicht ausgenutzter Zahlungsziele (Lieferantenkredite),
- von Bankguthaben mit kurzen Kündigungsfristen,
- von diskontfähigen Wechseln usw.

Die optimale Höhe und Struktur der Liquiditätsreserven ist von der Situation im Einzelfall und der Risikoneigung des Unternehmers abhängig und kann sich im Zeitablauf ändern. Die Struktur

1 Vgl. E. Schneider, Geldbedarf, Kapitaldeckung und Liquidität in Handels- und Industrieunternehmen, S. 360 ff.
2 Liquide Mittel = Bargeld (Banknoten + Münzen) + Buchgeld (Sicht-, Termin- und Sparguthaben).

der Reserven wird insbesondere vom Zinsgefüge beeinflusst. So ergibt eine Effektivzinsberechnung meist, dass man Lieferantenkredite wegen ihrer hohen Effektivzinssätze (oft über 40 Prozent pro Jahr) nur im äußersten Fall beanspruchen sollte (vgl. Kapitel 4.6: Effektivzinsbestimmung bei kurzfristiger Fremdfinanzierung).

In der betrieblichen Praxis gehen die im Zusammenhang mit der Fertigung von Produkten anfallenden Auszahlungen in der Regel den Einzahlungen aus dem Verkauf dieser Produkte voraus. Zum Zwecke der frühzeitigen Erkennung etwaiger Liquiditätsengpässe und zur Durchführung einer geordneten Finanzplanung ist eine vorausschauende Betrachtung der Zahlungsströme erforderlich. Zwei Fragen sind von besonderer Bedeutung:

(1) Wie ermittelt man den künftigen Kapitalbedarf?

(2) Wie finanziert man einen gegebenen Kapitalbedarf?

2.2 Ermittlung des Kapitalbedarfes

2.2.1 Rechnungselemente

Die Rechnungselemente, auf denen Kapitalbedarfsrechnung und Finanzplanung aufbauen, sind reine Zahlungsgrößen. Die Rechnung basiert also auf Einzahlungen und Auszahlungen. Diese geben den Zugang und Abgang von Kassenbeständen und jederzeit verfügbaren Bankguthaben an. Ein- und Auszahlungen sind klar zu unterscheiden von Einnahmen und Ausgaben (= Geldwert von Verkäufen bzw. Geldwert von Einkäufen).

Wird weder auf Kredit gekauft noch verkauft, so sind Ausgaben mit Auszahlungen und Einnahmen mit Einzahlungen identisch:

(1) Einnahme = Einzahlung (2) Ausgabe = Auszahlung	} keine Kreditvorgänge

Zahlt der Käufer eines Gutes erst später, so kann der Verkäufer vorläufig zwar keine Einzahlung, jedoch einen Forderungszugang verbuchen: Er gibt dem Käufer einen Lieferantenkredit. Hat der Verkäufer noch Schulden beim Käufer, so kann bei Lieferung eines Gutes an den Käufer durch Kaufpreisverrechnung ein Schuldenabgang bewirkt werden. Somit gilt unter Berücksichtigung von Krediten:

(1) Einnahme = Einzahlung + Forderungszugang + Schuldenabgang
(2) Ausgabe = Auszahlung + Forderungsabgang + Schuldenzugang

2.2.2 Begriff Kapitalbedarf

Grundlage der Finanzplanung ist die Ermittlung des Kapitalbedarfes. Ein Kapitalbedarf entsteht dadurch, dass Ein- und Auszahlungsströme im Zeitablauf nicht deckungsgleich sind. Wenn in einem Betrieb die Auszahlungen pro Periode größer sind als die Einzahlungen pro Periode, dann entsteht ein Bedarf an zusätzlichen Geldmitteln, der in Literatur und Praxis meist als Kapitalbedarf bezeichnet wird[1]. Gelegentlich spricht man auch von Geld-, Finanz- oder Liquiditätsbedarf.

Der Kapitalbedarf KB_t zum Zeitpunkt t ist die Differenz zwischen den kumulierten Auszahlungen Σ a und den kumulierten Einzahlungen Σ e, die zwischen den Zeitpunkten 0 und t anfallen (kumulieren, lat. = anhäufen).

Somit gilt:

(2.1) $$KB_t = \sum_0^t a - \sum_0^t e$$ Errechnung des Kapitalbedarfs

Ist im Zeitpunkt 0 ein Geldbestand vorhanden, so wird dieser zur Ermittlung des Kapitalbedarfes von den kumulierten Auszahlungen abgezogen; etwaige Kassenbestände werden also wie Einzahlungen behandelt.

(2.2) $$KB_t = \sum_0^t a - \sum_0^t e - G_0$$ Errechnung des Kapitalbedarfs

Symbole

KB_t = Kapitalbedarf zum Zeitpunkt t (€)
G_0 = Geldbestand zum Zeitpunkt 0 (€)
a = Auszahlungen (€)
e = Einzahlungen (€)

2.2.3 Entwicklung und Errechnung des Kapitalbedarfes

Bei der Gründung einer Unternehmung oder bei Vornahme von Investitionen fallen zunächst die Auszahlungen für den Aufbau der Produktionskapazität an (Gründungsphase). Wenn die Produktion anläuft, haben Sie zunächst laufende Auszahlungen zu bestreiten (Anlaufphase). Erst nach einiger Zeit können Sie mit Einzahlungen aus den Verkäufen der Produkte rechnen (Umsatzphase).

Die während der Gründungs- und Anlaufphase anfallenden Auszahlungen müssen überbrückt werden, da in dieser Zeit noch keine Einzahlungen anfallen. Auch zu Beginn der Umsatzphase überwiegen zunächst noch die kumulierten Auszahlungen, so dass ein Kapitalbedarf bestimmter Höhe zu decken ist. Nach Ablauf einiger Perioden erreichen die kumulierten Einzahlungen den Wert der kumulierten Auszahlungen. Die kumulative Berechnungsmethode ermittelt die Gesamtsumme der Ein- und Auszahlungen bis zu einem beliebigen Zeitpunkt t, und zwar mit dem Ziel, einen Überblick über die Entwicklung des Kapitalbedarfes nach Höhe und zeitlicher Verteilung zu gewinnen, so dass rechtzeitig Maßnahmen zur Deckung des Kapitalbedarfes eingeleitet werden können.

Die drei Phasen sind in Abbildung 2.2 beispielhaft unter Berücksichtigung der kumulierten Anschaffungsauszahlungen Σ A sowie der kumulierten Betriebs- und Instandhaltungsauszahlungen Σ a und der kumulierten Einzahlungen Σ e dargestellt (ZE = Zeiteinheiten).

1 Man ignoriert dabei souverän, dass Kapital kein Geld darstellt, sondern Ansprüche verkörpert, die auf der Passivseite der Bilanz ausgewiesen sind.

ABB. 2.2: Entwicklung der kumulierten Zahlungen

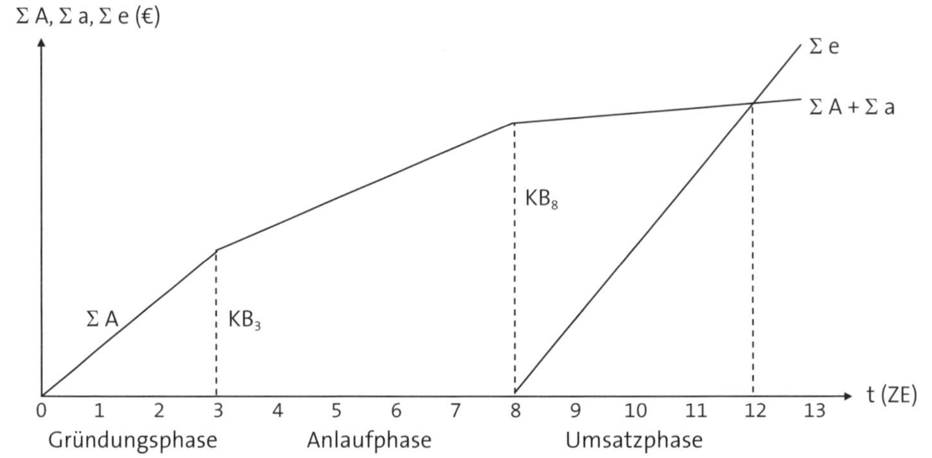

Der Kapitalbedarf nimmt zu bis zum Zeitpunkt 8, wo er sein Maximum erreicht. Danach sinkt er, da die Einzahlungen stärker steigen als die Auszahlungen. Nach dem Zeitpunkt 12 wird er negativ, es stehen überschüssige Geldmittel zur Verfügung.

Der Kapitalbedarf einer Unternehmung schwankt in aller Regel im Zeitablauf. So kann man in der folgenden Abbildung einen zunächst zunehmenden und später abnehmenden Kapitalbedarf beobachten. Zur Vereinfachung wurde die Entwicklung des Kapitalbedarfes symmetrisch dargestellt. Wir wollen uns nun den beiden Fragen zuwenden:

(1) Wie ermittelt man den künftigen Kapitalbedarf? Wie stellt man ihn grafisch und tabellarisch dar?

(2) Wie sollte man einen bestimmten Kapitalbedarf finanzieren? Hierbei ist insbesondere die Abstimmung zwischen einer kurz- und langfristigen oder einer mittel- und langfristigen Finanzierung von Bedeutung.

ABB. 2.3: Entwicklung des Kapitalbedarfs im Zeitablauf

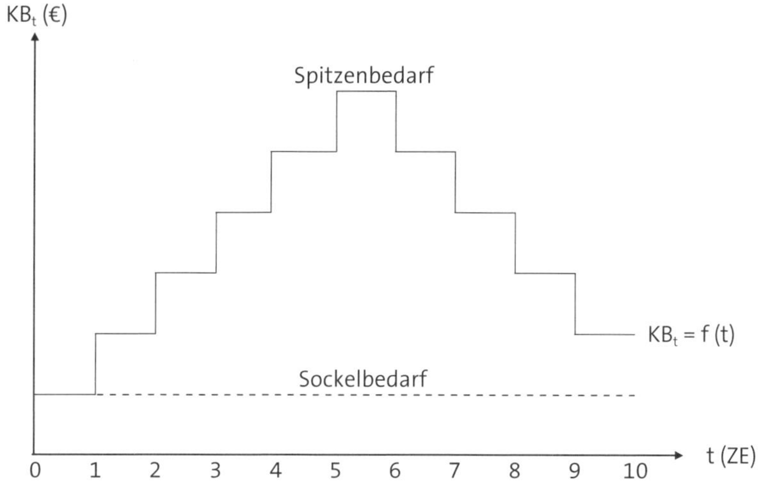

Die zweite Frage lässt sich unter Berücksichtigung von Abbildung 2.2 schon teilweise beantworten. Es liegt nahe, wenn man sich auf die Möglichkeiten kurz- oder langfristige Finanzierung beschränkt, folgendermaßen zu argumentieren:

1. Der Sockelbedarf ist langfristig zu finanzieren, da er während des gesamten Planungszeitraumes bestehen bleibt.
2. Der zwischen den Zeitpunkten 5 und 6 auftretende Spitzenbedarf ist dagegen kurzfristig zu finanzieren.

Jedoch bleibt die Frage offen, wie ein Kapitalbedarf, der nicht eindeutig dem Sockel- oder Spitzenbedarf zugeordnet werden kann, finanziert werden soll. Es ist also eine Entscheidungsregel zu suchen, die die Grauzone zwischen Sockel und Spitze aufhellt und genau zeigt, ab welcher Zeitdauer ein bestimmter Kapitalbedarf kurzfristig oder langfristig zu finanzieren ist (vgl. Abschnitt 2.5).

BEISPIEL: (Ermittlung des Kapitalbedarfs einer Unternehmung)

Eine Unternehmung mit einem Kassenbestand von 300 T€ plant für die kommenden Perioden die aus Abbildung 2.4 hervorgehenden Einzahlungen und Auszahlungen.

ABB. 2.4: Geplante Zahlungen und Ermittlung des Kapitalbedarfs

Werte des Beispiels			Kapitalbedarf		
Monate	Einzahlung e (T€)	Auszahlung a (T€)	Σ e (T€)	Σ a (T€)	KB (T€)
Januar	100 + 300	600	400	600	200
Februar	200	500	600	1.100	500
März	300	500	900	1.600	700
April	400	600	1.300	2.200	900
Mai	600	800	1.900	3.000	1.100
Juni	100	200	2.000	3.200	1.200
Juli	0	300	2.000	3.500	1.500
August	600	400	2.600	3.900	1.300
September	800	200	3.400	4.100	700
Oktober	700	200	4.100	4.300	200
November	300	200	4.400	4.500	100
Dezember	400	300	4.800	4.800	0
Januar	300	200	5.100	5.000	– 100
Februar	500	200	5.600	5.200	– 400

In der Abbildung 2.4 wurden die für die einzelnen Monate geplanten (erwarteten) Ein- und Auszahlungen kumuliert. Aus der Differenz zwischen den kumulierten Auszahlungen und den kumulierten Einzahlungen ergibt sich der Kapitalbedarf. Es zeigt sich, dass dieser in den letzten beiden Monaten negativ ist, d. h. hier wird mit Überschüssen gerechnet. In den Monaten Januar bis November dagegen existiert ein positiver Kapitalbedarf, der im Juli mit 1.500 T€ sein Maximum erreicht. Wenn wir die kumulierten Ein- und Auszahlungen sowie den Kapitalbedarf in ihrer zeitlichen Entwicklung grafisch darstellen, erhalten wir die Abbildung 2.5, in der die kumulierten Einzahlungen gestrichelt wiedergegeben sind.

ABB. 2.5: Entwicklung des Kapitalbedarfs

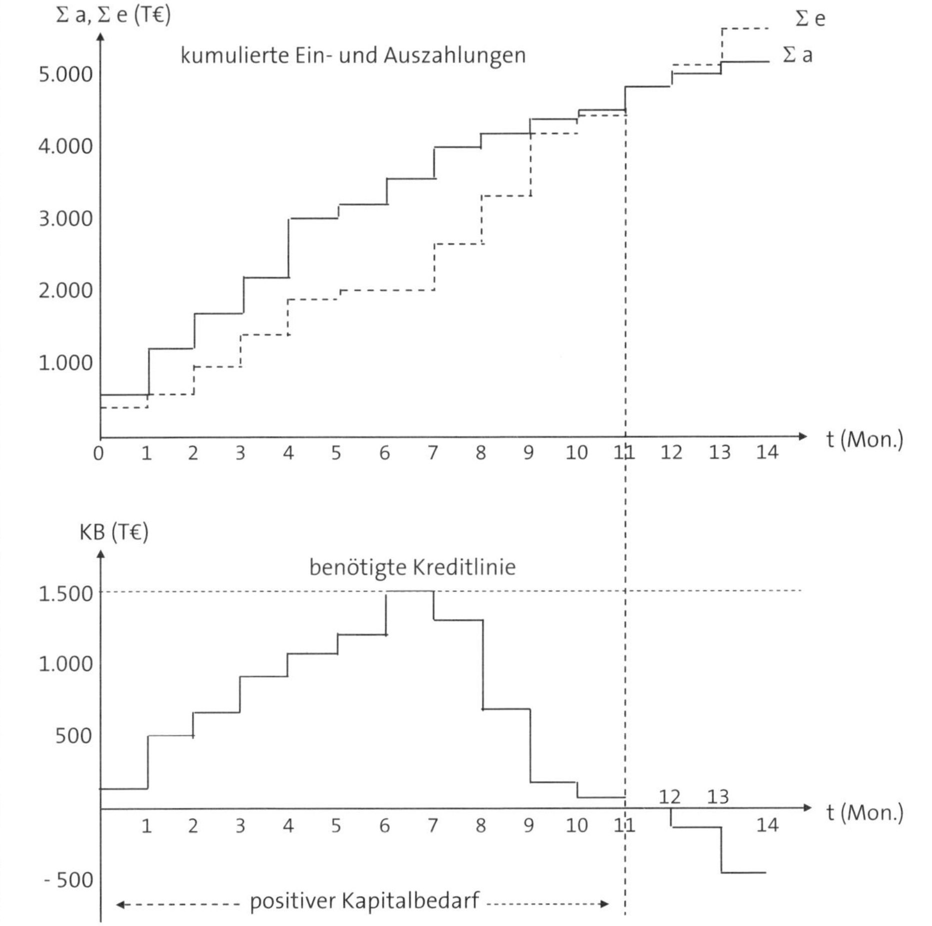

Ergebnis: In den ersten elf Monaten existiert ein positiver Kapitalbedarf, der im Juli mit 1.500 T€ sein Maximum erreicht. Im 12. Monat ist der Kapitalbedarf Null. Danach ist er negativ. Die betrachtete Unternehmung müsste spätestens im Juli über eine Kreditlinie verfügen können, die mindestens die Höhe des Kapitalbedarfes von 1.500 T€ erreicht. Nach dem 12. Monat stellt sich das Problem der Anlage überschüssiger Geldmittel.

2.3 Kapitalbedarfsrechnung und Finanzplanung

2.3.1 Notwendigkeit der Kassenhaltung

Die Kapitalbedarfsrechnung erlaubt eine betragsmäßige und zeitliche Bestimmung der Zahlungen. Jedoch sind diese Größen als Zukunftswerte mit Unsicherheit behaftet. Man hält einen Kassenbestand, um unerwarteten Auszahlungen nachkommen zu können oder um einen Ausgleich zu haben, falls die tatsächlichen Einzahlungen kleiner als erwartet ausfallen. Ein Kassenbestand an sich hat keinen ökonomischen Nutzen. Jede Unternehmung ist deshalb bestrebt, liquide Mittel zinstragend anzulegen. Sie würde gern davon absehen, Kasse zu halten, wenn sie dafür Vorsorge treffen könnte, dass die benötigten Mittel im rechten Augenblick zur Verfügung stünden. Das Ideal wäre also ein Kassenbestand von Null, und zwar in jedem Augenblick.

2.3.2 Vorteile der Finanzplanung

Dieser Idealzustand lässt sich in der Realität nicht erreichen, ohne dass man dadurch die Zahlungsfähigkeit infolge falscher Zukunftseinschätzung gefährdet. Die praktische Forderung kann daher nur lauten: Jede Unternehmung sollte ihren Kassenbestand so gering wie möglich halten. Zur Erfüllung dieser Forderung kann eine Finanzplanung viel beitragen. Die Höhe des notwendigen Kassenbestandes hängt von der Qualität der durchgeführten Finanzplanung ab. Je besser die Finanzplanung ist, desto geringer kann die Kasse als Sicherheitsreserve sein. Durch die Minderung des Kassenbestandes lassen sich bei Fremdfinanzierung Sollzinsen einsparen und bei Eigenfinanzierung Habenzinsen erwirtschaften. Bezeichnet man die durch eine qualifizierte Finanzplanung ermöglichte durchschnittliche Kassenbestandsminderung[1] mit Δ Ka, so lässt sich der Unternehmensgewinn G wie folgt beeinflussen:

Fall 1: Durch Δ Ka werden Fremdmittel und deren Zinsen eingespart.	$\Delta G = \Delta Ka \cdot i_S - \Delta K_{fin}$
Fall 2: Durch Δ Ka werden Eigenmittel frei und verzinslich angelegt.	$\Delta G = \Delta Ka \cdot i_H - \Delta K_{fin}$

Symbole

ΔG	= Änderung des Unternehmensgewinnes (€)
ΔKa	= Minderung des durchschnittlichen Kassenbestandes bei Durchführung einer qualifizierten Finanzplanung (€)
ΔK_{fin}	= Bei Durchführung einer qualifizierten Finanzplanung zusätzlich entstehende Kosten (€)
i_S	= Fremdkapitalzinssatz (Sollzinssatz)
i_H	= Habenzinssatz

Der Zweck der Finanzplanung besteht vor allem in der frühzeitigen Aufdeckung einer möglichen Illiquidität oder Überliquidität innerhalb der Planungsperiode und der vorausschauenden Gestaltung betrieblicher Zahlungsströme. So verdeutlicht Abbildung 2.6, dass in naher Zukunft ein Kapitalbedarf auftreten wird, für dessen Deckung am besten schon jetzt Vorsorge zu treffen ist.

1 In einem Unternehmen, bei dem man bislang zu risikofreudig agierte, könnte sich (ausnahmsweise) auch ein Mehrbestand ergeben.

ABB. 2.6: Ermittlung einer möglichen künftigen Illiquidität

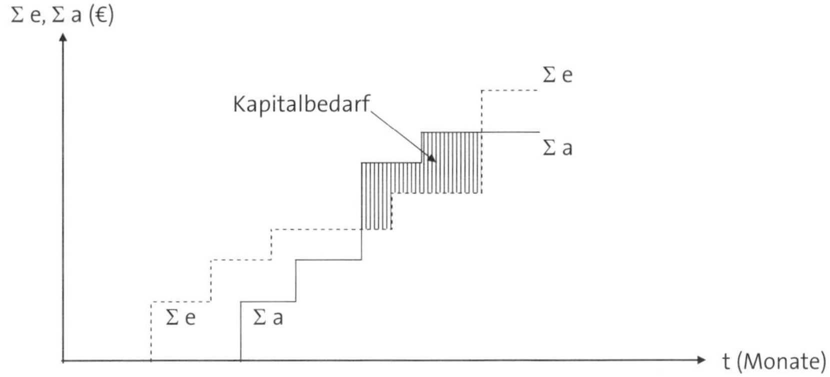

Die einfache und einleuchtende Forderung, einen Kapitalbedarf im Rahmen einer vorausschauenden Rechnung (ex ante-Rechnung) rechtzeitig zu prognostizieren, um so frühzeitig Maßnahmen zur Deckung des Kapitalbedarfes treffen zu können, wird in der Praxis oft nicht beachtet. Das zeigt die Insolvenzstatistik. Danach verzeichnete man 2006 in Deutschland 30.357 Unternehmensinsolvenzen.

ABB. 2.7: Entwicklung der Insolvenzen in Deutschland

Unternehmensinsolvenzen	1985	1990	1998	2005
Gesamt	13.560	8.730	27.828	36.843
nach Rechtsformen				
► Einzelunternehmen, Freie Berufe, Kleingewerbe	5.187	3.043	9.696	16.774
► Personengesellschaften	1.426	630	1.456	2.744
► GmbH	6.891	5.017	16.413	16.414
► AG, KGaA	19	14	79	344
► Sonstige	37	26	184	567

Stat. Jahrbuch 1986, 1991, 2001, 2006
Statistisches Bundesamt, Fachserie 2, R.4.1, 12/2006, Tabelle 1

Bei den meisten Insolvenzen waren und sind Fehler im Finanzierungsbereich mitverantwortlich für den Misserfolg. Schon 1976 erklärten in einer Umfrage 80 % der befragten Unternehmen, dass Fehler im Finanzierungsbereich mit eine Ursache für ihre Zahlungsunfähigkeit waren. Bei 40 % aller Insolvenzfälle wäre damals eine Abwehr möglich gewesen, hätte man rechtzeitig geeignete Maßnahmen zur Liquiditätsvorsorge ergriffen[1].

Seitdem hat sich nicht viel verändert. Weiterhin sind es Finanzierungsprobleme (schleppender Zahlungseingang, Eigenkapitalschwäche, Kreditschwierigkeiten, gekürzte oder gestrichene Kreditlinien, zu hohe Finanzierungskosten), die das Bild prägen. Neu ist der dramatische Anstieg der Zahlungsausfälle, jetzt Nummer eins der Insolvenzursachen. Zahlungsausfälle führen zu ei-

1 Vgl. W. Reske/A. Brandenburg/H.-J. Mortsiefer, Insolvenzursachen mittelständischer Betriebe, S. 172 u. 211.

nem verhängnisvollen Domino-Effekt: Wenn Unternehmenskunden selbst in Schwierigkeiten geraten und ihre Rechnungen nicht mehr bezahlen, werden die von den Forderungsverlusten betroffenen Unternehmen leicht selbst zum Insolvenzfall.

ABB. 2.8: Insolvenzursachen 1996

Rangfolge der Insolvenzursachen 1996	Umfrageergebnis in % (Mehrfachnennungen)
1 Forderungsausfälle	78
2 Kunden zahlen schleppend	67
3 Zu wenig Eigenkapital	57
4 Schwierige Kapitalbeschaffung	55
5 Lohnzusatzkosten zu hoch	49
6 Lohnkosten zu hoch	44
7 Kreditlinien gekürzt/gestrichen	44
8 Finanzierungskosten zu hoch	41
9 Investitionen zu hoch	36
10 Schlechte Konjunkturentwicklung	30

Quelle: Creditreform (imu 96 12 303)

Kann ein im Rahmen der Finanzplanung ermittelter künftiger Kapitalbedarf nicht oder nur zu ungünstigen Bedingungen gedeckt werden, so lassen sich aus der Finanzplanung auch Hinweise ableiten, wie die betrieblichen Zahlungsströme zu ändern sind, um künftige Zahlungsschwierigkeiten zu vermeiden. Abbildung 2.9 zeigt, dass nach Periode 4 ein Kapitalbedarf auftritt, der das verfügbare Kreditlimit übersteigt, falls die Unternehmung gerade dann eine Investition beginnt, die über drei Perioden einen zusätzlichen Kapitalbedarf auslöst.

ABB. 2.9: Kapitalbedarf übersteigt Verschuldungsobergrenze

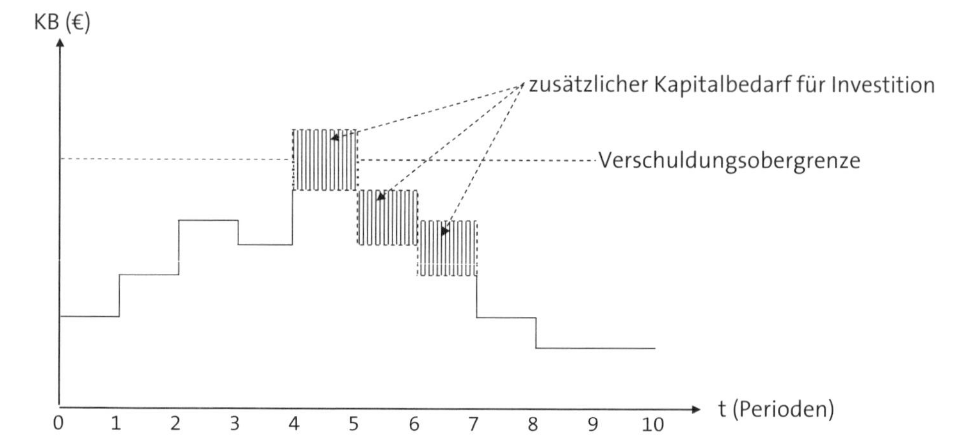

Es gibt offenbar zwei Möglichkeiten, um die Illiquidität zu vermeiden:

(1) Erhöhung der Kreditlinie auf den Betrag des maximalen Kapitalbedarfes,

(2) spätere Durchführung der Investition, z. B. ab Zeitpunkt 5.

Sie erkennen, dass dem finanziellen Aufwand einer Finanzplanung ein erheblicher Ertrag gegenüberstehen kann, der die Finanzplanung in aller Regel wirtschaftlich macht.

ABB. 2.10: Aufwand und Ertrag einer Finanzplanung

Planungsaufwand	Planungsertrag
Personalaufwand	Rechtzeitige Erhöhung der Kreditlinie
Materialaufwand	Keine Notverkäufe von Vermögensteilen
Sachaufwand	Verschiebung oder Vorverlegung von Investitionen
Konfliktaufwand	Vermiedene Aufnahme teuren Kapitals
Raumaufwand	Günstige Anlage liquider Mittel
Computeraufwand	Vorausschauende Nutzung günstiger Finanzierungskonditionen
	Geringerer Kassenbestand
	Verminderung der Unsicherheit
	Integrativer Effekt

Auch die nicht quantifizierbaren Größen – Verminderung der Unsicherheit sowie integrativer Effekt – sind in der betrieblichen Praxis von Bedeutung. Eine qualifizierte Finanzplanung bringt eine erhöhte Überlebenssicherheit Ihres Unternehmens. Der integrative Effekt liegt darin, dass die benötigten Informationen über die Zahlungsströme zentral zusammengefasst werden, so dass sich ungleichgewichtige Entwicklungen zwischen den betrieblichen Teilbereichen frühzeitig erkennen lassen. Die Finanzplanung erzwingt eine enge Koordination der betrieblichen Teilbereiche[1].

Der Zweck der Finanzplanung besteht in einer möglichst frühzeitigen Aufdeckung einer möglichen Illiquidität oder Überliquidität innerhalb der Planungsperiode und in der vorausschauenden Gestaltung betrieblicher Zahlungsströme.

2.4 Durchführung der Finanzplanung

2.4.1 Kurz-, mittel- und langfristige Finanzpläne

Führt ein Wirtschaftssubjekt eine Kapitalbedarfsrechnung in der Weise durch, dass eine tabellarische Gegenüberstellung aller Einzahlungen, Auszahlungen und Geldbestände mit dem Ziel vorgenommen wird, einen künftigen Kapitalbedarf (oder Geldüberschuss) zu ermitteln, so spricht man von einer Finanzplanung.

Die bei der Finanzplanung zu beachtenden Grundsätze sind[2]:

- Vollständigkeit (Erfassung aller Ein- und Auszahlungen),
- Zeitpunktgenauigkeit (Zuordnung aller Zahlungen zu den Zeitpunkten, zu denen sie liquiditätswirksam werden),

1 Vgl. J. Hauschildt/G. Sachs/E. Witte, Finanzplanung und Finanzkontrolle, S. 69.

2 Ähnlich: K. Olfert, Finanzierung, S. 65 f. – L. Perridon/M. Steiner, Finanzwirtschaft der Unternehmung, S. 618 f.

- Betragsgenauigkeit (die Zahlungshöhe ist möglichst genau abzuschätzen),
- Elastizität (Änderungen müssen sofort und vollständig in den Finanzplan eingearbeitet werden),
- Regelmäßigkeit (dauerhafte Durchführung zu bestimmten Zeitpunkten und nicht nur bei bestimmten Anlässen),
- Kontrolle (Plan- und Istwerte sind einander gegenüberzustellen, Abweichungen sind zu analysieren),
- Wirtschaftlichkeit (Planungsaufwand darf nicht höher sein als der Planungsertrag).

Finanzplanungsarten unterscheiden Sie nach der Erstellungshäufigkeit, dem Prognosezeitraum und dem Adressaten:

ABB. 2.11: Finanzplanungsarten

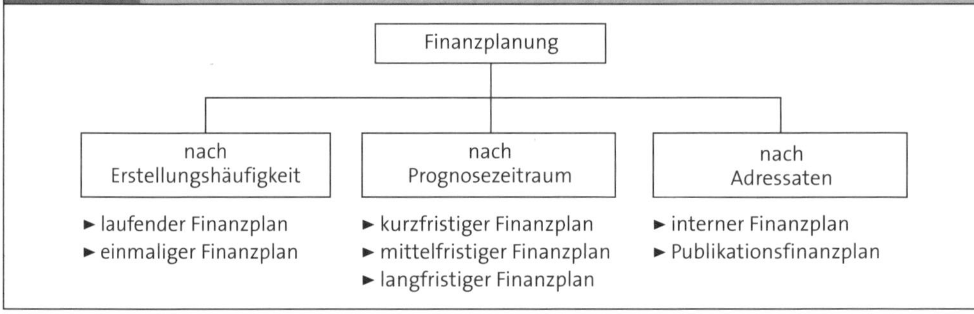

Die Prognosezeiträume lassen sich wie folgt präzisieren[1]:

ABB. 2.12: Zeitliche Einteilung der Finanzpläne

Bezeichnung	Prognosezeitraum	Anmerkung
Langfristiger Finanzplan (Kapitalbedarfsplan)	2 – 5 Jahre	Langfristige Grobplanung. Planungseinheit: Jahr
Mittelfristiger Finanzplan (Finanzplan im engeren Sinne)	1 Jahr	Planungseinheit: Woche oder Monat
Kurzfristiger Finanzplan (Liquiditätsstatus)	1 Woche bis 1 Monat	Planungseinheit: Tag

Die Ausgestaltung der Finanzpläne ist von Betrieb zu Betrieb verschieden, da die Einzelpositionen, aus denen sich die Ein- und Auszahlungen zusammensetzen, unterschiedlich sind. Der Grundaufbau jedoch ist überall derselbe: Es werden die in einer bestimmten Weise spezifizierten Ein- und Auszahlungen möglichst genau geschätzt und einander gegenübergestellt.

2.4.2 Beispiel für ein Finanzplanungsformular

Der im folgenden Finanzplanungsformular dargestellte mittelfristige Finanzplan umfasst den Zeitraum eines Kalenderjahres mit dem Monat als Planungseinheit[2]. Zunächst werden die Soll-

1 Vgl. hierzu u. a.: L. Perridon/M. Steiner, Finanzwirtschaft der Unternehmung, S. 621 f. – G. Wöhe/J. Bilstein, Grundzüge der Unternehmensfinanzierung, S. 401 f.

2 Das Formular stammt von der TBU-Unternehmensberatung (Raisdorf).

werte für die monatlichen Einzahlungen aus Umsätzen sowie weitere Einzahlungen und die Auszahlungen vorgegeben. Es ist darauf zu achten, dass alle für den Betrieb relevanten Zahlungsströme erfasst werden.

ABB. 2.13: Finanzplanungsformular

Firma: Finanzplan 1. Halbjahr 20.. Stand:

Bezeichnung	Übertrag		Januar		Februar		März		April		Mai		Juni		Gesamt	
	Soll	Ist	Soll	Ist	Soll	Ist	Soll	Ist	Soll	Ist	Soll	Ist	Soll	Ist	Soll	Ist
Einzahlungen (T€):																
aus Umsätzen lfd. Monate																
aus Umsätzen Vormonate																
Finanzanlagen																
Verkauf Anlagen																
Eigenkapital																
langfristiger Kredit																
kurzfristiger Kredit																
Sonstige																
A. Summe Einzahlungen																
Auszahlungen (T€):																
Wareneinsatz																
Personal																
Privatentnahme																
Heizung																
Miete																
Strom, Gas, Wasser																
Werbung																
Gebühren, Abgaben, Pflichtbeiträge, Versicherungen																
Kfz																
Telefon/Porto																
Instandhaltung																
Büro-/Betriebsbedarf																
Rechts- und Beratungsauszahlungen																
Investitionen																
Tilgung langfr. Kredite																
Tilgung kurzfr. Kredite																
Zinsen langfr. Kredite																
Zinsen kurzfr. Kredite																
Steuern																
Sonstige																
B. Summe Auszahlungen																
C. Zahlungsmittelbestand																
Über-/Unterdeckung (A – B + C)																

Bemerkungen:

Bearbeiter: Verteiler: Datum: Ersetzt:

Die möglicherweise sichtbar werdenden Unterdeckungen bestimmen den Umfang und die zeitliche Inanspruchnahme von Fremdmitteln. Insbesondere der kurzfristige Kreditbedarf kann aus dem Finanzplan abgeleitet werden, nachdem das langfristig dem Betrieb zur Verfügung stehende Fremdkapital zuvor einzusetzen ist. Bei der Aufstellung des Finanzplanes ist besonders darauf zu achten, dass Fremdmittel termingerecht zurückgezahlt werden und dass eine sorgfältige Abschätzung des Zeitpunkts der Zahlungseingänge und -ausgänge erfolgt.

Durch die Eintragung der Ist-Werte und die Durchführung einer Abweichungskontrolle bekommt der Anwender Aufschlüsse über seine Liquiditätsentwicklung. Dabei ist besonders auf die Inanspruchnahme der kurzfristigen Kredite zu achten. Das frühzeitige Erkennen von Liquiditätsengpässen ermöglicht eine rechtzeitige Gegensteuerung, so dass eine Überschreitung der Kreditlinie vermieden werden kann. Bei starken Soll-Ist-Abweichungen sowohl nach unten als auch nach oben empfiehlt es sich, den Finanzplan zu korrigieren. Da die Arbeit mit einem solchen Finanzplan und entsprechender Abweichungsanalyse relativ rechenaufwendig ist, empfiehlt sich hierbei der Einsatz der EDV. Dazu kann ein Kalkulationsprogramm verwendet werden, das auf den meisten Personal-Computern lauffähig ist. Die EDV-gestützte Finanzplanung[1] bietet vor allem folgende Vorteile:

- Reduzierung des Rechenaufwandes,
- Reduzierung des Kontrollaufwandes,
- schnelles Aufbauen mehrerer Planungsvarianten (Sensibilitätsanalysen),
- schnelle und einfache Korrektur bei Änderung des Finanzplanes,
- sofortige Ergebnisanzeige nach Dateneingabe,
- Übernahme der Daten aus dem Finanzplan in andere EDV-Anwendungen.

Für die Ermittlung der optimalen Finanzierungsform und vor allem für die laufende Liquiditätskontrolle ist das Aufstellen eines Finanzplanes und seine regelmäßige Fortführung unerlässlich.

2.4.3 Rollende Finanzplanung

Kurzfristige Finanzpläne werden häufig im Rahmen einer rollenden (gleitenden, revolvierenden, rollierenden, überlappenden) Planung in langfristige Pläne eingebettet. Die langfristigen Pläne beruhen auf einer weit in die Zukunft reichenden und von daher relativ groben Schätzung der Ein- und Auszahlungen. Die Genauigkeitsanforderungen sind mit zunehmender Planperiodenlänge immer geringer anzusetzen.

1 Vgl. S. Hafner/H. Wiedling, Liquiditätsplanung auf dem IBM-PC und kompatiblen Computern.

ABB. 2.14: Rollende Planung verbindet kurz- und langfristige Planung

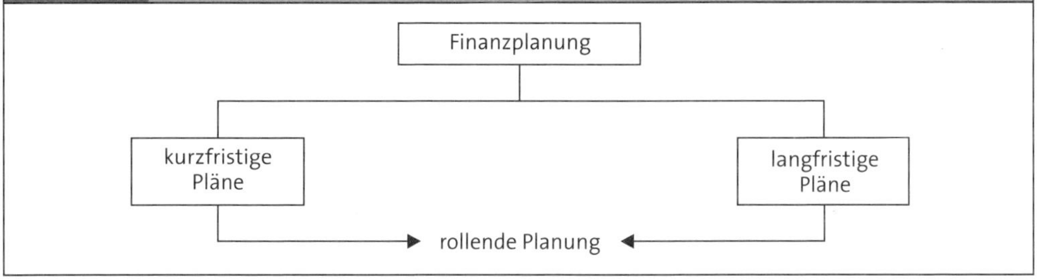

So kann etwa eine in Quartale aufgeteilte Jahresplanung nach Ablauf eines Quartals um ein Vierteljahr verlängert werden, wobei eine Planrevision zur Berücksichtigung neuer Erkenntnisse möglich ist. Die Planrevision hat unter Berücksichtigung der langfristigen Planung zu geschehen. Dabei kann es sein, dass auch die langfristige Planung – in gewissen Zeitabständen – revidiert werden muss.

ABB. 2.15: Rollende Finanzplanung

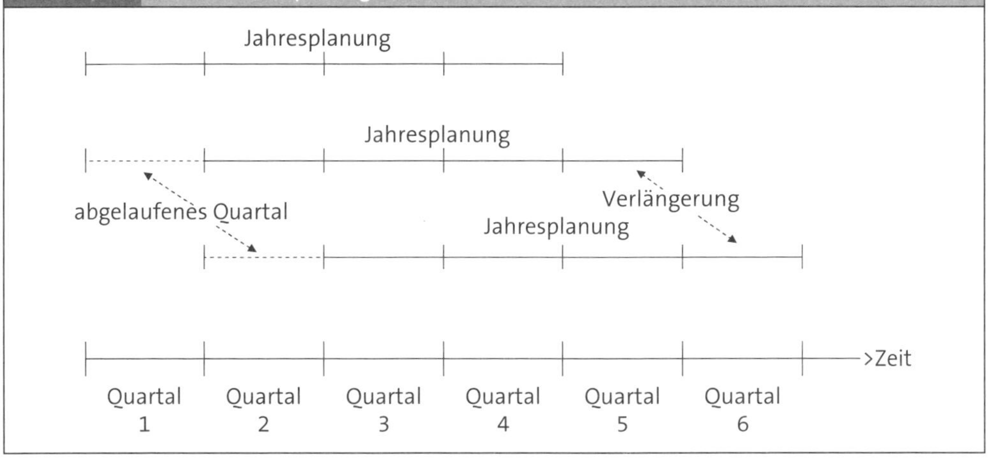

Sie führen in Ihrem Unternehmen eine maßgeschneiderte Kapitalbedarfsrechnung ein. Sie ermitteln die kumulierten Auszahlungen und Einzahlungen auf Wochen-, Monats- und Jahresbasis. Auf der Grundlage dieser Kapitalbedarfsrechnung erstellen Sie Finanzpläne unterschiedlicher Fristigkeit im Rahmen einer rollierenden Planung. Sie stellen künftige Liquiditätsengpässe und/oder künftige Geldmittelüberschüsse rechtzeitig fest und können vorausschauend disponieren. Sie entwickeln ein Finanzplanungsformular speziell für Ihr Unternehmen. Falls Sie routinemäßig mit Finanzplanung befasst sind, erleichtern Sie sich die Arbeit durch den Einsatz der EDV.

2.5 Optimale Deckung eines gegebenen Kapitalbedarfes

2.5.1 Sockelbedarf und Spitzenbedarf

Wenn in einer Unternehmung ein im Zeitablauf unterschiedlich hoher Kapital- oder Geld- oder Finanzbedarf festzustellen ist, wie ihn Abbildung 2.16 zeigt, so existiert normalerweise ein Sockelbedarf, den Sie langfristig decken, und ein Spitzenbedarf, den Sie kurzfristig finanzieren.

ABB. 2.16: Kapitalbedarf mit Spitzen- und Sockelbedarf

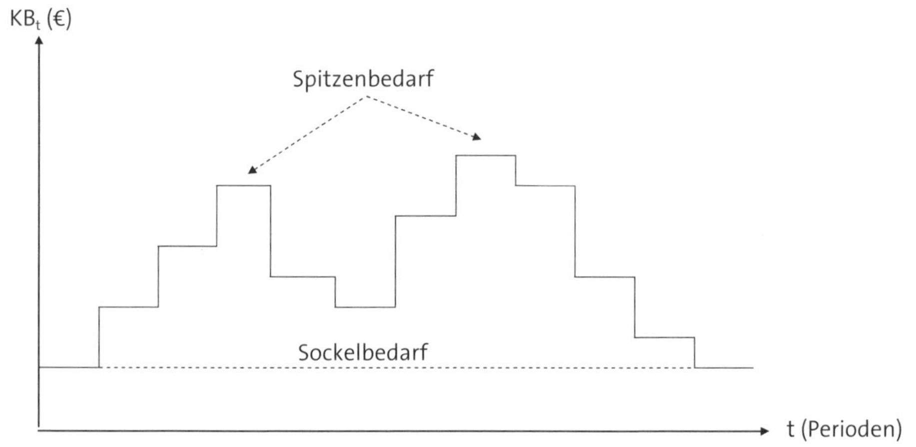

Offen bleibt die Frage, wie ein Kapitalbedarf, der nicht eindeutig dem Sockel- oder dem Spitzenbedarf zugerechnet werden kann, finanziert werden soll. Diese Frage wollen wir unter Beachtung folgender Annahmen beantworten:

- Der auftretende Kapitalbedarf muss fremdfinanziert werden.
- In Frage kommen zwei Kreditarten: langfristiger oder kurzfristiger Kredit.
- Der langfristige Kredit ist jährlich flexibel. Er kann also jeweils zum Jahresende ganz oder teilweise zurückgezahlt oder auch aufgestockt werden.
- Der kurzfristige Kredit ist täglich flexibel. Er kann jeden Tag ganz oder teilweise getilgt oder auch aufgestockt werden.

Das angesprochene Problem wurde zuerst von Goldschmidt unter Verwendung eines Ansatzes von Polak[1] gelöst.

Grundsätzlich wird der Sockelbedarf langfristig, der Spitzenbedarf kurzfristig finanziert.

1 Vgl. hierzu: H. O. Goldschmidt, Financial Planning in Industry, S. 106 ff. – N. J. Polak, Grundzüge der Finanzierung mit Rücksicht auf die Kreditdauer, S. 100 ff.

2.5.2 Aufwandminimierende Finanzierung

Die Antwort auf die Frage, bis wann kurzfristig und ab wann langfristig zu finanzieren ist, finden Sie, indem Sie die kritische Zeit errechnen, bei der es gleichgültig ist, ob Sie kurz- oder langfristig finanzieren. Diese kritische Zeit ist gegeben, wenn die jährlichen Zinsaufwendungen bei kurzfristiger Finanzierung Z_k identisch sind mit den jährlichen Zinsaufwendungen bei langfristiger Finanzierung Z_l. Abbildung 2.17 zeigt das Vorgehen zur Errechnung der kritischen Zeit. Dabei nehmen wir als Regelfall an, dass der Zinssatz für ein kurzfristiges Darlehen p_k höher ist als der Zinssatz für ein langfristiges Darlehen p_l.

ABB. 2.17: Jährliche Zinsaufwendungen bei lang- und kurzfristiger Finanzierung

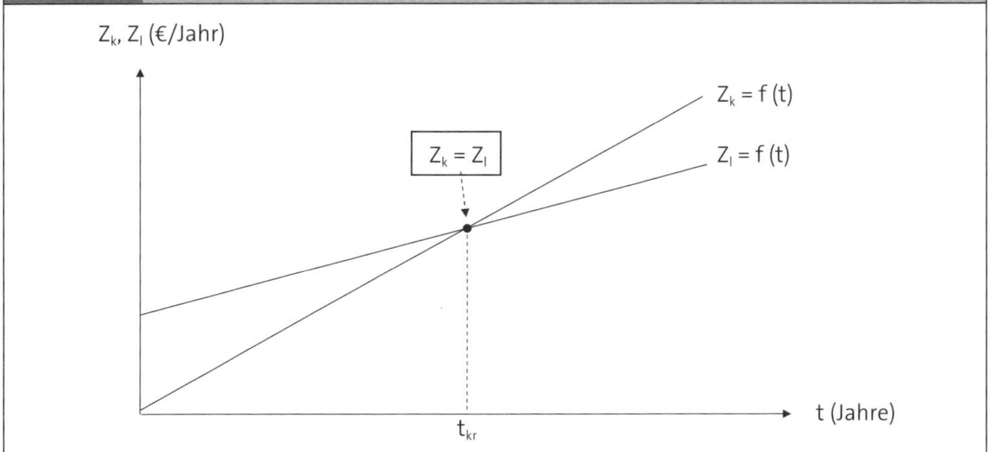

Wegen $p_k > p_l$ steigt die Z_k-Funktion stärker als die Z_l-Funktion. Andererseits existieren bei der Vergabe eines langfristigen Darlehens einmalige Aufwendungen, etwa im Rahmen der Bereitstellung von Kreditsicherheiten oder wegen Bereitstellungszinsen, die dazu führen, dass die Z_l-Funktion einen positiven Ordinatenabschnitt aufweist, wogegen die Z_k-Funktion im Ursprung beginnt, wie wir vereinfachend annehmen wollen. Die beiden Funktionen schneiden sich im Punkt S. An dieser Stelle sind die Zinsaufwendungen und sonstigen Kreditaufwendungen bei kurz- und langfristiger Fremdfinanzierung gleich. Für die kritische Zeit t_{kr} gilt also:

$$Z_t = Z_l$$

Ermittlung der kritischen Zeit

Ermittelt man den jährlichen Zinsaufwand für einen kurzfristigen Kredit in Höhe von C €, der für die Zeit von t Tagen im Unternehmen benötigt wird, so kann man für Z_k schreiben:

$$Z_k = \frac{p_k}{365} \cdot C \cdot t$$

Zinsaufwand eines kurzfristigen Kredits

Symbole

Z_k = jährlicher Zinsaufwand bei kurzfristiger Finanzierung (€)
P_k = Zinssatz des kurzfristigen Kredites (dezimal)

C = Kreditbetrag (€)
t = Anzahl Tage, die der kurzfristige Kredit im Unternehmen benötigt wird

In entsprechender Weise suchen wir einen Ausdruck für Z_l. Dabei ist zu beachten, dass der langfristige Kredit immer dann, wenn er vorübergehend im Unternehmen nicht benötigt wird, extern zinstragend angelegt werden kann, wobei der Habenzinssatz p_h erzielt wird. Die Gesamtsumme der externen Zinserträge hängt bei gegebenen Zinssätzen von der Zeit ab, für die der Kreditbetrag extern angelegt wird. Diese Zeit beläuft sich auf (365 - t) Tage. Mithin gilt für Z_l:

$$Z_l = \underbrace{p_l \cdot C}_{\text{Zinsen bei ganzjähriger Kreditbeanspruchung}} - \underbrace{\frac{p_h}{365} \cdot C \cdot (365 - t)}_{\text{Zinsertrag bei externer Anlage des Kredites}}$$

Zinsaufwand eines langfristigen Kredits

Symbole

Z_l = jährlicher Zinsaufwand bei langfristiger Finanzierung (€)
p_l = Zinssatz des langfristigen Kredites (dezimal)
C = Kreditbetrag (€)
p_h = Habenzinssatz bei externer Anlage des langfristigen Kredites (dezimal)
t = Anzahl Tage, die der langfristige Kredit im Unternehmen benötigt wird

BEISPIEL (Zinsaufwand bei kurz- und langfristiger Finanzierung)

Ein Kapitalbedarf von 1.000 € ist zu finanzieren. Der Unternehmer könnte einen kurzfristigen und einen langfristigen Kredit einsetzen. Es gilt p_k = 9 % und p_l = 8 %. Zwischenzeitlich nicht benötigte Mittel können zu p_h = 3 % angelegt werden. Der Kredit von C = 1.000 € wird für die Zeit von t = 300 Tagen benötigt. Wie hoch ist der Zinsaufwand bei kurz- oder langfristiger Finanzierung?

Kurzfristiger Kredit	Langfristiger Kredit
$Z_k = \frac{p_k}{365} \cdot C \cdot t$	$Z_l = p_l \cdot C - \frac{p_h}{365} \cdot C \cdot (365 - t)$
$Z_k = \frac{0{,}09}{365} \cdot 1.000 \cdot 300$	$Z_l = 0{,}08 \cdot 1.000 - \frac{0{,}03}{365} \cdot 1.000 \cdot 65$
Z_k = 73,97 (€)	Z_l = 74,66 (€)

Ergebnis: Wird der Kredit für 300 Tage benötigt, so ist die kurzfristige Fremdfinanzierung zinsgünstiger.

Würde man den Kredit dagegen das ganze Jahr benötigen, dann wäre wegen $p_l < p_k$ die langfristige Fremdfinanzierung günstiger. Es muss also eine kritische Zeit geben, bei der es gleichgültig ist, ob Sie kurz- oder langfristig fremdfinanzieren; das ist die Zeit, bei der beide Finanzierungsvarianten den gleichen Zinsaufwand verursachen. Somit gilt:

Zinsaufwand kurzfristige Fremdfinanzierung (Z_k)	=	Zinsaufwand langfristige Fremdfinanzierung (Z_l)
$\frac{p_k}{365} \cdot C \cdot t_{kr}$	=	$p_l \cdot C - \frac{p_h}{365} \cdot C \cdot (365 - t_{kr})$

Die Gleichung lässt sich vereinfachen, wenn man durch C dividiert und mit 365 multipliziert:

$$p_k \cdot t_{kr} = 365\, p_l - p_h (365 - t_{kr}) \quad | \text{ Klammer ausmultiplizieren} \rightarrow$$

$$p_k \cdot t_{kr} = 365\, p_l - p_h \cdot 365 + p_h \cdot t_{kr} \quad | -p_h \cdot t_{kr} \rightarrow$$

$$t_{kr} (p_k - p_h) = 365\, (p_l - p_h) \quad | : (p_k - p_h) \rightarrow$$

(2.3) $$t_{kr} = 365 \cdot \frac{p_l - p_h}{p_k - p_h}$$ t_{kr} = kritische Zeit (Tage)

Aus Gleichung (2.3) erkennen Sie:

> Die kritische Zeit, bis zu der kurzfristig und ab der langfristig zu finanzieren ist, hängt vom Verhältnis zweier Zinsdifferenzen, $p_l - p_h$ und $p_k - p_h$, ab. Die Höhe des Kapitalbedarfs spielt keine Rolle.

Die Gleichung enthält die einfache Empfehlung:

Dauer des Kapitalbedarfes	Empfehlung
Mehr als t_{kr} Zeiteinheiten	Langfristig finanzieren
Genau t_{kr} Zeiteinheiten	Indifferenz
Weniger als t_{kr} Zeiteinheiten	Kurzfristig finanzieren

BEISPIEL (Kritische Zeit bei monatlich flexiblem Kurzfrist-Kredit)

Zeigen Sie, dass im Falle eines kurzfristigen Kredites, der nicht täglich, sondern monatlich flexibel ist (also erst nach Monatsablauf ganz oder teilweise getilgt oder aufgestockt werden kann), die Gleichung zur Bestimmung der kritischen Zeit wie folgt lautet:

$$t_{kr} = 12 \cdot \frac{p_l - p_h}{p_k - p_h}$$ t_{kr} = kritische Zeit (Monate)

Lösung

$$Z_k = Z_l$$

$$\frac{p_k}{12} \cdot C \cdot t_{kr} = p_l \cdot C - \frac{p_h}{12} \cdot C\,(12 - t_{kr}) \quad | \cdot \frac{12}{C} \rightarrow$$

$$p_k \cdot t_{kr} = 12\, p_l - p_h (12 - t_{kr}) \quad | \text{ Klammer ausmultiplizieren} \rightarrow$$

$$p_k \cdot t_{kr} = 12\, p_l - 12\, p_h + t_{kr} \cdot p_h \quad | - t_{kr} \cdot p_h \rightarrow$$

$$t_{kr} (p_k - p_h) = 12\, (p_l - p_h) \quad | : (p_k - p_h) \rightarrow$$

(2.4) $$t_{kr} = 12 \cdot \frac{p_l - p_h}{p_k - p_h}$$ t_{kr} = kritische Zeit (Monate)

BEISPIEL (Optimale Finanzierung eines gegebenen Kapitalbedarfes)

Eine Unternehmung erwartet für das kommende Jahr die aus der folgenden Abbildung (linker Teil) ersichtlichen Ein- und Auszahlungen. Ermitteln Sie den Kapitalbedarf tabellarisch und zeichnerisch, und erörtern Sie die Deckung dieses Kapitalbedarfes unter folgenden Annahmen: Es existiert ein langfristiger

Kredit mit einem Zinssatz von 6 %, ein kurzfristiger Kredit (Monatskredit) mit dem Zinssatz von 12 % und eine externe Anlagemöglichkeit für Kassenüberschüsse mit dem Habenzinssatz von 4 %.

ABB. 2.18: Geplante Einzahlungen und Auszahlungen

Zahlen des Beispiels			Lösungstabelle		
Monate	Einzahlungen e (T€/Monat)	Auszahlungen a (T€/Monat)	Σ e	Σ a	KB (T€)
Januar	2	10	2	10	8
Februar	4	12	6	22	16
März	6	8	12	30	18
April	8	4	20	34	14
Mai	10	0	30	34	4
Juni	12	2	42	36	– 6
Juli	8	6	50	42	– 8
August	9	10	59	52	– 7
September	8	12	67	64	– 3
Oktober	8	10	75	74	– 1
November	10	8	85	82	– 3
Dezember	4	6	89	88	– 1

Die nachfolgende Abbildung zeigt den Kapitalbedarf in seiner zeitlichen Entwicklung. Ab Juni ist der Kapitalbedarf negativ, d. h. ab Juni existieren Kassenüberschüsse.

ABB. 2.19: Entwicklung des Kapitalbedarfs

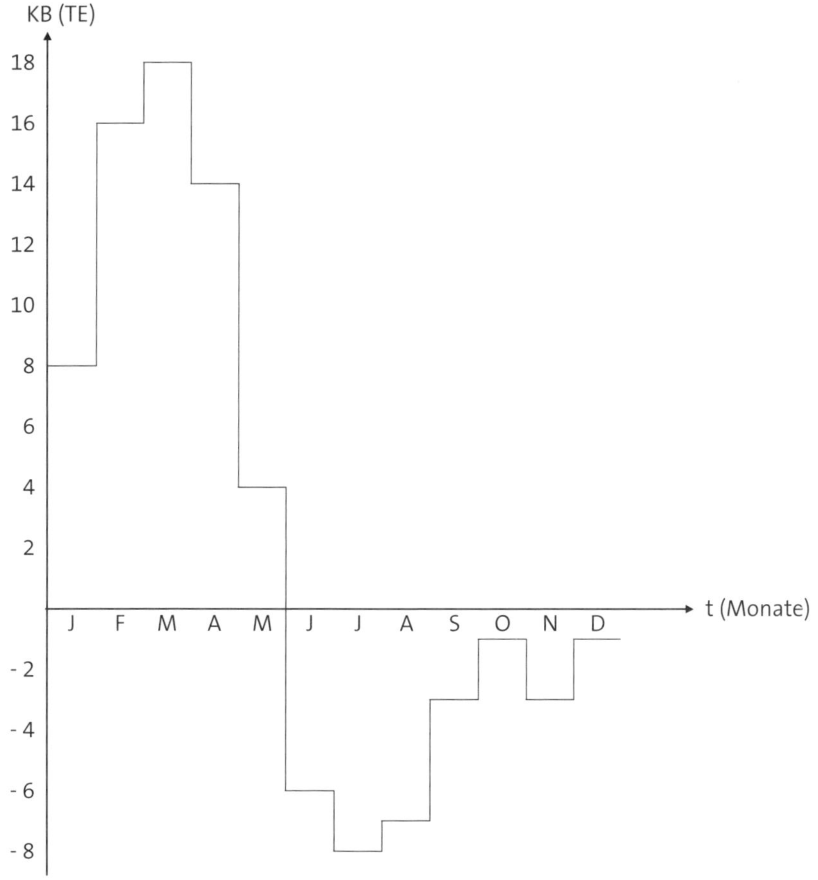

Gemäß (2.4) gilt für die kritische Zeit: $t_{kr} = 12 \cdot \frac{p_l - p_h}{p_k - p_h}$

Unter Berücksichtigung der Werte des Beispiels erhalten Sie:

$$t_{kr} = 12 \cdot \frac{0{,}06 - 0{,}04}{0{,}12 - 0{,}04}$$

$$t_{kr} = 3 \text{ (Monate)}$$

Ergebnis: Die kritische Zeit beläuft sich auf 3 Monate. Somit ist unter Berücksichtigung der nachfolgenden Abbildung der folgende Finanzierungsplan aufzustellen:

ABB. 2.20: Optimale Finanzierung eines gegebenen Kapitalbedarfs

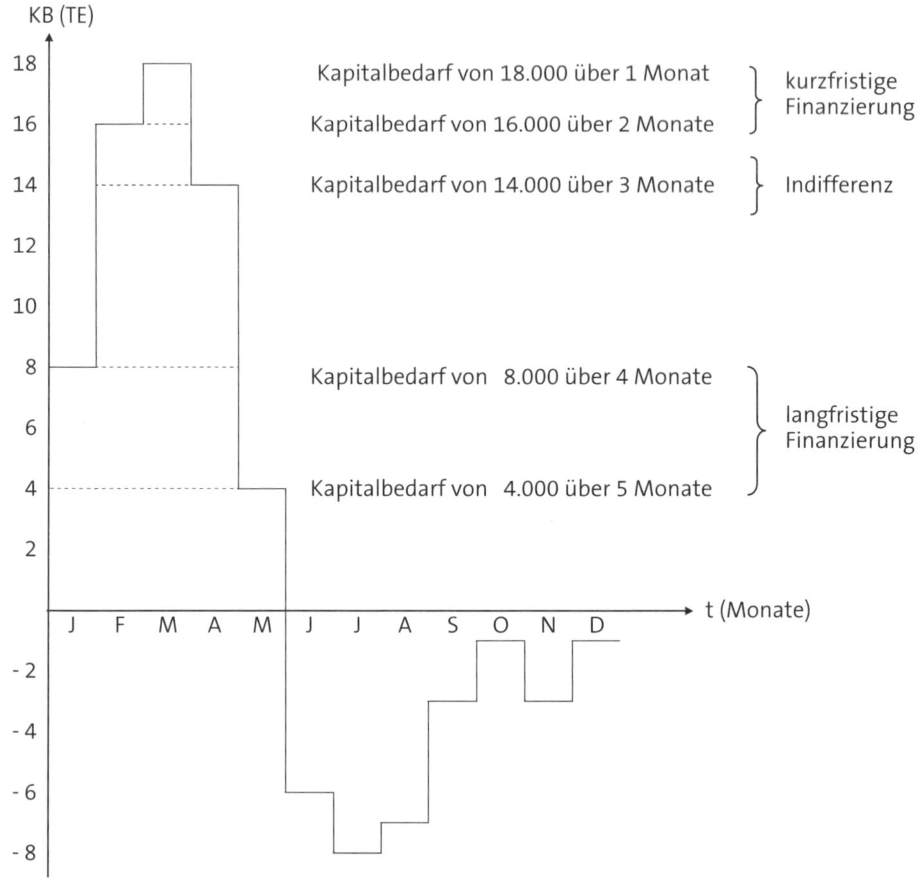

Geht man davon aus, dass im Fall der Indifferenz (3 Monate) eine Präferenz für langfristige Finanzierung besteht, dann sind insgesamt 14.000 € langfristig und 4.000 € für kurze Frist zu beschaffen. Die Präferenz für eine langfristige Finanzierung kann sich in der Praxis auch so auswirken, dass Sie bei Durchführung der Rechnung zur Bestimmung von t_{kr} verschiedene für möglich gehaltene Zinssätze einsetzen, die die denkbaren Zinsentwicklungen wiedergeben. Sie erhalten dann verschiedene Werte für t_{kr} und können sich gegebenenfalls an dem niedrigeren orientieren.

2.6 Praktische Bedeutung der Finanzplanung

Eine 1990 durchgeführte Befragung der 520 umsatzstärksten Unternehmen Deutschlands, die eine Quote von 44,5 Prozent verwertbarer Fragebögen als Rücklauf erbrachte, zeigt, dass fast alle antwortenden Unternehmen (98,5 %) Finanzplanungen durchführen[1]. Nur 1,5 % der antwor-

1 Vgl. K.-B. Bugislaus, Die Finanzplanung der 500 umsatzstärksten Unternehmen der Bundesrepublik Deutschland, S. 35 ff.

tenden Unternehmen gaben an, keine Finanzplanung zu erstellen. Die Finanzplanung wird fast ausschließlich zur Wahrung der Liquidität vorgenommen, andere Ziele wie Gewinnmaximierung oder Minimierung des Kapitalaufwandes treten in den Hintergrund. Trotz der großen Bedeutung der Finanzplanung wird sie nur selten in einer eigenständigen Abteilung durchgeführt. Meist findet man sie eingebunden in andere Abteilungen, die sich allgemein mit Finanzierung, Planung oder Rechnungswesen befassen. Die befragten Unternehmen, überwiegend Umsatzmilliardäre, schöpfen die technischen Möglichkeiten noch nicht voll aus: Immerhin 13,5 % der antwortenden Unternehmen erstellen ihre Finanzplanung noch manuell. Die meisten Unternehmen führen ihre Finanzplanung EDV-gestützt mit manueller Datenerfassung durch, doch nur wenige nutzen die Möglichkeiten der Übernahme von Daten aus bestehenden Datenbanken anderer Betriebsbereiche. Die EDV-gestützte Finanzplanung basiert in fast allen Fällen auf selbstentwickelter Software oder auf Tabellenkalkulationsprogrammen, die für die jeweiligen betrieblichen Erfordernisse modifiziert wurden. Nur 3 % der antwortenden Unternehmungen nahmen dafür die Hilfe von Software-Entwicklern in Anspruch.

Finanzplanung ist nicht nur bei den Großen weit verbreitet, auch mittelständische Unternehmungen führen sie in rund 80 % aller Fälle durch. Aus einer 1996 vorgenommenen Untersuchung mittelständischer Unternehmen in Schleswig-Holstein geht hervor, dass lediglich 18,5 % der antwortenden Unternehmen auf die Finanzplanung verzichten. Befragt wurden 144 schleswig-holsteinische Unternehmungen, die einen Jahresumsatz von mindestens 100 Millionen DM und/oder eine Beschäftigtenzahl von mindestens 470 aufwiesen. Die Rücklaufquote betrug 45 Prozent. 15 % der antwortenden Unternehmungen erstellen die Finanzplanung noch manuell, was eine flexible Handhabung erschwert und bei Überarbeitungen und Anpassungen einen hohen zeitlichen und finanziellen Aufwand verursacht[1].

2.7 Checkliste und Zusammenfassung

Die **Liquidität** eines Unternehmens kann zeitraum- oder zeitpunktbezogen gesehen werden:

- Ein Unternehmen ist in einem Zeitraum liquide, wenn es in der Lage ist, jederzeit allen Zahlungsverpflichtungen nachzukommen, die in dem betreffenden Zeitraum fällig werden.
- Ein Unternehmen ist in einem Zeitpunkt liquide, wenn es in der Lage ist, allen Zahlungsverpflichtungen nachzukommen, die in dem betreffenden Zeitpunkt fällig sind.

Kapitalbedarf (Geldbedarf, Finanzbedarf, Liquiditätsbedarf) ist die Differenz zwischen den kumulierten Auszahlungen und den kumulierten Einzahlungen. Ein Kassenbestand wird zu den Einzahlungen gerechnet. Ein negativer Kapitalbedarf (= Zahlungsmittelüberschuss) besagt, dass Geldmittel zur Verfügung stehen, die angelegt werden können. Obwohl Kasse an sich keinen ökonomischen Nutzen hat, hält man einen Kassenbestand, um unerwarteten Auszahlungen nachkommen zu können oder um einen Ausgleich zu haben, falls die tatsächlichen Einzahlungen kleiner als erwartet ausfallen.

Finanzplanung ist die Gegenüberstellung von Ein- und Auszahlungen für einen bestimmten Zeitraum mit dem Ziel, den künftigen Kapitalbedarf (Geldbedarf, Finanzbedarf) zu prognostizieren. Die Ein- und Auszahlungen werden betriebsindividuell differenziert. Man unterscheidet kurzfristige Pläne (bis 1 Monat), mittelfristige (bis 1 Jahr) und langfristige (bis 5 Jahre). Der

1 Vgl. L.-U. Landt, Finanzplanung in schleswig-holsteinischen Unternehmungen, S. 63 f.

Zweck der Finanzplanung besteht in einer möglichst frühzeitigen Aufdeckung einer möglichen Illiquidität oder Überliquidität innerhalb der Planungsperiode und in einer vorausschauenden Gestaltung betrieblicher Zahlungsströme.

Rollende (rollierende) Planung: Jeweils nach Ablauf einer Teilperiode verlängert sich die Planung um eine Teilperiode (rollende Planung). Der Planungszeitraum bleibt konstant. Es besteht die Möglichkeit der Planrevision.

Aufwandminimale Finanzierung: Ein gegebener Kapitalbedarf kann wie folgt finanziert werden: Der langandauernde Sockelbedarf ist langfristig, der Spitzenbedarf kurzfristig zu finanzieren. Zur Abgrenzung zwischen Sockel und Spitze ist die kritische Zeit zu ermitteln. Sie gibt an, bis wann kurzfristig und ab wann langfristig zu finanzieren ist. Sie ist vom Zinsgefüge abhängig. Bei Kenntnis der kritischen Zeit besteht die Möglichkeit einer aufwandminimierenden Finanzierung.

Formeln und Symbolverzeichnis

Formeln	Symbole
$KB_t = \sum_0^t a - \sum_0^t e$ $KB_t = \sum_0^t a - \sum_0^t e - G_0$	KB_t = Kapitalbedarf zum Zeitpunkt t $\sum_0^t a$ = kumulierte Auszahlungen zwischen 0 und t $\sum_0^t e$ = kumulierte Einzahlungen zwischen 0 und t G_0 = Geldbestand zum Zeitpunkt 0
$Z_k = \frac{p_k}{365} \cdot C \cdot t$ $Z_l = p_l \cdot C - \frac{p_k}{365} \cdot C \cdot (365 - t)$ $t_{kr} = 365 \cdot \frac{p_l - p_h}{p_k - p_h}$ $t_{kr} = 12 \cdot \frac{p_l - p_h}{p_k - p_h}$	Z_k = Zinsaufwand kurzfristiger Kredit p_k = Zinssatz kurzfristiger Kredite (dezimal) C = Kreditbetrag t = Anzahl Tage, für die der Kredit benötigt wird Z_l = Zinsaufwand langfristiger Kredit p_l = Zinssatz langfristiger Kredit (dezimal) p_h = Habenzinssatz externe Anlage (dezimal) t_{kr} = kritische Zeit mit Indifferenz zwischen kurz- und langfristiger Finanzierung

FRAGEN UND AUFGABEN

2.1 Definieren Sie die Liquidität eines Aktivpostens sowie die Liquidität einer Unternehmung.

2.2 Definieren Sie den Begriff Kapitalbedarf verbal und mit Hilfe einer Gleichung.

2.3 Wie wird ein Kassenbestand zu Beginn der Planungsperiode in der Kapitalbedarfsrechnung erfasst? Welches Problem haben Sie bei einem negativen Kapitalbedarf zu lösen?

2.4 Wie hoch wäre der ideale Kassenbestand?

2.5 Was verstehen Sie unter einer ex ante-Rechnung (ex post-Rechnung)? Geben Sie jeweils zwei Beispiele.

2.6 a) Was versteht man unter einer Finanzplanung?

b) Welche Arten von Finanzplanung lassen sich nach der Planungsfrist unterscheiden?

c) Wie funktioniert eine rollende Finanzplanung?

2.7 Begründen Sie verbal, weshalb die Nettobelastung für einen langfristigen Kredit unter Umständen kleiner sein kann als jener Betrag, den man für den langfristigen Kredit an die Gläubigerbank zu zahlen hat.

2.8 Ordnen Sie die Zinssätze p_h, p_k, p_l nach ihrer Größe im Normalfall.

2.9 Eine Unternehmung verfügt am 1.1. des Jahres 20.. über einen Kassenbestand von 10.000 €. Die Ein- und Auszahlungen dieses Jahres werden in folgender Weise geplant:

Monate	J	F	M	A	M	J	J	A	S	O	N	D
e (T€)	44	46	50	54	56	60	64	60	50	48	50	56
a (T€)	64	48	52	50	54	54	56	58	62	54	56	52

a) Ermitteln Sie tabellarisch den Kapitalbedarf.

b) Stellen Sie die zeitliche Entwicklung des Kapitalbedarfes grafisch dar.

c) Wie deckt die Unternehmung ihren Kapitalbedarf, wenn folgende Kreditarten gegeben sind:

1. Ein langfristiger Kredit (Jahreskredit) mit einem Zinssatz von 7,5 % p. J.

2. Ein kurzfristiger Kredit mit einem Zinssatz von 10 % p. J.

Daneben existiert die Möglichkeit der externen Anlage von überschüssigen Kassenbeständen zum Zinssatz von 4 % p. J.

2.10 Wie ändert sich die kritische Zeit t_{kr}, wenn

a) alle Zinssätze um 2 Prozentpunkte steigen (= Änderung des Zinsniveaus)?

b) langfristige Mittel im Vergleich zu kurzfristigen 3 Prozentpunkte billiger sind (= Änderung der Zinsstruktur)?

c) der Habenzins auf 6 % steigt (= Änderung der Zinsstruktur)?

Gehen Sie bei der Beantwortung dieser Frage von den Zahlenwerten der Aufgabe 2.9 aus.

2.11 Ermitteln Sie auf grafischem Wege die kritische Zeit, bei der es gleichgültig ist, ob kurz- oder langfristig finanziert wird, indem Sie die Z_l-Funktion und die Z_k-Funktion in ein Diagramm einzeichnen. Gehen Sie dabei von folgenden Annahmen aus:

C = 1.000 €
p_k = 15 %
p_l = 10 %
p_h = 5 %

2.12 Erläutern Sie kurz mögliche Vorteile einer qualifizierten Finanzplanung.

3. Bestimmung des optimalen Finanzvolumens

3.1 Leverage-Effekt

3.1.1 Problemstellung und Voraussetzungen

Rentabilität ist das Verhältnis von Gewinn zu Kapital.
Kapitalstruktur oder Verschuldungsgrad ist das Verhältnis von Fremdkapital zu Eigenkapital.

Die Kapitalstruktur, das Verhältnis von Fremdkapital zu Eigenkapital, kann die Rentabilität des Eigenkapitals beeinflussen. Die Rentabilität des Eigenkapitals nimmt mit wachsender Verschuldung, also zunehmendem Fremdkapitalanteil, solange zu, wie eine positive Differenz zwischen der Rendite der zusätzlich durchgeführten Investitionen und dem Fremdkapitalzinssatz besteht. Man nennt diesen Effekt Leverage-Effekt. Gelegentlich spricht man auch von der Hebelwirkung (Leverage = Hebelkraft) wachsender Verschuldung auf die Eigenkapitalrentabilität[1]. Der Leverage-Effekt wird häufig in einer sehr einfachen Form gesehen und gebraucht, und zwar geht man bei dieser naiven Sicht des Leverage-Effektes von folgenden Voraussetzungen aus:

- Der Eigenkapitaleinsatz ist konstant.
- Die Höhe des eingesetzten Fremdkapitals ist variabel.
- Die Rendite der bei einem zusätzlichen Kapitaleinsatz durchzuführenden Investition ist konstant.
- Der Sollzinssatz für das zusätzliche Fremdkapital ist konstant.
- Der Sollzinssatz liegt unter der Investitionsrendite.

Wir wollen zunächst die ökonomischen Konsequenzen der genannten Voraussetzungen aufzeigen und diese sodann an die praktischen Gegebenheiten anpassen.

In einfacher Form besagt der Leverage-Effekt, dass sich die Eigenkapitalrentabilität durch zusätzlichen Fremdkapitaleinsatz steigern lässt, sofern das zusätzliche Fremdkapital mehr bringt als es kostet.

3.1.2 Kapitalstruktur und Eigenkapitalrentabilität

Es ist zu fragen, wie eine Änderung des Fremdkapitaleinsatzes bei Beachtung dieser Voraussetzungen die Eigenkapitalrentabilität beeinflusst. Um dieser Frage nachzugehen, wollen wir von folgenden Bezeichnungen ausgehen:

Symbole

C = Gesamtkapital (€)
EK = Eigenkapital (€)
FK = Fremdkapital (€)

r = Investitionsrendite (%) (interner Zinssatz)
i_f = Fremdkapitalzinssatz (%)
G = Gewinn (€)
R_e = Eigenkapitalrentabilität (%)

1 Vgl. hierzu u. a.: H. Hax, Finanzierung, S. 445 ff. – L. Perridon/M. Steiner, Finanzwirtschaft der Unternehmung, S. 487 ff.

Für den Bruttogewinn G_{br} einer Periode, von dem die Fremdkapitalzinsen noch nicht abgezogen sind, muss gelten:

$$G_{br} = C \cdot r$$

$$G_{br} = (EK + FK) \cdot r$$

$$G_{br} = EK \cdot r + FK \cdot r$$

Kürzt man den Bruttogewinn um die Fremdkapitalzinsen, so ergibt sich der folgende Nettogewinn G_n:

$$G_n = EK \cdot r + FK \cdot r - FK \cdot i_f$$

$$G_n = EK \cdot r + FK \cdot (r - i_f)$$

Wenn Sie den Nettogewinn G_n auf das eingesetzte Eigenkapital beziehen, erhalten Sie die Eigenkapitalrentabilität R_e:

$$R_e = \frac{G_n}{EK} = \frac{EK \cdot r + FK \cdot (r - i_f)}{EK}$$

(3.1) $$R_e = r + \frac{FK}{EF} \cdot (r - i_f)$$ Eigenkapitalrentabilität

Gleichung (3.1) stellt die Abhängigkeit der Eigenkapitalrentabilität R_e vom Verhältnis FK : EK (= Kapitalstruktur) dar. Die Größen r, i_f und EK gelten als konstant. Man erhält das Ergebnis, dass die Eigenkapitalrentabilität[1] mit steigendem Fremdkapitaleinsatz, d. h. steigendem FK : EK, wächst, solange die Investitionsrendite größer ist als der Fremdkapitalzinssatz.

ABB. 3.1: Kapitalstruktur und Eigenkapitalrentabilität

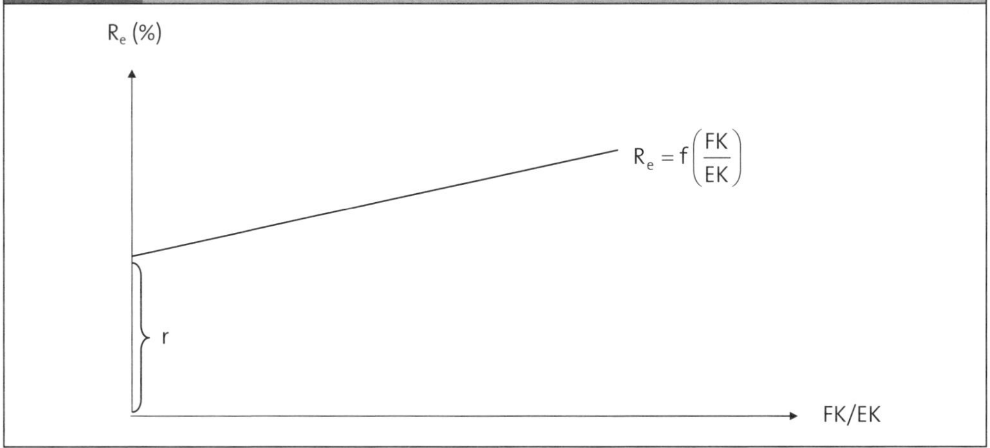

1 Die Begriffe Rendite und Rentabilität dürfen nicht gleichgesetzt werden. Die Rendite (Effektivzins, interner Zinssatz) ist das Ergebnis einer dynamischen Rechnung und gibt an, mit welchem Zinssatz sich die jeweils noch im Objekt gebundenen Beträge tatsächlich verzinsen. Die Rentabilität ist das Ergebnis einer statischen Rechnung und setzt Durchschnittswerte (Gewinn und Kapital) zueinander in Beziehung. Vgl. hierzu: K.-D. Däumler/J. Grabe, Grundlagen der Investitions- und Wirtschaftlichkeitsrechnung, S. 86 ff. u. S. 194 ff.

BEISPIEL: (Leverage-Chancen und Leverage-Risiken)

Die Unternehmungsleitung erwartet unterschiedliche Investitions- und Gesamtkapitalrenditen r_1 = 15 %, r_2 = 10 % und r_3 = 5 %. Der Fremdkapitalzinssatz soll 7 % betragen. Wie wirkt sich in diesen drei Fällen die Kapitalstruktur, angegeben durch das Verhältnis von Fremd- zu Eigenkapital, auf die Rentabilität R_e des Eigenkapitals aus?

Lösung

ABB. 3.2: Kapitalstruktur FK : EK und Eigenkapitalrentabilität

Kapitalstruktur (FK : EK) ⇓ / Investitionsrenditen ⇒	r_1 = 15 %	r_2 = 10 %	r_3 = 5 %
0 (nur EK)	R_e = 15 %	R_e = 10 %	R_e = 5 %
1 (FK : EK = 1 : 1)	R_e = 23 %	R_e = 13 %	R_e = 3 %
2 (FK : EK = 2 : 1)	R_e = 31 %	R_e = 16 %	R_e = 1 %
3 (FK : EK = 3 : 1)	R_e = 39 %	R_e = 19 %	R_e = -1 %
4 (FK : EK = 4 : 1)	R_e = 47 %	R_e = 22 %	R_e = -3 %

Ergebnis: Aus Abbildung 3.2 erkennt man, dass die Eigenkapitalrentabilität bei steigendem Einsatz von Fremdmitteln nur dann wächst, wenn der Sollzinssatz unter der Rendite r liegt. Ist der Sollzinssatz größer als die interne Verzinsung, dann lässt zunehmende Kreditfinanzierung die Eigenkapitalrentabilität sinken. Bei weiter steigendem Fremdmitteleinsatz kommt es zu negativen Eigenkapitalrentabilitäten, zur Dezimierung der Eigenmittel durch Verluste. Das verdeutlicht Abbildung 3.3. Sie zeigt auch, dass immer dann, wenn die Investitionsrendite r über dem Fremdkapitalzinssatz i_f liegt, mehr und mehr – im Grenzfall unendlich viel – Fremdkapital einzusetzen ist.

ABB. 3.3: Kapitalstruktur und Eigenkapitalrentabilität

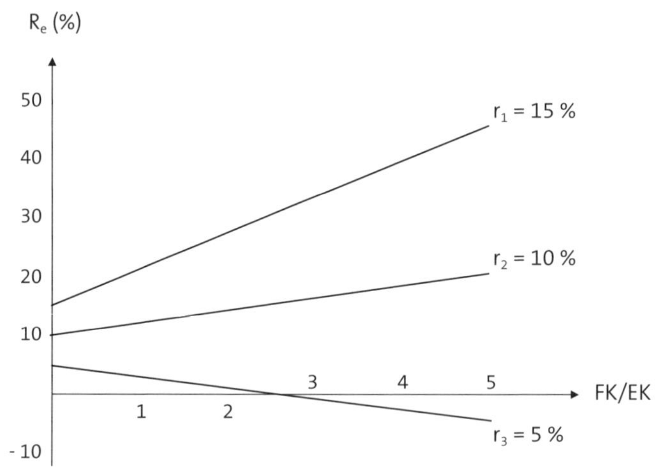

3.1.3 Praxisfremde Annahmen

Die Handlungsweise, mehr und mehr (und im Grenzfall unendlich viel) Fremdkapital einzusetzen, ist für praktische Zwecke offensichtlich unbrauchbar. Sie resultiert aus den praxisfremden Annahmen des Leverage-Effektes in seiner naiven Form:

(1) Fremdkapitalzinsen und Investitionsrendite werden als konstant angenommen, egal ob das Unternehmen viel oder wenig investiert.

(2) Die Investitionsrendite liegt annahmegemäß auch bei zunehmendem Fremdkapitaleinsatz über dem Fremdkapitalzinssatz.

Tatsächlich aber dürfte die Investitionsrendite mit jeder zusätzlichen Investition sinken, da es immer schwieriger wird, lohnende Investitionen aufzuspüren und durchzuführen. Steigende Produktionsmengen sind meist nur zu geringeren Preisen absetzbar. Ferner steigt der Fremdkapitalzinssatz im Regelfall mit steigendem Fremdmitteleinsatz. Denn zusätzlicher Einsatz von Fremdkapital erhöht das Kredit- oder Ausfallrisiko aus der Sicht des Geldgebers. Das Ausfallrisiko umschließt zwei Aspekte: einmal die Gefahr, dass der Kredit nicht oder nicht in voller Höhe verzinst und getilgt wird, zum anderen das Risiko, dass die Zahlungen nicht zum vereinbarten Zeitpunkt erfolgen. Somit können wir davon ausgehen, dass der Fremdkapitalzinssatz mit steigendem Verschuldungsgrad FK : EK wegen des zunehmenden Risikos für den Gläubiger steigt. Mithin ist der Normalverlauf der Eigenkapitalrentabilität R_e durch die nachfolgende Abbildung 3.4 wiedergegeben: R_e wächst zunächst, und zwar mit abnehmenden Zuwachsraten, erreicht sodann ein Maximum, bei dem $i_f = r$ gilt, und nimmt schließlich ab, wenn man in den Bereich $i_f > r$ eintritt. Es ist also notwendig, die Voraussetzungen des Leverage-Effektes zu überprüfen, um durch eine realistischere Fassung der Annahmen zu einer besseren, auch in der Praxis verwertbaren Entscheidungsregel zu kommen.

ABB. 3.4: Kapitalstruktur und Eigenkapitalrentabilität

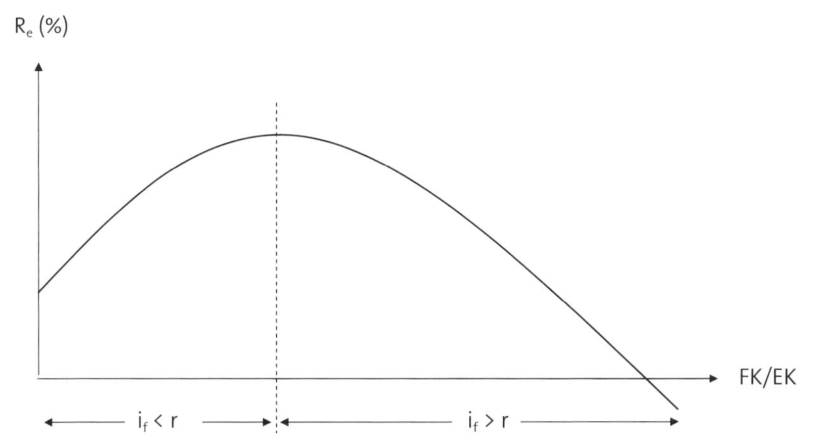

3.2 Kapitalbudget

3.2.1 Realistischere Annahmen

Die Schwachstellen des Leverage-Effektes in seiner naiven Form sind in folgenden Punkten zu sehen:

- $r = const$
- $i_f = const$
- $r > i_f$

ABB. 3.5: Fremdkapitaleinsatz bei $r > i_f$

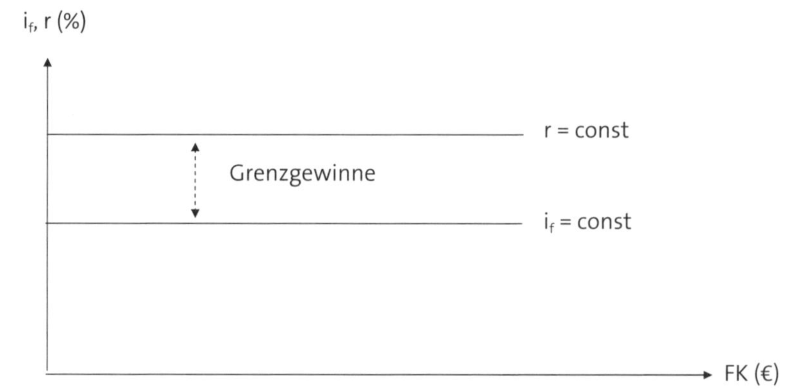

Abbildung 3.5 zeigt, dass die genannten Punkte mit der unrealistischen Voraussetzung ständig positiver Grenzgewinne gleichzusetzen sind, so dass es sinnvoll wäre, den Fremdkapitaleinsatz ins Unendliche zu steigern. Die Voraussetzungen $r = const$, $i_f = const$ und $r > i_f$ sind durch Annahmen, die der Praxis gerecht werden, zu ersetzen.

(1) Die Investitionen, die in der Unternehmung durchgeführt werden können, sind nicht durch gleiche, sondern durch unterschiedliche Renditewerte gekennzeichnet. Aus den unterschiedlichen Effektivzinssätzen kann sich eine Rangfolge ergeben: Man wird versuchen, zunächst die Investition mit der höchsten Rendite zu realisieren, dann die mit der zweithöchsten, dritthöchsten usw.

(2) Die Finanzmittel, die die Unternehmung aufnehmen kann, werden im Regelfall zu unterschiedlichen Konditionen und somit verschiedenen Effektivbelastungen angeboten. Man wird zunächst billige Fremdmittel einsetzen, deren Zinssatz ggf. durch staatliche Maßnahmen unter dem Marktzinssatz liegt, sodann ein Darlehen der Hausbank, die wegen der guten Sicherheiten vergleichsweise günstige Zinskonditionen bietet, und schließlich bei weiterer Fremdfinanzierung andere Fremdmittel, deren Konditionen weniger günstig sind. Die Rangfolge der Finanzierungsmöglichkeiten kommt also in einer Folge steigender Effektivzinssätze zum Ausdruck.

(3) Wenn die Unternehmung mehr und mehr fremdfinanzierte Investitionen durchführt, gelangt man schließlich in einen Bereich, in dem der Fremdkapitalzins die Investitionsrendite übersteigt.

3.2.2 Gleichzeitige Investitions- und Finanzplanung mit Hilfe des Kapitalbudgets

3.2.2.1 Optimum bei teilbaren Investitionen

Definition: Kapitalbudget ist die Gegenüberstellung von Investitions- und Finanzierungsmöglichkeiten. Die Investitionsmöglichkeiten werden nach sinkenden Renditen geordnet, die Finanzierungsmöglichkeiten nach steigenden Effektivbelastungen. Das Kapitalbudget geht auf einen Ansatz von Dean zurück, der später u. a. von Lorie und Savage ausgebaut worden ist[1].

ABB. 3.6: Kapitalbudget

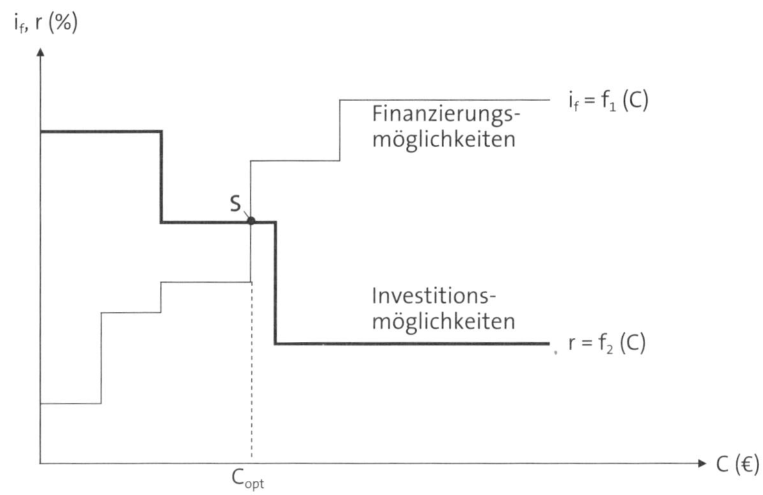

Abbildung 3.6 zeigt, dass zusätzliche Fremdmittel nur bis zur Höhe C_{opt} aufgenommen werden sollten. Der Fremdkapitaleinsatz von C_{opt} maximiert die Rentabilität des Eigenkapitals. Führt man dagegen Investitionsprojekte durch, die rechts von S liegen, zu deren Finanzierung also Kredite heranzuziehen sind, für die $i_f > r$ gilt, dann sinkt die Eigenkapitalrentabilität. Das Anheben der Eigenkapitalrentabilität durch zusätzliche Verschuldung ist also auf die Fälle beschränkt, in denen sich die Verschuldung überhaupt lohnt. Eine zusätzliche Verschuldung ist bis zu dem Punkt durchzuführen, bei dem die letzte eingesetzte Mark Fremdkapital genau so viel bringt wie sie kostet[2].

Bitte beachten Sie, dass das Kapitalbudget nicht nur als eine realistischere Fassung des Leverage-Effektes gesehen werden kann. Vielmehr bietet das Kapitalbudget auch einen Ansatz zur gleichzeitigen (simultanen) Investitions- und Finanzplanung. Es handelt sich hierbei um eine relativ einfache Methode der Abstimmung zwischen dem Investitions- und Finanzierungsbereich,

1 Vgl. hierzu: J. Dean, Capital Budgeting, S. 80. – J. H. Lorie/L. J. Savage, Three Problems in Rationing Capital, S. 56 ff.

2 Vgl. D. Schneider, Investition, Finanzierung und Besteuerung, S. 546 ff.

die auch für die Praxis Bedeutung hat. Die Ausstattung mit Eigenkapital wird als gegeben und konstant angesehen. Gefragt wird nur nach der Höhe des zusätzlichen Fremdkapitaleinsatzes. Bei der Beantwortung dieser Frage ist in folgenden Schritten vorzugehen:

(1) Aufstellung einer Liste aller im Unternehmen für die kommende Planungsperiode in Frage kommenden Investitionen.

(2) Ermittlung der Rendite aller Investitionen mit Hilfe der internen Zinsfuß-Methode[1].

(3) Ordnung der Investitionsprojekte nach sinkenden Renditen.

> Aus der so gewonnenen Rangfolge der Investitionsprojekte ergibt sich die Nachfrage des Unternehmens nach Kapital. Die Kapitalnachfragefunktion fällt von links nach rechts in treppenförmiger Weise. Sie gibt an, wie viel Kapital bei unterschiedlichen Kalkulationszinssätzen eingesetzt (nachgefragt) wird.

(4) Aufstellung einer Liste aller für die kommende Periode in Frage kommenden Finanzierungsmöglichkeiten.

(5) Ermittlung der Effektivbelastung aller Finanzierungsmöglichkeiten.

(6) Ordnung der Finanzierungsmöglichkeiten nach steigenden Effektivbelastungen.

> Die Rangfolge der Finanzierungsmöglichkeiten ergibt die Angebotskurve für Kapital. Die Kapitalangebotskurve zeigt einen von links nach rechts steigenden treppenförmigen Verlauf. Sie gibt an, wie viel Fremdmittel die Unternehmung erhält, wenn sie bereit ist, einen bestimmten Effektivzins zu zahlen.

(7) Der Schnittpunkt S der Kapitalnachfrage- und Kapitalangebotskurve kennzeichnet das optimale Investitions- und Finanzierungsvolumen C_{opt}. Alle Investitionen mit einer Rendite unterhalb des durch S gegebenen Zinssatzes (point of rejection) werden zurückgewiesen (rejection, engl. = Zurückweisung, Abschreckung). In S sind die Grenzeinzahlungen gerade gleich den Grenzauszahlungen. S trennt also den Bereich der vorteilhaften von jenem der unvorteilhaften Investitionen. Ebenso kann man sagen: S trennt den Bereich der günstigen Finanzierungsmittel von jenem der ungünstigen.

Durch den Schnittpunkt von Kapitalangebots- und -nachfragefunktion ist ein Zinssatz gegeben, der als Kalkulationszinssatz[2] i interpretiert werden kann: Wenn der Investor seine Mindestverzinsungsanforderung an diesem Zinssatz orientiert, erhalten alle im Kapitalbudget enthaltenen Investitionen positive Kapitalwerte, was für ihre Realisierung spricht, während alle außerhalb des Budgets liegenden Investitionen negative Kapitalwerte aufweisen und von daher abzulehnen sind[3].

1 Ausführlich bei: K.-D. Däumler/J. Grabe, Grundlagen der Investitions- und Wirtschaftlichkeitsrechnung, S. 86 ff.

2 Kalkulationszinssatz ist der Zinssatz, den ein Investor von seinem Investitionsobjekt mindestens fordert. Es gibt neben dem Kapitalbudget noch andere Methoden, den Kalkulationszinssatz zu bestimmen. Vgl. hierzu: K.-D. Däumler/J. Grabe, Grundlagen der Investitions- und Wirtschaftlichkeitsrechnung, S. 34 ff.

3 Vgl. A. Moxter, Die Bestimmung des Kalkulationszinsfußes bei Investitionsentscheidungen, S. 186 ff.

ABB. 3.7: Kapitalangebots- und Kapitalnachfragefunktion

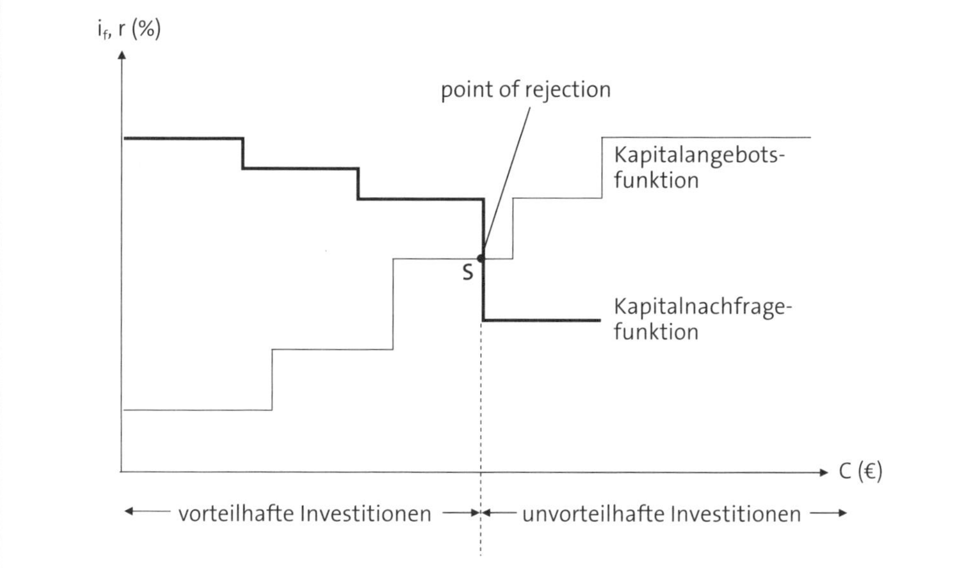

Das Problem der simultanen Investitions- und Finanzplanung kann nicht nur mit Hilfe des Kapitalbudgets, sondern auch mittels linearer Optimierung gelöst werden. Hier sind, ähnlich wie beim Kapitalbudget, die verschiedenen Investitions- und Finanzierungsmöglichkeiten vorgegeben. Die Lösung des Problems erfolgt meist durch Einsatz eines EDV-Programms, kann bei einfacheren Problemen aber auch manuell gefunden werden[1]. Der Vorteil der linearen Optimierung[2] besteht darin, dass unterschiedliche Investitions- und Finanzierungslaufzeiten berücksichtigt werden können, was beim Kapitalbudget nicht möglich ist.

BEISPIEL: (Optimales Investitions- und Finanzierungsvolumen)

Einem Unternehmer bieten sich in der Planungsperiode die folgenden vollständig teilbaren Investitions- und Finanzierungsmöglichkeiten. Ermitteln Sie das günstigste Investitions- und Finanzierungsprogramm.

Investitionsmöglichkeiten

Investition	Betrag C (T€)	Rendite r (%)
1	100	14,0
2	200	12,0
3	50	9,5
4	100	8,0
5	50	7,0

Finanzierungsmöglichkeiten

Kredit	Betrag C (T€)	Effektivbelastung i_f (%)
1	100	13
2	200	10
3	50	9
4	100	7
5	50	6

1 Vgl. H. Wiedling, Lineare Planungstechnik, S. 128 ff. u. 181 ff.

2 Vgl. K.-D. Däumler/J. Grabe, Kostenrechnungs- und Controllinglexikon, S. 213 ff.

Lösung

Maxime der Praxis: In der betrieblichen Praxis werden häufig die billigen Kredite zur Finanzierung renditeschwacher Investitionen verwendet, während die teureren Kredite der Finanzierung renditestarker Investitionen dienen. Der Grundgedanke ist, dass eine renditestarke Investition eine teure Finanzierung verdauen kann, während eine weniger renditeträchtige Investition bei kostspieliger Finanzierung nicht durchgeführt werden könnte.

Wenn Sie die Investitions- und Finanzierungsmöglichkeiten des Beispiels betrachten, dann sehen Sie, dass für jede Investition betragsgenau ein Kredit existiert, dessen Zinssatz unter der Investitionsrendite liegt. Somit lässt sich der Überschuss bei Beachtung der Maxime der Praxis leicht wie folgt ermitteln:

ABB. 3.8: Überschussermittlung nach Praxismaxime

Investition	Betrag C (€)	Zinsdifferenz $r - i_f$ (%)	Überschuss C (€)
1	100.000	1,0	1.000
2	200.000	2,0	4.000
3	50.000	0,5	250
4	100.000	1,0	1.000
5	50.000	1,0	500
	jährlicher Gesamtüberschuss		6.750

Die Befolgung der Praxismaxime führt zu einem jährlichen Gesamtüberschuss von 6.750 €. Eine mögliche andere Maxime ist also nur dann sinnvoll, wenn sich ein höherer Überschuss als 6.750 € ergibt.

Maxime des Kapitalbudgets: Das Kapitalbudget verlangt, dass die beste Investition, das ist die Investition mit der höchsten Rendite, mit dem billigsten Kredit finanziert wird. Für die renditeschwächeren Investitionen bleiben dann nur noch die teureren Kredite übrig. Die Ordnung der Investitionsmöglichkeiten nach sinkenden Renditen und der Finanzierungsmöglichkeiten nach steigenden Effektivbelastungen ergibt das folgende Kapitalbudget:

ABB. 3.9: Maxime Kapitalbudget

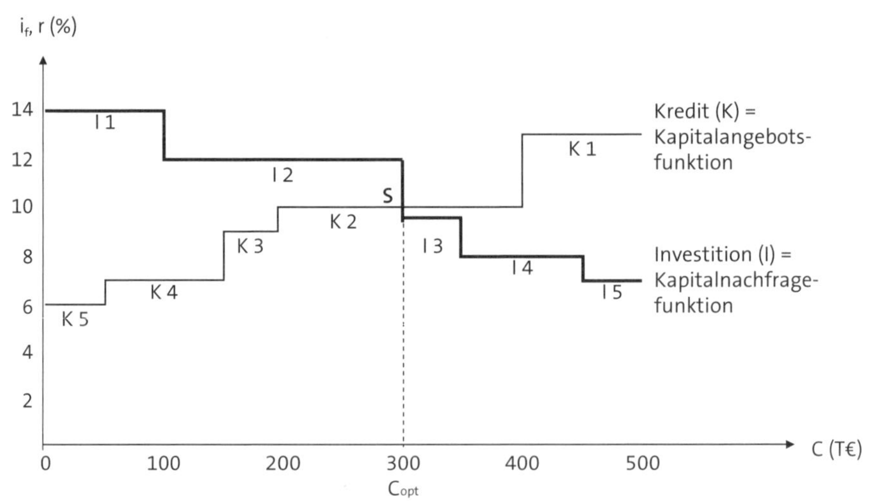

Aus dem Kapitalbudget erkennen Sie, dass das optimale Investitions- und Finanzierungsvolumen bei C_{opt} = 300.000 € liegt. Dabei werden nur die Investitionen 1 und 2 durchgeführt. Die Finanzierung erfolgt durch die Kredite 5, 4 und 3 sowie durch einen Teil des Kredites 2. Das Investitions- und Finanzierungsvolumen ist also um 200 000 Euro kleiner als bei der Praxismaxime. Welche Auswirkungen hat das auf den Gesamtüberschuss?

ABB. 3.10: Überschussermittlung nach Maxime des Kapitalbudgets

In Anspruch genommene Kredite	Jährliche Zinszahlungen (€)
Kredit 5	50.000 · 0,06 = 3.000
Kredit 4	100.000 · 0,07 = 7.000
Kredit 3	50.000 · 0,09 = 4.500
Kredit 2 (Teilbetrag)	100.000 · 0,10 = 10.000
Gesamt:	24.500
Durchgeführte Investitionen	Jährliche Einzahlungen (€)
Investition 1	100.000 · 0,14 = 14.000
Investition 2	200.000 · 0,12 = 24.000
Gesamt:	38.000
Gesamter Überschuss pro Jahr:	13.500

Ergebnis: Wir können feststellen, dass das durch die Maxime des Kapitalbudgets festgelegte Investitions- und Finanzierungsvolumen einen gesamten Überschuss von 13 500 € pro Jahr erbringt und somit jenem der Praxismaxime, wonach 6.750 € erzielt worden wären, überlegen ist. Im betrachteten Beispiel ermöglicht das Vorgehen nach dem Kapitalbudget eine Verdoppelung des Einzahlungsüberschusses. Das zeigt, dass das Kapitalbudget eine wichtige Hilfe im Rahmen unternehmerischer Investitions- und Finanzplanungen in der Praxis darstellt.

3.2.2.2 Optimum bei nicht teilbaren Investitionen

Bei der Erörterung des obigen Beispiels gingen wir von vollständig teilbaren Investitions- und Finanzierungsmöglichkeiten aus. In der Praxis sind insbesondere die Investitionsobjekte in aller Regel nicht teilbar (Sie können keine halbe Drehbank kaufen). Bei den Finanzierungsmöglichkeiten ist eine Teilbarkeit dagegen nicht ausgeschlossen. Oft ist es möglich, einen Kredit ganz oder nur zum Teil zu beanspruchen. Nur im Ausnahmefall stehen Sie vor der Finanzierungsentscheidung: „Alles oder nichts?“. Wir stellen uns die Frage, ob das Kapitalbudget auch bei nicht teilbaren Investitions- und Finanzierungsmöglichkeiten ein praktisch sinnvolles Ergebnis liefert.

ABB. 3.11: Nicht teilbare Investitions- und Finanzierungsmöglichkeiten

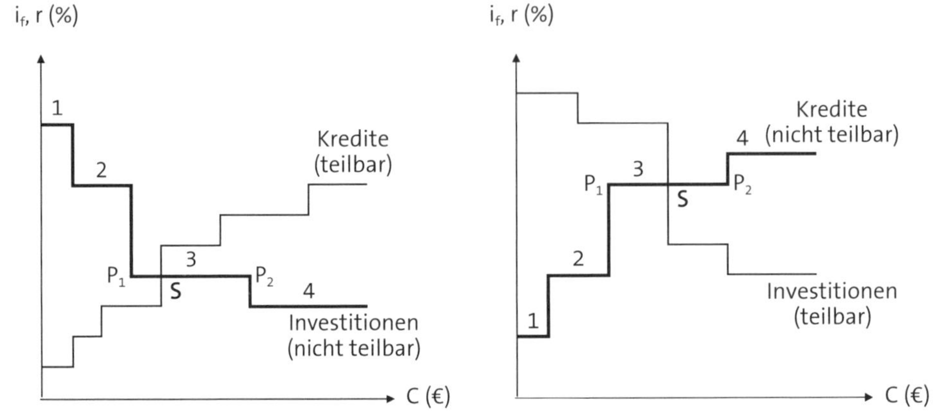

Das theoretische Optimum S lässt sich bei nicht teilbaren Investitionen nicht realisieren. Sie haben in diesem Fall nur die Wahl, Investition 3 vollständig zu unterlassen (P_1) oder ganz durchzuführen (P_2). Die Entscheidung für P_1 oder P_2 fällt im Rahmen einer Grenzüberschussrechnung. Sie prüfen also, ob es günstiger ist, auf das Objekt zu verzichten oder nicht. Entsprechend geht man im Fall nicht teilbarer Kredite vom theoretischen Optimum S aus: Man prüft auch hier mit Hilfe der Grenzüberschussrechnung, ob der nicht teilbare Kredit 3 ganz oder gar nicht in Anspruch zu nehmen ist. Das folgende Beispiel verdeutlicht die Rechentechnik.

BEISPIEL (Optimales Investitions- und Finanzierungsvolumen)

Einem Unternehmer bieten sich in der Planungsperiode vier Investitions- und Finanzierungsmöglichkeiten. Ermitteln Sie das günstigste Investitions- und Finanzierungsprogramm. Beachten Sie, dass die Investitionen nicht teilbar sind.

Investitionsmöglichkeiten

Investition	Betrag C (€)	Rendite r (%)
1	100.000	14
2	100.000	12
3	150.000	10
4	150.000	9

Finanzierungsmöglichkeiten

Kredit	Betrag C (€)	Effektivbelastung i_f (%)
1	100.000	6
2	200.000	8
3	50.000	12
4	150.000	14

Lösung

ABB. 3.12: Kapitalbudget bei nicht teilbaren Investitionen

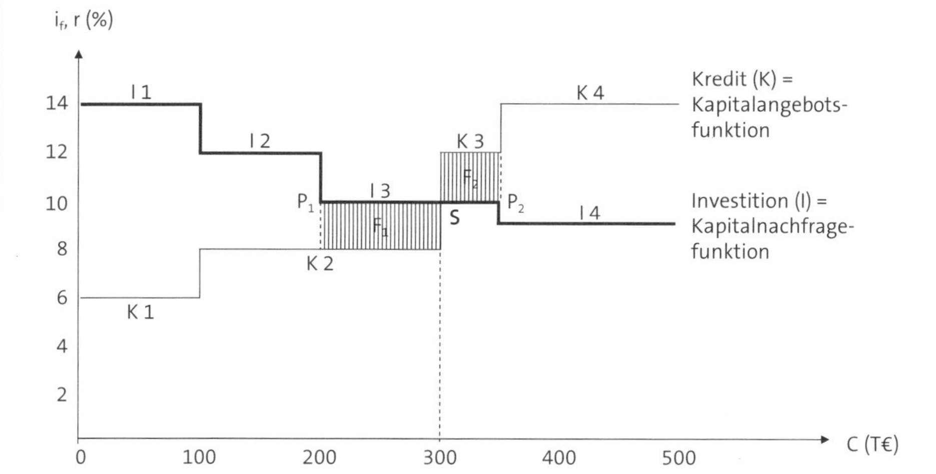

Als Schnittpunkt von Kapitalangebots- und Kapitalnachfragefunktion ergibt sich S. Durch S ist ein theoretisch optimales Investitions- und Finanzierungsvolumen von 300.000 Euro fixiert. Jedoch wird hierdurch die Investition 3 geteilt. S schreibt vor, dass die Investition 3 nur zu zwei Dritteln durchgeführt werden soll. Das ist unmöglich. Somit steht der Investor vor folgenden Möglichkeiten:

(1) Die Investition 3 vollständig durchführen. – Dabei ist auch der Kredit 3 in Anspruch zu nehmen, dessen Zinssatz über der Investitionsrendite liegt.

(2) Investition 3 vollständig unterlassen. – Dann wird ein Teil des Kredites 2 nicht genutzt, dessen Zinssatz unter der Investitionsrendite liegt.

Es muss also geprüft werden, ob der Punkt P_1 (= vollständiger Verzicht auf Investition 3) oder der Punkt P_2 (= vollständige Durchführung der Investition 3) vorteilhafter ist.

Ergebnis: Ein Blick auf obige Abbildung 3.12 zeigt, dass P_2, also die vollständige Durchführung der Investition 3, vorteilhafter ist. Denn der Übergang von P_1 nach P_2 erbringt dem Investor einen Überschuss von F_1 und ein Manko von F_2. Der Überschuss überwiegt, somit lohnt sich der Übergang von P_1 auf P_2.

Das lässt sich auch rechnerisch nachweisen: Die vollständige Durchführung der Investition 3 erbringt zusätzliche jährliche Einzahlungen von 150.000 · 0,10 = 15 000 Euro. Zur Finanzierung werden 100.000 Euro von Kredit 2 sowie der Kredit 3 herangezogen. Die zusätzlichen jährlichen Zinszahlungen belaufen sich mithin auf 100.000 · 0,08 + 50.000 · 0,12 = 14.000 Euro. Per Saldo verbessert sich nach Durchführung von Investition 3 der gesamte Überschuss um 15.000 – 14.000 = 1.000 Euro.

Sie können den Gewinn Ihres Unternehmens steigern, wenn Sie in kluger Beschränkung darauf verzichten, alle finanzierbaren Objekte zu realisieren. Das Denken à la Kapitalbudget zeigt Ihnen den Punkt, an dem es Sinn hat, aufzuhören. Dieser Punkt ist dann erreicht, wenn die letzte investierte Geldeinheit gerade so viel kostet wie sie erbringt. Gegebenenfalls ist das praktische Optimum durch eine Grenzüberschussrechnung zu ermitteln. Voraussetzung für das Kapitalbudget ist die Anwendung der internen Zinsfuß-Methode auf den Investitions- und Finanzierungsbereich.

3.2.3 Mögliche Einwände gegen das Kapitalbudget

Unter den Einwänden, die gegen die praktische Tauglichkeit des Kapitalbudgets geltend gemacht werden, sind vor allem drei hervorzuheben[1]:

(1) Der Schnittpunkt von Kapitalangebots- und -nachfragefunktion stellt wegen der unterstellten vollständigen Teilbarkeit von Investitionen und Finanzierungen kein praktisches Optimum dar. Dieser Mangel wird durch die Grenzüberschussrechnung geheilt.

(2) Die Kapitalangebotsfunktion enthält nur Kredite, aber keine Eigenmittel. Banken geben ihre Darlehen jedoch nur dann, wenn der Unternehmer auch Eigenkapital einsetzt. Dieses Argument lässt sich berücksichtigen, indem man eigene Mittel im Kapitalbudget berücksichtigt, und zwar an vorderster Stelle, wie von den Banken gewünscht. Als Eigenkapitalzinssatz ist die entgangene Rendite einzusetzen, die Sie bei der besten nicht gewählten Anlagemöglichkeit erzielt hätten (Opportunitätskosten[2]). Wegen der Abzugsfähigkeit der Fremdkapitalzinsen bei der Ermittlung des steuerpflichtigen Gewinns kann der effektive Fremdkapitalzinssatz niedriger sein als der Effektivzinssatz für das Eigenkapital. In diesem Fall ist die Regel, zunächst die zinsgünstigeren Finanzierungen einzusetzen, getrennt auf Eigen- und Fremdmittel anzuwenden.

ABB. 3.13: Kapitalbudget mit Eigen- und Fremdmitteln

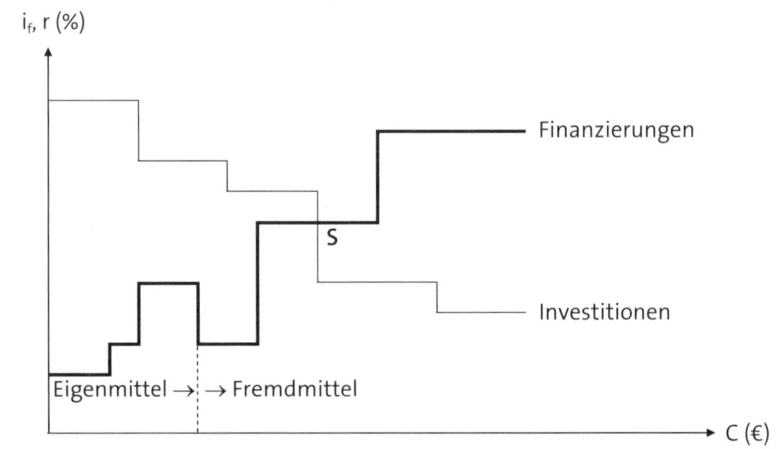

(3) Im Kapitalbudget werden nur Beträge und Effektivzinssätze, nicht aber Laufzeiten sichtbar. Die Rangfolgeentscheidungen sind daher fragwürdig. Im praktischen Fall kann man sie akzeptieren, sofern die Laufzeiten aller Investitionen und aller Finanzierungen wenigstens eine ähnliche Größenordnung aufweisen. Bei erheblichen Laufzeitunterschieden ist der Einsatz der linearen Optimierung erforderlich. Lineare Optimierung oder Programmierung ist die Minimierung oder Maximierung einer Zielfunktion unter Beachtung verschiedener Ne-

1 Vgl. auch: H. Hax, Investitionstheorie, S. 62 ff.

2 Vgl. K.-D. Däumler/J. Grabe, Kostenrechnungs- und Controllinglexikon, S. 243.

benbedingungen (Restriktionen), wobei die Variablen in Zielfunktion und Nebenbedingungen nur in der ersten Potenz auftreten[1].

3.3 Checkliste und Zusammenfassung

Maximierungsziel: Für die gewinnmaximierende Unternehmung mit gegebener Eigenmittelausstattung stellt sich die Frage, in welcher Höhe zusätzliche Fremdmittel aufgenommen werden sollen, um das Maximierungsziel zu erreichen. Antworten auf diese Fragen bieten der Leverage-Effekt und das Kapitalbudget. Es zeigt sich, dass die Entscheidung über das optimale Finanzvolumen gleichzeitig eine Entscheidung über die Höhe der durchzuführenden Investitionen enthält (simultane oder gleichzeitige Investitions- und Finanzplanung).

Der Leverage-Effekt behauptet, die Rentabilität des Eigenkapitals könne durch zusätzlichen Fremdkapitaleinsatz gesteigert werden. Voraussetzung ist, dass die zusätzlichen Fremdmittel mehr bringen als sie kosten. Liegt die Investitionsrendite unter dem Fremdkapitalzinssatz, so sinkt durch zusätzlichen Fremdmitteleinsatz die Eigenkapitalrentabilität.

Annahmen des Leverage-Effektes: Problematisch sind die Annahmen des Leverage-Effektes, wonach Investitionsrendite und Fremdkapitalzinssatz auch dann konstant bleiben, wenn man zusätzliches Fremdkapital aufnimmt, um damit zusätzliche Investitionen zu finanzieren. Auch ist die Investitionsrendite nicht immer höher als der Fremdkapitalzinssatz. Ersetzt man die unrealistischen Voraussetzungen des Leverage-Effektes durch praxisnahe Annahmen, so gelangt man zum Kapitalbudget.

Kapitalbudget: Hier werden Investitions- und Finanzierungsmöglichkeiten einander gegenübergestellt. Wichtig ist die Anordnung: Die Investitionen werden nach sinkenden Renditen, die Finanzierungen nach steigenden Effektivbelastungen geordnet. Es ergibt sich ein Schnittpunkt, der die vorteilhaften Investitionen und Finanzierungen von den unvorteilhaften trennt.

Theoretisches und praktisches Optimum: Der Schnittpunkt beider Treppenfunktionen stellt ein theoretisches Optimum dar, weil man zunächst unterstellt, dass sowohl Investitionen als auch Finanzierungen vollständig teilbar sind. Bei fehlender Teilbarkeit von Investitions- oder Finanzierungsmöglichkeiten findet man das praktisch bedeutsame Optimum mit Hilfe einer Grenzüberschussrechnung: Man untersucht, ob sich das Unternehmen bei vollständiger Durchführung oder vollständiger Unterlassung der im Schnittpunktbereich liegenden Investition oder Finanzierung besser stellt.

Formeln und Symbolverzeichnis

Formeln	Symbole
$R_e = \frac{G_n}{EK} = \frac{EK \cdot r + FK\,(r - i_f)}{EK}$	G_n = Nettogewinn R_e = Eigenkapitalrentabilität r = Investitionsrendite
$R_e = r + \frac{FK}{EK} \cdot (r - i_f)$	FK = Fremdkapital EK = Eigenkapital i_f = Fremdkapitalzinssatz

1 Vgl. K.-D. Däumler/J. Grabe, Kostenrechnung- und Controllinglexikon, S. 213 ff.

FRAGEN UND AUFGABEN

3.1 Definieren Sie: Gesamtkapitalrentabilität, Eigenkapitalrentabilität, Kapitalstruktur.

3.2 a) Was versteht man unter dem Leverage-Effekt?

b) Wie lauten die Voraussetzungen des Leverage-Effektes in seiner naiven Form? Sind diese Voraussetzungen realistisch? Wie lässt sich das Kapitalbudget aus dem Leverage-Effekt ableiten?

c) Wenn der Sollzinssatz höher ist als die Rendite der mittels zusätzlichen Fremdkapitals durchzuführenden Investitionen, dann ________________ die Rentabilität des Eigenkapitals bei zusätzlichem Fremdmitteleinsatz.

3.3 Zeigen Sie, wie die Gleichung zustande kommt, die die Abhängigkeit zwischen der Kapitalstruktur und der Eigenkapitalrentabilität angibt.

3.4 Zeigen Sie tabellarisch und grafisch, in welcher Weise die Eigenkapitalrentabilität von den Renditeerwartungen abhängt. Gehen Sie dabei von folgenden Daten aus: Die Fremdkapitalverzinsung beträgt 10 %. Das Verhältnis FK : EK soll zwischen 0 und 3 variieren. Die Renditen könnten folgende Werte annehmen:

r_l = 18 % (denkbar günstigster Fall),

r_2 = 16 % (wahrscheinlichster Fall),

r_3 = 6 % (ungünstigster, aber nicht auszuschließender Fall).

3.5 Beschreiben Sie die Maxime, die hinter dem Kapitalbudget steht.

3.6 In welchem Sinne stellt das Kapitalbudget eine Simultanrechnung dar?

Skizzieren Sie stichwortartig die Schritte zur praktischen Erstellung eines Kapitalbudgets.

3.7 Kann das Kapitalbudget nur im Falle beliebig teilbarer Investitions- und Finanzierungsmöglichkeiten ein sinnvolles Ergebnis liefern? Begründen Sie Ihre Antwort.

3.8 In der Planungsperiode hat die Unternehmung 5 nicht teilbare Investitionsmöglichkeiten. Zur Finanzierung können 6 Kredite herangezogen werden.

Investition	Betrag (T€)	Rendite (%)
1	100	10
2	200	7
3	100	8
4	100	4
5	200	6

Kredit	Betrag (T€)	Effektivbelastung (%)
1	200	3,0
2	100	4,5
3	100	4,0
4	50	7,0
5	150	5,0
6	100	8,0

a) Zeichnen Sie die Kapitalangebots- und Kapitalnachfragekurve in ein Diagramm.

b) Welcher Punkt wäre bei beliebiger Teilbarkeit der Investitionsobjekte optimal? Welche Höhe hätte der Überschuss in diesem Fall?

c) Welcher Punkt ist tatsächlich optimal? Wie hoch ist der Überschuss?

3.9 Gegeben sind die Funktionen A, B und C.

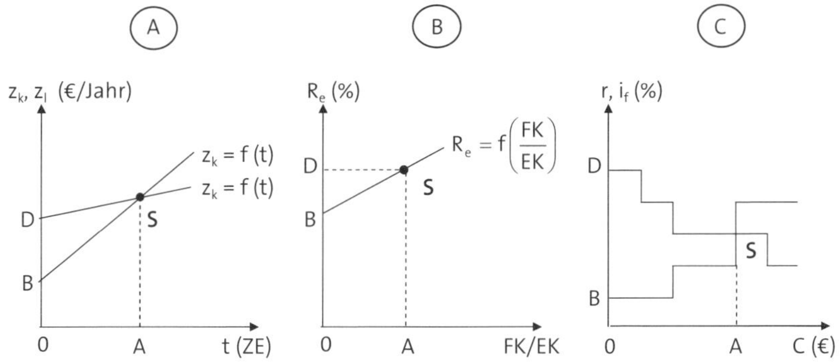

Zutreffendes bitte ankreuzen

Satz	Satz trifft zu auf			Satz trifft auf keine Grafik zu
	A	B	C	
$\overline{OD}$ ist ein Fremdkapitalzinssatz				
$\overline{OD}$ ist eine Investitionsrendite				
$\overline{OD}$ ist die Eigenkapitalrentabilität				
$\overline{OB}$ ist ein Fremdkapitalzinssatz				
$\overline{OB}$ ist eine Investitionsrendite				
$\overline{OA}$ ist eine kritische Zeit				
$\overline{OA}$ ist das optimale Investitions- und Finanzierungsvolumen				
$\overline{OA}$ ist die Kapitalstruktur				
Bei S sind die Zinsaufwendungen gleich				
Wird der Fremdmitteleinsatz erhöht, dann steigt die Eigenkapitalrentabilität				

4. Außenfinanzierung

4.1 Beteiligungsfinanzierung

4.1.1 Begriff der Beteiligungsfinanzierung

Definition: Beteiligungsfinanzierung (Einlagenfinanzierung) ist die Zuführung von Eigenkapital durch den oder die Eigentümer, wobei die Geldmittel der Unternehmung von außerhalb zufließen. Beteiligungsfinanzierung ist also Eigen- und Außenfinanzierung zugleich. Sie findet stets bei Gründung einer Unternehmung statt, aber auch später im Rahmen von Kapitalerhöhungen[1].

Im Hinblick auf die Mittel der Beteiligungsfinanzierung lassen sich unterscheiden:

(1) Geldeinlagen (kein Bewertungsproblem)

(2) Sacheinlagen (Bewertungsproblem)

(3) Rechte (Bewertungsproblem)

Hinsichtlich der Personen, die das Eigenkapital aufbringen, existieren zwei Möglichkeiten:

(1) Die bisherigen Gesellschafter erhöhen ihre Einlage und/oder

(2) neue Gesellschafter treten durch ihre Einlagen in den Kreis der bisherigen Gesellschafter.

Der Kapitalgeber erhält bei der Beteiligungsfinanzierung grundsätzlich ein Anspruchsrecht am Gewinn, am Vermögen und am Liquidationserlös. Er ist daneben Mitträger des Unternehmensrisikos, das je nach Rechtsform auch auf die Höhe der Einlage beschränkt sein kann. Daneben erlangt der Kapitalgeber Informations-, Mitsprache- und Mitentscheidungsrechte. Die Kapitalüberlassungsdauer ist grundsätzlich langfristig, kann jedoch – bei Einzelunternehmungen und Personengesellschaften (je nach Vertragsgestaltung) – auch kurzfristig sein[2]. Da die Rechtsform der Unternehmung großen Einfluss auf Art und Methoden der Eigenkapitalbeschaffung hat, wird die Beteiligungsfinanzierung im Allgemeinen unter Berücksichtigung verschiedener Rechtsformen dargestellt:

1 K. Olfert, Finanzierung, S. 185 ff. – L. Perridon/M. Steiner, Finanzwirtschaft der Unternehmung, S. 354 ff. – J. Süchting, Finanzmanagement, S. 22 ff. – G. Wöhe/J. Bilstein, Grundzüge der Unternehmensfinanzierung, S. 14 f. u. 417 ff.

2 Vgl. hierzu u. a.: M. Kühner/K. Schrömgens, Die Beteiligungsfinanzierung der Aktiengesellschaft, S. 348.

ABB. 4.1: Beteiligungsfinanzierung

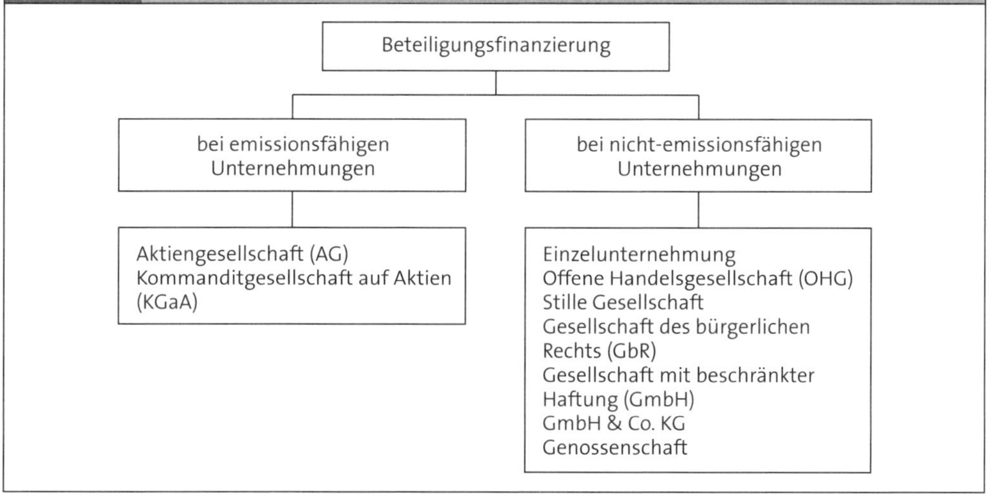

4.1.2 Beteiligungsfinanzierung bei Aktiengesellschaften

4.1.2.1 Begriff und Bedeutung der Aktien

Die Aktie ist ein Wertpapier, das seinem Inhaber, dem Aktionär, Teilhaberrechte an einer Aktiengesellschaft (AG) oder einer Kommanditgesellschaft auf Aktien (KGaA) verbrieft. Durch den Erwerb einer Aktie erhält der Aktionär folgende Rechte:

- Teilnahmerecht an der Hauptversammlung,
- Stimmrecht in der Hauptversammlung,
- Recht auf Gewinnanteil (Dividende),
- Recht auf Anteil am Liquidationserlös,
- Recht auf Bezug junger Aktien (Bezugsrecht),
- Recht auf Auskunft durch Vorstand.

Das bilanzierte Eigenkapital einer AG besteht aus Grundkapital, Rücklagen und dem Gewinn- oder Verlustvortrag. Rücklagen und Gewinnvortrag stellen also getrennt verbuchtes Eigenkapital dar. Das Grundkapital (Nominalkapital, gezeichnetes Kapital) wird durch Ausgabe von Aktien aufgebracht und muss mindestens 50.000 € betragen (§ 7 Aktiengesetz). Aktien können Nennbetragsaktien oder Stückaktien sein (§ 8 Aktiengesetz).

- Nennbetragsaktien lauten auf mindestens einen EURO. Aktien über einen geringeren Nennbetrag sind nichtig.
- Stückaktien lauten auf keinen Nennbetrag, sondern auf einen Anteil am Grundkapital. Sie sind am Grundkapital in gleichem Umfang beteiligt. Ihr Anteil bestimmt sich nach der Zahl der Aktien.

Der Begriff Aktie ist mehrdeutig. Man versteht darunter nicht nur die mit dem Wertpapier Aktie verbundenen Rechte und Pflichten, sondern man verwendet Aktie auch als Synonym für das

Wertpapier selbst (dann gilt: Aktie = Urkunde) und als Synonym für den durch die Aktie repräsentierten Anteil am Grundkapital (dann gilt: Aktie = Bruchteil des Grundkapitals).

ABB. 4.2: Die drei Bedeutungen der Aktie

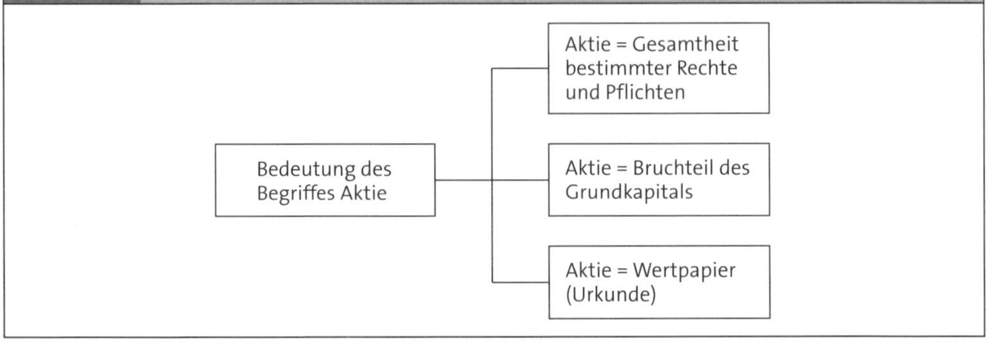

Die Aktie eignet sich gut für die Aufbringung großer Eigenkapitalbeträge[1], da

- die Organisationsform der AG eine große Zahl von Eigentümern ermöglicht;
- eine große Zahl von Anteilseignern durch die Aufteilung des Kapitals in Kleinbeträge ab einem EURO pro Aktie mobilisiert werden kann;
- ein organisierter Markt, die Börse[2], existiert, der eine hohe Verkehrsfähigkeit der Anteile garantiert;
- die detaillierte rechtliche Ausgestaltung des Gesellschaftsvertrages durch das Aktiengesetz eine gewisse Sicherung für die Kapitalanlage der Aktionäre gewährleistet;
- der einzelne Aktionär sein Aktienkapital bei der Gesellschaft nicht kündigen kann, wohl aber die Möglichkeit hat, seine Anteile an andere Anleger zu veräußern.

Trotz der genannten Vorzüge spielt die Aktienfinanzierung für bundesdeutsche Unternehmungen eine untergeordnete Rolle. Allerdings hat sich die Anzahl der börsennotierten Unternehmen in der Zeit von 1994 bis 2006 fast verdoppelt (vgl. Abbildung 4.3). Die in den achtziger Jahren zu beobachtende Schrumpfung der Zahl der Aktiengesellschaften ist überwunden.

ABB. 4.3: Anzahl und Kapitalisierung der börsennotierten AGs

Inländische börsennotierte AGs	1994	1998	2000	2002	2004	2006
Anzahl	666	741	1.065	1.011	979	1.103
	(Mrd €)					
Kapitalisierung (Kurswert am Jahresende)	396	899	1.353	659	879	1.242

Quelle: Deutschland in Zahlen 2007, Institut der deutschen Wirtschaft, S. 66.

Durch die Kurseinbrüche an den Börsen am Anfang dieses Jahrhunderts sind als Folge die Börsenneueinführungen in Deutschland stark zurückgegangen; das lässt sich an den Aktienemissionen seit 2002 erkennen:

1 Ähnlich: L. Perridon/M. Steiner, Finanzwirtschaft der Unternehmung, S. 368.

2 Vgl. K.-D. Däumler/J. Grabe, Kostenrechnungs- und Controllinglexikon, S. 45 ff.

ABB. 4.4: Aktienemissionen

Aktienemissionen inländischer börsennotierter AGs	1994	1998	2000	2002	2004	2006
			(Mrd €)			
Nominalwert	1,9	1,7	1,4	0,6	1,6	1,1
Kurswert	12,8	22,6	18,7	3,0	6,3	5,4

Quelle: Deutschland in Zahlen 2007, Institut der deutschen Wirtschaft, S. 66.

Für private Geldanleger ist die Aktie immer noch relativ unbedeutend: Sie tragen ihr Geld lieber auf ihr Sparkonto, stecken es in Lebensversicherungen oder kaufen festverzinsliche Wertpapiere (vgl. Abbildung 4.5).

ABB. 4.5: Wie Sparer ihr Geld anlegen

Private Haushalte	1991	1995	2000	2002	2004	2005
			(Mrd €)			
Geldvermögensbildung im laufenden Jahr	142,1	132,6	118,9	117,5	132,4	135,1
► bei Banken	57,8	34,5	–31,1	78,8	49,2	43,9
► bei Versicherungen	33,3	53,0	57,3	44,5	50,0	51,6
► in Wertpapiere	42,9	37,2	82,7	–16,6	23,9	30,1
► Ansprüche aus betriebl. Pensionsrückstellungen	8,1	7,9	9,9	10,8	9,2	9,5
			(Mrd €)			
Geldvermögensbestand am Jahresende	2.014	2.658	3.603	3.672	4.078	4.260
► bei Banken	926	1.128	1.235	1.341	1.448	1.492
(in %)	(46,0)	(42,4)	(34,3)	(36,5)	(35,5)	(35,0)
► bei Versicherungen	401	573	866	959	1.052	1.103
(in %)	(19,9)	(21,6)	(24,0)	(26,1)	(25,8)	(25,9)
► in Wertpapieren	556	797	1.309	1.159	1.345	1.421
(in %)	(27,6)	(30,0)	(36,3)	(31,6)	(33,0)	(33,4)
► Ansprüche aus betriebl. Pensionsrückstellungen	132	161	193	214	233	243
(in %)	(6,5)	(6,0)	(5,4)	(5,8)	(5,7)	(5,7)

Quelle: Monatsberichte der Deutschen Bundesbank, Juni 2006, S. 25 ff.

Vom gesamten Geldvermögen der privaten Geldanleger sind 2005 gerade 6,6 % in Aktien und 12,1 % in Investmentzertifikaten angelegt.

ABB. 4.6: Aktienanteil privater Haushalte am Geldvermögen

Anteil am Geldvermögensbestand privater Haushalte	1994	1998	2000	2002	2004	2005
			(in % des Geldvermögens)			
Geldanlage in Aktien	7,0	11,0	11,9	4,9	6,0	6,6
Geldanlage in Investmentzertifikaten	7,0	8,9	11,3	11,6	11,3	12,1
Summe	14,0	19,9	23,2	16,5	17,3	18,7

Quelle: Deutschland in Zahlen 2007, Institut der deutschen Wirtschaft, S. 66.

Entsprechend gering ist der Anteil der privaten Geldanleger am Aktienbestand: Versicherer, Banken, Anlagegesellschaften und andere Unternehmen hielten 1993 61 % aller Aktien, private Haushalte und das Ausland jeweils nur 17 % (Globus 2165).

Auch im internationalen Vergleich erweist sich der deutsche Aktienmarkt als entwicklungsfähig und -bedürftig: Nur 5 Prozent der Deutschen waren 1994 Aktionäre, während 35 Prozent der Schweden, 25 Prozent der Kanadier und 21 Prozent der US-Amerikaner und Briten Aktien ihr Eigen nennen (Globus 2417).

1992 gab es in Deutschland rund 4,2 Millionen Privataktionäre, die meisten Angestellte oder Beamte (36 %), gefolgt von leitenden Angestellten und Selbstständigen (23 %) sowie Rentnern (14 %). Häufig sind die Aktionäre von Publikumsgesellschaften gleichzeitig Arbeitnehmer der betreffenden Gesellschaft. In Deutschland gab es 1992 rund 1,5 Millionen Arbeitnehmer in der Doppelrolle von Mitarbeiter und Mitinhaber. Die meisten sind Aktionäre des Unternehmens, in dem sie arbeiten. Andere Beteiligungsformen wie Genussscheine, stille Teilhaberschaft oder Arbeitnehmerdarlehen sind seltener. Insgesamt hat das Betriebskapital in Mitarbeiterhand 1992 einen Wert von über 15 Milliarden DM erreicht. Am größten ist der Kreis der Belegschaftsaktionäre bei Siemens und Daimler-Benz, wo rund 100.000 Aktionäre als Mitarbeiter in Lohn und Brot stehen. Was die Quote der Belegschaftsaktionäre angeht, so stehen die Kreditinstitute vorn: Von den Arbeitnehmern der Dresdner Bank besaß 1993 nahezu jeder (93 %) Anteile seines Instituts, bei der Deutschen Bank sind es 88 %. Bisher haben rund 100 Unternehmungen Belegschaftsaktien ausgegeben. 1993 gab es in der Bundesrepublik 15 große Publikumsgesellschaften, bei denen die Zahl der Aktionäre über 100.000 lag. Vier Unternehmungen – Daimler-Benz, VEBA, Siemens, VW – gehörten jeweils mehr als 400.000 Anteilseignern (imu 940352).

Aktienurkunden bestehen aus Mantel und Bogen. Der Mantel verbrieft das Teilhaberrecht an der Gesellschaft. Er heißt so, weil die Effektenurkunde früher aus einem Doppelblatt bestand, in das der Bogen mit Dividendenschein und Erneuerungsschein hineingelegt wurde. Dividendenscheine sind Nebenpapiere zu den Aktien. Sie verbriefen den von der Hauptversammlung beschlossenen Anteil am Gewinn der Gesellschaft und haben den Charakter von Wertpapieren. Der Erneuerungsschein ist dagegen kein Wertpapier, sondern dient als Berechtigungsausweis zum Bezug eines neuen Bogens, stellt also eine Legitimationsurkunde dar[1].

ABB. 4.7: Effekten bestehen aus Mantel und Bogen

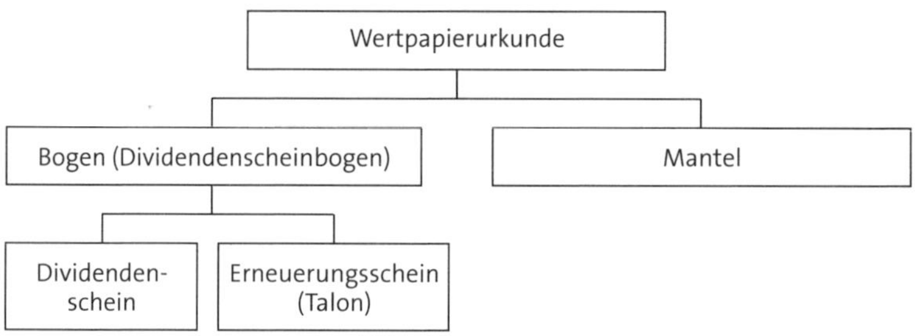

1 Vgl. hierzu u. a.: H.-T. Beyer/U. Bestmann (Hrsg.), Finanzlexikon, S. 50. – W. Grill/H. Perczynski, Wirtschaftslehre des Kreditwesens, S. 209 f.

4.1.2.2 Aktienarten

4.1.2.2.1 Überblick

Im Folgenden betrachten wir die in der Übersicht zusammengestellten Aktienarten, die nach unterschiedlichen Kriterien gegliedert sind:

ABB. 4.8: Aktien können nach unterschiedlichen Kriterien eingeteilt werden

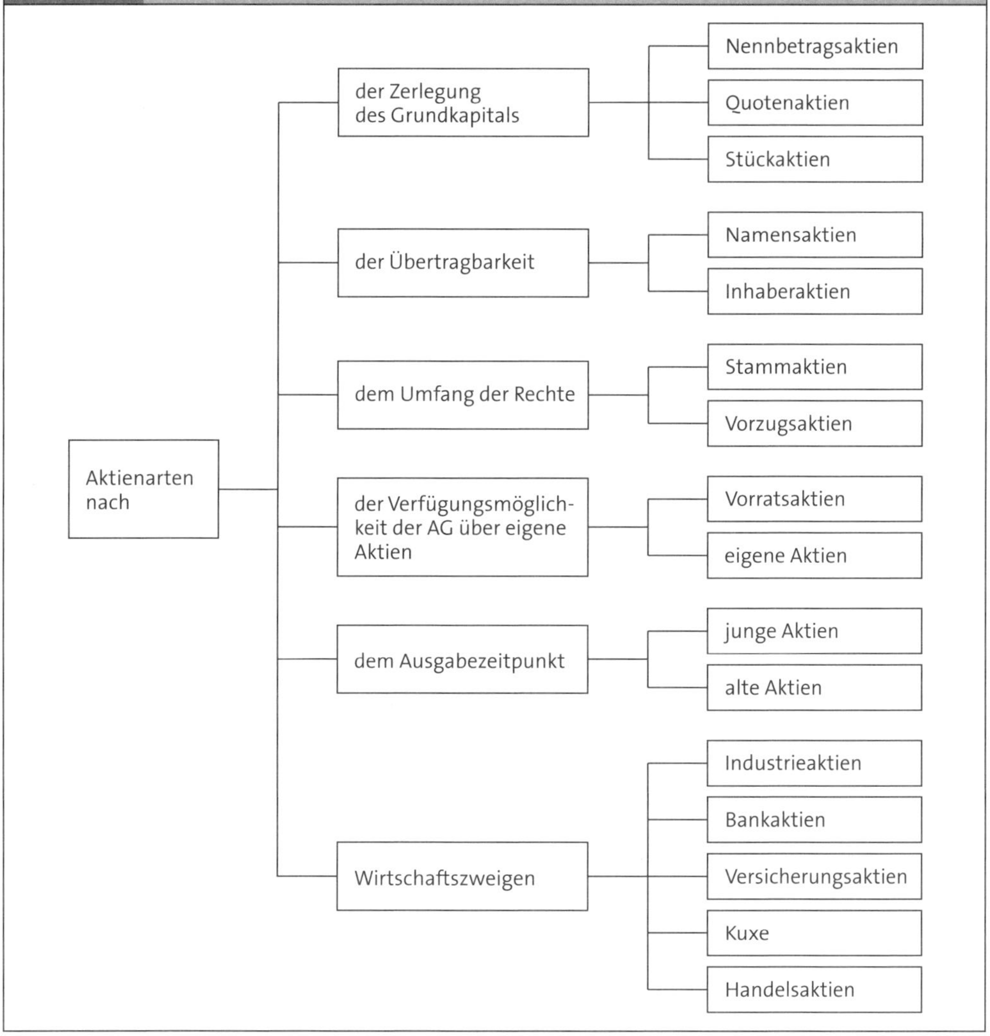

4.1.2.2.2 Nennbetragsaktien – Stückaktien

In Deutschland emittierte Nennbetragsaktien lauten auf einen in Geld ausgedrückten Nennbetrag (Nennwert), der mindestens einen EURO betragen muss. Höhere Aktienbeträge müssen auf volle EURO lauten. Das Grundkapital ist in Nennwertaktien eingeteilt. Die Summe der Nennwerte ergibt also das Grundkapital (gezeichnetes Kapital). Nennwertaktien dürfen nicht unter pari (unter dem Nennwert) ausgegeben werden. Bei einer Ausgabe über pari ist der über den Nennwert hinausgehende Betrag den Kapitalrücklagen zuzuführen.

Quoten- oder Anteilsaktien sind in Deutschland nicht zulässig. Sie enthalten keinen Nennbetrag, sondern verbriefen einen quotalen Anteil am Gesellschaftsvermögen (z. B. 1/100.000 des Eigenkapitals). Im Fall einer Unternehmenskrise haben die Quotenaktien den Vorteil, dass keine Herabsetzung des Grundkapitals und des Nennwertes der Aktien erforderlich ist.

In der Phase der Umstellung des Aktienkapitals auf den EURO ist die Einführung von nennwertlosen Aktien in Form von Stückaktien erlaubt worden. In diesem Fall ist weder eine Nennwert- noch eine Quotenangabe erforderlich. Der Aktionär besitzt nicht einen Anteil am Gesellschaftsvermögen sondern z. B. eine von 100.000 Aktien, die einen börsentäglich notierten Kurswert in EURO hat.

4.1.2.2.3 Namensaktien – Inhaberaktien

Inhaberaktien sind Wertpapiere, die durch Einigung und Übergabe übertragen werden. Sie lauten auf den jeweiligen Inhaber, enthalten also keine namentliche Bezeichnung des Eigentümers. Jeder, der das Papier in Händen hat, kann das verbriefte Recht geltend machen. Die Gesellschaft darf Inhaberaktien nur dann ausgeben, wenn der Nennbetrag voll eingezahlt ist. Ist dies nicht der Fall, so können bis zur vollen Einzahlung des Nennbetrags Interimsscheine (interim, lat. = inzwischen, einstweilen) ausgegeben werden. Die Zwischenscheine sind also Urkunden, die nach Gründung einer AG, jedoch vor Ausstellung der endgültigen Aktien, an die Anteilseigner ausgegeben werden. Sie müssen auf den Namen lauten und sind durch Indossament übertragbar. Indossament heißt die auf der Rückseite („in dosso") angebrachte Erklärung, wonach der Inhaber des Papiers das Eigentum auf den Erwerber überträgt.

Namensaktien dagegen tragen den Namen des Aktionärs, der auch in das Aktienbuch der Gesellschaft mit Namen, Geburtsdatum, Adresse, Stückzahl oder Aktiennummern, bei Nennbetragsaktien mit dem Betrag, eingetragen wird. Sie werden als geborene Orderpapiere durch Einigung, Indossament und Übergabe übertragen. Die Übertragung erfordert außerdem eine Umschreibung im Aktienbuch, denn der Gesellschaft gegenüber gilt nur diejenige Person als Aktionär, die im Aktienbuch eingetragen ist. In Deutschland ist die Namensaktie selten, Regel ist die Inhaberaktie.

Ist die Übertragung von Namensaktien an die Zustimmung der Gesellschaft gebunden, so spricht man auch von vinkulierten Namensaktien. Vinkulierung (von vinculum, lat. = Band) bedeutet allgemein eine Bindung von Wertpapieren derart, dass zur Übertragung auf Dritte eine Genehmigung des Emittenten, des Wertpapierausgebers, erforderlich ist. Die Vinkulierung kann durch eine entsprechende Bestimmung in der Satzung der AG vorgesehen werden, etwa um Überfremdung durch ausländische Anteilseigner oder unerwünschte Übernahme durch eine andere Gesellschaft („unfriendly takeover") zu vermeiden. Sie kann aber auch gesetzlich vorgeschrieben sein, z. B. bei Nebenleistungs-Aktiengesellschaften, bei denen die Aktionäre verpflichtet sind, außer der Geldanlage bestimmte, ständig wiederkehrende Leistungen zu erbringen, etwa eine bestimmte jährliche Liefermenge an Zuckerrüben an eine Zucker-AG oder Milchlieferungen an eine Molkerei-AG (§ 55 Aktiengesetz).

4.1.2.2.4 Stammaktien – Vorzugsaktien

Stammaktien sind solche Papiere, die dem Inhaber alle im Aktiengesetz für den Normalfall vorgesehenen Rechte gewähren. Sie stellen als Normaltyp die in Deutschland hauptsächlich verbreitete Aktienform dar und enthalten alle im Aktiengesetz vorgeschriebenen Rechte:

- Recht auf Teilnahme an der Hauptversammlung (§ 118 AktG),
- Stimmrecht in der Hauptversammlung (§ 119 AktG),
- Dividendenrecht (§ 58 Abs. 4 und § 60 Abs. 1 AktG),
- Auskunftsrecht auf der Hauptversammlung (§ 131 AktG),
- Recht auf Anteil am Liquidationserlös (§ 271 AktG),
- Bezugsrecht = Recht auf Bezug junger Aktien (§ 186 AktG) sowie Recht auf Bezug von Wandelschuldverschreibungen, Gewinnschuldverschreibungen und Genussscheinen (§ 221 Abs. 4 AktG).

Im Gegensatz zu den Stammaktien räumen die Vorzugsaktien dem Inhaber besondere Rechte ein, etwa bei der Gewinnverteilung, der Stimmrechtsausübung, dem Bezugsrecht oder der Verteilung des Liquidationserlöses (vgl. §§ 11, 12, 139, 141 AktG). Häufig aber ist die Gewährung eines Vorzugs an die Inkaufnahme eines Nachteils gebunden. So kann z. B. der Vorzug einer höheren Dividende an die Inkaufnahme des Stimmrechtverzichts gekoppelt sein. Vorzugsaktien sind in diesem Sinne also gleichzeitig Nachteilsaktien. Vorzugsaktien dieser Art – mit Vor- und Nachteil – dominieren in Deutschland. Wir teilen sie folgendermaßen ein:

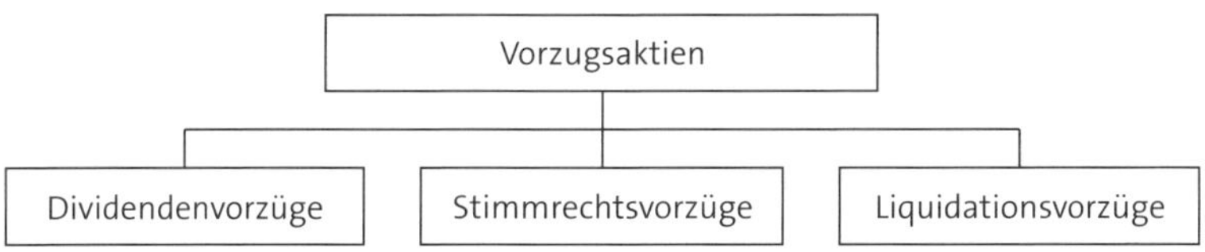

Dividendenvorzüge: Im Regelfall handelt es sich um Dividendenvorzugsaktien ohne Stimmrecht. Sie erlauben die Aufnahme neuer Gesellschafter (und damit neuer Mittel), ohne dass sich dadurch die Stimmverhältnisse der alten Anteilseigner ändern. Im Einzelnen unterscheiden wir vier Varianten von Dividendenvorzugsaktien:

- **Vorzugsaktien mit prioritätischem Dividendenanspruch**. – Die Vorzugsaktionäre erhalten eine Vorzugsdividende in bestimmter Höhe, bevor die Ausschüttung an die Stammaktionäre erfolgt. Dadurch erzielen die Vorzugsaktionäre auch bei einem geringen Gewinn eine Verzinsung ihres Kapitals, während die Stammaktionäre wenig oder gar nichts erhalten.
- **Vorzugsaktien mit prioritätischem Dividendenanspruch und Überdividende**. – Sie gewähren den Vorzugsaktionären neben der Priorität für den Fall kleiner Gewinne auch einen Dividendenvorteil gegenüber den Stammaktionären in guten Zeiten. So könnte z. B. vereinbart werden, dass die Dividende für Vorzugsaktien grundsätzlich um 2 Prozentpunkte höher ist als die Dividende für Stammaktien.
- **Kumulative Vorzugsaktien**. – Auch in Verlustjahren erwerben die Vorzugsaktionäre einen Anspruch auf Vorzugsdividende, und zwar dergestalt, dass der Dividendenanspruch vorgetragen wird. Ausgefallene Dividendenzahlungen werden also in den folgenden Gewinnjahren nachgeholt. Nur bei kumulativen Vorzugsaktien ist der Ausschluss des Stimmrechtes per

Satzung möglich. Allerdings ist das Stimmrecht auch im Falle eines satzungsmäßigen Ausschlusses nicht vollständig beseitigt, es lebt vielmehr wieder auf, wenn

(1) in einem Jahr die Vorzugsdividende nicht oder nicht ganz bezahlt wird, und

(2) im Folgejahr neben dem Vorzugsbetrag des Folgejahres eine Nachzahlung nicht oder nicht vollständig möglich ist.

ABB. 4.9: Beispiele für die Gewinnverwendung bei Dividendenvorzugsaktien

Typ des Dividendenvorteils	Gesellschaft	Rechte aus den Vorzugsaktien/Gewinnverteilung
Prioritätischer Dividendenanspruch	RWE AG[1]	Den Vorzugsaktien ohne Stimmrecht steht bei der Verteilung des Bilanzgewinns ein Vorzugsgewinnanteil von EUR 0,13 je Vorzugsaktie zu. Der Bilanzgewinn wird wie folgt verwendet: ► zur Nachzahlung etwaiger Rückstände von Gewinnanteilen auf die Vorzugsaktien aus den Vorjahren; ► zur Zahlung eines Vorzugsgewinnanteils von EUR 0,13 je Aktie; ► zur Zahlung eines Gewinnanteils auf die Stammaktien von bis zu EUR 0,13 je Stammaktie; ► zur Zahlung einer Mehrdividende gemäß § 4 Abs. 5 auf die Stammaktien Typ B; ► zur gleichmäßigen Zahlung etwaiger weiterer Gewinnanteile auf die Stamm- und Vorzugsaktien, soweit die Hauptversammlung keine andere Verwendung beschließt.
Prioritätischer Dividendenanspruch mit Überdividende	Fresenius AG[2]	Inhaber-Vorzugsaktien: Ohne Stimmrecht Zunächst erhalten die Vorzugsaktien 4 % Dividende, anschließend wird der verbleibende Gewinn so verteilt, dass die Vorzugsaktien 2 %(-Punkte) mehr Dividende als die Stammaktien erhalten. Reicht der Bilanzgewinn eines oder mehrerer Geschäftsjahre nicht zur Ausschüttung von 4 % auf die Vorzugsaktien aus, so werden die fehlenden Beträge ohne Zinsen aus dem Bilanzgewinn der folgenden Geschäftsjahre nachgezahlt, und zwar nach Verteilung der Mindestdividende auf die Vorzugsaktien für diese Geschäftsjahre und vor der Verteilung einer Dividende auf Stammaktien.
Limitierte Vorzugsdividende	Joseph Vögele AG[3]	Namens-Vorzugsaktien Lit A: Je Stückaktie eine Stimme. Vorzugsaktien Lit A erhalten vor den Stammaktien eine Vorzugsdividende von 5 %, die Vorzugsaktien Lit A haben auf einen weiteren Gewinn keinen Anspruch. Reicht in einem Geschäftsjahr der verteilbare Reingewinn zu Zahlung der Vorzugsdividende von 5 % nicht aus, so ist das Fehlende auf die Vorzugsaktien aus dem Reingewinn der folgenden Geschäftsjahre vor Verteilung einer Dividende auf die Stammaktien nachzuzahlen.

Quelle: G. Wöhe/J. Bilstein, Grundzüge der Unternehmensfinanzierung, S. 52.

1 Quelle: Satzung der RWE AG i. d. Fassung vom 5. Januar 2001.

2 Quelle: Hoppenstedt Unternehmensprofile der deutschen Aktiengesellschaften.

3 Quelle: Hoppenstedt Aktienführer 2001, Darmstadt 2000, S. 1138.

Die Vorzugsaktionäre erwerben in diesem Fall ein Stimmrecht bis zur vollständigen Nachzahlung der Rückstände.

- **Limitierte Vorzugsaktien**. – Die Vorzugsdividende kann auf einen bestimmten Prozentsatz begrenzt werden. Dann erhalten die Vorzugsaktionäre maximal den entsprechenden Satz, falls der Gewinn hoch ausfällt. Der verbleibende Gewinn wird an die Stammaktionäre verteilt.

Da man heute die in einer AG bestehenden Mehrheitsverhältnisse im Regelfall nicht mehr durch Ausgabe von Mehrstimmrechtsaktien zementieren kann, greift man mehr und mehr auf das Mittel der Stimmrechtsbegrenzung zurück, um den Einfluss bestimmter Gruppen von Anteilseignern zu beschränken. Die Satzung einer AG kann das Stimmrecht eines Aktionärs, der über einen großen Aktienanteil verfügt, z. B. auf 2 % des Grundkapitals begrenzen. Regelungen dieser Art finden oder fanden sich bei drei der vier umsatzstärksten deutschen Börsenwerten: Deutsche Bank (5 %), Bayer (5 %), Volkswagen (20 %). Die offiziellen Begründungen für Stimmrechtsbegrenzungen klingen verdächtig edel: Schutzwall gegen Überfremdung, Abwehr unerwünschter Übernahmen, selbst der Begriff Demokratisierung wird bemüht. Was bewirkt die Stimmrechtsbegrenzung per Satzung tatsächlich? Die Verwaltung der Gesellschaft steht vielen Kleinaktionären gegenüber, deren Rechte atomisiert sind. Die Einflussnahme unbequemer Großaktionäre auf die Geschäftspolitik wird erschwert oder unmöglich.

BEISPIEL: (Höchststimmrecht bei VW)

> „Gehören einem Aktionär Aktien im Gesamtnennbetrag von mehr als dem fünften Teil des Grundkapitals, so beschränkt sich sein Stimmrecht auf die Anzahl Stimmen, die Aktien im Gesamtnennbetrag des fünften Teils des Grundkapitals gewähren. Zu Aktien, die einem Aktionär gehören, rechnen auch die Aktien, die ein Dritter für Rechnung des Aktionärs innehat" (§ 24 Abs. 1 der Satzung der Volkswagen AG).

Aktionäre seien dumm und frech, hat der Berliner Bankier von Fürstenberg einmal behauptet. Dumm, weil sie ihr Geld hergeben; frech, weil sie auch noch Dividende fordern. Heute könnte von Fürstenberg ergänzen: Frech, weil sie Dividende fordern und nach Erwerb eines entsprechenden Aktienpakets auch noch Einfluss auf die Gesellschaft nehmen möchten.

Seit den achtziger Jahren haben sich ausländische Investoren massiv bei deutschen Aktiengesellschaften eingekauft. So ist die Aktienmehrheit von Mannesmann ins Ausland gewandert (Vodafone). Bei Bayer und Deutsche Bank ist man nicht mehr weit davon entfernt. Und so denken jene Multis, die nichts gegen ausländische Investoren haben, an die Streichung des Höchststimmrechts. Vorreiter sind Bayer, Veba und die Deutsche Bank, die sich Anfang der neunziger Jahre vom Höchststimmrecht gelöst haben.

Stimmrechtsvorzüge: Eine weitere Gattung von Vorzugsaktien ist in den Stimmrechtsvorzugsaktien (Mehrstimmrechtsaktien) zu sehen. Sie sicherten pro Aktie mehr als die übliche (eine) Stimme. Die Ausgabe derartiger Aktien ist heute grundsätzlich nicht mehr zulässig (§ 12 Abs. 2 AktG). Bestehende Mehrstimmrechte sind am 1. Juni 2003 erloschen, soweit die Hauptversammlung ihre Fortgeltung nicht mit wenigstens 75 Prozent des anwesenden Grundkapitals beschlossen haben (§ 5 Einführungsgesetz zum Aktiengesetz).

BEISPIEL: (Mehrstimmrechte in Deutschland)

Gesellschaft mit Mehrstimmrecht	Wert des Mehrstimmrechts
Siemens	sechsfach
HEW (Hamburger E-Werke)	vierzigfach
RWE (Rheinisch-Westfälische E-Werke)	zwanzigfach
Goldschmidt AG	zehnfach
Energieversorgung Ostbayern	fünfunddreißigfach
Quelle: Der Spiegel 12/1993, S. 119.	

Liquidationsvorzüge: Neben Stimmrechtsvorzügen und Dividendenvorzügen sind auch Aktien mit Vorrechten bei der Verteilung des Liquidationserlöses möglich, praktisch aber nur wenig bedeutend. Als Beispiel ist der Fall der Sanierung zu nennen. Erklärt sich bei einer Sanierung nur ein Teil der Aktionäre bereit, Zuzahlungen zu leisten (Zuzahlungen sind freiwillig, kein Aktionär kann dazu gezwungen werden, dem schlechten Geld gutes hinterherzuwerfen), so werden die zuzahlenden Aktionäre darauf bestehen, dass ihre Stammaktien in Vorzugsaktien mit Liquidationsvorrechten umgewandelt werden. Effekt: Falls die Sanierung scheitert und die Gesellschaft liquidiert werden muss, können sie so vielleicht einen Teil ihrer Zuzahlung retten.

4.1.2.2.5 Eigene Aktien – Vorratsaktien

Die Ausgabe neuer Aktien lässt das Grundkapital wachsen. Der Rückkauf eigener Aktien lässt das Grundkapital schrumpfen. Aus Gründen des Gläubigerschutzes ist der Erwerb eigener Aktien daher grundsätzlich verboten[1]. Von diesem Verbot gibt es Ausnahmen. Diese regelt der § 71 Aktiengesetz wie folgt[2]:

Ausnahmen vom Verbot des Erwerbs eigener Aktien (§ 71 AktG)
1. Der Erwerb ist notwendig, um einen schweren, unmittelbar bevorstehenden **Schaden** von der Gesellschaft **abzuwenden**.
2. Die Aktien sollen den **Arbeitnehmern** der Gesellschaft oder einer mit ihr verbundenen Unternehmung zum Erwerb angeboten werden.
3. Der Erwerb geschieht, um **Aktionäre abzufinden**, wenn die AG einen Eingliederungs- oder Beherrschungsvertrag abgeschlossen hat (§§ 305 Abs. 2, 320b AktG, §§ 29 Abs. 1, 125 Satz 1 i. V. m. § 28 Abs. 1, 207 Abs. 1 UmwG).
4. Die AG erwirbt die Aktien **unentgeltlich** oder ein Kreditinstitut führt mit dem Erwerb eine **Einkaufskommission** aus.
5. Der Erwerb erfolgt im Rahmen einer **Gesamtrechtsnachfolge**.
6. Der Erwerb erfolgt aufgrund eines Beschlusses der Hauptversammlung nach den Vorschriften über die **Herabsetzung des Grundkapitals**.
7. Der Erwerb erfolgt durch ein Kreditinstitut, Finanzdienstleistungsinstitut oder Finanzunternehmen aufgrund eines Hauptversammlungsbeschlusses zum Zwecke des **Wertpapierhandels**.

1 Der Erwerb eigener Aktien geht einher mit einer teilweisen Rückzahlung des Grundkapitals und könnte ein Verstoß gegen das Prinzip des Gläubigerschutzes sein. Gäbe es kein Limit, könnte der Vorstand alle Aktien aufkaufen, und die AG gehörte sich selbst.

2 H. Bieg/H. Kußmaul, Investitions- und Finanzierungsmanagement, S. 117.

8. Der Erwerb erfolgt aufgrund einer bestimmte Einschränkungen enthaltenden, höchstens 18 Monate geltenden **Ermächtigung der Hauptversammlung**. Nach Auslaufen der Ermächtigung ist ein Erwerb eigener Aktien nicht mehr möglich.

In den Fällen 1 – 3 sowie 7 und 8 dürfen die erworbenen Aktien zusammen mit dem Betrag anderer Aktien der Gesellschaft, die diese bereits erworben hat und noch besitzt, 10 % des Grundkapitals nicht übersteigen (§ 71 Abs. 2 Satz 1 AktG).

In den Fällen 1, 2, 4, 7 und 8 ist der Erwerb nur zulässig, wenn auf die Aktien der Ausgabebetrag voll geleistet ist (§ 71 Abs. 2 Satz 3 AktG).

Zulässig ist der Erwerb eigener Aktien nur dann, wenn die Gesellschaft die nach § 272 Abs. 4 HGB vorgeschriebene Rücklage für eigene Aktien bilden kann, ohne das Grundkapital oder eine nach Gesetz und Satzung zu bildende Rücklage zu mindern, die nicht für Zahlungen an die Aktionäre verwendet werden darf. Unbegrenzt ist der Erwerb eigener Aktien aus den Gründen (4) bis (6) möglich.

Beim Erwerb eigener Aktien wandern früher geschaffene Wertpapiere an die Gesellschaft zurück. Bei Vorratsaktien (Verwaltungs- oder Verwertungsaktien) dagegen handelt es sich um neugeschaffene Titel, die zwar schon genehmigt, aber noch nicht in Umlauf gesetzt sind. Sie entstehen meist im Zusammenhang mit einer normalen Kapitalerhöhung, wobei der Kapitalerhöhungsbetrag über den zur Zeit bestehenden Kapitalbedarf hinausgeht. Die Vorratsaktien sollen dann in einem günstigen Zeitpunkt zugunsten der Gesellschaft verwendet werden. Sie werden bis zum Zeitpunkt der endgültigen Verwertung von einer Bank oder einem Konsortium treuhänderisch übernommen und nach Weisung der Gesellschaft eingesetzt, z. B.

- als Belegschaftsaktien,
- zur Kursintervention,
- zum Aktientausch beim Erwerb von Beteiligungen.

Der Übernehmer haftet gemäß § 56 Abs. 3 AktG für die volle Einlage; Rechte aus den Aktien stehen ihm erst zu, wenn er sie für eigene Rechnung übernommen hat. Günstige Gelegenheiten zum Zwecke einer Kapitalerhöhung ergreift man heute häufig durch das Instrumentarium des genehmigten Kapitals. Der Vorstand kann, nach Ermächtigung durch die Hauptversammlung, für längstens fünf Jahre das Grundkapital bis zu einem bestimmten Nennbetrag, der die Hälfte des bisherigen Grundkapitals nicht übersteigen darf, ohne erneutes Befragen der Hauptversammlung, jedoch mit Zustimmung des Aufsichtsrates erhöhen (§ 202 bis 206 AktG).

4.1.2.2.6 Junge Aktien – alte Aktien

Junge Aktien sind neue, zur Erhöhung des Grundkapitals einer AG ausgegebene Aktien. Nimmt die Gesellschaft eine ordentliche Kapitalerhöhung vor, so erhalten die bisherigen Aktionäre ein Recht auf Bezug der jungen Aktien entsprechend ihrer Beteiligung (Bezugsrecht). Im Grenzfall einer nur nominellen Kapitalerhöhung, bei der lediglich Rücklagen formal zu Grundkapital gemacht werden (= Kapitalerhöhung aus Gesellschaftsmitteln), sind die jungen Aktien Gratisaktien. Solange die jungen Aktien einen anderen Dividendenanspruch als die alten haben, werden sie an der Börse getrennt notiert. Erfolgt später eine Gleichstellung beider Gattungen, so entfällt die Bezeichnung junge Aktien, und man spricht nur noch von alten Aktien. Finden bei einer AG während eines Geschäftsjahres zwei Grundkapitalerhöhungen statt, werden die daraus resultierenden jungen Aktien bis zur börsenkursmäßigen Gleichstellung als junge und jüngste Aktien bezeichnet und notiert[1].

4.1.2.3 Aktienkurse und Aktienkurseinflussfaktoren

4.1.2.3.1 Börse

> Definition: Börse ist ein besonderer Markt für vertretbare (fungible[2]) Gegenstände, der nach festen Regeln und zu festen, vorgegebenen Zeiten stattfindet.

In Deutschland handelt es sich bei den Börsen um staatlich genehmigte Marktveranstaltungen, auf denen sich Kaufleute zu bestimmten Zeiten und an bestimmten Orten treffen, um fungible Güter, die nicht körperlich im Börsenraum vorhanden sind, zu handeln. Börsenkurs ist der Preis eines Handelsobjektes, der sich an der Börse ergibt. Man unterscheidet Börsen nach der Art der gehandelten Güter in Warenbörsen, Devisenbörsen und Wertpapierbörsen.

(1) Warenbörsen: Handelsobjekte sind standardisierte Welthandelswaren, die fungibel und haltbar sein müssen. Beispiel: Baumwolle, Getreide, Jute, Kaffee, Tee, Zucker.

(2) Devisenbörsen: Handelsobjekte sind Guthaben bei gebietsfremden Banken in ausländischer Währung, kurz: Fremdwährungsguthaben. Sorten (ausländische Banknoten und Münzen) sind keine Devisen, können aber in Devisen umgetauscht werden.

(3) Wertpapierbörsen: Handelsobjekte sind Anleihen, Aktien, Genussscheine und Optionsscheine. Während die Wertpapiere (Effekten) schon bewusst von den Emittenten als fungible Marktobjekte ausgestattet sind, stellt bei Devisen und Waren erst die genaue Definition nach Art, Zahl, Fristen, Liefer- und Zahlungskonditionen die Vertretbarkeit her. Wertpapierbörsen können Börsen für Kassageschäfte oder Termingeschäfte sein. Kassageschäfte sind sofort, Termingeschäfte erst später zu erfüllen.

BEISPIEL: (wichtige Börsen)

> In Deutschland werden Wertpapiere an acht Börsenplätzen (Berlin, Bremen, Düsseldorf, Frankfurt/Main, Hamburg, Hannover, München, Stuttgart und im elektronischen Handelssystem Xetra[3] gehandelt. Die wichtigste deutsche Börse ist Frankfurt. Sie vereinigt mehr als die Hälfte des Umsatzes aller deutschen Effektenbörsen auf sich und hat auch als Devisenbörse eine überragende Stellung. Die weltweit bedeutendsten Börsen sind der New York Stock Exchange, die Londoner und die Tokioter Börse.

1 Vgl. H. E. Büschgen, Das kleine Börsenlexikon, S. 397. – Gabler-Wirtschafts-Lexikon, S. 1675.

2 Von fungibilis, lat. = im Zählen bestehend. Voraussetzung für den börsenmäßigen Warenhandel ist die gleichartige Beschaffenheit der Waren, so dass die Stücke ausgetauscht werden können. Dann ist nur noch die Anzahl von Bedeutung, und die einzelnen Stücke sind vertretbar im Sinne von § 91 BGB.

3 Xetra = Exchange Electronic Trading = Handelssystem der Deutschen Börse AG für den Kassahandel.

Der Börsenmarkt wird seit 2003 in folgende Segmente unterteilt:

Prime Standard (amtlicher Börsenmarkt) ► DAX (30 Werte) ► M-DAX (50 Werte) ► S-DAX (50 Werte) ► TEC-DAX (30 Werte) ► Werte ohne Indexzugehörigkeit	► strenge Zulassungs- und Publizitätsvorschriften ► Kursfeststellung durch vereidigte Kursmakler ► Umsätze und Kurse werden amtlich festgestellt
General Standard (geregelter Markt) ► regional bedeutende Unternehmen	► Aufnahmebedingungen sind nicht so streng wie im amtlichen Handel
Freiverkehr ► kleine deutsche und ausländische Aktiengesellschaften	► Keine Mindestbeträge für Grundkapital und Auftragshöhe ► keine Maklerpflicht

4.1.2.3.2 Börsenkurs und Kurszusätze

Der Börsenkurs als Preis fungibler Waren, Devisen oder Effekten (Wertpapiere) hängt von Angebot und Nachfrage ab. Zeiten steigender Kurse nennt man Hausse, Zeiten fallender Kurse Baisse. Beim Wertpapierkauf lassen sich Anbieter und Nachfrager von ihren Gewinnerwartungen und Verzinsungsansprüchen leiten. Eine AG kann auch selbst als Anbieter (Beispiel: Kapitalerhöhung durch Ausgabe junger Aktien) oder Nachfrager (Beispiel: Erwerb eigener Aktien) auftreten. Sie kann den Kurs durch ihre Dividendenpolitik, aber auch durch die Vornahme oder Unterlassung von Kapitalerhöhungen beeinflussen.

Der Börsenkurs eines Wertpapiers kann ausgewiesen werden nach der

- Prozentnotierung als Prozentkurs in Prozenten vom Nennwert, was in Deutschland bei Schuldverschreibungen üblich ist, und nach der
- Stücknotierung als Stückkurs in Geldeinheiten je Stück, in Deutschland seit 1969 für Aktien obligatorisch.

Nennbetragsaktien müssen auf mindestens einen EURO lauten (§ 8 Abs. 2 AktG). Stückaktien lauten auf keinen Nennbetrag. Sie sind am Grundkapital in gleichem Umfang beteiligt. Der auf die einzelne Aktie entfallende anteilige Betrag des Grundkapitals darf einen EURO nicht unterschreiten (§ 8 AktG).

Der Makler ermittelt aufgrund der Kauf- und Verkaufsangebote börsentäglich Aktienkurse. Dabei handelt es sich um variable Kurse und um Einheitskurse.

- Variabler Kurs: Er entsteht bei fortlaufender Notierung von Wertpapieren mit größeren Umsätzen. Seit 1999 gibt es für Abschlüsse im variablen Handel keine Mindestanzahl mehr.
- Einheitskurs (Kassakurs): Er wird für jedes amtlich notierte Wertpapier börsentäglich festgestellt, und zwar nur einmal zu einer bestimmten Zeit. Er gilt für alle Geschäfte dieses Tages, soweit sie nicht zum variablen Kurs abgerechnet werden. Einheitskurse werden seit 2001 an der Frankfurter Börse für fortlaufend notierte Wertpapiere nicht mehr festgestellt. Einheitskurse gibt es nur noch für Aktien mit geringer Liquidität und für die meisten Schuldverschreibungen.

Der Makler bestimmt jenen Kurs, der die Zahl der Stücke maximiert, die den Eigentümer wechseln (Meistausführungsprinzip). Der Kurs entspricht dann dem Preis auf einem polypolistischen Markt, einem Markt mit vielen Anbietern und Nachfragern. Als Leitlinie für die Kursermittlung wird in den meisten Schriften zwar die Umsatzmaximierung genannt (Umsatz = Wertgröße, Absatz = Mengengröße). Die von den Autoren gewählten Beispiele lassen aber erkennen, dass der Umsatz nicht wertmäßig, sondern fälschlicherweise mengenmäßig interpretiert wird. Deutlich wird dies, wenn die Umsatz oder Umsatzmöglichkeit genannte Größe die Dimension Stück erhält[1].

Ein Käufer (Verkäufer) nimmt im Allgemeinen eine wertmäßige Begrenzung seines Auftrages vor, setzt also einen Höchstpreis (Mindestpreis), der nicht überschritten (unterschritten) werden darf (Limit). Ein Verzicht auf eine Limitierung ist gefährlich. Falls nämlich der Verkäufer sein Wertpapier „bestens" veräußert, so verkauft er es zu jedem beliebigen Kurs, im Extremfall auch zum Kurs Null. Erwirbt der Käufer ein Papier „billigst", wie der entsprechende Fachausdruck der Börsensprache lautet, so kauft er zu jedem Kurs, auch wenn sich dieser über Nacht verdoppeln sollte.

BEISPIEL (Angebot und Nachfrage ergeben den Börsenkurs)

Ermitteln Sie den Gleichgewichtspreis (-kurs), bei dem die Zahl der über den Markt gehenden Stücke maximiert wird, für den Fall, dass einem Börsenmakler folgende limitierte Kauf- und Verkauforders für Aktien der Chemie-AG vorliegen:

Vorliegende Aufträge			
Verkauforders		Kauforders	
Stück	Limit (€)	Stück	Limit (€)
30	65,00	20	95,00
20	70,00	20	90,00
15	75,00	15	85,00
25	85,00	15	80,00
		15	70,00

Lösung

ABB. 4.10: Einheitskurs nach Meistausführungsprinzip

Tabellarische Ermittlung des Einheitskurses			
Kurs (€)	Angebot (Stück)	Nachfrage (Stück)	Ausführungsmöglichkeiten (Stück)
65,00	30	85	30
70,00	50	85	50
75,00	65	70	65
80,00	65	70	→ 65
85,00	90	55	55
90,00	90	40	40
95,00	90	20	20

Meistausführung

1 Vgl. etwa W. Compter, Bankbetriebslehre, S. 260 f. – J. Süchting, Finanzmanagement, S. 66 f. – G. Wöhe/J. Bilstein, Grundzüge der Unternehmensfinanzierung, S. 62.

Ergebnis: Notiert der Börsenmakler den Einheitskurs in Höhe des Gleichgewichtspreises von 80 € je Aktie, dann wechselt die maximale Zahl von 65 Stück der Chemie-Aktien den Eigentümer. Das lässt sich auch zeichnerisch nachweisen (vgl. nachfolgende Abbildung).

ABB. 4.11: Grafische Ermittlung des Einheitskurses

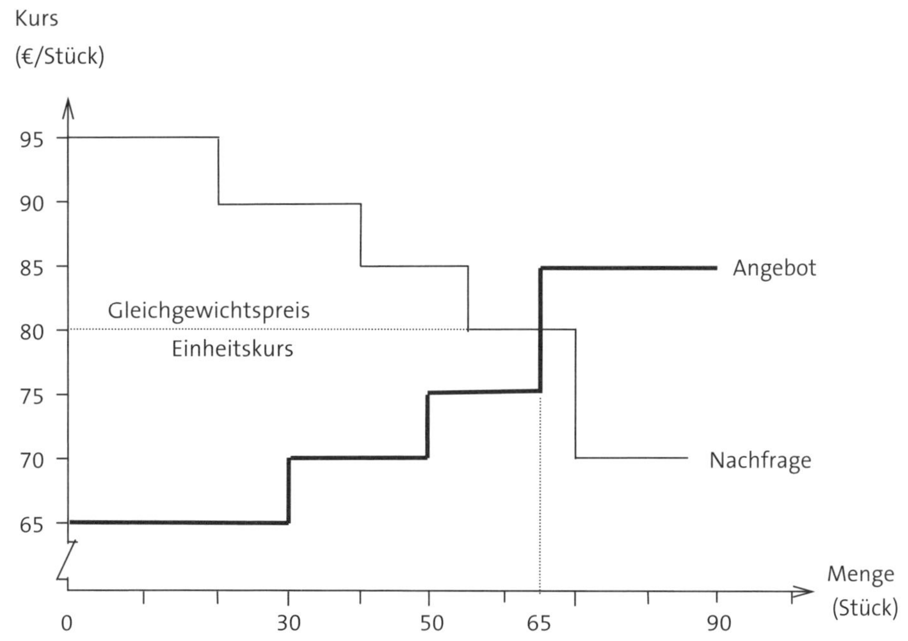

In der Börsenpraxis erfolgt die Kursfestlegung häufig dergestalt, dass der Makler die ihm vorliegenden Kauf- und Verkaufsaufträge mit Mengen- und Limitangaben über sein Terminal in die EDV-Anlage der Börse eingibt. Diese errechnet dann den Einheitskurs, bei dem die meisten Stücke über den Markt gehen. Die so ermittelten Kurse finden Sie börsentäglich im amtlichen Kursblatt, auf das sich auch die Tageszeitungen, die Nachrichten von Hörfunk und Fernsehen sowie die Bildschirminformationen und die Aushänge bei den Kreditinstituten beziehen. Der Einheitskurs muss fünf Bedingungen erfüllen[1]:

1. Zum Einheitskurs muss die maximale Zahl von Stücken verkauft werden.
2. Alle Bestens- und Billigstaufträge müssen ausgeführt werden können.
3. Alle über dem Einheitskurs limitierten Kaufaufträge müssen ausgeführt werden können.
4. Alle unter dem Einheitskurs limitierten Verkaufsaufträge müssen ausgeführt werden können.
5. Zum Einheitskurs limitierte Kauf- und Verkaufsaufträge müssen wenigstens zum Teil ausgeführt werden.

1 Ähnlich bei W. Grill/H. Perczynski, Wirtschaftslehre des Kreditwesens, S. 264.

Wieweit ein Kurs diese Bedingungen erfüllt, zeigen die Kurszusätze, aus denen Schlussfolgerungen über die Börsentendenz gezogen werden können.

ABB. 4.12: Kurszusätze informieren über die Börsentendenz

Kurszusätze und Hinweise der Frankfurter Wertpapierbörse

Zusätze (Kurszusätze)

Zu den festgestellten Kursen müssen bei Ziffer 1 bis 5 außer den unlimitierten Kauf- und Verkaufsaufträgen alle über dem festgestellten Kurs limitierten Kaufaufträge und alle unter dem festgestellten Kurs limitierten Verkaufsaufträge ausgeführt sein. Inwieweit die zum festgestellten Kurs limitierten Kauf- und Verkaufsaufträge ausgeführt werden konnten, ergeben die Kurszusätze.

1.	b oder Kurs ohne Zusatz	=	bezahlt: Alle Aufträge sind ausgeführt.
2.	bG	=	bezahlt Geld: Die zum festgestellten Kurs limitierten Kaufaufträge müssen nicht vollständig ausgeführt sein. Es bestand weitere Nachfrage.
3.	bB	=	bezahlt Brief: Die zum festgestellten Kurs limitierten Verkaufsaufträge müssen nicht vollständig ausgeführt sein. Es bestand weiteres Angebot.
4.	ebG	=	etwas bezahlt Geld: Die zum festgestellten Kurs limitierten Kaufaufträge konnten nur zu einem geringen Teil ausgeführt werden.
5.	ebB	=	etwas bezahlt Brief: Die zum festgestellten Kurs limitierten Verkaufsaufträge konnten nur zu einem geringen Teil ausgeführt werden.
6.	ratG	=	rationiert Geld: Die zum Kurs und darüber limitierten sowie die unlimitierten Kaufaufträge konnten nur beschränkt ausgeführt werden.
7.	ratB	=	rationiert Brief: Die zum Kurs und niedriger limitierten sowie die unlimitierten Verkaufsaufträge konnten nur beschränkt ausgeführt werden.
8.	*	=	Sternchen: Kleine Beträge konnten nicht gehandelt werden.

Hinweise

Außerdem werden folgende Hinweise verwendet:

1.	G	=	Geld: Zu diesem Preis bestand nur Nachfrage.
2.	B	=	Brief: Zu diesem Preis bestand nur Angebot.
3.	–	=	gestrichen: Ein Kurs konnte nicht festgestellt werden.
4.	–G	=	gestrichen Geld: Ein Kurs konnte nicht festgestellt werden, da nur Nachfrage bestand.
5.	–B	=	gestrichen Brief: Ein Kurs konnte nicht festgestellt werden, da nur Angebot bestand.
6.	–T	=	gestrichen Taxe: Ein Kurs konnte nicht festgestellt werden. Der Preis ist geschätzt.
7.	–GT	=	gestrichen Geld/Taxe: Ein Kurs konnte nicht festgestellt werden, da der Preis auf der Nachfrageseite geschätzt ist.
8.	–BT	=	gestrichen Brief/Taxe: Ein Kurs konnte nicht festgestellt werden, da der Preis auf der Angebotsseite geschätzt ist.
9.	ex D	=	ohne Dividende: Erste Notiz unter Abschlag der Dividende.
10.	ex A	=	ohne Ausschüttung: Erste Notiz unter Abschlag einer Ausschüttung.
11.	ex BR	=	ohne Bezugsrecht: Erste Notiz unter Abschlag eines Bezugsrechts.
12.	ex BA	=	ohne Berichtigungsaktien: Erste Notiz nach Umstellung des Kurses auf das aus Gesellschaftsmitteln berichtigte Aktienkapital.
13.	ex SP	=	ohne Splitting: Erste Notiz nach Umstellung des Kurses auf die geteilten Aktien.
14.	ex ZS	=	ohne Zinsen: Erste Notiz unter Abschlag der Zinsen (flat).

15. ex AZ	=	ohne Ausgleichszahlung: Erste Notiz unter Abschlag einer Ausgleichszahlung.
16. ex BO	=	ohne Bonusrecht: Erste Notiz unter Abschlag eines Bonusrechts.
17. ex abc	=	ohne verschiedene Rechte: Erste Notiz unter Abschlag verschiedener Rechte.
18. ausg	=	ausgesetzt: Die Kursnotierung ist ausgesetzt. Ein Ausruf ist nicht gestattet.
19. –Z	=	gestrichen Ziehung: Die Notierung der Schuldverschreibung ist wegen eines Auslosungstermins ausgesetzt. Die Aussetzung beginnt zwei Börsentage vor dem festgesetzten Auslosungstag und endet mit Ablauf des Börsentages danach.
20. C	=	Kompensationsgeschäft: Zu diesem Kurs wurden ausschließlich Aufträge ausgeführt, bei denen Käufer und Verkäufer identisch waren.
21. H	=	Hinweis: Auf Besonderheiten wird gesondert hingewiesen.
Gespannte Kurse[1] sind nicht zulässig, soweit die Geschäftsleitung nicht etwas anderes bestimmt.		
Quelle: § 33 Börsenordnung für die Frankfurter Wertpapierbörse.		

4.1.2.3.3 Bilanzkurs

Neben dem Börsenkurs, der sich aus Angebot und Nachfrage ergibt, kennt man den

- einfachen Bilanzkurs und den
- korrigierten Bilanzkurs.

Die Wirtschaftspresse zieht den einfachen und den korrigierten Bilanzkurs gelegentlich zur Beurteilung von Börsenkursen und zur Tendenzeinschätzung heran. Die Bilanzkurse spielen auch bei der Anlageberatung eine Rolle. Der einfache Bilanzkurs berücksichtigt nur das bilanzierte Eigenkapital (= gezeichnetes Kapital + Rücklagen + Gewinnvortrag).

BEISPIEL (Bilanziertes Eigenkapital als Basis des einfachen Bilanzkurses)

ABB. 4.13: Einfacher Bilanzkurs

Ermittlung des einfachen Bilanzkurses	
gezeichnetes Kapital	400.000 €
+ Kapitalrücklage	50.000 €
+ Gewinnrücklagen	350.000 €
+ Gewinnvortrag	0 €
– Verlustvortrag	0 €
= bilanziertes Eigenkapital	800.000 €

$\text{einfacher Bilanzkurs} = \dfrac{\text{bilanziertes Eigenkapital}}{\text{Grundkapital (gezeichnetes Kapital)}}$	$\dfrac{800.000}{400.000} = 2 = 200\,\%$

Ergebnis: Der einfache Bilanzkurs von 200 % besagt, dass auf eine Aktie im Nennwert von 50 € weitere 50 € getrennt verbuchtes Eigenkapital in Gestalt von Rücklagen und Gewinnvorträgen entfallen.

Erzielt man im Liquidationsfall genau die Buchwerte der Vermögensteile, verbleibt nach Begleichung der Schulden ein Betrag von 100 € pro Aktie. Dieser Betrag berücksichtigt nur die bilanziell ausgewiesenen Eigenkapitalanteile. Er vernachlässigt die häufig vorhandenen stillen Reserven oder stillen Rücklagen, die durch Unterbewertung von Vermögensteilen und/oder Überbe-

1 Gespannte Kurse liegen zwischen dem Mittelkurs und dem Geld- bzw. Briefkurs.

wertung von Schulden zustande kommen. Der Börsenkurs kümmert sich nicht um das Ergebnis einer Bilanzkursrechnung. Er stellt sich vielmehr durch das Zusammenwirken von Angebot und Nachfrage ein. Immerhin kann der Vergleich von Bilanz- und Börsenkurs einen Hinweis geben, wie der Kapitalmarkt die stillen Reserven bewertet und wie die mögliche künftige Entwicklung des Börsenkurses einzuschätzen ist. Der einfache Bilanzkurs kann somit nur als eine Entscheidungshilfe angesehen werden.

Ein Schwachpunkt des einfachen Bilanzkurses, die Nichtberücksichtigung der stillen Reserven, wird durch den korrigierten Bilanzkurs beseitigt. Der korrigierte Bilanzkurs bezieht neben dem bilanzierten Eigenkapital (= gezeichnetes Kapital + Rücklagen + Gewinnvortrag – Verlustvortrag) auch die stillen Reserven auf das Grundkapital (= gezeichnetes Kapital). Die stillen Reserven können allerdings nur subjektiv geschätzt werden. Unterstellt man, dass im obigen Beispiel stille Rücklagen von 200.000 € zu berücksichtigen sind, gelangt man zu folgendem korrigierten Bilanzkurs:

BEISPIEL (Korrigierter Bilanzkurs berücksichtigt auch stille Rücklagen)

ABB. 4.14: Korrigierter Bilanzkurs

Ermittlung des korrigierten Bilanzkurses	
gezeichnetes Kapital (Grundkapital)	400.000 €
+ Kapitalrücklage	50.000 €
+ Gewinnrücklagen	350.000 €
+ Gewinnvortrag	0 €
– Verlustvortrag	0 €
= bilanziertes Eigenkapital	800.000 €
+ stille Rücklagen	200.000 €
= korrigiertes Eigenkapital	1.000.000 €

$\text{korrigierter Bilanzkurs} = \dfrac{\text{korrigiertes Eigenkapital}}{\text{Grundkapital (gezeichnetes Kapital)}}$	$\dfrac{1.000.000}{400.000} = 2{,}5 = 250\,\%$

Ergebnis: Im Liquidationsfall ist eine 50-Euro-Aktie bei Realisierung der stillen Rücklagen 125 € wert.

Dieser Wert wird an der Börse aber allenfalls zufällig erreicht. Der Börsenkurs hängt von Angebot und Nachfrage ab, wobei sich Anbieter und Nachfrager von dem künftigen Nutzen, der ihnen durch den An- oder Verkauf der betreffenden Aktienart zuteil wird, leiten lassen. Dieser Nutzen lässt sich im Regelfall nicht exakt quantifizieren. Aber immerhin kann man sagen, dass viele Wirtschaftssubjekte ihren subjektiven Nutzen in Gestalt des Barwertes (Gegenwartswertes) der durch eine bestimmte Entscheidung ausgelösten Zahlungsreihe bestimmen. Dabei haben sie das mit der Schätzung von Zukunftsgrößen verbundene Quantifizierungsproblem individuell zu lösen.

4.1.2.3.4 Ertragswert und Ertragswertkurs

Wenn Sie eine Aktie kaufen, dann liegt der Nutzen, den Sie aus dieser Investition als Kapitalanleger ziehen können, in den Nettoeinzahlungen, die Ihnen dieses Wertpapier künftig erbringt. Zur Quantifizierung dieses Nutzens bedienen Sie sich der Kapitalwertmethode[1] und ermitteln auf finanzmathematischem Weg den Barwert der Nettoeinzahlungen, die auf eine Aktie künftig entfallen (vereinfachend: Gewinn pro Aktie).

> Definition: Ertragswert oder Ertragswertkurs einer Aktie ist die Summe der mit dem Kalkulationszinssatz i des Anlegers diskontierten künftigen Gewinne (präziser: Nettoeinzahlungen), die auf das Wertpapier entfallen.

Der Ertragswertkurs orientiert sich am künftigen Gewinn je Aktie. Das ist die Summe aus ausgeschütteter Dividende und Kurssteigerungen. Die Beurteilung von Aktien allein nach der Dividendenrendite wäre einseitig. Unser Maßstab ist deshalb der auf eine Aktie entfallende Gewinn der Gesellschaft, der meist nur teilweise ausgeschüttet wird. Einbehaltene Gewinne stärken im Wege der Selbstfinanzierung die Basis für die Zukunft, was sich in entsprechenden Kurssteigerungen Ihres Papiers niederschlagen kann, aber nicht muss. Der Aktionär besitzt über seine Aktie einen bestimmten quotalen Anteil an der AG, so dass sich der Ertragswert einer Aktie als Teil des Ertragswertes der Gesellschaft darstellen lässt, falls alle Aktien gleichartig und gleichberechtigt sind.

Stücknotierung

(4.1.1) $$\text{Ertragswertkurs einer Aktie (Euro)} = \frac{\text{Ertragswert der Gesellschaft}}{\text{Anzahl Aktien}}$$

> Definition: Ertragswert der Gesellschaft ist die Summe der Barwerte ihrer künftigen Nettoeinzahlungen. Der Ertragswert als Barwertsumme hängt ab von
> - der Länge des Planungszeitraumes,
> - der Zahlungshöhe und -verteilung,
> - dem Kalkulationszinssatz des Bewertenden.

Je nach zugrunde gelegtem Planungshorizont sowie der Höhe der Zahlungen und deren zeitlicher Verteilung lassen sich verschiedene Fälle der Ertragswertermittlung unterscheiden.

1 Vgl. K.-D. Däumler/J. Grabe, Grundlagen der Investitions- und Wirtschaftlichkeitsrechnung, S. 48 ff.

Fall 1: Begrenzte Lebensdauer/Unterschiedliche Nettoeinzahlungen

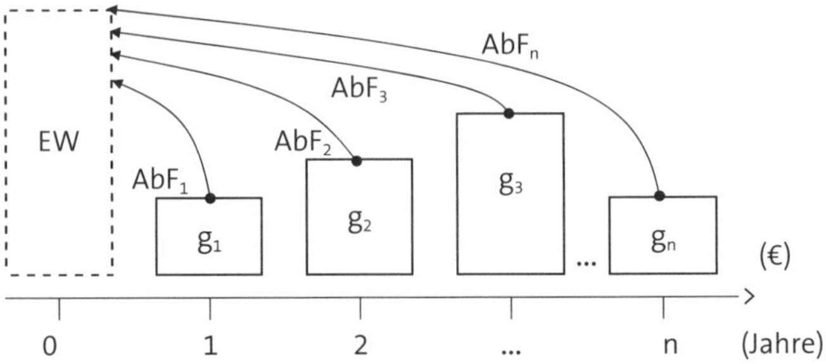

(4.1.2)

$$EW = \sum_{t=1}^{n} g_t \, (1+i)^{-t} = \sum_{t=1}^{n} g_t \cdot AbF_t$$

↓

Abzinsungsfaktor (AbF)

Symbole

g_t = Nettoeinzahlung des Jahres t (€/Jahr)

t = Periode (= 1, 2, 3, …, n)

i = Kapitalisierungszinssatz (Kalkulationszinsfuß)

EW = Ertragswert

Rechnung: Sie zinsen die Nettoeinzahlungen pro Periode einzeln auf den Zeitpunkt 0 ab und addieren deren Barwerte.

Fall 2: Begrenzte Lebensdauer/Gleiche Nettoeinzahlungen

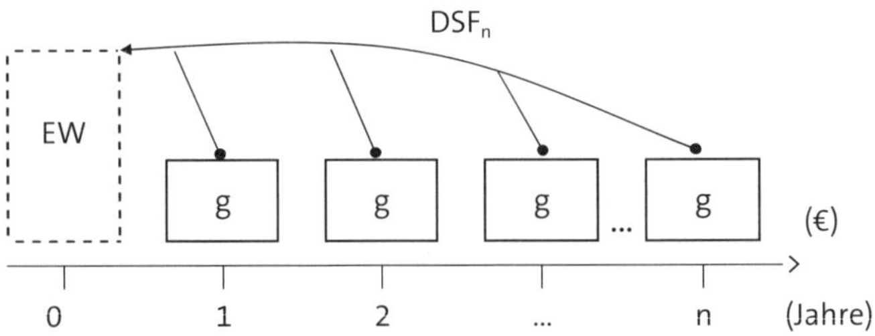

(4.1.3)

$$EW = g \cdot \frac{(1+i)^n - 1}{i\,(1+i)^n} = g \cdot DSF_n$$

↓

Diskontierungssummenfaktor (DSF)

Rechnung: Sie kapitalisieren die Zahlungsreihe mit der konstanten Periodenzahlung g mit Hilfe des Diskontierungssummenfaktors (DSF). Dieser zinst die Glieder g der Zahlungsreihe ab und addiert gleichzeitig die Barwerte.

Fall 3: Unbegrenzte Lebensdauer/Gleiche Nettoeinzahlungen

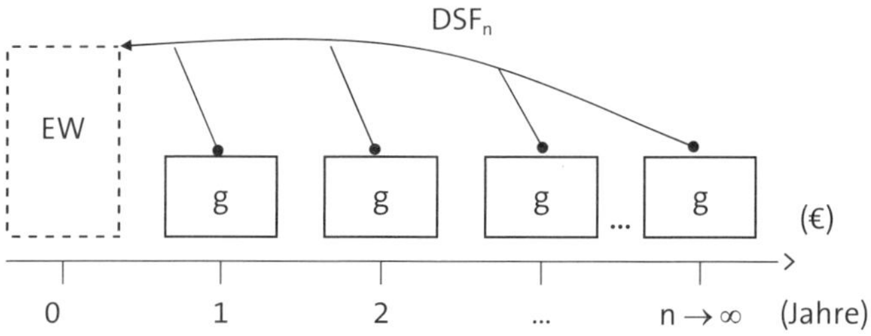

(4.1.4) $$EW = g \cdot \frac{1}{i} = \frac{g}{i}$$

Diskontierungssummenfaktor (DSF) für n → ∞

Diskontierungssummenfaktor (DSF) für n → ∞

Rechnung: Bei gleichbleibenden Nettoeinzahlungen und unbegrenzter Lebensdauer vereinfacht sich der Diskontierungssummenfaktor zu $\frac{1}{i}$. Sie erhalten den Ertragswert, indem Sie die nachhaltig erzielbaren jährlichen Nettoeinzahlungen g durch i dividieren[1].

BEISPIEL (Ertragswertkurs bei unterschiedlichen Zahlungsverläufen)

Eine Aktiengesellschaft verfügt über ein gezeichnetes Kapital von 100.000 €. Der Nennwert einer Aktie beträgt 50 €. Ermitteln Sie den Ertragswertkurs je Aktie in der Stück- und Prozentnotierung beim Kalkulationszinssatz von 10 % für folgende Zahlungsverläufe:

a) Die AG erwirtschaftet im ersten Jahr eine Nettoeinzahlung von 25.000 €. Dieser Wert steigt um 5.000 € pro Jahr, bis die Gesellschaft nach Ablauf von 6 Jahren zu einem Preis von R = 80.000 € veräußert wird.

b) Die AG erwirtschaftet konstant 30.000 € pro Jahr. Sie wird nach 6 Jahren für R = 80.000 € veräußert.

c) Die AG erwirtschaftet konstant 30.000 € pro Jahr. Ihre Lebensdauer ist unbegrenzt.

1 Die Rechnung in den beschriebenen drei Fällen ähnelt der Ermittlung des Zukunftserfolgswertes einer Unternehmung. Zur Errechnung des Zukunftserfolgswertes vgl.: K.-D. Däumler, Anwendung von Investitionsrechnungsverfahren in der Praxis, S. 15 ff.

Lösung

a)

Zeitpunkt	Nettoeinzahlung (€/Jahr) I	AbF (10 %) II	Barwert (€) III = I · II
1	25.000	0,909091	22.727
2	30.000	0,826446	24.793
3	35.000	0,751315	26.296
4	40.000	0,683013	27.321
5	45.000	0,620921	27.941
6	130.000	0,564474	73.382
	Ertragswert:		202.460
	Ertragswertkurs (Stücknotierung)	$= \frac{202.460}{2.000} = 101{,}23$ (€/Aktie)	
	Ertragswertkurs (Prozentnotierung)	$= \frac{202.460}{100.000} = 2{,}0246 = 202{,}46$ (%)	

b) $EW = g \cdot DSF_6 + R \cdot AbF_6$

$EW = 30.000 \cdot 4{,}355261 + 80.000 \cdot 0{,}564474$

$EW = 130.658 + 45.158$

$EW = 175.816$ (€)

Ertragswertkurs (Stücknotierung)	$= \frac{175.816}{2.000} = 87{,}91$ (€/Aktie)
Ertragswertkurs (Prozentnotierung)	$= \frac{175.816}{100.000} = 1{,}7582 = 175{,}82$ (%)

c) $EW = g \cdot \frac{1}{i}$

$EW = 30.000 \cdot \frac{1}{0{,}1}$

$EW = 300.000$ (€)

Ertragswertkurs (Stücknotierung)	$= \frac{300.000}{2.000} = 150{,}00$ (€/Aktie)
Ertragswertkurs (Prozentnotierung)	$= \frac{300.000}{100.000} = 3{,}00 = 300$ (%)

Ertragswert- und Bilanzkurse dienen als Orientierungs- und Entscheidungshilfen bei vielerlei Fragen, z. B.

- Kauf oder Verkauf von Aktien,
- Festlegung des Bezugskurses für junge Aktien bei einer Kapitalerhöhung,
- Kreditwürdigkeitsprüfung durch externe Geldgeber.

Dabei ist dem Ertragswertkurs der Vorzug zu geben, weil er sich auf zukunftsbezogene unternehmerische Daten stützt (künftiger Absatz, künftige Preise, künftige Kosten, geplante Investitionen). Die Bilanzkurse verarbeiten lediglich vergangenheitsorientierte Daten und sind daher für künftige Entwicklungen nicht aussagekräftig.

4.1.2.3.5 Aktienkurseinflussfaktoren

Der Aktienkurs an einem bestimmten Tag ergibt sich als Ergebnis des Zusammenspiels von Angebot und Nachfrage an dem betreffenden Tag. Er ist von Bedeutung für Käufe und Verkäufe der Anleger, für die Aktiengesellschaft und deren Lieferanten, Kunden und Kreditgeber. Es lohnt sich also, wenn Sie der Frage nachgehen, welche Faktoren zu einer Änderung der Nachfrage und des Angebots bei einem bestimmten Papier führen und dessen Kurs beeinflussen.

BEISPIEL (Entscheidungsfindung mit Hilfe des ertragsgerechten Kurses)

Ein Investor plant den Erwerb der Aktien der BRAU AG. Da er nur einen kleinen Betrag anlegen kann, ist seine Entscheidung lediglich von den Ertragsaussichten abhängig; die Möglichkeit, Einfluss auf die Unternehmenspolitik zu nehmen, scheidet als Kaufmotiv aus. Die Gesellschaft zahlt bei Vollausschüttung der Gewinne eine Dividende von d = 15 % auf den Nennwert von 100 €, die nach dem Urteil des Anlegers in den nächsten Jahren konstant bleibt. Der Investor könnte seine Mittel am Kapitalmarkt zum Effektivzinssatz von r = 6 % anlegen. Wie hoch darf der Kurs K der Aktie allenfalls sein, damit sich die Investition „Kauf einer Aktie" lohnt?

Lösung

Der Kurs, bei dem der Aktionär genau die gleiche Verzinsung seiner Geldmittel wie am Kapitalmarkt erhält, ergibt sich aus dem Ausdruck:

$$\begin{aligned} \text{Ertrag Kapitalmarktanlage} &= \text{Ertrag Aktienanlage} \\ r \cdot K &= 100 \cdot d \\ 0{,}06 \cdot K &= 100 \cdot 0{,}15 \\ K &= 250\ (\text{€/Aktie}) \end{aligned}$$

ABB. 4.15: Ertragsgerechter Kurs: 250 € je Aktie

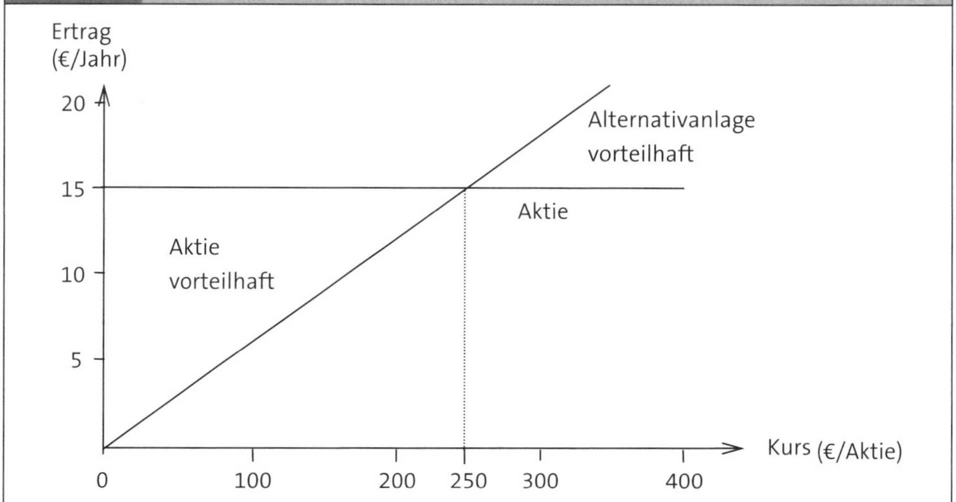

Ergebnis: Liegt der Kurs unter 250 €, so kauft der Investor die Aktie. Bei einem Kurs von über 250 € lohnt sich das Engagement nicht. Falls der Investor bereits Aktien der BRAU AG besitzt, verkauft er sie bei einem Kurs von über 250 € und legt die Geldmittel zu 6 % an. Weist der Kurs genau den Wert 250 auf, so ist es gleichgültig, ob er kauft oder nicht, da die Aktienrendite mit der Alternativrendite übereinstimmt.

Der Kurs von 250 entspricht dem Ertragswert der Investition „Kauf einer Aktie“ und wird deshalb auch ertragsgerechter Kurs[1] genannt. Nebenkosten, die Kauf und Verkauf von Wertpapieren verursachen, seien vernachlässigt.

Der ertragsgerechte Kurs weicht häufig vom Börsenkurs ab; es gilt:

Börsenkurs < ertragsgerechter Kurs → Kaufsignal Börsenkurs > ertragsgerechter Kurs → Verkaufsignal

Allgemein existiert zwischen dem ertragsgerechten Kurs K, den jährlichen Nettoeinzahlungen g pro Aktie (sie werden zur Vereinfachung als konstant angenommen[2]) und der Effektivverzinsung r eines Papiers mit unbegrenzter Laufzeit die folgende Beziehung:

(4.1.5) $$r = \frac{g}{K}$$

Der ertragsgerechte Kurs K hängt von den Gewinnen g und dem Kalkulationszinssatz i ab:

(4.1.6) $$K = \frac{g}{i}$$

Aus den Beziehungen (4.1.5) und (4.1.6) lassen sich einige wesentliche Schlussfolgerungen ableiten:

(1) Bei gegebenen Nettoeinzahlungen, d. h. gegebenen Gewinnerwartungen (g = const) hängt die Rendite r aus der Sicht eines Neuerwerbers nur noch vom Kurs K ab, und zwar in umgekehrt proportionaler Beziehung. Das heißt:

- Fallende Kurse führen unter sonst gleichen Umständen zu einer steigenden Effektivverzinsung.
- Steigende Kurse führen unter sonst gleichen Umständen zu einer sinkenden Effektivverzinsung.

Die Zinssätze in der Volkswirtschaft bewegen sich im Allgemeinen gleichgerichtet, wie Sie aus der nachfolgenden Abbildung 4.16 ersehen. Berücksichtigen Sie, dass zwischen dem Marktzinssatz und dem Kalkulations- oder Kapitalisierungszinssatz häufig die Beziehung

Kalkulationszinssatz = Marktzinssatz + Zuschlag

besteht, so lässt sich der Zusammenhang zwischen der staatlichen Zinspolitik und den dadurch bewirkten Kursänderungen folgendermaßen darstellen:

- Wenn die Zentralbank ihre Instrumente im Sinne einer kontraktiven Politik mit dem Ziel einer Geldmengenverminderung und Marktzinssatzerhöhung einsetzt, so führt dies un-

1 So auch: D. Schneider, Investition, Finanzierung und Besteuerung, S. 145 ff.

2 Ist die Laufzeit einer Zahlungsreihe unbegrenzt und wachsen die Zahlungen von Periode zu Periode mit der konstanten Rate p, so errechnet sich der Barwert dieser Zahlungsreihe mit Hilfe des Diskontierungssummenfaktors $DSF = \frac{1+p}{i-p}$. Dabei ist i der Kalkulationszinssatz. Vgl. K.-D. Däumler, Anwendung von Investitionsrechnungsverfahren in der Praxis, S. 150 ff.

ter sonst gleichen Umständen zu einer entsprechenden Erhöhung des Kalkulationszinssatzes der Anleger, da der Marktzinssatz die absolute Untergrenze für den Kalkulationszinssatz darstellt. Durch den höheren Kalkulationszinssatz (die höhere Mindestverzinsungsanforderung) kommt es zu einem entsprechenden Rückgang des ertragsgerechten Kurses.

- Bewirkt die Zentralbank im Rahmen einer expansiven Politik, dass die Geldmenge steigt und der Marktzinssatz sinkt, so nimmt der Kalkulationszinssatz unter sonst gleichen Umständen entsprechend ab, was zu einem höheren Wert des ertragsgerechten Kurses führt.

(2) Bei gegebenem Kapitalisierungszinssatz i hängt der ertragsgerechte Kurs nur noch von den Gewinnerwartungen ab, und zwar in direkt proportionaler Beziehung. Das heißt:

- Steigende Gewinnerwartungen führen unter sonst gleichen Umständen zu steigenden Kursen.
- Fallende Gewinnerwartungen haben unter sonst gleichen Umständen fallende Kurse zur Folge.

ABB. 4.16: Zinsentwicklung 1975–1996

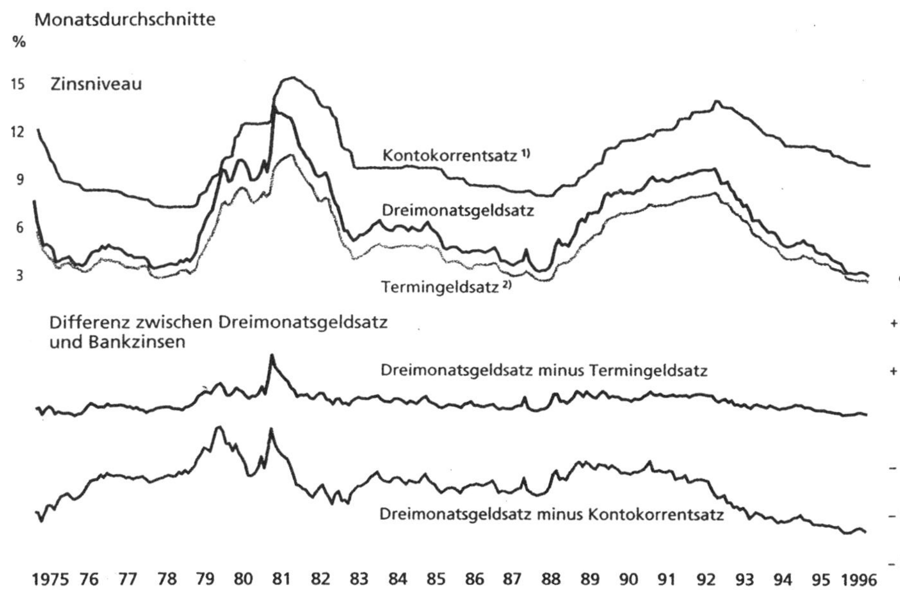

1. Kontokorrentkredite unter 1 Mio DM
2. Habenzinsen für Festgelder von 100.000 DM bis unter 1 Mio DM mit vereinbarter Laufzeit von 1 Monat bis 3 Monaten einschließlich.

Quelle: Deutsche Bundesbank, Monatsbericht, Oktober 1996, S. 41.

BEISPIEL (Zinsen, Kurse, Staatsausgaben)

Stellen Sie die Zusammenhänge zwischen Zinssatz und Kurs am Beispiel einer Aktie mit einem Nennwert von 100 € und zwei unterschiedlichen Gewinnerwartungen von g_l = 10 (Euro/Jahr) und g_2 = 20 (Euro/Jahr) tabellarisch und grafisch dar. Untersuchen Sie den Bereich zwischen i = 2 % und i = 14 %.

Analysieren Sie die Wirkung eines staatlichen Konjunkturprogrammes, bei dem gleichzeitig zwei Wege beschritten werden:

(1) Zinssenkung um 2 Prozentpunkte durch die monetären Instrumente der Zentralbank.

(2) Verdoppelung der Gewinnerwartungen der Investoren durch eine Nachfrageerhöhung mit Hilfe zusätzlicher Staatsausgaben.

Die Ausgangssituation ist durch P_1 (8 %/125 €) gekennzeichnet.

Lösung

i (%)	2	4	6	8	10	12	14
$K_1 = \frac{10}{i}$	500	250	167	125	100	83	71
$K_2 = \frac{20}{i}$	1.000	500	333	250	200	167	143

ABB. 4.17: Zusammenhang zwischen Zinsen, Kursen, Staatsausgaben

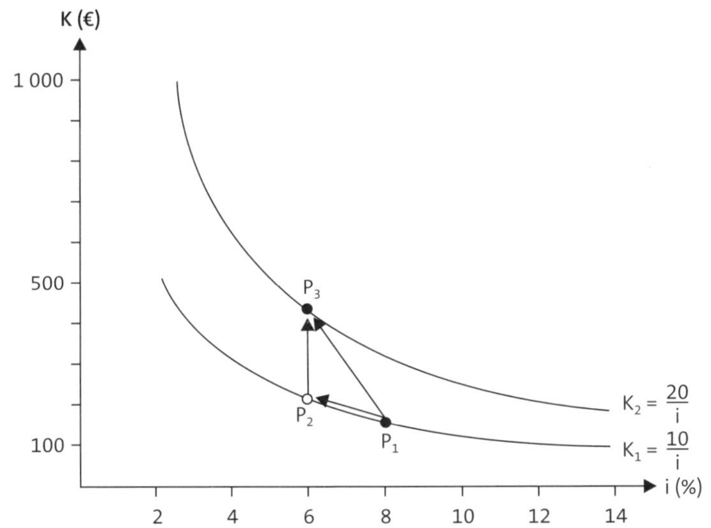

Ergebnis: Das Programm aus Zinssenkung und Erhöhung der Gewinnerwartungen führt letztlich von der Situation P_l zur Situation P_3. Der Weg von P_1 nach P_3 lässt sich in zwei Schritte zerlegen:

(1) Die Bewegung von P_l nach P_2. Sie gibt die Wirkung der Zinssenkung bei konstanten Gewinnerwartungen wieder (Zinseffekt).

(2) Die Bewegung von P_2 nach P_3. Sie zeigt die Wirkung der verbesserten Gewinnerwartungen bei konstantem Zinssatz (Gewinneffekt).

Zinssatz und Gewinnerwartungen, das sind die beiden zentralen Einflussfaktoren für den Aktienkurs. Der Wirkungsmechanismus der beiden Einflussfaktoren auf den Gleichgewichtskurs der Aktien an der Börse lässt sich wie folgt darstellen:

- ***Steigende Gewinnerwartungen*** (G ↑) führen unter sonst gleichen Umständen zu einem höheren Ertragswertkurs (EWK ↑) und damit

(1) zu einer höheren Aktiennachfrage (N ↑) und

(2) zu einem geringeren Aktienangebot (A ↓), so dass der Gleichgewichtskurs steigt (K ↑).

G↑ → EWK↑ → (A↓ / N↑) → K↑

► ***Abnehmende Gewinnerwartungen*** (G ↓) bewirken einen Rückgang des Ertragswertkurses (EWK ↓), so dass es infolge der geringeren Aktiennachfrage und des erhöhten Aktienangebotes zu einem Kursrückgang kommt.

G↓ → EWK↓ → (A↑ / N↓) → K↓

► ***Steigendes Zinsniveau*** (ZN ↑) bewirkt unter sonst gleichen Umständen

(1) einen höheren Kalkulationszinssatz und damit

(2) einen geringeren Ertragswert (und Ertragswertkurs), so dass

(3) die Nachfrage nach dem Papier abnimmt, während

(4) das Angebot wächst.

Folge: Kursrückgang.

ZN↑ → i↑ → EW↓ → EWK↓ → (A↑ / N↓) → K↓

► ***Fallendes Zinsniveau*** (ZN ↓) bringt abnehmende Kalkulationszinssätze mit sich, was eine entsprechende Zunahme des Ertragswertkurses nach sich zieht. Daraus erwächst eine Vergrößerung der Nachfrage und eine Abnahme des Angebotes. Folge: Kurs steigt.

ZN↓ → i↓ → EW↑ → EWK↑ → (A↓ / N↑) → K↑

Die meisten Aktienkurseinflussfaktoren lassen sich über den dargestellten Zusammenhang wie folgt erklären:

Einflussfaktor → Zinseffekt und/oder Gewinneffekt → Änderung des EWK mit entsprechender Nachfrageänderung und Angebotsänderung → Kursänderung

So kann sich z. B. das Vertrauen in die politische und wirtschaftliche Stabilität eines Landes in entsprechend hohen Gewinnerwartungen niederschlagen, wobei die Investoren bereit sein mögen, zur Diskontierung der subjektiv geschätzten künftigen Gewinne einen wegen des geringeren Risikozuschlages verhältnismäßig niedrigen Kalkulationszinssatz anzusetzen. Beides, höhere Gewinnerwartungen und niedrigerer Kalkulationszinssatz, wirkt sich positiv auf den Ertragswertkurs und damit auch auf den Börsenkurs aus.

Neben den dargestellten Einflussfaktoren sind gelegentlich auch Kursänderungen zu beobachten, die auf Sonderereignisse zurückgehen. Wenn z. B. ein Großaktionär plant, seine Beteiligung an einer Gesellschaft von 48 % auf 51 % auszubauen, dann ist es möglich, dass die fehlenden 3 % für ihn einen sehr hohen Wert darstellen. Es geht dann nicht um den Ertragswert einer 3 %-Beteiligung, sondern um die Mehrheit in der Hauptversammlung. Wenn die noch fehlenden Papiere um fast jeden Preis an der Börse zusammengekauft werden, um dieses Ziel zu erreichen, kann es zu erheblichen Kurssprüngen kommen.

Die Bedeutung der Aktie als Finanzierungsinstrument und als Möglichkeit zur Finanzmittelanlage hat ab Mitte der achtziger Jahre zugenommen. Zu dieser Zeit traten verschiedene Gesellschaften neu an die Börse heran, etwa Nixdorf und die Drägerwerke. In den neunziger Jahren folgten Telekom, Merck und adidas. Gleichzeitig nutzten einige bereits börsennotierte Gesellschaften die Anfang der achtziger und Anfang der neunziger Jahre steigenden Kurse, um Kapitalerhöhungen durchzuführen. Der Kursanstieg in den Achtzigern stellte die größte Hausse[1] seit 25 Jahren dar. Es ist 83 bis 86 alles zusammengekommen, was Kurse in die Höhe treiben kann: gute Konjunkturaussichten mit steigenden Gewinnerwartungen plus sinkendes Zinsniveau. Und so erreichte der Index der Aktienkurse 1986 das Dreifache des 82er Wertes. Ähnlich verlief die Entwicklung in den Neunzigern: Sie unterboten das Zinsniveau der Achtziger, die Gewinnerwartungen stiegen wieder, der Aktienindex erhöhte sich von 1992 bis 2000 erheblich. Dass eine Hausse nicht ewig dauert, konnten die Anleger in der Zeit nach 2000 lernen. Und sich damit trösten, dass dieser Satz auch für die Baisse gilt.

ABB. 4.18: Zins-Tief 2005

Verzinsung festverzinslicher Wertpapiere in % pro Jahr (Umlaufsrendite)													
1957	1959	1966	1968	1974	1978	1981	1987	1990	1995	1999	2000	2005	2006
7,1	5,8	7,8	6,7	10,6	6,1	10,6	5,8	8,9	6,5	4,3	5,4	3,1	3,6

Quelle: Monatsberichte der Deutschen Bundesbank, August 2007, S. 51, Globus 3908.

Ist der Börsenkurs niedriger als der korrigierte Bilanzkurs oder der Ertragswertkurs – beide können von Außenstehenden nur grob geschätzt werden – reizt das möglicherweise Dritte zur Übernahme der von der Börse unterbewerteten Gesellschaft (unfriendly takeover, raid = feindlicher Überfall). Deshalb ist die AG meist daran interessiert, dass ihr Börsenkurs nicht zu weit abrutscht.

1 Hausse, franz. = Steigen der Kurse,
Baisse, franz. = Fallen der Kurse,
Crash, engl. = Krach, Sturz.

4.1.2.4 Kapitalerhöhung und Bezugsrecht

4.1.2.4.1 Gründe für eine Kapitalerhöhung

(1) Die Erhöhung des Eigenkapitals wird im Regelfall dann notwendig, wenn das Unternehmen größere Investitionen zur Kapazitätsausweitung, Produktionsumstellung oder Rationalisierung plant, die nicht durch zusätzliche Fremdmittel finanziert werden können oder sollen.

(2) Eine Kapitalerhöhung kann auch deshalb vorgenommen werden, weil rechtliche Vorschriften die Einhaltung bestimmter Bilanzrelationen erforderlich machen. Dies gilt beispielsweise für Kreditinstitute: Hier fordert § 10 Abs. 1 Kreditwesengesetz (KWG) ein angemessenes haftendes Eigenkapital der Kreditinstitute, § 10 a Abs. 1 KWG ein angemessenes haftendes Eigenkapital einer Kreditinstitutsgruppe. Das Bundesaufsichtsamt für das Kreditwesen (BAK) hat zur Beurteilung der Angemessenheit des haftenden Eigenkapitals Eigenkapitalgrundsätze aufgestellt (Grundsatz I und Grundsatz I a). Danach sind die Risikoaktiva eines Kreditinstituts auf das 12,5fache des haftenden Eigenkapitals begrenzt. Früher lag die Grenze bei dem 18fachen.

(3) An die Stelle eines gesetzlichen Zwangs für bestimmte Eigenkapitalquoten kann auch die Einhaltung bestimmter branchenüblicher Bräuche und Gepflogenheiten treten.

(4) Ist die Kapitalmarktsituation besonders günstig, ist also die Beschaffung zusätzlichen Eigenkapitals zu besonders vorteilhaften Konditionen möglich, dann kann auch dies ein Motiv für eine Kapitalerhöhung darstellen.

(5) In der Dividendenpolitik kann ein weiteres Motiv liegen: Soll eine erhöhte Dividendensumme bei konstantem Dividendensatz ausgeschüttet werden, so ist die Kapitalbasis zu verbreitern. Beispiel: Der Dividendensatz müsste bei unverändertem Aktienkapital infolge höherer Dividendensumme von 20 auf 24 Prozent steigen. Gibt man den Aktionären für jede Aktie eine Gratisaktie, so dass sich die Zahl der dividendenberechtigten Aktien verdoppelt, kommt man mit einem Dividendensatz von 12 % aus, was in der Öffentlichkeit und beim Tarifpartner wohl weniger Stirnrunzeln auslöst als 24 %. Der Laie erkennt häufig nicht, dass die Effektivverzinsung einer Aktie meist deutlich unter dem Dividendensatz liegt.

(6) Die Kapitalerhöhung kann auch zum Zweck der Fusion durchgeführt werden, wenn eine Gesellschaft die andere aufnimmt und deren Vermögen durch eigene Gesellschaftsrechte bezahlt.

(7) Schließlich sind auch Gründe außerhalb des Finanzierungsbereichs denkbar, etwa wenn die AG ihren Belegschaftsmitgliedern junge Aktien anbietet.

4.1.2.4.2 Formen der Kapitalerhöhung

Das deutsche Aktienrecht unterscheidet verschiedene Formen der Kapitalerhöhung, die sich in zwei Grundtypen gliedern lassen, und zwar in

(1) Kapitalerhöhungen mit sofortigem oder späterem Geldmittelzufluss, die also Beteiligungsfinanzierung darstellen, und

(2) Vorgänge, die man zwar Kapitalerhöhung nennt, die jedoch nicht zu einem Geldmittelzufluss führen, sondern lediglich Umschichtungen innerhalb der Eigenkapitalpositionen der AG darstellen.

ABB. 4.19: Formen der Kapitalerhöhung

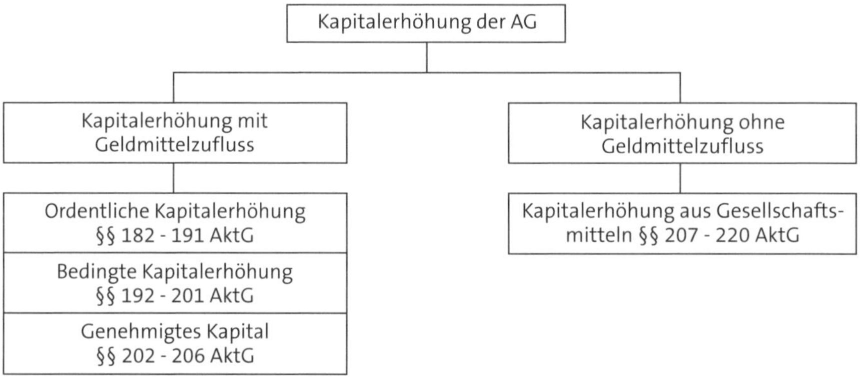

Ordentliche Kapitalerhöhung: Sie stellt die Normalform dar. Sie erfolgt durch die Ausgabe neuer (junger) Aktien, wobei die bisherigen Aktionäre grundsätzlich ein Bezugsrecht entsprechend ihrer Beteiligung besitzen, das allerdings von der Hauptversammlung mit Dreiviertelmehrheit ausgeschlossen werden kann. Kapitalerhöhungen benötigen Dreiviertel-Mehrheit der Hauptversammlung. Sind mehrere Gattungen von stimmberechtigten Aktien vorhanden, so bedarf es bei jeder Aktienart der Dreiviertel-Mehrheit, um die Kapitalerhöhung durchzuführen (§ 182 Abs. 2 AktG). Die Gesellschaft verfügt nach der Kapitalerhöhung über zusätzliche Geldmittel in Höhe des Nennwertes der jungen Aktien. Führt ein höherer Ausgabekurs zu einem Agio, so ist dieses gemäß § 272 Abs. 2 HGB in die Kapitalrücklage einzustellen.

Industrie AG[1]

Bezugsrecht auf neue Aktien

Aufgrund der in der ordentlichen Hauptversammlung unserer Gesellschaft vom 5. Juli 01 erteilten Ermächtigung haben wir mit Zustimmung des Aufsichtsrats beschlossen, das Grundkapital von 1.175.480.000 € um 97.956.700 € auf 1.273.436.700 € durch Ausgabe neuer Aktien zu erhöhen.

Auf je 12 alte Aktien kann in der Zeit vom 12. bis 25. März 03 einschließlich gegen Einreichung des Gewinnanteilscheins Nr. 39 bei einer Bezugsstelle eine neue Aktie zu 50 € zum Preis von 200 € bezogen werden.

Das ausführliche Bezugsangebot ist im Bundesanzeiger Nr. 45 vom 6. März 03 veröffentlicht worden. Den Aktionären, die ihre Aktien durch eine Depotbank verwahren lassen, geht das Angebot ferner über die Depotbank zu.

Düsseldorf, im März 03 **Der Vorstand**

1 In Anlehnung an eine Mannesmann-Anzeige in: Wirtschaftswoche, Düsseldorf, Jg. 40 (1986), Heft 13, S. 115.

Bedingte Kapitalerhöhung: Die Hauptversammlung kann eine Erhöhung des Grundkapitals beschließen, die nur so weit durchgeführt werden soll, wie von einem Umtausch- oder Bezugsrecht Gebrauch gemacht wird, das die Gesellschaft auf die neuen Aktien (Bezugsaktien) einräumt (§ 192 Abs. 1 AktG). Der Beschluss der Hauptversammlung zu einer bedingten Kapitalerhöhung muss Zweck, Bezugsberechtigte und Ausgabebetrag enthalten. Die bedingte Kapitalerhöhung ist nach § 192 Abs. 2 AktG zulässig

- zur Abdeckung von Umtausch- oder Bezugsrechten an Gläubiger von Wandelschuldverschreibungen;
- zur Vorbereitung des Zusammenschlusses von Unternehmungen
- zur Gewährung von Bezugsrechten an Arbeitnehmer und Mitglieder der Geschäftsführung der Gesellschaft oder eines verbundenen Unternehmens im Wege des Zustimmungs- oder Ermächtigungsbeschlusses.

Das Bezugsrecht der Altaktionäre ist in diesen Fällen ausgeschlossen. Jedoch besitzen die Altaktionäre bei der Emission der Wandelobligationen ein Bezugsrecht. Wer dies ausübt, hat später auch ein Bezugsrecht auf neue Aktien. Der Nominalbetrag des bedingten Kapitals darf 50 Prozent des bisherigen Grundkapitals nicht übersteigen. Wirksam wird die bedingte Kapitalerhöhung erst dann, wenn die Bezugsrechte ausgeübt werden.

Genehmigtes Kapital: Es entsteht, wenn die Hauptversammlung den Vorstand mit Dreiviertelmehrheit für längstens fünf Jahre ermächtigt, das Grundkapital um einen bestimmten Nennbetrag (das genehmigte Kapital) zu erhöhen. Der Erhöhungsbetrag darf die Hälfte des bisherigen Grundkapitals nicht überschreiten. Das Kapital kann dann ohne neuerliche Befragung der Hautversammlung, jedoch mit Zustimmung des Aufsichtsrates, erhöht werden. Das genehmigte Kapital gibt dem Vorstand die Möglichkeit, eine günstige Situation am Kapitalmarkt abzuwarten und flexibel zu agieren und zu reagieren. Das Bezugsrecht für die Altaktionäre kann ausgeschlossen werden, falls die neuen Aktien an die Belegschaft gehen sollen (vgl. §§ 202 bis 206 AktG).

Kapitalerhöhung aus Gesellschaftsmitteln: Sie entsteht, wenn die Hauptversammlung mit Dreiviertel-Mehrheit beschließt, das Grundkapital zu erhöhen, indem Teile der Kapitalrücklagen und der Gewinnrücklagen in Grundkapital umgewandelt werden (§ 207 AktG). Bei der Kapitalerhöhung aus Gesellschaftsmitteln gibt es keinen Zufluss von Geldmitteln. Das verdeutlicht die Bilanz der AG. Sie zeigt die Kapitalerhöhung aus Gesellschaftsmitteln als Passivtausch, der die Aktivseite unberührt lässt. Der Geldmittelzufluss, aus dem die Kapital- und Gewinnrücklagen entstanden sind, hat in früheren Perioden stattgefunden.

ABB. 4.20: Kapitalerhöhung aus Gesellschaftsmitteln ist Passivtausch

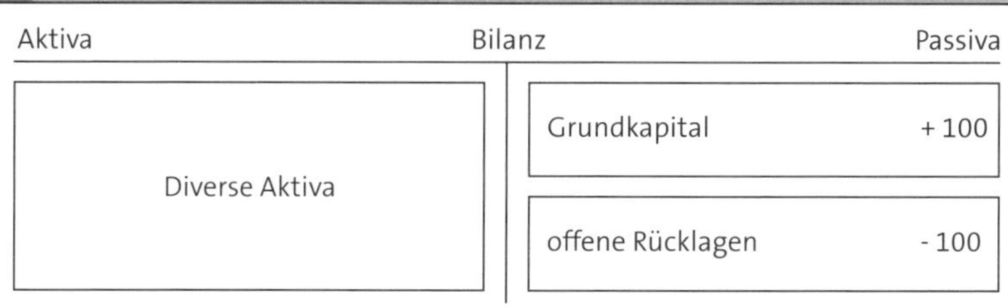

Die aus den Umsätzen eines früheren Geschäftsjahres stammenden Gewinne sind am Jahresende ganz oder teilweise einbehalten worden (= bilanziell konstatierende Selbstfinanzierung). In entsprechender Höhe sind offene Rücklagen entstanden. Die Rücklagen werden später im Rahmen einer Kapitalerhöhung aus Gesellschaftsmitteln in Grundkapital umgewandelt.

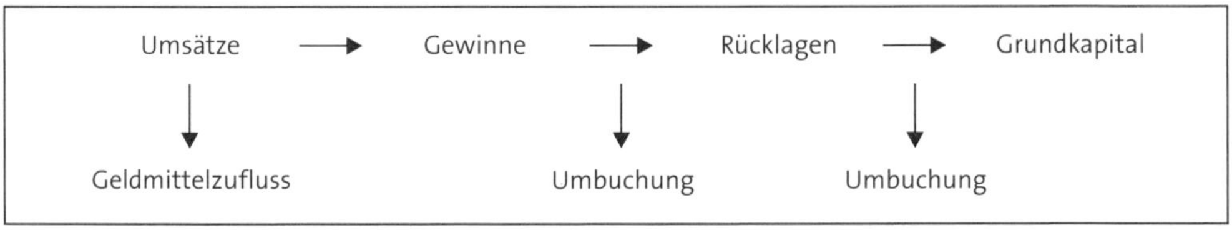

Gewinnrücklagen können (soweit sie nicht zweckbestimmt sind) in vollem Umfang in Grundkapital umgewandelt werden. Für die Kapitalrücklage und die gesetzliche Rücklage gilt das nur, soweit sie den zehnten oder den in der Satzung bestimmten höheren Teil des bisherigen Grundkapitals übersteigen. Weist die Bilanz einen Verlust oder Verlustvortrag aus, erlischt die Umwandlungsfähigkeit von Kapital- und Gewinnrücklagen in Grundkapital (§ 208 AktG).

4.1.2.4.3 Bezugsrecht

Definition: Bezugsrecht ist das dem Altaktionär zustehende Recht, bei einer Kapitalerhöhung einen seinem Anteil am bisherigen Grundkapital entsprechenden Teil der jungen (neuen) Aktien zu erwerben (§ 186 Abs. 1 AktG).

Das Recht, junge Aktien zu beziehen, hat den Sinn, dem Altaktionär die Möglichkeit zu geben, seine relative Stellung im Kreis der Anteilseigner zu bewahren. Dem Aktionär soll erhalten bleiben:

- in quantitativer Hinsicht sein quotaler Anteil am Aktienkapital und der Dividendensumme,
- in qualitativer Hinsicht sein Stimmrecht und damit sein Einfluss auf die Geschicke des Unternehmens,
- in vermögensmäßiger Hinsicht der absolute Wert seines Aktienbesitzes.

Das dem Aktionär grundsätzlich zustehende Bezugsrecht kann durch Beschluss der Hauptversammlung mit Dreiviertel-Mehrheit ausgeschlossen werden oder gesetzlich ausgeschlossen sein. Die Hauptversammlung muss ihre Entscheidung über den Bezugsrechtsausschluss der Altaktionäre zusammen mit dem Beschluss über die Erhöhung des Grundkapitals fällen (§ 186 Abs. 3 AktG). Die seit 1994 bestehende Neufassung des § 186 AktG lässt Bezugsrechtsausschlüsse über die im Aktiengesetz genannten Möglichkeiten (Gewährung von Umtausch- und Bezugsrechten an Gläubiger von Wandelschuldverschreibungen, Vorbereitung von Unternehmungszusammenschlüssen, Belegschaftsaktien) hinaus zu. Voraussetzung ist lediglich, dass die Kapitalerhöhung gegen Bareinlagen

- 10 Prozent des Grundkapitals nicht übersteigt und
- der Preis der jungen Aktien den aktuellen Börsenkurs um nicht mehr als fünf Prozent unterschreitet.

Darin kann man eine Aushöhlung der Rechte der Altaktionäre sehen, die eine schleichende Enteignung zu fürchten haben. Immerhin sind große Gesellschaften wie die Deutsche Bank und Daimler-Benz AG in der Lage, Aktien im Nennwert von mehr als 230 Millionen Mark an die Börse zu bringen, ohne ihre Altaktionäre zu bedienen[1].

Vom oben beschriebenen materiellen Bezugsrechtsausschluss ist der formelle klar zu trennen. Der formelle Ausschluss des Bezugsrechts ist im praktischen Fall die Regel und erfolgt immer dann, wenn die Emission einer Bank oder einem Bankenkonsortium (formal unter Ausschluss des gesetzlichen Bezugsrechts der Altaktionäre) übertragen wird, wobei sich die Bank (oder das Konsortium) verpflichtet, die neuen Aktien innerhalb einer festgelegten Frist (meist zwei Wochen) den Altaktionären anzubieten. Der Sinn dieses formellen Bezugsrechtsausschlusses besteht darin, die gesamte, mit der Emission zusammenhängende Verwaltungsarbeit von der Bank (dem Konsortium) erledigen zu lassen. Folgerichtig sieht es der § 186 Abs. 5 AktG nicht als Ausschluss des Bezugsrechts an, wenn „die neuen Aktien von einem Kreditinstitut mit der Verpflichtung übernommen werden sollen, sie den Aktionären zum Bezug anzubieten".

Im Regelfall liegt der Ausgabekurs der jungen Aktien unter dem Börsenkurs der alten Aktien, aber über dem Nennwert. Die Differenz zwischen dem Ausgabekurs und dem Nennwert der jungen Aktien bezeichnet man als Agio (Aufgeld). Je höher der Börsenkurs der alten Aktien über dem Nennwert liegt und je besser die Börsenverfassung ist, desto höher kann das Agio angesetzt werden. Durch das Agio fließen der Gesellschaft sozusagen kostenlos liquide Mittel zu, die nicht formal dividendenberechtigt sind. Das Agio wird ja nicht dem Grundkapital, sondern den Rücklagen (bzw. Reserven) zugeschlagen. Gegebenenfalls kann das Agio auch für freiwillige zusätzliche Abschreibungszwecke verwendet werden. Die künftigen Gewinne der Gesellschaft verteilen sich nach der Kapitalerhöhung auf mehr Aktien, so dass der Ertragswertkurs der alten Aktien abnimmt. Man spricht in diesem Zusammenhang auch vom „Leichtermachen einer Aktie" oder von „Kapitalverwässerung".

Die richtige Festlegung des Ausgabe- oder Bezugskurses für die jungen Aktien ist von entscheidender Bedeutung für den Erfolg der Kapitalerhöhung. Formal muss der Ausgabekurs mindestens dem Nominalwert der Aktien (= Untergrenze) entsprechen. Wirtschaftlich gilt der Börsenkurs als Obergrenze, weil die jungen Aktien nicht teurer sein dürfen als die alten, will man Käufer für sie finden. Aus der Sicht der emittierenden Unternehmung sollte der Ausgabekurs möglichst hoch, möglichst dicht beim Börsenkurs der Altaktien angesiedelt sein. Die Interessenlage der Käufer verlangt einen möglichst geringen, möglichst pari liegenden Ausgabekurs. Orientierungsgrößen bei der Festlegung des Ausgabekurses sind:

(1) Aufnahmebereitschaft des Marktes: Eine Kapitalerhöhung ist in einer Börsenhausse leichter und zu höheren Ausgabekursen durchzuführen als in einer Zeit rückläufiger Kurse.

(2) Einfacher Bilanzkurs: Übersteigt der Börsenkurs den Bilanzkurs, so zeigt dies, dass die Gesellschaft nach Börsenurteil über entsprechende stille Reserven verfügt, was einen höheren Ausgabekurs zulässt.

(3) Korrigierter Bilanzkurs: Er berücksichtigt auch die stillen Rücklagen. Beim Vorliegen hoher stiller Rücklagen ist ein entsprechend über dem einfachen Bilanzkurs liegender Ausgabekurs gerechtfertigt.

1 Vgl. Wirtschaftswoche, 50/1994, S. 131.

(4) Ertragswertkurs: Hier werden auch künftige Faktoren als wertbestimmend angesehen und erfasst. Wer aufgrund seiner subjektiven Zukunftseinschätzung zu einem hohen Ertragswertkurs gelangt, ist auch bereit, einen hohen Ausgabekurs für die jungen Aktien zu akzeptieren.

(5) Dividendenkontinuität: Die Anteilseigner erwarten vor allem bei Publikumsgesellschaften im Zeitablauf eine gewisse Kontinuität des Dividendensatzes. Die Gesellschaft muss bedenken, dass die Dividendensumme bei konstantem Dividendensatz nach einer Kapitalerhöhung dauerhaft steigt.

Durch das gesetzliche Bezugsrecht wird der Altaktionär in quantitativer und qualitativer Hinsicht geschützt. Das Bezugsrecht besitzt damit einen Geldwert. Der rechnerische Wert eines Bezugsrechts hängt von folgenden Faktoren ab:

- Bezugsverhältnis (= Verhältnis altes Grundkapital zu Erhöhungskapital),
- Bezugskurs der jungen Aktien (juristische Untergrenze: Nominalwert),
- Börsenkurs der alten Aktien.

BEISPIEL (Kapitalerhöhung bei Metall-AG)

Die Hauptversammlung der Metall-AG beschließt, das Grundkapital von 40 auf 50 Millionen € zu erhöhen. Auf vier alte Aktien entfällt also eine junge. Das Bezugsverhältnis beträgt 4 : 1. Nach der Kapitalerhöhung soll eine gemeinsame Kursfestsetzung für junge und alte Aktien erfolgen. Der Börsenkurs der alten Aktien beträgt 150 € (Nennwert 100 €). Die jungen Aktien sollen zu 125 % ausgegeben werden. Ermitteln Sie den gemeinsamen Kurs (Mittelkurs), der sich nach vollzogener Kapitalerhöhung an der Börse unter sonst gleichen Umständen einstellen müsste.

Wie ändert sich die Vermögenssituation eines Altaktionärs mit 4 Aktien, der das Bezugsrecht ausübt?

Lösung

Aktienkapital	Nennwert (€)	Kurs (%)	Zahl der Aktien (Stück)	Gesamtwert (€)
I	II	III	IV	V = III · IV
Bisheriges Grundkapital (alte Aktien)	40.000.000	150	400.000	60.000.000
Kapitalerhöhung (junge Aktien)	10.000.000	125	100.000	12.500.000
Neues Grundkapital (nach der Erhöhung)	50.000.000		500.000	72.500.000

$$\text{Neuer Kurs (Mittelkurs)} = \frac{72.500.000}{500.000} = 145 \text{ (€ je Aktie)}$$

Ergebnis:

Neuer Mittelkurs:		145 (€ je Aktie)
Gewinn pro junge Aktie:	145 – 125 =	20 (€ je Aktie)
Verlust pro alte Aktie:	150 – 145 =	5 (€ je Aktie)
Vermögensänderung eines Aktionärs mit vier alten und einer jungen Aktie:	20 – 20 =	0 (€)

Verzichtet der Altaktionär auf die Ausübung seines Bezugsrechtes, so kann er es an der Börse veräußern. Sein quotaler Anteil an der Gesellschaft nimmt dadurch ab. Der durch den Verkauf des Bezugsrechtes erzielte Erlös ist der Erlös aus dem Teilverkauf seiner Substanz infolge der Abnahme seines quotalen Anteils und nicht etwa ein Geschenk der Gesellschaft an die Altaktionäre[1]. Streng genommen werden die Aktionäre einer junge Aktien ausgebenden Gesellschaft sogar ärmer, und zwar um den Betrag der Druck- und Emissionsaufwendungen für die jungen Aktien. Ein außenstehender Aktienkäufer, der am Erwerb junger Aktien der Gesellschaft interessiert ist, hat sich zunächst die für den Bezug der Aktien notwendigen Bezugsrechte zu beschaffen und kann danach die entsprechende Menge junger Aktien zum Bezugskurs kaufen.

Der rechnerische Wert des Bezugsrechts ergibt sich aus der Differenz zwischen dem Kurs der alten Aktien und dem neuen Mittelkurs; folglich gilt:

B = Kurs der alten Aktie – neuer Mittelkurs
$B = K_a - \frac{a \cdot K_a + n \cdot K_n}{a + n}$

Symbole

B = rechnerischer Wert des Bezugsrechtes (€/Aktie)

K_a = Kurs der alten Aktien (€/Aktie)

K_n = Ausgabekurs der jungen Aktien (€/Aktie)

a = Zahl der alten Aktien

n = Zahl der jungen Aktien

a : n = Bezugsverhältnis

Sie nehmen in obiger Gleichung K_a auf den Bruchstrich und formen um:

$$B = \frac{K_a (a + n) - (a \cdot K_a + n \cdot K_n)}{a + n}$$

$$B = \frac{a \cdot K_a + n \cdot K_a - a \cdot K_a - n \cdot K_n}{a + n}$$

$$B = \frac{n (K_a - K_n)}{a + n}$$

(4.1.7) $$B = \frac{K_a - K_n}{\frac{a}{n} + 1}$$

Als Ergebnis erhalten Sie Gleichung (4.1.7); sie gibt den rechnerischen Wert des Bezugsrechts an, und zwar in Abhängigkeit

- vom Bezugsverhältnis (a/n),
- vom Bezugskurs der jungen Aktien (K_n) und
- vom Börsenkurs der alten Aktien (K_a).

1 So auch: G. Wöhe/J. Bilstein, Grundzüge der Unternehmensfinanzierung, S. 88.

Wendet man Gleichung (4.1.7) auf das obige Beispiel (Kapitalerhöhung bei der Metall-AG) an, ergibt sich folgender rechnerischer Wert des Bezugsrechtes:

$$B = \frac{K_a - K_n}{\frac{a}{n} + 1} = \frac{150 - 125}{\frac{4}{1} + 1} = 5\ (€)$$

Wenn die jungen Aktien an der Dividende des laufenden Geschäftsjahres noch nicht (oder nicht voll) teilnehmen, so kann der Dividendennachteil d_n der jungen Aktien in (4.1.7)

- als Abzug vom Kurs der alten Aktien oder
- als Erhöhung des Bezugskurses der jungen Aktien

berücksichtigt werden. Man erhält dann:

$$B = \frac{K_a - (K_n + d_n)}{\frac{a}{n} + 1} \quad (4.1.8)$$

Bitte beachten Sie, dass der nach den Gleichungen (4.1.7) oder (4.1.8) ermittelte Wert des Bezugsrechtes eine reine Rechengröße ist. Der sich an der Börse ergebende Kurs für das Bezugsrecht stellt im Gegensatz zur Rechengröße einen Preis dar, der durch Angebot und Nachfrage zustande kommt. Folge: Der theoretisch ermittelte Bezugsrechtskurs stimmt mit dem sich später einstellenden Börsenkurs im Regelfall nicht überein. Der rechnerische Wert des Bezugsrechtes zeigt aber, in welcher Größenordnung sich der spätere tatsächliche Wert bewegen wird. Die Kenntnis des rechnerischen Wertes ist auch von Bedeutung, wenn es darum geht, die Entscheidung „Kauf von Bezugsrechten“ oder „Verkauf von Bezugsrechten“ auf eine rationale Grundlage zu stellen. Das wird auch aus dem folgenden Beispiel deutlich.

Chemie AG[1]

Bezugsangebot

an unsere Aktionäre und die Inhaber von Optionsrechten zu

5½ % US$-Optionsanleihe 01 der Chemie Int.
4½ % €-Optionsanleihe 02 der Chemie AG

Aufgrund der Ermächtigung in § 3 Abs. 3 der Satzung unserer Gesellschaft haben wir mit Zustimmung des Aufsichtsrats beschlossen, das Grundkapital unserer Gesellschaft von 2.613.132.300 € um 230.000.000 € auf 2.843.132.300 € durch Ausgabe von

4.600.000 Aktien im Nennwert von je 50 €

zu erhöhen. Die neuen Aktien sind mit voller Gewinnberechtigung für das Geschäftsjahr 03 ausgestattet.

Ein Bankenkonsortium unter der Führung der Deutsche Bank AG hat nom. 229.107.100 € neue Aktien mit der Verpflichtung übernommen, sie den Inhabern der alten Aktien sowie den Inhabern von Optionsrechten

zur 5½ % US$-Optionsanleihe 01
zur 4½ % €-Optionsanleihe 04

jeweils im Verhältnis 14 : 1 zum Preis von 240 € je Aktie im Nennwert von 50 € ohne Berechnung von Börsenumsatzsteuer anzubieten. Die übrigen nom. 892.900 € neuen Aktien sind von der Deutsche Bank AG mit der Verpflichtung übernommen worden, sie nach unserer Weisung unter Abführung des Mehrerlöses an uns zu verwerten.

Leverkusen, im Januar 03

Der Vorstand der
Chemie AG

ABB. 4.21: Rechnerischer und börsennotierter Wert des Bezugsrechts

Datum	Wert des Bezugsrechtes (€) rechnerisch	börsennotiert
24. 01. 03	3,10	3,10
27. 01. 03	–	3,80
28. 01. 03	–	2,60
29. 01. 03	–	2,70
30. 01. 03	–	2,25
31. 01. 03	–	2,45
03. 02. 03	–	2,45
04. 02. 03	–	2,50
05. 02. 03	–	2,50

Die dargestellten Methoden zur Ermittlung des rechnerischen Wertes des Bezugsrechts lassen sich auch auf den Fall der Kapitalerhöhung aus Gesellschaftsmitteln übertragen, bei dem Gratisaktien, häufig auch Berichtigungsaktien[2] genannt, ausgegeben werden. Setzen Sie in Gleichung (4.1.7) und (4.1.8) für den Ausgabekurs der jungen Aktien $K_n = 0$, was inhaltlich dem Begriff der Gratisaktie entspricht, so erhalten Sie:

1 In Anlehnung an eine Bayer-Anzeige in: Wirtschaftswoche v. 31. 01. 1986, S. 180.

2 Die Erhöhung des Grundkapitals durch Umwandlung offener Rücklagen in Grundkapital stellt eine Grundkapital-Berichtigung dar. Der Ausdruck „Gratisaktien" ist irreführend: Der Aktionär war schon vor der Rücklagenumwandlung an diesen beteiligt. Die Umbuchung ändert den Wert seiner Beteiligung nicht.

(4.1.9)

$B = \frac{K_a}{\frac{a}{n}+1}$	Gratisaktien sind sofort dividendenberechtigt
$B = \frac{K_a - K_n + d_n}{\frac{a}{n}+1}$	Gratisaktien mit Dividendennachteil d_n

BEISPIEL: (Metall-AG gibt Gratisaktien aus)

Die im obigen Beispiel (S. 116) beschriebene Metall-AG plant eine Kapitalerhöhung aus Gesellschaftsmitteln. Alle übrigen Daten sind gleich. Es gilt: Ausgabekurs $K_n = 0$

a) Welchen rechnerischen Wert hat das Bezugsrecht, wenn die Gratisaktien sofort dividendenberechtigt sind?

b) Welcher Wert ergibt sich bei einem Dividendennachteil von 5 €?

Lösung a)

$$B = \frac{K_a}{\frac{a}{n}+1} = \frac{150}{\frac{4}{1}+1} = \frac{150}{5} = 30\ (€)$$

Lösung b)

$$B = \frac{K_a - d_n}{\frac{a}{n}+1} = \frac{150-5}{\frac{4}{1}+1} = \frac{145}{5} = 29\ (€)$$

Ergebnis: Der rechnerische Wert des Bezugsrechtes beträgt 30 €, wenn die Gratisaktien sofort dividendenberechtigt sind. Bei nicht sofort dividendenberechtigten Gratisaktien sinkt der rechnerische Bezugsrechtswert auf 29 €.

Motive für die Ausgabe von Gratisaktien können sein:

(1) Erhöhung des Haftungskapitals (gezeichnetes Kapital).

(2) Verbesserung der Marktgängigkeit des Papiers infolge des Kursrückgangs.

(3) Dividendenoptik: Senkung des Dividendensatzes bei gleichbleibender oder steigender Dividendensumme.

(4) Vorbereitung einer Kapitalerhöhung: Diese lässt sich bei niedrigeren Kursen, die auch Kleinanleger ansprechen, womöglich leichter durchführen.

(5) Vorbereitung einer Fusion: Eine Kurswertreduzierung auf ein Niveau, das ein geeignetes Umtauschverhältnis ergibt, kann psychologisch wichtig sein.

(6) Bargeldlose Gewinnausschüttung: Die Gesellschaft lässt den Aktionären anstelle einer Bardividende Gratisaktien zukommen, so dass die liquiden Mittel der Gesellschaft unberührt bleiben. Der Aktionär kann die Gratisaktien bei Bedarf verkaufen, um zu Barmitteln zu kommen.

Die in (4.1.7) und (4.1.8) gezeigten Gleichungen zur Ermittlung des rechnerischen Wertes des Bezugsrechtes basieren auf der stillschweigenden Annahme, die der Unternehmung neu zugeführten Mittel verzinsten sich gerade mit der bisherigen Aktienrendite. Es ist aber auch denkbar, dass eine Gesellschaft mit den Zusatzmitteln Investitionen durchführen kann, deren Rendite wesentlich über (oder unter) der bisherigen Verzinsung liegt. In diesem Fall ist die Gleichung zur Ermittlung des Wertes des Bezugsrechtes entsprechend zu modifizieren[1].

Bevor auf die Möglichkeiten der Beteiligungsfinanzierung bei Unternehmungen anderer Rechtsformen eingegangen wird, zeigen die beiden nachfolgenden Übersichten die wesentlichen Merkmale der verschiedenen Rechtsformen[2].

ABB. 4.22: Merkmale von Kapitalgesellschaften und Genossenschaften

Rechtsform ⇒	Kapitalgesellschaften			Genossenschaft eG
Merkmale ⇓	GmbH	AG	KGaA	
Eigentümer	Gesellschafter	Aktionäre	a) Komplementäre b) Kommanditisten	Genossen
Mindestzahl der Gründer	1	5	5	7
Mindestkapital und -anteil	festes Stammkapital mind. 25.000 € Mindestgeschäftsanteil 100 €	festes Grundkapital mind. 50.000 € Mindestbetrag einer Aktie	festes Grundkapital mind. 50.000 € Mindestbetrag einer Aktie	kein festes Grundkapital Mindesteinlage statutarisch festgelegt
Haftung	Das Gesellschaftsvermögen haftet in voller Höhe. Vor Eintragung ins Handelsregister haften alle Gesellschafter solidarisch; danach schulden die Gesellschafter nur ihre rückständige Einlage.	Das Gesellschaftsvermögen haftet in voller Höhe. Vor Eintragung ins Handelsregister haften die Handelnden persönlich und unbeschränkt; danach entfällt die persönliche Haftung.	Nach Eintragung in das Handelsregister haften Komplementäre unbeschränkt, die Kommanditisten nur bis zur Höhe ihrer Einlage.	Den Gläubigern haftet nur das Vermögen der Genossenschaft. Das Statut kann Nachschüsse der Genossen an die Konkursmasse beschränkt oder unbeschränkt vorsehen.
Steuerliche Behandlung	Körperschaftsteuer	Körperschaftsteuer	Körperschaftsteuer	Körperschaftsteuer mit Vergünstigungen
Organe	Geschäftsführer Gesellschafterversammlung evtl. Aufsichtsrat	Vorstand Aufsichtsrat Hauptversammlung	Komplementäre Aufsichtsrat Hauptversammlung	Vorstand Aufsichtsrat Generalversammlung
Gesetzliche Vorschriften	GmbH-Gesetz HGB §§ 238 – 335 (Rechnungslegung)	Aktiengesetz HGB §§ 238 – 335 (Rechnungslegung)	AktG §§ 278 – 290	Genossenschaftsgesetz HGB §§ 336 – 339

1 Vgl. hierzu: D. Schneider, Investition, Finanzierung und Besteuerung, S. 145 ff.

2 L. Perridon/M. Steiner, Finanzwirtschaft der Unternehmung, S. 361 f.

ABB. 4.23: Merkmale von Personengesellschaften

Rechtsform ⇒ Merkmale ⇓	Einzelkaufmann	Personengesellschaften			
		OHG	KG	Stille Gesellschaft	Bürgerliche Gesellschaft
Eigentümer	Kaufmann (Unternehmer)	Gesellschafter	a) Komplementäre b) Kommanditisten	Geschäftsinhaber	Gesellschafter
Mindestzahl der Gründer	1	2	a) 1 b) 1	2	2
Mindestkapital und -anteil	kein festes Kapital keine Mindesteinlage vorgeschrieben	kein festes Kapital keine Mindesteinlage vorgeschrieben	a) wie OHG b) feste Einlagen, Höhe beliebig	wie OHG-Einlage des stillen Gesellschafters nominell festgelegt	Beträge nach Vereinbarung
Haftung	unbeschränkte persönliche Haftung	gesamtschuldnerische Haftung Jeder Gesellschafter haftet unmittelbar, unbeschränkt und solidarisch für die Schulden der Gesellschaft.	Vor Eintragung ins Handelsregister haften alle Gesellschafter unbeschränkt. Nach Eintragung haften Komplementäre unbeschränkt, die Kommanditisten nur bis zur Höhe ihrer Einlage.	Der stille Gesellschafter nimmt am Verlust nur bis zur Höhe seiner Einlage teil. Haftung des Geschäftsinhabers richtet sich nach der Rechtsform der Gesellschaft.	Unbeschränkte Haftung für alle Gesellschafter
Steuerliche Behandlung	keine Körperschaftsteuer	keine Körperschaftsteuer	keine Körperschaftsteuer	keine Körperschaftsteuer	keine Körperschaftsteuer
Organe	Kaufmann	Gesellschafter	Komplementäre	–	Gesellschafter
Gesetzliche Vorschriften	HGB, bes. §§ 1 – 104, 238 ff.	HGB, bes. §§ 105 – 160, 238 ff. BGB §§ 705 – 740	HGB, bes. §§ 105 – 160, 161 – 177a, 238 ff. BGB §§ 705 – 740	HGB §§ 230 – 236	BGB §§ 705 – 740

4.1.3 Beteiligungsfinanzierung bei Kommanditgesellschaften auf Aktien (KGaA)

Neben der Aktiengesellschaft hat auch die Kommanditgesellschaft auf Aktien (KGaA) Zugang zur Börse. Bei dieser Gesellschaftsform (§§ 278 – 290 AktG) ist neben den Kommanditaktionären mindestens ein persönlich und uneingeschränkt mit seinem gesamten Vermögen haftender Gesellschafter (Komplementär) vorhanden. Dem Komplementär (bzw. den Komplementären) obliegt die Geschäftsführung und die Vertretungsmacht. Die Stellung der Kommanditaktionäre, die an dem in Aktien zerlegten Grundkapital beteiligt sind, ohne persönlich für die Verbindlichkeiten der Gesellschaft zu haften, ist grundsätzlich weniger stark als die Stellung der Aktionäre bei der AG.

Was die Erweiterung der Eigenkapitalbasis angeht, so ist bei einer Erhöhung der Anzahl der Komplementäre zu bedenken, dass eine Aufnahme neuer Gesellschafter zu Schwierigkeiten bei der Leitung der Gesellschaft führen kann. Die KGaA kann sinnvoll nur von einer begrenzten Anzahl von Komplementären geführt werden. Für die Beteiligungsfinanzierung durch Aufnahme neuer Kommanditaktionäre gilt im Prinzip dasselbe wie bei der AG. Die Kommanditaktionäre haben die unvergleichlich stärkere Stellung des persönlich haftenden Gesellschafters zu beachten. Aus diesem Grund ist die KGaA in der Praxis nicht stark verbreitet und meist auf Familienunternehmungen beschränkt.

4.1.4 Beteiligungsfinanzierung bei nicht-emissionsfähigen Unternehmungen

Die nicht-emissionsfähigen Unternehmungen haben keinen Zugang zur Börse. Es fehlt also ein organisierter Markt zur Beschaffung von Eigenkapital. Daraus erwächst für diese Gruppe von Betrieben ein besonderes Problem.

Einzelunternehmung: Betreibt ein Kaufmann (§ 1 HGB) eine Unternehmung ohne weitere Gesellschafter oder nur mit einem stillen Gesellschafter als Alleininhaber, so handelt es sich um eine Einzelunternehmung (Einzelfirma, Einzelkaufmann) im Gegensatz zur Handelsgesellschaft. Der Einzelunternehmer ist Vollkaufmann, wenn seine Firma ins Handelsregister eingetragen ist; er ist Minderkaufmann, wenn seine Firma nicht ins Handelsregister eingetragen ist. Es gibt beim Einzelunternehmen keine Konflikte zwischen Kapitalgeber und Unternehmensleitung, da der Unternehmer uneingeschränkt alle Rechte hat und uneingeschränkt alle Pflichten trägt.

Rechte des Einzelunternehmers	Pflichten des Einzelunternehmers
Geschäftsführung	Aufbringen des Eigenkapitals
Vertretung	Tragen von Verlusten
Gewinn	Haftung, auch mit Privatvermögen
Entnahme	
Liquidationserlös	

Die Einzelunternehmung hängt hinsichtlich ihrer Versorgung mit Eigenkapital vollständig von der Person des Unternehmers ab. Er kann das Eigenkapital der Einzelunternehmung jederzeit durch Zuführungen aus seinem Privatvermögen erhöhen, aber auch senken. Neben der Zuführung von Eigenmitteln von seiten des Inhabers ist die Selbstfinanzierung eine zweite Möglichkeit zur Verstärkung der Eigenkapitalbasis. Darüber hinaus gibt es nur noch die Möglichkeit der Aufnahme eines stillen Gesellschafters. Das verdeutlicht, wie begrenzt der Finanzierungsspielraum des Einzelunternehmers ist[1].

Die sogenannte *Einmanngesellschaft*, die vorliegt, wenn sämtliche Anteile an einer Kapitalgesellschaft in der Hand eines einzigen Gesellschafters liegen, ist nicht als Einzelfirma anzusprechen.

1 Vgl. K. Olfert, Finanzierung, S. 185 ff. – G. Wöhe/J. Bilstein, Grundzüge der Unternehmensfinanzierung, S. 36 ff. – H. Bieg/H. Kußmaul, Investitions- und Finanzierungsmanagement, S. 51 ff.

Anders verhält es sich bei der Aufnahme eines stillen Gesellschafters: Die *stille Gesellschaft* stellt eine Möglichkeit zur Stärkung der Eigenkapitalbasis durch Beteiligungsfinanzierung dar, da es sich um eine reine Innengesellschaft handelt, die nach außen nicht in Erscheinung zu treten braucht (§§ 230–236 HGB). Der stille Gesellschafter ist stets am Gewinn beteiligt; eine Verlustbeteiligung kann (aber muss nicht) ausgeschlossen sein.

Offene Handelsgesellschaft (OHG): Die OHG ist der Zusammenschluss von zwei oder mehr Kaufleuten zum gemeinsamen Betrieb eines vollkaufmännischen Handelsgewerbes unter einer Firma, wobei alle Gesellschafter persönlich und unbeschränkt haften (§§ 105–160 HGB und 705–740 BGB). Die Beteiligungsfinanzierung erfolgt bei der OHG durch Erhöhung der Einlagen der bisherigen oder durch Aufnahme neuer Gesellschafter. Von Vorteil ist dabei, dass beliebig viele neue Gesellschafter aufgenommen werden können. Allerdings muss beachtet werden, dass eine Unternehmung, bei der alle Gesellschafter im Hinblick auf Geschäftsleitung und Risikoübernahme gleichberechtigt sind, nicht mehr sinnvoll von einer großen Zahl von Gesellschaftern geleitet werden kann. Hinzu kommt, dass sich neue Gesellschafter in die meist vorhandenen stillen Reserven einkaufen müssen, was zu zusätzlichen Problemen führt, da die Bewertung der stillen Reserven meist umstritten ist. Die OHG kann – ähnlich wie die Einzelunternehmung – ihre Eigenkapitalbasis durch die Aufnahme eines stillen Gesellschafters weiter stärken. Die Gesellschafterzahl der OHG bestimmt sich nicht nur nach dem Kapitalbedarf, sondern vor allem nach der Aufteilung der Unternehmerfunktionen, für die ein gutes persönliches Verhältnis der Gesellschafter untereinander erforderlich ist. Die OHG hat in der Praxis deshalb meist nur zwei bis vier Gesellschafter, da bei einer größeren Zahl zu leicht Konflikte auftreten[1].

Kommanditgesellschaft (KG): Die KG ist der Zusammenschluss von zwei oder mehr Kaufleuten zum Betrieb eines vollkaufmännischen Handelsgewerbes unter gemeinsamer Firma, wobei mindestens ein Gesellschafter unbeschränkt (Komplementär) und mindestens ein Gesellschafter beschränkt (Kommanditist) haften. Bei der KG (§§ 105–160, 161–177 a HGB) sollte die Anzahl der Vollhafter (Komplementäre) aus ähnlichen Gründen wie bei der OHG begrenzt sein. Jedoch bietet gerade die KG im Vergleich zur Einzelunternehmung und zur OHG bessere Möglichkeiten der Beteiligungsfinanzierung, weil die Anzahl der nicht an der Geschäftsführung beteiligten Teilhafter (Kommanditisten) keiner Begrenzung unterliegt. Auch kann die Übertragung der Kommanditanteile erleichtert werden, falls der Gesellschaftsvertrag eine freie Übertragbarkeit vorsieht. Bei einer KG, die sich an das breite Publikum wendet, sollte die freie Übertragbarkeit zur Verbesserung der Fungibilität im Regelfall vertraglich fixiert werden. Bekannt sind in diesem Zusammenhang auch die Kommanditanteile der *GmbH & Co KG*, die – häufig unter Einschaltung einer Treuhänderbank – eine breite Streuung im Publikum gefunden haben. So haben etwa die in der Rechtsform der GmbH & Co KG konstruierten Immobilienfonds in den letzten Jahren über Milliardenbeträge disponiert. Bei der GmbH & Co KG ist die GmbH Vollhafter (Komplementär) einer KG. Rechtlich gelten für diese Gesellschaftsform die Vorschriften für die KG und, was die GmbH als Komplementärin angeht, die Vorschriften für die GmbH.

Gesellschaft mit beschränkter Haftung (GmbH): Die GmbH ist eine Kapitalgesellschaft mit eigener Rechtspersönlichkeit (juristische Person), die selbst unbeschränkt mit ihrem Vermögen haftet, während die Haftung ihrer Gesellschafter auf deren Einlage und eventuelle Nachschüsse be-

1 Ähnlich K. Olfert, Finanzierung, S. 187 ff. – L. Perridon/M. Steiner, Finanzwirtschaft der Unternehmung, S. 361 ff. – H. Bieg/H. Kußmaul, Investitions- und Finanzierungsmanagement, S. 53 ff.

grenzt ist. Bei der GmbH (GmbH-Gesetz und §§ 238–335 b HGB) erfolgt die Beteiligungsfinanzierung durch die Aufnahme eines weiteren Gesellschafters oder durch die Erhöhung der Einlagen der bereits beteiligten Gesellschafter. Die Aufnahme neuer Gesellschafter ist weniger problematisch als bei der OHG oder der KG (Komplementäre), weil die persönliche Haftung fehlt. GmbH-Anteile sind weniger fungibel als Kommanditanteile, da die Übertragung von GmbH-Anteilen der gerichtlichen oder notariellen Form bedarf. Bei Kommandit- und GmbH-Anteilen wirkt sich das Fehlen eines organisierten Marktes im Sinne einer Minderung der Fungibilität und damit in Richtung einer erschwerten Beteiligungsfinanzierung aus. Eine Gesellschaft mit beschränkter Haftung kann auch eine Einmann-GmbH sein. Dann ist die Haftungsbeschränkung der GmbH mit den Vorzügen der Einzelunternehmung verbunden.

Genossenschaft: Die eingetragene Genossenschaft (eG) ist eine Gesellschaft von nicht geschlossener Mitgliederzahl, die den Zweck verfolgt, den Erwerb oder die Wirtschaft ihrer Mitglieder mittels gemeinschaftlichen Geschäftsbetriebes zu fördern (Genossenschaftsgesetz und §§ 336–339 HGB). Bei der eG erfolgt die Beteiligungsfinanzierung durch die Werbung neuer Genossen, die Erhöhung der von den Genossen zu zeichnenden Genossenschaftsanteile sowie durch die Erhöhung der Einzahlungsquoten. Die Möglichkeiten zur Beteiligungsfinanzierung sind ähnlich wie bei der KG und der GmbH. Zu beachten ist, dass bei der eG das Eigenkapital stark schwanken kann, da die Genossenschaftsanteile zum Ende eines jeden Geschäftsjahres (unter Einhaltung einer bestimmten Frist) gekündigt werden können.

4.1.5 Verbreitung der Unternehmensrechtsformen

Die Verbreitung der verschiedenen Rechtsformen der Unternehmen wurde u. a. mit der Arbeitsstättenzählung 1987 festgestellt. Jeder Unternehmer stellt sich die Frage, welche Rechtsform unter Beachtung unterschiedlicher Gesichtspunkte (unternehmenspolitische, steuerliche, erbrechtliche usw.) am besten zu ihm passt. 1987 gab es insgesamt 2,1 Millionen Unternehmen im damaligen Bundesgebiet. Den Löwenanteil stellten die Einzelunternehmungen mit 1,62 Millionen oder 77 %. 1970 belief sich der Einzelunternehmer-Anteil noch auf 91 %. Diese Rechtsform, bei der alle Entscheidungen in der Hand des Eigentümers liegen, der auch das volle Risiko trägt, ist besonders für kleine Unternehmungen geeignet.

In den letzten Jahren hat sich die GmbH immer stärker durchgesetzt. Firmierten 1970 nur 1,8 % der Unternehmen als GmbH, so stieg der GmbH-Anteil 1987 mit 220.000 Unternehmen auf 10,5 %. Für 1990 ermittelte das Statistische Bundesamt 434.000 GmbH[1]. Die GmbH wird vor allem für kleinere und mittlere Unternehmen gewählt, deren Eigentümer nur ein begrenztes Haftungsrisiko eingehen wollen. Der OHG- und KG-Anteil, der 1970 noch 5,8 % betrug, sank bis 1987 auf 0,3 % (= 53.000 Unternehmen). Die typische Rechtsform großer Unternehmen, die Aktiengesellschaft oder die Kommanditgesellschaft auf Aktien, findet sich vergleichsweise selten. 1987 belief sich der AG- und KGaA-Anteil auf 0,1 % (= 2.780 Unternehmen dieser Kategorie).

1 Vgl. Statistisches Jahrbuch 1991, S. 141.

ABB. 4.24: Unternehmensformen in Deutschland

Rechtsform der Unternehmen	Anzahl der Unternehmen	Beschäftigte
Unternehmen einer Körperschaft des öffentlichen Rechts	3.100	1.205.000
Sonstige private Rechtsformen	4.200	173.000
Eingetragene Genossenschaften	7.000	265.000
AG/KGaA	2.800	3.177.000
GmbH	220.000	5.671.000
GmbH & Co KG	49.000	2.997.000
OHG/KG	53.000	1.527.000
BGB-Gesellschaft, Sozietät u. ä.	137.000	830.000
Einzelunternehmung	1.622.000	6.071.000

Quelle: Arbeitsstättenzählung 1987, Erich Schmidt Verlag, Zahlenbilder 227020

Nicht-emissionsfähige Unternehmungen können sich nur unter erschwerten Bedingungen und in beschränktem Maße zusätzliches Eigenkapital beschaffen. Die KG und die GmbH & Co KG finden durch die Ausgabe von fungiblen Kommanditanteilen noch am ehesten Zugang zum (Eigen-)Kapitalmarkt. Um die Schwierigkeiten der Eigenkapitalbeschaffung bei nicht-emissionsfähigen, meist mittelständischen Unternehmungen etwas zu mildern, wurden in Deutschland von einigen Banken besondere Kapitalbeteiligungsgesellschaften gegründet, die sich an solchen Unternehmungen meist in Form von stillen Gesellschaftern oder Kommanditisten beteiligen. In Deutschland ist es wesentlich schwerer als in den USA, das gerade in der Existenzgründungsphase erforderliche Eigenkapital durch Beteiligungen aufzubringen. Dort sammeln spezielle Gesellschaften sogenanntes venture capital (Risikokapital) für erfolgversprechende Neugründungen, die dann eng begleitet und beraten werden, bis sie an die Börse gehen können. Die Risikokapital-Geber realisieren ihren Gewinn im Moment des Aktienverkaufs.

4.1.6 Checkliste und Zusammenfassung

Beteiligungsfinanzierung ist die Zuführung von Eigenkapital von außen. Sie findet bei Unternehmungsgründung sowie bei späteren Kapitalerhöhungen statt. Für die Modalitäten der Beteiligungsfinanzierung ist die Rechtsform der Unternehmung von Bedeutung.

Die **Aktiengesellschaft** hat ein der Höhe nach genau fixiertes gezeichnetes Kapital (Grundkapital), das in Aktien zerlegt ist. Eine Aktie ist ein Wertpapier, das bestimmte Vermögens- und Mitgliedschaftsrechte verbrieft und einen Bruchteil des gezeichneten Kapitals (Grundkapitals) darstellt. Aktien eignen sich in besonderem Maße zur Aufbringung großer Eigenkapitalbeträge.

Aktientypen

- ***Stammaktien*** sind der Normaltyp. Stammaktien mit gleichem Nennwert haben gleiches Stimmrecht, gleiche Dividende, gleichen Anteil am Liquidationserlös. – *Vorzugsaktien* haben meist einen erhöhten Dividendenanspruch, allerdings oft kein Stimmrecht. Über „Vorzüge" kann man zusätzliches Eigenkapital gewinnen, ohne dass die bisherigen Stimmverhältnisse geändert werden.

- ***Inhaberaktien*** werden durch bloße Übergabe veräußert und müssen bei Emission voll einbezahlt sein. Der Inhaber gilt als Eigentümer. Sie sind deshalb sehr leicht veräußerbar. – *Namensaktien* lauten auf den Namen des Eigentümers und werden durch Indossament übertragen; bei vinkulierten Namensaktien ist zusätzlich die Zustimmung der Gesellschaft zur Übertragung erforderlich.
- ***Eigene Aktien*** sind von der AG an der Börse zurückgekaufte Aktien der Gesellschaft. Ein solcher Aktienrückkauf ist nur ausnahmsweise erlaubt. – *Vorratsaktien* sind neugeschaffene Titel aus einer Kapitalerhöhung, die z. B. durch eine Bank ganz oder teilweise treuhänderisch übernommen werden. Sie können dann später bei der Übernehmerin abgerufen und verwertet werden (z. B. für eine Beteiligung an einem anderen Unternehmen). Die Übernehmerin hat kein Stimmrecht, haftet aber für die volle Einlage.
- ***Nennbetragsaktien*** lauten auf mindestens einen EURO. *Stückaktien* lauten auf keinen Nennbetrag, sondern auf einen Anteil am Grundkapital, der sich nach der Zahl der Aktien bestimmt.

Aktienkurs ist der in Geld ausgedrückte Wert einer Aktie. Es gibt verschiedene Aktienkurse bzw. -werte, die sowohl für die Nachfrager (Eigenkapitalgeber) als auch für den Anbieter (die AG) von großer Bedeutung sind, nicht zuletzt, wenn es der AG darum geht, zusätzliches Eigenkapital zu möglichst günstigen Bedingungen zu beschaffen.

- Der ***Börsenkurs*** ist der an der Börse durch Kursmakler ermittelte Preis einer Aktie. Er ergibt sich aus dem Zusammenspiel von Angebot und Nachfrage und entspricht dem Gleichgewichtspreis auf einem polypolistischen Markt.
- Der ***einfache Bilanzkurs*** ergibt sich aus dem Verhältnis von bilanziertem Eigenkapital zum Grundkapital. Der Aussagewert dieser Kennzahl ist gering, weil stille Rücklagen und Zukunftsinformationen nicht berücksichtigt werden.
- Der ***korrigierte Bilanzkurs*** ergibt sich aus dem Verhältnis von bilanziertem Eigenkapital und stillen Rücklagen zum Grundkapital. Der Aussagewert ist höher, aber immer noch nicht ausreichend, weil Zukunftsinformationen fehlen.
- Der ***Ertragswertkurs*** ist die Summe der abgezinsten künftigen Nettoeinzahlungen, die auf eine Aktie entfallen. Der Aussagewert dieser Kennzahl ist hoch, weil künftige Faktoren berücksichtigt werden. Allerdings müssen Schätzprobleme gelöst (Wie hoch sind die künftigen Nettoeinzahlungen? Wie lange fallen sie an?) und der Diskontierungszinssatz (Kalkulationszinssatz) sinnvoll bestimmt werden.

Folgende Faktoren beeinflussen die Aktienkurse:

Gewinnerwartungen des Publikums (erwartete Dividenden- und Kursentwicklung), Zinsniveau, allgemeine politische und wirtschaftliche Zukunft, Sonderereignisse (z. B. Übernahmekampf).

Kapitalerhöhung: Große Investitionsvorhaben, die Aufrechterhaltung einer bestimmten Relation zwischen Eigen- und Fremdkapital, günstige Kapitalmarktbedingungen, dividendenpolitische Überlegungen oder Fusionsabsichten können eine Kapitalerhöhung angezeigt erscheinen lassen.

- Die ***ordentliche Kapitalerhöhung*** vollzieht sich durch Ausgabe neuer (junger) Aktien. Die bisherigen Aktionäre besitzen ein Bezugsrecht, das aber auch ausgeschlossen werden kann.

- Bei der ***bedingten Kapitalerhöhung*** erfolgt die Ausgabe junger Aktien nur zugunsten der Inhaber von Bezugs- oder Umtauschrechten. Das können die Inhaber von Wandelobligationen, aber auch Arbeitnehmer mit Gewinnbeteiligung sein. Das Bezugsrecht der Altaktionäre ist dabei ausgeschlossen.

- Beim ***genehmigten Kapital*** wird der Vorstand der AG ermächtigt, das Grundkapital durch Ausgabe junger Aktien bis zu einem bestimmten Betrag zu einem geeigneten Zeitpunkt zu erhöhen.

- Die ***Kapitalerhöhung*** *aus Gesellschaftsmitteln* ist die Umwandlung offener Rücklagen in Grundkapital (Passivtausch). Ein Geldmittelzufluss findet nicht statt.

Bezugsrecht ist das Recht des Aktionärs, bei einer Kapitalerhöhung einen seinem bisherigen Anteil am Grundkapital entsprechenden Teil der jungen Aktien zu kaufen. Der rechnerische Wert des Bezugsrechts hängt ab vom Bezugsverhältnis (= zahlenmäßige Relation alte zu neuen Aktien), vom Bezugskurs (Ausgabekurs) der jungen Aktien und dem Börsenkurs der alten Aktien. Die Festlegung des Ausgabekurses für die jungen Aktien ist von entscheidender Bedeutung für den Erfolg der Kapitalerhöhung. Meist liegt der Ausgabekurs über dem Nennwert; die Differenz nennt man Agio. Durch dieses Agio fließen der Gesellschaft „kostenlos" liquide Mittel zu, die nicht dividendenberechtigt sind.

Gratisaktien sind neu ausgegebene (junge) Aktien, die den bisherigen Aktionären zum Kurs von Null zur Verfügung gestellt werden. Hierbei werden Rücklagen umgebucht zu Grundkapital (= Passivtausch). Ein Zufluss neuer Geldmittel findet nicht statt. Gründe für die Ausgabe von Gratisaktien: Verbesserung der Marktgängigkeit der Aktien, Dividendenoptik, bargeldlose Gewinnausschüttung, Vorbereitung einer Fusion oder Kapitalerhöhung.

Formeln und Symbolverzeichnis

Formeln	Symbole
$EW = \sum_{t=1}^{n} g_t (1+i)^{-t} = \sum_{t=1}^{n} g_t \cdot AbF_t$	EW = Ertragswert g_t = Nettoeinzahlung im Jahr t t = Jahr (1, 2, 3, ..., n) i = Kalkulationszinssatz g = konstante Nettoeinzahlungen $(1+i)^{-t}$ = AbF_t = Abzinsfaktor $\frac{(1+i)^n - 1}{i(1+i)^n}$ = DSF_n = Diskontierungs-summenfaktor $\frac{1}{i}$ = DSF bei unbegrenzter Lebensdauer r = Rendite (interner Zinssatz) K = Kurswert einer Aktie
$EW = g \cdot \frac{(1+i)^n - 1}{i(1+i)^n} = g \cdot DSF_n$	
$EW = g \cdot \frac{1}{i} = \frac{g}{i}$	
$r = \frac{g}{K}$	
$K = \frac{g}{i}$	
$B = \frac{K_a - K_n}{\frac{a}{n} + 1}$	B = rechnerischer Wert des Bezugsrechts K_a = Kurs der alten Aktie K_n = Ausgabekurs der jungen Aktien a = Zahl der alten Aktien n = Zahl der jungen Aktien $\frac{a}{n}$ = Bezugsverhältnis d_n = Dividendennachteil der jungen Aktie
$B = \frac{K_a - (K_n + d_n)}{\frac{a}{n} + 1}$	
$B = \frac{K_a}{\frac{a}{n} + 1}$	
$B = \frac{K_a - d_n}{\frac{a}{n} + 1}$	

FRAGEN UND AUFGABEN

4.1.1 a) In welcher Form können einer Unternehmung Beteiligungsmittel zugeführt werden? Kommen hierbei nur die bisherigen Gesellschafter in Frage?

b) Worin liegt das Problem von Sacheinlagen (Grundstücke, Gebäude, Maschinen, Vorräte) und Rechten (Patente, Lizenzen)?

4.1.2 Welche Rechte verbrieft eine Stammaktie? Wodurch unterscheiden sich Stamm- und Vorzugsaktien?

4.1.3 Gibt es einen ökonomischen Unterschied zwischen Nennbetrags- und Stückaktien? Begründen Sie Ihre Antwort!

4.1.4 Was unterscheidet:

- ► Namensaktien und Inhaberaktien,
- ► Vorratsaktien und eigene Aktien?

4.1.5 Was sind vinkulierte Namensaktien? Welche Zielsetzung kann mit der Ausgabe vinkulierter Namensaktien verbunden sein?

4.1.6 Skizzieren Sie die verschiedenen Formen der Dividendenvorzugsaktien.

4.1.7 Zur Beurteilung des Börsenkurses einer Aktie wird gelegentlich herangezogen:

- ► der einfache Bilanzkurs,
- ► der korrigierte Bilanzkurs,
- ► der Ertragswertkurs.

Beurteilen Sie die Eignung dieser Kurse hinsichtlich des gesetzten Ziels.

4.1.8 Zeigen Sie, welche Kapitalerhöhungen bei einer AG zu einem (keinem) Geldmittelzufluss führen.

4.1.9 a) Was sind Gratisaktien?

b) Eignen sie sich zur Beschaffung zusätzlicher Geldmittel? Begründen Sie Ihre Antwort.

4.1.10 Zeigen Sie die Mechanismen auf, die zu einer Börsenkursänderung führen, falls

1. die Gewinnaussichten einer AG unter sonst gleichen Umständen günstiger (schlechter) werden,
2. das Zinsniveau in einer Volkswirtschaft unter sonst gleichen Umständen steigt (sinkt).

4.1.11 Zeigen Sie anhand zweier selbstgewählter Beispiele den Einfluss spekulativer Elemente auf den Börsenkurs.

4.1.12 Was versteht man unter einem Bezugsrecht? Wird ein Aktionär reicher, wenn er sein Bezugsrecht veräußert? Begründen Sie Ihre Antwort.

4.1.13 Welcher Einheitskurs wird notiert, wenn an einem Tag folgende Kauf- und Verkaufsaufträge vorliegen? Geben Sie eine grafische und tabellarische Lösung. Welcher Kurszusatz findet sich neben der Kursnotiz?

Kaufaufträge		Verkaufsaufträge	
Anzahl	Limit (€)	Anzahl	Limit (€)
100	billigst	120	bestens
220	124,00	80	120,00
260	123,00	200	122,00
200	122,00	340	123,00
350	121,00	550	124,00
400	120,00		

4.1.14 Von einer AG sind Ihnen die folgenden Zahlen bekannt

gezeichnetes Kapital:	600.000 €
Kapitalrücklage:	60.000 €
Gewinnrücklage:	200.000 €
Gewinnvortrag:	40.000 €
stille Rücklagen:	100.000 €

Ermitteln Sie

1. den einfachen Bilanzkurs,
2. den korrigierten Bilanzkurs,
3. den Ertragswertkurs.

Gehen Sie bei der Ermittlung des Ertragswertkurses von einem nachhaltig erzielbaren Durchschnittsgewinn von 120 000 € und einem Kalkulationszinssatz von 10 % aus. Die Lebensdauer der Unternehmung wird von keinen vorhersehbaren Faktoren begrenzt ($n \to \infty$).

4.1.15 Wie ändert sich der Ertragswertkurs der in 4. 1. 14 betrachteten AG, wenn:

a) der durchschnittliche Jahresgewinn um 30.000 € steigt (sinkt)?

b) der Kapitalisierungszinssatz 5 % (12 %) beträgt?

4.1.16 a) Wirken limitierte Kauf- und Verkaufsaufträge auf die Börsenkurse eher schwankungsdämpfend oder schwankungserhöhend? Begründen Sie Ihre Antwort.

b) Wie beurteilen Sie die Börsentendenz, wenn die meisten Kurse mit dem Zusatz „bG" versehen sind?

4.1.17 In der Wirtschaftspresse finden Sie die folgende Übersicht über spezielle Aktienwerte:

Gesellschaft	Aktueller Kurs (€/Aktie)	Gewinn je Aktie (€/Aktie)	Kurs/ Gewinn-Verhältnis
Paderborn-Peiner Lebensversicherung	1.296,0	20	64,8
Ostfriesen-Elektra	109,8	9	12,2
Aarau-Chemie	387,2	22	17,6

Gibt es einen Zusammenhang zwischen dem Kurs/Gewinn-Verhältnis und dem Diskontierungssummenfaktor? Begründen Sie Ihre Antwort.

Mit welchen Kalkulationszinssätzen diskontieren die Aktionäre die als konstant anzunehmenden und zeitlich unbegrenzt anfallenden Gewinne je Aktie?

4.1.18 a) In welcher Börsensituation wird der an der Börse gehandelte Wert des Bezugsrechts den rechnerisch ermittelten Wert wahrscheinlich übersteigen?

b) Welchen Vorteil hat es für eine Gesellschaft, wenn sie neue Aktien mit einem hohen Aufgeld (Agio) ausgeben kann?

4.1.19 Nennen und erläutern Sie mindestens vier unterschiedliche Motive für die Ausgabe von Gratisaktien durch eine AG.

4.1.20 Bei einer AG wird eine Kapitalerhöhung im Verhältnis 6 : 1 geplant. Das Grundkapital vor (nach) der Kapitalerhöhung beträgt 1,2 Mio € (1,4 Mio €). Der alte Kurs beläuft sich auf 490 €/Stück. Der Ausgabekurs der jungen Aktien beträgt 280 €/Stück, der Nennwert 100 €/Stück.

a) Welcher Mischkurs ist nach vollzogener Kapitalerhöhung zu erwarten?

b) Welchen Wert hat das Bezugsrecht rechnerisch?

c) Angenommen, die betrachtete Gesellschaft hätte eine Kapitalerhöhung aus Gesellschaftsmitteln vorgenommen (Gratisaktien). Welcher Wert würde sich in diesem Falle (rechnerisch) für das Bezugsrecht ergeben?

4.1.21 a) Was kann die Beteiligung als stiller Gesellschafter aus dessen Sicht attraktiv machen?

b) Nennen Sie drei Gründe, weshalb die Aufnahme neuer Gesellschafter bei einer Familien-OHG problematisch sein kann.

4.1.22 Entwickeln Sie die Gleichung, die angibt, in welcher Weise die Höhe des Bezugsrechts von dem Kurs der alten und der jungen Aktie sowie dem Bezugsverhältnis abhängt.

4.1.23 Welche Annahme liegt den Gleichungen zur Ermittlung des rechnerischen Wertes des Bezugsrechts zugrunde?

4.2 Grundlagen der Fremdfinanzierung

4.2.1 Begriff und Systematik der Fremdfinanzierung

4.2.1.1 Merkmale

Bei der Fremdfinanzierung (Kreditfinanzierung) entstehen Ansprüche Dritter gegen die Unternehmung, die erst später zu begleichen sind. Die Fremdfinanzierung rechnet man zusammen mit der Beteiligungsfinanzierung im Regelfall zur Außenfinanzierung. Für die Fremdfinanzierung gelten folgende Merkmale[1]:

Merkmal	Ausprägung des Merkmals beim Fremdkapital
Anspruch	Fremdkapitalgeber hat Anspruch auf Zins und Tilgung und im Insolvenzfall auf die Insolvenzmasse.
Mitbestimmung	Formal hat der Kreditgeber keine Mitbestimmung bei der Geschäftsführung. Bedeutende Fremdfinanziers haben aber die Macht, an der Geschäftsführung mitzuwirken. Großbanken und große Versicherungen dirigieren ganze Wirtschaftsbereiche.
Verfügbarkeit	Die Überlassung von Fremdmitteln ist üblicherweise zeitlich befristet.
Haftung	Aus der Gläubigerstellung ergibt sich keine Haftung.
Steuern	Fremdkapitalzinsen sind steuerlich als Aufwand absetzbar (Einschränkungen bei der Gewerbesteuer).

4.2.1.2 Fristen nach Handelsrecht

Die Dauer der Kreditüberlassung bildet die gebräuchlichste Einteilung der Kreditarten in kurz-, mittel- und langfristige Kredite. Die Grenzen zwischen den verschiedenen Fristigkeiten sind fließend. So unterschied das deutsche Aktienrecht bis 1986 lediglich zwischen Krediten mit einer vereinbarten Laufzeit von weniger und Krediten mit einer vereinbarten Laufzeit von mehr als 4 Jahren. Aufgrund der Rechnungslegungsvorschriften infolge des Bilanzrichtlinien-Gesetzes von 1985 ist nicht mehr die vereinbarte Laufzeit, sondern – realistischer – die jeweilige Restlaufzeit maßgebend. Kapitalgesellschaften müssen bei jedem Forderungs- und Verbindlichkeitsposten den Betrag mit einer Restlaufzeit von über oder unter einem Jahr gesondert ausweisen (§ 268 Abs. 4 u. 5 HGB). Für Verbindlichkeiten sind zusätzlich in der Bilanz oder im Anhang die Beträge mit Restlaufzeiten von mehr als fünf Jahren einzeln aufzuführen (§ 285 Nr. 1 HGB). Somit entstehen für Verbindlichkeiten bei Kapitalgesellschaften drei nach Restlaufzeiten zu unterscheidende Gruppen: unter einem Jahr, ein bis fünf Jahre, über fünf Jahre.

4.2.1.3 Fristen nach Bundesbank

Die Deutsche Bundesbank quantifiziert in ihren Statistiken meist wie folgt:

- kurzfristige Kredite: Laufzeit bis zu einem Jahr,
- mittelfristige Kredite: Laufzeit von über einem Jahr bis zu 4 Jahren,
- langfristige Kredite: Laufzeit über 4 Jahre (vgl. auch § 14 KWG).

1 Ähnlich bei: K. Olfert, Finanzierung, S. 28 f. – L. Perridon/M. Steiner, Finanzwirtschaft der Unternehmung, S. 354.

ABB. 4.25: Kurz-, mittel- und langfristiges Fremdkapital

Einteilung des Fremdkapitals nach seiner Fristigkeit	Zeitspanne	Beispiel	Vorschrift
Kurzfristig			
► enge Fassung	bis 90 Tage	Handelswechsel	§ 19 Abs. 1 Nr. 1 BundesbankG
► weite Fassung	bis 360 Tage	Kontokorrentkredit	
Mittelfristig	mehr als 90 oder 360 Tage bis zu 4 Jahren	Anzahlungen im Großanlagenbau, Darlehen	§ 268 HGB i. V. m. § 285 HGB
Langfristig	über 5 Jahre	Schuldscheindarlehen, Obligationen	§ 285 Nr. 1 HGB

Ähnlich bei: G. Wöhe/J. Bilstein, Grundzüge der Unternehmensfinanzierung, a. a. O., S. 180.

Gelegentlich wird die Grenze zwischen kurz- und mittelfristig bereits bei drei Monaten angesetzt. Zu beachten ist auch, dass durch Prolongation (Verlängerung) kurzfristiger Kredite faktisch langfristige Verbindlichkeiten entstehen können.

4.2.1.4 Systematik

Für die Einteilung der Fremdfinanzierung gibt es eine Fülle von Möglichkeiten (vgl. nachfolgende Abbildung 4.26).

Fristigkeit: Man unterscheidet kurz-, mittel- und langfristige Kredite, wobei die Grenzen zwischen den Fristen fließend sind.

Kapitalverwendung: Was machen Sie mit dem Kredit? Wird er zur Finanzierung von Betriebsmitteln[1] eingesetzt, dann spricht man vom Betriebsmittelkredit. Der Werkstoffkredit dient der Finanzierung von Roh-, Hilfs- und Betriebsstoffen. Der Konsumentenkredit, seine Bedeutung ist in den letzten drei Jahrzehnten ständig gewachsen, erschließt aus Bankensicht die privaten Haushaltungen, denen man standardisierte Kredite wie Teilzahlungskredite, Kleinkredite, Anschaffungsdarlehen und Dispositionskredite anbietet. Der Vorfinanzierung langfristiger Projekte (vor allem im Baubereich) dient der Zwischenkredit (Baukredit), der schließlich durch langfristige Kredite abgelöst wird.

Rechtliche Sicherung: Wie wird der Kredit abgesichert? Man unterscheidet zwei große Gruppen von Sicherheiten: die Personalsicherheiten und die Realsicherheiten (vgl. Abschnitt 4.2.2.2).

Kreditgeber: Es gibt viele mögliche Kreditgeber. Neben den Banken, an die Sie zuerst denken, kommen auch Ihre Lieferanten in Frage, falls Sie Ihre Rechnungen nicht sofort zahlen; Ihre Kunden, falls diese Anzahlungen leisten; beliebige Geldanleger, wenn Sie Gläubigerpapiere ausgeben.

1 Betriebsmittel = alle Anlagen und Einrichtungen, die zum technischen Apparat der Unternehmung gehören und über längere Zeit genutzt werden. Werkstoffe = Roh-, Hilfs- und Betriebsstoffe.

Kreditnehmer: Sie lassen sich beispielsweise in zwei Gruppen, private und öffentliche Kreditnehmer, aufteilen.

ABB. 4.26: Systematik der Fremdfinanzierung

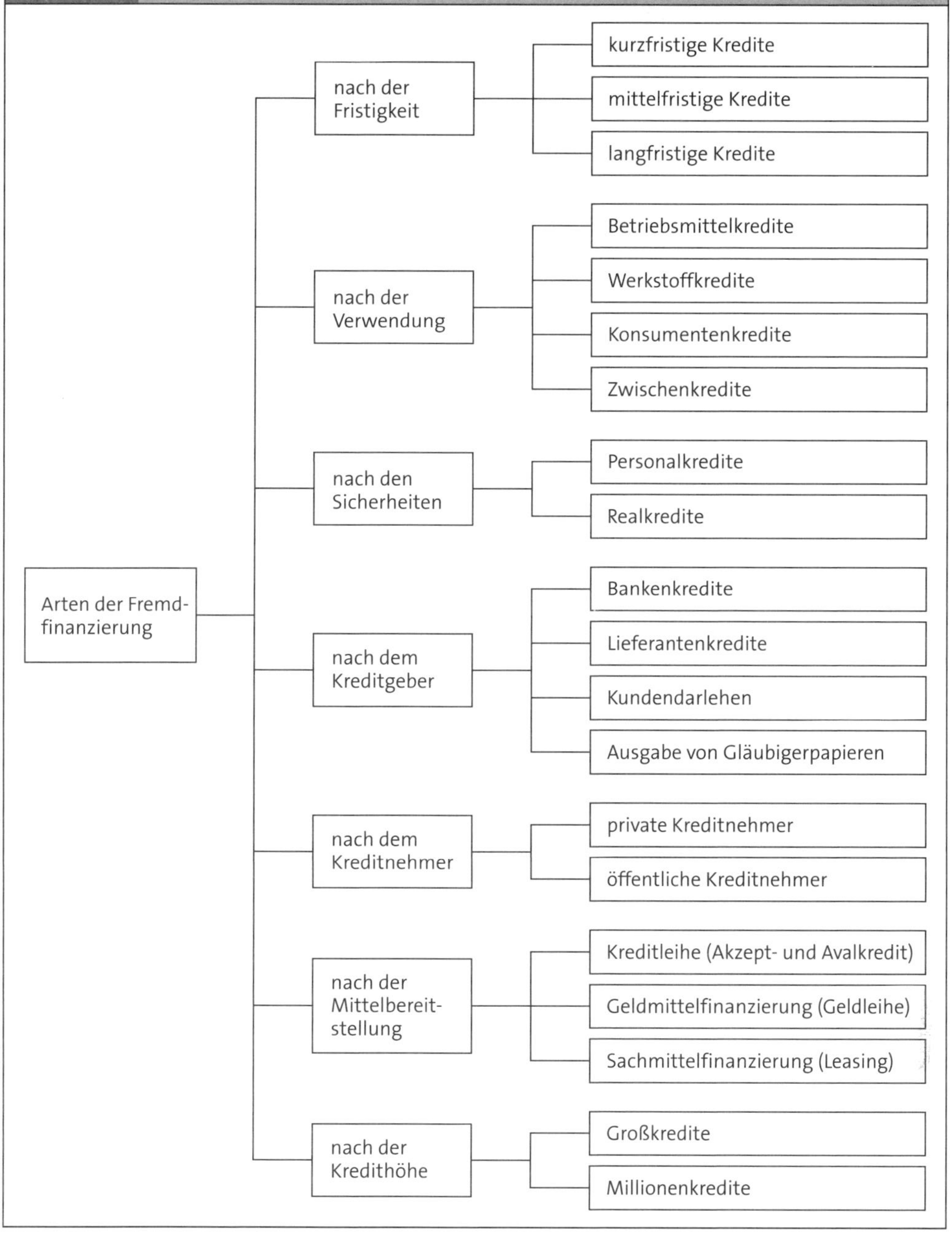

Mittelbereitstellung: Bei der Kreditleihe gibt die Bank eine Bürgschaft oder Garantie dafür, dass Sie als Bankkunde Ihren Verpflichtungen nachkommen. Bei der Geldleihe geht es um die Übertragung von Zahlungsmitteln. Wenn Sie einen Bankkredit aufnehmen, dann fließen Ihnen Geldmittel zu. Wenn Sie ein Objekt leasen, dann wird Ihnen das Leasing-Objekt (Sachmittel) zeitweise überlassen; Sie zahlen während dieser Zeit die Leasing-Raten.

Kredithöhe: Das Kreditwesengesetz (KWG) kennt Großkredite und Millionenkredite. Großkredite sind geregelt in § 13 KWG für Nichthandelsbuchinstitute, in § 13 a KWG für Handelsbuchinstitute und in § 13 b KWG für Institutsgruppen und Finanzholding-Gruppen. Millionenkredite sind geregelt in § 14 KWG. Großkredite sind Kredite an einen Kreditnehmer, die 10 % des haftenden Eigenkapitals des Kreditinstituts betragen oder überschreiten. Millionenkredite sind Kredite an einen Kreditnehmer von eineinhalb Millionen € oder mehr[1].

In Anbetracht der fließenden Grenzen zwischen den verschiedenen Fristigkeiten begnügen wir uns mit der Unterscheidung in kurz- und langfristige Fremdfinanzierung. Die begrifflich-systematische Einordnung zeigt die folgende Abbildung.

ABB. 4.27: Oberbegriffe der kurz- und langfristigen Fremdfinanzierung

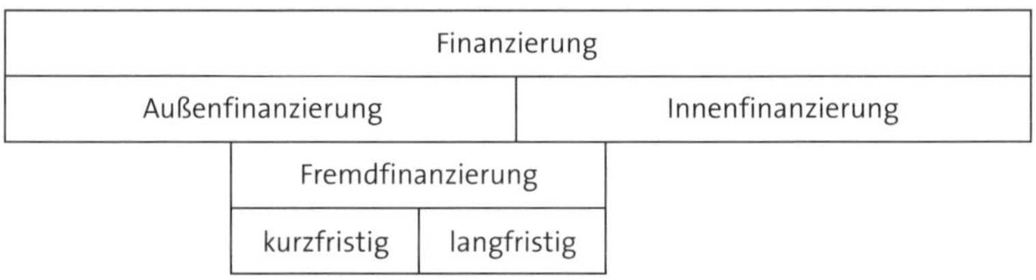

Die Fremdfinanzierung ist also im Regelfall als Teil der Außenfinanzierung aufzufassen. Es muss jedoch beachtet werden, dass die Fremdfinanzierung daneben (im Ausnahmefall) auch Innenfinanzierungscharakter aufweisen kann, etwa im Zusammenhang mit der Bildung von Pensionsrückstellungen (vgl. S. 36 sowie Abbildung 1.14).

Die Stoffdarstellung im Bereich „Fremdfinanzierung" folgt meist der Unterscheidung in kurz- und langfristige Fremdfinanzierung. Unter Nutzung dieser Unterscheidung erörtern wir die wichtigsten Fremdfinanzierungsarten in exemplarischer Weise, wobei neben die Normalformen auch Sonderformen (Leasing und Factoring) treten. Im Einzelnen sind folgende Fremdfinanzierungsarten zu untersuchen:

1 Vgl. H. P. Becker/A. Peppmeier, Bankbetriebslehre, S. 62 ff. – W. Grill/H. Perczynski, Wirtschaftslehre des Kreditwesens, S. 511 ff.

ABB. 4.28: Gang der Untersuchung

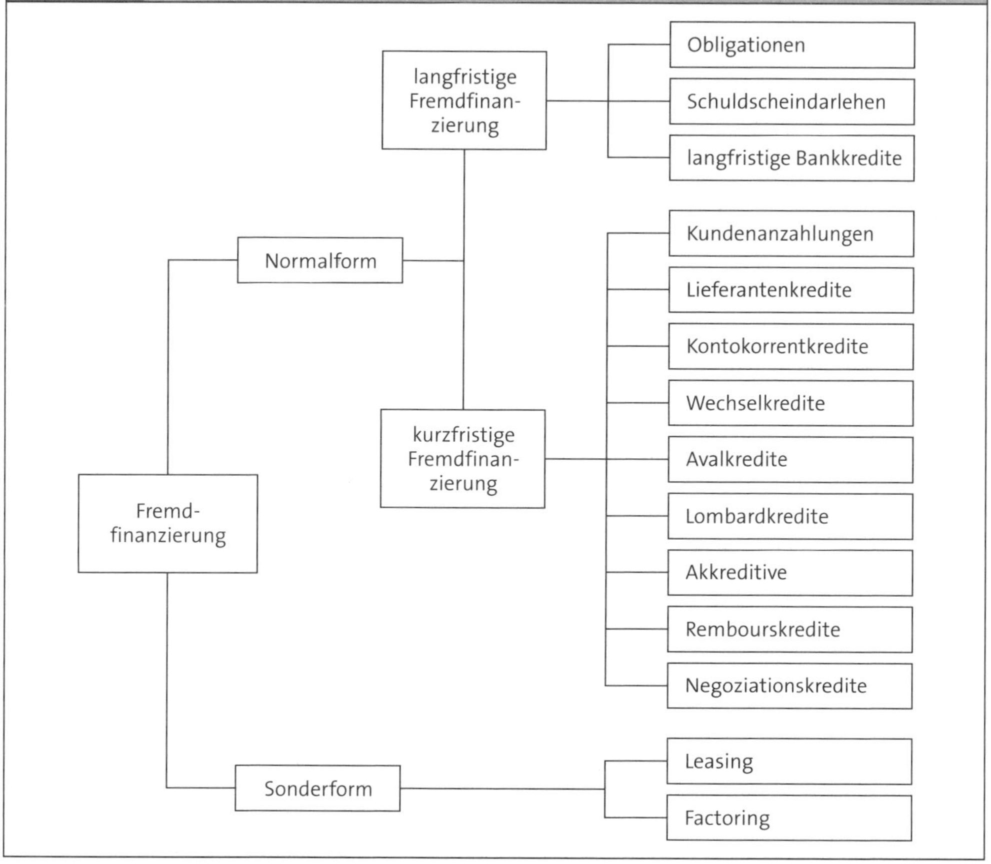

4.2.2 Kreditwürdigkeitsprüfung und Kreditsicherheiten

4.2.2.1 Kreditwürdigkeitsprüfung

Es gibt viele gläubige Menschen auf Erden, zum Beispiel die Kreditgeber. Diese gehen davon aus, dass das auf Treu und Glauben Anvertraute, das Darlehen, zurückgezahlt wird. Und so steckt im Wort „Kredit" das lateinische credere (vertrauen auf, glauben), das Vertrauen in die Fähigkeit und Bereitschaft einer Person oder einer Unternehmung, Verbindlichkeiten ordnungs- und fristgemäß zu begleichen, so erklärt es der Duden. Weil Vertrauen gut, aber Kontrolle besser ist (Lenin), wird der Kreditgeber zunächst die Kreditfähigkeit und Kreditwürdigkeit seines künftigen Schuldners prüfen. Dazu sind drei Fragen zu stellen:

(1) Ist der künftige Schuldner kreditfähig? Das ist die Frage nach seiner rechtlichen Fähigkeit, als Kreditnehmer aufzutreten.

(2) Ist der künftige Schuldner persönlich kreditwürdig? Man fragt also nach dem guten oder schlechten Ruf des Kreditnehmers.

(3) Ist der künftige Schuldner wirtschaftlich kreditwürdig? Hier fragt man nach den Sicherheiten, die er stellen kann, und nach seiner künftigen Vermögens-, Ertrags- und Liquiditätslage.

Kreditfähigkeit ist die Fähigkeit, rechtswirksam Kredite aufnehmen zu können. Kreditfähig sind natürliche Personen, wenn sie unbeschränkt geschäftsfähig sind, sowie juristische Personen des privaten und öffentlichen Rechtes. Bei juristischen Personen ist die Legitimation der Vertreter zur Kreditaufnahme zu prüfen.

Die persönliche Kreditwürdigkeit ergibt sich im Wesentlichen aus der Beurteilung vergangener Ereignisse. Sie werden Ihre eigenen Beobachtungen, wenn nötig, durch Auskünfte von Geschäftspartnern, Banken und Auskunfteien ergänzen, um so zu einem Bild über die

- Zahlungs- und Geschäftsmoral,
- fachlichen Qualifikationen,
- Zuverlässigkeit,
- unternehmerischen Fähigkeiten des Kreditnehmers zu gelangen.

Die wirtschaftliche Kreditwürdigkeit prüfen Sie, indem Sie vom Kreditnehmer bestimmte Unterlagen verlangen, zum Beispiel:

- Jahresabschlüsse und Steuerbescheide,
- Umsatz- und Auftragsstatistiken,
- Finanzpläne und Wirtschaftlichkeitsrechnungen,
- Grundbuchauszüge,
- Handelsregisterauszüge.

Die Kreditwürdigkeitsprüfung kann nicht nur als Einmalaktivität bei der Kreditvergabe verstanden werden, sondern auch als laufende Kontrolle im Sinne einer Kreditüberwachung. Die Banken haben dann die Möglichkeit, das Instrument der Kreditwürdigkeitsprüfung dazu zu nutzen, Kreditvergabeentscheidungen abzusichern und darüber hinaus auch Schwächen und Stärken der Kunden zu analysieren und im Rahmen einer Beratung gezielt anzugehen. Die Unternehmensberatung durch die Bank, in Deutschland noch unterentwickelt, hat gute Zukunftschancen, denn sie nützt Bank und Kunden. Wenn die Bank bei Investitionsrechnungen und Finanzplanungen hilft, dann werden Fehlinvestitionen vermieden und Liquiditätsengpässe früh sichtbar. In der Praxis erfolgt die Kreditwürdigkeitsprüfung oft auf der Basis ausführlicher Checklisten[1].

4.2.2.2 Kreditsicherheiten

4.2.2.2.1 Systematik der Sicherungsformen

Kreditsicherheiten[2] geben dem Gläubiger die Möglichkeit, sich durch Verwertung der Sicherheiten zu befriedigen, wenn der Schuldner seinen Zahlungspflichten nicht mehr nachkommen kann. Nach der Art der Sicherheit lassen sich Personal- und Realsicherheiten unterscheiden.

---

1 Vgl. H. P. Becker/A. Peppmeier, Bankbetriebslehre, S. 128 ff.

2 Zusatzinformationen zum Thema Kreditfähigkeit, Kreditwürdigkeit und Kreditsicherheiten finden sich unter anderem bei: W. Grill/H. Perczynski, Wirtschaftslehre des Kreditwesens, S. 341 ff. – R. Adrian/Th. Heidorn, Der Bankbetrieb, S. 400 ff. – H. Vormbaum, Finanzierung der Betriebe, S. 276 ff.

ABB. 4.29: Personal- und Realsicherheiten

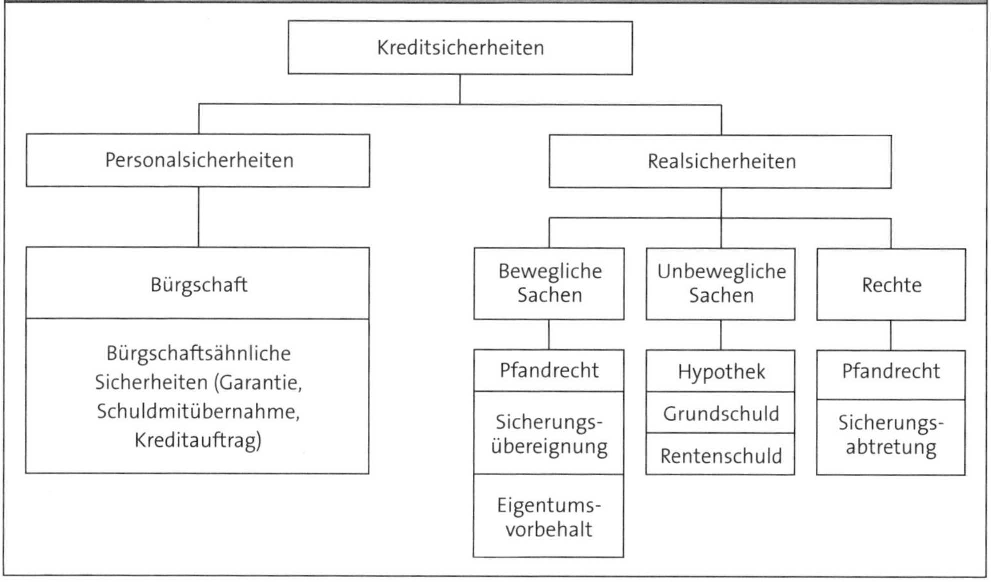

Nach der Art der Verbindung von Kredit und Sicherheit unterscheiden wir akzessorische und fiduziarische Sicherheiten:

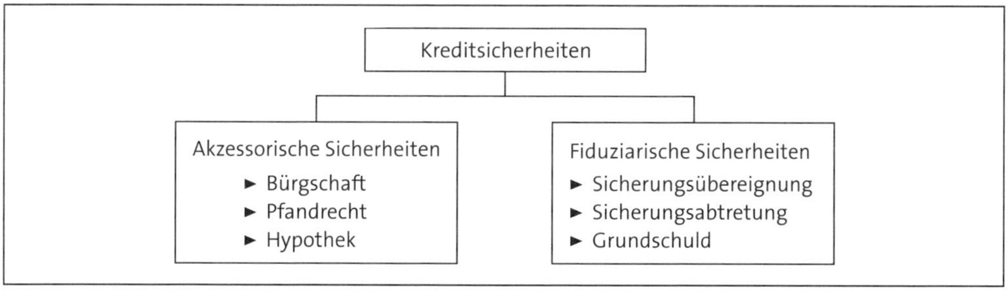

Akzessorische Sicherheiten sind von dem Bestand der Forderung abhängig (Akzessorium = Nebenanspruch): Mit dem Erlöschen der Forderung (Hauptrecht) erlischt auch die Kreditsicherheit. Beispiel: Hat der Schuldner bei der Bürgschaft zwei Drittel seiner Schuld zurückgezahlt, so haftet der Bürge nur noch für das offen stehende Drittel.

Fiduziarische Sicherheiten (fiducia, lat. = Vertrauen) können auch bei nicht mehr bestehender Forderung verwendet werden, sind also vom Bestand der Forderung unabhängig. Beispiel: Die Bank garantiert dem Inhaber einer Euroscheckkarte die Scheckeinlösung bis zum Höchstbetrag. Diese Garantie ist unabhängig von dem zugrunde liegenden Geschäft, also fiduziarisch.

4.2.2.2.2 Personalsicherheiten

Bei den Personalsicherheiten haftet neben dem Schuldner mindestens eine weitere Person.

- Im Fall der Bürgschaft tritt der Bürge neben den Schuldner und haftet gegenüber dem Kreditgeber für die Erfüllung seiner Ansprüche, und zwar nach dem jeweiligen Stand der Hauptschuld, weil die Bürgschaft akzessorisch ist.
- Die Garantie ist nicht akzessorisch. Hier verpflichtet sich der Garantiegeber, für einen bestimmten Erfolg einzustehen und/oder den Schaden zu übernehmen, der sich aus dem Handeln des Garantienehmers ergeben kann.
- Schuldbeitritt (Schuldmitübernahme) liegt vor, wenn ein Dritter gegenüber dem Gläubiger die Verpflichtung eingeht, zusätzlich zu dem Schuldner für eine bestimmte Verbindlichkeit zu haften. Diese Haftung ist gesamtschuldnerisch, d. h. der Schuldmitübernehmer haftet gegenüber dem Gläubiger unmittelbar voll und ganz aus eigener Schuld.
- Beim Kreditauftrag erfolgt die Krediteinräumung nicht im Namen des Schuldners, sondern eines Auftraggebers, der den Kreditgeber beauftragt, im eigenen Namen und auf eigene Rechnung einem anderen Kredit zu geben. Der Auftraggeber haftet wie ein Bürge.

> Man sollte Verträge, insbesondere vorgedruckte, stets genau lesen und auch nicht davor zurückschrecken, Vertragsteile, die man nicht versteht oder mit denen man nicht einverstanden ist, zu streichen.

Am Beispiel der Bürgschaft wird deutlich, wie die Vertragswirklichkeit von den Regelungen des BGB abweichen kann, natürlich unter dem Vorzeichen der Vertragsfreiheit, die es erlaubt, dass Sie – freiwillig – auch auf einen Teil Ihrer Rechte verzichten können. Im privaten und geschäftlichen Bereich kennt man die manchmal stöhnend vorgetragene Lebensweisheit: „Bürge nie!" Diese Maxime berücksichtigt die häufig sehr schwache Rechtsposition des den vorgedruckten Vertrag unterschreibenden Bürgen und bringt sie in Verbindung mit dem Grundsatz mancher Gläubiger: „Den Bürgen musst du würgen!"

So verlangen die Banken gern selbstschuldnerische Bürgschaften. Damit kann der Kreditgeber bei Zahlungsverzug sofort gegen den Bürgen vorgehen und muss sich nicht erst mit dem zahlungsunfähigen Schuldner auseinander setzen. Das BGB sieht dagegen vor, dass der Bürge die Befriedigung des Gläubigers verweigern kann, solange der Gläubiger keine erfolglose Zwangsvollstreckung gegen den Hauptschuldner versucht hat. Ferner bevorzugen Kreditinstitute betraglich unbegrenzte Bürgschaften, so dass der Bürge, der wegen eines Bankkredites über 20.000 € leichten Herzens unterschrieben hat, von einer Rechnung über 100.000 € überrascht werden kann. Sie sollten (wenn Sie noch nicht entmutigt sind) als Bürge darauf achten, dass Sie sich nur auf eine Höchstbetragsbürgschaft einlassen und Formularklauseln streichen, die eine Überschreitung der Höchstgrenzen ermöglichen. Sie sollten ferner darauf bestehen, dass

- Sie nicht auch für künftige Forderungen der Bank gegen den Schuldner haften,
- die Bürgschaft zeitlich befristet und nicht unbegrenzt gilt,
- die Bank nicht zusätzlich bestellte Sicherheiten des Schuldners (etwa Pfandrechte) freigibt, weil Sie ein so guter Bürge sind, und sich dann an Ihnen schadlos hält.

Am besten ist Ihre Rechtsposition als Bürge, wenn Sie sich mit der Bank darauf einigen, dass auf Ihre Geschäftsbeziehungen die Bestimmungen des BGB – und sonst nichts – anzuwenden sind. Das folgende Beispiel zeigt, wie die Rechte des Bürgen eingeschränkt werden können.

1. Die Bürgschaft ist selbstschuldnerisch unter Verzicht auf die Einrede der Vorausklage übernommen. Der Bürge verzichtet auf die Einrede der Anfechtbarkeit und der Aufrechenbarkeit gem. § 770 BGB sowie auf die Einrede der Verjährung der Hauptschuld. Auf die sonstigen Einreden nach § 768 BGB wird verzichtet, soweit sie nicht unbestritten oder nicht rechtskräftig festgestellt sind. Der Bürge kann keine Rechte aus der Art oder dem Zeitpunkt der Verwertung oder aus der Aufgabe anderweitiger Sicherheiten herleiten. Die Sparkasse ist nicht verpflichtet, sich zunächst an andere Sicherheiten zu halten, bevor sie den Bürgen in Anspruch nimmt. Anerkenntnisse, die der Darlehensnehmer der Sparkasse erteilt hat oder noch erteilen wird, haben dem Bürgen gegenüber volle Gültigkeit.
2. Mehrere Bürgen, die sich in dieser Urkunde verpflichten, haften als Gesamtschuldner. Bestehen für die Ansprüche der Sparkasse gegen den Hauptschuldner außerhalb dieser Urkunde noch weitere Bürgschaften, so werden die Bürgen aus dieser Urkunde durch Leistungen der weiteren Bürgen nicht frei. Im Verhältnis zu den weiteren Bürgen haften die Bürgen aus dieser Urkunde, insoweit in Abweichung von § 769 BGB, für den vollen Betrag ihrer Bürgschaft.

Quelle: Aus den Bürgschaftsbedingungen der Sparkassen.

4.2.2.2.3 Realsicherheiten

Bei den Real- oder Sachsicherheiten erwirbt der Kreditgeber Rechte an Vermögensgegenständen.

- **Pfandrecht** ist ein zur Sicherung einer Forderung bestimmtes dingliches Recht, das den Gläubiger berechtigt, sich durch Verwertung des pfandbelasteten Gegenstandes zu befriedigen. Pfandrechte sind akzessorisch, also vom Bestand der zu besichernden Hauptforderung abhängig. Von praktischer Bedeutung ist vor allem die Verpfändung von Wertpapieren und Edelmetallen. Nachteilig kann bei der Verpfändung die Notwendigkeit der körperlichen Übergabe des Pfandgegenstandes sein.
- Die **Sicherungsübereignung** vermeidet diesen Nachteil. Bei ihr geht das Eigentum am Sicherungsgut auf den Gläubiger über, das Sicherungsgut bleibt jedoch weiterhin im Unternehmen des Schuldners (z. B. Pkw, Lkw, Busse, Maschinen, Vorräte). Der Sicherungsübereignungsvertrag enthält zwei Teilverträge: einen Vertrag zur Übereignung des Sicherungsgutes an den Kreditgeber und einen Vertrag, der die Nutzung des Objekts durch den Kreditnehmer regelt (der Kreditnehmer leiht vom Kreditgeber die Sache oder verwahrt sie für den Kreditgeber).
- Handelt es sich nicht um Sachen, sondern um Rechte und Forderungen, so tritt die **Sicherungsabtretung** an die Stelle der Sicherungsübereignung. Sicherungsübereignung und -abtretung sind fiduziarisch. Die Sicherungsabtretung oder Zession[1] bezieht sich vor allem auf:
  - Forderungen gegenüber Kunden,

1 Vgl. K.-D. Däumler/J. Grabe, Kostenrechnungs- und Controllinglexikon, S. 343.

- Lohn- und Gehaltsforderungen,
- Miet- und Pachtforderungen,
- Ansprüche aus Lebensversicherungen und Bausparverträgen,
- Forderungen gegenüber Kreditinstituten.

Bei der **Forderungsabtretung** tritt der neue Gläubiger (Zessionar) an die Stelle des bisherigen Gläubigers (Zedenten), ohne dass der Schuldner zustimmen muss. Wird die Abtretung dem Schuldner angezeigt, so liegt offene Zession vor, wird sie verschwiegen, so spricht man von stiller Zession. Die offene Zession wird aus Imagegründen nach Möglichkeit vermieden.

► Wenn Sie Wirtschaftsgüter verkaufen, ohne auf sofortiger Barzahlung zu bestehen, gehen Sie das Risiko ein, dass die noch unbezahlte Ware in die Konkursmasse einfließt, falls der Kunde insolvent wird. Sie erhalten dann anstelle des Preises eine meist bescheidene Konkursquote. Dagegen können Sie sich durch den **Eigentumsvorbehalt** absichern, wonach die Ware zwar geliefert wird, jedoch bis zur vollständigen Bezahlung im Eigentum des Verkäufers bleibt. Nach dem Umfang des Eigentumsvorbehaltes unterscheiden wir:

- **Einfacher Eigentumsvorbehalt:** Der Verkäufer kann bei Zahlungsverzug die Herausgabe der Sache verlangen. Das ist problematisch, wenn die Sache verarbeitet wurde. Wie will ein Zahnradhersteller sein Produkt zurückbekommen, wenn es Teil eines Getriebes geworden ist? Deshalb:
- **Verlängerter Eigentumsvorbehalt:** Sie lassen sich vom Käufer eine Vorausabtretung der Forderungen geben, die aus dem Weiterverkauf der unter Eigentumsvorbehalt stehenden Sache entstehen.
- **Erweiterter Eigentumsvorbehalt:** Das Eigentum an den mit Hilfe Ihrer Lieferung erstellten Produkten geht auf Sie als Lieferanten über.
- **Kontokorrentvorbehalt:** Der Kunde erwirbt erst dann das Eigentum an der gelieferten Sache, wenn er alle aus der Geschäftsverbindung stammenden Verbindlichkeiten erfüllt hat.

► Von besonderer Bedeutung bei der Sicherung von Krediten sind die **Grundpfandrechte**[1]. Dabei wird die Rückzahlung des Kredits und die Erfüllung der laufenden Zinsverpflichtungen mit einem dinglichen Haftungsrecht an einem Grundstück gesichert. Bleibt die Erfüllung der Schuldpflicht aus, so kann sich der Gläubiger mittels Zwangsvollstreckung am Grundstück schadlos halten, unabhängig davon, ob es sich zu diesem Zeitpunkt im Eigentum des Schuldners oder einer anderen Person befindet. Nach einem Eigentümerwechsel lastet das Grundpfandrecht also weiterhin auf dem Grundstück.

---

1 Zur rechtlichen Gestaltung von Grundpfandrechten vgl. z. B.: L. Perridon/M. Steiner, Finanzwirtschaft der Unternehmung, S. 392 ff. – G. Wöhe/J. Bilstein, Grundzüge der Unternehmensfinanzierung, S. 289 ff. – H.-T. Beyer/U. Bestmann (Hrsg.), Finanzlexikon, S. 127 f. – W. Grill/H. Perczynski, Wirtschaftslehre des Kreditwesens, S. 404 ff. – R. Adrian/Th. Heidorn, Der Bankbetrieb, S. 459 ff.

Grundpfandrechte gibt es in drei Varianten:

ABB. 4.30: Formen von Grundpfandrechten

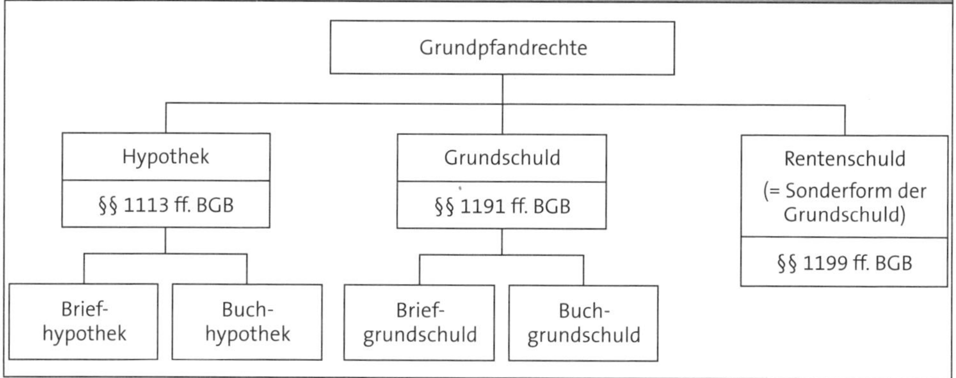

Der Hypothekengläubiger hat zwei Ansprüche:

- einen dinglichen Anspruch aus der Hypothek und
- einen persönlichen Anspruch aus dem Darlehen.

Der dingliche Hypothekenanspruch hat akzessorischen Charakter, ist also als Nebenrecht von dem Bestand des Hauptrechtes, der persönlichen Geldforderung, abhängig. Parallel zu den Tilgungsraten ermäßigt sich auch die Hypothek (griech. = Unterpfand) als zugehörige Geldforderung. Die Hypothek erlischt, wenn die Geldforderung befriedigt ist. Wenn das BGB davon spricht, die Forderung gegen den Grundstückseigentümer sei „aus dem Grundstück zu zahlen" (§ 1113 BGB), so besagt das, dass als Sicherheit für die persönliche Forderung nur das Grundstück haftet, nicht aber das weitere Vermögen des Schuldners.

Die Grundschuld ist von der persönlichen Forderung abgekoppelt und kann ohne Schuldverhältnis bestehen. Der Grundschuldgläubiger muss nicht zwangsläufig einen persönlichen Anspruch gegen den Grundstückseigentümer besitzen. Die Grundschuld bleibt in der einmal eingetragenen Höhe bestehen, auch wenn Tilgungsraten geleistet werden. Soll ein teilweise zurückgezahltes Darlehen wieder aufgestockt werden, so haftet die Grundschuld aufgrund der früheren Eintragung auch für den Aufstockungsbetrag. Der Eigentümer des Grundstückes kann eine Grundschuld auch für sich selbst eintragen lassen (Eigentümergrundschuld) und sodann an Geldgeber gegen einen Hypothekarkredit abtreten. Der Vorteil für den Schuldner besteht darin, dass der Vorgang der Geldbeschaffung in einfacher Weise wiederholt werden kann, und zwar ohne Mitwirkung des Grundbuchamtes.

Anders als bei der Buchhypothek, die nur im Grundbuch eingetragen wird, erhält der Gläubiger bei der Briefhypothek nach der Eintragung im Grundbuch eine vom Grundbuchamt ausgestellte Urkunde, den Hypothekenbrief. Die Briefhypothek wird durch Zession und Übergabe des Hypothekenbriefes außerhalb des Grundbuches auf einen Dritten übertragen. Die Grundschuld kann ähnlich wie die Hypothek als Brief- oder Buchgrundschuld bestellt werden. Der Vorteil der Briefgrundschuld besteht wie bei der Briefhypothek in der bequemeren Übertragung, da diese außerhalb des Grundbuches durch Zession und Übergabe des Grundschuldbriefes erfolgt.

Die Rentenschuld[1] ist eine Unterart der Grundschuld. Aus dem Grundstück ist zu regelmäßigen Terminen eine bestimmte Geldsumme zu zahlen. Der Verpflichtete hat allerdings jederzeit die Möglichkeit, aus den Rentenzahlungen auszusteigen: Ins Grundbuch muss schon bei der Bestellung der Rentenschuld der Betrag eingetragen werden, durch dessen Zahlung die Rentenschuld abgelöst werden kann (Ablösungssumme). Der Eigentümer kann die Rentenschuld nach Kündigung durch Zahlung des Ablösungswertes begleichen.

4.2.2.2.4 Negativerklärung

Ergänzend ist anzumerken, dass sich die Gläubiger bei der Kreditvergabe gelegentlich auch mit der Negativerklärung als Absicherung begnügen. Bei der Negativerklärung (Negativklausel, Negativrevers) verpflichtet sich der Schuldner, sein Vermögen während der Kreditlaufzeit nicht durch Veräußerung und Belastung oder Bestellung von Sicherheiten zugunsten Dritter oder Aufnahme von Krediten bei Dritten zum Nahteil des Kreditgebers ohne dessen vorherige Zustimmung zu verändern[2].

BEISPIEL (Negativerklärungen)

Die Bausparkassen geben Darlehen ohne Sicherheiten (Blankokredite) bis zum Betrag von 10.000 €. Darlehen gegen Negativerklärung, d. h. die Erklärung des Darlehensnehmers, eine mögliche Sicherung durch Grundpfandrechte nicht durch anderweitige Verpfändung oder Veräußerung zu verhindern, sind bis zum Betrag von 20.000 € möglich.

Während sich die bei Bausparkassen übliche Negativerklärung meist auf Grundbesitz beschränkt, verlangen die Geschäftsbanken in der Regel eine weitergehende Erklärung, die das Verbot der Veräußerung oder Belastung des Grundbesitzes zugunsten Dritter auf das gesamte Vermögen des Kreditnehmers ausdehnt.

(Negativerklärung gegenüber einer Bank)

„Der Schuldner verpflichtet sich gegenüber der Bank, solange ihm Kredite zugesagt sind oder er andersartige Verpflichtungen bei der Bank hat, anderen Gläubigern ohne vorherige Zustimmung der Bank keinerlei wie immer geartete Sicherheiten zu bestellen und bei anderen Banken keine Kredite in Anspruch zu nehmen."

4.2.2.2.5 Grundbuch und Grundbuchamt

Das Grundbuchamt ist eine Abteilung des Amtsgerichts, der die Führung des Grundbuchs obliegt. Das Grundbuch enthält ein Verzeichnis aller Grundstücke eines Amtsgerichtsbezirks. Das Grundbuch eines Grundstücks ist wie folgt gegliedert:

- Titelblatt mit Namen des zuständigen Amtsgerichtes, Bezeichnung der Gemarkung, Nummer des Bandes und des Grundbuchblattes;
- Bestandsverzeichnis, welches neben Lage, Art und Größe des Grundstückes auch die mit ihm verbundenen Rechte enthält;
- erste Abteilung mit Namen der Eigentümer sowie Rechtsgrund und Zeitpunkt des Grundstückserwerbes;

---

1 Rente ist die regelmäßige, periodische Zahlung von Geldbeträgen. Vgl. K.-D. Däumler/J. Grabe, Kostenrechnungs- und Controllinglexikon, S. 277.

2 Vgl. H. P. Becker/A. Peppmeier, Bankbetriebslehre, S. 136.

- zweite Abteilung, in die alle Lasten und Beschränkungen des Grundstücks mit Ausnahme von Hypotheken, Grundschulden und Rentenschulden eingetragen werden, z. B. Nießbrauchsrechte, Wegerechte, Vorkaufsrechte;
- dritte Abteilung. Sie enthält die Hypotheken, Grundschulden und Rentenschulden sowie deren Veränderungen und Löschungen.

4.2.2.2.6 Schufa-Klausel

Bei der Eröffnung eines Kontos fordert die Bank ihren Kunden auf, zu akzeptieren, dass die über ihn gespeicherten Kontodaten an die Schutzgemeinschaft für allgemeine Kreditsicherung (Schufa) weitergeleitet werden dürfen. Die Schufa ist eine Gemeinschaftseinrichtung der kreditgebenden deutschen Wirtschaft (= Kreditinstitute und Einzelhandelsunternehmen), die es sich zur Aufgabe gemacht hat, ihre Vertragspartner mit Informationen zu versorgen, um sie vor Verlusten im Kreditgeschäft zu schützen. Die Mitglieder der Schufa sind verpflichtet, bei Vergabe oder Ablehnung von Krediten alle wichtigen Tatbestände zu melden. Dafür haben sie das Recht, Schufa-Auskünfte einzuholen, um so ihr Risiko bei der Kreditvergabe zu vermindern.

BEISPIEL (Schufa-Klausel der Spar- und Darlehensbank Hamburg)

> Ich/Wir willige(n) ein, dass die Bank der für meinen/unseren Wohnsitz zuständigen Schufa-Gesellschaft (Schutzgemeinschaft für allgemeine Kreditsicherung) Daten über die Beantragung, die Aufnahme (Kreditnehmer, Mitschuldner, Kreditbetrag, Laufzeit, Ratenbeginn) und vereinbarungsgemäße Abwicklung (z. B. vorzeitige Rückzahlung, Laufzeitverlängerung) dieses Kredits übermittelt.
>
> Unabhängig davon wird die Bank der Schufa auch Daten aufgrund nicht vertragsgemäßer Abwicklung (z. B. Kündigung des Kredits, Inanspruchnahme einer vertraglich vereinbarten Lohnabtretung, beantragter Mahnbescheid bei unbestrittener Forderung sowie Zwangsvollstreckungsmaßnahmen) melden. Diese Meldungen dürfen nach dem Bundesdatenschutzgesetz nur erfolgen, soweit dies zur Wahrung berechtigter Interessen der Bank, eines Vertragspartners der Schufa oder der Allgemeinheit erforderlich ist und dadurch meine/unsere schutzwürdigen Belange nicht beeinträchtigt werden. Soweit hiernach eine Übermittlung erfolgen kann, befreie(n) ich/wir die Bank zugleich vom Bankgeheimnis.
>
> Die Schufa speichert die Daten, um den ihr angeschlossenen Kreditinstituten, Leasinggesellschaften, Einzelhandels-, Versandhandels- und sonstigen Unternehmen, die gewerbsmäßig Geld- oder Warenkredite an Konsumenten geben, Informationen zur Beurteilung der Kreditwürdigkeit von Kunden geben zu können. Sie stellt diese Daten ihren Vertragspartnern nur zur Verfügung, wenn diese ein berechtigtes Interesse an der Datenübermittlung glaubhaft darlegen. Die Schufa übermittelt nur objektive Daten ohne Angabe des Kreditgebers; subjektive Werturteile, persönliche Einkommens- und Vermögensverhältnisse sind in Schufa-Auskünften nicht enthalten.

4.2.2.3 Beleihungswert und Rangfolge der Rechte

4.2.2.3.1 Beleihungswert

Die Beleihung von bebauten Grundstücken erfolgt nach Maßgabe des rechnerischen Verkehrswertes. Dabei wird – je nach den Gegebenheiten des Einzelfalles – ein bestimmter Sicherheitsabschlag vom rechnerischen Verkehrswert vorgenommen, so dass die tatsächliche Beleihungsgrenze zwischen 40 % und 80 % des rechnerischen Verkehrswertes liegt. Zur Ermittlung des rechnerischen Verkehrswertes wird in aller Regel ein Sachverständigengutachten erstellt, da häufig keine Vergleichszahlen für ähnliche Objekte vorliegen. Das Gutachten stützt sich auf den

Sachwert und den Ertragswert, aus deren arithmetischem Mittel sich der rechnerische Wert des Sicherungsobjektes ergibt[1].

ABB. 4.31: Ermittlung des rechnerischen Verkehrswertes

	Bodenwert
+	Gebäudereproduktionswert oder -herstellungskosten
–	Abschreibungen aus bisheriger Nutzung
=	Sachwert

	Mieteinnahmen	} · Kapitalisierungsfaktor[2] (DSF)
–	Bewirtschaftungskosten	
=	Ertragswert	

$$\text{Rechnerischer Verkehrswert} = \frac{\text{Sachwert} + \text{Ertragswert}}{2}$$

Die Ermittlung des rechnerischen Verkehrswertes nach diesem Schema berücksichtigt die im Hypothekenbankgesetz (HBG) aufgestellte Forderung, wonach der bei der Beleihung eines Grundstückes angenommene Wert

- die dauerhaften Eigenschaften des Grundstückes und
- den Ertrag zu berücksichtigen hat, den das Grundstück bei ordnungsgemäßer Wirtschaft jedem Besitzer nachhaltig gewähren kann (§ 12 HBG).

Allerdings wenden die Banken das Mittelwertverfahren immer weniger an. Vor allem wird kritisiert, dass das Hauptmotiv für Objektkauf und Objekterstellung nicht gebührend berücksichtigt werde. Und so gehen die drei Großbanken (Deutsche Bank, Dresdner Bank und Commerzbank) und ihre Hypothekenbanktöchter bei Eigentumswohnungen, Ein- und Zweifamilienhäusern grundsätzlich vom Sachwert aus, während bei Objekten, die aus Renditeüberlegungen angeschafft oder gebaut wurden, der Ertragswert bei der Festlegung des Beleihungswertes im Vordergrund steht. Die Sparkassen bezeichnen in ihren Beleihungsgrundsätzen den Ertragswert als wichtigsten Wert für die Grundstücksbewertung.

> Der Wert des zu beleihenden Objekts ist durch ein Gutachten eines öffentlich bestellten und vereidigten oder mit den örtlichen Verhältnissen besonders vertrauten anerkannten Bausachverständigen nachzuweisen. Als Gutachter ist ausgeschlossen, wer mit dem Eigentümer des Beleihungsobjekts oder dem Darlehensnehmer verwandt oder verschwägert oder an der Planung oder Durchführung des Beleihungsobjekts beteiligt oder wirtschaftlich interessiert ist.
>
> Die Beleihungsgrenze beträgt ca. 45 % der angemessenen Gesamtkosten bei Neubauten bzw. des angemessenen Wertes bei Altbauten (bei Erbbaurecht Anfrage Zentrale).
>
> Wir sind aber auch in der Lage, bis zu 70 % der angemessenen Gesamtkosten bzw. des angemessenen Wertes zu beleihen. Für den über den erststelligen Beleihungsrahmen von ca. 45 % hinausgehenden Darlehensbetrag ist als zusätzliche Sicherheit die Bürgschaft der Bayerischen Landesbank GZ München erforderlich.
>
> Quelle: Merkblatt für Grundschulddarlehen der HUK-Coburg.

1 Vgl. hierzu u. a.: W. Grill/H. Perczynski, Wirtschaftslehre des Kreditwesens, S. 416 ff. – R. Adrian/Th. Heidorn, Der Bankbetrieb, S. 514 ff. – G. Obst/O. Hintner, Geld-, Bank- und Börsenwesen, hrsg. von N. Kloten/J. H. von Stein, S. 410 ff.

2 Als Kapitalisierungsfaktor dient der Diskontierungssummenfaktor (DSF), dessen Werte sich im finanzmathematischen Tabellenanhang finden.

Zwischen dem – wie auch immer ermittelten – rechnerischen Verkehrswert und dem tatsächlichen Kaufpreis für ein Objekt kann es große Unterschiede geben. Gerade die hauptamtlichen Gutachter können ein Lied davon singen. Sie sind nicht weiter erstaunt, wenn ein Grundstück, das sie nach allen Regeln der Bewertungskunst mit 155.000 € bewertet haben, zum Preis von 200.000 € oder auch 95.000 € über den Markt geht. Kein Fachmann wundert sich, wenn zwei baugleiche Eigentumswohnungen innerhalb desselben Gebäudes von zwei Sachbearbeitern derselben Bank verschieden bewertet werden. Man darf also keine zu hohen Anforderungen an die Genauigkeit der Bewertung stellen, sie kann nur die Angabe einer ungefähren Wertgrößenordnung zum Inhalt haben. Zur praktischen Anwendung ist das oben in Abbildung 4.31 dargestellte Schema zur Verkehrswertermittlung formularmäßig zu präzisieren[1].

ABB. 4.32: Ermittlung des Beleihungswertes

Die Ermittlung des Beleihungswertes und der Beleihungsgrenze eines Einfamilienhauses (Neubau) nach den Beleihungsgrundsätzen der Sparkassen (Abschlagsverfahren)

1. Ermittlung des Bodenwertes			
Grundstücksgröße: 800 m²			
Gezahlter Kaufpreis: 120 €/m²			
Angemessener Kaufpreis: 100 €/m²			80.000 €
Erschließungskosten:			20.000 €
Bodenwert			**100.000 €**
2. Ermittlung des Bauwertes			
Umbauter Raum			
Wohnhaus:	900 m³		
Garage:	80 m³		
Angemessene Baukosten			
Wohnhaus:	350 €/m³	315.000 €	
Garage:	150 €/m³	12.000 €	327.000 €
Baunebenkosten (auf 15 % geschätzt – gerundet)			49.000 €
Angemessene Herstellungskosten			376.000 €
Risikoabschlag (25 %)			94.000 €
Bauwert			**282.000 €**
3. Ermittlung des Sachwertes			
Bodenwert			100.000 €
Bauwert			282.000 €
Sachwert			**382.000 €**

1 Beispiele für Bewertungen und Bewertungsformulare finden Sie etwa bei: F. Pohnert, Kreditwirtschaftliche Wertermittlungen. – G. Diepen/H. Perczynski, Praktische Fälle für Bankkaufleute. – F. W. Ross/R. Brachmann/P. Holzner, Ermittlung des Bauwertes von Gebäuden und des Verkehrswertes von Grundstücken. – M. Vogels, Grundstücks- und Gebäudebewertung – marktgerecht.

4. Ermittlung des Ertragswertes			
Wohnfläche: 150 m²			
Geschätzter Mietzins			
Wohnhaus: 10 €/m² je Monat			
Garage: 50 €/Monat			
Jahresbruttoertrag	18.600 €		
– Bewirtschaftungskosten (30 %)	5.580 €		
Jahresnettoertrag		13.020 €	
DSF (i = 5 %, n = 50 Jahre) = 18,255925			
Ertragswert			**237.692 €**
5. Ermittlung des Beleihungswertes			
Sachwert (Bau- und Bodenwert)			382.000 €
Ertragswert			237.692 €
			619.692 €
Beleihungswert = $\frac{\text{Sachwert + Ertragswert}}{2}$			**309.846 €**
6. Ermittlung der Beleihungsgrenze			
Beleihungsgrenze (60 % des Beleihungswertes)			**185.908 €**

Bis zu einem Betrag von 185.000 € (abgerundet) gilt ein Kredit als Realkredit. Wenn zusätzlich eine Bürgschaft der öffentlichen Hand vorliegt, könnte ein Kredit bis zu 247.000 € (80 % des Beleihungswertes – abgerundet) als Realkredit gewährt werden.

Ähnlich bei: W. Grill/H. Perczynski, Wirtschaftslehre des Kreditwesens, S. 417 f.

4.2.2.3.2 Wertbegriffe

Bauwert ist der Wert der Aufbauten eines Grundstücks; dabei sind angemessene Herstellungskosten anzusetzen.

Bodenwert ist der Wert der Grundstücksfläche, wobei von Preisen auszugehen ist, die für Grundstücke gleicher Art und Lage auf Dauer voraussichtlich zu erzielen sind.

Ertragswert ist der kapitalisierte Jahresreinertrag. Dabei sind die nachhaltig erzielbaren Reinerträge zugrunde zu legen. Zur Kapitalisierung ist ein landesüblicher Zinssatz zu verwenden.

Sachwert oder Substanzwert ist die Summe aus Bau- und Bodenwert.

Verkehrswert ist der jederzeit erzielbare Kaufpreis.

Beleihungswert ist das arithmetische Mittel aus Sach- und Ertragswert. Oder: Beleihungswert bei eigengenutzten Objekten (Eigentumswohnung, Ein- oder Zweifamilienhaus) ist der Sachwert; Beleihungswert bei Renditeobjekten (Mehrfamilienhäuser, Bürogebäude) ist der Ertragswert.

4.2.2.3.3 Rangfolge der Rechte

Im Falle der Zwangsversteigerung oder der Zwangsverwaltung ist zu beachten, dass Grundstücke mit mehreren Rechten verschiedener Gläubiger belastet sein können. Die Befriedigung eines Gläubigers hängt dann vom Rangverhältnis der Rechte ab. Dabei gilt folgende Regel: Das Rangverhältnis in der zweiten und dritten Abteilung richtet sich nach dem Datum der Eintragung in das Grundbuch. Daneben gilt: Öffentliche Rechte (z. B. Steuern) rangieren vor allen anderen Rechten.

BEISPIEL (Verwendung des Versteigerungserlöses)

Ein Geschäftshaus, dessen rechnerischer Verkehrswert gemäß Gutachten 800.000 € beträgt, ist der Rangfolge nach mit den folgenden Grundpfandrechten belastet: 300.000 €, 200.000 €, 100.000 €, 50.000 €. Die Zwangsversteigerung erbringt einen Erlös von 550.000 €. In diesem Falle werden die Grundpfandgläubiger des ersten und zweiten Ranges voll befriedigt, die Forderung dritten Ranges wird mit 50 % befriedigt, die Forderung an letzter Rangstelle bleibt vollständig unbefriedigt[1].

ABB. 4.33: Rangfolge der Rechte

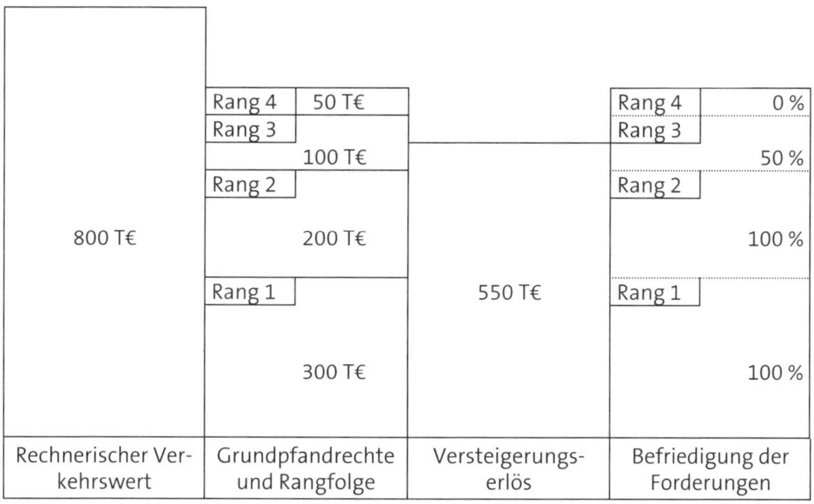

4.2.3 Checkliste und Zusammenfassung

Fremdfinanzierung heißt, dass Dritte Ansprüche auf Gegenleistung gegenüber der Unternehmung erwerben, die zeitlich aufgeschoben sind. Fremdfinanzierung wird meist nach der Überlassungsdauer in kurz- und langfristige eingeteilt, wobei Laufzeiten von über einem Jahr oft schon als langfristig gelten. Weitere Einteilungskriterien sind: Kapitalverwendung, Sicherheit, Kreditgeber und -nehmer, Art der Mittelbereitstellung, Kredithöhe.

Kreditwürdigkeitsprüfung: Sie geht der Fremdfinanzierung meist voraus. Sie bezieht sich auf die Kreditfähigkeit sowie die persönliche und wirtschaftliche Kreditwürdigkeit. Eine gut aus-

1 Vgl. G. Wöhe/J. Bilstein, Grundzüge der Unternehmensfinanzierung, S. 199 f. – H. J. Lwowski, Kreditsicherheiten, S. 147.

gebaute Kreditwürdigkeitsprüfung durch die Bank kann auch als Ansatzpunkt einer Schwachstellenanalyse mit nachfolgender Kunden- und Unternehmungsberatung genutzt werden.

Kreditsicherheiten werden nach der Art der Sicherheiten in Personalsicherheiten (z. B. Bürgschaft) und Realsicherheiten (z. B. Grundpfandrechte) eingeteilt. Nach der Art der Verbindung von Sicherheit und Kredit unterscheiden wir akzessorische (vom Bestand der Forderung abhängige) und fiduziarische (unabhängig von der Forderung bestehende) Sicherheiten. Grundpfandrechte sind die praktisch bedeutsamsten Realsicherheiten.

Beleihungswert ist ein bestimmter Prozentsatz des rechnerischen Verkehrswertes. Dieser errechnet sich nicht selten als Mittelwert aus Sach- und Ertragswert, wird aber zunehmend allein am Ertragswert (bei Renditeobjekten, weil hier der Kapitaldienst aus den Grundstückserträgen aufzubringen ist) oder allein am Sachwert (bei eigengenutzten Objekten) orientiert. Der tatsächliche Verkehrswert (Verkaufspreis) kann im praktischen Fall erheblich vom errechneten abweichen.

Rangfolge der Rechte: Im Versteigerungsfall hängt die Befriedigung der Inhaber von Grundpfandrechten von der grundbuchlichen Rangfolge der Grundpfandrechte ab, wobei öffentliche Rechte vor privaten rangieren und bei privaten Rechten das Datum der Eintragung ins Grundbuch entscheidend ist.

FRAGEN UND AUFGABEN

4.2.1 Nennen Sie die Merkmale der Fremdfinanzierung.

4.2.2 Erläutern Sie kurz, wie man Kreditsicherheiten einteilt.

4.2.3 Kennzeichnen Sie die folgenden Sätze mit (+) = richtig oder (-) = falsch.

a) Kreditfähig ist
- ein Milliardär, auch wenn er wegen Trunksucht entmündigt wurde; ( )
- eine Milliardärin, auch wenn sie erst 15 Jahre alt ist; ( )
- ein Sozialhilfeempfänger, falls er unbeschränkt geschäftsfähig ist. ( )

b) Bei der Festsetzung der Kreditwürdigkeit achtet man
- ausschließlich auf den guten Ruf des Kreditnehmers (persönliche Kreditwürdigkeit); ( )
- ausschließlich auf Vermögens- und Ertragslage des Kreditnehmers (wirtschaftliche Kreditwürdigkeit); ( )
- gleichermaßen auf die persönliche und wirtschaftliche Kreditwürdigkeit. ( )

c) Realsicherheiten sind:
- Hypothek; ( )
- Bürgschaft; ( )
- Grundschuld. ( )

d) Grundpfandrechte sind:
- Grundschuld; ( )

- Pfandrecht; ( )
- Hypothek. ( )

e) Akzessorische Sicherheiten sind:

- vom Bestand der Hauptforderung abhängig; ( )
- auch bei nicht mehr bestehender Hauptforderung verwertbar; ( )
- z. B. Hypothek, Bürgschaft, Pfandrechte. ( )

f) Personalsicherheiten sind:

- Garantie; ( )
- Eigentumsvorbehalt; ( )
- Schuldmitübernahme. ( )

4.2.4 Die Negativerklärung verlangt, dass der Schuldner darauf verzichtet, ______________

____

____.

4.2.5 Beim erweiterten Eigentumsvorbehalt erfolgt der Eigentumsübergang bei einer gelieferten Sache erst dann, wenn ____

____

____.

4.2.6 Ein Kosmetikahersteller kauft eine Verpackungsmaschine. Seine Bank gewährt ihm dafür einen Kredit. Wird die Bank zur Sicherstellung dieses Kredits ein Pfandrecht oder die Sicherungsübereignung verlangen? Begründen Sie Ihre Antwort.

4.2.7 Ermitteln Sie den rechnerischen Verkehrswert als arithmetisches Mittel aus Sach- und Ertragswert für ein bebautes Grundstück, das durch folgende Informationen gekennzeichnet ist:

Grundstücksgröße	1.500 m^2
Preis je m^2	100 €
Herstellungskosten des Gebäudes	800.000 €
Alter des Gebäudes	10 Jahre
Abschreibungen	2 % p. J.
Mieteinnahmen	59.000 €/Jahr
Bewirtschaftungskosten	9.000 €/Jahr
Zinssatz	5 % p. J.

4.2.8 Vergleichen Sie kurz Hypothek und Grundschuld in Buch- und Briefform.

4.3 Langfristige Fremdfinanzierung

4.3.1 Obligationen (Schuldverschreibungen)

4.3.1.1 Normalform

4.3.1.1.1 Begriff und Sicherung

Definition: Unter Obligation (Schuldverschreibung, Anleihe, festverzinsliches Wertpapier, loan, bond) versteht man ein langfristiges, meist festverzinsliches Darlehen, das eine Großunternehmung oder der Staat über die Börse von einer Vielzahl von Darlehensgebern aufnimmt, wobei die Gesamtsumme in Teilschuldverschreibungen gestückelt wird[1].

Die Teilschuldverschreibungen lauten gewöhnlich auf 100, 500, 1.000, 5.000 oder 10.000 €. Sie sind in Urkunden verbrieft (Wertpapiere), die normalerweise Inhaberpapiere darstellen, so dass nur derjenige Rechte geltend machen kann, der das Papier besitzt. Die Übertragung auf Dritte erfolgt durch Einigung und Übergabe. Schuldverschreibungen privater Industrie-, Handels- und Verkehrsunternehmen bezeichnet man zur Abgrenzung gegenüber Obligationen des Staates vereinfachend als Industrieobligationen, da Anleihen der Industrie gegenüber Anleihen von Unternehmen anderer Branchen dominieren.

Neben den Schuldverschreibungen der Industrie sind auch die Obligationen der privaten Hypothekenbanken, der öffentlich-rechtlichen Kreditanstalten sowie der Schiffspfandbriefbanken, so genannte Pfandbriefe, zu erwähnen. Pfandbriefe werden zur Finanzierung von Hypothekarkrediten benutzt. Ferner sind die Kommunalobligationen zu beachten, die von öffentlichen Realkreditinstituten und privaten Hypothekenbanken zur Refinanzierung von Darlehen an Bund, Länder und Gemeinden sowie verschiedene öffentlich-rechtliche Körperschaften ausgegeben werden. Schließlich sind die Anleihen der öffentlichen Hand zu nennen (Bundesanleihen, Länderanleihen, Kommunalanleihen).

Schuldverschreibungen können eingeteilt werden[2]

- nach dem Aussteller: Anleihen der öffentlichen Hand, Bankschuldverschreibungen, Industrieobligationen,
- nach dem Sitz des Ausstellers: Inlandsanleihen, Auslandsanleihen,
- nach der Anleihewährung: EURO-Anleihen, Währungsanleihen,
- nach der Laufzeit: kurz-, mittel- und langfristige Schuldverschreibungen,
- nach der Rückzahlung: Tilgungsanleihen, gesamtfällige Anleihen, ewige Anleihen,
- nach der Verzinsung: festverzinsliche, variabel verzinsliche und unverzinsliche Anleihen (Zero-Bonds),
- nach der Höhe des Zinssatzes: z. B. Sechseinhalbprozenter, Neunprozenter,
- nach der Besteuerung: steuerfreie, steuerbegünstigte und tarifbesteuerte Obligationen.

1 Ähnlich definieren u. a.: H. E. Büschgen, Das kleine Börsen-Lexikon, S. 522. – Gabler Wirtschafts-Lexikon, S. 131 f.

2 Vgl. W. Grill/H. Perczynski, Wirtschaftslehre des Kreditwesens, S. 212. – H. P. Becker/A. Peppmeier, Bankbetriebslehre, S. 270 ff.

Die Besicherung von Obligationen erfolgt im Allgemeinen durch Eintragung erstrangiger, vollstreckbarer Grundschulden bis zu 40 % des Beleihungswertes oder durch die so genannte Negativklausel, das ist die vertragliche Verpflichtung, eine bestimmte Menge von Grundstücken nicht durch weitere Grundpfandrechte zu belasten. Dadurch wird sichergestellt, dass die durch eine Negativerklärung gesicherten Rechte des Gläubigers nicht durch später hinzutretende neue Gläubiger mit grundbuchlicher Sicherstellung geschmälert werden. In Ausnahmefällen erfolgt die Besicherung durch Bürgschaften, etwa der Konzernmutter oder staatlicher Stellen.

4.3.1.1.2 Emission

Die Ausgabe (Unterbringung, Einbringung in den Verkehr, Begebung, Emission[1]) von Obligationen[2] kann als Eigen- oder Fremdemission erfolgen. In der Bundesrepublik ist die Fremdemission durch ein Bankenkonsortium üblich, wobei das Konsortium[3] dem Unternehmen sofort den Gegenwert der Anleihe zur Verfügung stellt. Bitte beachten Sie, dass der Ausgabekurs und – in Ausnahmefällen – auch der Rückzahlungskurs nicht zwingend mit dem Nennbetrag der Anleihe übereinstimmen müssen. Vielmehr sind folgende Fälle denkbar:

(1) Ausgabekurs < Rückzahlungskurs (häufigster Fall)

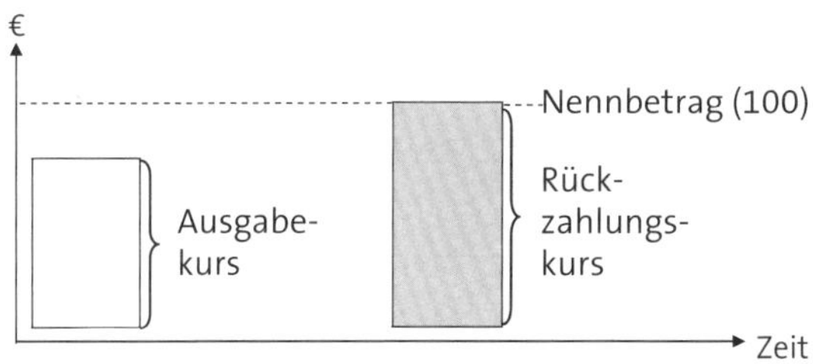

Der Ausgabekurs liegt unter pari (Unter-pari-Emission). Die Emission erfolgt mit einem Disagio (Abschlag vom Nennwert).

(2) Ausgabekurs = Rückzahlungskurs

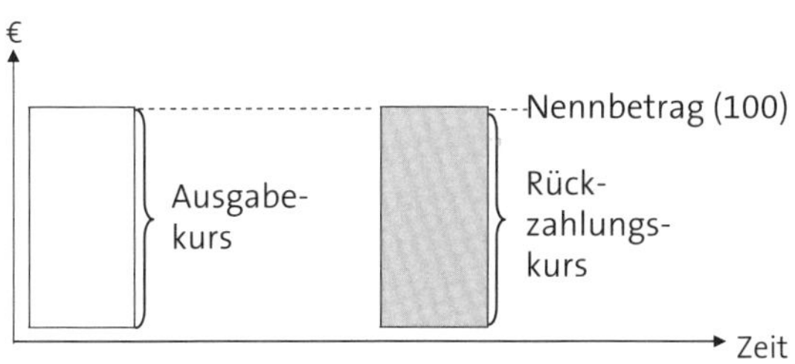

Der Ausgabekurs liegt pari (100 % des Nennwertes).

1 Emittieren (lat.) = ausgeben, aussenden.
2 Obligation (lat.) = Verpflichtung.
3 Konsortium (lat.) = vorübergehende Vereinigung von Unternehmungen zur Durchführung bestimmter Geschäfte.

(3) Ausgabekurs > Rückzahlungskurs

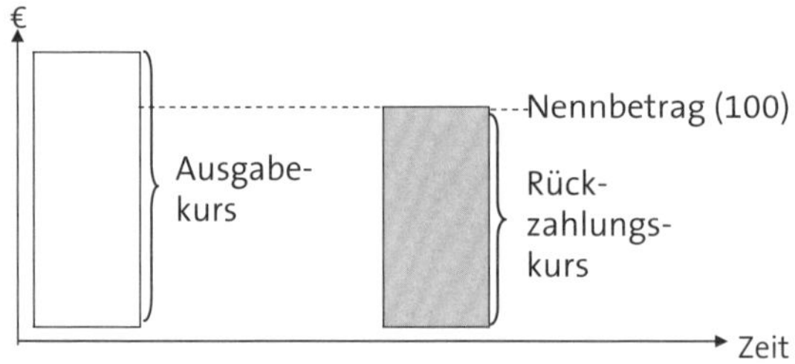

Der Ausgabekurs liegt über pari (Über-pari-Emission). Die Emission erfolgt mit einem Agio (Aufschlag auf den Nennwert).

Begriffe	gleichbedeutend	
Abschlag (Abgeld)	Disagio, Damnum	unter pari
Aufschlag (Aufgeld)	Agio	über pari

4.3.1.1.3 Emittenten und Emissionsbedingungen

Emittenten sind die juristischen Personen oder öffentlich-rechtliche Körperschaften, die die Obligationen ausgeben. Im Einzelnen unterscheiden wir vier Gruppen von Emittenten: Kreditinstitute, öffentliche Hand, Ausland und Industrie. Kreditinstitute und öffentliche Hand sind mit Abstand die bedeutendsten Emittenten, gefolgt von Ausländern und Industrie.

ABB. 4.34: Umlauf von Obligationen nach Emittentengruppen

Emittent	Umlauf von Obligationen 2006 in Mio € (Stand am Jahresende)	prozentualer Anteil
Kreditinstitute	1.809.899	57,3 %
öffentliche Hand	1.134.701	35,9 %
Ausland	115.373	3,7 %
Industrie	99.545	3,1 %
insgesamt	3.159.518	100,0 %

Quelle: Eigene Berechnungen und Deutsche Bundesbank, Monatsbericht August 2007, S. 50.

Zur öffentlichen Hand zählt man den Bund und seine Sondervermögen (z. B. Fonds Deutsche Einheit, ERP-Sondervermögen, Bundeseisenbahnvermögen, Ausgleichsfonds, Erblastentilgungsfonds), die Bundesländer, die Gemeinden und Kommunalverbände. Bei den ausländischen Emittenten handelt es sich insbesondere um ausländische Töchter deutscher Unternehmen, ausländische Unternehmen, supranationale Institutionen, ausländische Staaten, Provinzen und Städte. Die Gruppe der industriellen Emittenten spielt mit einem Anteil von 3,1 % nur eine Nebenrolle, obgleich man zur Industrie nicht nur Industrieunternehmen zählt, sondern auch Handels- und Dienstleistungsunternehmen. Für die Emission von Anleihen müssen bestimmte Voraussetzungen erfüllt sein[1]:

1 Vgl. u. a.: H. E. Büschgen, Grundlagen betrieblicher Finanzwirtschaft, S. 111 ff. – Derselbe, Das kleine Börsen-Lexikon, S. 239 f. – Gabler-Bank-Lexikon, S. 530 ff. – G. Wöhe/J. Bilstein, Grundzüge der Unternehmensfinanzierung, S. 234 ff.

(1) Staatliche Genehmigung: Bis 31.12.1990 war die Ausgabe von Schuldverschreibungen an die Genehmigung des Bundesfinanzministers gebunden. Der Gesetzgeber wollte mittels Genehmigung erstens die Gläubiger schützen, zweitens den Staatskredit sichern und drittens die Funktionsfähigkeit des Kapitalmarktes[1] erhalten. Die Genehmigungspflicht für Obligationen war einer der Gründe, warum deutsche Unternehmungen ihre Anleihen seit geraumer Zeit überwiegend im Ausland (genehmigungsfrei) auflegten. Die Aufhebung der Genehmigungspflicht geschah im Rahmen der Deregulierung (= Zurücknahme staatlicher Markteingriffe) des deutschen Finanzmarktes und sollte ihn fördern und Deutschland als internationalen Finanzplatz stärken.

(2) Erstellung eines Prospekts: Seit 1991 ist bei Ausgabe von Wertpapieren, die erstmals öffentlich angeboten werden, ein Emissions- oder Wertpapierverkaufsprospekt zu erstellen und zu veröffentlichen, der dem Anlegerschutz dient. Soll die Anleihe zur amtlichen Notierung an der Börse zugelassen werden, ersetzt der Verkaufsprospekt den Börsenzulassungsprospekt. Ist keine Zulassung zur amtlichen Notierung geplant, sind die im Verkaufsprospekt zu publizierenden Angaben weniger umfangreich.

(3) Zentraler Kapitalmarktausschuss (ZKMA): Dieser Ausschuss ist eine freiwillige, ohne gesetzliche Grundlage gebildete Instanz, bestehend aus elf Vertretern privater und staatlicher Banken. Der „Elferrat" wurde 1957 als freiwillige Kommission unter der Geschäftsführung des Bundesverbandes deutscher Banken gegründet. Er wirkt beratend und empfehlend auf die Emissionstätigkeit ein und trifft Absprachen über Zeitpunkt, Volumen und Ausstattung der einzelnen Anleihen („Gänsemarschprinzip"). Trotz der Unverbindlichkeit seiner Empfehlungen hält man sich daran. Grund: Die Empfehlungen des Ausschusses stammen von den darin vertretenen Banken, die wiederum – abgesehen von der selten vorkommenden Eigenemission – die Wertpapiere an den Markt bringen. Bei Emissionen am internationalen Kapitalmarkt ist der ZKMA nicht zuständig. Hier können die Emittenten sich kurzfristig ergebende günstige Konditionen flexibel ausnutzen, worin ein Wettbewerbsvorteil gegenüber dem inländischen Kapitalmarkt zu sehen ist.

4.3.1.1.4 Deckungsstockfähigkeit

Die Versicherungsunternehmungen müssen für die Deckung ihrer Verpflichtungen aus dem Versicherungsgeschäft ein Sondervermögen, den Deckungsstock[2] bilden. Das ist die bilanzielle Gegenposition zur Deckungsrückstellung, die sich versicherungsmathematisch als Summe der Barwerte aller künftig anfallenden Verpflichtungen abzüglich der Barwerte der künftig noch eingehenden Prämien ergibt. Der Deckungsstock wird getrennt vom übrigen Versicherungsvermögen unter Aufsicht eines Treuhänders verwaltet. Versicherer können vor allem dann als Anleger auftreten, wenn die entsprechende Anlage deckungsstockfähig ist. Deckungsstockfähig sind alle mündelsicheren Papiere im Sinne des § 1807 BGB und des Weiteren jene, die vom Bundesaufsichtsamt für das Versicherungswesen (BAV) für deckungsstockfähig erklärt wurden. Das Versicherungsaufsichtsgesetz (VAG) schreibt vor, die Bestände des Deckungsstocks unter Berücksichtigung der Art der betriebenen Versicherungsgeschäfte sowie der Unternehmensstruk-

1 Kapitalmarkt ist der Markt für langfristige Forderungen wie Aktien und festverzinsliche Wertpapiere.
2 Vgl. W. Grill/H. Perczynski, Wirtschaftslehre des Kreditwesens, S. 216. – G. Wöhe/J. Bilstein, Grundzüge der Unternehmensfinanzierung, S. 227.

tur so anzulegen, dass möglichst große Sicherheit und Rentabilität bei jederzeitiger Wahrung angemessener Mischung und Streuung erreicht wird (§ 54 Abs. 1 VAG) – ein Zielbündel, das man im praktischen Fall nur schwer erreichen kann. Das VAG präzisiert dieses Zielbündel durch die Auflistung der zulässigen Anlagen, die der § 54 a Abs. 2 gibt. Danach kann das gebundene Vermögen unter anderem angelegt werden in

- Inhaberschuldverschreibungen, die in einem EU-Mitgliedstaat an der Börse zugelassen sind,
- Pfandbriefen, Kommunalobligationen und anderen in einem EU-Mitgliedstaat ausgestellten Inhaber- und Namensschuldverschreibungen, die die Voraussetzungen des § 8 a Abs. 11 Satz 3 des Gesetzes über Kapitalanlagegesellschaften (KAGG) erfüllen,
- Auslandsanleihen, die in einem Staat außerhalb der europäischen Gemeinschaft ausgestellt wurden, wobei maximal 5 Prozent des gebundenen Vermögens in Auslandsanleihen angelegt werden darf.

4.3.1.1.5 Nominalzins, Laufzeit und Tilgung

Typisch für Anleihen ist der im Zeitablauf feste, in Prozenten vom Nennwert (Nominalwert) angegebene Zinssatz, der Nominalzinssatz. Auf ihn geht die Bezeichnung „Festverzinsliche" zurück. Allerdings gibt es die folgenden Ausnahmen:

- Konversion (= Umwandlung) ist bei Anleihen möglich, die durch den Schuldner gekündigt werden können: Der Schuldner bietet dem Anleger nach Rückzahlung neue, niedriger verzinsliche Papiere an.
- Floating Rate Notes bieten einen variablen Zinssatz, meist abhängig vom Geldmarktzinssatz[1] über drei oder sechs Monate (z. B. LIBOR = London Interbank Offered Rate oder FIBOR = Frankfurt Interbank Offered Rate).
- Zero-Bonds (Nullkupon-Anleihen) sind Obligationen ohne laufende Verzinsung, die abgezinst begeben und aufgezinst zurückgezahlt werden (vgl. S. 205).

Die durchschnittliche Laufzeit von Obligationen liegt zurzeit zwischen 8 und 15 Jahren. Früher wurden auch Anleihen mit 50-jähriger oder gar ewiger Laufzeit emittiert. Heute gelten 15 Jahre als Obergrenze.

Die Tilgung erfolgt entweder als einmalige Gesamttilgung am Ende der Laufzeit der Anleihe oder als ratenweise Tilgung der Gesamtschuldverschreibung.

1 Geldmarkt ist der Markt für kurzfristige Forderungen (Tagesgeld, Monatsgeld, Schatzwechsel des Bundes, unverzinsliche Schatzanweisungen usw.); er ist im Wesentlichen ein Interbankenmarkt.

ABB. 4.35: Tilgungsformen

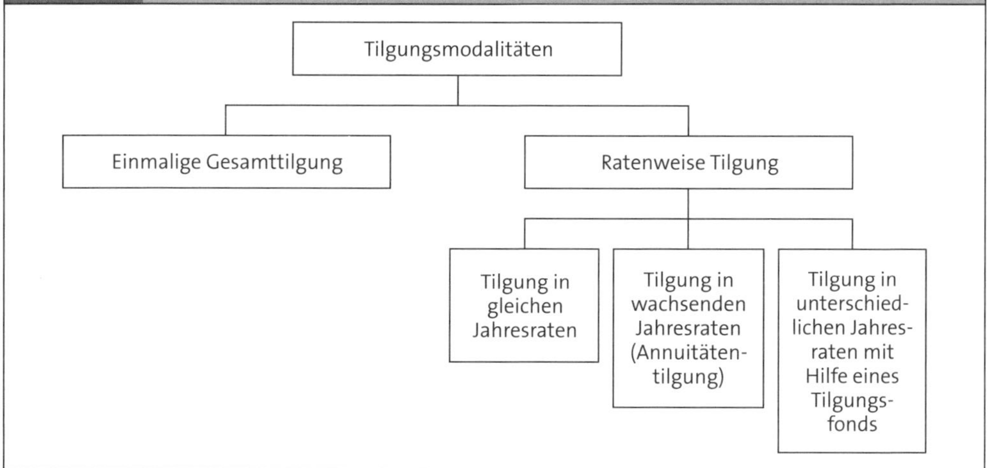

(1) Einmalige Gesamttilgung

Während der Laufzeit sind nur die Zinsen zu zahlen. Am Ende des letzten Jahres erfolgt neben der Zinszahlung die Gesamttilgung. Zu beachten ist, dass bei den häufig vorkommenden Unter-pari-Emissionen der Tilgungsbetrag über dem Emissionsbetrag und der Effektivzins über dem Nominalzins liegen.

BEISPIEL: (Zahlungsverlauf bei einmaliger Gesamttilgung)

Eine Anleihe über den Nennwert von 100 Mio € wird zum Kurs von 97 % emittiert. Der Nominalzinssatz beträgt 6 %, die Laufzeit n = 10 Jahre. Am Ende des 10. Jahres erfolgt die Rückzahlung zum Nennwert. Die Zahlungen sind am Zeitstrahl aus Gläubigersicht darzustellen.

Lösung

ABB. 4.36: Zahlungsverlauf bei einmaliger Gesamttilgung aus Schuldnersicht

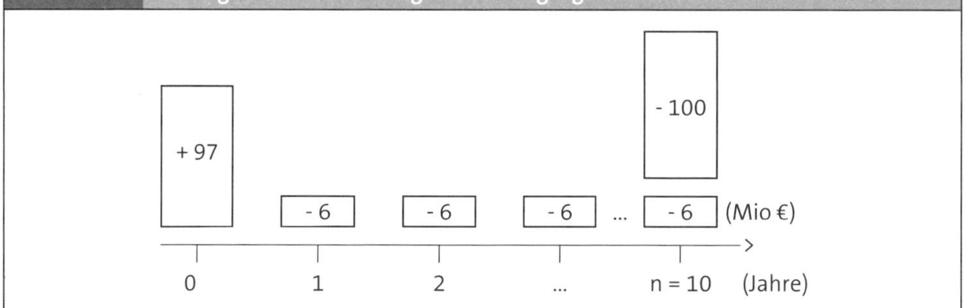

(2) Tilgung in gleichen Jahresraten (Abzahlungstilgung)

Sie setzt erst nach einer tilgungsfreien Zeit – meist 5 Jahre – ein. Die Obligation ist dabei gewöhnlich in so viele Serien eingeteilt, wie Tilgungstermine vorgesehen sind. Die zu tilgende Serie wird bei jedem Tilgungstermin ausgelost. Aus der Sicht des Gläubigers ist der Rückzahlungstermin also nicht genau bekannt. Bei einer Unter-pari-Emission ist die erste Auslosung mit dem höchsten Effektivzins verbunden. Ein Gläubiger, der auf regelmäßige Rückzahlungsbeträge Wert legt, wird Wertpapiere mit verschiedenen Seriennummern erwerben. Für ein bestimmtes Depot lässt sich die Effektivverzinsung im Regelfall nur als reine Rechengröße unter Berücksichtigung der statistisch wahrscheinlichen mittleren Laufzeit errechnen. Ausnahme: Das Depot enthält Papiere aller Seriennummern, und zwar in der gleichen Stückzahl.

BEISPIEL: (Zahlungsverlauf bei Abzahlungstilgung)

Eine Anleihe über 100 Mio€ wird zum Kurs von 97% emittiert. Der Nominalzinssatz beträgt 6%; die Laufzeit 10 Jahre. Nach einer tilgungsfreien Zeit von 5 Jahren soll eine Tilgung in fünf gleichen Jahresraten erfolgen. Die Zahlungen sind am Zeitstrahl aus Gläubigersicht darzustellen.

Lösung

ABB. 4.37: Zahlungsverlauf bei Tilgung in gleichen Jahresraten aus Gläubigersicht

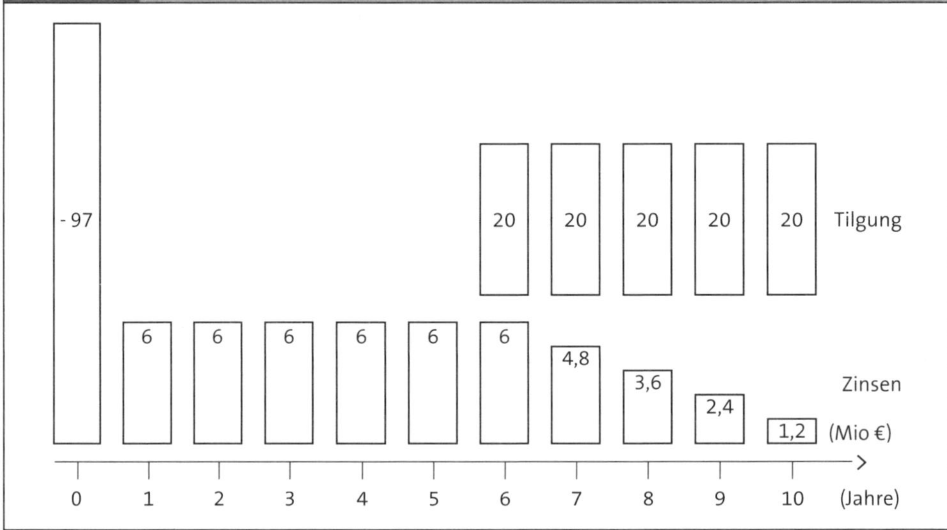

(3) Tilgung in wachsenden Jahresraten (Annuitätentilgung)

Bei der Annuitätentilgung bleibt die Annuität als jährliche Gesamtsumme aus Zins und Tilgung, häufig auch Kapitaldienst genannt, konstant. Jedoch verschiebt sich die Aufteilung des Kapitaldienstes im Zeitablauf zugunsten der Tilgung, da mit kleiner werdender Restschuld der Zinsanteil sinkt. Soll eine Industrieobligation mit Annuitätentilgung begeben werden, so finden Sie im Prospekt etwa folgenden Satz:

„Die Anleiheschuldnerin verpflichtet sich, das Darlehen vom .... ab mit ....v. H. jährlich vom ursprünglichen Kapital zuzüglich der durch Rückzahlung ersparten Zinsen zu tilgen.“

Den Kapitaldienst KD erhalten Sie, indem Sie den nominellen Anleihebetrag (Nennwert) mit dem Kapitalwiedergewinnungsfaktor (KWF) multiplizieren[1].

1 Die Werte des Kapitalwiedergewinnungsfaktors (KWF) finden Sie im finanzmathematischen Tabellenanhang. Zur Herleitung des KWF vgl.: K.-D. Däumler/J. Grabe, Grundlagen der Investitions- und Wirtschaftlichkeitsrechnung, S. 126 ff.

(4.3.1)
$$KD = Anleihenennwert \cdot \frac{i\,(1+i)^n}{(1+i)^n - 1} = Anleihenennwert \cdot KFW$$

→ Kapitalwiedergewinnungsfaktor (KWF)

BEISPIEL (Zahlungsverlauf bei Annuitätentilgung)

Eine Anleihe über 100 Mio € wird zum Kurs von 97 % emittiert. Der Nominalzins beträgt 6 %, die Laufzeit 6 Jahre. Die Tilgung soll als Annuitätentilgung mit Hilfe einer im Zeitablauf konstanten Annuität erfolgen.

a) Errechnen Sie den jährlichen Kapitaldienst.

b) Weshalb ist der Auszahlungsbetrag für die Kapitaldienstberechnung bedeutungslos?

c) Zeigen Sie tabellarisch, wie sich der Kapitaldienst in Zins- und Tilgungsanteile zerlegen lässt.

Lösung

a) $KD = Anleihenennwert \cdot KWF_6$

$KD = 100.000.000 \cdot 0{,}203363$

$KD = 20.336.300$ (€/J)

b) Die Anleiheschuldnerin verspricht den Zeichnern einmal die Rückzahlung des Nennwertes von 100 Mio € und zum Zweiten die Verzinsung des Nennwertes oder des noch nicht zurückgezahlten Teilbetrages davon. Also muss der Nennwert zur Errechnung des Kapitaldienstes als jährlich gleich bleibende Summe von Zins und Tilgung herangezogen werden.

c)

Jahr	Ausstehender Betrag am Jahresanfang (Mio €)	Kapitaldienst (Mio €/J)	Zinsanteil (Mio €/J)	Tilgungsanteil (Mio €/J)	Ausstehender Betrag am Jahresende (Mio €)
	I	II	III = 0,06 · I	IV = II – III	V = I – IV
1	100,000	20,336	6,000	14,336	85,664
2	85,664	20,336	5,140	15,197	70,467
3	70,467	20,336	4,228	16,108	54,359
4	54,359	20,336	3,262	17,075	37,284
5	37,284	20,336	2,237	18,099	19,185
6	19,185	20,336	1,151	19,185	–
Summe der Tilgungsanteile:				100,000	

ABB. 4.38: Zahlungsverlauf bei Annuitätentilgung

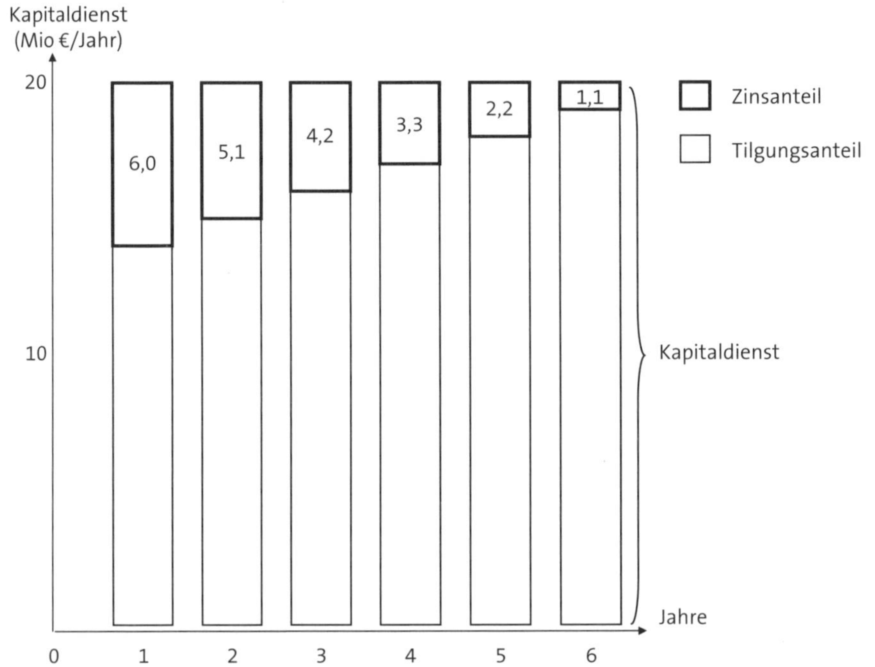

(4) Tilgung mit Hilfe eines Tilgungsfonds

Dem Tilgungsfonds werden regelmäßig Geldbeträge von Seiten der Unternehmung zugeführt. Zu gegebener Zeit erfolgt mit Hilfe des Tilgungsfonds ein freihändiger Rückkauf eines Teiles der emittierten Wertpapiere über die Börse. Dies erscheint bei statischer Betrachtung immer dann ökonomisch sinnvoll, wenn der Börsenkurs unter dem späteren Tilgungskurs liegt, so dass die Unternehmung einen Gewinn in Höhe der Kursdifferenz macht. Daneben wirkt diese Form der Tilgung auch als Kurspflege, da die vermehrte Nachfrage nach dem betreffenden Papier tendenziell zu einer Kurssteigerung führt. Der Rückkauf über den Tilgungsfonds (sinking fund) kann auch zusätzlich zur Auslosungstilgung erfolgen, wie die Bekanntmachungen der Klöckner-Werke zeigen. Die Auslosung erfolgt derart, dass zu bestimmten Terminen per Zufallsverfahren bestimmt wird, welche Serien von Stücken getilgt werden. Dabei wurde der Tilgungsbetrag pro Periode vor Begebung der Obligation festgelegt. Die Auslosung unterbleibt, wenn es sich um einen letztmaligen Tilgungsvorgang handelt.

ABB. 4.39: Tilgungsfonds und Auslosungstilgung

KLÖCKNER-WERKE AG DUISBURG

Bekanntmachung
über die
Auslosung unserer
7½ % Anleihe von 1971 M/N
- Wertpapier-Kenn-Nr. 371 531 - 371 540 -

Für die am 1. Mai 1985 fällige neunte Tilgungsrate werden aus dem Tilgungsfonds nom. DM 2.600.000 zur Verfügung gestellt. Weiterhin wurden gem. § 4 (5) und (6) der Anleihebedingungen unter notarieller Aufsicht die noch umlaufenden Teilschuldverschreibungen der
Serie 2
- Wertpapier-Kenn-Nr. 371 532 -
in Höhe von nom. DM 7.400.000 zur Rückzahlung ausgelost, so dass die diesjährige Tilgung insgesamt nom. DM 10.000.000 beträgt. Unter Hinzurechnung der in den vergangenen Jahren getilgten nom. DM 75.000.000 Teilschuldverschreibungen wird der in § 4 (3) der Anleihebedingungen genannte Mindest-Tilgungsgesamtbetrag per 1985 in Höhe von DM 85 000 000 erreicht.

Die ausgelosten Teilschuldverschreibungen werden vom 2. Mai 1985 an bei den in § 6 (1) der Anleihebedingungen genannten Banken eingelöst.

Den ausgelosten Stücken sind die dazugehörigen Zinsscheine Nr. 29 uff. beizufügen. Der Betrag fehlender Zinsscheine wird bedingungsgemäß vom Kapitalbetrag abgezogen. Die Verzinsung der ausgelosten Stücke endet mit dem Fälligkeitstage.

Gleichzeitig geben wir bekannt, dass von den früher ausgelosten Gruppen 1, 3, 5, 6, 7, 9 und 10 noch nicht alle Teilschuldverschreibungen zur Einlösung vorgelegt worden sind.

Duisburg, im Februar 1985 **Der Vorstand**

KLÖCKNER-WERKE AG DUISBURG

Bekanntmachung
über die
Auslosung unserer
7½ % Anleihe von 1971 M/N
- Wertpapier-Kenn-Nr. 371 531 - 371 540 -

Am 1. Mai 1986 sind die letzten 2 Gruppen der Teilschuldverschreibungen gemäß § 4 (3) der Anleihebedingungen in Höhe von insgesamt

DM 15.000.000

ohne Auslosung zur Rückzahlung fällig.

Es handelt sich hierbei um die noch umlaufenden Teilschuldverschreibungen folgender Serien:

Gruppe Nr. 4 - Wertpapier-Kenn-Nr. 371 534 -
Gruppe Nr. 8 - Wertpapier-Kenn-Nr. 371 538 -

Unter Hinzurechnung der in den vergangenen Jahren getilgten nom. DM 85.000.000 wird hiermit der Tilgungsgesamtbetrag von DM 100.000.000 erreicht.

Die Teilschuldverschreibungen werden vom 2. Mai 1986 an bei den in § 6 (1) der Anleihebedingungen genannten Banken eingelöst.

Die Verzinsung der Stücke endet mit dem Fälligkeitstage.

Gleichzeitig geben wir bekannt, dass von den früher ausgelosten Gruppen noch nicht alle Teilschuldverschreibungen zur Einlösung eingereicht worden sind.

Duisburg, im Februar 1986 **Der Vorstand**

4.3.1.1.6 Kündigung

Nach Ablauf einer Wartezeit von beispielsweise fünf Jahren kann die Anleihe gewöhnlich gekündigt werden, und zwar in aller Regel einseitig durch den Schuldner. Diese Kündigung kann so aussehen, dass noch nicht getilgte Teilschuldverschreibungen vorzeitig zurückgezahlt werden; sie kann auch darin bestehen, dass eine verstärkte Annuitätentilgung erfolgt. In seltenen Ausnahmen besteht auch die Möglichkeit der Kündigung durch die Obligationäre (Gläubiger). Man nennt diese Möglichkeit Degussaklausel, weil bei einer von der Deutschen Gold- und Silberscheideanstalt (Degussa) 1953 emittierten Anleihe erstmals den Gläubigern ein Kündigungsrecht eingeräumt wurde. Die Anleihebedingungen können die vorzeitige Kündigung für beide Teile auch ausschließen.

4.3.1.1.7 Bedeutung

Der Umlauf festverzinslicher Wertpapiere hat sich in der Bundesrepublik Deutschland stark erhöht. Er betrug 1994 rund 1,4 Billionen € und stieg bis 2006 auf 3,0 Billionen €. Abbildung 4.40 zeigt die Aufteilung des Gesamtvolumens auf die verschiedenen Anleihearten. Es wird deutlich, dass die Anleihen der öffentlichen Hand 2006 mit rund 1,1 Billionen € den Löwenanteil am Umlauf der Festverzinslichen ausmachten, gefolgt von den sonstigen Bankschuldverschreibungen

(797 Milliarden €), den Kommunalobligationen (500 Milliarden €) und den Schuldverschreibungen von Spezialkreditinstituten (368 Milliarden €).

2006 wurden in der Bundesrepublik Deutschland festverzinsliche Wertpapiere im Gesamtwert von 926 Milliarden € neu emittiert. Davon waren 622 Milliarden € Bankschuldverschreibungen (= Pfandbriefe, Kommunalobligationen, Schuldverschreibungen von Spezialkreditinstituten sowie sonstige Bankschuldverschreibungen) und 274 Milliarden € Anleihen der öffentlichen Hand. Industrieobligationen – auch in Form von Wandel- und Optionsschuldverschreibungen (vgl. Abschnitt 4.3.1.2) – wurden 2006 im Gesamtwert von 30 Milliarden € neu ausgegeben[1]. Somit spielt die Finanzierung über Obligationen für die gewerbliche Wirtschaft keine große Rolle. Wichtig ist diese Finanzierungsform dagegen für die Banken und die öffentliche Hand. Für die Privatwirtschaft sind Obligationen, wenn man die Anlegerseite des Kapitalmarktes betrachtet, als Finanzanlage oder Finanzinvestition[2] interessant, besonders in Zeiten mit geringer (Real-)Investitionsneigung.

ABB. 4.40: Umlauf von festverzinslichen Wertpapieren

	1994		1998		2002		2006	
Jahresende	Mio €*	%	Mio €*	%	Mio €	%	Mio €	%
Hypotheken- und Schiffspfandbriefe	100.490	7,4	135.861	7,2	155.620	6,3	144.397	4,7
Öffentliche Pfandbriefe einschl. Kommunalobligationen	320.916	23,6	574.793	30,4	649.061	26,2	499.525	16,4
Schuldverschreibungen von Spezialkreditinstituten	112.082	8,2	132.549	7,0	222.427	9,0	368.476	12,1
Sonstige Bankschuldverschreibungen	199.020	14,6	309.591	16,4	535.925	21,6	797.502	26,2
Industrieobligationen	1.585	0,1	4.095	0,2	36.646	1,5	99.545	3,3
Anleihen der öffentlichen Hand	628.405	46,1	731.944	38,8	881.541	35,4	1.134.701	37,3
nachrichtlich: DM-/€-Anleihen ausl. Emittenten	(174.458)		(316.831)		(247.655)		(115.373)	
Zusammen	1.362.498	100,0	1.888.833	100,0	2.481.220	100,0	3.044.145	100,0

* DM in € umgerechnet
Quelle: Eigene Berechnungen und Deutsche Bundesbank, Monatsbericht Mai 2007, Statistischer Teil, S. 50.

Angesichts der beträchtlichen Volumina, die mittels Teilschuldverschreibungen bewegt werden, erscheint es sinnvoll, diese rechnerisch genau zu durchdringen. Für beide Marktpartner, Kapitalnachfrager und Kapitalanbieter, ist die zentrale Richtgröße der Effektivzinssatz. Der Kapitalnachfrager wird versuchen, seine Finanzierungswünsche zu minimalen Effektivbelastungen zu erfüllen. Der Anbieter wird versuchen, für seine Anlage einen maximalen Effektivzinssatz zu erlangen. Beiden stellt sich also das Problem: Wie ermittelt man rechnerisch korrekt den jeweili-

1 Vgl. Deutsche Bundesbank, Monatsbericht Mai 2007, Statistischer Teil, S. 49.

2 Betriebswirtschaftlich sind Finanzanlage und -investition gleichbedeutend. Volkswirtschaftlich gibt es nur Finanzanlagen, keine Finanzinvestitionen. Vgl. O. E. Hennies, Allgemeine Volkswirtschaftslehre für Betriebswirte, S. 119.

gen Effektivzinssatz (die Rendite, den internen Zinsfuß)? Diese Frage wird im Kapitel 4.4 (Effektivzinsbestimmung bei langfristiger Fremdfinanzierung) behandelt.

4.3.1.1.8 Zusammenfassung

ABB. 4.41: Merkmale von Teilschuldverschreibungen

Merkmal	Typische Ausprägung
Anleihebetrag	Mehrere Millionen €
Stückelung	100; 500; 1.000; 5.000; 10 000 €
Kapitalaufwand	Zinsen, Emissions- und Kurspflegeaufwand, Disagio
Ausgabekurs	unter Nennwert, Nennwert, über Nennwert
Laufzeit	8 bis 15 Jahre
Tilgung	a) einmalige Gesamttilgung b) gleiche Jahresraten c) wachsende Jahresraten (Annuitätentilgung) d) Tilgungsfonds (Tilgung durch Rückkauf)
Sicherheiten	a) Grundpfandrechte b) Negativklauseln c) Bürgschaften
Kündigung	a) ausgeschlossen b) nach Karenzzeit durch Schuldner c) nach Karenzzeit durch Gläubiger (Ausnahme)
Rückzahlungskurs	a) meist Nennwert b) selten über Nennwert c) selten unter Nennwert
Verzinsung	a) fester Nominalzins während Gesamtlaufzeit b) Konversionsmöglichkeit bei Zinsniveauänderung c) variabel mit Mindestverzinsung (Floating Rate Notes) d) jährliche oder halbjährliche Zinszahlung e) kein Nominalzins (Zero-Bonds)

Verkaufsangebot

8½ % Anleihe von 1991 II (2001)

KfW Kreditanstalt für Wiederaufbau

Die Kreditanstalt für Wiederaufbau, Frankfurt am Main, begibt zur Finanzierung von langfristigen Investitionskrediten eine 8½ % Anleihe von 1991 II (2001) im Gesamtbetrag von

DM 1.250.000.000,-

Von diesem Betrag werden DM 1.100.000.000,- durch die untenstehenden Kreditinstitute zum Verkauf gestellt.

Ausgabekurs:	100,6 %
Zinsen:	8½ % p.a., zahlbar nachträglich am 1. Oktober eines jeden Jahres, erstmals am 1. Oktober 1992 für den Zeitraum ab 1. Oktober 1991. Die Zinserträge der Schuldverschreibungen unterliegen der Besteuerung im Rahmen des Einkommensteuergesetzes.
Nennbetrag:	DM 100,- oder ein Mehrfaches davon.
Laufzeit:	Die Laufzeit der Anleihe beträgt 10 Jahre. Die Anleihe wird am 1. Oktober 2001 zum Nennwert zurückgezahlt. Vorzeitige Kündigung ist ausgeschlossen.
Mündelsicherheit und Deckungsstockfähigkeit:	Die Schuldverschreibungen sind mündelsicher und deckungsstockfähig.
Börseneinführung:	Zum Börsenhandel mit amtlicher Notierung an der Frankfurter Wertpapierbörse.
Lombardfähigkeit	Die Schuldverschreibungen werden mit der Zulassung zum Börsenhandel lombardfähig.
Lieferung:	Der Erwerber erhält eine Girosammeldepotgutschrift bei dem von ihm benannten Kreditinstitut. Der Ausdruck von Einzelurkunden ist während der gesamten Laufzeit ausgeschlossen. Die Anleihe ist in einer bei der Deutscher Kassenverein AG hinterlegten Sammelurkunde verbrieft.
Verkauf:	Ab 1. Oktober 1991 bei den unterzeichneten Kreditinstituten.
Wertpapier-Kenn-Nr.:	276 043 ISI-Nr.: DE 000 276 043 6

Das ausführliche Verkaufsangebot ist bei den Kreditinstituten erhältlich. Die Zuteilung bleibt den Verkaufsstellen überlassen.

Frankfurt am Main, im September 1991

KfW Kreditanstalt für Wiederaufbau

Quelle: Wirtschaftswoche, Heft 19, Düsseldorf 1991, S. 145.

4.3.1.2 Sonderformen

4.3.1.2.1 Überblick

Im Bereich der Industrieobligationen kennt man neben der Normalform mehrere Sonderformen[1]. Sie haben gemeinsam, dass neben Zins und Tilgung weitere Rechte gewährt werden. Es handelt sich also um Industrieobligationen mit Sonderrechten. Da der Kapitalanleger nicht erwarten kann, Sonderrechte kostenlos zu erhalten, muss er gewisse Einbußen an anderer Stelle hinnehmen: Meist verzinsen sich Anleihen mit Sonderrechten geringer als die Normalformen. Die wichtigsten Sonderformen werden im Folgenden kurz erörtert:

ABB. 4.42: Sonderformen der Industrieobligationen

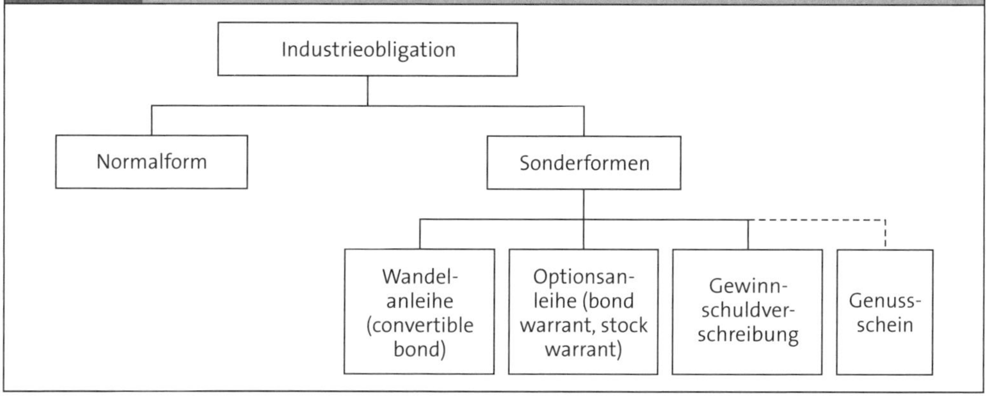

Für die Ausgabe von Wandelanleihen, Optionsanleihen, Gewinnschuldverschreibungen oder Genussscheinen sieht § 221 AktG einen Beschluss der Hauptversammlung mit Dreiviertelmehrheit vor. Genussscheine nehmen eine Zwitterstellung zwischen Aktien und Obligationen ein und könnten auch im Rahmen der Aktienfinanzierung dargestellt werden.

4.3.1.2.2 Wandelanleihe

Definition: Wandelschuldverschreibung (-anleihe, -obligation, convertible bond) heißen solche Anleihen von Aktiengesellschaften, die ihrem Eigentümer das Recht einräumen, sie innerhalb eines bestimmten Zeitraums in einem bestimmten Umwandlungsverhältnis in Aktien der Schuldner-AG umzutauschen (zu wandeln).

Der Obligationär hat also nicht nur Anspruch auf Zins und Tilgung, sondern darüber hinaus die Möglichkeit – aber nicht die Verpflichtung – zur Wandlung. Aus seiner Sicht verbindet sich der Anleihen-Vorteil des festen Zinses mit dem Aktien-Vorteil der Sachwertanlage. Für die Möglichkeit, einen Schuldtitel später in einen Beteiligungstitel umzuwandeln, eine Chance, die besonders bei steigenden Aktienkursen verlockend erscheint, nehmen die Gläubiger auch eine unter

1 Vgl. u. a. H. E. Büschgen, Das kleine Börsen-Lexikon, S. 308, S. 322, S. 535, S. 787 ff. – J. Süchting, Finanzmanagement, Theorie und Politik der Unternehmensführung, S. 120 ff. – L. Perridon/M. Steiner, Finanzwirtschaft der Unternehmung, S. 385 ff. – G. Wöhe/J. Bilstein, Grundzüge der Unternehmensfinanzierung, S. 190 ff. – W. Grill/H. Perczynski, Wirtschaftslehre des Kreditwesens, S. 379 ff.

dem aktuellen Kapitalmarktzins liegende Verzinsung in Kauf. Und so liegt der Zins für Wandelschuldverschreibungen meist um ein bis zwei Prozentpunkte unter dem Zins einer vergleichbaren Anleihe. Verzichtet der Anleger auf die Wandlung, hält er die Wandelschuldverschreibung wie eine normale Festzinsanleihe bis zu ihrer Fälligkeit oder veräußert sie vor dem Umwandlungszeitpunkt am Kapitalmarkt.

Bei Begebung einer Wandelanleihe sind neben den für die Normalform-Anleihe typischen Konditionsbestandteilen auch Wandlungsverhältnis, Umtauschfrist und Zuzahlung festzulegen. Konditionsbestandteile bei Anleihe und Wandelanleihe sind:

- Laufzeit,
- Nominalzins,
- Nennwert,
- Disagio,
- Zinstermine,
- Sicherheiten,
- Stückelung,

} Konditionen bei Normalform-Anleihe

- Wandlungsverhältnis,
- Umtauschfrist,
- Zuzahlung.

} zusätzliche Konditionen bei Wandelanleihe

Das Wandlungsverhältnis (Umtausch- oder Konversionsverhältnis) gibt an, wie viele Wandelschuldverschreibungen für eine Aktie umgetauscht werden können. Die Umtauschfrist gibt den Zeitraum an, innerhalb dessen das Wandlungsrecht ausgeübt werden kann. Sie erstreckt sich meist über mehrere Jahre. Die eventuell erforderliche Zuzahlung (Wandlungspreis oder -prämie) ist der Geldbetrag, der neben der Einbringung der Wandelanleihe(n) für eine Aktie zu zahlen ist. Sie kann während der Umtauschfrist konstant bleiben, steigen oder fallen.

BEISPIEL: (Wandelanleihe der Industrie AG)

Wandelobligation vom 01. 03. 00; Umtauschverhältnis 5 : 2; Zuzahlung 15 € je Aktie (Nennbetrag: 50 €); Umtauschfrist vom 01. 01. 01 bis 31. 12. 09.

Ergebnis: Der Wandelobligationär gibt im Falle des Umtausches fünf Wandelanleihen und 30 € und erhält dafür zwei Aktien zum Nennbetrag von 50 €. Er kann den Umtausch frühestens am 01. 01. 01 und spätestens am 31. 12. 09 ausüben.

Aus der Sicht der Schuldner AG ist die Wandelanleihe ein Instrument zur Kapitalbeschaffung zu erschwerten Bedingungen, wenn normale Aktien und/oder Obligationen wegen des hohen Zinsniveaus und der niedrigen Aktienkurse schwer unterzubringen sind. Daneben setzt man Wandelanleihen gelegentlich auch dann ein, wenn die emittierende Gesellschaft in spezifischen Schwierigkeiten steckt. Die Unternehmung erhält zunächst Fremdkapital zu Konditionen, die unter denen für vergleichbare Festverzinsliche liegen; sie erzielt möglicherweise einen Ausgabekurs für junge Aktien über den derzeitigen Marktbedingungen, falls die Erwerber positive Zukunftserwartungen mit der Unternehmung verbinden; sie erhält im Falle des Umtausches zusätzliche Liquidität infolge der Zuzahlung, ferner vermeidet sie Liquiditätsabflüsse, weil Zins- und Tilgungszahlungen entfallen, wenn Fremdmittel zu Eigenkapital werden; schließlich verbessert sich die Relation Eigenkapital zu Fremdkapital.

4.3.1.2.3 Optionsanleihe

Definition: Optionsanleihe (-obligation, -schuldverschreibung, bond warrant, stock warrant) heißen solche Anleihen von Aktiengesellschaften, die ihrem Eigentümer das Zusatzrecht einräumen, während eines bestimmten Zeitraums Wertpapiere (in der Regel Aktien) zu einem im Voraus festgesetzten Preis (Optionspreis, Optionskurs) zu erwerben. Weil mit der Optionsanleihe ein Bezugsrecht verknüpft ist, bezeichnet man sie auch als Bezugsrechtsobligation.

Die Optionsanleihe verbrieft im Gegensatz zur Wandelanleihe kein Umtauschrecht Anleihe gegen Aktie. Sie gewährt dem Anleger stattdessen Zusatzrechte neben Zins und Tilgung. Die Ausübung dieser Zusatzrechte erfordert im Gegensatz zur Wandelschuldverschreibung nicht die Hergabe des Schuldtitels; vielmehr tritt das Anteilspapier neben das Forderungspapier, so dass das ursprüngliche Gläubigerpapier bei Optionsausübung nicht erlischt. Der das Optionsrecht verbriefende Optionsschein kann auch getrennt von der Anleihe gehandelt werden. Gegenstand der Option kann einmal der Bezug von Aktien sein (Bezugsrechtsobligation, stock warrant), wobei die Bezugskonditionen zum Zeitpunkt der Ausgabe der Optionsanleihe fixiert werden. Optionsgegenstand kann aber auch das Recht sein, künftige Anleihen des Emittenten zu jetzt festgelegten Bedingungen zu erwerben (bond warrant). Auch bei Optionsanleihen begnügen sich die Gläubiger meist mit einer unter dem Kapitalmarktzins liegenden Verzinsung. Für die emittierende Unternehmung bietet die Optionsanleihe deshalb die Möglichkeit, einerseits zu langfristigem zinsgünstigen Fremdkapital zu kommen, andererseits sich Eigenkapital mit einem möglicherweise ins Gewicht fallenden Aufgeld zu beschaffen.

Bei Begebung einer Optionsanleihe sind neben den für die Normalform typischen Konditionsbestandteilen auch Bezugsverhältnis, Optionsfrist und Optionspreis festzulegen. Konditionsbestandteile bei Anleihen und Optionsanleihen sind:

► Laufzeit, ► Nominalzins, ► Nennwert, ► Disagio, ► Zinstermine, ► Sicherheiten, ► Stückelung,	} Konditionen bei Normalform-Anleihe
► Bezugsverhältnis, ► Optionsfrist, ► Optionspreis.	} zusätzliche Konditionen bei Optionsanleihe

Das Bezugsverhältnis gibt bei stock warrants und bond warrants an, wie viele Bezugs- oder Optionsscheine für den Bezug einer Aktie oder einer Anleihe erforderlich sind. Die Optionsfrist gibt den Zeitraum an, innerhalb dessen das Optionsrecht ausgeübt werden kann. Der Bezugs- oder Optionspreis bezeichnet den Geldbetrag, der bei stock warrants und bond warrants für eine Aktie oder eine Anleihe zu entrichten ist (vgl. folgendes Beispiel[1]).

1 Ähnlich bei K. Olfert, Finanzierung, S. 328.

BEISPIEL: (Bezugsverhältnis, Bezugskurs und rechnerischer Optionsscheinwert)

Bezugsverhältnis	Ein Bezugsverhältnis von 2 : 1 bedeutet, dass 2 Optionsscheine zum Bezug einer Aktie im Nennwert von 5 € berechtigen.
Bezugskurs	Ein Bezugskurs von 24 € bedeutet, dass bei Einreichung von 2 Optionsscheinen weitere 24 € für den Erwerb einer Aktie im Nennwert von 5 € bezahlt werden müssen.

Bezugskurs	Börsenkurs		Differenz	rechnerischer Wert des Optionsscheins	
		in €			
24	20		– 4	0	
24	24		0	0	
24	28	+ 14,29 %	+ 4	2	+ 100,0 %
24	32		+ 8	4	
24	36	+ 11,11 %	+ 12	6	+ 33,3 %
24	40		+ 16	8	

Der rechnerische Wert des Optionsscheins steigt stärker als der Börsenkurs. Erhöht sich der Börsenkurs von 28 auf 32 €, also um 14,29 %, so steigt der rechnerische Optionsscheinwert von 2 auf 4, also um 100 %. Steigt der Börsenkurs von 36 auf 40 €, also um 11,11 %, so erhöht sich der rechnerische Wert des Optionsscheins von 6 auf 8, also um 33,33 % (= Hebelwirkung).

Das Kernstück einer Optionsanleihe ist der Optionsschein, dessen Wert hauptsächlich vom Börsenkurs der Bezugsaktie abhängt. An der Börse werden bis zu drei Notierungen für eine Optionsanleihe ausgewiesen:

(1) Optionsanleihe mit Optionsschein (Anleihe cum = volle Stücke),

(2) Optionsanleihe ohne Optionsschein (Anleihe ex = leere Stücke),

(3) Optionsschein allein

Optionsanleihen	"Cum" Kurse:	"Ex" 3.8.92	Rendite "Ex"	Optionsschein
2⅔% Bayer 85/95	157.00	... 87.45	.... 8.51	.. 101.20
6¼% Deut.Bank 86/96 ..	102.20	... 92.50	.... 8.77	... 77.00
3½% Kaufhof 85/95	185.10	... 86.40	.... 8.27	.. 189.50
1⅝% Nomura 85/95	92.50	... 94.80	... 10.23	... 25.00
4 % Veba 83/93	267.00	... 93.60	.... 9.18	.. 213.50
3 % VW 85/95	108.00	... 85.60	.... 7.95	... 93.00
2½% Wella 86/96	92.60	... 82.20	.... 8.40	.. 105.00

Quelle: Die Zeit 33/1992, S. 22.

4.3.1.2.4 Gewinnschuldverschreibung

> Definition: Gewinnschuldverschreibung (Gewinnobligation, income bond, participation bond) ist eine Industrieobligation, bei der neben der Tilgung Zinsansprüche gewährt werden, die ganz oder teilweise gewinn- oder dividendenabhängig sind. Sie bringt „die Rechte der Gläubiger mit Gewinnanteilen von Aktionären in Verbindung" (§ 221 Abs. 1 AktG).

Der Gewinnobligationär nimmt am Geschäftsgang der Gesellschaft teil: In Zeiten guter (schlechter) Gewinne liegt der Zins der Gewinnobligation über (unter) dem Kapitalmarktsatz. Die Gewinnbeteiligung des Zeichners kann Folgendermaßen geregelt sein:

(1) Participation bond: Zinssatz = Basiszins + dividendenabhängiger Zusatzzins,

(2) Income bond: Zinssatz = in voller Höhe gewinnabhängig.

Reine Gewinnschuldverschreibungen sind in Deutschland zurzeit nicht im Umlauf. Die 5 %ige Wandelanleihe der Bayer AG von 1969 ist nur bedingt als Beispiel geeignet. Sie sah eine Festverzinsung von 5 % vor. Dazu kam eine Zusatzverzinsung von 0,25 % für jeden Prozentpunkt Stammaktien-Dividende über 11 % hinaus. Im Geschäftsjahr 1983 entfielen auf die Stammaktien 14 % Dividende. Somit erhielten die Gewinnobligationäre $5 + 3 \cdot 0{,}25 = 5{,}75\,\%$. Da die Bayer-Wandelanleihe neben der dividendenabhängigen Verzinsung ein weiteres Sonderrecht, das Wandlungsrecht aufwies, handelte es sich nicht um eine reine Gewinnschuldverschreibung, sondern um ein Papier mit zwei Sonderrechten.

4.3.1.2.5 Genussschein

> Definition: Genussschein ist ein Wertpapier, das Genussrechte verbrieft. Genussrechte sind Rechte verschiedener Art, insbesondere Rechte am Gewinn und am Liquidationserlös. Gemeinsam ist allen Genussscheinen, dass sie nur Vermögensrechte, aber keine Mitgliedschaftsrechte zum Inhalt haben (§ 221 AktG). Sie sind somit ohne Stimmrecht und können als Kapitalform weder dem Fremd- noch dem Eigenkapital eindeutig zugeordnet werden.

Da Begriff, Inhalt und Umfang von Genussrechten gesetzlich nicht geregelt sind, hat der Emittent bei der Ausgestaltung von Genussscheinen große Freiheit. Beispiele für Genussrechte sind:

- Zinsen und/oder Gewinnanteil,
- Rückzahlung,
- Anteil am Liquidationserlös,
- Einräumung von Bezugsrechten (Optionsgenussscheine),
- Einräumung von Umtauschrechten (Wandelgenussscheine),
- Beteiligung an Nutzungsrechten, z. B. Lizenzgebühren.

Genussscheine werden ausgegeben im Zuge

- der Unternehmensgründung für besondere Leistungen, die die Gründer der Gesellschaft vor oder bei ihrer Gründung erbringen: Gründergenussscheine als Gründerlohn;

- der Unternehmenssanierung zum Ausgleich für Gläubigerverzichte, Kapitalherabsetzungen oder Zuzahlungen auf Aktien: Sanierungsgenussscheine (auch Besserungsscheine genannt) als Sanierungslohn;
- der Unternehmensverschmelzung (Fusion) als Verschmelzungslohn;
- des Unternehmenswachstums bei der Einbringung von Sacheinlagen und/oder Rechten;
- der Kapitalbeschaffung;
- der Gewinnbeteiligung von Mitarbeitern.

Die Bedeutung der Genussscheine hat in den letzten Jahren stark zugenommen, und zwar weniger bei den klassischen Anlässen (Gründung, Sanierung, Verschmelzung), sondern als Instrument zur Gewinnbeteiligung von Mitarbeitern und generell zur Kapitalbeschaffung. Da die Ausgabe von Genussscheinen nicht an eine bestimmte Rechtsform der ausgebenden Gesellschaft gebunden ist, stellen sie für Nicht-Aktiengesellschaften eine interessante Möglichkeit dar, sich Geldmittel über die Börse zu beschaffen.

Genussscheine lassen sich systematisch auch an anderer Stelle, nämlich bei der Aktienfinanzierung, einordnen. Als Effekten, die Vermögensrechte aber keine Stimmrechte verbriefen, nehmen sie eine Zwischenstellung zwischen Aktien und Obligationen ein. Als Papiere ohne Stimmrechte sind sie dem Fremdkapital ähnlich, falls sie nach einer gewissen Laufzeit zurückgezahlt werden. Ist die Laufzeit dagegen unbegrenzt, ist der Genussrechtsinhaber ferner an Gewinn und Verlust sowie an den stillen Rücklagen beteiligt, so ähneln die Genussscheine dem Eigenkapital.

Reizvoll an den Genussscheinen ist für den Emittenten die Möglichkeit, diese steuerlich so zu behandeln, als ob sie Fremdkapital wären. Gemäß § 8 Abs. 3 Satz 2 KStG dürfen Ausschüttungen auf Genussrechte, mit denen das Recht auf Gewinn- und Liquidationserlösbeteiligung verbunden ist, nicht als Betriebsausgaben angesetzt werden. Fehlt aber die Beteiligung am Liquidationserlös, dann können die Genussrechtsausschüttungen wie Betriebsausgaben von der Steuerbemessungsgrundlage abgezogen werden. In der Bundesrepublik Deutschland ist es deshalb üblich, dass Genussscheine ohne Beteiligung am Liquidationserlös ausgestellt werden. Im Gegensatz dazu ist es in der Schweiz Brauch, dass der Inhaber eines Partizipationsscheines auch am Liquidationserlös beteiligt ist.

Reizvoll kann der Genussschein auch für die Banken sein, falls das Genusskapital auf das haftende Eigenkapital[1] angerechnet werden darf. Das ist dann der Fall, wenn

- ursprüngliche Laufzeit mindestens fünf Jahre und Restlaufzeit oder Kündigungsfrist wenigstens zwei Jahre betragen,
- die Forderungen der Genussscheininhaber im Rang hinter die der übrigen Gläubiger zurücktreten und
- die Verlustbeteiligung in voller Höhe besteht.

1 § 10 Abs. 1 KWG schreibt vor, dass Kreditinstitute ein angemessenes haftendes Eigenkapital haben müssen.

BEISPIEL: (Genussscheine der Bank AG)

Ausstattungsmerkmale	
Ausgabekurs 01:	100 %
Volumen:	425 Mio €
Verzinsung:	8,25 % zuzüglich 0,25 %-Punkte für je 0,50 € des über eine Dividende von 6,00 € hinausgehenden Dividendenbetrages
Verlustbeteiligung:	Durch Verminderung der Rückzahlungsansprüche im Verhältnis Rückzahlungsanspruch zu Eigenkapital
Laufzeit:	Bis Ende 11
Kündigung:	Nur durch Gesellschaft zum Ende des Geschäftsjahres mit zweijähriger Kündigungsfrist
Rückzahlung:	Zum Nennbetrag
Umtauschrecht:	Nicht vorgesehen

4.3.2 Schuldscheindarlehen

4.3.2.1 Finanzwirtschaftliche Merkmale der Schuldscheindarlehen

4.3.2.1.1 Begriff und Sicherheiten

Definition: Schuldscheindarlehen[1] sind anleiheähnliche, meist langfristige Großkredite, die auf nichtöffentlichem Wege, also unter Ausschaltung der Börse, vorwiegend bei Nichtbanken-Kapitalsammelstellen aufgenommen werden.

Übliche Merkmale:

- hohe Bonität der Kreditnehmer,
- Darlehensbetrag mehrere Millionen €,
- Laufzeit meist zwischen zwei und zehn Jahren,
- Tilgung überwiegend am Laufzeitende in einem Betrag,
- Aufbringung durch Kapitalsammelstellen,
- Zustandekommen ohne Mitwirkung der Börse.

In den letzten beiden Jahrzehnten ist das Schuldscheindarlehen mehr und mehr neben die Anleihe als klassische Form der langfristigen Fremdfinanzierung getreten. Der Begriff Schuldscheindarlehen leitet sich aus der Zusammenziehung der Bilanzposition „Schuldscheinforderungen und Darlehen" aus der Versicherungswirtschaft her. Dabei ist zu beachten, dass eine Übereinstimmung im strengen Sinne nicht besteht: Für ein Schuldscheindarlehen ist es kein konstituierendes Merkmal, dass tatsächlich ein Schuldschein ausgestellt wird. Der Schuldschein, falls er ausgestellt werden sollte, ist kein Wertpapier, sondern lediglich ein beweiserleichterndes Dokument, wodurch die sonst dem Gläubiger obliegende Beweislast auf den Schuldner verlagert wird.

Die Sicherung erfolgt in der Regel durch eine vollstreckbare erststellige Grundschuld. Möglich ist auch die Sicherstellung durch eine öffentliche Bürgschaft. In Ausnahmefällen lässt das Bun-

1 Vgl. u. a.: H. Reinboth, Schuldscheindarlehen, Sp. 1593 ff. – L. Perridon/M. Steiner, Finanzwirtschaft der Unternehmung, S. 416 ff. – H. Vormbaum, Finanzierung der Betriebe, S. 359 ff. – K. Olfert, Finanzierung, S. 316 ff.

desaufsichtsamt für das Versicherungswesen (BAV) auch eine Sicherung mit Hilfe der Negativklausel zu.

4.3.2.1.2 Beteiligte

Die Versicherungsunternehmungen und Pensionskassen stellen die Hauptgruppe der Schuldscheingläubiger. Die Sozialversicherungsträger und die Realkreditinstitute gewähren Schuldscheindarlehen in der Regel nur an die öffentliche Hand. Kreditnehmer sind die öffentliche Hand und Unternehmen erster Bonität, die die Anforderungen der Kreditgeber (z. B. Deckungsstockfähigkeit) erfüllen. Häufig wird zwischen Kreditgeber und Schuldner ein Vermittler – Makler oder Bank – geschaltet.

ABB. 4.43: Direkte und indirekte Gewährung von Schuldscheindarlehen

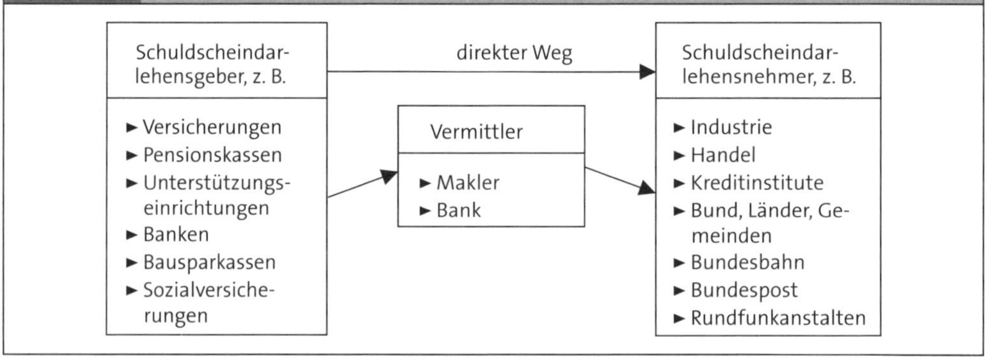

4.3.2.1.3 Ausstattung

Die Schuldscheindarlehen weisen in ihrer Ausstattung Ähnlichkeiten mit den Obligationen auf. Im Einzelnen sind die folgenden Ausstattungsmerkmale zu nennen:

(1) Der Nominalzinssatz, ein Festzins, liegt meist um 0,25 bis 0,5 Prozentpunkte über dem jeweiligen Anleihezinssatz. Die Nebenkosten sind vergleichsweise günstiger. Bei Anleihen rechnet man mit Nebenkosten von 5 % des Emissionsbetrages, bei Schuldscheindarlehen dagegen nur mit 1 bis 2 %. Für den Emittenten gilt daher die Faustformel: Bei Laufzeiten bis zu 10 Jahren ist das Schuldscheindarlehen kostengünstiger als die Anleihe.

(2) Die Laufzeit hängt von der individuellen Vereinbarung ab. Dabei wird eine Zeit von 15 Jahren jedoch nur in besonderen Fällen überschritten. Üblicherweise werden 3 bis 5 tilgungsfreie Jahre vereinbart.

(3) Die Einräumung eines Kündigungsrechtes für eine der vertragschließenden Parteien ist unüblich; allenfalls wird für besondere Fälle ein außerordentliches Kündigungsrecht vereinbart.

(4) Formvorschriften existieren nicht, da ein Darlehensvertrag gemäß §§ 607 bis 610 BGB formfrei ist.

(5) Die Übertragung eines Schuldscheindarlehens erfolgt durch Forderungsabtretung (Zession).

4.3.2.1.4 Deckungsstockfähigkeit

Wegen der überragenden Stellung der Versicherer als Kapitalgeber im Bereich der Schuldscheindarlehen sollten diese stets deckungsstockfähig sein. Aufgrund der Regelungen in § 54 und § 54 a Versicherungsaufsichtsgesetz (VAG) können die Versicherer gebundenes Vermögen dann in Form von Schuldscheindarlehen anlegen, wenn

(1) die Erfüllung der vertraglich vereinbarten Konditionen aufgrund der bisherigen und der zu erwartenden künftigen Entwicklung des Darlehensnehmers als gewährleistet erscheint, und

(2) das Darlehen durch erstrangige Grundpfandrechte gesichert ist.

Falls im Einzelfall die Voraussetzungen (1) und (2) nicht erfüllt sind, kann ein Schuldscheindarlehen dennoch gewährt werden, aber nur dann, wenn das Bundesaufsichtsamt für das Versicherungswesen (BAV) nach eingehender Prüfung zustimmt.

4.3.2.1.5 Bedeutung

Schuldscheindarlehen haben eine erstrangige Bedeutung. So verfügten die Versicherungsunternehmungen und Pensionskassen in der Bundesrepublik Deutschland 2005 über einen Bestand von Namensschuldverschreibungen inklusive Schuldscheinforderungen und Darlehen (= Schuldscheindarlehen) in Höhe von 500 Milliarden €. Das sind 44 % ihrer gesamten Vermögensanlagen.

Schuldscheindarlehen können elastisch auf die Bedürfnisse von Kapitalgeber und -nehmer (Höhe, Laufzeit, Zins-, Tilgungs- und Kündigungsmodalitäten) zugeschnitten werden. Sie sind ohne staatliche Genehmigung zu begeben. Sie kommen auch für kleinere und mittlere Unternehmungen, die keine Anleihen emittieren können, in Frage. Die Offenlegung der wirtschaftlichen Verhältnisse erfolgt nur gegenüber dem Gläubiger und nicht gegenüber der Öffentlichkeit. Schuldscheindarlehen sind nicht an der Börse handelbar. Sie können aber per Zession und im Regelfall mit Zustimmung des Schuldners an einen neuen Gläubiger übergehen. Das starke Engagement der Lebensversicherer und Pensionskassen bei den Schuldscheindarlehen erklärt sich teilweise daraus, dass für Schuldscheindarlehen keine Börsenpreise festgestellt werden. Die Erwerber bilanzieren sie stets zum Einstandspreis, so dass sich auch bei Zinssteigerungen und Kursrückgängen am Kapitalmarkt[1] – im Gegensatz zu den börsengängigen Anleihen – kein Abschreibungsbedarf ergibt. Und so hat das Schuldscheindarlehen die Industrieobligation zumindest gegenwärtig weitgehend verdrängt.

1 Kapitalmarkt ist der Markt für langfristige Forderungen (Pfandbriefe, Kommunalobligationen, Industrieobligationen, Anleihen der öffentlichen Hand, Schuldscheindarlehen usw.).

ABB. 4.44: Vermögensanlagen der Versicherer ohne Festgeldanlagen

Jahr	Grundstücke	Hypotheken-, Grundschuld- und Rentenschuldforderungen	Namensschuldverschreibungen inkl. Schuldscheinforderungen und Darlehen	Wertpapiere	Darlehen und Vorauszahlungen auf Versicherungsscheine	Beteiligungen	Schuldbuchforderungen
(*Mio DM*, ab 2002 Mio €)							
Lebensversicherungsunternehmen							
1986	23.933	59.345	145.985	75.543	7.033	3.829	1.425
1990	26.460	72.564	226.172	96.578	9.515	10.005	5.968
1995	32.677	103.050	358.143	175.318	10.301	19.531	1.335
1999	30.574	118.035	477.294	307.909	9.518	30.899	4.419
2002	15.088	65.160	278.845	193.774	5.405	20.681	3.147
2005	14.142	63.054	322.984	217.706	5.316	18.699	1.949
Pensions- und Sterbekassen							
1986	4.074	7.127	22.362	26.916	0	22	818
1990	5.069	7.508	29.862	36.921	0	20	810
1995	6.519	9.688	30.563	51.357	13	25	182
1999	7.155	5.284	44.487	70.439	0	67	280
2002	3.360	2.213	27.885	38.026	0	113	28
2005	2.986	1.831	43.024	37.177	0	253	172
Krankenversicherungsunternehmen							
1986	2.176	1.102	13.702	10.399	0	382	263
1990	2.638	1.470	21.524	11.374	0	805	776
1995	3.635	1.959	43.158	20.467	0	1.874	13
1999	3.520	2.544	73.305	41.050	0	3.524	533
2002	1.767	1.846	53.535	25.680	0	3.022	433
2005	1.900	2.661	78.616	31.825	0	2.579	251
Schaden- und Unfallversicherungsunternehmen							
1986	5.796	2.433	26.722	29.788	58	3.139	318
1990	7.502	2.964	35.478	34.989	124	7.448	780
1995	9.050	4.409	52.855	58.870	119	13.700	387
1999	9.290	3.801	65.756	77.509	80	23.689	447
2002	4.045	1.913	34.704	39.847	37	18.672	370
2005	3.481	1.736	46.010	52.179	42	15.544	357
Rückversicherungsunternehmen							
1986	2.692	111	8.981	14.546	5	7.938	87
1990	3.304	159	10.925	18.941	5	19.831	409
1995	3.835	136	20.091	37.127	0	35.242	15
1999	3.720	197	16.670	60.439	0	83.282	187
2002	1.575	33	12.261	38.706	0	89.327	246
2005	1.742	17	9.144	67.703	0	94.591	274
Insgesamt							
1986	38.671	70.118	217.752	157.192	7.091	15.310	2.911
1990	44.973	84.665	323.961	198.803	9.639	38.109	8.743
1995	55.716	119.242	504.810	343.139	10.433	70.372	1.932
1999	54.259	129.861	679.512	557.346	9.598	141.461	5.866
2002	25.836	71.166	407.230	336.033	5.442	131.815	4.214
2005	24.251	69.299	499.778	406.589	5.358	131.665	3.003

Quelle: Statistisches Jahrbuch für die Bundesrepublik Deutschland 1996, S. 358, 2000, S. 339, 2006, S. 449.

4.3.2.2 Typen des Schuldscheindarlehens

Schuldscheindarlehen (SSD) können Sie nach den folgenden Merkmalen einteilen:

ABB. 4.45: Systematik der Schuldscheindarlehen

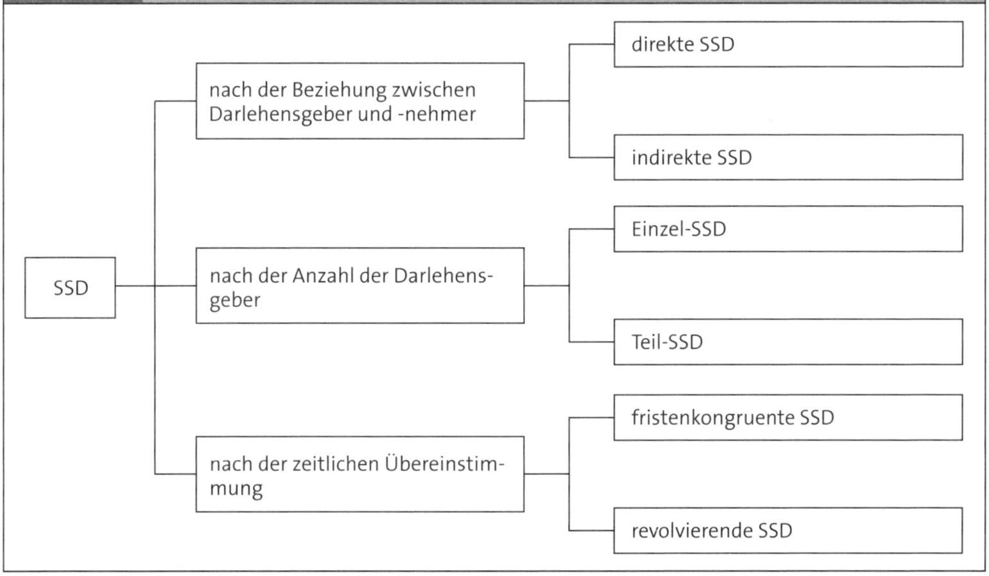

Schuldscheindarlehen werden häufig nicht direkt begeben, sondern durch Einschaltung von Banken oder Finanzmaklern vermittelt. Derartiger Vermittlungen bedarf es dann, wenn sich die Vorstellungen des Gläubigers und des Schuldners hinsichtlich

- des Umfanges des Darlehens und/oder
- der Fristigkeit des Darlehens nicht decken.

Somit besteht die Aufgabe des Finanzmaklers darin, für ein Schuldscheindarlehen

- mehrere Kreditgeber zusammenzufassen, so dass auf den einzelnen Kapitalgeber lediglich ein Teilschuldscheindarlehen entfällt, und/oder
- mehrere Kreditgeber zeitlich so aneinander zu reihen, dass die gewünschte langfristige Finanzierung zustande kommt. Die Finanzierung langfristiger Projekte über fortlaufende kurzfristige Anschlussfinanzierungen nennt man Revolving-System (revolvieren; lat. = zurückdrehen).

Die Entwicklung der revolvierenden Inanspruchnahme verschiedener Refinanzierungsquellen ist mit dem Namen des Finanzmaklers Münemann verbunden. Im Einzelnen unterscheidet man drei Revolving-Systeme:

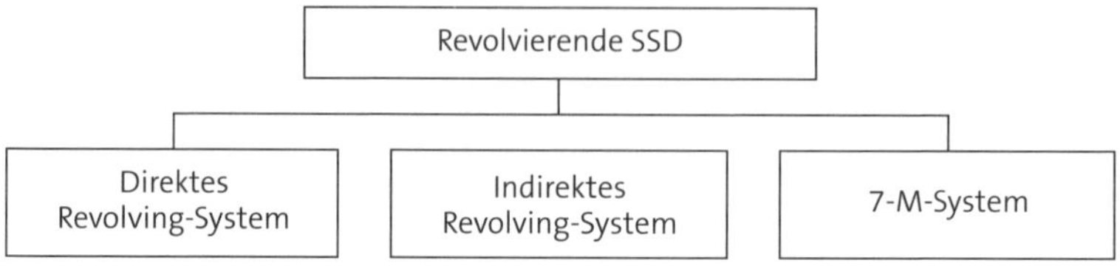

(1) Das direkte Revolving-System: Der Darlehensnehmer schließt über einen Makler mit einer Reihe von Kapitalsammelstellen[1] Darlehensverträge ab. Die Laufzeit dieser Verträge kann kürzer sein als die Kapitalbindungsdauer der mit ihrer Hilfe finanzierten Investitionen. Die Kapitalsammelstellen sind zwar normalerweise bereit, auslaufende Verträge zu prolongieren; eine Verpflichtung hierzu besteht jedoch nicht. Auch die effektive Zinsbelastung für den Schuldner steht nicht von vornherein fest, da der Zinssatz für jeden fälligen Teilbetrag neu ausgehandelt wird. Somit verbleiben Zins- und Liquiditätsrisiko letztlich bei dem kreditnehmenden Unternehmen.

(2) Beim indirekten Revolving erfolgt die Einschaltung einer Spezialbank, die einerseits das Schuldscheindarlehen dem Unternehmen langfristig zur Verfügung stellt, sich andererseits durch ständige Aufnahme kurzfristiger Teilbeträge refinanziert. Das System ist dann für die zwischengeschaltete Bank unvorteilhaft, wenn das dem Unternehmen gewährte Darlehen mit einem Festzinssatz versehen ist und die (variablen) Zinsen für die zur Refinanzierung aufzunehmenden Mittel im Zeitablauf steigen.

(3) Das 7-M-System: Bei diesem von Münemann so bezeichneten Revolving-System besteht eine enge Verwandtschaft zum indirekten Revolving. Der Unterschied liegt darin, dass als Refinanzierungsquelle anstelle der Kapitalsammelstellen der Geldmarkt[2] herangezogen wird, nach dem Motto: „Aus kurz mach lang!"

Münemann übernahm bei dem 7-M-System

- das Prolongationsrisiko gegenüber dem Kreditnehmer,
- die Verpflichtung der termingerechten Rückzahlung gegenüber dem Kreditgeber und
- das Zinsänderungsrisiko, denn er gewährte dem Kreditnehmer einen festen Zinssatz über die Laufzeit des langfristigen Darlehens. Daran scheiterte er auch, weil er eine über längere Zeit bestehende negative Zinsmarge (Geldmarktzins > langfristiger Darlehenszins) nicht mit Hilfe seiner Dispositionsreserven auffangen konnte.

Das Kreditwesengesetz (KWG) bezieht revolvierende Schuldscheindarlehen in den Kreis der Bankgeschäfte ein, so dass 7-M-Geschäfte nur noch von Banken betrieben werden können. Revolvingkredite sind wegen der Prolongations- und/oder Zinsrisiken stets mit Vorsicht und Sachkunde zu handhaben. Beim direkt revolvierenden Darlehen bemühen sich zwar Bank oder Makler, die Anschlussfinanzierung zu gewährleisten, das Zins- und Prolongationsrisiko liegt im Ernstfall aber beim Kreditnehmer. Beim indirekt revolvierenden Darlehen sind diese Nachteile

1 Kapitalsammelstellen sind Institute, bei denen durch freiwilliges oder zwangsweises Sparen große Liquiditätsmengen zusammenkommen, die für kurze oder lange Zeit verzinslich angelegt werden sollen: Geschäftsbanken, Sparkassen, Bausparkassen, Investmentgesellschaften, Versicherungen, Pensionsfonds, Sozialversicherungsträger usw.

2 Geldmarkt ist der Markt für kurzfristige Forderungen (Tagesgeld, Monatsgeld, Schatzwechsel des Bundes, unverzinsliche Schatzanweisungen usw.).

aus der Sicht des Schuldners aufgehoben, weil sie auf die zwischengeschaltete Bank verlagert wurden. Die Bank bemüht sich, den Kreditbetrag durch revolvierende Termineinlagen abzudecken; notfalls muss sie andere Mittel einsetzen, wenn die Revolvierung einmal misslingt. Da die Termineinlagen in Deutschland der Mindestreservepflicht[1] unterliegen, verteuert sich der indirekt revolvierende Kredit entsprechend.

4.3.2.3 Schuldscheindarlehen und Teilschuldverschreibungen

Die Merkmale von Obligationen und Schuldscheindarlehen sollen in der folgenden Gesamtübersicht verglichen werden[2]:

ABB. 4.46: Schuldscheindarlehen und Schuldverschreibung im Vergleich

Merkmal	Obligation (Schuldverschreibung, Anleihe)	Schuldscheindarlehen
Genehmigung	Genehmigung durch Bundesfinanzminister seit 1991 nicht mehr erforderlich.	Nicht erforderlich; für erfolgreiche Platzierung jedoch Erlangung der Deckungsstockfähigkeit sinnvoll.
Wer kann als Schuldner auftreten? (Darlehensnehmer)	Gesellschaften mit Emissionsrecht (= Börsengesellschaften = große Aktiengesellschaften, Gesellschaften mbH sowie juristische Personen des öffentlichen Rechts).	Unternehmungen mit beliebiger Rechtsform, so weit sie Bedeutung innerhalb der Branche haben und bestimmte Bilanzrelationen einhalten.
Kreditgeber	Institutionelle und private Anleger über Kapitalmarkt (auch in Kleinbeträgen).	Kapitalsammelstellen (nur Großbeträge).
Ausgestaltung der Gläubigerrechte	Wertpapier, Inhaber- oder (seltener) Orderpapier.	Kein Wertpapier, nur beweiserleichterndes Dokument.
Fungibilität (Verwertbarkeit) der Kapitalanlage	Hohe Fungibilität, da Börsenhandel.	Daueranlage, evtl. Möglichkeit der Forderungsabtretung (mit Genehmigung des Schuldners).
Tilgung	Tilgungsplan festgelegt. Zusätzlicher freihändiger Rückkauf über Börse möglich.	Tilgung entsprechend Darlehensvertrag.
Kapitalhöhe	Für Börsenzulassung Mindestbetrag wegen Nebenkosten ca. 10 Mio €. Höchstbetrag auch über 1 Milliarde €.	Mindestbetrag 100.000 € bis 1 Mio €. Höchstbetrag 50 bis 100 Mio €.
Laufzeit	8 bis 15 Jahre. Tendenz zu Kurzläufern.	Nach individueller Vereinbarung bis 15 Jahre.
Besicherung	Grundschulden ohne Zwangsvollstreckungsklausel. Evtl. Negativklausel.	Briefgrundschulden mit Zwangsvollstreckungsklausel.
Publizität	Publizitätspflicht für Schuldner.	Keine Publizitätspflicht.
Nominalzinssatz	Je nach Marktlage.	Etwa 1/4 bis 1/2 Prozentpunkte über Anleihezinssatz.
Nebenkosten	Einmalige Nebenkosten: 3 bis 5 %. Laufende Nebenkosten: ca. 1,5 % des Nominalbetrages der Anleihe.	Einmalige Nebenkosten: 1 bis 2 %. Keine laufenden Nebenkosten.

1 Kreditinstitute haben auf Sicht, Termin- und Spareinlagen Mindestreserven bei der Deutschen Bundesbank zu halten.
2 Ähnlich bei: F. U. Jahrmann, Finanzierung, S. 212 f. – L. Perridon/M. Steiner, Finanzwirtschaft der Unternehmung, S. 418 f.

Merkmal	Obligation (Schuldverschreibung, Anleihe)	Schuldscheindarlehen
Formalitäten	Zustimmung des Zentralen Kapitalmarktausschusses.	Keine Formalitäten.
Kündigungsmöglichkeit des Schuldners	Im Allgemeinen nach Ablauf der tilgungsfreien Jahre zu den planmäßigen Tilgungsterminen.	Nur in Ausnahmefällen nach Ablauf der tilgungsfreien Jahre.
Kurspflege	Kurspflege durch Emittenten oder Emissions-Konsortium.	Entfällt, da keine Börsennotierung.

4.3.3 Langfristige Darlehen

4.3.3.1 Kreditnehmer und Kreditgeber

Während Schuldverschreibungen und Schuldscheindarlehen nur von großen Unternehmungen begeben werden können, sind viele kleine und mittlere Unternehmungen im Wesentlichen auf langfristige Darlehen angewiesen. Als Kreditgeber kommen in Betracht:

(1) Kreditinstitute: Sie lassen sich in Anlehnung an die Monatsberichte der Deutschen Bundesbank wie folgt gruppieren (vgl. auch Abbildung 4.47):

Kreditbanken
Großbanken
Regionalbanken und sonstige Kreditbanken
Zweigstellen ausländischer Banken
Privatbankiers
Girozentralen (einschl. Deutsche Girozentrale)
Sparkassen
Genossenschaftliche Zentralbanken (einschl. Deutsche Genossenschaftsbank)
Kreditgenossenschaften
Realkreditinstitute
Private Hypothekenbanken
Öffentlich-rechtliche Grundkreditanstalten
Kreditinstitute mit Sonderaufgaben (vgl. Abbildung 4. 47)
Postgiro- und Postsparkassenämter
Bausparkassen
Private Bausparkassen
Öffentliche Bausparkassen

(2) Nichtbanken-Kapitalsammelstellen: Dazu gehören Versicherungen, Pensionsfonds und Sozialversicherungsträger. Für Versicherungskredite gelten besonders strenge Maßstäbe, deshalb werden sie vorzugsweise an Adressen bekannt guter Bonität vergeben.

(3) Privatpersonen: Darlehen Privater sind häufig Gesellschafterdarlehen. Überwiegend findet man sie bei der GmbH, wenn die Gesellschafter bei zusätzlichem Kapitalbedarf ihr Risiko nicht durch eine Stammkapital-Erhöhung vergrößern wollen und stattdessen ihrer Gesell-

schaft ein Darlehen gewähren. Allerdings ist § 32 a GmbH-Gesetz zu beachten, wonach der Gesellschafter sein Darlehen dann nicht als Forderung geltend machen darf, wenn er es der GmbH zu einem Zeitpunkt zugeführt hat, in dem „ordentliche Kaufleute Eigenkapital zugeführt hätten".

ABB. 4.47: Kreditinstitute mit Sonderaufgaben

Name des Instituts	Wichtigste Aufgaben	Träger	Finanzierung der Aufgaben durch
AKA Ausfuhrkredit GmbH Frankfurt (Main)	Finanzierung von Investitionsgüter-Exporten (mittel- und langfristig)	Konsortium von Außenhandelsbanken	Konsortialbanken und Mittel der Bundesbank
Kreditanstalt für Wiederaufbau, Frankfurt (Main)	Investitionskredite an die gewerbliche Wirtschaft; langfristige Exportfinanzierung; Finanzierung von Entwicklungsprojekten im Ausland	Bund und Länder	Ausgabe von Schuldverschreibungen; Darlehen der öffentlichen Hand
Industriekreditbank AG, Düsseldorf (vereinigt mit Deutsche Industriebank, Berlin)	Mittel- und langfristige Kreditgewährung an die gewerbliche Wirtschaft	Deutsche Industrie und Banken	Emission eigener Wertpapiere; Darlehensaufnahme
Deutsche Ausgleichsbank, Bonn (früher: Lastenausgleichsbank)	Existenzgründungen, Kredite zur Sicherung von Betrieben u. f. Umweltschutz, Eingliederung von Aus- u. Umsiedlern	Bund	Eigene Schuldverschreibungen; Darlehensaufnahme; öffentliche Mittel
Landwirtschaftliche Rentenbank, Frankfurt (Main)	Zentralinstitut für das land- und forstwirtschaftliche Kreditgeschäft	Deutsche Landwirtschaft	Emission eigener Wertpapiere (Landwirtschaftsbriefe); Darlehensaufnahme
Deutsche Siedlungs- und Landeszentralbank, Berlin/Bonn	Kreditgewährung zur Strukturverbesserung in ländlichen Gebieten	Bund und Land Berlin	Öffentliche Mittel und Wertpapieremission; Darlehensaufnahme
Deutsche Bau- und Bodenbank AG, Berlin/Frankfurt	Vorfinanzierungskredite für die Bauwirtschaft; Wohnungsbauförderung	Bund und Land NRW	öffentliche Mittel; Darlehensaufnahme
Deutsche Verkehrs-Bank AG, Frankfurt (Main)	Hausbank der Deutschen Bundesbahn – Frachtstundung; Zentralbank der Sparda-Banken	Deutsche Bahn Beteiligungsgesellschaft, Sparda-Banken	Öffentliche Mittel (Bund)
Liquiditäts-Konsortialbank GmbH, Frankfurt (Main)	Kredithilfe für Banken in Liquiditätsschwierigkeiten	Bundesbank und Bankenverband	Bundesbank und gesamtes Kreditgewerbe
Privatdiskont AG[a]	Refinanzierung kurzfristiger Akzeptkredite für den Außenhandel	Deutsche Kreditbanken	Rediskontierung bei Bundesbank und am Geldmarkt; eigene Mittel

[a] Die Privatdiskont AG ist seit 1992 ohne aktives Geschäft, weil die Deutsche Bundesbank seit 1989 das der Bank eingeräumte Limit für die Einreichung von Privatdiskonten stufenweise verringerte, um es 1992 ganz zu streichen.

Quelle: Ähnlich bei W. Compter, Bankbetriebslehre, S. 23 und W. Grill/H. Perczynski, Wirtschaftslehre des Kreditwesens, S. 50 f.

Zu den möglichen haftungsrechtlichen Vorzügen des Gesellschafter-Darlehens treten seine steuerrechtlichen Vorteile:

- Die Zinsen sind nur zur Hälfte in den Gewerbeertrag einzubeziehen.
- Der Darlehensbetrag ist nur zur Hälfte dem Gewerbekapital zuzurechnen.

Im Rahmen der langfristigen Fremdfinanzierung sind die Kreditinstitute mit Sonderaufgaben von großer Bedeutung, weil sie

- zentrale staatliche Kreditaktionen bankmäßig durchführen,
- langfristige Kredite an bestimmte Wirtschaftsbereiche gewähren,
- von Bankenkonsortien zur Übernahme solcher Aufgaben gegründet worden sind, die die Möglichkeiten der einzelnen Banken überschreiten[1].

4.3.3.2 Laufzeit und Besicherung

Die Laufzeiten langfristiger Darlehen betragen bis zu 30 Jahre, wobei wir heute einen Trend zu kürzeren Laufzeiten beobachten. Die Zinskonditionen werden meist nur für einen Teil der Laufzeit festgeschrieben, so dass nach Ablauf einer bestimmten Frist von beispielsweise zwei, fünf oder zehn Jahren ein neuer Zins und eventuell auch ein neues Disagio vereinbart werden können.

Die Sicherstellung erfolgt meist durch Grundpfandrechte. Wegen der langen Laufzeiten und der oft beträchtlichen Beträge nehmen die Darlehensgeber im Regelfall eine eingehende Kreditwürdigkeitsprüfung vor.

4.3.3.3 Konditionen

Konditionsbestandteile bei langfristigen Darlehen sind:

- Nominalzins, der in Prozenten vom Nennwert (Nominalwert) angegeben wird,
- Laufzeit,
- Tilgungsart,
- Schätz- und Bewertungskosten,
- Notargebühren für die Bestellung der grundbuchlichen Sicherheiten,
- Gebühren für das Grundbuchamt,
- Damnum (Abschlag, Disagio); das ist der Teil des Nennwertes, der dem Darlehensnehmer nicht ausgezahlt wird (Damnum, lat. = Schaden).

Zinsgleitklausel: Die Vereinbarung eines Festzinssatzes über die gesamte Laufzeit kann heute als Ausnahme bezeichnet werden. Neben der Möglichkeit, nach bestimmten Zeitabständen (etwa alle fünf Jahre) Zinssatz und Damnum neu zu vereinbaren, ist insbesondere die bei den Sparkassenhypotheken zu findende Zinsgleitklausel zu erwähnen. Danach liegt der Hypothekenzins um 0,5 bis 1,5 Prozentpunkte über jenem Kapitalmarktzins, der als Refinanzierungszinssatz die Grundlage für die Zinsbildung darstellt.

1 Vgl. H. E. Büschgen, Das kleine Börsen-Lexikon, S. 433 f.

BEISPIEL (Damnum mindert Auszahlungsbetrag)

Nominalwert des Darlehens	100.000 €
– 4 % Damnum	4.000 €
Auszahlungsbetrag	96.000 €

Weil der Schuldner die nicht erhaltenen 4 000 € erstens verzinsen und zweitens zurückzahlen muss, liegt der Effektivzinssatz[1] über dem Nominalzinssatz.

Tilgungsformen: Die drei Tilgungsformen, die Sie schon bei den Obligationen kennen gelernt haben, sind eine wichtige Unterscheidungsmöglichkeit zur Charakterisierung langfristiger Darlehen als Annuitätenhypothek, Zinshypothek, Abzahlungshypothek.

(1) Bei der häufig vorkommenden Annuitätentilgung erfolgt die Zahlung fester Annuitäten, wobei der Tilgungsanteil laufend zu- und der Zinsanteil entsprechend abnimmt.

(2) Bei der Zinshypothek sind während der Laufzeit lediglich Zinsen zu entrichten. Die Schuld wird erst am Ende der Laufzeit, dann aber vollständig in einer Summe getilgt. Die Ablösung des Darlehens am Ende der Laufzeit kann zum Beispiel durch Einsatz von Bausparmitteln erfolgen. Ein klassischer Fall für die einmalige Gesamttilgung ist in der Lebensversicherungshypothek zu sehen, bei der der Schuldner zunächst nur Zinsen für das in Anspruch genommene Darlehen zahlt, und später, wenn die Versicherungssumme fällig wird, die Tilgung auf einen Schlag erfolgt. Bitte beachten Sie, dass während der Darlehenslaufzeit zusätzlich die Prämie für die Lebensversicherung zu zahlen ist.

(3) Bei der Abzahlungshypothek schließlich sind im Zeitablauf fallende jährliche Beträge zu zahlen, wobei die Tilgung (Abzahlungsrate) konstant bleibt und die Zinsen abnehmen.

BEISPIEL (Zahlungsverlauf bei unterschiedlichen Tilgungskonditionen)

Eine Bank offeriert einen Hypotheken-Kredit zu folgenden Konditionen:

Nennbetrag:	60.000 €,
Auszahlung:	94 %,
Nominalzinssatz:	8 %,
Laufzeit:	6 Jahre.

a) Ermitteln Sie tabellarisch die jährlichen Zins- und Tilgungsbeträge für die drei Varianten Annuitäten-, Zins- und Abzahlungshypothek.

b) Welchen Einfluss hat der Auszahlungskurs auf die jährliche Zins- und Tilgungszahlung?

1 Die Ermittlung des Effektivzinssatzes bei langfristigen Darlehen wird im folgenden Kapitel ausführlich dargestellt. Eine Erörterung der Bestimmungsgrößen des Effektivzinssatzes findet sich auch bei: Stiftung Warentest, Hypothekendarlehen, Heft 7/1994, S. 15 ff. und Heft 9/1995, S. 14 ff.

Lösung a)

Annuitätenhypothek					
Jahr	Darlehen am Jahresanfang (€)	Annuität (€/J)	Zinsanteil (€/J)	Tilgungsanteil (€/J)	Darlehen am Jahresende (€/J)
	I	II	III = I · 0,08	IV = II – III	V = I – IV
1	60.000	12.979	4.800	8.179	51.821
2	51.821	12.979	4.146	8.833	42.988
3	42.988	12.979	3.439	9.540	33.448
4	33.448	12.979	2.676	10.303	23.145
5	23.145	12.979	1.852	11.127	12.018
6	12.018	12.979	961	12.018	0
Summe		77.874	17.874	60.000	

Zinshypothek				
Jahr	Darlehen am Jahresanfang (€)	Zinsen (€/J)	Tilgung (€/J)	Darlehen am Jahresende (€)
	I	II = I · 0,08	III	IV = I – III
1	60.000	4.800	0	60.000
2	60.000	4.800	0	60.000
3	60.000	4.800	0	60.000
4	60.000	4.800	0	60.000
5	60.000	4.800	0	60.000
6	60.000	4.800	60.000	0
Summe		28.800	60.000	

Abzahlungshypothek				
Jahr	Darlehen am Jahresanfang (€) I	Zinsen (€/J) II = I · 0,08	Tilgung (€/J) III	Darlehen am Jahresende (€) IV = I – III
1	60.000	4.800	10.000	50.000
2	50.000	4.000	10.000	40.000
3	40.000	3.200	10.000	30.000
4	30.000	2.400	10.000	20.000
5	20.000	1.600	10.000	10.000
6	10.000	800	10.000	0
Summe		16.800	60.000	

Lösung b)

Der Auszahlungskurs hat keinen Einfluss auf Zins- und Tilgungsbeträge, da beide als Vomhundertsatz des Nennwertes definiert sind. Der Auszahlungskurs hat jedoch Einfluss auf den Effektivzinssatz: Mit sinkender Auszahlung wächst der Effektivzinssatz.

4.3.4 Checkliste und Zusammenfassung

Die langfristige Fremdfinanzierung besteht aus den Hauptformen: Obligationen (Anleihen, Schuldverschreibungen), Schuldscheindarlehen, langfristige Darlehen.

Obligationen werden von staatlichen Institutionen, Banken und Großunternehmungen über die Börse platziert; dabei erfolgt eine Stückelung der Gesamtsumme in Teilbeträge (Teilschuldverschreibungen). Ausgabe- und Rückzahlungskurs können dem Nennwert entsprechen oder auch davon abweichen. Folgende Fälle sind bei einem Rückzahlungskurs von 100 % denkbar:

Ausgabekurs		Rückzahlungskurs	Begriffe
unter	100 %	100 %	unter pari, Disagio (Abschlag, Abgeld)
	100 %	100 %	pari
über	100 %	100 %	über pari, Agio (Aufschlag, Aufgeld)

Obligationen können von den Kreditinstituten fest übernommen oder kommissionsweise platziert werden. Sie können auch vom Schuldner direkt platziert werden.

Einteilung von Obligationen: Sie erfolgt nach den Tilgungsmodalitäten und den Formen (Normal- oder Sonderformen). Hinsichtlich der Tilgung unterscheiden wir: einmalige Gesamttilgung, Tilgung in gleichen Jahresraten, Annuitätentilgung, Tilgung mittels Tilgungsfonds. Neben die Normalform treten als Sonderformen die Wandelschuldverschreibung, Optionsanleihe, Gewinnschuldverschreibungen und Genussscheine.

Sonderformen der Obligation: Die Wandelschuldverschreibung kann vom Gläubiger nach einer gewissen Frist in ein Beteiligungspapier (z. B. Aktie) umgetauscht werden (dafür niedrigere Verzinsung). Sie verbrieft ein Umtauschrecht. Im Gegensatz dazu gewährt die Optionsanleihe dem Gläubiger Zusatzrechte zum Erwerb von Aktien (stock warrants) oder Obligationen (bond warrants). Bei der Ausübung dieses Optionsrechts, das auch getrennt gehandelt werden kann, bleibt der ursprüngliche Anleihetitel bestehen. Die Gewinnschuldverschreibung bringt dem Gläubiger als Sonderrecht noch eine Gewinnbeteiligung. Genussscheine verbriefen Vermögens-, nicht aber Stimmrechte und können weder dem Fremdkapital noch dem Eigenkapital eindeutig zugeordnet werden.

Schuldscheindarlehen sind anleiheähnliche, meist langfristige (5–15 Jahre) Großkredite, die unter Ausschaltung der Börse vorwiegend bei Nichtbanken-Kapital-sammelstellen aufgenommen werden. Kapitalgeber sind vor allem Versicherer und Pensionskassen.

Bei direkten Schuldscheindarlehen kommt man ohne Makler aus; bei indirekten wird ein Makler (Bank oder privater Finanzmakler) zwischengeschaltet. Einzelschuldscheindarlehen werden von einem einzigen Gläubiger, Teilschuldscheindarlehen von mehreren Gläubigern gemeinsam aufgebracht. Bei fristenkongruenten Schuldscheindarlehen besteht Übereinstimmung zwischen Kapitalüberlassungsdauer und Kapitalbedarf. Bei revolvierenden Schuldscheindarlehen besteht diese Fristenkongruenz nicht; hier erfolgt die Finanzierung langfristiger Investitionen über fortlaufende kurzfristige Anschlussfinanzierungen. Beim direkten Revolving-System trägt die kreditnehmende Unternehmung das Zins- und Liquiditätsrisiko, beim indirekten Revolving und beim 7-M-System die dazwischengeschaltete Bank oder der Finanzmakler.

Langfristige Darlehen können von beliebigen Kreditgebern (meist Kreditinstitute, Versicherungen, Private) an beliebige Unternehmungen (auch kleinere) gegeben werden. Sie werden häufig durch Grundpfandrechte gesichert. Sind die als Sicherheiten genutzten Immobilien Renditeobjekte, richtet sich die Beleihungsgrenze eher nach dem Ertragswert, bei Selbstnutzung eher nach dem Sachwert. Tilgungsformen sind: einmalige Gesamttilgung, Abzahlungstilgung, Annuitätentilgung. In der Schweiz zählen die Darlehen der Personalvorsorgeeinrichtung an die eigene Firma und die Darlehen der Aktionäre an die eigene Gesellschaft ebenfalls zu den langfristigen Darlehen.

Formeln und Symbolverzeichnis

Kapitaldienst von Obligationen, Schuldscheindarlehen und langfristigen Darlehen	
Formeln	Symbole
KD = Anleihenennwert · KWF	KD = Kapitaldienst KWF = $\frac{i\,(1+i)^n}{(1+i)^n-1}$ = Kapitalwiedergewinnungsfaktor

FRAGEN UND AUFGABEN

4.3.1 Welche Definitionsmerkmale kennzeichnen die Obligation (Anleihe, Schuldverschreibung, Teilschuldverschreibung)?

4.3.2 Begründen Sie anhand eines kommentierten Zeitstrahls, weshalb bei einer Unter-pari-Emission (Über-pari-Emission) der Effektivzinssatz über (unter) dem Nominalzinssatz liegt.

4.3.3 Nennen Sie mögliche Emittenten von Schuldverschreibungen.

4.3.4 Welche Voraussetzungen müssen bei der Begebung einer Anleihe erfüllt sein? Welche Zinserwartung hat ein Unternehmen, das bei Ausgabe einer Anleihe der Abzahlungstilgung den Vorzug gibt anstelle der Gesamttilgung?

4.3.5 Welche Merkmale gehören zur Ausstattung einer Anleihe? Wie kann die Anpassung einer zu begebenden Anleihe an unterschiedliche Kapitalmarktsituationen (steigendes oder fallendes Zinsniveau) vorgenommen werden?

4.3.6 Zeigen Sie die verschiedenen Tilgungsmodalitäten von Obligationen anhand von Zeitstrahlen (Rückzahlung: 100 %).

4.3.7 Skizzieren Sie die Sonderformen der Obligation.

4.3.8 Kennzeichnen Sie die folgenden Sätze mit (+) = richtig oder (–) = falsch.

a) Bei Wandelschuldverschreibungen hat der Inhaber die Möglichkeit,

- gegen Hergabe des Papiers Aktien der Gesellschaft zu erwerben; ( )

- gegen Hergabe des Papiers Anleihen der Gesellschaft zu erwerben; ( )
- ohne Hergabe des Papiers Aktien oder Anleihen der Gesellschaft zu vorher vereinbarten Konditionen zu erwerben. ( )

b) Optionsanleihen verbriefen

- ein Umtauschrecht gegen Aktien; ( )
- ein Umtauschrecht gegen andere Anleihen; ( )
- die Möglichkeit, Aktien oder andere Anleihen später zu jetzt festgelegten Bedingungen zu erwerben, ohne die Optionsanleihe hergeben zu müssen. ( )

c) Die Gewinnschuldverschreibung

- ist eine Sonderform der Industrieobligation; ( )
- setzt zur Begebung eine absolute Mehrheit in der Hauptversammlung voraus; ( )
- beteiligt den Obligationär am Gewinn der Gesellschaft. ( )

4.3.9 Was verstehen Sie unter einem Schuldscheindarlehen? Ist für die Vergabe eines solchen Darlehens ein Schuldschein erforderlich?

4.3.10 Nennen Sie einige typische Ausstattungsmerkmale der Schuldscheindarlehen, und erörtern Sie dabei die Vorteile der Schuldscheindarlehen für den Darlehensnehmer.

4.3.11 Erörtern Sie kurz folgende Begriffspaare:

- direktes und indirektes Schuldscheindarlehen,
- Einzel- und Teilschuldscheindarlehen,
- fristenkongruentes und revolvierendes Schuldscheindarlehen.

4.3.12 Gehen Sie auf die verschiedenen Revolving-Systeme ein. Erläutern Sie dabei die besonderen Gefahren des so genannten 7-M-Systems.

4.3.13 Skizzieren Sie die Einteilung langfristiger Darlehen nach verschiedenen Tilgungsformen.

4.3.14 Erläutern Sie kurz die Notwendigkeit einer genauen Renditebestimmung im Finanzierungsbereich.

4.3.15 Eine Sparkasse bietet für ein hypothekarisch gesichertes Darlehen folgende Konditionen:

Nennbetrag:	100.000 €,	Laufzeit:	5 Jahre,
Damnum:	4.000 €,	Nominalzinssatz:	6 % p. J.

Zeigen Sie am Zeitstrahl die drei Tilgungsformen (Rückzahlung: 100 %).

4.3.16 Kennzeichnen Sie die folgenden Sätze mit (+) = richtig oder (–) = falsch.

a) Langfristige Fremdfinanzierung liegt vor

- bei Obligationen; ( )
- bei Schuldscheindarlehen; ( )
- bei Aufnahme eines stillen Gesellschafters. ( )

b) Schuldscheindarlehen haben im Vergleich zu Obligationen (Anleihen, Schuldverschreibungen) den Vorteil,
   - für Unternehmungen aller Größenklassen, also auch für kleine, geeignet zu sein; ( )
   - ohne Publizität und Prospekt aufgenommen werden zu können; ( )
   - fungibler zu sein als durch Wertpapiere verbriefte Anleihen. ( )

c) Schuldscheindarlehen haben gegenüber Obligationen den Nachteil,
   - grundsätzlich nicht deckungsstockfähig zu sein; ( )
   - höhere Nebenkosten bei der Begebung zu verursachen; ( )
   - dass der Schuldner einen höheren Nominalzinssatz hinnehmen muss. ( )

d) Das Zins- und Prolongationsrisiko
   - existiert nur beim direkten Revolving-System; ( )
   - liegt beim indirekten Revolving-System beim Kreditnehmer; ( )
   - liegt beim indirekten Revolving-System beim Kreditgeber. ( )

4.4 Effektivzinsbestimmung bei langfristiger Fremdfinanzierung

4.4.1 Interne Zinsfuß-Methode

4.4.1.1 Grundsätzliches

Die interne Zinsfuß-Methode eignet sich für alle Fragen der Effektivzinsbestimmung. Sie lässt sich einsetzen

- zur Errechnung der Rendite von Realinvestitionen (Maschinen, Grundstücke, Vorräte),
- zur Errechnung des Effektivzinssatzes von Finanzinvestitionen oder Finanzanlagen (Aktien, Industrieobligationen, Pfandbriefe),
- zur Errechnung der Effektivbelastung der langfristigen Fremdfinanzierung (Bankdarlehen, Schuldscheindarlehen, Schuldverschreibungen),
- zur Errechnung der Effektivbelastung der kurzfristigen Fremdfinanzierung (Anzahlungen, Lieferantenkredite, Wechseldiskontkredite),
- zum Zinsvergleich zwischen Kreditkauf und Leasing.

Bei betrieblichen Realinvestitionen werden Sie im Regelfall mit einem ungefähren Ergebnis („der interne Zinsfuß liegt bei gut 9 %") zufrieden sein; eine höhere Genauigkeit ist wegen der Unsicherheit der zu schätzenden Größen nicht sinnvoll. Bei Finanzinvestitionen und Finanzierungen dagegen interessieren Sie sich für den genauen Wert der Effektivbelastung (aus Schuldnersicht) oder Effektivverzinsung (aus Gläubigersicht), weil hier die Zahlungen vertraglich fixiert, also vergleichsweise sicher sind. Hier hat es Sinn, den internen Zinsfuß mit einer Genauigkeit von zwei Stellen hinter dem Komma zu bestimmen.

Die Effektivzinsbestimmung bei langfristiger Fremdfinanzierung wird für den Fall untersucht, dass die Zahlungen einmal jährlich, und zwar am Jahresende, anfallen (nachschüssige Zahlungen). Jedes Jahr umfasst also eine (und nur eine) Zinsperiode. Die Auswirkungen unterjähriger

Zinsperioden lernen Sie später im Kapitel 4.6 (Effektivzinsbestimmung bei kurzfristiger Fremdfinanzierung) kennen.

Die bei Investitionsrechnungen häufig verwendete interne Zinsfuß-Methode[1] bietet für unser Problem (Effektivzinsbestimmung bei langfristiger Fremdfinanzierung) zwei brauchbare Lösungsansätze: die Regula falsi als allgemeine Problemlösung und den Lösungsweg über die finanzmathematischen Faktoren. Die Regula falsi ist bei allen Tilgungformen anwendbar; die Lösung mit Hilfe der Faktoren bietet sich im Falle der Annuitätentilgung an.

4.4.1.2 Allgemeine Problemlösung (Regula falsi)

Definition: Interner Zinsfuß (Effektivzinssatz, Rendite) einer Investition oder Finanzierung ist der Zinssatz, bei dem der Kapitalwert der betreffenden Investition oder Finanzierung gerade gleich Null wird. Kapitalwert ist die Differenz zwischen den barwertigen Ein- und Auszahlungen.

Die interne Zinsfuß-Methode nutzt das Kernstück dieser Definition (Rendite ist der Zins, bei dem der Kapitalwert Null ist), indem sie die Nullstelle der Kapitalwertfunktion sucht. Das geschieht in drei Schritten:

(1) Sie stellen die Kapitalwertfunktion auf.

(2) Sie setzen den Kapitalwert gleich Null.

(3) Sie lösen die Gleichung nach r (dem internen Zinssatz) auf.

Wir betrachten eine relativ einfache Investition mit konstanten jährlichen Nettoeinzahlungen (e – a), die durch den folgenden Zeitstrahl gekennzeichnet ist:

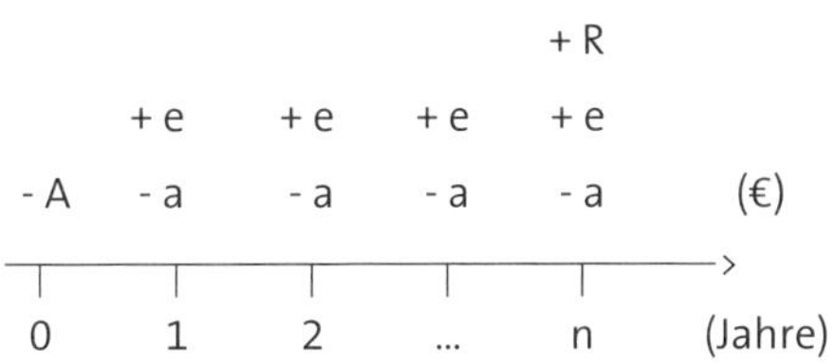

Symbole

A = Anschaffungsauszahlung (€)
e = jährliche Einzahlungen (€)
a = jährliche Auszahlungen (€)
R = Restwert (€)
n = Nutzungsdauer (Jahre)
C_0 = Kapitalwert (€)
i = Kalkulationszinssatz

1 Eine ausführliche Darstellung der internen Zinsfuß-Methode finden Sie bei: K.-D. Däumler/J.Grabe, Grundlagen der Investitions- und Wirtschaftlichkeitsrechnung, S. 81 ff.

Die Schritte (1) und (2) sind leicht durchzuführen. Schritt (3) dagegen ist häufig nicht gangbar:

(1) Kapitalwertfunktion aufstellen:

$$C_0 = (e - a) \cdot \frac{(1+i)^n - 1}{i\,(1+i)^n} + R\,(1+i)^{-n} - A$$

(2) Kapitalwert gleich Null setzen:
(Wegen $C_0 = 0$ gilt $i = r$)

$$0 = (e - a) \cdot \frac{(1+r)^n - 1}{r\,(1+r)^n} + R\,(1+r)^{-n} - A$$

(3) Gleichung nach r auflösen: Ist das möglich?

Wenn es Ihnen so geht wie dem Rest der Menschheit, dann haben Sie Schwierigkeiten mit der Auflösung der Gleichung nach r. Allgemein gilt: Für Werte von $n > 3$ ist die Auflösung der Kapitalwertfunktion nach dem Zinssatz im Normalfall nicht möglich (Ausnahmen bestätigen die Regel). Zur Problemlösung setzt man deshalb häufig ein Näherungsverfahren ein, die Regula falsi (lat. = Regel des Falschen, weil nur Näherungslösung). Dazu linearisiert man die Kapitalwertfunktion zwischen zwei Probierzinssätzen und ermittelt die Nullstelle der Geraden, die die Punkte P_1 und P_2 verbindet. Die Linearisierung der Kapitalwertfunktion zur Effektivzinsbestimmung ist ein Spezialfall der linearen Interpolation[1].

ABB. 4.48: Die Regula falsi ersetzt die Kurve durch eine Gerade

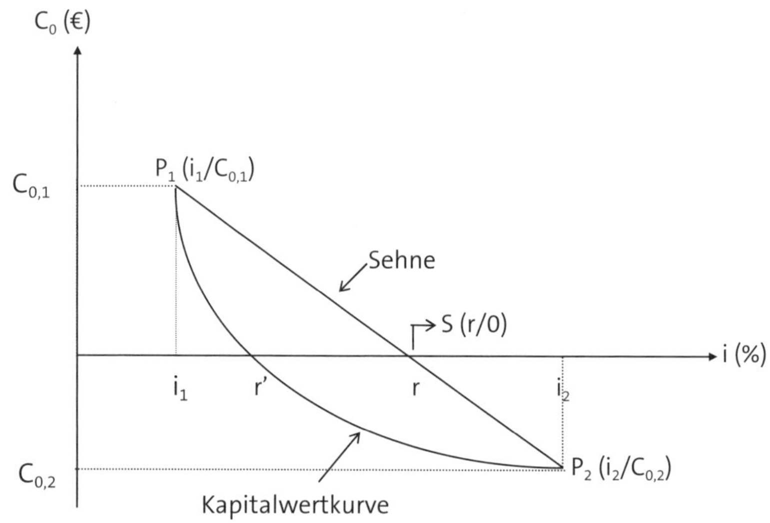

Die Gleichung für die Sehne kann, wenn wir die Koordinaten von P_1 und P_2 kennen, nach der Zwei-Punkte-Form der Geradengleichung aufgestellt werden. Sie lautet allgemein:

$$\frac{y - y_1}{x - x_1} = \frac{y_2 - y_1}{x_2 - x_1} \qquad \text{Somit gilt:} \qquad \frac{C_0 - C_{0,1}}{i - i_1} = \frac{C_{0,2} - C_{0,1}}{i_2 - i_1}$$

1 Vgl. K.-D. Däumler/J. Grabe, Kostenrechnungs- und Controllinglexikon, S. 147 f.

Die gesuchte Effektivverzinsung r erhalten Sie, indem Sie in obiger Gleichung den Kapitalwert C_0 gleich Null setzen und nach dem Zinssatz auflösen (vgl. auch Aufgabe 4.4.5). Das Ergebnis lautet:

$$r = i_1 - C_{0,1} \cdot \frac{i_2 - i_1}{C_{0,2} - C_{0,1}} \qquad (4.4.1)$$

Regula falsi

Symbole

r = Rendite (Effektivzinssatz)

i_1 = Probierzinssatz Nr. 1

i_2 = Probierzinssatz Nr. 2

$C_{0,1}$ = Kapitalwert beim Zinssatz 1

$C_{0,2}$ = Kapitalwert beim Zinssatz 2

Diese Gleichung zur Effektivzinsbestimmung lässt sich in allen denkbaren Fällen anwenden. Sie setzt lediglich voraus, dass man für zwei Probierzinssätze die jeweiligen Kapitalwerte errechnet. Das Ergebnis der Regula falsi ist sehr genau, wenn die Probierzinssätze nahe bei dem gesuchten Ergebniswert (Effektivzinssatz) liegen. Konkret lässt sich sagen: Falls keiner der Probierzinssätze weiter als einen Prozentpunkt[1] vom Ergebniswert entfernt ist, liegt die Ungenauigkeit des Ergebnisses bei jährlich anfallenden Zahlungen unter einem hundertstel Prozentpunkt, was eine für alle praktischen Berechnungen ausreichende Annäherung an die wahre Lösung darstellt.

Zur Ermittlung des Kapitalwertes sind alle Zahlungen auf den Zeitpunkt 0 (= Beginn einer Finanzierung oder Investition) zu diskontieren (abzuzinsen). Der Barwert einer Zahlungsreihe mit gleich bleibenden Zahlungen wird mit Hilfe des Diskontierungssummenfaktors (DSF), der Barwert einer einmaligen Zahlung wird mit Hilfe des Abzinsungsfaktors (AbF) ermittelt. Die Werte beider Faktoren finden Sie im finanzmathematischen Tabellenanhang.

4.4.1.3 Problemlösung bei Annuitätentilgung

Gegeben ist ein Kredit mit der heutigen Auszahlung K_0, der anschließend für die Dauer von n Perioden mit einer Annuität von g € pro Periode verzinst und getilgt wird.

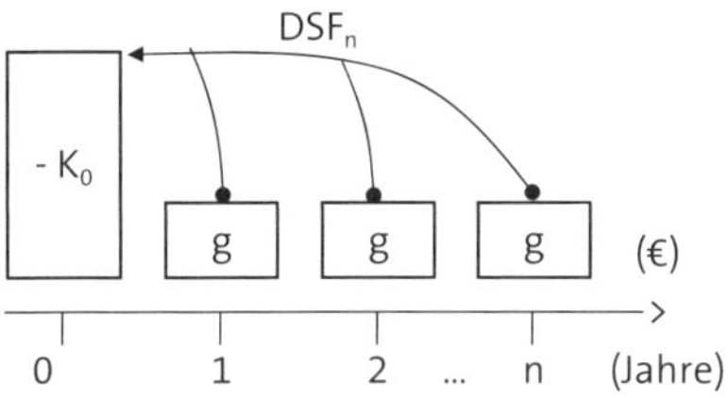

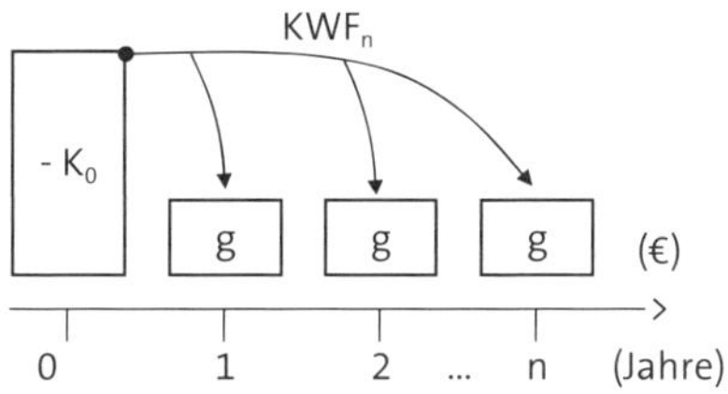

Symbole

K_0 = heutige Zahlung (€)

g = im Zeitablauf konstante Zahlung pro Periode (€)

DSF = Diskontierungssummenfaktor

KWF = Kapitalwiedergewinnungsfaktor

n = Anzahl Perioden

DJÜ = durchschnittlicher jährlicher Überschuss (€)

1 Prozentpunkt(e) ist die Differenz zwischen zwei Prozentzahlen: Der Stimmenanteil der X-Partei ist von 30 % auf 33 %, also um 3 Prozentpunkt(e) gestiegen. Oder: Die X-Partei hat ihren Stimmenanteil um 10 % erhöhen können.

Ist der Zahlungsverlauf einer Investition oder Finanzierung dadurch gekennzeichnet, dass einer heutigen Einmalzahlung K_0 nur eine konstante Zahlungsreihe folgt, lässt sich der Effektivzinssatz allgemein wie folgt bestimmen[1]:

	Kapitalwertmethode	Annuitätenmethode
1. Zielgrößenfunktion aufstellen:	$C_0 = -K_0 + g \cdot DSF_n$	$DJÜ = -K_0 \cdot KWF_n + g$
2. Zielgröße gleich Null setzen:	$0 = -K_0 + g \cdot DSF_n$	$0 = -K_0 \cdot KWF_n + g$
3. Gleichung nach Faktor auflösen:	$DSF_n = \frac{K_0}{g}$	$KWF_n = \frac{g}{K_0}$

Die Lösung des Problems besteht also darin, dass man in der Tabelle der finanzmathematischen Faktoren den Wert des DSF oder KWF sucht, der bei gegebener Laufzeit dem errechneten Faktorwert möglichst nahe liegt. Dabei liefert der Blick in die Tabelle nur dann eine hinlänglich genaue Lösung, wenn die Abstände zwischen den Tabellenzinssätzen klein genug sind[2].

(4.4.2)

$$DSF_n = \frac{K_0}{g}$$

$$KWF_n = \frac{g}{K_0}$$

Effektivzinsbestimmung
Annuitätentilgung

4.4.2 Effektivzinsbestimmung bei einmaliger Gesamttilgung

4.4.2.1 Genaue Effektivzinsermittlung

BEISPIEL: (Effektivzinsermittlung für Zinshypothek)

Eine Bank bietet einen Hypothekarkredit zu folgenden Konditionen an:

- Nominalbetrag: 100.000 €,
- Auszahlungskurs: 90 %,
- Nominalzinssatz: 9 %,
- Laufzeit: 20 Jahre,
- während der Laufzeit werden jeweils am Jahresende Zinsen entrichtet,
- Tilgung am Ende der Laufzeit in einem Betrag (einmalige Gesamttilgung).

Ermitteln Sie den Effektivzinssatz. Genauigkeit: zwei Stellen hinter dem Komma.

Lösung

Bei der gewählten Tilgungsform fallen während der Darlehenslaufzeit nur Zinsen an. Man spricht deshalb auch von einer Zinshypothek. Die Tilgung erfolgt in einer Summe am Ende des 20. Jahres, beispielsweise durch den Einsatz einer dann fällig werdenden Lebensversicherung.

1 Vgl. K.-D. Däumler/J. Grabe, Grundlagen der Investitions- und Wirtschaftlichkeitsrechnung, S. 105 ff.

2 Zur Lösung von Problemen mit jährlicher Zahlungsweise eignet sich ein Tabellenwerk mit Zinssätzen im Abstand von halben Prozentpunkten; sind unterjährige Fragestellungen zu lösen, z. B. monatliche oder vierteljährliche Zahlungsweise, ein Tabellenwerk mit Zinssätzen im Abstand von zehntel Prozentpunkten (vgl. K.-D. Däumler, Finanzmathematisches Tabellenwerk).

Zeitstrahl aus der Sicht des Schuldners (= Finanzierung)

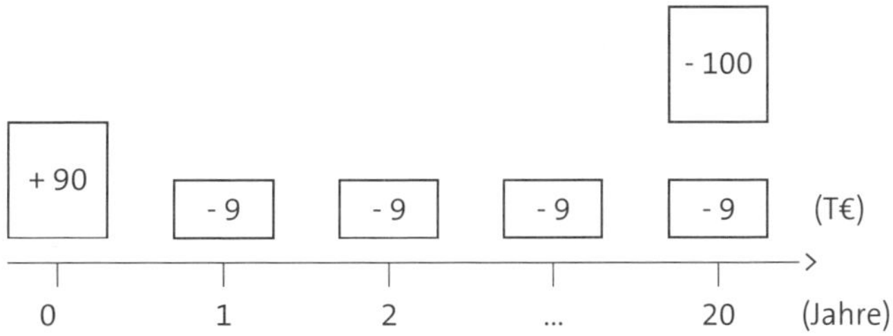

Zeitstrahl aus der Sicht der Bank (= Investition)

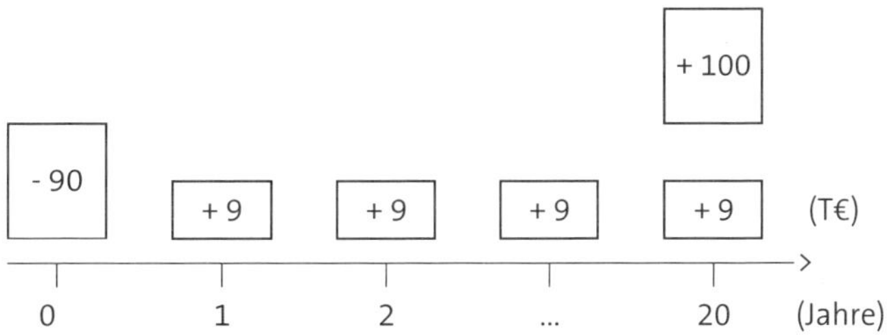

$C_0 = -90.000 + 9.000 \cdot DSF_{20} + 100.000 \cdot AbF_{20}$

Symbole

C_0 = Kapitalwert

DSF = Diskontierungssummenfaktor

AbF = Abzinsungsfaktor

i_1 = Probierzinssatz Nr. 1

Die Aufnahme einer Hypothek ist aus der Sicht des Hypothekennehmers ein Finanzierungsvorgang. Aus der Sicht der Bank liegt eine Investition vor (= Zahlungsreihe, die mit einer Auszahlung beginnt). Die Zahlungsreihen unterscheiden sich nur durch die Vorzeichen. Die Ermittlung des internen Zinsfußes wird aus der Sicht der Bank zunächst grafisch mit Hilfe von drei Versuchszinssätzen durchgeführt.

$i_1 = 8\,\% \rightarrow C_{0,1} = -90.000 + 9.000 \cdot 9{,}818147 + 100.000 \cdot 0{,}214548$

$C_{0,1} = +19.818$ (€)

$i_2 = 10\,\% \rightarrow C_{0,2} = -90.000 + 9.000 \cdot 8{,}513564 + 100.000 \cdot 0{,}148644$

$C_{0,2} = +1.486$ (€)

$i_3 = 12\,\% \rightarrow C_{0,3} = -90.000 + 9.000 \cdot 7{,}469444 + 100.000 \cdot 0{,}103667$

$C_{0,3} = -12.408$ (€)

ABB. 4.49: Kapitalwertkurven für Investition und Finanzierung

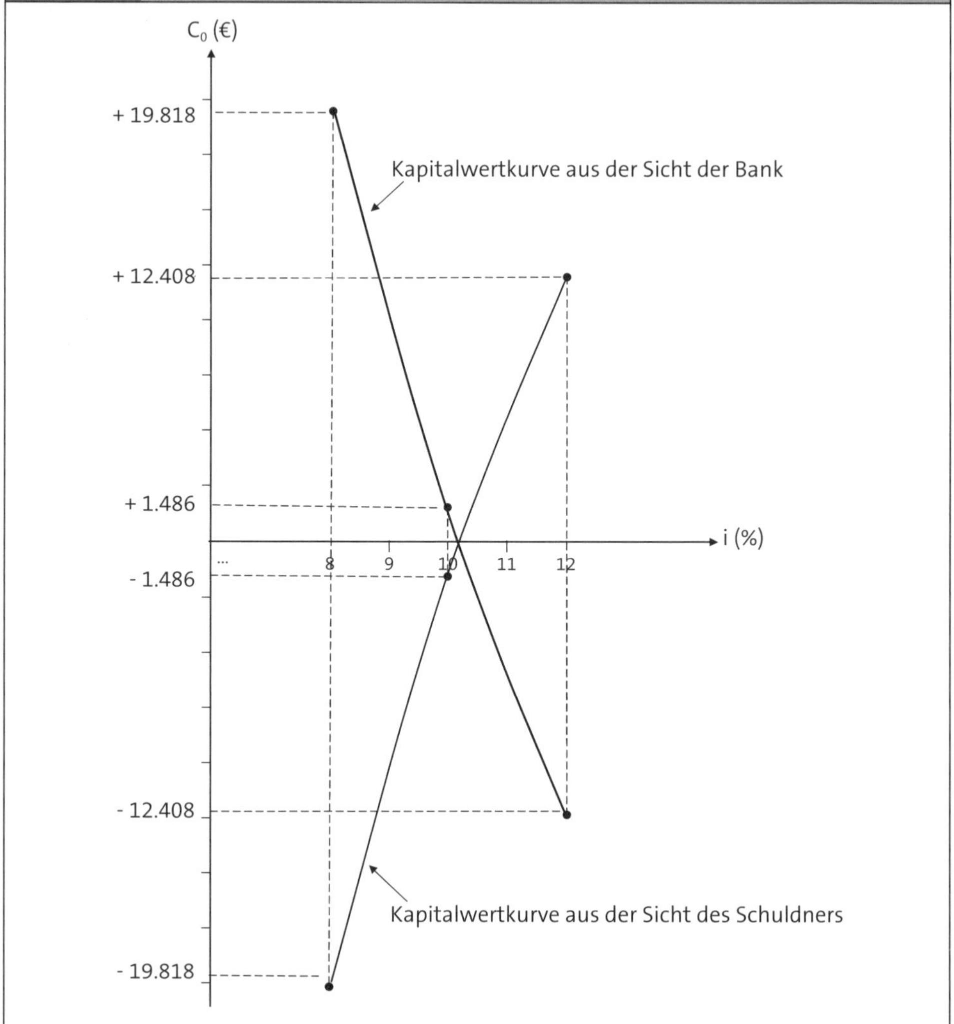

Aus der Zeichnung lesen Sie ab: r ≈ 10,2 %. Um zu einer genaueren Lösung zu kommen, ergänzen Sie die Zeichnung durch die Regula falsi mit den Probierzinssätzen 10 % und 10,5 %:

$i_1 = 10\,\% \quad \rightarrow \quad C_{0,1} = +\,1.486\ (€)$

$i_2 = 10{,}5\,\% \quad \rightarrow \quad C_{0,2} = -\,90.000 + 9.000 \cdot 8{,}230909 + 100.000 \cdot 0{,}135755$

$C_{0,2} = -\,2.346\ (€)$

$$r = i_1 - C_{0,1} \cdot \frac{i_2 - i_1}{C_{0,2} - C_{0,1}}$$

$$r = 10 - 1.486 \cdot \frac{10{,}5 - 10}{-\,2.346 - 1.486} = 10 + \frac{1.486 \cdot 0{,}5}{3.832} = 10{,}19\ (\%)$$

Ergebnis: Der Hypothekarkredit kostet effektiv 10,19 % jährlich. Wegen des Damnums (Disagios) liegt der Effektivzinssatz über dem Nominalzinssatz von 9 %.

4.4.2.2 Auszahlungskurs

Im obigen Beispiel erhält der Schuldner nicht 100.000 €, sondern nur 90.000 €. Die fehlenden 10.000 € muss er, genau wie die erhaltenen 90.000 €, verzinsen und tilgen. Deshalb liegt der Effektivzinssatz 1,2 Prozentpunkte über dem Nominalzinssatz. Was spricht für einen unter 100 % liegenden Auszahlungskurs?

- Das Disagio oder Damnum zählt in der Bundesrepublik Deutschland steuerlich unter Umständen zu den Geldbeschaffungskosten, die als Werbungskosten von den Einkünften aus Vermietung und Verpachtung abgezogen werden dürfen. Bei selbstgenutzten Einfamilienhäusern und Eigentumswohnungen muss der Auszahlungsverlust vor Bezugsfertigkeit angefallen sein.
- Der Abschlag vom Nominalwert kann auch vorgenommen werden, um so eine Feinabstimmung des Effektivzinssatzes zu erreichen. Wenn man anstrebt, den Kunden Nominalzinssätze vom Typ 6 %, 6,25 %, 6,50 %, nicht aber solche von beispielsweise 6,48 % anzubieten, dann ist eine bestimmte Kombination von Nominalzinssatz und Auszahlungskurs notwendig, um bei gegebener Tilgungsmodalität und Laufzeit einen bestimmten Effektivzinssatz zu erreichen.
- Ein unter 100 % liegender Auszahlungskurs kann auch zur Verschleierung eines höheren Effektivzinssatzes genutzt werden.

4.4.2.3 Approximative Effektivzinsermittlung

Für praktische Zwecke wird es gelegentlich als ausreichend erachtet, den Effektivzinssatz eines Darlehens oder die Rendite eines festverzinslichen Wertpapiers nach einer der beiden banküblichen Näherungsformeln auszurechnen. Die erste bezieht die Differenz zwischen Rückzahlungskurs R und Auszahlungskurs A in die Berechnung ein, indem sie (R – A) durch n dividiert und so gleichmäßig auf die Laufzeit verteilt; die zweite bezieht das auf die Laufzeit verteilte Disagio zusammen mit den Zinsen auf den Auszahlungskurs. Hinweis: Fassung a) der banküblichen Näherungsformel verlangt aus Dimensionsgründen die Eingabe der Variablen Z, A und R in Bruch- oder Dezimalbruchform (6 % = 6/100 = 0,06). Bei b) können Sie Prozente, Brüche oder Dezimalbrüche eingeben.

bankübliche Näherungsformeln

(4.4.3) a) $$r_{appr} = \frac{Z}{A} + \frac{R - A}{n}$$

Dezimalbrüche eingeben

b) $$r_{appr} = \frac{Z + \frac{R - A}{n}}{A}$$

Symbole

r_{appr} = approximative Rendite = angenäherte Rendite	A = Auszahlungsbetrag (dezimal)
	R = Rückzahlungsbetrag (dezimal)
Z = jährliche Zinsen (dezimal)	n = Laufzeit (Jahre)

BEISPIEL: (Effektivzinsermittlung gemäß bankküblicher Näherungsformel)

Ermitteln Sie die approximative Rendite[1] für den Fall der im vorigen Beispiel gegebenen Hypothekenkonditionen:

Nominalbetrag: 100.000 €,
Auszahlungskurs: 90 %,
Nominalzinssatz: 9 %,
Laufzeit: 20 Jahre,
einmalige Gesamttilgung nach 20 Jahren.

Damit ergeben sich folgende Näherungswerte für die Effektivbelastung r_{appr}:

$$r_{appr} = \frac{Z}{A} + \frac{R - A}{n} = \frac{0{,}09}{0{,}90} + \frac{1{,}00 - 0{,}90}{20} = 0{,}10 + 0{,}005 = 0{,}105 = 10{,}50\ (\%)$$

$$r_{appr} = \frac{Z + \frac{R - A}{n}}{A} = \frac{9.000 + \frac{10.000}{20}}{90.000} = 0{,}105\overline{5} = 10{,}56\ (\%)$$

Ergebnis: Nach den beiden approximativen Verfahren erhält man eine Effektivverzinsung von 10,50 bzw. 10,56 % und somit eine Abweichung von rund 1/3 Prozentpunkt vom tatsächlichen Ergebnis (10,19 %).

4.4.2.4 Effektivzinsermittlung mit Hilfe des Restwertverteilungsfaktors (RVF)

Abweichungen in der Größenordnung von mehreren Zehntelprozentpunkten können bei großen Darlehen, die über viele Jahre laufen, auf keinen Fall toleriert werden: Hier muss stets genau gerechnet werden. Die Faustformeln zur Effektivzinsbestimmung (4.4.3) sollten in der Praxis allenfalls dann angewendet werden, wenn das Damnum weniger als zwei Prozent beträgt. Der Fehler der Faustformeln (4.4.3) liegt in der Art, wie sie das Damnum auf die Laufzeit verteilen: Die schlichte Division des Damnums durch die Laufzeitjahre ist finanzmathematisch nicht korrekt, sie vernachlässigt, dass die Zahlungen zu unterschiedlichen Zeitpunkten anfallen, sie ignoriert Zins und Zinseszinsen. Diesen Fehler können Sie leicht beheben, wenn Sie den Damnumbetrag mit Hilfe des Restwertverteilungsfaktors RVF[2] auf die Laufzeit verteilen. Sie erhalten:

$$r = \frac{Z + (R - A) \cdot RVF}{A} \qquad (4.4.4)$$

BEISPIEL: (Effektivzinsermittlung mit Hilfe des Restwertverteilungsfaktors)

Ermitteln Sie den internen Zinsfuß des Hypothekarkredits vom vorigen Beispiel mit Hilfe des Restwertverteilungsfaktors RVF.

1 Approximativ = annähernd, ungefähr.

2 Die Werte des Restwertverteilungsfaktors (RVF) finden Sie im finanzmathematischen Tabellenanhang. Zur Herleitung und Anwendung des RVF vgl.: K.-D. Däumler/J. Grabe, Grundlagen der Investitions- und Wirtschaftlichkeitsrechnung, S. 131 ff.

Lösung

$$r = \frac{Z + (R - A) \cdot RVF}{A}$$

$$r = \frac{9.000 + (100.000 - 90.000) \cdot 0{,}017460}{90.000}$$

$$r = \frac{9.175}{90.000} = 0{,}1019 = 10{,}19\ (\%)$$

Ergebnis: Der mit Hilfe des Restwertverteilungsfaktors RVF ermittelte Wert von 10,19 % stimmt mit dem Ergebnis der Regula falsi überein. Also ist die RVF-Lösung hinreichend genau.

Die Lösung mittels (4.4.4) ist offenbar eine elegante und einfache Methode. Achten Sie aber auf ein wichtiges Detail: den Restwertverteilungsfaktor.RVF = 0,017460 ist der Wert für n = 20 Jahre und i = 10 %. Beim Aufsuchen des RVF darf also nicht der Nominalzins (9 %) angesetzt werden, sondern ein Tabellenzins, der möglichst nahe beim Rechenergebnis, dem internen Zinssatz, liegt. Sie kennen dieses Problem auch schon von der Regula falsi, bei der die zu wählenden Probierzinssätze für ein möglichst exaktes Ergebnis ebenfalls dicht bei der gesuchten Lösung liegen sollten. Bei praktischer Anwendung der Lösung (4.4.4) kann es Ihnen also passieren, dass Sie ein zweites Mal rechnen müssen, falls Ihr Lösungsschätzwert um mehr als einen Prozentpunkt von der gefundenen Lösung abweicht. Immer dann, wenn der Abstand zwischen Lösungsschätzwert (= Tabellenzinssatz zum Aufsuchen des RVF) und der gefundenen Lösung kleiner als ein Prozentpunkt ist, erhalten Sie ein hinlänglich genaues Ergebnis mit einem Fehler von maximal zwei hundertstel Prozentpunkten, sofern die Zahlungen jährlich anfallen. Bei unterjähriger z. B. monatlicher Zahlungsweise müssen die Probierzinssätze entsprechend dichter an das Ergebnis gerückt werden (Abstand bis zu 0,1 Prozentpunkten).

4.4.2.5 Zusammenfassung

Die folgende Tabelle gibt einen Überblick über die insgesamt zur Verfügung stehenden Lösungswege zur Effektivzinsbestimmung bei einmaliger Gesamttilgung mit einer kurzen Bewertung. Sie sollten nur die beiden letztgenannten genauen Lösungen verwenden.

ABB. 4.50: Grobe und genauere Näherungsverfahren zur Effektivzinsbestimmung

Lösungsverfahren	Bewertung
$r_{appr} = \frac{Z}{A} + \frac{R - A}{n}$ Hinweis: Hier sind Z, A und R aus Dimensionsgründen als echte Brüche oder Dezimalbrüche einzugeben.	Banküblche Faustformel, bei der das Disagio 1. ohne Berücksichtigung von Zins und Zinseszins auf die Laufzeit verteilt wird und 2. nicht zusammen mit den Zinsen auf den effektiven Ausgabekurs bezogen wird. Fehlerquote: Mehrere Zehntelprozentpunkte
$r_{appr} = \frac{Z + \frac{R - A}{n}}{A}$	Bankübliche Näherungsformel, bei der das Disagio ohne Berücksichtigung von Zins und Zinseszins auf die Laufzeit verteilt wird. Fehlerquote: Mehrere Zehntelprozentpunkte
$r = \frac{Z + (R - A) \cdot RVF}{A}$	Lösung hinlänglich genau, wenn der Tabellenzinssatz beim Aufsuchen des RVF dicht bei der gesuchten Lösung liegt. Ist der Abstand Tabellenzinssatz zu Lösungswert nicht größer als ein Prozentpunkt, dann hat die Lösung bei jährlicher Zahlungsweise eine Fehlerquote von maximal zwei hundertstel Prozentpunkten.
$r = i_1 - C_{0,1} \cdot \frac{i_2 - i_1}{C_{0,2} - C_{0,1}}$	Lösung hinlänglich genau, wenn die Probierzinssätze dicht beim Rechenergebnis liegen (s. o.).
Hinweis: Die beiden letzten Verfahren sind in ihrem Kern identisch.	

BEISPIEL: (Effektivzinsbestimmung nach vier Varianten)

Eine Obligation weist folgende Konditionen auf:

- Nominalbetrag: 100 Mio €,
- Auszahlungskurs: 94 %,
- Nominalzinssatz: 6 %,
- Laufzeit: 10 Jahre,
- Rückzahlung: 100 Mio € in einer Summe am Ende der Laufzeit.

Ermitteln Sie den internen Zinsfuß der Obligation nach den Ihnen bekannten vier Verfahren und stellen Sie die Ergebnisse und deren Abweichungen vom genauesten Wert tabellarisch zusammen.

Lösung

Lösungsverfahren	Ergebnis (%)	Abweichung vom genauen Wert (Prozentpunkte)
$r_{appr} = \frac{Z}{A} + \frac{R-A}{n}$ (dezimale Eingabe)	$r_{appr} = 6{,}98$	ca. 0,1
$r_{appr} = \frac{Z + \frac{R-A}{n}}{A}$	$r_{appr} = 7{,}02$	ca. 0,2
$r = \frac{Z + (R - A) \cdot RVF}{A}$ (Tabellenzinssatz: i = 7 %)	$r = 6{,}845$	–
$r = i_1 - C_{0,1} \cdot \frac{i_2 - i_1}{C_{0,2} - C_{0,1}}$ Probierzinssätze: $i_1 = 6{,}5$ %; $i_2 = 7{,}0$ %)	$r = 6{,}85$	–

4.4.3 Effektivzinsbestimmung bei Annuitätentilgung

Wenn wir den heutigen Betrag K_0 kennen und die Annuität g, dann ergeben sich aus der Sicht der Geldgeber die folgenden Zeitstrahldarstellungen:

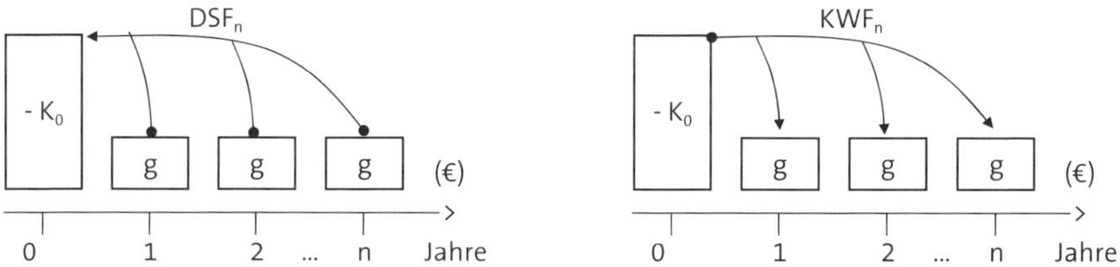

Sie zeigt, dass die Verknüpfung zwischen dem heutigen Betrag und der Annuität durch den Diskontierungssummenfaktor DSF oder dessen Kehrwert, den Kapitalwiedergewinnungsfaktor KWF, vorgenommen werden kann. Auszahlungsbetrag K_0 und Annuität g müssen beim Effektivzinssatz r wirtschaftlich gleichwertig sein. Zur Effektivzinsbestimmung stehen Ihnen demnach drei Wege offen:

(1) Regula falsi (immer anwendbar),
(2) über den Tabellenzinssatz des DSF,
(3) über den Tabellenzinssatz des KWF.

} anwendbar bei konstanter Zahlungsreihe ohne zusätzliche Abschlusszahlung ($K_n = 0$)

BEISPIEL: (Zahlungsverlauf und Effektivzinsbestimmung bei Annuitätentilgung)

Eine Hypothekenbank bietet eine Annuitätenhypothek zu folgenden Konditionen an:

- Auszahlungskurs 91 %
- Nominalzinssatz 8 %
- Laufzeit 10 Jahre
- Tilgung im Rahmen einer im Zeitablauf konstanten Annuität, bei der der Tilgungsanteil laufend zu- und der Zinsanteil entsprechend abnimmt.

a) Stellen Sie einen tabellarischen Zins- und Tilgungsplan für ein Darlehen von nominal 100.000 € auf.

b) Ermitteln Sie die Effektivverzinsung unter Benutzung des Kapitalwiedergewinnungsfaktors (KWF). Zeigen Sie den Lösungsansatz mit dem Diskontierungssummenfaktor. Kontrollieren Sie Ihr Ergebnis mit Hilfe der Regula falsi.

Lösung a)

Ermittlung der Annuität

Annuität = Nominalbetrag · KWF_{10}

Annuität = 100.000 · 0,149029

Annuität = 14.903 (€/Jahr)

Zins- und Tilgungsplan

ABB. 4.51: Zahlungsverlauf bei Annuitätentilgung

Jahr	Schuld am Jahresanfang (€)	Annuität (€/J)	Zinsanteil (€/J)	Tilgungsanteil (€/J)	Schuld am Jahresende (€)
	I	II	III= I · 0,08	IV = II – III	V = I – IV
1	100.000	14.903	8.000	6.903	93.097
2	93.097	14.903	7.448	7.455	85.642
3	85.642	14.903	6.851	8.052	77.590
4	77.590	14.903	6.207	8.696	68.894
5	68.894	14.903	5.512	9.391	59.503
6	59.503	14.903	4.760	10.143	49.360
7	49.360	14.903	3.949	10.954	38.406
8	38.406	14.903	3.073	11.830	26.576
9	26.576	14.903	2.126	12.777	13.799
10	13.799	14.903	1.104	13.799	0
Summe		149.030	49.030	100.000	–

Lösung b)

Effektivzinsberechnung mit KWF

Sie berücksichtigen, dass die Bank an den Kunden lediglich 91.000 € auszahlt und für die Dauer von 10 Jahren eine Annuität von 14.903 € erhält, und erhalten folgenden Zeitstrahl aus der Sicht des Kreditgebers:

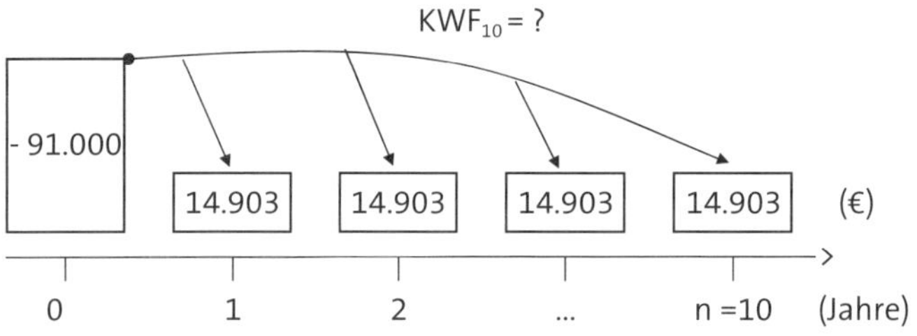

Sie fragen, bei welchem Zinssatz der Kapitalwiedergewinnungsfaktor die Auszahlungssumme von 91.000 € auf die Laufzeit von 10 Jahren so verteilt, dass die Annuität erreicht wird[1], und erhalten:

$$91.000 \cdot KWF_{10} = 14.903$$

$$KWF_{10} = \frac{14.903}{91.000} = 0{,}163769$$

Sie kennen jetzt den Wert des KWF für 10 Jahre und suchen den entsprechenden Zinssatz. In der Tabelle der finanzmathematischen Faktoren finden Sie:

KWF = 0,162745	Tabellenzinssatz 10,0 %
KWF = 0,166257	Tabellenzinssatz 10,5 %

Somit ist klar, dass der gesuchte Wert für die Effektivverzinsung zwischen 10 % und 10,5 % liegen muss. Sie erhalten ein hinlänglich genaues Ergebnis mit Hilfe der linearen Interpolation; das ist die Errechnung von Werten, die zwischen zwei bekannten Funktionswerten liegen.

$$\left.\begin{array}{lcr} 0{,}162745 & \rightarrow & 10{,}0\ \% \\ 0{,}166257 & \rightarrow & 10{,}5\ \% \end{array}\right\}\quad 0{,}003512 \rightarrow 0{,}5\ \%$$

$$\left.\begin{array}{lcr} 0{,}162745 & \rightarrow & 10{,}0\ \% \\ 0{,}163769 & \rightarrow & ?\ \% \end{array}\right\}\quad 0{,}001024 \rightarrow x\ \%$$

$$x = \frac{0{,}5}{0{,}003512} \cdot 0{,}001024$$

$$x = 0{,}1458$$

$r = 10 + x = 10{,}15\ (\%)$

Lösungsansatz mit DSF

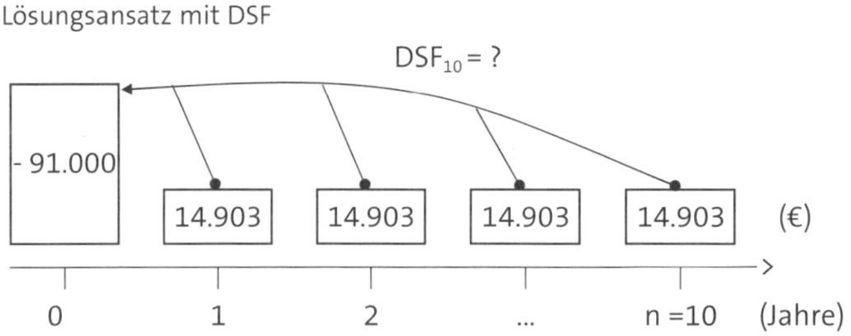

1 Die Alternative zu diesem Lösungsweg besteht in der Errechnung der mittleren Laufzeit der Annuitätenhypothek. Kennt man die mittlere Laufzeit, so lässt sich unter Benutzung des Restwertverteilungsfaktors nach Gleichung (6.4) die Rendite ermitteln. Vgl. auch: J. Rahmann, Praktikum der Finanzmathematik, S. 137 ff.

$$14.903 \cdot DSF_{10} = 91.000$$

$$DSF_{10} = \frac{91.000}{14.903} = 6{,}106153$$

Sie kennen jetzt den Wert des DSF und wissen, dass die Laufzeit 10 Jahre beträgt. In der Tabelle finden Sie:

DSF = 6,144567	Tabellenzinssatz 10,0 %
DSF = 6,014773	Tabellenzinssatz 10,5 %

Wieder ist klar, dass der gesuchte Wert zwischen 10 % und 10,5 % liegen muss. Da der DSF der Kehrwert des KWF ist, muss auch das Ergebnis der Interpolation identisch sein.

Kontrollrechnung mit Regula falsi

Wählt man die Probierzinssätze von 10,0 % und 10,5 %, so ergibt sich:

$i_1 = 10{,}0\,\% \rightarrow$ $C_{0,1} = -\,14.903 \cdot DSF_{10} - 91.000$

$C_{0,1} = 91.572{,}48 - 91.000 = +\,572{,}48$ (€)

$i_2 = 10{,}5\,\% \rightarrow$ $C_{0,2} = -\,14.903 \cdot DSF_{10} - 91.000$

$C_{0,2} = 89.638{,}16 - 91.000 = -\,1.361{,}84$ (€)

$$r = i_1 - C_{0,1} \cdot \frac{i_2 - i_1}{C_{0,2} - C_{0,1}}$$

$$r = 10 - 572{,}48 \cdot \frac{0{,}5}{-\,1.361{,}84 - 572{,}48} = 10 + \frac{572{,}48 \cdot 0{,}5}{1.934{,}32} = 10{,}15\ (\%)$$

Ergebnis: Die Effektivverzinsung beträgt 10,15 %. Dies lässt sich sowohl mit Hilfe der finanzmathematischen Faktoren als auch mittels Regula falsi nachweisen.

4.4.4 Effektivzinsbestimmung bei Abzahlungstilgung

Ist eine Anleihe (ein Schuldscheindarlehen, ein langfristiger Bankkredit) nicht gesamtfällig zum Laufzeitende, sondern durch gleiche jährliche Abzahlungsraten zu tilgen, dann ist die Kenntnis der mittleren Laufzeit für die Effektivzinsberechnung notwendig. Die mittlere Laufzeit gilt stets für die Gesamtanleihe, nicht für das einzelne Papier. Bei einer Unter-pari-Emission freuen Sie sich, wenn Ihre Papiere früh ausgelost und zum Nennwert zurückgezahlt werden; bei einer Über-pari-Emission wäre die frühe Auslosung Grund zum Ärgern.

Wird eine Obligation in, sagen wir einmal, zehn Jahren mit gleichen jährlichen Raten getilgt, dann müsste die mittlere Laufzeit, die berücksichtigt, dass gewisse Teilbeträge schon früh, andere erst später zurückgezahlt werden, _______ Jahre betragen. Wenn es Ihnen so geht wie dem Großteil der Menschheit, dann haben Sie sich bei der Fixierung Ihrer Zahl (sie steht doch schon da, oder?) von der Überlegung leiten lassen: Tilgungszeit = 10 Jahre; gleiche Jahresraten; somit mittlere Laufzeit = halbe Tilgungszeit = fünf Jahre. In Wirklichkeit aber ist die mittlere Laufzeit nicht fünf, sondern fünfeinhalb Jahre. Warum? Das zeigt Ihnen das folgende Beispiel.

BEISPIEL: (Bestimmung der mittleren Laufzeit bei zwei- und fünfjähriger Dauer)

Wie groß ist die mittlere Laufzeit einer Anleihe, die mit gleichen jährlichen Teilbeträgen getilgt wird, bei einer Gesamtlaufzeit von

a) zwei Jahren,

b) fünf Jahren?

Lösung a)

Nach einem Jahr wird die erste Hälfte getilgt. Laufzeit dieser Tranche (Teilbetrag) 1 Jahr. Nach zwei Jahren wird die zweite Hälfte getilgt, Laufzeit dieser Tranche: 2 Jahre. Durchschnitt: 1,5 Jahre. Das ist die mittlere Laufzeit der Anleihe mit einer zweijährigen Gesamtlaufzeit.

Lösung b)

Sie zerlegen die Anleihe in fünf Tranchen, deren erste (zweite, dritte, ...) eine Laufzeit von einem (zwei, drei, ...) Jahren hat.

ABB. 4.52: Bestimmung der mittleren Laufzeit

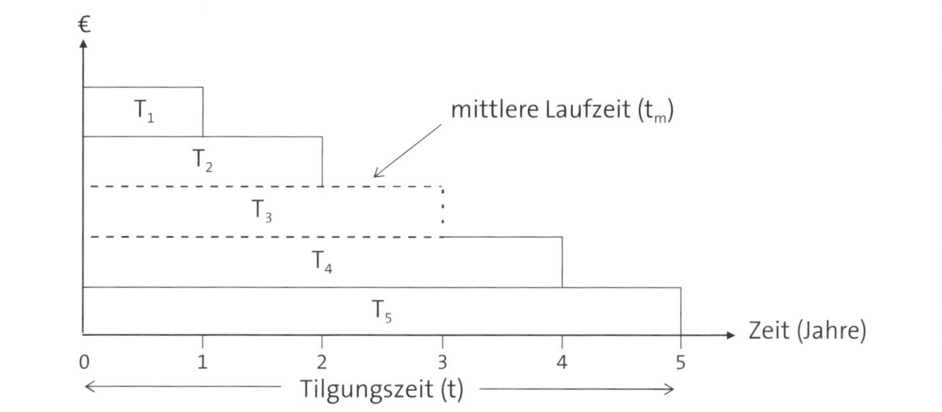

Die Abbildung zeigt, dass die mittlere Laufzeit bei Tranche 3 liegt und drei Jahre beträgt. Die Tranchen 1 und 2 sind rascher getilgt, die Tranchen 4 und 5 benötigen mehr als drei Jahre.

Allgemein gilt:

Die Tilgungsrate, die im Zeitpunkt 1 fällig ist, steht dem Darlehensnehmer ein Jahr zur Verfügung, die zweite Tilgungsrate 2 Jahre, die dritte 3 Jahre usw. Die mittlere Laufzeit t_m ergibt sich, indem man das arithmetische Mittel aus t_1 (Laufzeit der Tranche 1 = kürzeste Laufzeit) und t_5 (Laufzeit der Tranche 5 = längste Laufzeit) errechnet:

(4.4.5) $$t_m = \frac{t_1 + t_5}{2} \quad \text{oder} \quad t_m = \frac{t + 1}{2}$$

t_m = mittlere Laufzeit
t = Tilgungszeit

Im obigen Beispiel erhält man bei Nutzung der Gleichung (4.4.5) die mittlere Laufzeit wie folgt:

a) $t_m = \frac{t + 1}{2} = \frac{2 + 1}{2} = 1{,}5$ (Jahre)

a) $t_m = \frac{t + 1}{2} = \frac{5 + 1}{2} = 3$ (Jahre)

Erfolgt die Tilgung einer Anleihe erst nach einigen tilgungsfreien Jahren, so sind die Freijahre t_f wie folgt zu berücksichtigen:

(4.4.6) $$t_m = t_f + \frac{t + 1}{2}$$

t_f = tilgungsfreie Jahre

BEISPIEL: (Effektivzinsbestimmung unter Berücksichtigung der mittleren Laufzeit)

Eine Kommunalobligation weist folgende Konditionen auf:

- Nominalbetrag: 100 Mio €,
- Auszahlungskurs: 94 %,
- Nominalzinssatz: 6 %,
- Laufzeit: 10 Jahre,
- Tilgung: Abzahlungstilgung in gleichen Jahresraten.

a) Ermitteln Sie den Effektivzinssatz oder internen Zinssatz der Kommunalobligation nach zwei Verfahren: (1) Regula falsi, (2) Disagioverteilung mit Hilfe des Restwertverteilungsfaktors auf die mittlere Laufzeit.

b) Ermitteln Sie den Effektivzinssatz oder internen Zinssatz der Kommunalobligation für den Fall, dass eine tilgungsfreie Zeit von 5 Jahren vereinbart wurde.

Lösung a)

(1) Effektivzinssatz nach Regula falsi

Jahr	Schuld am Jahresanfang (T€)	Tilgung (T€/J)	Zinsen	Gesamtbetrag	Barwert 7 % (T€)	Barwert 8 %
	I	II	III = I · 0,06	IV = II + III	V = IV · AbF	VI = IV · AbF
1	100.000	10.000	6.000	16.000	14.953	14.815
2	90.000	10.000	5.400	15.400	13.451	13.203
3	80.000	10.000	4.800	14.800	12.081	11.749
4	70.000	10.000	4.200	14.200	10.833	10.437
5	60.000	10.000	3.600	13.600	9.697	9.256
6	50.000	10.000	3.000	13.000	8.662	8.192
7	40.000	10.000	2.400	12.400	7.722	7.235
8	30.000	10.000	1.800	11.800	6.868	6.375
9	20.000	10.000	1.200	11.200	6.092	5.603
10	10.000	10.000	600	10.600	5.388	4.910
Summe					95.747	91.775

Aus Anlegersicht gilt: $C_0 = -94.000 + \Sigma$ Barwerte

$i_1 = 7\,\% \quad \rightarrow \quad C_{0,1} = -94.000 + 95.747 = 1.747$ (T€)

$i_2 = 8\,\% \quad \rightarrow \quad C_{0,2} = -94.000 + 91.775 = -2.225$ (T€)

$$r = i_1 - C_{0,1} \cdot \frac{i_2 - i_1}{C_{0,2} - C_{0,1}}$$

$$r = 7 - 1\,747 \cdot \frac{1}{-2.225 - 1.747} = 7 + \frac{1.747}{3.972} = 7{,}44\ (\%)$$

(2) Effektivzinsbestimmung mit Restwertverteilungsfaktor RVF

Errechnung der mittleren Laufzeit (t_m)

$$t_m = \frac{t+1}{2} = \frac{10+1}{2} = 5{,}5 \text{ (Jahre)} \qquad (t = \text{Tilgungszeit})$$

$$RVF_n = \frac{i}{(1+i)^n - 1}$$

$$RVF_{5,5} = \frac{0{,}0744}{1{,}0744^{5,5} - 1} = \frac{0{,}0744}{0{,}483929} = 0{,}153742$$

$$r_{appr} = \frac{Z + (R - A) \cdot RVF_n}{A} = \frac{6.000 + (100.000 - 94.000) \cdot RVF_{5,5}}{94.000}$$

$$r_{appr} = \frac{6.000 + 6.000 \cdot 0{,}153742}{94.000} = 0{,}0736 = 7{,}36\ (\%)$$

Ergebnis: Ein Vergleich der beiden Ergebniswerte von 7,44 % und 7,36 % zeigt, dass die Effektivzinsbestimmung mit Hilfe des Restwertverteilungsfaktors nicht zwingend zu einem genauen Zahlenwert führt; eine Abweichung von mehreren hundertstel Prozentpunkten ist möglich. Die Lösung mit dem Restwertverteilungsfaktor RVF bietet im Fall der Abzahlungstilgung also eventuell nur einen Näherungswert – aber einen relativ guten. Bei einmaliger Gesamttilgung dagegen sind die Lösungswege über Regula falsi und Restwertverteilungsfaktor gleichwertig.

Bei der Bearbeitung praktischer Effektivzinsprobleme im Bereich der Abzahlungstilgung sollten Sie wie folgt vorgehen:

(1) Schätzen Sie das Ergebnis, den internen Zinssatz.

(2) Ermitteln Sie den Renditenäherungswert mit Hilfe des Restwertverteilungsfaktors unter Nutzung des geschätzten internen Zinssatzes.

(3) Wählen Sie zwei Probierzinssätze unter Berücksichtigung des Ergebnisses aus (2) – einer soll größer, einer kleiner sein – und bestimmen Sie den internen Zinssatz nach Regula falsi.

Auf diese Weise ersparen Sie sich das mühselige Herumprobieren mit ergebnisfernen Versuchszinssätzen und gelangen schnell zu einer hinreichend genauen Lösung. Sie können die genannten drei Schritte gleich bei b) ausprobieren.

Lösung b)

Errechnung der mittleren Laufzeit t_m unter Berücksichtigung einer tilgungsfreien Zeit

$$t_m = t_f + \frac{t+1}{2} = 5 + \frac{5+1}{2} = 8 \text{ (Jahre)} \qquad (t_f = \text{tilgungsfreie Zeit})$$

Schritt 1: Schätzung des internen Zinssatzes

Die mittlere Laufzeit ist infolge der tilgungsfreien Jahre auf 8 Jahre gestiegen. Folglich ist das Disagio auf eine größere Zahl von Jahren zu verteilen. Der Effektivzinssatz aus a) von 7,44 % muss also sinken. Schätzwert: 7 %.

Schritt 2: Effektivzinsbestimmung mit Restwertverteilungsfaktor RVF

$$RVF = \frac{0{,}07}{1{,}07^8 - 1} = \frac{0{,}07}{0{,}718186} = 0{,}097468$$

$$r_{appr} = \frac{6.000 + (100.000 - 94.000) \cdot 0{,}097468}{94.000} = 0{,}0701 = 7{,}01\ (\%)$$

Probierzinssätze: $i_1 = 7\,\%$; $i_2 = 8\,\%$

Schritt 3: Effektivzinssatz nach Regula falsi (Probierzinssätze: $i_1 = 7\,\%$; $i_2 = 8\,\%$)

Jahr	Schuld am Jahresanfang (T€)	Tilgung	Zinsen (T€/J)	Gesamtbetrag	Barwert 7 % (T€)	Barwert 8 %
	I	II	III = I · 0,06	IV = II + III	V = IV · AbF	VI = IV · AbF
1	100.000	0	6.000	6.000		
2	100.000	0	6.000	6.000	DSF_5 →	DSF_5 →
3	100.000	0	6.000	6.000	24.601	23.956
4	100.000	0	6.000	6.000		
5	100.000	0	6.000	6.000		
6	100.000	20.000	6.000	26.000	17.325	16.384
7	80.000	20.000	4.800	24.800	15.444	14.471
8	60.000	20.000	3.600	23.600	13.735	12.750
9	40.000	20.000	2.400	22.400	12.184	11.206
10	20.000	20.000	1.200	21.200	10.777	9.820
Summe					94.066	88.587

$i_1 = 7\,\%$ → $C_{0,1} = -94.000 + 94.066 = 66$ (T€)

$i_2 = 8\,\%$ → $C_{0,2} = -94.000 + 88.587 = -5.413$ (T€)

$$r = i_1 - C_{0,1} \cdot \frac{i_2 - i_1}{C_{0,2} - C_{0,1}}$$

$$r = 7 - 66 \cdot \frac{1}{-5.413 - 66} = 7 + \frac{66}{5.479} = 7{,}01\ (\%)$$

Ergebnis: Die Kommunalobligation rentiert sich mit 7,01 % p. J. Die Übereinstimmung der beiden Lösungen mittels Restwertverteilungsfaktor und Regula falsi ist im gegebenen Fall bis zur zweiten Stelle hinter dem Komma gegeben.

4.4.5 Effektivzinsbestimmung bei Zero-Bonds

Zero-Bonds oder Nullkupon-Anleihen gehören finanzmathematisch zu den Zweizahlungsfällen. Der Anleger erwirbt das Papier heute zu einem bestimmten Preis, hält es einige Zeit und verkauft danach zu einem höheren Preis. Daraus folgt, dass Zero-Bonds genauso wie die so genannten unverzinslichen Schatzanweisungen verzinslich sind. Der Effektivzins hängt ab von der Differenz zwischen dem Ausgabekurs A und dem Rückzahlungskurs R und der Laufzeit n.

DM-Zerobonds	Kurs 3.8.92	Vor einer Woche	Vor einem Monat	Rendite
0% Belgien 86/96	73.30	73.40	73.75	8.68
0% Haindl Fin 85/00	48.50	49.45	51.90	9.07
0% Int. Rubber 85/00	50.75	51.00	51.80	8.93
0% Österreich 85/95	158.00	158.00	156.25	8.77
0% Otto Intern. 86/01	49.20	49.20	50.00	8.21
0% Weltbank 85/15	19.10	19.08	19.90	7.34

Quelle: Die Zeit 33/1992, S. 22.

BEISPIEL (Renditebestimmung bei Zero-Bonds)

Eine Bank bietet Zero-Bonds zu folgenden Konditionen an:

Auszahlungskurs	A = 100 %,
Rückzahlungskurs	R = 200 %,
Laufzeit	n = 10 Jahre.

Stellen Sie die Zahlungsverhältnisse für ein 100-Euro-Papier am Zeitstrahl dar und ermitteln Sie die Effektivverzinsung der Finanzinvestition (Finanzanlage) „Kauf einer Nullkupon-Anleihe".

Lösung

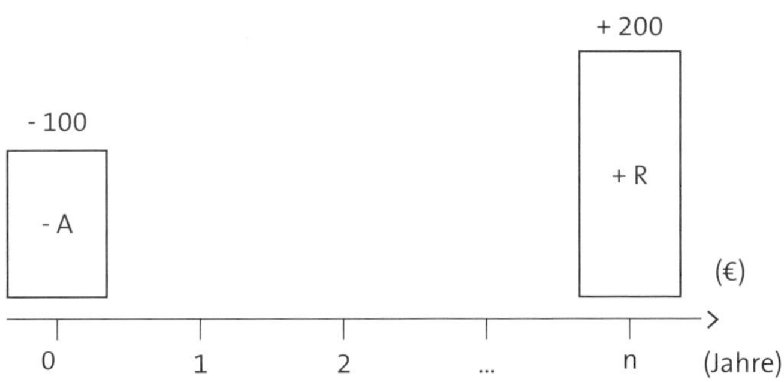

1. Kapitalwertfunktion aufstellen: $C_0 = -A + R \cdot \frac{1}{(1+i)^n}$

2. Kapitalwert gleich Null setzen (wegen $C_0 = 0$ gilt i = r): $0 = -A + R \cdot \frac{1}{(1+r)^n}$

3. Gleichung nach r auflösen: $A = R \cdot \frac{1}{(1+r)^n}$ | : R →

$$\frac{1}{(1+r)^n} = \frac{A}{R} \quad \text{| Kehrwerte →}$$

$$(1+r)^n = \frac{R}{A} \quad \text{| n-te Wurzel ziehen →}$$

$$1+r = \sqrt[n]{\frac{R}{A}} \quad |-1 \rightarrow$$

(4.4.7)

$$r = \sqrt[n]{\frac{R}{A}} - 1 = \left(\frac{R}{A}\right)^{\frac{1}{n}} - 1$$

Zweizahlungsfall

Somit gilt:

$$r = \left(\frac{R}{A}\right)^{\frac{1}{n}} - 1 = \left(\frac{200}{100}\right)^{0,10} - 1 = 0,0718 = 7,18\ \%$$

Ergebnis: Im Fall von lediglich zwei Zahlungen bestimmen Sie den Effektivzinssatz, indem Sie die n-te Wurzel des Quotienten beider Zahlungen ermitteln und das Ergebnis um 1 vermindern.

Sie können wegen $\sqrt[n]{\frac{R}{A}} = \left(\frac{R}{A}\right)^{\frac{1}{n}}$ auch von der l/n-ten Potenz des Quotienten der Zahlungen ausgehen. Im gegebenen Fall, d. h. bei Verdoppelung des Wertes eines Anlageobjektes innerhalb von 10 Jahren, beläuft sich die Rendite auf 7,18 % p. J.

Der Zweizahlungsfall ist in der Wirtschaftspraxis häufiger als man denkt. Immer dann, wenn Sie einen Vermögensgegenstand erwerben, um ihn nach einer bestimmten Zeit weiterzuveräußern, liegt ein Zweizahlungsfall vor, beispielsweise beim Kauf und Weiterverkauf von Edelmetallen und Edelsteinen, Grundstücken und Kunstwerken, Oldtimern und sonstigen Sammlerobjekten – und natürlich bei Zero-Bonds.

In Kapitel 4.6 (Effektivzinsbestimmung bei kurzfristiger Fremdfinanzierung) wird gezeigt, dass die Gleichung (4.4.7) zur Effektivzinsermittlung im Fall zweier Zahlungen auf den Bereich der kurzfristigen Fremdfinanzierung übertragbar ist und eine rasche und genaue Zinsberechnung, beispielsweise für den Lieferantenkredit, die Kundenanzahlung und den Wechseldiskontkredit, ermöglicht.

4.4.6 Checkliste und Zusammenfassung

Effektivzinsbestimmung bei langfristiger Fremdfinanzierung: Sie erfolgt grundsätzlich unter Nutzung der internen Zinsfuß-Methode, wobei die Regula falsi in allen Praxisfällen anwendbar ist; in besonderen Fällen sind auch andere Lösungswege gangbar.

Lösungsweg	Anwendungsfall
Regula falsi (Gleichung zur Effektivzinsermittlung)	in allen Praxisfällen anwendbar
Verteilung der Differenz zwischen Aus- und Rückzahlungskurs mit Hilfe des RVF auf die gesamte Laufzeit	bei einmaliger Gesamttilgung anwendbar
Ermittlung der Werte der finanzmathematischen Faktoren DSF oder KWF sowie der zu ihnen gehörenden Tabellenzinssätze	bei Annuitätentilgung anwendbar
Verteilung der Differenz zwischen Aus- und Rückzahlungskurs mit dem RVF auf die mittlere Laufzeit	bei Abzahlungstilgung nach separater Ermittlung der mittleren Laufzeit anwendbar
Zweizahlungsformel	Zweizahlungsfall

Die **mittlere Laufzeit** ist stets länger als die Hälfte der Gesamtlaufzeit. Die Verteilung einer Differenz zwischen Aus- und Rückzahlungskurs mit Hilfe des RVF auf die mittlere Laufzeit bietet zwar keine genaue Lösung, aber ein vernünftiges Näherungsergebnis und eine gute Grundlage für den anschließenden Einsatz der Regula falsi.

Formeln und Symbolverzeichnis

Formeln	Symbole
$DSF = \frac{K_0}{g}$ $KWF = \frac{g}{K_0}$ anwendbar bei Annuitätentilgung	DSF = Diskontierungssummenfaktor KWF = Kapitalwiedergewinnungsfaktor K_0 = Zahlung zum Zeitpunkt 0 g = konstante Jahreszahlung
Faustformeln (ungenau) $r_{appr} = \frac{Z}{A} + \frac{R - A}{n}$ Hinweis: Z, A und R aus Dimensionsgründen in Prozenten dezimal eingeben. $r_{appr} = \frac{Z + \frac{R - A}{n}}{A}$	r_{appr} = approximative Rendite Z = jährliche Zinsen/Zinssatz A = Auszahlungsbetrag/-kurs R = Rückzahlungsbetrag/-kurs n = Laufzeit
hinlänglich genaue Formeln $r = \frac{Z + (R - A) \cdot RVF}{A}$ $r = i_1 - C_{0,1} \cdot \frac{i_2 - i_1}{C_{0,2} - C_{0,1}}$ $r = \sqrt[n]{\frac{R}{A}} - 1 = \left(\frac{R}{A}\right)^{\frac{1}{n}} - 1$	RVF = Restwertverteilungsfaktor r = Effektivzins (genauer Wert) i_1 = Kalkulationszins Nr. 1 i_2 = Kalkulationszins Nr. 2 $C_{0,1}$ = Kapitalwert Nr. 1 $C_{0,2}$ = Kapitalwert Nr. 2
$t_m = \frac{t + 1}{2}$ $t_m = t_f + \frac{t + 1}{2}$	t_m = mittlere Laufzeit t = Tilgungszeit t_f = tilgungsfreie Zeit

FRAGEN UND AUFGABEN

4.4.1 Ein Schuldscheindarlehen ist durch folgende Konditionen gekennzeichnet:

- Nominalbetrag: 100 Mio €,
- Auszahlungskurs: 102 %,
- Nominalzinssatz: 8 %,
- Laufzeit: 10 Jahre,
- Rückzahlung: 100 Mio € in einer Summe nach 10 Jahren.

Ermitteln Sie die Effektivverzinsung des Schuldscheindarlehens nach den beiden genauen Verfahren.

4.4.2 Gegeben sind die folgenden Konditionen einer Bankschuldverschreibung:

- Nominalbetrag: 50 Mio €,
- Auszahlungskurs: 95 %,
- Nominalzinssatz: 6 %,
- Laufzeit: 8 Jahre,

Zins und Tilgung in einer konstanten Summe jeweils am Jahresende (Annuitätentilgung).

a) Ermitteln Sie die Annuität. Erstellen Sie einen Zins- und Tilgungsplan.

b) Errechnen Sie die Effektivverzinsung mit Hilfe des Diskontierungssummenfaktors und der Regula falsi.

4.4.3 In welchem Fall stimmt die mittlere Laufzeit mit der Gesamtlaufzeit einer Anleihe oder eines Kredits überein? Wann weicht sie ab?

4.4.4 Eine AG hat am 01. 04. 01 eine Teilschuldverschreibung begeben. Nennwert 20 Mio €, Ausgabekurs 96 %, Nominalzinssatz 8 %. Die erste Tilgungsrate soll laut Prospekt am 01. 04. 08 mit nominal 4 Mio € zum Rückzahlungskurs von 102 % erfolgen. In den Folgejahren wird zu den gleichen Bedingungen weitergetilgt, bis die Anleihe zurückgezahlt ist. Bei Begebung der Anleihe hatte die AG einmalige Aufwendungen für die Emission in Höhe von 300 000 €.

a) Wie hoch ist die Rendite vor Steuern und evtl. Spesen für einen Anleihezeichner? Ermitteln Sie den Renditewert nach allen Ihnen bekannten Methoden und vergleichen Sie die Ergebnisse.

b) Wie hoch ist der effektive Sollzinssatz, den die AG unter Beachtung aller in der Aufgabe genannten Aspekte zu bezahlen hat (Lösung nach Regula falsi)?

c) Welcher Ausgabekurs müsste angesetzt werden, wenn an Stelle des Rückzahlungskurses von 102 % ein solcher von 100 % angenommen wird, wobei die Rendite für den Anleger konstant bleiben soll? Erklären Sie, weshalb der neue Ausgabekurs sich vom alten nicht um 2 Prozentpunkte unterscheidet.

Erläutern Sie Ihre Rechnungen anhand von Zeitstrahldarstellungen.

4.4.5 Ermitteln Sie die Rendite folgender Zero-Bonds:

Ausgeber	Laufzeit n (Jahre)	Anlagesumme K_0 (€)	Endbetrag K_n (€)	Rendite (%)
Weltbank	10	81,00	200	
Co-Bank	6	58,00	100	
Niederlande	5	64,50	100	
D-Bank	4	141,50	200	

4.4.6 Zeigen Sie Schritt für Schritt, wie die Gleichung zur Effektivzinssatzbestimmung, die Regula falsi (4.4.1) zustandekommt.

4.4.7 Eine Hypothekenbank bietet für eine Annuitätenhypothek mit aufgeschobener Tilgung die folgenden Konditionen:

- Darlehensbetrag (nominal): 100.000 €.
- Auszahlungskurs: 95 %,
- Nominalzinssatz: 6,5 %,
- Laufzeit: 15 Jahre,
- Tilgung nach 6 tilgungsfreien Jahren durch eine im Zeitablauf konstante Annuität,

a) Stellen Sie einen tabellarischen Tilgungsplan auf.

b) Ermitteln Sie die Effektivverzinsung approximativ, indem Sie das Damnum durch die mittlere Laufzeit dividieren. Verbessern Sie Ihre Lösung mit Hilfe des Restwertverteilungsfaktors RVF.

c) Ermitteln Sie den Effektivzinssatz mit Hilfe der Gleichung zur Effektivzinsbestimmung (Regula falsi).

4.4.8 Ein Kreditinstitut bietet für langfristige Hypothekendarlehen die folgenden Konditionen:

z. Z. 6,75 % p. a. fest für 4 Jahre – Auszahlung 99 %
z. Z. 6,50 % p. a. fest für 4 Jahre – Auszahlung 98 %
z. Z. 5,75 % p. a. fest für 4 Jahre – Auszahlung 95 %

Von Seiten des Kreditinstitutes wird behauptet, der effektive Zinssatz für alle Konditionen belaufe sich auf 7 % p. a.

a) Ist diese Behauptung richtig?

b) Erläutern Sie die Rechnung des Kreditinstitutes.

4.4.9 Welche Voraussetzung muss erfüllt sein, damit eine Effektivzinssatzbestimmung nach Maßgabe der approximativen Methoden zu einem hinlänglich genauen Ergebnis führt?

4.5 Kurzfristige Fremdfinanzierung

4.5.1 Kundenanzahlungen

4.5.1.1 Begriff und Sicherheiten

Definition: Kundenanzahlung (Anzahlung, Vorauszahlungskredit, Abnehmerkredit) ist ein Kredit des Abnehmers an seinen Lieferanten, der dadurch zustande kommt, dass der Besteller den Kaufpreis ganz oder teilweise vor Erhalt der Kaufsache bezahlt[1].

Diese Form der Kreditgewährung kommt insbesondere bei längerfristigen Auftragsfertigungen und bei Spezialanfertigungen vor, etwa bei den Branchen:

- Energiewirtschaft,
- Gießerei,
- NE-Metallerzeugung,
- Stahl- und Leichtmetallbau,
- Maschinenbau,
- Schiffbau,
- Elektrotechnik,
- Baugewerbe.

Der Hersteller einer Yacht, einer Spezialmaschine oder eines Konversationslexikons mindert durch die Kundenanzahlung nicht nur das Risiko der Nichtabnahme durch den Besteller, sondern auch seine Finanzierungsaufwendungen. Als Kunde, der Voraus- oder Anzahlungen leistet, müssen Sie auch an deren Sicherung denken. Sie könnten dem Lieferanten zur Auflage machen, dass er eine Bankbürgschaft oder -anzahlungsgarantie stellt, damit Sie die geleisteten An- und Zwischenzahlungen zurückerhalten, wenn der Hersteller seinen Vertragspflichten nicht nachkommen kann.

4.5.1.2 Bedeutung

Aufgrund einer Auswertung der Jahresabschlüsse von 1.368 Kapitalgesellschaften ermittelte das Statistische Bundesamt beim produzierenden Gewerbe für 1991 eine Kundenanzahlungsquote von 8,3 v. H. der Bilanzsumme (vgl. nachfolgende Abbildung). Kundenanzahlungen waren beim produzierenden Gewerbe 1991 bedeutsamer als Bankkredite bis zu 5 Jahren: Auf jede kurz- bis mittelfristig von Banken geliehene Mark entfielen Anzahlungen in Höhe von 1,75 DM.

1 Vgl. H. E. Büschgen, Grundlagen betrieblicher Finanzwirtschaft, S. 74. – H. Vormbaum, Finanzierung der Betriebe, S. 329 f. – G. Wöhe/J. Bilstein, Grundzüge der Unternehmensfinanzierung, S. 301 f.

ABB. 4.53: Kundenanzahlungen bei Kapitalgesellschaften 1991

	Wirtschaftszweig	Anzahl Gesell-schaften	Bankkredite bis 5 Jahre (Mio DM)	Anzahlungen (Mio DM)	Anzahlungen (%)	Bilanz-summe (Mio DM)	Anzahlungs-quote (%)
		1	2	3	4 = 3 : 2	5	6 = 3 : 5
I	Energie, Wasser, Bergbau	186	11.172	6.511	58,3	220.005	3,0
II	Verarbeitendes Gewerbe (ohne Bau)	679	23.207	45.555	196	498.404	9,1
	davon u. a.						
	Chemische Industrie	76	1.641	40	2,4	33.026	0,1
	Mineralölverarbeitung	14	835	19	2,3	31.055	0,1
	Metallerzeugung und -bearbeitung	34	2.245	127	5,7	34.666	0,4
	NE-Metall, Gießerei	21	1.017	773	76,0	24.830	3,1
	Stahl- u. Leichtmetallbau	9	258	3.561	1.380,2	7.393	48,2
	Maschinenbau	141	4.879	15.699	321,8	75.172	20,9
	Büromaschinen, ADV-Geräte	6	193	546	282,9	12.704	4,3
	Fahrzeugbau (Straße u. Luft)	39	1.708	2.691	157,6	73.394	3,7
	Schiffbau	9	444	4.223	951,1	9.177	46,0
	Elektrotechnik	98	2.673	17.285	646,7	120.788	14,3
	Holzbe- u. -verarbeitung	6	56	80	142,9	603	13,3
	Zellstoff u. Papier	19	1.697	18	1,1	11.522	0,2
	Textil	25	603	1	0,2	4.164	0,0
	Brauerei, Mälzerei	19	385	0	0,0	4.313	0,0
III	Baugewerbe	33	1.145	10.129	884,6	29.131	34,8
I – III	Produzierendes Gewerbe insgesamt	898	35.524	62.194	175,1	747.541	8,3
IV	Handel insgesamt	235	9.769	2.421	24,8	78.180	3,1
	davon u. a.						
	Großhandel	194	7.815	2.385	30,5	54.150	4,4
	Warenhäuser	7	1.358	27	2,0	14.690	0,2
	sonstiger Einzelhandel	34	596	8	1,3	9.340	0,1
V	Verkehr	52	2.205	314	14,2	35.682	0,9
VI	Dienstleistungen	179	12.077	8.051	66,7	122.638	6,6
	davon u. a.						
	Steuer- u. Wirtschaftsberatung	7	43	111	258,1	1.853	6,0
	Wohnungsunternehmen	38	5.810	2.511	43,2	49.913	5,0
I – VI	Insgesamt ohne Kreditinstitute u. Versicherungen	1.368	59.620	72.980	122,4	984.708	7,4

Quelle: Eigene Berechnungen und Statistisches Bundesamt, Unternehmungen und Arbeitsstätten, Fachserie 2, Reihe 2.1, Abschlüsse von Kapitalgesellschaften 1991, S. 18 ff.

Kundenanzahlungen sind also eine wichtige Finanzierungsquelle: Es lohnt sich, wenn Sie sich damit eingehend beschäftigen. Herausragende Branchen sind: Schiffbau, Stahl- und Leichtmetallbau sowie Baugewerbe. In diesen drei Branchen repräsentieren die Kundenanzahlungen jeweils mehr als 34 Prozent der gesamten Bilanzsumme und mehr als das Neunfache der Bankkredite bis 5 Jahre. Naturgemäß gibt es auch Branchen, in denen Anzahlungen keine große Rolle spielen, etwa die Land- und Forstwirtschaft. Insgesamt verfügten die 1.368 untersuchten Gesellschaften 1991 über Kundenanzahlungen in Höhe von 73 Milliarden DM (Kundenanzahlungsquote: 7,4 % der Bilanzsumme).

Die Konditionen sind im Einzelfall sehr verschieden. Beispiele:

Baugewerbe (Kundenanzahlungen = 34,8 v. H. der Bilanzsumme)	Schiffbau (Kundenanzahlungen = 46,0 v. H. der Bilanzsumme)
ein Drittel bei Vertragsabschluss	ein Fünftel bei Auftragserteilung ein Fünftel bei Kiellegung
ein Drittel bei Rohbaufertigstellung	ein Fünftel bei Spantenstand
ein Drittel bei Gesamtfertigstellung	ein Fünftel bei Stapellauf ein Fünftel bei Ablieferung

4.5.1.3 Verzinsung

Gelegentlich wird die Meinung vertreten, der Abnehmerkredit stehe dem Betrieb zinslos zur Verfügung und verbessere dessen Liquiditätslage. Diese Meinung kommt etwa im Rahmen der Ermittlung des betriebsnotwendigen Kapitals zum Ausdruck, bei der – nicht immer als Kuriosum erkennbar – „zinsloses" Abzugskapital subtrahiert wird. Ausgehend vom betriebsnotwendigen Vermögen gelangt man danach auf folgende Weise zum betriebsnotwendigen Kapital[1]:

	Anlagevermögen
+	Umlaufvermögen
=	betriebsnotwendiges Vermögen
–	Abzugskapital (zinslos zur Verfügung gestelltes Fremdkapital)
=	betriebsnotwendiges Kapital

Die Vorstellung, die sich hinter dem Begriff Abzugskapital verbirgt, ist fragwürdig. Dass es in der Wirtschaftspraxis nennenswerte Geldbeträge gibt, die ein Geschäftspartner dem anderen zinsfrei zur Verfügung stellt, ist unwahrscheinlich. Zinslos sind Kundenanzahlungen allenfalls ihrer Optik nach, wie man dies von den unverzinslichen Schatzanweisungen (U-Schätzen) und den Zero-Bonds (Nullkupon-Anleihen) kennt, bei denen eine Diskontierung stattfindet, d. h. der Zins wird von vornherein vom Kaufpreis abgezogen. Die mögliche Verbesserung der Liquiditätslage eines Betriebes durch Kundenanzahlungen hat also ihren Preis. Dieser kommt darin zum Ausdruck, dass von Seiten des Lieferanten verschiedene Preise für verschiedene Situationen (Zahlungskonditionen) gesetzt werden:

1. Ein Anzahlungspreis für den Fall, dass die Zahlung in einer Gesamtsumme bei der Bestellung des Produktes, also vor Produktionsbeginn, zum Zeitpunkt 0 erfolgt.
2. Ein Ratenpreis, wenn sich der Käufer für Ratenzahlung entscheidet.

1 Vgl. auch K.-D. Däumler/J. Grabe, Kostenrechnungs- und Controllinglexikon, S. 36 f.

3. Ein Endpreis oder Ablieferungspreis, falls der Erwerber erst bei Übernahme der Sache zur Kasse schreitet.

Man darf sich also nicht dadurch täuschen lassen, dass die Kreditzinsen bei den Anzahlungen unsichtbar bleiben. Sie finden sich in der Differenz zwischen dem ohne Anzahlungen erzielbaren Preis und jenem (niedrigeren) Preis, den der Abnehmer nach der Vereinbarung von Anzahlungen durchsetzen kann. Diese Differenz bestimmt zusammen mit dem Aufwand der Sicherheitenbestellung den Finanzierungsaufwand des Anzahlungskredits (zur Effektivzinsberechnung vgl. Kapitel 4.6). Nur bei kleinen Geldbeträgen und kurzen Fristen verzichtet man aus Gründen der Wirtschaftlichkeit der Rechnung auf eine besondere Zinsermittlung.

4.5.1.4 Finanzmathematischer Zusammenhang

Der finanzmathematische Zusammenhang zwischen den bei verschiedenen Zahlungskonditionen gesetzten Preisen wird anhand von Beispielen gezeigt.

BEISPIEL: (Vorauszahlung oder Anzahlungsraten?)

Eine Maschinenfabrik, die unter anderem Flaschenspülmaschinen für Brauereien herstellt, bietet das Normalmodell zum Vorauszahlungspreis von 2.000.000 € an. Die Flaschenspülmaschine wird im Rahmen einer Einzelfertigung innerhalb von drei Jahren hergestellt. Bei der Maschinenfabrik kalkuliert man üblicherweise mit einem Zinssatz von 12 %.

Welche Anzahlungsraten müsste man verlangen, falls anstelle des Anzahlungspreises drei Raten während der Produktionszeit, jeweils fällig am Jahresende, gezahlt werden sollen?

Lösung

Die Anzahlungsraten g erhalten Sie, indem Sie den Anzahlungspreis von 2 Mio € mit Hilfe des Kapitalwiedergewinnungsfaktors (KWF) für 12 % auf die drei Produktionsjahre umlegen.

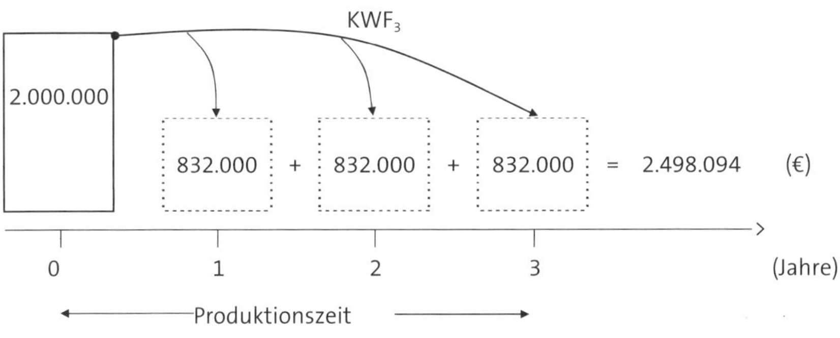

$g = \text{Anzahlungspreis} \cdot KWF_3$

$g = 2.000.000 \cdot 0{,}416349$

$g = 832.698$ (€/Jahr)

Somit gilt für den Ratenpreis P_R:

$P_R = 3 \cdot g$

$P_R = 3 \cdot 832.698$

$P_R = 2.498.094$ (€)

Die Addition der drei Raten ist finanzmathematisch problematisch, da die Raten zu unterschiedlichen Zeiten anfallen; sie hat nur Bedeutung für die Angabe des Rechnungspreises als Ratenpreis.

Ergebnis: Dem Anzahlungspreis von 2 Mio€ entspricht ein Ratenpreis von annähernd 2,5 Mio€. Der Hersteller verlangt für die spätere Zahlung Zinsen in Höhe von ca. 0,5 Mio€.

BEISPIEL: (Anzahlungsraten oder späterer Endpreis?)

Anstelle des Ratenpreises wird ein späterer Endpreis P_3, fällig im Zeitpunkt 3, vereinbart. Wie hoch ist dieser, falls der Lieferant mit einem Zinssatz von 12 % kalkuliert?

Lösung

Die Raten sind unter Benutzung des Endwertfaktors (EWF) auf den Zeitpunkt 3 aufzuzinsen und zu addieren[1].

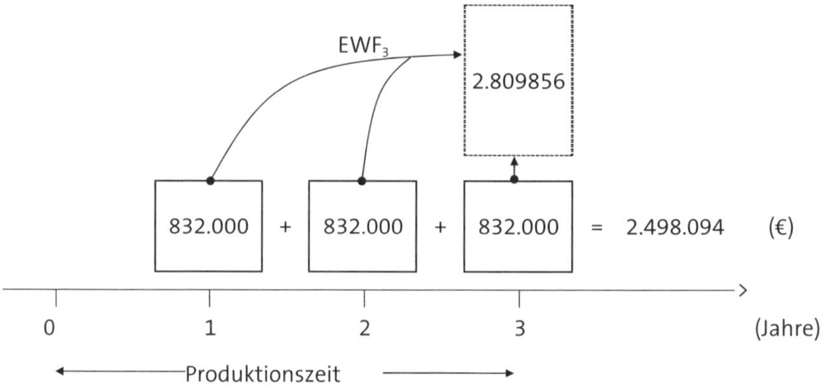

$P_3 = g \cdot EWF_3$

$P_3 = 832.698 \cdot 3{,}374400$

$P_3 = 2.809.856$ (€)

Hinweis: Zu diesem Ergebnis kommt man auch, indem man den Anzahlungspreis um drei Jahre aufzinst: $P_3 = P_0 \cdot AuF_3 = 2.000.000 \cdot 1{,}404928 = 2.809.856$.

Ergebnis: Der Endpreis P_3 ist also mit rund 2,8 Mio€ deutlich höher als die Summe der Anzahlungsraten, die sich auf etwa 2,5 Mio€ beläuft. Der Anzahlungsratenpreis übersteigt den Anzahlungspreis wiederum um etwa 0,5 Mio€. Der Unterschied zwischen den einzelnen Preisen bei unterschiedlichen Zahlungszeitpunkten verdeutlicht, dass auch die Kundenanzahlung ihren Preis (ihren Zins) hat.

Der Rechnungsbetrag hängt also in aller Regel von der Zahlungsweise ab. Er fällt um so niedriger aus, je mehr vorausgezahlt wird; er steigt, wenn Zahlungen zeitlich hinausgeschoben werden. Allenfalls bei kleinen Rechnungsbeträgen und geringen Zeitunterschieden kann man davon ausgehen, dass der Zahlungszeitpunkt aus Gründen der Wirtschaftlichkeit ohne Einfluss bleibt, und zwar dann, wenn der Aufwand der Effektivzinsberechnung aus den zahlungsbedingten Preisunterschieden im Vergleich zum Rechnungsbetrag unangemessen hoch erscheint.

1 Der Endwertfaktor (EWF) ist im Tabellenanhang für unterschiedliche Zinssätze und Laufzeiten ausgewiesen. Zur Ableitung des EWF und weiteren Anwendungsbeispielen vgl. u. a.: K.-D. Däumler/J. Grabe, Grundlagen der Investitions- und Wirtschaftlichkeitsrechnung, S. 58 ff. – K.-D. Däumler, Finanzmathematisches Tabellenwerk, S. 24 ff.

Die vertragliche Abmachung einer Kundenanzahlung setzt im Allgemeinen eine starke Marktstellung des Anbieters voraus. Das lässt sich beispielsweise anhand der Situation im Schiffbau nachweisen. Die Werften, die normalerweise hohe Kundenanzahlungen erhalten, liefern bei entsprechendem Nachfragerückgang und/oder entsprechendem Wettbewerb auch ohne vorherige Kundenanzahlung. Mehr noch: Sie gewähren unter Umständen großzügige Zahlungsziele, falls die Nachfrage nach neuen Schiffen gering und/oder der Wettbewerb stark ist.

4.5.2 Lieferantenkredit

4.5.2.1 Begriff und Sicherheiten

Definition: Lieferantenkredit (Liefererkredit, supplies credit, trade credit) ist der Zahlungsaufschub, den der Verkäufer von Waren oder Dienstleistungen dem Käufer gewährt (freiwilliger Lieferantenkredit) oder der durch verzögerte Zahlung von Seiten des Käufers erzwungen wird (unfreiwilliger Lieferantenkredit).

Die Kreditbeziehung zwischen dem Lieferanten und seinem Abnehmer gehört zu den Details, die im Rahmen eines Kaufvertrages zu regeln sind. Häufig findet sich folgende Formulierung:

„Bei Zahlung innerhalb von 10 Tagen 2 % Skonto, bis 30 Tage Zahlung netto Kasse.“

Der Kunde erhält also einen Preisnachlass von 2 % auf den Rechnungsbetrag, falls er innerhalb von 10 Tagen zahlt (sconto, ital. = Preisnachlass bei Zahlung vor Fälligkeit). Zur Sicherung der Forderung behält sich der Lieferant meist das Eigentum an der gelieferten Sache vor (Eigentumsvorbehalt). Denkbar ist auch die Sicherung durch einen Kundenwechsel, d. h. der Abnehmer akzeptiert einen auf ihn gezogenen Wechsel. In diesem Fall kann das Zahlungsziel (die Zahlungsfrist) auch über 30 Tage hinaus verlängert werden, da der Lieferant seine Forderung durch den Wechsel gesichert hat und sich durch Einreichung des Papiers bei seiner Hausbank refinanzieren kann.

4.5.2.2 Zahlungsvarianten

Als Käufer können Sie zwischen drei Zahlungsvarianten wählen:

(1) Ausnutzung der Skontofrist, d. h. Inanspruchnahme eines formal zinslosen Kredits über 10 Tage. Da der Lieferant damit rechnet, dass der Kunde frühestens unmittelbar vor Ablauf der Skontofrist bezahlt, enthält der Rechnungspreis auch die Zinsen für einen 10-Tages-Kredit.

(2) Ausschöpfen des Ziels (der Zahlungsfrist), d. h. Inanspruchnahme eines formal zinslosen Kredits über 10 Tage und eines verzinslichen Kredits über 20 Tage.

(3) Hinhalten des Lieferanten (= Inanspruchnahme eines Kredits über mehr als 30 Tage)

   a) ohne Verzugszinsen,

   b) mit Verzugszinsen.

4.5.2.3 Bedeutung

Der Lieferantenkredit hat in unserer Wirtschaft eine erstrangige Bedeutung. Allein bei den vom Statistischen Bundesamt untersuchten 1.368 Kapitalgesellschaften stieg er von 10 Mrd € (1969) über 20 Mrd € (1979) auf 33 Mrd € (1991). In der Wirtschaft insgesamt vermutete die Creditreform bereits 1986 ein Lieferantenkreditvolumen zwischen 200 und 475 Mrd €.

ABB. 4.54: Bedeutung der Lieferantenkredite

Lieferantenkredite höher als alle Bankkredite an Nichtbanken				
	1971	1976	1981	1986
	(in Mrd €)			
Oberer Schätzwert	260	305	435	475
Unterer Schätzwert	125	135	150	200
Quelle: Creditreform (imu 860916)				

Abbildung 4.55 zeigt, dass der Lieferantenkredit – ähnlich wie schon die Kundenanzahlungen – die Bankkredite bis 5 Jahre übertrifft: Auf jede von Banken geliehene Mark kamen 1991 1,08 DM Lieferantenkredit (beim produzierenden Gewerbe 1,29 DM). Insgesamt machten Lieferantenkredite 1991 6,5 Prozent der Bilanzsumme der vom Statistischen Bundesamt untersuchten 1 368 Kapitalgesellschaften aus. Der Handel verfügte über eine Lieferantenkreditquote von 14,3 %, das Baugewerbe über eine Quote von 13,7 %.

Die große Beliebtheit dieser Form der kurzfristigen Fremdfinanzierung kann durch folgende Vorteile aus der Sicht des Kreditnehmers begründet werden[1]:

1. Schnelligkeit. – Der Kredit steht in dem Moment zur Verfügung, in dem die Schuld entsteht.
2. Bequemlichkeit. – Es entfallen jegliche Formalitäten, insbesondere die Kreditwürdigkeitsprüfung.
3. Keine Abhängigkeit von Kreditinstituten.

Diesen Vorteilen steht jedoch ein gravierender Nachteil gegenüber: Das ist der in aller Regel sehr hohe Effektivzinssatz des Lieferantenkredits. Wer auf den Preisnachlass durch Skontoziehung verzichtet, um die Zahlung zeitlich hinauszuschieben und beispielsweise 20 Tage nach Ablauf der Skontofrist den vollen Rechnungsbetrag zu überweisen, wer also die Rechnung einfach so lange liegen lässt, der zahlt hierfür einen effektiven Jahreszinssatz, der leicht bei 45 Prozent und mehr liegen kann. Die Zinsen sind beim Lieferantenkredit im Preis enthalten. Nicht jeder Kunde erkennt die hohe Zinslast, und nur wenige sind in der Lage, den effektiven Jahreszinssatz des Lieferantenkredites auszurechnen (vgl. hierzu Kapitel 4.6).

1 Vgl. auch: U. Hielscher/H.-D. Laubscher, Finanzierungskosten, S. 95 ff. – L. Perridon/M. Steiner, Finanzwirtschaft der Unternehmung, S. 379 f. – J. Süchting, Finanzmanagement, S. 185 f. – H. Vormbaum, Finanzierung der Betriebe, S. 326 ff. – G. Wöhe/J. Bilstein, Grundzüge der Unternehmensfinanzierung, S. 297 ff.

ABB. 4.55: Lieferantenkredite bei Kapitalgesellschaften 1991

	Wirtschaftszweig	Anzahl Gesell-schaften	Bankkredite bis 5 Jahre	Lieferantenkredite bis 5 Jahre		Bilanz-summe	Lieferanten-kreditquote
			(Mio DM)	(Mio DM)	(%)	(Mio DM)	(%)
		1	2	3	4 = 3 : 2	5	6 = 3 : 5
I	Energie, Wasser, Bergbau	186	11.172	10.299	92,2	220.005	4,7
II	Verarbeitendes Gewerbe (ohne Bau)	679	23.207	31.358	135,1	498.404	6,3
	davon u. a.						
	Chemische Industrie	76	1.641	2.084	127,0	33.026	6,3
	Mineralölverarbeitung	14	835	1.793	214,7	31.055	5,8
	Metallerzeugung und -bearbeitung	34	2.245	1.889	84,1	34.666	5,4
	NE-Metall, Gießerei	21	1.017	1.199	117,9	24.830	4,8
	Stahl- u. Leichtmetallbau	9	258	590	228,7	7.393	8,0
	Maschinenbau	141	4.879	4.453	91,3	75.172	5,9
	Büromaschinen, ADV-Geräte	6	193	237	122,8	12.704	1,9
	Fahrzeugbau (Straße u. Luft)	39	1.708	8.716	510,3	73.394	11,9
	Schiffbau	9	444	326	73,4	9.177	3,6
	Elektrotechnik	98	2.673	4.966	185,8	120.788	4,1
	Holzbe- u. -verarbeitung	6	56	42	75,0	603	7,0
	Zellstoff u. Papier	19	1.697	604	35,6	11.522	5,2
	Textil	25	603	310	51,4	4.164	7,4
	Brauerei, Mälzerei	19	385	296	76,9	4.313	6,9
III	Baugewerbe	33	1.145	3.979	347,5	29.131	13,7
I – III	Produzierendes Gewerbe insgesamt	898	35.524	45.637	128,5	747.541	6,1
IV	Handel insgesamt	235	9.769	11.180	114,4	78.180	14,3
	davon u. a.						
	Großhandel	194	7.815	8.290	106,1	54.150	15,3
	Warenhäuser	7	1.358	1.247	91,8	14.690	8,5
	sonstiger Einzelhandel	34	596	1.644	275,8	9.340	17,6
V	Verkehr	52	2.205	2.979	135,1	35.682	8,3
VI	Dienstleistungen	179	12.077	4.269	35,3	122.638	3,5
	davon u. a.						
	Steuer- u. Wirtschafts-beratung	7	43	24	55,8	1.853	1,3
	Wohnungsunternehmen	38	5.810	883	15,2	49.913	1,8
I – VI	Insgesamt ohne Kredit-institute u. Versicherungen	1.368	59.620	64.115	107,5	984.708	6,5

Quelle: Eigene Berechnungen und Statistisches Bundesamt, Unternehmungen und Arbeitsstätten, Fachserie 2, Reihe 2.1, Abschlüsse von Kapitalgesellschaften 1991, S. 18 ff.

4.5.3 Kontokorrentkredit

4.5.3.1 Begriff und Sicherheiten

Definition: Ein Kontokorrentkredit[1] (Dispositionskredit, Buchkredit in laufender Rechnung) liegt vor, wenn ein Kreditnehmer bei einem Kreditgeber (meist Kreditinstitut) ein Konto (Girokonto) unterhält und auch dann noch in begrenztem Umfang, d. h. innerhalb der vereinbarten Höchstgrenze, des Limits, über Buchgeld verfügen kann, wenn der Saldo negativ ist. Kurz: Kontokorrentkredit = Negativsaldo des Girokontos.

Kontokorrentkonto (conto corrente, ital. = laufende Rechnung) ist die Bezeichnung für ein gemäß §§ 355 ff. HGB in laufender Rechnung geführtes Konto, auf dem sich alle Geschäfte zweier Geschäftspartner niederschlagen, wobei die gegenseitigen Forderungen in regelmäßigen Zeitabständen gegeneinander aufgerechnet (saldiert) werden. Von rechtlicher Bedeutung ist dann nur noch der jeweilige Saldo. Mindestens einmal jährlich ist zu saldieren. Wird der Saldo von den Geschäftspartnern anerkannt, so wird er auf neue Rechnung vorgetragen, und die ursprünglichen Einzelforderungen gehen unter. Sie können dann nicht mehr selbstständig eingeklagt, verpfändet oder abgetreten werden. Der Kontokorrentkredit stellt die klassische kurzfristige Fremdfinanzierung dar. Dabei ist die Kurzfristigkeit eher formaler Natur. De facto stehen Kontokorrentkredite auch mittel- und langfristig zur Verfügung, da die Banken die Kreditlinien in der Regel dauerhaft bestehen lassen (prolongieren), sofern dem nicht besondere Gründe entgegenstehen.

Sie können den Kontokorrentkredit in den verschiedensten Formen sichern:

- Grundpfandrechte,
- Sicherungsübereignung von Wertstoffen, Betriebsmitteln und Fertigprodukten,
- Verpfändung von Wertpapieren und Edelmetallen,
- Abtretung von Forderungen gegen Kunden, Banken, Versicherungen,
- Bürgschaften.

Kontokorrentkredite gibt es häufig auch als Blankokredite, also ohne besonders vereinbarte Sicherheiten. Das gilt insbesondere für Dispositionskredite an Private (meist zwei bis drei Monatsgehälter), aber auch an solche Unternehmungen, deren Geschäftsgang, dokumentiert durch Bilanzen und Auftragsbücher, die erforderliche Sicherheit bietet.

1 Vgl. auch: H. Bieg/H. Kußmaul, Investitions- und Finanzierungsmanagement, S. 273 f. – H. P. Becker, Bankbetriebslehre, S. 110 ff. – Gabler-Bank-Lexikon, S. 812 ff. – L. Perridon/M. Steiner, Finanzwirtschaft der Unternehmung, S. 431 f.

4.5.3.2 Finanzierungsaufwand

Der Finanzierungsaufwand eines Kontokorrentkredites besteht aus[1]:

	Sollzinssatz oder Nettozinssatz	= Entgelt für Kredit
+	Kreditprovision oder Bereitstellungsprovision	= Entgelt für Kredit oder Limit
+	Umsatzprovision	= Entgelt für Kontoführung
+	Überziehungsprovision	= Entgelt für Überschreitung des Limits
+	Barauslagen (z. B. Porti, Telefon, Spesen, Gebühren)	
=	gesamter Finanzierungsaufwand des Kontokorrentkredits	

(1) Sollzinssatz oder Nettozinssatz

Von einem Nettozinssatz spricht man, abweichend vom üblichen Sprachgebrauch, wenn Sollzins und Kreditprovision zusammengefasst und als einheitlicher Zinssatz angegeben werden. Das ist die bei den meisten Kreditinstituten gebräuchliche Berechnungsmethode. Entsprechend unterscheidet man die Abrechnung zum Nettozinssatz (ohne gesonderte Inrechnungstellung der Kreditprovision) und die Abrechnung zum Sollzinssatz (mit gesonderter Berechnung von Kredit- und Bereitstellungsprovision). Verzinst wird der jeweils beanspruchte Kredit. Der Sollzinssatz steigt und fällt mit dem Diskontsatz der Deutschen Bundesbank, obgleich dieser etwas von seiner früheren Leitzinsfunktion eingebüßt hat. Der Diskontsatz (eigentlich: Rediskontsatz) ist der Zinssatz pro Jahr, zu dem die Zentralbank gute Handelswechsel von Kreditinstituten ankauft (rediskontiert). Bankintern berechnet man den Sollzinssatz i_s im Allgemeinen als Summe aus Diskontsatz d und Zuschlag z:

$$i_s = d + z$$

Der Vorbehalt der Zinsänderung gehört wie Laufzeit und Sicherheiten zu den Kreditbedingungen und kann beispielsweise folgendermaßen lauten:

> „Bis auf Weiteres 9,5 % p. J. netto. Wir behalten uns vor, den Zinssatz neu festzusetzen, wenn wir Änderungen des allgemeinen Zinsniveaus und Zinsgefüges festzustellen haben. Für diesen Fall gilt als vereinbart, dass Sie den Kontokorrentkredit innerhalb einer Woche, beginnend vom Zeitpunkt der Ankündigung der Zinsänderung, zurückführen können, wobei Ihnen für diesen Zeitraum nur der vorher vereinbarte Zinssatz berechnet würde".

(2) Kreditprovision oder Bereitstellungsprovision

Für den Kreditnehmer ist der entscheidende Kostenfaktor der effektive Jahreszinssatz. Bei der Ermittlung des Effektivzinssatzes ist der Sollzinssatz zur Berücksichtigung der Kreditprovision um einen bestimmten Wert zu erhöhen. Dabei muss beachtet werden, dass die Kreditprovision in verschiedenen Erhebungsformen vorkommt:

1 Vgl. W. Compter, Bankbetriebslehre, S. 171. – W. Grill/H. Perczynski, Wirtschaftslehre des Kreditwesens, S. 359 f. u. 372 ff. – R. Adrian/Th. Heidorn, Der Bankbetrieb, S. 491 ff. – U. Hielscher/H.-D. Laubscher, Finanzierungskosten, S. 86.

(a) Die Kreditprovision (1 %–3 % p. J.) wird dem Sollzinssatz zugeschlagen. Die Kreditkosten beziehen sich dann auf den tatsächlich in Anspruch genommenen Betrag. Man hat in der Zusammenfassung beider Positionen zu einem Nettozinssatz eine Größe, die den Kostenvergleich zwischen den Kreditinstituten wesentlich erleichtert.

(b) Die Kreditprovision (ca. 3 % p. J.) bezieht sich auf die zugesagte Kontokorrentlinie. Der in Anspruch genommene Betrag ist mit dem Sollzinssatz zu verzinsen (z. B. i_s = d + 2,5 % p. J.), daneben ist ein Satz von 3 % vom zugesagten Kredit zu entrichten, wodurch sogenannte Leerkosten bei nicht voller Inanspruchnahme der Kreditlinie entstehen.

(c) Die Kreditprovision (ca. 3 % p. J.) bezieht sich auf die Differenz zwischen Kreditlinie und tatsächlich in Anspruch genommenem Kredit. Auch hier entstehen Leerkosten bei nicht voller Inanspruchnahme des Limits.

(d) Die Kreditprovision (ca. 3 % p. J.) kann auch auf den Spitzenbedarf während der Abrechnungsperiode bezogen werden. Dann entstehen Leerkosten in dem Maße, wie der Normalbedarf hinter dem Spitzenbedarf zurückbleibt.

(e) Die Kreditprovision wird vom durchschnittlich beanspruchten Betrag während eines Quartals erhoben.

Die folgende Übersicht zeigt die Auswirkungen der verschiedenen Konditionen. Für die Konditionen (a) bis (d) wird der Zinssatz ermittelt, wobei drei Fälle zu unterscheiden sind:

(1) die Kreditlinie wird ständig voll beansprucht,

(2) die Kreditlinie wird ständig zu 50 % ausgenutzt,

(3) die Kreditlinie wird ständig zu 25 % ausgenutzt.

ABB. 4.56: Kreditprovision und Effektivzinssatz

Fälle (Kreditlinie = 100 €)	Nettozinssatz p. J. Fall (a)	Provision p. J. auf Limit Fall (b)	Provision p. J. auf nicht beanspruchtes Limit Fall (c)	Provision p. J. auf höchste Inanspruchnahme Fall (d)
Sollzinssatz	8 %	5 %	8 %	5 %
Kreditprovision	0 %	3 %	3 %	3 %
Zinssatz bei voller Inanspruchnahme der Linie (Kredit = 100 €)	8 %	8 %	8 %	8 %
effektiver Jahreszinssatz bei vierteljährlicher Abrechnung		8,24 %		
Zinssatz bei 50 v. H. Inanspruchnahme der Linie (Kredit = 50 €)	4 € = 8 %	2,50 € + 3,00 € = 5,50 € = 11 %	4,00 € + 1,50 € = 5,50 € = 11 %	2,50 € + 1,50 € = 4,00 € = 8 %
Zinssatz bei 25 v. H. Inanspruchnahme der Linie (Kredit = 25 €)	2 € = 8 %	1,25 € + 3,00 € = 4,25 € = 17 %	2,00 € + 2,25 € = 4,25 € = 17 %	1,25 € + 0,75 € = 2,00 € = 8 %

Wird der Kredit während des gesamten Abrechnungszeitraumes voll genutzt, so erhält man eine einheitliche Gesamtbelastung von 8 %. Wegen der unterjährigen Zinszahlung ergibt sich ein effektiver Zinssatz von 8,24 % p. J., wenn man von vierteljährlicher Abrechnung ausgeht (zur Berechnung vgl. Kapitel 4.6). Bei einer nur teilweisen Ausnutzung der Linie steigt der Effektivzinssatz unter Umständen stark an. Er hängt dann wesentlich von der gewählten Bezugsbasis für die Kreditprovision ab, so dass unterschiedliche Effektivzinssätze bis zu 17 % zu beobachten sind, was bei vierteljährlicher Abrechnung 18,11 % p. J. entspricht. Auch bei wechselnder Kontokorrentkredithöhe, wie sie bei diesem elastischen Finanzierungsmittel typisch ist, ergeben sich im Regelfall unterschiedliche Effektivzinssätze, wenn die Bezugsbasis zur Errechnung der Kreditprovision verschieden ist.

ABB. 4.57: Bezugsbasen für die Kreditprovision

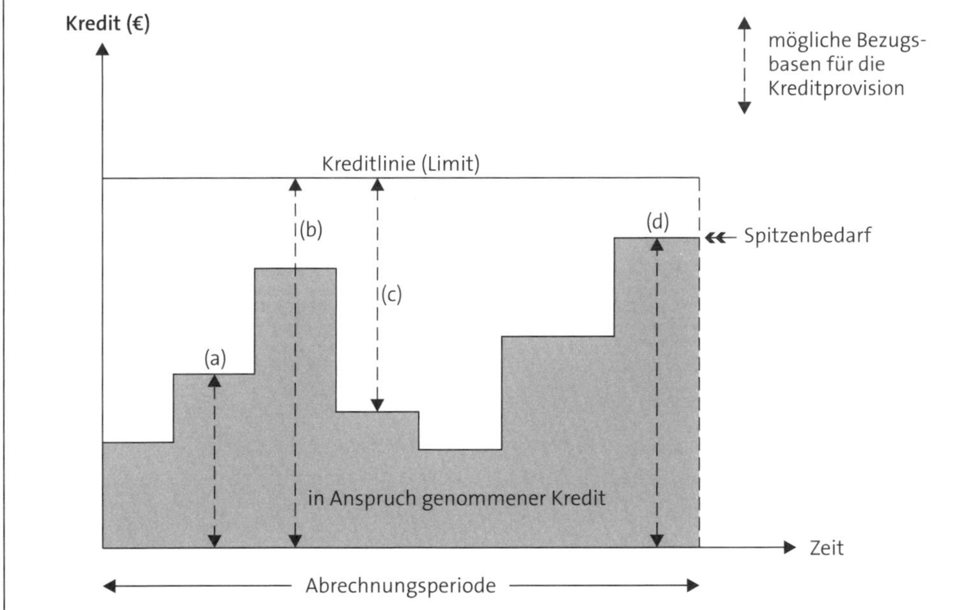

(3) Umsatzprovision

Sie wird meist mit 1 % vom tatsächlichen Kreditbetrag oder mit 0,25 % des Umsatzes auf der größeren Kontoseite berechnet. Denkbar ist auch die Erhebung einer Postengebühr, die nach der Anzahl der Buchungsposten (ca. 0, 25 € pro Buchung) berechnet wird.

(4) Überziehungsprovision

Wird das vereinbarte Kreditlimit überschritten, so erhebt das Kreditinstitut zusätzlich zu den normalen Sollzinsen etwa 2 % bis 4 % p. J. Überziehungsprovision.

ABB. 4.58: Durchschnittszinssätze und Streubreite bei Kontokorrentkrediten

Erhebungs-zeitraum	Kontokorrentkredite: Sollzinssätze in % p. J.			
	unter 100.000 €		von 500.000 € bis unter 2,5 Mio €	
	durchschnittlicher Zinssatz	Streubreite	durchschnittlicher Zinssatz	Streubreite
2001 März	11,17	7,00 – 13,25	8,86	6,00 – 12,00
Mai	11,12	6,50 – 13,25	8,84	5,60 – 12,00
Juli	11,12	6,50 – 13,25	8,73	5,50 – 12,00
September	11,06	6,00 – 13,25	8,75	5,50 – 12,10
November	10,87	5,50 – 13,00	8,49	4,90 – 12,00
2002 Januar	10,86	6,00 – 13,00	8,40	4,50 – 12,00
März	10,88	6,45 – 13,00	8,39	4,50 – 12,00
Mai	10,93	6,00 – 13,00	8,55	4,50 – 12,00
Juli	10,99	6,00 – 13,00	8,57	4,50 – 12,00
September	10,86	5,50 – 13,00	8,54	4,50 – 12,00
November	10,97	5,50 – 13,00	8,55	4,50 – 12,00
2003 Januar	10,92	6,50 – 13,00	8,55	4,50 – 12,00
März	10,77	5,00 – 13,00	8,47	4,00 – 12,00
Mai	10,74	5,50 – 13,00	8,32	4,00 – 12,00

Quelle: Deutsche Bundesbank, Monatsberichte Februar u. Mai 2002, August 2003, Statistischer Teil, S. 45.

Für den Bankkunden ist die Ermittlung der Effektivbelastung im Rahmen eines Kontokorrentkredites aus mehreren Gründen schwierig:

(1) Die Effektivbelastung muss die vorgenannten vier Aufwandspositionen (Soll- oder Nettozinssatz, Kreditprovision, Umsatzprovision, Überziehungsprovision) und die Barauslagen berücksichtigen.

(2) Von Bank zu Bank bestehen nicht nur Unterschiede hinsichtlich der Höhe der genannten Positionen, sondern auch hinsichtlich der Erhebungsformen.

(3) Die unterschiedlichen Erhebungsformen, etwa bei der Ermittlung der Kreditprovision, bedingen, dass der Effektivzinssatz auch vom Grad der Inanspruchnahme der Kreditlinie und von den Kontobewegungen abhängt.

Die Effektivzinsberechnung des Kontokorrentkredites kann daher immer nur exemplarisch durchgeführt werden, d. h. für bestimmte Konditionen und ein bestimmtes Konto (mit vorgegebenen Kontobewegungen und vorgegebener Inanspruchnahme der Kreditlinie). Beispielrechnungen dieser Art erstellte die Stiftung Warentest; sie ermittelte die Effektivbelastungen für Modellkonten mit normierten Kontobewegungen[1].

1 Vgl. Stiftung Warentest, Heft 9/1992, S. 17 ff. und Heft 1/1994, S. 17 ff.

4.5.4 Wechselkredit

4.5.4.1 Begriff

In seiner ursprünglichen Form ist der Wechsel (bill of exchange, bill, lettre de change) ein von einem Geldwechsler ausgestelltes und an einem anderen Ort in der dort geltenden Währung einlösbares Wertpapier. Daraus ergab sich die Bezeichnung Wechsel. Heute verstehen wir unter einem Wechsel ein schuldrechtliches Wertpapier, das eine abstrakte, von dem bestehenden Schuldverhältnis losgelöste Verbindlichkeit verbrieft, ein Wertpapier, das drei Funktionen wahrnehmen kann: Zahlungsmittel-, Kreditmittel- und Sicherungsmittelfunktion.

Definition: Wechsel (bill of exchange, bill, lettre de change) ist eine Urkunde, die die unbedingte Anweisung des Ausstellers an den Bezogenen (Schuldner) enthält, eine bestimmte Geldsumme an einem bestimmten Tag und Ort an die im Wechsel genannte Person oder deren Order zu zahlen. Die Urkunde muss im Text als Wechsel bezeichnet sein. Aussteller und Schuldner können auch ein und dieselbe Person sein (Eigen- oder Solawechsel).

Der Gläubiger aus einer Wechselforderung ist durch das Eigentum am Wechsel legitimiert. Die Übereignung eines Wechsels erfolgt durch einen entsprechenden Vermerk auf der Rückseite, das Indossament (in dosso, ital. = auf dem Rücken), und Übergabe. Der Übertragende heißt Indossant, derjenige, der das Papier erhält, Indossat oder Indossatar. Durch Indossament und Übergabe überträgt der alte Wechselgläubiger seine Rechte an den neuen. Die Indossamente müssen eine lückenlose Kette vom ersten bis zum letzten Wechselgläubiger bilden. Berechtigt ist der, der den Wechsel in Händen hat und durch eine ordnungsgemäße Indossamentenkette ausgewiesen ist. Wechsel unterliegen der Wechselstrenge. Diese zeigt sich beispielsweise

- in den Formvorschriften für den Wechsel,
- in der Haftung aller Wechselverpflichteten,
- in den Vorschriften über Fristen und Rechtshandlungen bei Einlösung oder Nichteinlösung des Wechsels,
- in den Besonderheiten des Wechselprozesses (ein Urkundenprozess, bei dem der Berechtigte sehr schnell einen vollstreckbaren Titel erhält).

Als Folge der Wechselstrenge kann eine Wechselforderung vergleichsweise rasch und zuverlässig durchgesetzt werden. Das könnte ein Grund sein für den meist vergleichsweise niedrigen Effektivzinssatz des Wechseldiskontkredites, der häufig noch unter dem Effektivzinssatz für erstrangige Hypotheken liegt.

ABB. 4.59: Kontokorrent-, Hypothekar- und Wechseldiskontkredit im Vergleich

Kreditart	Durchschnittszinssatz (%) Juli 1992	Juli 1996	Juli 2000	Juli 2002	Juni 2003
Kontokorrentkredit (unter 1 Mio DM, ab 2002: unter 500.000 €)	13,55	10,01	9,81	9,70	9,48
Hypothekarkredit (Gleitzinsen)	10,23	6,63	6,67	6,13	5,49
Wechseldiskontkredit (bis unter 100.000 DM, ab 2002: bis unter 50.000 €)	10,78	4,73	6,49	6,40	5,79

Quelle: Deutsche Bundesbank, Monatsbericht August 2000, 2002, 2003, Statistischer Teil, S. 45.

4.5.4.2 Wechselarten

ABB. 4.60: Arten des Wechsels

Gezogener Wechsel (Tratte)	Der Aussteller des Wechsels weist einen anderen an, eine bestimmte Geldsumme zu bezahlen.
Eigener Wechsel (Solawechsel)	Der Aussteller selbst verspricht die Zahlung einer bestimmten Summe (Aussteller ist gleichzeitig Bezogener).
Tratte	Gezogener, aber noch nicht akzeptierter Wechsel, enthält nur Zahlungsanweisung.
Akzept	Enthält auch Zahlungsverpflichtung.
Handelswechsel	Ziehungen eines Verkäufers auf einen Käufer, denen ein Waren- oder Dienstleistungsgeschäft zugrundeliegt.
Finanzwechsel	Bank-auf-Wirtschaft-Ziehungen, Staat-auf-Bank-Ziehungen (Schatzwechsel) oder Bank-auf-Bank-Ziehungen, die nicht auf einem Warengeschäft beruhen, sondern der Kreditbeschaffung dienen.
Sicherungswechsel	Dienen zur Sicherung eines Kreditverhältnisses; werden beim Gläubiger hinterlegt. Folge: Gläubiger kann bei nicht ordnungsgemäßer Abwicklung des Schuldverhältnisses die Vorteile der Wechselstrenge nutzen.
Tagwechsel	Sind an einem bestimmten Kalendertage fällig.
Datowechsel	Sind eine bestimmte Zeit nach Ausstellung fällig.
Sichtwechsel	Sind bei Vorlage zahlbar.
Nachsichtwechsel	Sind eine bestimmte Zeit nach Sicht fällig.

4.5.4.3 Gesetzliche Wechselbestandteile

Artikel 1 des Wechselgesetzes schreibt acht gesetzliche Wechselbestandteile für gezogene Wechsel vor. Die Wirtschaft hat aus Sicherheitsgründen und zur Vereinfachung des Wechselverkehrs einen Einheitswechsel (DIN 5004) entwickelt. Beides finden Sie in der folgenden Abbildung.

ABB. 4.61: Einheitswechsel gemäß DIN 5004 und Wechselbestandteile

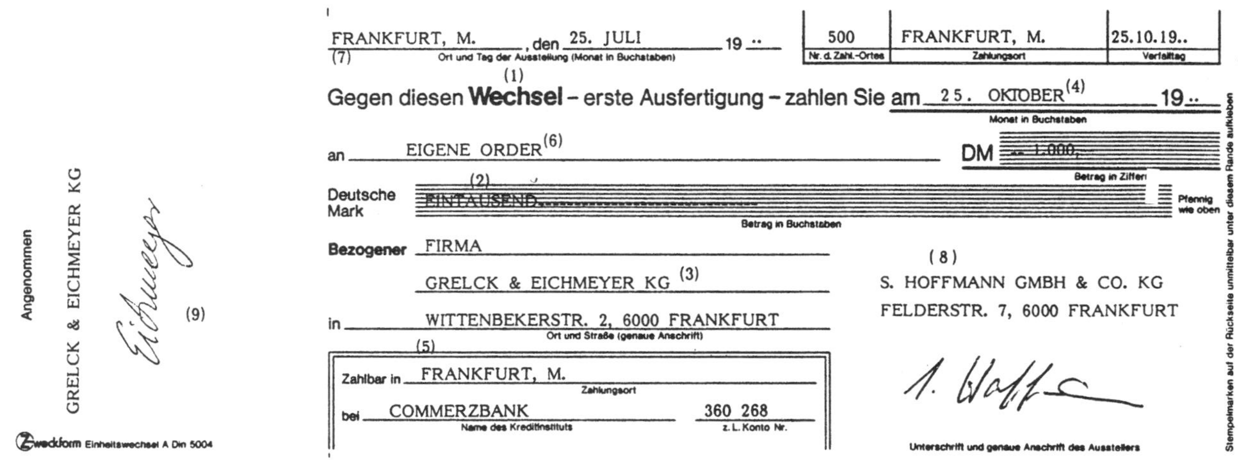

FRANKFURT, M. (7), den 25. JULI 19 .. — Ort und Tag der Ausstellung (Monat in Buchstaben)

500 (Nr. d. Zahl.-Ortes) | FRANKFURT, M. (Zahlungsort) | 25.10.19.. (Verfalltag)

Gegen diesen **Wechsel** (1) – erste Ausfertigung – zahlen Sie am 25. OKTOBER(4) 19.. (Monat in Buchstaben)

an EIGENE ORDER(6) DM -- 1.000,-- (Betrag in Ziffern)

Deutsche Mark EINTAUSEND (2) (Betrag in Buchstaben) Pfennig wie oben

Bezogener FIRMA GRELCK & EICHMEYER KG (3)

in WITTENBEKERSTR. 2, 6000 FRANKFURT (Ort und Straße (genaue Anschrift))

(5) Zahlbar in FRANKFURT, M. (Zahlungsort)

bei COMMERZBANK (Name des Kreditinstituts) 360 268 (z. L. Konto Nr.)

(8) S. HOFFMANN GMBH & CO. KG FELDERSTR. 7, 6000 FRANKFURT

Unterschrift und genaue Anschrift des Ausstellers

Angenommen GRELCK & EICHMEYER KG (9)

Stempelmarken auf der Rückseite unmittelbar unter diesem Rande aufkleben

Zweckform Einheitswechsel A Din 5004

(1) Das Wort „Wechsel“ (oder bill of exchange, lettre de change) im Text der Urkunde (Wechselklausel).
(2) Die unbedingte Anweisung, eine bestimmte Geldsumme zu zahlen (Zahlungsklausel-Bedingung macht Wechsel ungültig).
(3) Name der Person oder Firma, die zahlen soll (Bezogener).
(5) Angabe des Zahlungsortes (muss genannt sein, weil Wechselschulden Holschulden sind).
(6) Name des Wechselnehmers (Remittenten), an den oder an dessen Order gezahlt werden soll
(7) Ausstellungstag und Ausstellungsort.
(8) Unterschrift des Ausstellers (Trassant).

4.5.4.4 Akzept – Protest – Regress

Der Bezogene wird dadurch, dass der Aussteller einen Wechsel auf ihn gezogen hat, noch nicht zur Zahlung verpflichtet. Die Verpflichtung beginnt erst dann, wenn er den Wechsel annimmt (akzeptiert), indem er seine Unterschrift auf dem linken Teil des Wechselformulares senkrecht zum sonstigen Wechseltext anbringt, d. h. querschreibt (9). Ein durch die Unterschrift des Bezogenen akzeptierter Wechsel wird als Akzept bezeichnet. Ein bei Kaufleuten bekannter Satz lautet deshalb: „Schreib hin, schreib her, schreib niemals quer!" Dieser Satz – er nimmt einseitig auf die Strenge des Wechselrechtes Bezug – ist allerdings in der Wirtschaftspraxis zu relativieren: Wenn Sie willens und in der Lage sind, Ihre Verpflichtungen zu erfüllen, sollten Sie den Wechseldiskontkredit wegen des vergleichsweise günstigen Zinssatzes unbesorgt nutzen.

Löst der Bezogene den Wechsel am Verfalltag nicht ein, so lassen Sie von einem Notar oder einem Gerichtsbeamten öffentlich beurkunden, dass der Wechsel

- zur rechten Zeit (Verfalltag) und
- am rechten Ort (Zahlungsort)

erfolglos zur Zahlung vorgelegt wurde. Diese öffentliche Urkunde heißt Wechselprotest. Der Wechselprotest ist am ersten oder zweiten Werktag nach dem Verfall zu erheben. Die dabei auszustellende Protesturkunde ermöglicht es Ihnen als Gläubiger, auf Ihre Vormänner, die Indossanten und den Aussteller, zurückzugreifen, die gesamtschuldnerisch haften. An die Reihenfolge der Indossamentenkette sind Sie dabei nicht gebunden (Sprungrückgriff).

4.5.4.5 Wechselverwendung und Indossament

Sie können einen Wechsel

- als Zahlungsmittel weitergeben,
- vor Fälligkeit an eine Bank verkaufen (diskontieren),
- einer Bank zum Einzug (Inkasso) übergeben oder
- bis zum Verfalltag aufbewahren und dann selbst einkassieren.

Die Weitergabe des Wechsels erfolgt durch einen entsprechenden Übertragungsvermerk auf der Rückseite, das Indossament. Abbildung 4.62 zeigt beispielhaft eine Indossamentenkette.

ABB. 4.62: Indossamentenkette

FÜR UNS AN DIE ORDER DER FIRMA RADIO-KEILING GMBH BAD HOMBURG FRANKFURT, DEN 28. JULI 19 S. HOFFMANN GMBH & CO. KG	Namensindossament oder Vollindossament: Der Indossant vermerkt den Namen des Indossatars
FÜR MICH AN DIE FIRMA MÖBEL-WALTHER KG DARMSTADT OHNE OBLIGO BAD HOMBURG, DEN 3. AUG. 19 RADIO KEILING GMBH	Angstindossament; Die Wechselhaftung wird durch den Vermerk „ohne Obligo" (ohne Haftung) ausgeschlossen.
FÜR UNS AN HERRN DIETER WILHELM, FRANKFURT NICHT AN DESSEN ORDER DARMSTADT, DEN 15. AUG. 19 MÖBEL WALTHER KG	Rektaindossament: Durch die negative Orderklausel „nicht an dessen Order" wird die Weitergabe des Wechsels ausgeschlossen. Der Wechsel ist direkt beim Bezogenen einzulösen (recta via, lat. = gerader Weg).
FÜR MICH AN DIE DEUTSCHE BANK AG ZUM EINZUG.	Inkassoindossament: Die Bank erwirbt nicht das Eigentum an dem Wechsel. Sie ist lediglich zum EInzug legitimiert.

4.5.4.6 Diskontkredit

Definition: Ein Diskontkredit (Wechseldiskontkredit, Wechselkredit) entsteht, wenn eine Bank Wechsel von Kunden ankauft, also eine zum Diskontierungszeitpunkt noch nicht fällige Forderung bevorschusst.

Rechtlich ist die Wechseldiskontierung kein Darlehen, sondern ein Kauf. Wirtschaftlich ist sie dann ein Kredit, wenn sich die Bank gegenüber einem Kunden verpflichtet, Wechsel im Rahmen einer Höchstgrenze (Kontingent, Limit) hereinzunehmen. Der Kreditbetrag ist der Wechselbarwert und nicht der Wechselnennwert.

Seit Beginn der Euro-Einführung zum 01.01.1999 können Kreditinstitute keine Handelswechsel mehr bei der Bundesbank rediskontieren. Damit entfällt die Möglichkeit, sich mit Handelswechseln zu refinanzieren. Dennoch bleibt der Handelswechsel als Sicherungs-, Zahlungs- und Finanzierungsmittel für Unternehmen erhalten. Er ist als Kategorie-II-Sicherheit – mit besonderer Bedeutung für nationale Finanzmärkte und Sicherheiten – im Europäischen System der Zentralbanken akzeptiert worden. Kreditinstitute können also Wechsel, die sie von Unternehmen gekauft haben, zur Kreditaufnahme bei den Landeszentralbanken nutzen. Zum Rediskont kommen nur gute Handelswechsel in Frage. Das sind Wechsel,

- die mindestens drei gute Unterschriften[1] tragen,
- denen ein Waren- oder Dienstleistungsgeschäft zugrundeliegt,
- deren Restlaufzeit höchstens drei Monate beträgt,
- die an einem Ort mit einem Bankplatz zahlbar sind, der von der Bundesbank und den Landeszentralbanken bestimmt wird.

Die Bedingungen sind im Vergleich zum bisherigen Wechsel vereinfacht worden. Folgende Kriterien hat die Bundesbank für Handelswechsel festgelegt[2]:

- Mindestlaufzeit 1 Monat
- Maximale Restlaufzeit 6 Monate
- Kein Mindestbetrag
- Währung muss auf Euro oder nationale Währung lauten
- Sitz des Schuldners muss in Deutschland sein
- Mindesten ein Wechselverbundener muss von der Deutschen Bundesbank als notenbankfähig eingestuft sein
- Abzinsung erfolgt mit dem 3-Monats-EURIBOR-Satz
- Bewertungsabschlag 2 %
- Wechselinkasso erfolgt durch die Deutsche Bundesbank

Die Beziehungen zwischen dem Wechselaussteller, dem Bezogenen und einer Geschäftsbank verdeutlicht die folgende schematische Darstellung.

1 Hier gelten seit dem 01.01.1999 die strengen Bonitätsanforderungen der EZB. Banken und Nichtbanken müssen als Wechselbeteiligte einen Bonitätsstandard A erfüllen.

2 Quelle: Euro Info Center Lahr, Deutsche Bundesbank.

ABB. 4.63: Beziehungen zwischen Aussteller, Bezogenem und Bank

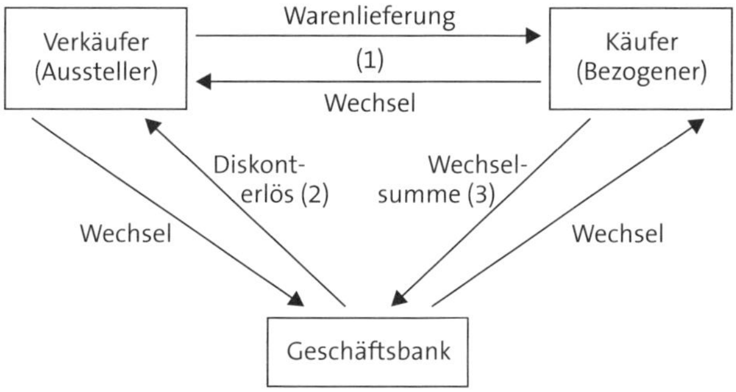

Die Finanzierungsaufwendungen für den Diskontkredit sind vergleichsweise gering, so dass sich ein günstiger Effektivzins (vgl. Kapitel 4.6) ergibt. Sie bestehen im Wesentlichen aus dem Diskont. Daneben fallen an[1]: Spesen, Auslagen, Porti, Inkassoprovision, Auskunftsgebühren.

ABB. 4.64: Durchschnittszinssätze und Streubreiten bei Wechseldiskontkrediten

Wechseldiskontkredite (Zinssätze in % p. J.) bundesbankfähige Abschnitte bis unter 50 000 €		
Erhebungszeitraum	durchschnittlicher Zinssatz	Streubreite
1993 Mai	9,39	7,75 – 11,25
1995 Mai	6,17	4,50 – 8,50
1997 Mai	4,73	3,25 – 6,75
1999 Mai	5,15	3,50 – 8,50
2001 Mai	6,86	4,78 – 10,00
2003 Mai	5,96	3,40 – 10,00

Quelle: Deutsche Bundesbank, Monatsbericht Mai 2002, August 2003, Statistischer Teil, S. 45.

Trotz des umfangreichen Katalogs belaufen sich die Nebenkosten lediglich auf Promillesätze der Wechselsumme, so dass der Diskontkredit meist preiswert ist.

4.5.4.7 Akzeptkredit

Definition: Der Akzeptkredit kommt zustande, wenn ein Kreditinstitut innerhalb einer festgesetzten Kreditgrenze bonitätsmäßig einwandfreien Kunden erlaubt, Wechsel auf das Kreditinstitut zu ziehen und die vom Kunden ausgestellten Wechsel akzeptiert. Der Kunde verpflichtet sich, der Bank einen Werktag vor Fälligkeit des Wechsels den Wechselbetrag zur Verfügung zu stellen[2].

1 Vgl. u. a. W. Compter, Bankbetriebslehre, S. 172. – W. Grill/H. Perczynski, Wirtschaftslehre des Kreditwesens, S. 382 ff. – F. K. Feldbausch, Das Bankgeschäft von A – Z, S. 231 f. – U. Hielscher/H.-D. Laubscher, Finanzierungskosten, S. 100 ff.

2 Vgl. u. a.: H. P. Becker/A. Peppmeier, Bankbetriebslehre, S. 148 ff. – H. E. Büschgen, Bankbetriebslehre, S. 335 f. – U. Hielscher/H.-D. Laubscher, Finanzierungskosten, S. 108 ff. – H. Vormbaum, Finanzierung der Betriebe, S. 312.

Im Außenverhältnis übernimmt die Bank als Wechselschuldnerin die volle wechselrechtliche Haftung. Im Innenverhältnis ist der Kunde verpflichtet, der Bank den Wechselbetrag rechtzeitig zur Verfügung zu stellen. Wirtschaftlich stellt der Akzeptkredit eine Kreditleihe dar, d. h. die Bank leiht dem Kunden kein Geld, sondern (gegen Berechnung einer Akzeptprovision) gleichsam ihren guten Ruf, ihre Bonität[1]. Akzeptkredite erhalten grundsätzlich nur Unternehmen erster Bonität. Der Akzeptkredit wird in der Regel ohne dingliche Absicherung als Blankokredit gewährt. Der Bankkunde kann das Bankakzept auf verschiedene Weise verwenden: (1) Im Regelfall reicht er es zum Diskont bei seiner Akzeptbank ein, so dass sich an die Kreditleihe unmittelbar eine Geldleihe anschließt. (2) Der Bankkunde kann das Akzept auch bei einer anderen Bank zu Finanzierungszwecken diskontieren lassen. (3) Er kann den Wechsel zu Finanzierungszwecken verwenden, indem er ihn zahlungshalber an Lieferanten weitergibt, wobei auch solche Gläubiger das Akzept zu nehmen bereit sind, die ihren Schuldner wenig oder überhaupt nicht kennen – schließlich haftet die Akzeptbank, falls ihr Kunde insolvent wird.

Als Finanzierungsaufwand des Akzeptkredits fallen an:

1. Akzeptprovision (1,5 – 3,0 % p. J.),
2. Bearbeitungsgebühren (0,5 % p. J.),
3. Diskont, der sich am 3-Monats-Euribor-Satz der Deutschen Bundesbank orientiert.

Trotz der im Vergleich zum normalen Diskontkredit zusätzlich erhobenen Akzeptprovision kann der Akzeptkredit vergleichsweise vorteilhaft sein, da Bankakzepte zu einem besonders günstigen Satz, dem Privatdiskontsatz, von den Kreditinstituten hereingenommen werden. Häufig ist die Akzeptbank bereit, selbst die Diskontierung vorzunehmen, und zwar aus drei Gründen:

(1) Durch die Eigendiskontierung wird der Kunde enger an die Bank gebunden.

(2) Das Bankensystem hält einen Teil seiner Liquiditätsreserven in Gestalt von Privatdiskonten, wobei die Banken eigene Akzepte untereinander austauschen.

(3) Bankakzepte aus Akzeptkrediten können bei der Deutschen Bundesbank rediskontiert werden.

Akzeptkredite dienen vor allem der Abwicklung kurzfristiger Warengeschäfte größeren Umfangs. Die Zahlungsfrist entspricht der Laufzeit der Bankakzepte, so dass die Wechsel aus dem Verkaufserlös der finanzierten Waren eingelöst werden können (self-liquidation).

4.5.5 Avalkredit

Der Avalkredit stellt – ähnlich wie der Akzeptkredit – keine Geldleihe, sondern eine Kreditleihe dar. Der französische Begriff Aval stand ursprünglich für „Wechselbürgschaft". Heute wird er allgemeiner verwandt:

Definition: Ein Avalkredit entsteht, wenn ein Kreditinstitut eine Bürgschafts- oder Garantieerklärung zugunsten eines Kunden für eine von diesem eingegangene Verpflichtung gegenüber einem Dritten übernimmt.

1 Diese Leihe ist entgeltlich, anders als im BGB, das nur die unentgeltliche Leihe (im Gegensatz zur entgeltlichen Miete) kennt.

Während die Bürgschaft eine Mithaftung der Bank für ein bestehendes Schuldverhältnis begründet, stellt die Garantie ein abstraktes Schuldversprechen dar und setzt kein bestehendes Schuldverhältnis voraus. Die Bank haftet mit ihrer Garantie dafür, dass ein bestimmter Erfolg eintritt oder ein möglicher Schaden ausbleibt. In beiden Fällen, Bürgschaft und Garantie, stellt die Bank keine liquiden Mittel, sondern ihren guten Ruf zur Verfügung und ermöglicht so dem Avalkreditnehmer die Aufnahme von Krediten bei Dritten ohne besondere Kreditwürdigkeitsprüfung. Die Bank wird aus diesem Engagement nur dann in Anspruch genommen, wenn der Avalkreditnehmer seine Verbindlichkeiten gegenüber dem Dritten nicht ordnungsgemäß begleicht.

Für die Bereitstellung von Avalkrediten berechnen die Banken eine im voraus zu entrichtende Avalprovision. Sie beträgt im Allgemeinen etwa 1 % bis 3 % p. J. Die Avalprovision hängt im Einzelfall ab von der Laufzeit des Avalkredits, dem Kreditrisiko, der Kreditnehmerbonität, der Größenordnung des Geschäfts und den gestellten Sicherheiten. Zusätzlich wird meist je Urkunde eine Ausfertigungsgebühr berechnet. In der Bankbilanz erscheint der Avalkredit „unter dem Strich" als Eventualverbindlichkeit: Nur wenn der Avalkreditnehmer seine Verpflichtungen nicht erfüllt, entsteht für die Bank eine echte Verbindlichkeit.

Der Avalkredit tritt in verschiedenen praktischen Anwendungsformen auf, von denen die wichtigsten hier kurz skizziert sind[1]:

ABB. 4.65: Arten der Bankavale

Art des Avalkredits	Kurzbeschreibung
Kaufgeldaval = Bürgschaft für Stundung von Kaufgeldern	Bei Holzverkäufen gewährt die staatliche Forstverwaltung, bei Branntweinverkäufen die Bundesmonopolverwaltung eine Kaufpreisstundung, wenn der Kunde eine Bankbürgschaft stellen kann.
Frachtaval = Bürgschaft für Frachtstundungen	Unternehmen, die regelmäßig Waren von der Deutschen Bahn AG befördern lassen, können eine halbmonatige Stundung der Frachtgebühren erreichen, wenn sie eine Bankbürgschaft bei der Deutschen Verkehrskreditbank einreichen, die die Abrechnung für die Bahn übernimmt.
Zoll- und Steueraval = Bürgschaft für Stundung von Zöllen und Steuern	Für die Stundung von Zöllen und Steuern verlangt der Staat eine Bürgschaft. Die Bank verpflichtet sich gegenüber der Finanzverwaltung, für die öffentlichen Abgaben ihres Kunden einzustehen.
Prozessaval = Bürgschaft für Prozessverpflichtungen	Für den Beklagten kann eine Bankbürgschaft eine Möglichkeit sein, die Zwangsvollstreckung des Urteils durch Stellung einer Sicherheit abzuwenden. Dem Kläger ermöglicht die Prozessbürgschaft die Betreibung der Zwangsvollstreckung aus einem für vorläufig vollstreckbar erklärten Urteil.
Anzahlungsaval = Garantie, dass geleistete Anzahlungen nicht verloren sind	Die etwa im Schiff- und Großmaschinenbau sowie im Auslandsgeschäft üblichen Anzahlungen könnten verloren sein, wenn der Auftragnehmer seinen Lieferverpflichtungen nicht nachkommt und insolvent wird. Das Anzahlungsaval verpflichtet die Bank gegenüber dem Abnehmer (Avalbegünstigter) zur Rückzahlung des angezahlten Betrages.

1 Vgl. etwa: W. Compter, Bankbetriebslehre, S. 177. – W. Grill/H. Perczynski, Wirtschaftslehre des Kreditwesens, S. 387 ff. – L. Perridon/M. Steiner, Finanzwirtschaft der Unternehmung, S. 441 f.

Lieferungs- und Leistungsaval = Lieferungs- und Leistungsgarantie	Hierbei verpflichtet sich die Bank zur Zahlung einer Garantiesumme, falls die festgelegte Lieferung oder Leistung nicht erbracht wird.
Gewährleistungsaval = Gewährleistungsgarantie	Die Bank verpflichtet sich zur Zahlung eines bestimmten Betrages zur Erfüllung von Ansprüchen aus Gewährleistung, wenn das vom Avalkreditnehmer gelieferte Gut den vereinbarten Anforderungen nicht genügt.
Bietungsaval = Bietungsgarantie	Bei der Ausschreibung von Lieferungen und Leistungen werden häufig Bietungsgarantien verlangt. Hierbei verpflichtet sich die Bank zur Zahlung einer Konventionalstrafe für ihren Kunden, falls dieser den Auftrag nicht ausführt, obgleich er den Zuschlag erhalten hat.

4.5.6 Lombardkredit

Unter lombardieren versteht man die Beleihung beweglicher Sachen (Waren oder Wertpapiere). Privilegierte christliche Kaufleute aus lombardischen Städten betrieben dieses Geschäft bereits im 14. Jahrhundert, daher der Name.

Definition: Der Lombardkredit ist ein durch die Verpfändung von beweglichen Sachen oder Rechten gesichertes, meist kurzfristiges Darlehen.

Wir unterscheiden Lombardkredite der Deutschen Bundesbank und Lombardkredite der Banken und Sparkassen.

Die Lombardkredite der Banken und Sparkassen unterscheiden wir nach der Art der zugrundeliegenden Pfandobjekte:

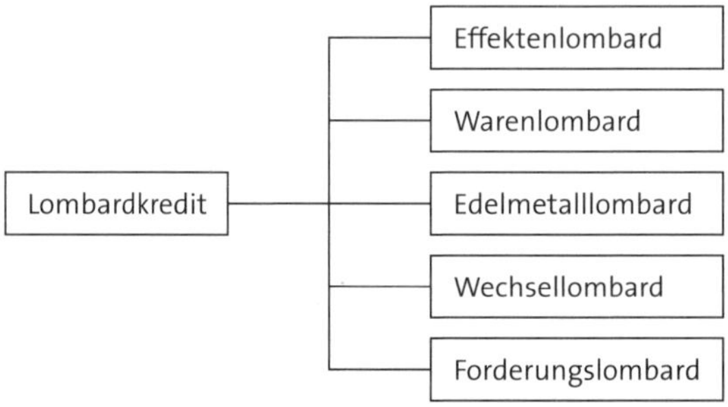

Der Kunde einer Bank nimmt Lombardkredite normalerweise nur dann in Anspruch, wenn die Kontokorrentkreditlinie bereits ausgeschöpft ist. Durch die Lombardierung lässt sich das Kreditlimit erhöhen, so dass im Prinzip ein Kontokorrentkredit vorliegt, der sich durch besondere Sicherheiten auszeichnet[1]. Die in der Praxis dominierende Form des Lombardkredits, der Kontokorrentkredit gegen Verpfändung von Sachen oder Rechten, heißt auch unechter Lombardkredit. Der echte Lombardkredit ist ein einmaliges feststehendes Darlehen, das in einer Summe ausgezahlt wird[2].

1 Vgl. U. Hielscher/H.-D. Laubscher, Finanzierungskosten, S. 108.
2 Vgl. W. Grill/H. Perczynski, Wirtschaftslehre des Kreditwesens, S. 364 f.

Als Sicherheiten bei der Kreditgewährung kommen heute hauptsächlich Effekten[1], in zweiter Linie auch Waren in Betracht. Die Beleihungsgrenzen schwanken zwischen 50 % (bei bestimmten Waren) und 80 % (bei mündelsicheren festverzinslichen Wertpapieren).

BEISPIEL: (Beleihungsgrundsätze der Sparkassen)

Mündelsichere Schuldverschreibungen	bis 80 % des Kurswertes
Aktien	bis 60 % des Kurswertes
Investmentzertifikate (Aktien)	bis 60 % des Rückkaufpreises
Investmentzertifikate (festverzinsliche Wertpapiere)	bis 80 % des Rückkaufpreises
Sparkassenbriefe und -obligationen	bis Nennwert oder Laufzeitwert[2]

Während beim Effektenlombard die Übergabe des Pfandes an die Bank und die Verwahrung durch das Kreditinstitut keine Schwierigkeit bereiten, erfolgt beim Warenlombard eine Einlagerung bei einer Lagergesellschaft oder einem Spediteur unter Mitverschluss der Bank. Häufig tritt an die Stelle der Verpfändung die Sicherungsübereignung, wenn nur so eine Nutzung der Sicherungsgüter durch den Kreditnehmer ermöglicht wird.

Der Finanzierungsaufwand für den Lombardkredit liegt meist in der Nähe des Kontokorrentzinssatzes. In Ausnahmefällen kann der pfandgesicherte Kredit auch etwas günstiger als der Kontokorrentkredit sein und ca. 0,5 Prozentpunkt weniger kosten. Der Wechsellombard kostet mehr als der Wechseldiskontkredit und hat deshalb für kreditsuchende Unternehmungen nur eine geringe Bedeutung. Sinnvoll ist sein Einsatz allenfalls bei einem kurzfristigen Kapitalbedarf von wenigen Tagen.

Für den Forderungslombard kommen vor allem Lebensversicherungen in Höhe des Rückkaufwertes sowie Spar- und Festgeldguthaben in Betracht. Da die Forderungsverpfändung nur wirksam ist, wenn der Gläubiger sie dem Schuldner anzeigt, wählt man anstelle der Forderungsverpfändung häufig die Forderungsabtretung (Zession), so dass der Forderungslombard für die Unternehmungsfinanzierung wenig bedeutsam ist (ausgenommen Einzelunternehmer und Kleingewerbetreibende).

Der Lombardkredit (vor allem Effekten- und Warenlombard) kommt zum Zug, wenn das Kreditlimit des Kunden bei der Bank ausgeschöpft ist. Früher war der Lombardkredit hauptsächlich zwischen Geschäftsbanken und Notenbank von Bedeutung.

Der Lombardsatz gehörte bis zum 31. Dezember 1998 zusammen mit dem Diskontsatz zu den Leitzinssätzen der Deutschen Bundesbank. Zum 01. 01. 1999 löste ihn der Zinssatz für Spitzenrefinanzierungsfazilitäten ab. In kristallener Klarheit erklärte die Deutsche Bundesbank[3]: „Nach dem Diskontsatz-Überleitungs-Gesetz in Verbindung mit der Lombardsatz-Überleitungsverordnung wird ab 1. Januar 1999 der Lombardsatz, soweit er als Bezugsgröße für Zinsen und andere

1 Effekten = Urkunden über Vermögensrechte (Anteils- oder Forderungsrechte), die den Inhaber berechtigen, von dem in der Urkunde Verpflichteten eine „Leistung“ zu verlangen (effects, franz. = Habe, Kapital, Vermögen).

2 Bei aufgezinsten Sparkassenbriefen, die zum Nennwert ausgegeben und zum Nennwert plus Zinsen und Zinseszinsen für die gesamte Laufzeit zurückgezahlt werden (vgl. Zero-Bonds), liegt der Laufzeitwert unmittelbar vor Laufzeitende um den Betrag der Zinsen und Zinseszinsen über dem Nennwert.

3 Deutsche Bundesbank, Monatsbericht Januar 2001, Statistischer Teil, S. 43.

Leistungen verwendet wird, durch den Zinssatz der EZB für die Spitzenrefinanzierungsfazilität (SRF-Satz) ersetzt. Anstelle des Diskontsatzes wird gemäß Diskontsatz-Überleitungs-Gesetz in Verbindung mit der Basiszinssatz-Bezugsgrößen-Verordnung ab 1. Januar 1999 der Diskontsatz, soweit dieser in Verträgen und Vorschriften als Bezugsgröße für Zinsen und andere Leistungen verwendet wird, durch den Basiszinssatz ersetzt. Dieser Basiszinssatz ist der am 31. Dezember 1998 geltende Diskontsatz der Deutschen Bundesbank. Er verändert sich mit Beginn des 1. Januar, 1. Mai und 1. September eines jeden Jahres, erstmals mit Beginn des 1. Mai 1999, und zwar dann, wenn sich der Zinssatz der EZB für längerfristige Finanzierungsgeschäfte (marginaler LRG-Satz) um mindestens 0,5 Prozentpunkt verändert hat."

ABB. 4.66: Diskont- und Lombardsatz der Deutschen Bundesbank bis Ende 1998

Gültig ab		Diskontsatz (% p. J.)	Lombardsatz (% p. J.)
1994	18. Februar	5,25	6,75
	15. April	5,00	6,50
	13. Mai	4,50	6,00
1995	31. März	4,00	6,00
	25. August	3,50	5,50
	15. Dezember	3,00	5,00
1996	19. April	2,50	4,50
	bis		
1998	31. Dezember		

Quelle: Deutsche Bundesbank, Monatsbericht Januar 2001, Statistischer Teil, S. 43.

ABB. 4.67: Basiszinssätze der Deutschen Bundesbank seit 01. 01. 1999

Gültig ab		Basiszinssatz gemäß DÜG[1]	Gültig ab		Basiszinssatz gemäß BGB[2]
1999	1. Jan.	2,50	2002	1. Jan.	2,57
	1. Mai	1,95		1. Juli	2,47
2000	1. Jan.	2,68	2003	1. Jan.	1,97
	1. Mai	3,42		1. Juli	1,22
	1. Sept.	4,26			
2001	1. Sept.	3,62	2004	1. Jan.	1,14
				1. Juli	1,13
2002	1. Jan.	2,71	2005	1. Jan.	1,21
	bis 3. April			1. Juli	1,17
			2006	1. Jan.	1,37
				1. Juli	1,95
			2007	1. Jan.	2,70
				1. Juli	3,19

[1] Gemäß Diskontsatz-Überleitungsgesetz (DÜG) i.V. mit der Basiszinssatz-Bezugsgrößen-Verordnung
[2] Gemäß § 247 BGB

Quelle: Deutsche Bundesbank, Monatsbericht August 2007, Statistischer Teil, S. 43.

4.5.7 Akkreditiv, Rembours- und Negoziationskredit

Eine im Inland weitverbreitete Zahlungsform ist die Bezahlung gegen Rechnung. Der Käufer hat die Möglichkeit, die Ware vor Bezahlung zu besichtigen. Der Verkäufer vertraut auf die Zahlungsfähigkeit des Käufers. Im Auslandsgeschäft hingegen sind Risiken eigener Art zu beachten und abzusichern: Die Geschäftspartner kennen sich häufig nicht, Lieferwege und -zeiten sind erheblich. Für diese Situation hat die Wirtschaftspraxis eine Fülle von Absicherungsformen entwickelt, deren wichtigste kurz dargestellt werden[1]:

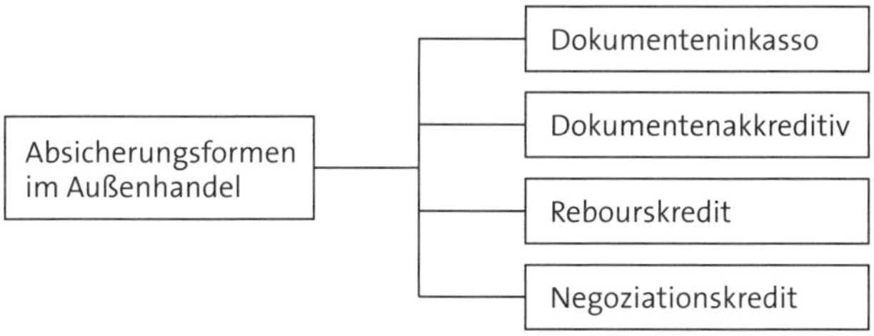

Dokumenteninkasso: Der Verkäufer (Exporteur) leitet die das Eigentum an der Ware repräsentierenden Dokumente der Bank des Importeurs zu. Die Bank präsentiert dem Importeur die Dokumente und überlässt sie ihm gegen Zahlung der Vertragssumme im Rahmen eines Zug-um-Zug-Geschäftes. Der Importeur kann den Kaufpreis bar entrichten („documents against payment" – d/p –) oder ein Akzept in entsprechender Höhe ausstellen („documents against acceptance" – d/a –). Als Dokumente kommen in Frage: Versicherungspolicen, Rechnungen, Prüfungszertifikate, Konnossemente (Frachtbriefe im Seeverkehr). Das Warenrisiko liegt beim Käufer, da er die häufig noch schwimmende Ware bezahlt, bevor er sie besichtigt. Das Annahmerisiko liegt beim Verkäufer, der vorleisten und für die Transportdauer zumindest teilweise finanzieren muss. Die praktisch bedeutsamen Details zur formalen Gestaltung des d/a-Inkasso und d/p-Inkasso finden sich in den „Einheitlichen Richtlinien für das Inkasso von Handelspapieren" (ERI 552), die von der Internationalen Handelskammer Paris 1956 aufgestellt und zuletzt 1995 revidiert worden sind. Die ERI sind heute von mehr als 100 Handelsnationen anerkannt.

Dokumentenakkreditiv: Der Importeur kann aber auch seinem Kreditinstitut vertraglich den Auftrag erteilen, die Zahlung des Kaufpreises gegen Vorlage von Dokumenten vorzunehmen. Diese Abmachung heißt Dokumentenakkreditiv (akkreditieren = beglaubigen).

> Definition: Dokumentenakkreditiv ist die vertragliche Verpflichtung eines Kreditinstituts, im Auftrag, für Rechnung und nach Weisung eines Kunden gegen Übergabe genau spezifizierter Dokumente und bei Erfüllung bestimmter Bedingungen eine bestimmte Geldzahlung oder eine andere finanzielle Leistung zu erbringen.

Gegen Übergabe der Dokumente kann

- eine Zahlung an den Lieferanten oder an dessen Order erfolgen,
- ein vom Lieferanten gezogener Wechsel bezahlt oder akzeptiert werden,

1 Vgl. etwa: W. Grill/H. Perczynski, Wirtschaftslehre des Kreditwesens, S. 473 ff. – U. Jahrmann, Außenhandel, S. 370 ff. – H. P. Becker/A. Peppmeier, Bankbetriebslehre, S. 179 ff.

- eine andere Bank mit der Ausführung der Zahlung beauftragt werden,
- eine andere Bank mit der Bezahlung, Akzeptierung oder dem Ankauf des Lieferantenwechsels beauftragt werden.

Das Warenrisiko liegt beim Dokumentenakkreditiv, ähnlich wie beim Dokumenteninkasso, beim Käufer. Der Lieferant weiß, dass er sein Geld auf jeden Fall erhält, wenn er den Warenversand durch die Dokumente nachweist. Er ist von der Finanzierung der Transportzeit befreit und kommt relativ rasch an die Kaufsumme. Deshalb bevorzugen die Lieferanten diese Zahlungsform im Außenhandel. Sie lässt sich nur bei starker Marktstellung der Verkäuferseite durchsetzen. Detailregelungen zum Dokumentenakkreditiv finden sich in den von der Internationalen Handelskammer in Paris erarbeiteten und 1993 revidierten „Einheitlichen Richtlinien und Gebräuchen für Dokumenten-Akkreditive (ERA 500)".

Rembourskredit: Der Rembourskredit stellt eine Kombination dar aus

(1) Akzeptkredit,

(2) Dokumentenakkreditiv und

(3) Diskontkredit.

(1) Akzeptkredit: Der Kaufpreis im Außenhandelsgeschäft wird unter Einschaltung von Banken entrichtet. Der Importeur beantragt bei seiner Hausbank ein Akzept zugunsten des Exporteurs und zu seinen Lasten; er verpflichtet sich demnach, einen Werktag vor Fälligkeit den Wechselbetrag anzuschaffen (rembourser, franz. = zurückerstatten). Wenn die Hausbank diesem Ersuchen nachkommt, liegt ein Akzeptkredit vor.

(2) Dokumentenakkreditiv: Der Importeur beabsichtigt, die Ware erst nach Ablauf einer gewissen Frist zu bezahlen (Zielgeschäft). Deshalb wird der Exporteur zum Zwecke der Absicherung seiner Forderung darauf bestehen, dass zu seinen Gunsten ein Dokumentenakkreditiv eröffnet wird.

(3) Diskontkredit: Der Exporteur erhält bei Vorlage der Dokumente das Akzept („documents against acceptance" – d/a -). Er kann das Akzept sodann bei seiner Bank diskontieren lassen und über den Diskonterlös verfügen.

Der Rembourskredit wird, wie nachfolgende Abbildung zeigt, in 14 Schritten abgewickelt[1]:

1 Ähnlich bei G. Wöhe/J. Bilstein. Grundzüge der Unternehmensfinanzierung, S. 324 ff. Vgl. aber auch: W. Compter, Bankbetriebslehre, S. 326 f. – W. Grill/H. Perczynski, Wirtschaftslehre des Kreditwesens, S. 492 f. – U. Jahrmann, Außenhandel, S. 412 ff. – H. Vormbaum, Finanzierung der Betriebe, S. 321. – G. Häberle, Handbuch der Außenhandelsfinanzierung, S. 429 ff.

ABB. 4.68: Abwicklung des Rembourskredits in 14 Schritten

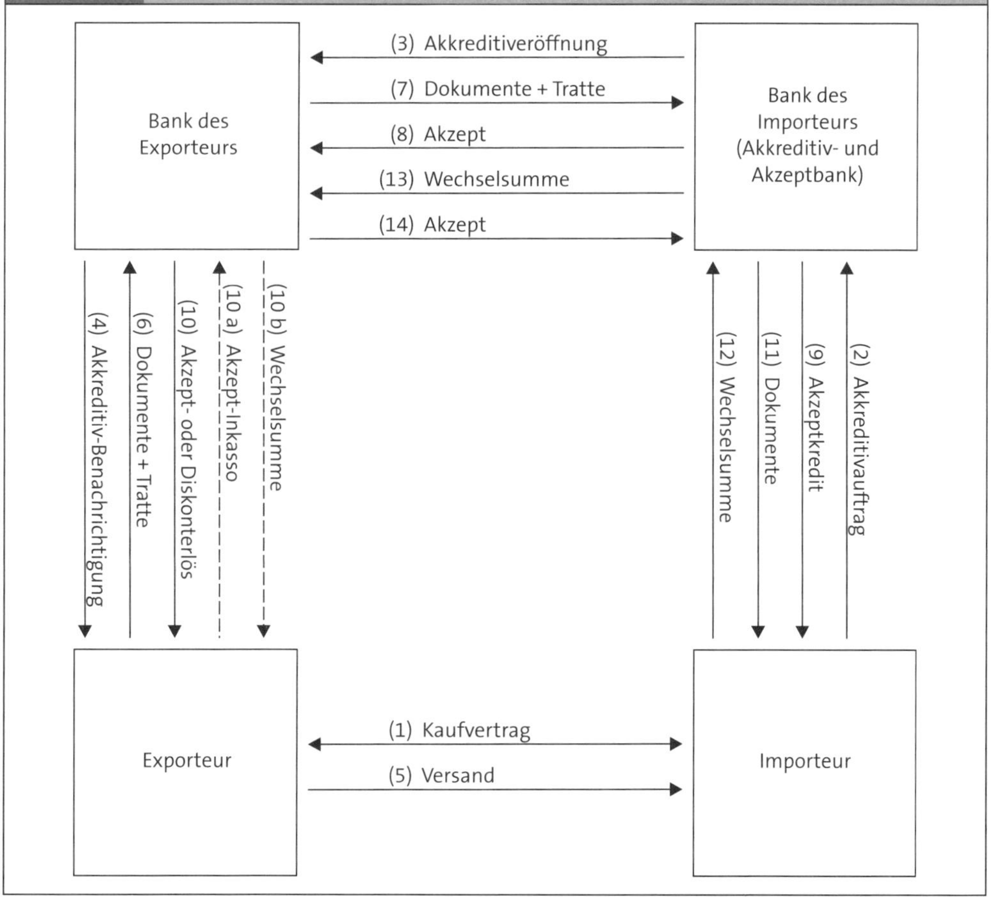

(1) Der Importeur schließt einen Kaufvertrag mit dem Exporteur ab.

(2) Der Importeur beauftragt seine Importbank bei der Exportbank zu seinen Gunsten ein Dokumentenakkreditiv zu eröffnen und eine Akzeptzusage zu geben.

(3) Die Importbank eröffnet das Akkreditiv bei der Exportbank und beauftragt diese, den auf sie gezogenen Wechsel des Exporteurs zu akzeptieren.

(4) Die Exportbank benachrichtigt den Exporteur über das Akkreditiv.

(5) Der Exporteur verschickt die Ware an den Importeur.

(6) Der Exporteur übergibt die Versanddokumente (Konnossement, Versicherungsschein, Rechnung) und einen Wechsel (Tratte) auf die Akzeptbank an die Exportbank.

(7) Die Exportbank leitet die Unterlagen an die Importbank weiter.

(8) Die Importbank akzeptiert den Wechsel.

(9) Die Importbank gewährt dem Importeur einen Akzeptkredit.

(10) Das Akzept wird über die Exportbank an den Exporteur weitergeleitet, der den Wechsel bei seiner Bank diskontieren lassen kann (10 a, b).

(11) Der Importeur erhält die Dokumente von der Importbank, damit er die Ware bei Eingang übernehmen kann.

(12) Der Importeur stellt der Importbank bei Fälligkeit die Wechselsumme zur Verfügung.

(13) Die Importbank stellt die Wechselsumme der Exportbank zur Verfügung, wenn diese den Wechsel vorlegt (14).

Der Finanzierungsaufwand des Rembourskredits besteht aus:

- Akkreditivprovision: 1/4 bis 1/2 % des Akkreditivbetrages; Bestätigungsprovision: 1/8 % bis 3 Monate Laufzeit, 1/4 % bis 6 Monate Laufzeit (vom Importeur zu tragen);
- Akzeptprovision: Je nach Bonität und Art des Warengeschäfts 1 bis 3 % p. J. der Wechselsumme; manchmal als Remboursprovision mit der Akkreditivprovision zusammengefasst (vom Importeur zu tragen);
- Wechseldiskont: Je nach Diskontplatz ca. 1 Prozentpunkt über Diskontsatz (vom Exporteur zu tragen);
- sonstige Auslagen und Spesen (von Importeur und Exporteur zu tragen).

Negoziationskredit: Der Rembourskredit, der in der Praxis in vielen Variationen vorkommt, hat aus der Sicht des Exporteurs den Nachteil, dass die Postlaufzeit der Dokumente und des Wechsels bzw. Akzeptes überbrückt werden muss. Zur Beschleunigung der Zahlung wird deshalb häufig auch der Negoziationskredit eingesetzt, der sich vom Rembourskredit im Wesentlichen dadurch unterscheidet, dass einem Exporteur die Möglichkeit verschafft wird, eine von ihm ausgestellte Tratte zu diskontieren. Das geschieht, indem die Importbank die Exportbank ermächtigt, zu ihren Lasten einen vom Exporteur auf den Importeur oder eine Bank gezogenen Wechsel gegen Vorlage der Dokumente anzukaufen oder zu bevorschussen (negoziieren = Handel treiben, Wechsel begeben). Wesentliche Formen des Negoziationskredits sind[1]:

- authority to purchase (A/P),
- order to negotiate (O/N),
- commercial letter of credit (CLC).

Bei der authority to purchase (A/P) erklärt sich die Importbank bereit, eine vom Exporteur auf den Importeur gezogene Tratte in Verbindung mit bestimmten Dokumenten anzukaufen. Die Importbank gibt die Ankaufsermächtigung, die authority to purchase.

Bei der order to negotiate (O/N) wird die Tratte auf die Bank des Importeurs gezogen. Die Exportbank erhält dann von der Importbank die Ermächtigung zum Ankauf des Akzepts bei Vorlage der Dokumente, die order to negotiate. Somit ist bei der O/N die Importbank wechselmäßig verpflichtet, während bei der A/P die Tratte auf den Importeur gezogen wird.

Beim CLC gibt die Importbank direkt gegenüber dem Exporteur ein Zahlungsversprechen in Form eines commercial letter of credit ab. Der Exporteur kann daraufhin eine von den Dokumenten und dem CLC begleitete Tratte der Bank seiner Wahl zum Ankauf anbieten.

1 Vgl. u. a.: H.-T. Beyer/U. Bestmann (Hrsg.), Finanzlexikon, S. 201. – W. Compter, Bankbetriebslehre, S. 327 f. – S. G. Häberle, Handbuch der Außenhandelsfinanzierung, S. 655 ff. – U. Jahrmann, Außenhandel, S. 416 ff.

4.5.8 Checkliste und Zusammenfassung

Kurzfristige Fremdfinanzierung: Sie besteht aus den Hauptformen: Kundenanzahlung, Lieferantenkredit, Kontokorrentkredit, Wechselkredit, Avalkredit, Lombardkredit, speziell im Außenhandel aus Akkreditiv, Rembours- und Negoziationskredit.

Kundenanzahlungen liegen vor, wenn Käufer eines Wirtschaftsgutes den Kaufpreis ganz oder teilweise vor Erhalt des Gutes begleichen. Anzahlungen sind in aller Regel nicht zinslos – allenfalls optisch. Aber man darf sich vom äußeren Schein nicht täuschen lassen: Bei früherer Zahlung ist der Kaufpreis in der Regel geringer als bei späterer Bezahlung. Kundenanzahlungen sind bei Auftragsfertigung vor allem im Maschinenbau, Baugewerbe, Stahl- und Leichtmetallbau und im Schiffbau üblich und wirtschaftlich bedeutsam. Als Sicherung der Anzahlung dient häufig eine Bankbürgschaft.

Lieferantenkredite entstehen dann, wenn der Käufer die aus der Lieferung von Wirtschaftsgütern resultierenden Zahlungsverpflichtungen nicht sofort begleicht. Lieferantenkredite sind bequem (man lässt die Rechnung einfach noch ein paar Tage liegen), schnell und bringen keine Abhängigkeit von Banken; sie sind aber teuer. Zinssätze von mehr als 30 % p. J. sind die Regel. Sie sollten derartig hohe Zinssätze vermeiden, indem Sie vom Skontoabzug Gebrauch machen – selbst dann, wenn Sie eigens einen Bankkredit aufnehmen müssten, um skontieren zu können.

Kontokorrentkredite sind Kredite, die vom Kreditnehmer je nach Bedarf bis zum vereinbarten Maximalbetrag (Kreditlinie, Limit) beansprucht werden können. Sie sind ein klassisches Finanzierungsinstrument, sehr flexibel, formal kurzfristig, faktisch oft mittel- oder langfristig, häufig ohne besondere Besicherung (Blankokredite). Effektivzinsbestimmungen können nicht allgemein, sondern nur für den jeweiligen Einzelfall durchgeführt werden, da viele unterschiedliche Faktoren zu berücksichtigen sind (diverse Aufwandspositionen, Kontobewegungen, Limit, Wertstellungskonditionen usw.).

Wechselkredite treten in zwei Formen auf: Diskontkredite und Akzeptkredite. Beim Diskontkredit bevorschußt die Bank eine noch nicht fällige Wechselforderung ihres Kunden. Beim Akzeptkredit akzeptiert die Bank einen auf sie gezogenen Wechsel des Kunden, stellt also kein Geld, sondern ihre Bonität zur Verfügung (Kreditleihe). Wechselkredite sollten wegen des günstigen Zinssatzes häufiger als Finanzierungsinstrument genutzt werden. Dem Gläubiger gibt die Wechselstrenge die erforderliche Sicherheit. Man unterscheidet Handels-, Finanz- und Sicherungswechsel, je nach dem zugrunde liegenden Geschäft.

Avalkredite bestehen, wie Akzeptkredite, aus Kreditleihe und nicht aus Geldleihe. Die Bank garantiert oder verbürgt sich dafür, dass der Avalkreditnehmer einer Verpflichtung gegenüber einem Dritten nachkommt. Sie verlangt dafür eine Avalprovision. Häufige Anwendungsformen: Anzahlungsaval, Lieferungs- und Leistungsaval, Gewährleistungsaval, Bietungsaval, Zoll- und Steueraval.

Lombardkredite sind Darlehen, die durch die Verpfändung beweglicher Sachen oder Rechte gesichert sind. Man unterscheidet sie nach der Art der Pfandobjekte (besonders häufig: Effekten- und Warenlombard).

Akkreditiv, Rembours- und Negoziationskredit sind Instrumente der Außenhandelsfinanzierung. Beim Akkreditiv beauftragt der Kunde seine Bank, an einen Dritten eine bestimmte Summe zu zahlen, sofern durch diesen bestimmte Voraussetzungen erfüllt sind. Gezahlt wird gegen Vorlage von Dokumenten. Der Rembourskredit ist ein zur Außenhandelsfinanzierung eingesetzter Akzeptkredit auf der Grundlage eines Dokumentenakkreditivs. Der Negoziationskredit entsteht durch Ankauf von Tratten, die auf den Importeur oder dessen Bank gezogen sind, durch die Bank des Exporteurs.

FRAGEN UND AUFGABEN

4.5.1 Welche Vorteile hat der Lieferantenkredit? Worin sehen Sie den entscheidenden Nachteil dieser Finanzierungsform?

4.5.2 Stehen Kundenanzahlungen zinslos zur Verfügung? In welchen Wirtschaftszweigen sind Kundenanzahlungen üblich? Warum?

4.5.3 Was versteht man unter einem Kontokorrent? Zeigen Sie, aus welchen Elementen sich die Finanzierungsaufwendungen beim Kontokorrentkredit üblicherweise zusammensetzen.

4.5.4 Worin liegt der wesentliche Vorteil des Kontokorrentkredites? Welche Frist hat der Kontokorrentkredit?

4.5.5 Umreißen Sie die verschiedenen Wechselarten. Darf ein Finanzwechsel durch die Deutsche Bundesbank rediskontiert werden?

4.5.6 Erläutern Sie den Unterschied zwischen Diskontkredit und Akzeptkredit.

4.5.7 Kennzeichnen Sie den Unterschied zwischen Geldleihe und Kreditleihe. Nennen Sie die beiden typischen Arten der Kreditleihe.

4.5.8 Was versteht man unter einem Avalkredit? Nennen Sie die verschiedenen Anwendungsformen des Avalkredites.

4.5.9 Was versteht man unter einem Lombardkredit? Nennen Sie verschiedene Arten von Lombardkrediten.

4.5.10 Erläutern Sie den Unterschied zwischen Dokumenteninkasso und Dokumenten-akkreditiv.

4.5.11 Skizzieren Sie den Vorgang der Gewährung eines Rembourskredites.

4.5.12 Erläutern Sie kurz den Negoziationskredit und seine verschiedenen Ausprägungen.

4.5.13 Erläutern Sie stichwortartig die nachfolgend schematisch dargestellten Geschäftsvorfälle.

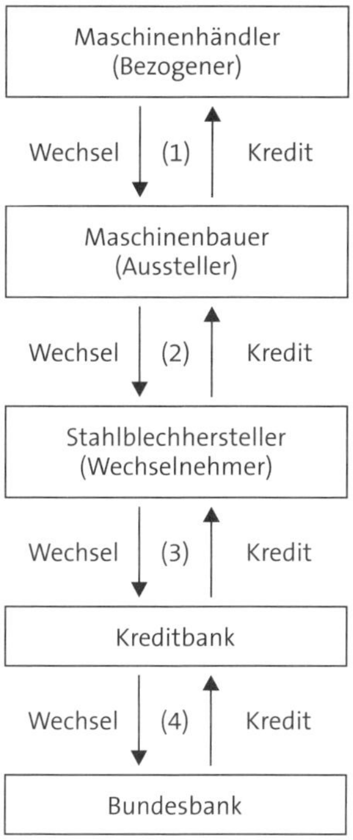

(1) Ein Maschinenhändler kauft bei einem Maschinenbauer eine Maschine. Der Hersteller gewährt ihm Zahlungsaufschub, indem er einen Wechsel ausstellt, der vom Händler akzeptiert wird.

(2)

(3)

(4)

4.6 Effektivzinsbestimmung bei kurzfristiger Fremdfinanzierung

4.6.1 Grundsätzliches

Letztlich stehen alle Fremdfinanzierungsformen in Konkurrenz zueinander. Ein rational planender Unternehmer wird unter sonst gleichen Umständen die Finanzierung bevorzugen, die die geringsten Zinsaufwendungen (Maßstab: interner Zinssatz = Effektivzinssatz) verursacht. Somit ist die Frage nach dem Effektivzinssatz der kurzfristigen Fremdfinanzierung zu stellen und zu beantworten. Viele finanzielle Entscheidungsprobleme im betrieblichen wie auch im privaten Bereich sind kurzfristiger Art, also unterjähriger Natur.

Definition: Unterjährige (auch unterjährliche[1]) Verzinsung bezeichnet eine Zinsrechnung, die die Zinsen nicht für das ganze Jahr, sondern für Teilperioden des Jahres berechnet.

Bei Bankgeschäften können Zinsen jährlich, halbjährlich, vierteljährlich, monatlich oder auch täglich gutgeschrieben oder belastet werden. Der Bankkunde weiß in diesen Fällen, woran er ist; er kann sich auch, entsprechendes Problembewusstsein vorausgesetzt, ausrechnen, dass eine Schuld, die er mit 5 % halbjährlich zu verzinsen hat, nicht etwa 10 % pro Jahr kostet, son-

1 Die Bezeichnung unterjährig stellt auf die Dauer der Teilperiode ab: kürzer als ein Jahr. Unterjährlich stellt auf die Häufigkeit ab: mehr als eine Zinsperiode pro Jahr.

dern 10,25 %. Grund: Die zur Jahresmitte fällig werdenden 5 % erhöhen die Schuld und sind für das restliche Halbjahr ihrerseits mit 5 % zu verzinsen, und fünf Prozent von fünf Prozent ergeben zusätzliche 0,25 Prozentpunkte. Dass der Unterschied hinsichtlich des jährlichen Effektivzinssatzes beträchtlich sein kann, zeigt das folgende Beispiel.

BEISPIEL: (Monatliche oder jährliche Zinsverrechnung)

Bankkunde A zahlt für seinen Kredit monatlich 1 %. Kunde B zahlt jährlich 12 %. Wie groß ist der effektive jährliche Zinsunterschied?

Lösung

ABB. 4.69: Kontoentwicklung bei monatlicher und jährlicher Zinsverrechnung

Konto bei monatlicher Zinsverrechnung (A)				Konto bei jährlicher Zinsverrechnung (B)			
Monate	Kapital zum Monatsanfang (€)	Aufzinsungsfaktor	Kapital zum Monatsende (€)	Monate	Kapital zum Jahresanfang (€)	Aufzinsungsfaktor	Kapital zum Jahresende (€)
Januar	100,00	1,01	101,00	Januar	100,00		
Februar	101,00	1,01	102,01	Februar			
März	102,01	1,01	103,03	März			
April	103,03	1,01	104,06	April			
Mai	104,06	1,01	105,10	Mai			
Juni	105,10	1,01	106,15	Juni			
Juli	106,15	1,01	107,21	Juli			
August	107,21	1,01	108,29	August			
September	108,29	1,01	109,37	September			
Oktober	109,37	1,01	110,46	Oktober			
November	110,46	1,01	111,57	November			
Dezember	111,57	1,01	112,68	Dezember		1,12	112,00

Kontostand bei monatlicher Zinsverrechnung	Kontostand bei jährlicher Zinsverrechnung
$K_{12} = 100\ (1 + 0{,}01)^{12}$	$K_{12} = 100\ (1 + 0{,}12)$
$K_{12} = 100 \cdot 1{,}126825$	$K_{12} = 100 \cdot 1{,}12$
$K_{12} = 112{,}68$ (€)	$K_{12} = 112$ (€)

Ergebnis: Der effektive jährliche Zinsunterschied beträgt 0,68 Prozentpunkte. Für den Bankkunden A ergibt sich also bei 1 % pro Monat ein nomineller Jahreszinssatz von 12 % und ein effektiver von 12,68 % pro Jahr (p. J.) oder pro anno (p. a.).

Da sich Zinssätze auf unterschiedliche Zeiträume beziehen können, ist in Zweifelsfällen eine genaue Zeitangabe angebracht.

Zeit	Abkürzung
Zinssatz pro Jahr	% p. J.
Zinssatz pro Halbjahr	% p. Hj.
Zinssatz pro Quartal	% p. Q.
Zinssatz pro Monat	% p. M.
Zinssatz pro Woche	% p. W.
Zinssatz pro Tag	% p. T.

Wir wollen das oben gefundene Ergebnis verallgemeinern und die Frage nach dem Zusammenhang zwischen dem Effektivzinssatz r_v einer Teilperiode von v Tagen und dem effektiven Jahreszinssatz r stellen und beantworten; dabei wird das Jahr in m unterjährige Teilperioden (Zinsperioden) eingeteilt.

Symbole

v = Dauer der unterjährigen Zinsperiode in Tagen
m = Anzahl Zinsperioden pro Jahr = 365 : v
K_0 = Kapitalbetrag zum Zeitpunkt 0
K_m = Kapitalbetrag zum Zeitpunkt m
r_v = Effektivzinssatz der unterjährigen Teilperiode (als Dezimalbruch)
r_{nom} = Nominalzinssatz pro Jahr (als Dezimalbruch)
$r_{nom} = r_v \cdot m$
$\frac{r_{nom}}{m} = r_v$
r = effektiver Jahreszinssatz (als Dezimalbruch)

Für den effektiven Jahreszinssatz r, der einem gegebenen Teilperiodenzinssatz r_v entspricht, muss die Endkapitalhöhe K_m bei monatlicher und jährlicher Zinsverrechnung übereinstimmen:

Endguthaben bei m Zinsterminen (K_m) = Endguthaben bei einem Zinstermin (K_m)

$$K_0 (1 + r_v)^m = K_0 (1 + r) \quad | : K_0 \rightarrow$$
$$(1 + r_v)^m = 1 + r \quad | -1 \rightarrow$$

Zinsumrechnungsformel

$$r = (1 + r_v)^m - 1$$

(4.6.1)
$$r = \left(1 + \frac{r_{nom}}{m}\right)^m - 1$$

Hinweis:
Zinsätze stets
dezimal eingeben!

Die Zinsumrechnungsformel führt nur dann zu einem sinnvollen Ergebnis, wenn die Zinssätze in Form von Brüchen oder Dezimalbrüchen eingegeben werden. Sie verknüpft den Zinssatz r_v einer unterjährigen Teilperiode mit dem zugehörigen effektiven Jahreszinssatz r.

BEISPIEL (Anwendung der Zinsumrechnungsformel)

Vom Monatszinssatz von 1 % gelangen Sie zum bekannten Jahreszinssatz von 12,68 % bei Nutzung der Zinsumrechnungsformel auf folgende Weise:

$r = (1 + r_v)^m - 1 = (1 + 0{,}01)^{12} - 1 = 1{,}1268 - 1 = 0{,}1268 = 12{,}68$ (% p. J.)

Ergebnis: Zum Effektivzinssatz von 1 Prozent pro Monat gehört der jährliche Effektivzinssatz von 12,68 Prozent. 12 Prozent pro Jahr stellen den Nominalzinssatz vor Berücksichtigung der Unterjährigkeit dar.

BEISPIEL (Anwendung der Zinsumrechnungsformel)

Ein Investor verfügt über 200.000 €, die er für ein Jahr als Festgeld bei einer Bank anlegen möchte. Bank A bietet ihm einen Jahreszinssatz von 10 %, ebenso wie Bank B. Die Angebote unterscheiden sich in den Zinsterminen: Bei der A-Bank gibt es einen Zinstermin pro Jahr, bei der B-Bank werden die Zinsen halbjährlich fällig. Ermitteln Sie den effektiven Jahreszinssatz mit und ohne Zinsumrechnungsformel.

Lösung

ABB. 4.70: Effektivzinssatz bei zwei Zinsterminen

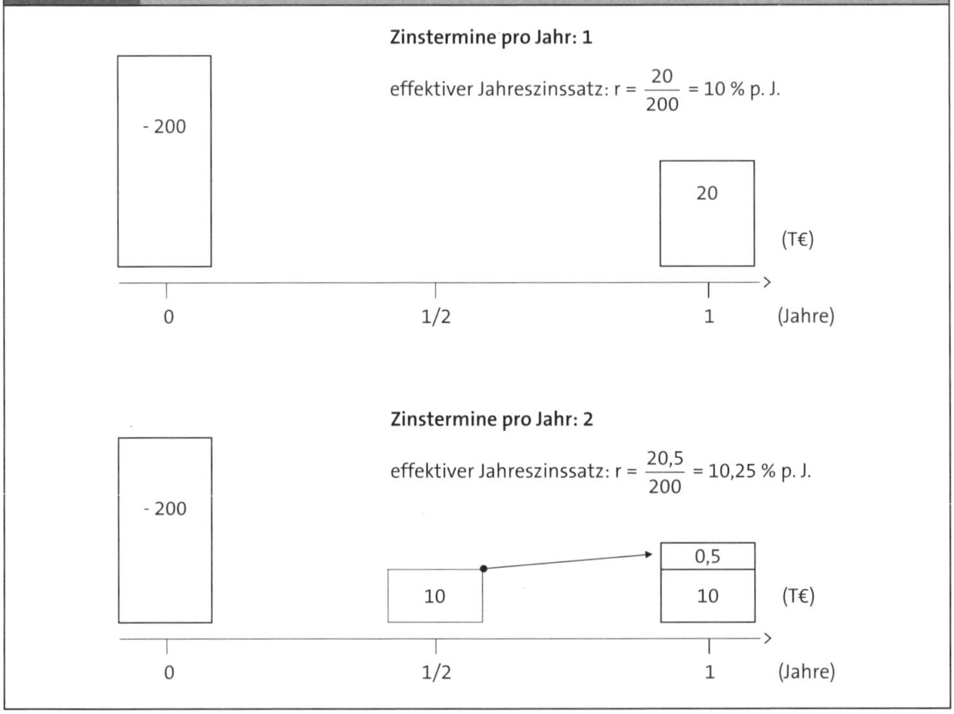

Ergebnis: Sie sehen, dass die Einteilung des Jahres in m = 2 Zinsperioden den effektiven Jahreszinssatz um 1/4 Prozentpunkt steigen lässt, weil der Investor die zur Jahresmitte gezahlten Zinsen ihrerseits für 6 Monate verzinslich anlegen kann. Das bestätigt auch die Zinsumrechnungsformel:

$r = (1 + r_v)^m - 1 = (1 + 0{,}05)^2 - 1 = 1{,}1025 - 1 = 0{,}1025 = 10{,}25$ (% p. J.)

Der jährliche Effektivzinssatz r wächst mit zunehmendem m, wenn das Jahr in mehr als zwei Zinsperioden eingeteilt wird. Außerdem wirkt sich die Effektivzinssatzerhöhung durch unterjährige Zinsperioden umso stärker aus, je höher der Basiszinssatz ist.

BEISPIEL (Jährlicher Effektivzinssatz bei wöchentlicher Zinsverrechnung)

Rudi Raser, GTI-Fahrer, ist illiquide und landet wegen nicht bezahlter Bußgelder im Knast. Dort stellt er fest, dass das Finanzwesen auch hinter Gittern funktioniert, und leiht sich Geld. Die Frage nach dem Zinssatz beantwortet der Kreditgeber lapidar mit „Ein Prozent". Auf Nachfrage fügt er hinzu „Pro Woche".

Wie hoch ist der zum Zinssatz $r_v = 1$ % p. W. gehörende effektive Jahreszinssatz r?

Lösung

$r = (1 + r_v)^m - 1 = (1 + 0{,}01)^{52} - 1 = 1{,}6777 - 1 = 0{,}6777 = 67{,}77$ (% p. J.)

Ergebnis: Der effektive Jahreszinssatz ist mit rund 68 Prozent weit vom nominellen Jahreszinssatz von 52 Prozent entfernt.

Das zeigt, dass man in der Praxis unterjährigen Problemen erhöhte Aufmerksamkeit widmen sollte. Oft geht es um beträchtliche Zinsunterschiede, die sich erst durch genaues Nachrechnen erschließen. Außerdem: Unterjährige Probleme treten in der Praxis nicht nur bei bestimmten Bankgeschäften auf, sie sind vielmehr bei unzähligen Anlässen sichtbar, jedenfalls für das Auge des Kenners: Hier wird ein Kaufpreis vierteljährlich abgestottert; da sind Leasing-Raten monatlich fällig; dort wartet ein Lieferant 14 Tage auf die Begleichung seiner Rechnung. In jedem Fall liegt ein unterjähriges Problem vor, und für alle Beteiligten wäre es vorteilhaft, die damit verbundenen effektiven jährlichen Zinsaufwendungen genau zu kennen. Die Zinsumrechnungsformel (4.6.1) bietet einen Ansatzpunkt für eine relativ einfache Lösung des Problems der Effektivzinsbestimmung im unterjährigen Fall, nämlich ein Lösungsschema, bestehend aus zwei Schritten:

(1) Ermittle den Effektivzinssatz r_v der unterjährigen Teilperiode.

(2) Errechne den zugehörigen effektiven Jahreszinssatz r mittels Zinsumrechnungsformel (4.6.1).

Die Alternative zur Anwendung der Zinsumrechnungsformel besteht in der Nutzung von Umrechnungstabellen[1].

1 Ausführliche Zinsumrechnungstabellen finden sich bei: K.-D. Däumler, Finanzmathematisches Tabellenwerk, S. 247 ff.

4.6.2 Zweizahlungsfall

4.6.2.1 Allgemeine Lösung

4.6.2.1.1 Lösung nach dem Zwei-Schritte-Schema

Finanzierung ist eine Zahlungsreihe, die mit einer Einzahlung beginnt. Investition ist eine Zahlungsreihe, die mit einer Auszahlung beginnt. Viele praktische Investitions- und Finanzierungsfälle sind Zweizahlungsfälle.

Definition: Der Zweizahlungsfall liegt vor, wenn eine Investition oder eine Finanzierung aus lediglich zwei Zahlungen besteht: die Investition aus einer jetzigen Auszahlung und einer späteren Einzahlung, die Finanzierung aus einer jetzigen Einzahlung und einer späteren Auszahlung.

Somit gelten für Investition und Finanzierung beim Zweizahlungsfall die folgenden Zeitstrahlen:

Investition (Zweizahlungsfall)

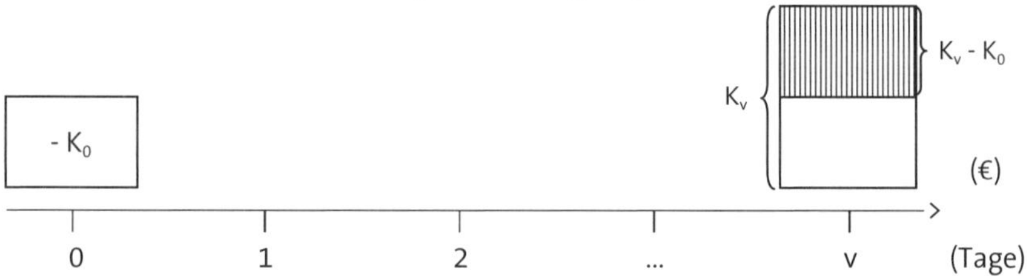

Finanzierung (Zweizahlungsfall)

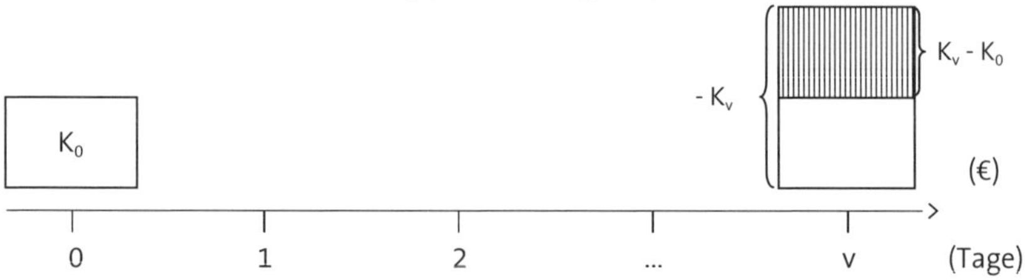

Symbole

K_0 = Zahlung zum Zeitpunkt 0 (€)

K_v = Zahlung zum Zeitpunkt v (€)

v = Anzahl Tage/zinspflichtige Zeit

$K_v - K_0$ = Zinsen (€)

Ist ein Darlehen beispielsweise nach einer Woche nebst Zinsen zurückzuzahlen, dann gilt v = 7 Tage, und das Jahr ist in rund 52 Zinsperioden (365 : 7 = 52,14) einzuteilen (m ≈ 52).

Das Zwei-Schritte-Schema errechnet den jährlichen Effektivzinssatz im Zweizahlungsfall wie folgt:

(1) Ermittlung des Effektivzinssatzes r_v für die zinspflichtige Zeit von v Tagen (Dezimalschreibweise).	$r_v = \frac{K_v - K_0}{K_0}$

(2) Errechnung des effektiven Jahreszinssatzes r mittels Zinsumrechnungsformel. Es gilt: m = 365 : v	$r = (1 + r_v)^{\frac{365}{v}} - 1$

4.6.2.1.2 Lösung nach der Zweizahlungsformel

Die interne Zinsfuß-Methode kennt für den Zweizahlungsfall eine genaue und schnell zum Ergebnis führende Formel, die Zweizahlungsformel. Sie ergibt sich, indem man die wesentliche Eigenschaft des internen Zinsfußes nutzt: Interner Zinsfuß (Effektivzinssatz) ist der Zinsfuß, bei dem der Kapitalwert einer Investition oder Finanzierung gleich Null wird.

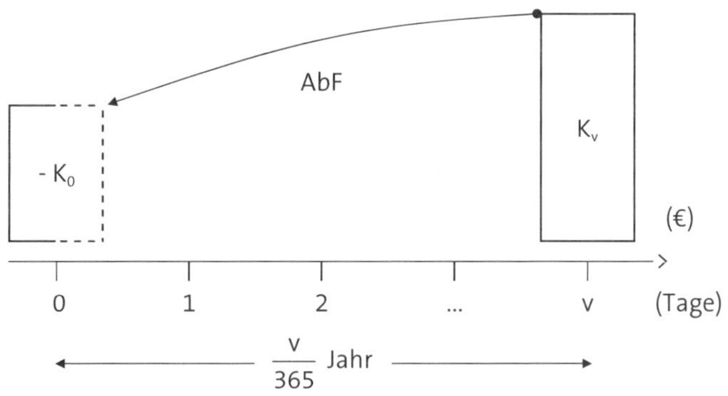

Wenn Sie den Abzinsungsfaktor AbF für jenen Zeitraum anwenden, der sich als Jahresbruchteil $\frac{v}{365}$ ergibt, erhalten Sie unmittelbar (ohne Zinsumrechnungsformel) den zugehörigen effektiven Jahreszinssatz, indem Sie die Kapitalwertfunktion aufstellen, den Kapitalwert gleich Null setzen und die Gleichung nach r auflösen.

Schritt	Gleichung	
1. Kapitalwertfunktion aufstellen:	$C_0 = -K_0 + K_V \cdot \frac{1}{(1+i)^{\frac{v}{365}}}$	
2. Kapitalwert gleich Null setzen (wegen $C_0 = 0$ gilt i = r):	$0 = -K_0 + K_V \cdot \frac{1}{(1+r)^{\frac{v}{365}}}$	$\vert \cdot (1+r)^{\frac{v}{365}}$
3. Gleichung nach r auflösen:	$0 = -K_0(1+r)^{\frac{v}{365}} + K_V$	$\vert + K_0(1+r)^{\frac{v}{365}}$
	$K_0(1+r)^{\frac{v}{365}} = K_V$	$\vert : K_0$
	$(1+r)^{\frac{v}{365}} = \frac{K_V}{K_0}$	$\vert ()^{\frac{365}{v}}$
	$1 + r = \left(\frac{K_V}{K_0}\right)^{\frac{365}{v}}$	$\vert -1$
(4.6.2)	$r = \left(\frac{K_V}{K_0}\right)^{\frac{365}{v}} - 1$	Zweizahlungsformel

4.6.2.2 Anwendung der allgemeinen Lösung

BEISPIEL: (Effektivzinssatz bei Kundenanzahlung)

Sie bestellen eine Partie Baubeschläge. Am Ende der Verhandlungen über Preis und Zahlungskonditionen bleibt Ihnen die Wahl zwischen den Konditionen:

(1) sofortige Zahlung von 94.000 €;

(2) Zahlung von 100.000 € bei Lieferung der Beschläge; sie soll nach 120 Kalendertagen erfolgen.

Ermitteln Sie den effektiven Jahreszinssatz der Finanzinvestition „sofortige Zahlung" mit einer Genauigkeit von zwei Nachkommastellen gemäß

a) Zwei-Schritte-Schema,

b) Zweizahlungsformel.

a) Lösung nach dem Zwei-Schritte-Schema

ABB. 4.71: Finanzinvestition „Sofortige Zahlung" = Differenzinvestition (1) – (2)

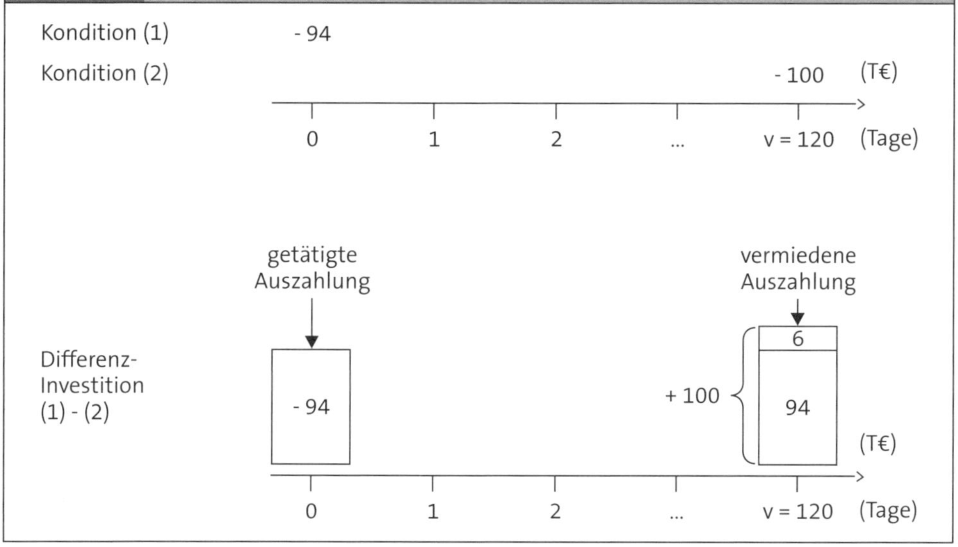

Der Vergleich beider Zahlungskonditionen (1) und (2) führt zur Differenzinvestition (1) – (2). Sie ergibt sich, indem man in jedem Zeitpunkt von den Zahlungen (1) die Zahlungen (2) abzieht. Die Differenzinvestition lässt sich ökonomisch interpretieren als Zeitstrahl der Finanzinvestition „Sofortige Zahlung". Die sofortige Zahlung von 94 T€ erspart Ihnen die spätere Zahlung von 100 T€. Es gilt der Satz:

Vermiedene Auszahlungen sind genauso gut wie Einzahlungen.

In beiden Fällen verbessert sich Ihre Nettoposition in dem betreffenden Zeitpunkt; also kennzeichnen Sie vermiedene Auszahlungen mit positivem Vorzeichen – genau wie Einzahlungen.

(1) Ermittlung des Effektivzinssatzes für die zinspflichtige Zeit von 120 Tagen (dezimal)

$$r_v = \frac{K_v - K_0}{K_0}$$

$$r_v = \frac{6.000}{94.000} = 0,06383$$

$$r_v = 6,383 \text{ (\% für 120 Tage)}$$

(2) Errechnung des effektiven Jahreszinssatzes mittels Zinsumrechnungsformel (m = 365 : 120)

$$r = (1 + r_v)^{\frac{365}{v}} - 1$$

$$r = (1 + 0,06383)^{\frac{365}{120}} - 1$$

$$r = 0,2071 = 20,71 \text{ (\% p. J.)}$$

b) Lösung nach der Zweizahlungsformel

$$r = \left(\frac{K_V}{K_0}\right)^{\frac{365}{v}} - 1 = \left(\frac{100.000}{94.000}\right)^{3,0417} - 1 = 0,2071 = 20,71\ (\%\ p.\ J.)$$

Ergebnis: Die Sofortzahlung rentiert sich für den Käufer mit 20,71 (% p. J.).

Hinweis: Eine Differenzinvestition erhält man, wenn man die Zahlungen zweier Investitionen oder Finanzierungen in der Weise saldiert, dass die neue Zahlungsreihe mit einer Auszahlung beginnt. Saldiert man dagegen in der Weise, dass die neue Zahlungsreihe mit einer Einzahlung beginnt, liegt eine Differenzfinanzierung vor (vgl. auch Übungsaufgabe 4.6.2).

BEISPIEL: (Effektivzinsbestimmung bei Lieferantenkredit)

Ein Unternehmen hat Büromaterial im Wert von 1.000 € gekauft. Auf der Rechnung findet sich die Formulierung: „Bei Zahlung bis 10 Tage 2 % Skonto, bis 30 Tage netto Kasse" (Skontoklausel).

a) Wie hoch ist der effektive Jahreszinssatz r_{appr} des Lieferantenkredits nach der Faustformel

$$r_{appr} = \frac{\text{Skontosatz}}{\text{zinspflichtige Zeit}} \cdot 360?$$

b) Welche Schwachstellen weist die Faustformel auf?

c) Wie hoch ist der effektive Jahreszinssatz des Lieferantenkredits nach dem Zwei-Schritte-Schema?

d) Wie hoch ist der effektive Jahreszinssatz des Lieferantenkredits nach der Zweizahlungsformel?

a) Lösung nach der Faustformel

Zunächst machen wir uns anhand des Zeitstrahls klar, wann welche Zahlung anfällt.

ABB. 4.72: Finanzinvestition „Sofortige Zahlung" = Differenzinvestition (1) – (2)

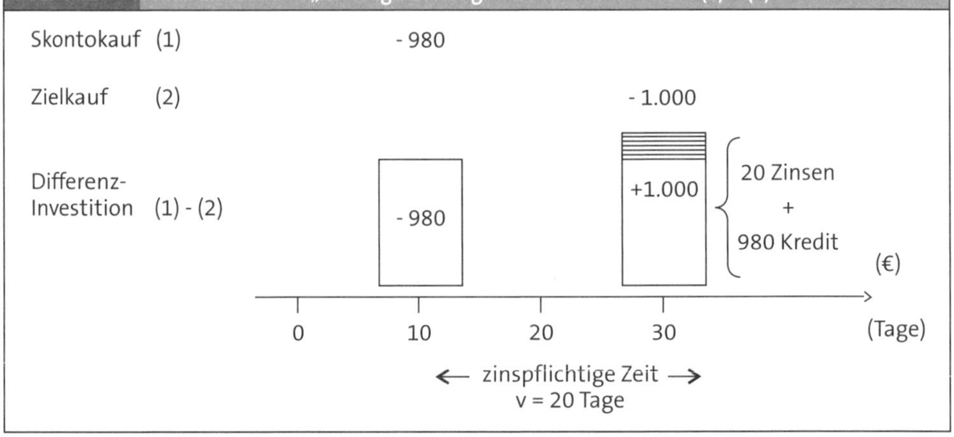

Der auf das Jahr berechnete, angenäherte Wert der Skontoverzinsung r_{appr} wird nach einer in Literatur und Praxis häufig verwendeten Faustformel[1] ermittelt, indem man den Skontosatz S auf die Skontobezugsspanne (z – s) bezieht. Man erhält dann den Zinssatz pro Tag. Zur Umrechnung auf das Jahr multi-

1 Vgl. etwa: O. Hahn, Finanzwirtschaft, S. 306. – U. Hielscher/H.-D. Laubscher, Finanzierungskosten, S. 97. – L. Perridon/M. Steiner, Finanzwirtschaft der Unternehmung, S. 429 f. – G. Wöhe/J. Bilstein, Grundzüge der Unternehmensfinanzierung, S. 299.

pliziert man den Tageszinssatz mit 360. (Für die Faustformel-Benutzer existiert der in Europa gebräuchliche gregorianische Kalender mit seinen 365,25 Tagen häufig noch nicht.)

(4.6.3)
$$r_{appr} = \frac{\text{Skontosatz}}{\text{zinspflichtige Zeit}} \cdot 360 = \frac{S}{z-s} \cdot 360$$
Faustformel

Symbole

r_{appr} = approximative (angenäherte) Skontoverzinsung pro Jahr (%)

S = Skontosatz (v. H. vom Rechnungsbetrag)

z = Zahlungsziel (Tage)

s = Skontofrist (Tage)

z – s = Skontobezugsspanne (= Laufzeit des Lieferantenkredits in Tagen)

z – s = v = zinspflichtige Kreditlaufzeit (Tage)

Im gegebenen Fall erhält man: $r_{appr} = \frac{2}{30-10} \cdot 360 = 36$ (% p. J.).

Ergebnis a): Nach der herkömmlichen Faustformel kostet der mit dem Zielkauf verbundene Lieferantenkredit rund 36 % pro Jahr. Das ist ein vergleichsweise hoher Zinssatz, der es nahelegt, auf den Lieferantenkredit zu verzichten und stattdessen beispielsweise ein Bankdarlehen zu beanspruchen. Allerdings bleibt bei einem Faustformel-Ergebnis stets zu prüfen, ob der errechnete Wert hinreichend genau ist.

b) Schwachstellen der Faustformel

Die eben errechneten 36 % p. J. sind das Ergebnis einer Faustformel, wobei (wie zu zeigen sein wird) eine Abweichung von rund 9 Prozentpunkten vom exakten Wert in Kauf genommen werden muss. Die Höhe dieser Abweichung, die die Gleichung auch als Faustformel disqualifiziert, ist auf drei Fehler zurückzuführen:

(1) Bei der Hochrechnung auf das Jahr zur Ermittlung der rechnerischen Jahreszinsen sollte man nicht mit 360, sondern mit 365 Tagen rechnen. Der vergleichbare Jahreskredit mit einer einzigen Zinszahlung zum Jahresende verlangt vom Schuldner, falls dieser den Kredit zum 01.01. des Jahres aufnimmt, erst nach einer zeitlichen Distanz von 365 Tagen eine Zinszahlung.

(2) Der Skontosatz wird fälschlicherweise mit dem Effektivzinssatz des Lieferantenkredites für die zinspflichtige Kreditlaufzeit von 20 Tagen gleichgesetzt. Der Käufer steht bei der Skontoklausel „10 Tage 2 %, 30 Tage netto" vor den Möglichkeiten:

- Zahlung von 980 € bis zum 10. Tag oder
- Zahlung von 1.000 € bis zum 30. Tag.

ABB. 4.73: Zeitstrahl Lieferantenkredit

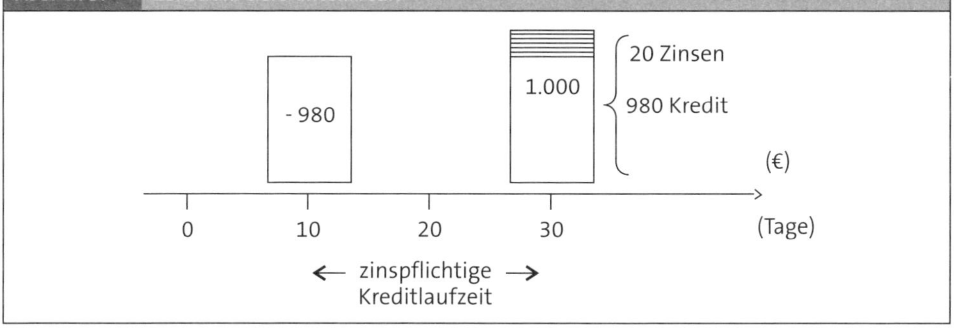

Somit kostet die Inanspruchnahme eines Kredits von effektiv 980 € für die Zeit von 20 Tagen genau 20 € Zinsen. Bezieht man die Zinsen auf den effektiven Kreditbetrag, so ergibt sich ein Zinssatz von $r_v = \frac{20}{980} = 0{,}020408 = 2{,}0408$ (% für 20 Tage). Dieser Zinssatz liegt etwas höher als der Skontosatz, da der effektive Kreditbetrag (980 €) kleiner als der Rechnungsbetrag (RB = 1 000 €) ist. Sie zahlen also für einen über 20 Tage laufenden Kredit 2,0408 Prozent – und nicht etwa 2 Prozent wie in der Faustformel vorgesehen. Rechnen Sie diesen Prozentsatz auf das Jahr um, und zwar mit 365 Tagen, so erhalten Sie die verbesserte rechnerische Skontoverzinsung r'_{appr}:

$$r'_{appr} = 2{,}0408 \cdot \frac{365}{20}$$

$$r'_{appr} = 37{,}24 \text{ (\% p. J.)}$$

Allgemein gilt:

$$r'_{appr} = \frac{\text{Zinsen}}{\text{Kredit}} \cdot \frac{365}{\text{zinspflichtige Zeit}}$$

$$r'_{appr} = \frac{RB \cdot S}{RB - RB \cdot S} \cdot \frac{365}{z - s}$$

(4.6.4) $$r'_{appr} = \frac{S}{1-S} \cdot \frac{365}{z-s}$$ verbesserte rechnerische Skontoverzinsung

Symbole

RB = Rechnungsbetrag (netto) (€)
S = Skontosatz (dezimal)
z = Zielfrist (Tage)
s = Skontofrist (Tage)
v = z – s = zinspflichtige Zeit (Tage)

(3) Auch die verbesserte Faustformel vernachlässigt die Unterjährigkeit. Zinsen sind bei Inanspruchnahme eines Lieferantenkredits nicht erst am Jahresende, sondern früher, nämlich bei der Rechnungsbegleichung, zu entrichten. Der Gläubiger kann die innerhalb des Jahres erhaltenen Zinsbeträge verzinslich anlegen. Der fremdfinanzierende Schuldner ist genötigt, die während des Jahres zu leistenden Zinszahlungen fremdzufinanzieren. Der Effektivzinssatz bei unterjähriger Zinszahlung liegt also über dem Nominalzinssatz. Schwachstelle Nr. 3 lässt sich durch Einsatz der Zinsumrechnungsformel beheben.

Wir setzen den Nominalzinssatz (= Jahreszinssatz ohne Berücksichtigung der Unterjährigkeit) von 37,24 % = 0,3724 in die Zinsumrechnungsformel ein:

$$r = \left(1 + \frac{r_{nom}}{m}\right)^m - 1 = (1 + r_v)^m - 1$$

$$r = \left(1 + \frac{0{,}3724}{18{,}25}\right)^{18{,}25} - 1$$

$$r = 0{,}4458 = 44{,}58 \text{ (\%)} \approx 45 \text{ (\% p. J.)}$$

Symbole

r = effektiver Jahreszinssatz (dezimal)
r_{nom} = Nominalzinssatz p. J. (dezimal)
m = Anzahl der unterjährigen Perioden = $\frac{365}{z-s} = \frac{365}{v}$
v = zinspflichtige Zeit (Tage)
r_v = Effektivzinssatz für v Tage (dezimal)

Ergebnis b): Behebt man schrittweise die drei Schwachstellen der Faustformel, so steigt der effektive Jahreszinssatz von 36 Prozent um 9 Prozentpunkte auf rund 45 Prozent. Dieser beträchtliche Zinsunterschied disqualifiziert die Faustformel. Sie sollten stets genau rechnen.

c) Effektivzinssatz nach Zwei-Schritte-Schema

(1) Ermittlung des Effektivzinssatzes für die zinspflichtige Zeit von 20 Tagen (dezimal).

$$r_v = \frac{K_v - K_0}{K_0}$$

$$r_v = \frac{20}{980} = 0{,}020408$$

$$r_v = 2{,}0408 \text{ (\% für 20 Tage)}$$

(2) Errechnung des effektiven Jahreszinssatzes mittels Zinsumrechnungsformel (m = 365 : 20 = 18,25)

$$r = (1 + r_v)^{\frac{365}{v}} - 1$$

$$r = (1 + 0{,}020408)^{18{,}25} - 1$$

$$r = 0{,}4458 = 44{,}58 \text{ (\% p. J.)}$$

d) Effektivzinssatz nach Zweizahlungsformel

Der Lieferantenkredit lässt sich auch als Finanzinvestition auffassen, wonach Sie bei Zahlung von 980 € zum Zeitpunkt 10 eine Zahlung von 1.000 € zum Zeitpunkt 30 vermeiden können. Die vermiedene Auszahlung ist wie eine Einzahlung zu behandeln (positives Vorzeichen). Die zinspflichtige Kreditlaufzeit beträgt v = 20 Tage.

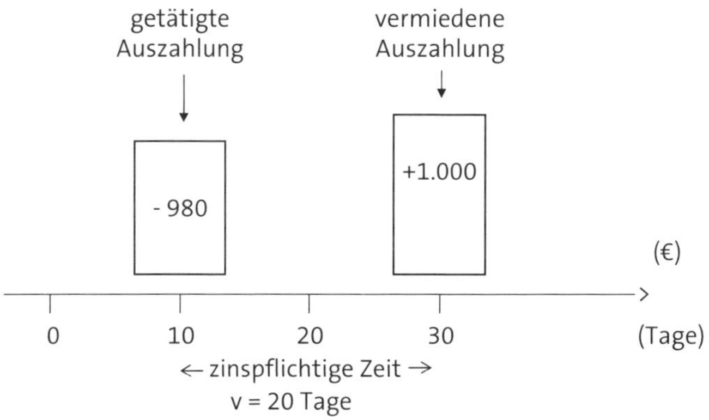

Nach der Zweizahlungsformel (4.6.2) gilt:

$$r = \left(\frac{K_V}{K_0}\right)^{\frac{365}{v}} - 1 = \left(\frac{\text{Zielpreis}}{\text{Barpreis}}\right)^{\frac{365}{v}} - 1$$

$$r = \left(\frac{1.000}{980}\right)^{18{,}25} - 1 = 0{,}445852 = 44{,}59 \text{ (\% p. J.)}$$

Ergebnis c) und d): Bei korrekter Ermittlung ist der Lieferantenkredit mit effektiv ca. 45 % pro Jahr wesentlich teurer als 36 % p. J. (= Ergebnis der Faustformel). Der effektive Jahreszinssatz von 44,59 % lässt sich sowohl durch schrittweise Behebung der drei Schwachstellen der Faustformel als auch durch die beiden genauen Rechnungen (Zwei-Schritte-Schema und Zweizahlungsformel) ermitteln.

BEISPIEL (Effektivzinsbestimmung bei zwei Skontosätzen)

Die allgemeinen Geschäftsbedingungen des Deutschen Textilhandels kennen zwei Skontosätze:

Zahlung innerhalb von 10 Tagen:	4,00 % Skonto
Zahlung innerhalb von 30 Tagen:	2,25 % Skonto
Zahlung innerhalb von 60 Tagen:	0,00 % Skonto

Man ermittle den Effektivzinssatz des Lieferantenkredits bei unterschiedlichen Zahlungszeitpunkten am Beispiel eines Rechnungsbetrages von 1.000 €.

Lösung

ABB. 4.74: Zeitstrahl bei zwei Skontosätzen

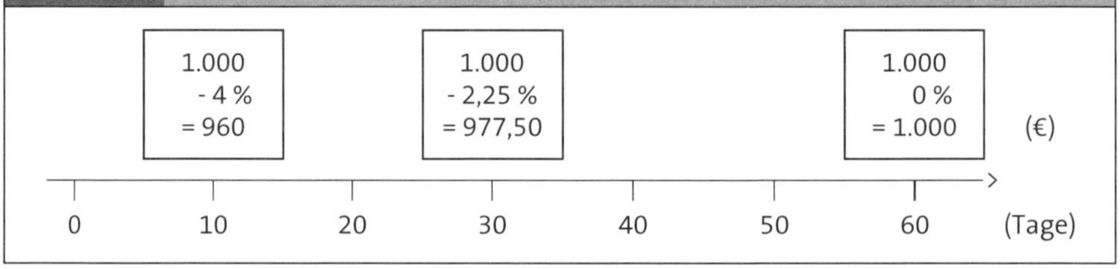

Zahlt der Kunde am zehnten Tag 960 €, so vermeidet er die Zahlung von 1.000 € am sechzigsten Tag.

$$r = \left(\frac{K_v}{K_0}\right)^{\frac{365}{v}} - 1 = \left(\frac{1.000}{980}\right)^{\frac{365}{v}} - 1 = 0{,}3472 = 34{,}72\ (\%\ \text{p. J.})$$

Zahlt der Kunde am dreißigsten Tag 977,50 €, so vermeidet er die Zahlung von 1.000 € am sechzigsten Tag.

$$r = \left(\frac{K_v}{K_0}\right)^{\frac{365}{v}} - 1 = \left(\frac{1.000}{977{,}50}\right)^{\frac{365}{30}} - 1 = 0{,}3190 = 31{,}90\ (\%\ \text{p. J.})$$

Ergebnis: Der Kunde sollte spätestens am zehnten Tag bezahlen.

Bei so hohen Effektivzinssätzen, wie sie für den Lieferantenkredit typisch sind, sollten Sie nach folgender ehernen Regel verfahren: „Rechnungen, bei denen der Skontoabzug nicht ausdrücklich ausgeschlossen ist, sind unter allen Umständen mit Skontoabzug zu begleichen. Auch wenn dazu die Aufnahme eines Bankkredits erforderlich ist". Diese Regel sollten Sie nicht nur im Geschäftsleben, sondern auch privat beachten. Gegen diese Empfehlung wird aus praktischer Sicht (insbesondere von Seiten der kleinen und mittleren Betriebe) gelegentlich eingewendet, man sei in der Lage,

- die Zahlungsfristen stillschweigend zu verlängern, ohne Verzugszinsen bezahlen zu müssen oder
- den Skontoabzug durchzuführen, obgleich die Skontofrist abgelaufen ist.

Beides kann im Einzelfall richtig sein. Jedoch müssen Sie beachten, dass die Lieferanten nach kurzer Zeit die Zahlungsgewohnheiten ihrer Kunden in der Preisfestsetzung berücksichtigen und verlängerte Zahlungsfristen sowie unrechtmäßige Skontoziehungen in ihre Kalkulation aufnehmen, womit der alte Zustand wiederhergestellt ist.

Fehler im finanziellen Bereich können massiv auf den Gewinn durchschlagen. Die Inanspruchnahme des teuren Lieferantenkredits ist ein Kardinalfehler. Selbst bei Handwerksbetrieben lassen sich beachtliche Geldbeträge einsparen, wenn man den Lieferantenkredit soweit möglich durch den kurzfristigen Bankkredit ersetzt. Abbildung 4.74 basiert auf den 1995er-Zahlen von 182 schleswig-holsteinischen Handwerksbetrieben aus acht Fachrichtungen. Sie zeigt, dass der Lieferantenkredit im Durchschnitt stärker genutzt wurde als der kurzfristige Bankkredit. Ein schleswig-holsteinischer Handwerksbetrieb hätte danach 1995 seinen Gewinn vor Steuern im Durchschnitt um 24.346 € erhöhen können, wäre es ihm gelungen, seine Lieferantenkredite durch zusätzlichen Einsatz kurzfristiger Bankkredite vollständig abzubauen. Die Übersicht geht von einer Zinsdifferenz von 30 Prozent pro Jahr zugunsten des kurzfristigen Bankkredits aus. Beispiel: Effektivzinssatz Lieferantenkredit 40 % p. J. minus Effektivzinssatz kurzfristiger Bankkredit 10 % p. J.

ABB. 4.75: Lieferantenkredite im Handwerk 1995

Handwerk	kurzfristiger Bankkredit	Lieferantenkredit	Zinsvorteil bei Ablösung Lieferantenkredit durch Bankkredit (Zinsdifferenz: 30 %)
	Durchschnittswerte je Betrieb in €		
Glaser	19.786	29.885	8.966
Radio- und Fernsehtechniker	22.885	57.429	17.229
Hochbau	190.822	234.290	70.287
Metallbauer	189.055	134.809	40.443
Fliesenleger	48.597	44.334	13.300
E-Maschinenbau	39.883	48.826	14.648
Satz- und Drucktechnik	56.605	30.613	9.183
Gas- und Wasserinstallateur und Klempner	34.282	69.041	20.712
Durchschnitt	76.364	81.153	24.346

Quelle: Eigene Berechnungen auf der Basis der Betriebsvergleiche 1995 der Rationalisierungsgemeinschaft Handwerk Schleswig-Holstein e.V.

Zusammenfassung Lieferantenkredit

In der folgenden Abbildung sind die Werte der effektiven Jahreszinssätze für einige in der Praxis typische Skontokonditionen zusammengefasst. Besonders häufig finden sich Skontosätze von 2 % und 3 %, seltener Werte unter 2 % sowie über 3 %.

ABB. 4.76:	Effektivzinssatz von Lieferantenkrediten hängt vom Skontosatz ab		
	Skontoklausel: „10 Tage S % Skonto, 30 Tage netto"		
Skontosatz	Ermittlung der rechnerischen Skontoverzinsung pro Jahr (%)		
	Faustformel	verbesserte Formel	genaue Formel
S (%)	$r_{appr} = \frac{S}{z - s} \cdot 360$	$r'_{appr} = \frac{S}{1 - S} \cdot \frac{365}{z - s}$	$r = \left(\frac{\text{Zielpreis}}{\text{Barpreis}}\right)^{\frac{365}{v}} - 1$
1,0	18	18,43	20,13
1,5	27	27,79	31,76
2,0	36	37,24	44,59
2,5	45	46,79	58,73
3,0	54	56,44	74,35
5,0	90	96,05	155,00

Der effektive Jahreszins des Lieferantenkredits hängt nicht nur vom Skontosatz ab, sondern auch von der Skonto- und Zielfrist. Es kann gezeigt werden, dass eine Verdoppelung der Zielfrist zu einer Drittelung des effektiven Jahreszinses führt (vgl. Aufgabe 4.6.3). Die Praxis beachtet diese Tatsache bislang zu wenig. Die Wirtschaftspraxis kennt Unternehmungen, die unterschiedlichen Kundengruppen unterschiedliche Zahlungsziele gewähren (z. B. sofort netto Kasse, 14 Tage, 30 Tage), ohne dass dies einen Einfluss auf den Angebotspreis hätte. Er müsste eigentlich mit wachsender Zielfrist erhöht werden. Die Unternehmungen kümmert es nicht, dass der Effektivzinssatz des von ihnen gewährten Lieferantenkredits mit wachsender Zielfrist drastisch abnimmt. Möglicherweise sind sie sich des Ausmaßes der Zinssatzreduktion nicht bewusst.

Angesichts der Zinssätze des Lieferantenkredits, die von rund 20 % bis 155 % reichen, kann man schon ins Grübeln kommen. Die Bandbreite der möglichen Verhaltensweisen wird durch die beiden folgenden Fälle abgesteckt, die mir aus der betrieblichen Praxis berichtet wurden:

(1) Ein Unternehmer wartet zunächst die dritte Mahnung seines Lieferanten ab, um diesem sodann einen Dreimonatswechsel zu schicken, bei dem die Wechselsumme um den Skontobetrag gekürzt ist.

(2) Ein Angestellter wird von seinem Chef angewiesen, Lieferantenrechnungen ohne Skontoabzug zum Zielzeitpunkt zu bezahlen. Das Argument, man könne doch bei entsprechender Erhöhung des Banklimits vorher mit Skontoziehung zahlen und so Geld sparen, akzeptiert der Chef nicht. Der Angestellte entschließt sich, den um Skonto gekürzten Rechnungsbetrag während der Skontofrist von seinem Privatkonto zu begleichen und überweist einige Tage später den Rechnungsbetrag netto, also ohne Skontoabzug, auf sein Privatkonto. Eine Lösung, der man eine gewisse Kreativität nicht absprechen kann.

Aus der Sicht der Kreditinstitute, die mit dem kurzfristigen Bankkredit ein direktes Konkurrenzprodukt zum Lieferantenkredit anbieten, lassen sich folgende Schlussfolgerungen ziehen:

(1) Es existiert ein erhebliches Ausweitungspotential für den kurzfristigen Bankkredit, wenn es den Banken gelingt, einen Teil der bisherigen Lieferantenkredite durch eigene Darlehen abzulösen. Im Extremfall könnten die kurzfristigen Bankkredite an die Wirtschaft um fast 300 Prozent zunehmen.

(2) Bei der Argumentation, wonach der Bankkredit billiger ist als der Lieferantenkredit, haben die Banken eine ungewöhnlich günstige Position. Man kann davon ausgehen, dass so mancher Bankkunde bei Kenntnis der Effektivbelastung eines Lieferantenkredites um Erhöhung seines Banklimits bittet, um so seine Rechnungen innerhalb der Skontofrist unter Skontoabzug begleichen zu können.

(3) Dabei muss beachtet werden, dass Unternehmungen, die überdurchschnittlich viele Lieferantenkredite einsetzen, oft schlechte Schuldner sind. Häufig genug ist der Lieferantenkredit die letzte Möglichkeit, die einem Schuldner mit schlechter Bonität kurz vor der Insolvenz noch offen steht.

(4) Die Banken sollten Kunden mit guter Bonität ansprechen und sie routinemäßig – etwa einmal pro Jahr – darauf aufmerksam machen, dass kurzfristige Bankkredite im Vergleich zu Lieferantenkrediten meist zinsgünstiger sind, und dass man bereit ist, den Übergang vom Lieferantenkredit zum Bankkredit durch eine entsprechende Erhöhung des Banklimits zu erleichtern.

BEISPIEL (Effektivzinsbestimmung bei Wechseldiskontkredit)

Der PKW-Händler H. liefert dem Jungunternehmer J. einen standesgemäßen Sportwagen für 100.000 €. Ursprünglich war Barzahlung vereinbart, jedoch befindet sich J. zum Zeitpunkt der Lieferung in einer finanziellen Klemme und bittet um Zahlungsaufschub um 90 Tage. Händler H. ist im Geschäftsinteresse einverstanden, verlangt jedoch zur Sicherheit einen Wechsel, den er bei seiner Hausbank zum Diskont einreichen will. Den entstehenden Aufwand trägt kulanterweise H.

a) Ermitteln Sie den effektiven Jahreszinssatz des Wechseldiskontkredits (Diskont = 1,8 % p. 90 Tage, Diskontspesen 50 € pauschal) nach den beiden genauen Verfahren. Stützen Sie Ihre Ausführungen auf eine Zeitstrahldarstellung, die zeigt, wann welche Zahlungen zu berücksichtigen sind.

b) Vergleichen Sie den genauen Wert des jährlichen Effektivzinssatzes mit dem Ergebnis, das sich aufgrund einer Faustformel ergibt.

Lösung a)

Berechnung des effektiven Auszahlungsbetrages

	Wechselsumme:	100.000 €
–	Diskontbetrag (1,8 % p. 90 Tage):	1.800 €
–	Diskontspesen:	50 €
=	Auszahlungsbetrag:	98.150 €

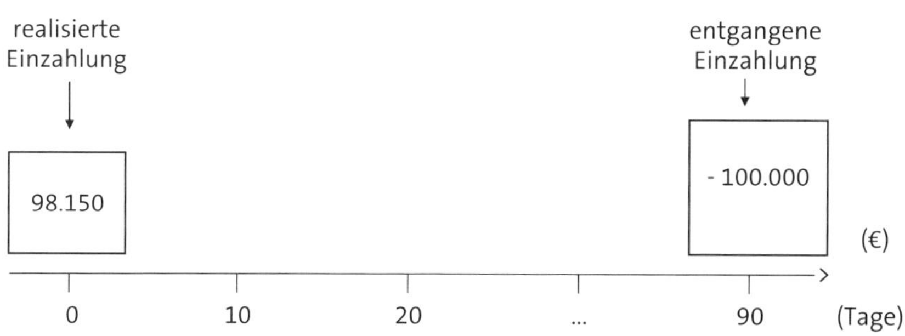

Hätte der Autohändler volles Vertrauen in die Zahlungsfähigkeit und -willigkeit des Jungunternehmers, so könnte er – eigene Liquidität vorausgesetzt – auf den Wechsel und dessen Diskontierung verzichten und den Eingang der 100.000 € nach Ablauf von 90 Tagen abwarten. Die Realisierung von 98.150 € hier und heute bewirkt also eine künftige Mindereinzahlung von 100.000 €; Vorzeichen: negativ.

Effektivzinsberechnung mittels Zwei-Schritte-Schema

(1) Ermittlung des Effektivzinssatzes r_v für die zinspflichtige Zeit von 90 Tagen (dezimal).

$$r_v = \frac{K_v - K_0}{K_0}$$

$$r_v = \frac{1.850}{98.150} = 0{,}018849$$

$$r_v = 1{,}8849 \text{ (\% für 90 Tage)}$$

(2) Errechnung des effektiven Jahreszinssatzes r mit der Zinsumrechnungsformel (m = 365 : 90 = 4,056)

$$r = (1 + r_v)^m - 1$$

$$r = 1{,}018849^{4{,}056} - 1$$

$$r = 0{,}0787 = 7{,}87 \text{ (\% p. J.)}$$

Effektivzinsberechnung nach Zweizahlungsformel

$$r = \left(\frac{K_v}{K_0}\right)^{\frac{365}{v}} - 1 = \left(\frac{100.000}{98.150}\right)^{4{,}056} - 1 = 0{,}07868 = 7{,}87 \text{ (\% p. J.)}$$

Lösung b)

Das Ergebnis der Zweizahlungsformel von 7,87 % p. J. ist zu vergleichen mit dem Resultat einer in Literatur und Praxis gelegentlich angeführten Faustformel[1], bei der lediglich der Diskontbetrag DB zum Wechselerlös WE in Beziehung gesetzt wird und Diskontspesen außer Ansatz bleiben.

(4.6.5) $$r_{appr} = \frac{DB}{WE} \cdot \frac{360}{v}$$ Effektivzinssatz Diskontkredit (Faustformel)

Wechselsumme:	100.000 (€)
Laufzeit (v):	90 (Tage)
Diskontsatz:	1,8 (% f. 90 Tage)
Diskontbetrag (DB):	1.800 (€)
Wechselerlös (WE):	98.200 (€)

$$r_{appr} = \frac{DB}{WE} \cdot \frac{360}{v} = \frac{1.800}{98.200} \cdot \frac{360}{90} = 0{,}0733 = 7{,}33 \text{ (\% p. J.)}$$

Ergebnis: Der approximative jährliche Effektivzinssatz weicht vom genauen Wert um 0,54 Prozentpunkte ab. Das erschwert die rationale Wahl zwischen den verschiedenen Finanzierungsformen. Abweichungen in dieser Größenordnung können nicht toleriert werden. Sie sollten die Faustformel ablehnen und genau rechnen.

1 Vgl. etwa: L. Perridon/M. Steiner, Finanzwirtschaft der Unternehmung, S. 434.

4.6.3 Ratenfall I: Heutige Zahlung oder spätere Zahlungsreihe?

4.6.3.1 Allgemeine Lösung

Vorbemerkung: Die Zweizahlungsfälle konnten Sie mit dem Zwei-Schritte-Schema oder der Zweizahlungsformel rasch und genau lösen. Dass der effektive Jahreszinssatz im obigen Wechseldiskontkredit-Beispiel 7,87 Prozent beträgt, haben Sie vermutlich in weniger als 30 Sekunden errechnet. Die jetzt auf Sie zukommenden Ratenfälle sind mathematisch nicht schwieriger, aber geringfügig zeitaufwendiger als der Zweizahlungsfall. Dies aus zwei Gründen: Sie müssen erstens in den finanzmathematischen Tabellen blättern und zweitens gelegentlich auch interpolieren. Ihr Zeitbedarf steigt dadurch auf einige Minuten pro Effektivzinsberechnung.

Entscheidungsproblem: Die Frage „Heutige Einmalzahlung oder spätere Zahlungsreihe?" wird im Wirtschaftsleben oft gestellt und ist daher oft zu beantworten. So erspart die heutige Barzahlung spätere Monatsraten für den Ratenkauf oder die Leasing-Finanzierung. Oder: Eine Investition verursacht heute eine Anschaffungsauszahlung in bestimmter Höhe und erbringt in künftigen Perioden konstante jährliche Nettoeinzahlungen. Letztere können beispielsweise bei Rationalisierungs-investitionen auch in vermiedenen Auszahlungen bestehen, die die Nettoeinzahlungen positiv beeinflussen und ökonomisch genauso zu behandeln sind wie Einzahlungen. Wenn man beispielsweise in einem Unternehmen die Anschaffung eines grafikfähigen Textverarbeitungssystems plant und die Wahl hat zwischen einem heutigen Barpreis von 20 000 € oder 16 vierteljährlich zu überweisenden Raten von 1.641,30 €, dann ergeben sich folgende Zeitstrahlen:

(1) Zeitstrahl bei Barzahlung

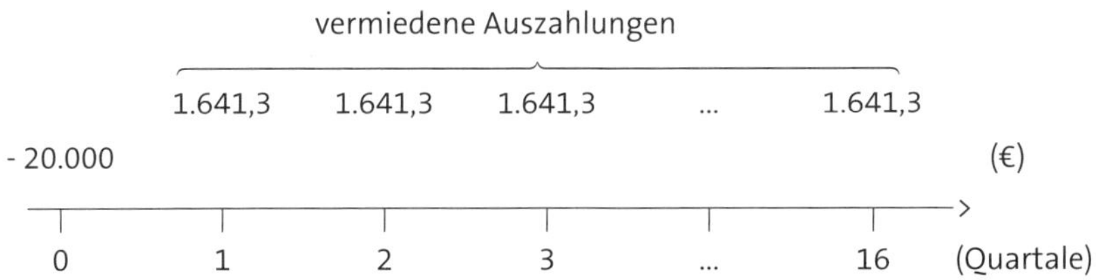

(2) Zeitstrahl bei Ratenzahlung

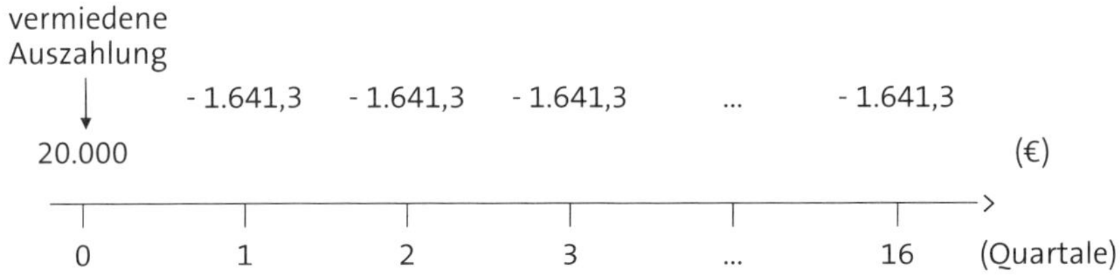

Die Entscheidung für Bar- oder Ratenzahlung ergibt sich aus dem Vergleich des Barpreises und der Raten. Finanzmathematisch betrachten wir eine Zahlungsreihe mit der heutigen Auszahlung K_0, die anschließend für die Dauer von n Perioden (Jahre, Halbjahre, Quartale, Monate) g € pro Periode beispielsweise in Gestalt ersparter Auszahlungen erbringt, wobei g im Zeitablauf konstant ist. Weitere Zahlungen fallen nicht an. Zur Effektivzinsbestimmung in diesem Fall lässt sich ein Verfahren der Investitionsrechnung sinnvoll auch im Finanzierungsbereich einsetzen[1].

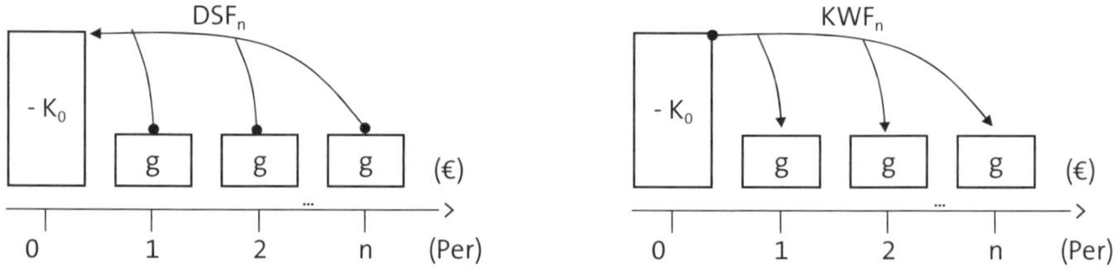

Symbole

K_0 = heutige Zahlung (€)
g = im Zeitablauf konstante Zahlung pro Periode (€/Periode)
DSF = Diskontierungssummenfaktor
KWF = Kapitalwiedergewinnungsfaktor
n = Anzahl Perioden

Lösung

Die Annuitätenmethode ist eine Umformung der Kapitalwertmethode (und umgekehrt). Die Zielgröße der Annuitätenmethode, der durchschnittliche jährliche Überschuss DJÜ, ergibt sich, indem man den Kapitalwert C_0 mit dem Kapitalwiedergewinnungsfaktor KWF multipliziert[2]: $DJÜ = C_0 \cdot KWF$. Deshalb kann man die Definition des internen Zinssatzes auch so formulieren: Interner Zinsfuß (Effektivzinssatz, Rendite) einer Investition oder Finanzierung ist der Zinssatz, bei dem Kapitalwert C_0 und durchschnittlicher jährlicher Überschuss DJÜ der Investition oder Finanzierung gerade gleich Null sind. Somit lässt sich das auf S. 187 beschriebene 3-Schritte-Schema auf unser Problem wie folgt übertragen:

1 Vgl. hierzu: K.-D. Däumler/J. Grabe, Grundlagen der Investitions- und Wirtschaftlichkeitsrechnung, S. 115 ff.
2 Vgl. K.-D. Däumler/J. Grabe, Grundlagen der Investitions- und Wirtschaftlichkeitsrechnung, S. 155.

Schritte	Kapitalwertmethode (C_0 = Kapitalwert)	Annuitätenmethode (DJÜ = durchschnittlicher jährlicher Überschuss)
1. Zielgrößenfunktion aufstellen:	$C_0 = - K_0 + g \cdot DSF_n$	$DJÜ = - K_0 \cdot KWF_n + g$
2. Zielgröße gleich Null setzen:	$0 = - K_0 + g \cdot DSF_n$	$0 = - K_0 \cdot KWF_n + g$
Der dritte Schritt, Auflösung nach dem Zinssatz, lässt sich allerdings nicht durchführen, da der Zinssatz in einem Ausdruck n-ter Ordnung vorkommt. Stattdessen können wir die Gleichungen aber nach dem Diskontierungssummenfaktor $DSF = \frac{(1 + r)^n - 1}{r\,(1 + r)^n}$ und dem Kapitalwiedergewinnungsfaktor $KWF = \frac{r\,(1 + r)^n}{(1 + r)^n - 1}$ - 1 auflösen und erhalten:		
3. Gleichung nach Faktor auflösen:	$DSF_n = \frac{K_0}{g}$ (4.6.6)	$KWF_n = \frac{g}{K_0}$

Die Gleichungen (4.6.6) lassen sich folgendermaßen nutzen: Sie suchen in der Tabelle der finanzmathematischen Faktoren den Wert des DSF oder KWF, der bei gegebener Laufzeit dem errechneten Faktorwert möglichst nahe kommt, und lesen den zugehörigen Tabellenzinssatz ab. Allerdings liefert der Blick in die Tabelle nur dann eine hinlänglich genaue Lösung, wenn die Tabellenzinssätze eng gestaffelt, wenn also die Abstände zwischen den einzelnen Tabellenzinssätzen klein sind[1]. Die Genauigkeit des Ergebnisses können Sie – wenn nötig – mit Hilfe der linearen Interpolation verbessern. Die für die Lösung der Beispiele und Aufgaben dieses Buches notwendigen Tabellenwerte finden Sie wie gewohnt im finanzmathematischen Tabellenanhang. Allerdings konnten wir aus Platzgründen nur einen kleinen Teil der für die Lösung von Praxisproblemen erforderlichen Tabellen abdrucken.

4.6.3.2 Anwendung der allgemeinen Lösung

BEISPIEL (Effektivzinsbestimmung bei Kundenanzahlung)

Die Telesat hat einen Vertrag mit einem Raumfahrtunternehmen. Danach ist das Raumfahrtunternehmen verpflichtet, nach einem Jahr einen Fernsehsatelliten mit einer Nutzlast von zwei Tonnen in eine geostationäre Umlaufbahn zu bringen. Die Konditionen sind ausgehandelt, die Telesat kann nur noch wählen zwischen:

(1) sofortiger Zahlung von 4.200.000 € oder

(2) vier Raten à 1.143.500 €, jeweils nach Ablauf eines Quartals.

Wie hoch ist die Rendite der Finanzinvestition „Sofortige Zahlung"? Genauigkeit: zwei Nachkommastellen.

Lösung

	0	1	2	3	4	
(1)	- 4,2 (Mio €)					
(2)		- 1,1435	- 1,1435	- 1,1435	- 1,1435	(Mio €)
	0	1	2	3	4	(Quartale)

1 Die Werte der finanzmathematischen Faktoren für Zinssätze von 0,10 % bis 30 % in Zehntelprozentpunkt-Schritten im Bereich bis 3 % finden Sie bei: K.-D. Däumler, Finanzmathematisches Tabellenwerk, S. 92 ff.

ABB. 4.77: Finanzinvestition „Sofortige Zahlung“ = Differenzinvestition (1) – (2)

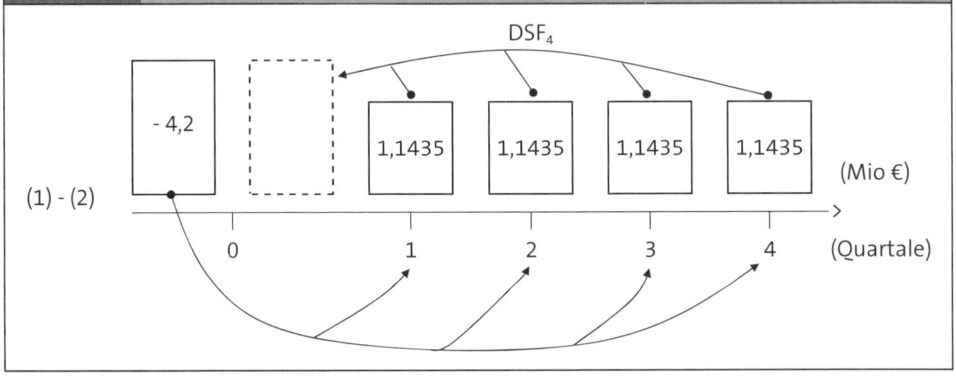

$DSF_n = \frac{K_0}{g}$	$KWF_n = \frac{g}{K_0}$
$DSF_4 = \frac{4.200.000}{1.143.500} = 3{,}672934$	$KWF_4 = 0{,}272262$

Ergebnis: In den finanzmathematischen Tabellen finden Sie für n = 4 Perioden und DSF = 3,673079 (was näherungsweise dem von uns errechneten Wert DSF = 3,672934 entspricht) einen Tabellenzinssatz von 3,5 %. Der interne Zinssatz liegt demnach dicht bei r_v = 3,5 % pro Quartal. Für das Jahr ergibt sich der Wert $r = (1 + r_v)^m - 1 = (1 + 0{,}035)^4 - 1 = 0{,}1475 = 14{,}75$ (% p. J.).

BEISPIEL (Barzahlung oder Monatsraten?)

Beim Erwerb einer Offsetdruckmaschine kann der Käufer wählen zwischen

(1) sofortiger Zahlung von 50.000 € oder Finanzierung durch

(2) 72 Raten à 925,65 €, jeweils am Monatsende.

Zeigen Sie die Zahlungsverhältnisse am Zeitstrahl aus der Sicht des Käufers und des Verkäufers. Ermitteln Sie den effektiven Jahreszinssatz bei Ratenzahlung mit einer Genauigkeit von zwei Nachkommastellen auf der Basis der Kapitalwertmethode und der Annuitätenmethode, also mit Hilfe des DSF und des KWF.

Lösung

Zeitstrahl aus Käufersicht (= Finanzierung)

+ 50.000	- 925,65	- 925,65	- 925,65	...	- 925,65	(€)
0	1	2	3	...	n = 72	(Monate)

Zeitstrahl aus Verkäufersicht (= Investition)

- 50.000	+ 925,65	+ 925,65	+ 925,65	...	+ 925,65	(€)
0	1	2	3	...	n = 72	(Monate)

Schritte	Kapitalwertmethode (C_0 = Kapitalwert)	Annuitätenmethode (DJÜ = durchschnittlicher jährlicher Überschuss)
1. Zielgrößenfunktion aufstellen	$C_0 = -K_0 + g \cdot DSF_n$	$DJÜ = g - K_0 \cdot KWF_n$
2. Zielgröße gleich Null setzen	$0 = -K_0 + g \cdot DSF_n$	$0 = g - K_0 \cdot KWF_n$
3. Gleichung nach Faktor auflösen	$DSF_n = \frac{K_0}{g}$	$KWF_n = \frac{g}{K_0}$
Wert des Faktors	$DSF_{72} = \frac{50.000}{925,65} = 54,016097$	$KWF_{72} = \frac{925,65}{50.000} = 0,018513$
Zugehöriger Tabellenzinssatz	zwischen 0,8 % p. M. und 0,85 % p. M. (vgl. finanzmathematischer Tabellenanhang)	

Es ist also klar, dass der gesuchte Zinssatz zwischen 0,8 % p. M. und 0,85 % p. M. liegen muss. Mit Hilfe der linearen Interpolation erhalten Sie ein hinlänglich genaues Ergebnis:

DSF		Tabellenzins				
54,570971	→	0,80 (% p. M.)	}	0,885037	→	0,05 (% p. M.)
53,685934	→	0,85 (% p. M.)				
54,570971	→	0,80 (% p. M.)	}	0,554874	→	x (% p. M.)
54,016097	→	r_v = ? (% p. M.)				

$$x = \frac{0,05}{0,885037} \cdot 0,554874 = 0,031348 \text{ (\% p. M.)}$$

Ergebnis: Der effektive Monatszinssatz beläuft sich auf $r_v = 0,8 + x = 0,831348$ %. Dem entspricht ein effektiver Jahreszinssatz von $r = (1 + r_v)^m - 1$ oder $r = (1 + 0,00831348)^{12} - 1 = 0,1045 = 10,45$ Prozent.

Hinweis: Zu diesem Ergebnis gelangen Sie auch bei Einsatz der Regula falsi, sie ist das universell einsetzbare Verfahren. Allerdings kann es sein, dass Sie einige Zeit benötigen, bis Sie die idealen Probierzinssätze von 0,80 und 0,85 % p. M. herausgefunden haben. Deshalb empfiehlt es sich, vor Einsatz der Regula falsi die Werte des DSF oder KWF zu errechnen, die Tabellenzinssätze von 0,80 und 0,85 % p. M. zu erblättern und diese in die Gleichung zur Effektivzinsberechnung einzusetzen.

$$i_1 = 0,80 \text{ (\% p. M.)} \rightarrow C_{0,1} = -50.000 + 925,65 \cdot DSF_{72}$$

$$C_{0,1} = -50.000 + 925,65 \cdot 54,570971 = 513,62 \text{ (€)}$$

$$i_2 = 0,85 \text{ (\% p. M.)} \rightarrow C_{0,2} = -50.000 + 925,65 \cdot DSF_{72}$$

$$C_{0,2} = -50.000 + 925,65 \cdot 53,685934 = -305,62 \text{ (€)}$$

$$r_v = 0,80 - 513,62 \cdot \frac{0,85 - 0,80}{-305,62 - 513,62} = 0,80 + \frac{25,68}{819,24} = 0,831346 \text{ (\% p. M.)}$$

$$r = (1 + r_v)^m - 1 = (1 + 0,00831346)^{12} - 1 = 0,1045 = 10,45 \text{ (\% p. J.)}$$

Bei allen Effektivzinsberechnungen sollten Sie beachten, dass sie nur eine Entscheidungshilfe darstellen, nicht mehr, aber auch nicht weniger. Was nützt Ihnen der hohe Effektivzinssatz der Finanzinvestition „Sofortige Zahlung“, wenn Ihr Lieferant vor Übergabe der Kaufsache insolvent wird, wenn die Lieferung mit mehrmonatiger Verspätung erfolgt, wenn das gelieferte Gut nicht Ihren Vorstellungen entspricht, weil es Mängel aufweist?

4.6.4 Ratenfall II: Jetzige Zahlungsreihe oder spätere Zahlung?

4.6.4.1 Allgemeine Lösung

Entscheidungsproblem: Sie haben die Wahl zwischen der über n Perioden laufenden Zahlungsreihe mit der Periodenzahlung g oder einer einmaligen Zahlung K_n zum Zeitpunkt n. Beispiel: Eine Brauerei kann die neue Flaschenspül- und -abfüllanlage durch Anzahlungsraten während der mehrmonatigen Bauzeit oder durch eine einmalige Zahlung nach Fertigstellung bezahlen. Leistet man die Anzahlungsraten g, so vermeidet man die spätere Zahlung K_n.

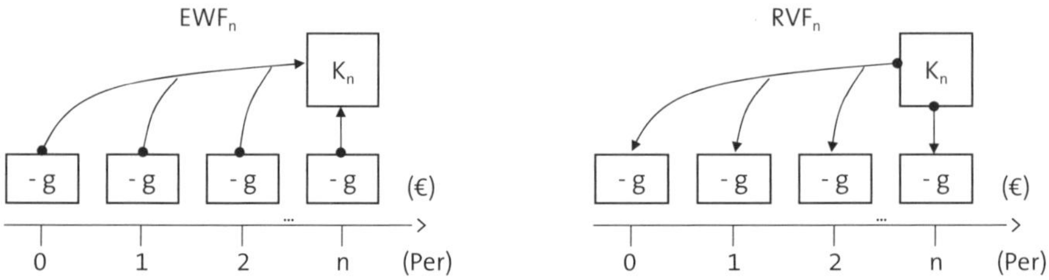

Symbole

g = Anzahlungsraten (€/Jahr)
K_n = Endpreis (Zahlung zum Zeitpunkt n in €)
EWF = Endwertfaktor
RVF = Restwertverteilungsfaktor
n = Anzahl Perioden

In diesem Fall lässt sich der interne Zinsfuß mit Hilfe einer Modifikation der Kapitalwertmethode bestimmen. Man geht von der Überlegung aus, dass der Effektivzinssatz als derjenige Zinssatz definiert ist, bei dem der (auf den Zeitpunkt null bezogene) Kapitalwert gerade gleich null ist. Wählt man den Zeitpunkt n als Bezugszeitpunkt, so gilt: Interner Zinssatz ist der Zinssatz, bei dem die Summe der auf den Zeitpunkt n bezogenen Endwerte aller Zahlungen (Horizontwert) gleich null ist. Somit können Sie auf der Basis des Horizontwertes C_n und des durchschnittlichen jährlichen Überschusses DJÜ eine bequeme und genaue Lösung mit Hilfe der finanzmathematischen Faktoren finden.

	Horizontwertmethode (Endwertmethode)		Annuitätenmethode
1. Zielgrößenfunktion aufstellen:	$C_n = K_n - g \cdot EWF_n$		$DJÜ = g - K_n \cdot RVF_n$
2. Zielgröße gleich Null setzen:	$0 = K_n - g \cdot EWF_n$		$0 = g - K_n \cdot RVF_n$
3. Gleichung nach Faktor auflösen:	$EWF_n = \frac{K_n}{g}$	(4.6.8)	$RVF_n = \frac{g}{K_n}$

Den Effektivzins ermitteln Sie, indem Sie in der Tabelle der Endwertfaktoren (EWF) oder der Restwertverteilungsfaktoren (RVF) bei gegebenem Faktorwert und gegebenem n jenen Faktor aufsuchen, der dem Betrag K_n/g oder g/K_n möglichst nahe kommt, und den zugehörigen Tabellenzinssatz ablesen[1]. Zur Erhöhung der Genauigkeit können Sie gegebenenfalls interpolieren.

4.6.4.2 Anwendung der allgemeinen Lösung

BEISPIEL: (Monatliche Anzahlungsraten oder späterer Endpreis?)

Eine Maschinenfabrik soll eine Werkzeugmaschine erstellen, für die Einzelfertigung notwendig ist. Die Bauzeit beträgt 10 Monate. Bei den Verhandlungen über Preis und Konditionen bleibt schließlich die Wahl zwischen zwei Möglichkeiten:

(1) Zehn Raten à 165.000 €, zahlbar jeweils am Monatsende während der Bauzeit.

(2) Eine Zahlung nach Fertigstellung der Werkzeugmaschine zum Zeitpunkt 10 in Höhe von 1.735.000 €.

Welche Zahlungsweise erbringt eine höhere Rendite für den Kunden, wenn dieser mindestens einen Zinssatz von 12 % pro Jahr erzielen will?

Lösung

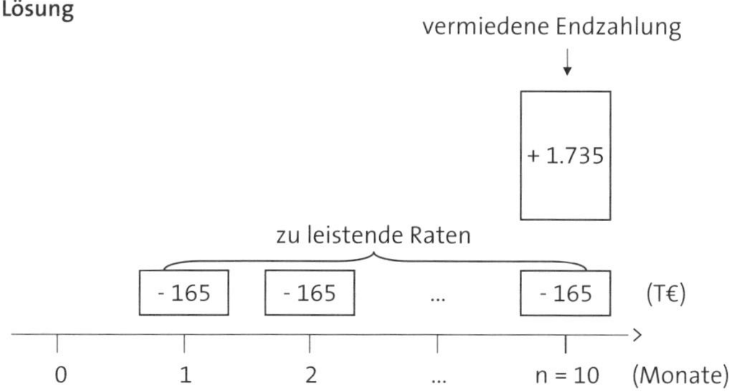

Es gilt:

Horizontwertmethode	Annuitätenmethode
$EWF_n = \frac{K_n}{g}$	$RVF_n = \frac{g}{K_n}$
$EWF_{10} = \frac{1.735.000}{165.000}$	$RVF_{10} = \frac{165.000}{1.735.000}$
$EWF_{10} = 10{,}515152$	$RVF_{10} = 0{,}095101$

1 Vgl. Finanzmathematischer Tabellenanhang sowie: K.-D. Däumler, Finanzmathematisches Tabellenwerk, S. 92 ff.

Ergebnis: In der Tabelle findet man für n = 10 und EWF = 10,515152 einen Zinssatz von ca. 1,10 % pro Monat. Die Rendite der Kundenanzahlung pro Jahr beträgt also $(1 + 0{,}011)^{12} - 1 = 14{,}03\,\%$. Im gegebenen Fall sollte der Kunde demnach die vorgezogene Ratenzahlung wählen, da sich diese mit mehr als den geforderten 12 % p. J. verzinst.

BEISPIEL (Vierteljährliche Raten oder späterer Endpreis?)

Die Lufthansa verkauft an die Regio-Air eine betagte Boeing 737. Die Regio-Air kann wählen zwischen folgenden Zahlungskonditionen:

(1) vier Raten à 1.143.500 €, zahlbar jeweils am Ende des Quartals, oder

(2) einmalige Zahlung von 4.817.911 €, zahlbar nach vier Quartalen.

Mit welchem effektiven Jahreszinssatz verzinsen sich die Quartalsraten?

Lösung

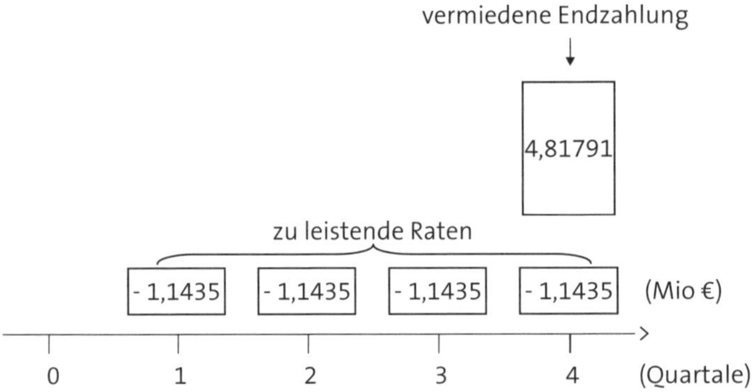

Es gilt:

Horizontwertmethode	Annuitätenmethode
$EWF_n = \frac{K_n}{g}$	$RVF_n = \frac{g}{K_n}$
$EWF_4 = \frac{4.817.911}{1.143.500}$	$RVF_4 = \frac{1.143.500}{4.817.911}$
$EWF_4 = 4{,}213302$	$RVF_4 = 0{,}237344$
Zugehöriger Tabellenzins:	zwischen 3,45 und 3,50 % p. Q. (vgl. finanzmathematischer Tabellenanhang)

EWF		Tabellenzins				
4,211802	→	3,45 (% p. Q.)	}	0,003141	→	0,05 (% p. Q.)
4,214943	→	3,50 (% p. Q.)				
4,211802	→	3,45 (% p. Q.)	}	0,001500	→	x (% p. Q.)
4,213302	→	r_v = ? (% p. Q.)				

$$x = \frac{0{,}05}{0{,}003141} \cdot 0{,}0015 = 0{,}023878$$

Ergebnis: Der effektive Zinssatz pro Quartal beläuft sich auf r_v = 3,45 + x = 3,45 + 0,023878 = 3,473878 Prozent. Dem entspricht ein effektiver Jahreszinssatz von $r = (l + r_v)^m - 1 = 1{,}03473878^4 - 1 =$ 0,146365 = 14,64 (% p. J.).

4.6.5 Checkliste und Zusammenfassung

Unterjährigkeit ist gegeben, wenn bei einer Investition oder Finanzierung die Zahlungen in Zeitabständen anfallen, die kürzer sind als ein Jahr.

Die **Effektivzinsbestimmung bei kurzfristiger Fremdfinanzierung** erfolgt unter Nutzung der internen Zinsfuß-Methode sowie unter Beachtung der Besonderheit, dass die Zinsperioden kürzer sind als ein Jahr (Unterjährigkeit). Das Lösungsschema besteht aus zwei Schritten:

(1) Sie ermitteln nach einem beliebigen Verfahren (Regula falsi oder finanzmathematische Faktoren) den Effektivzinssatz der jeweiligen Teilperiode.

(2) Sie bestimmen mit Hilfe der Zinsumrechnungsformel den zugehörigen effektiven Jahreszinssatz.

Beim Zweizahlungsfall ist mit Hilfe der Zweizahlungsformel auch eine direkte Errechnung des effektiven Jahreszinssatzes möglich.

Interner Zinssatz ist der Zinssatz,

- bei dem der Barwert aller Ein- und Auszahlungen, der Kapitalwert C_0, gleich null ist;
- bei dem der durchschnittliche jährliche Überschuss DJÜ gleich null ist;
- bei dem der Endwert aller Ein- und Auszahlungen, der Horizontwert C_n, gleich null ist.

Differenzinvestition oder -finanzierung ist der Unterschied der zwischen Zahlungsreihen zweier Investitionen oder Finanzierungen. Saldiert man die Zahlungsreihen zweier Investitionen oder Finanzierungen so, dass die neue (saldierte) Zahlungsreihe mit einer Auszahlung beginnt, dann sprechen wir von einer Differenzinvestition. Saldiert man so, dass die Zahlungsreihe zweier Investitionen oder Finanzierungen mit einer Einzahlung beginnt, dann liegt eine Differenzfinanzierung vor. Differenzinvestitionen und -finanzierungen sind wichtige Hilfsmittel zur Errechnung von Effektivzinssätzen.

Finanzinvestitionen lassen sich häufig als Differenzinvestitionen interpretieren: Hat der Käufer eines Gutes die Wahl zwischen sofortiger Barzahlung, späteren Raten oder noch späterer Gesamtzahlung, dann fragt er nach dem Zinsvorteil, den die frühere Zahlung im Vergleich zur späteren erbringt. Die frühere Zahlung ist eine Finanzinvestition, deren Vorteil in späteren Minderauszahlungen (= vermiedene Auszahlungen) besteht.

Nur eine **Entscheidungshilfe** ist in der Berechnung des effektiven Jahreszinssatzes einer früheren Zahlung im Vergleich zu einer späteren höheren Zahlung zu sehen: Auch wenn es rechnerisch günstig erscheint, früher zu zahlen, werden Sie aus praktischen Gründen oft darauf verzichten, zum Beispiel weil

- Ihr Lieferant vor Übergabe des bestellten Gutes insolvent werden könnte;
- die Lieferung möglicherweise verspätet erfolgt;
- die gelieferte Sache Mängel aufweisen könnte.

Formeln und Symbolverzeichnis

Formeln	Symbole
Zinsumrechnungsformel	
$r = (1 + r_v)^m - 1$	r = effektiver Jahreszinssatz (Dezimalbruch)
$r = \left(1 + \frac{r_{nom}}{m}\right)^m - 1$	r_v = effektiver Teilperiodenzinssatz (Dezimalbruch)
$m = \frac{365}{v}$	r_{nom} = Nominalzinssatz pro Jahr (Dezimalbruch)
	$\frac{r_{nom}}{m}$ = Zinssatz einer Teilperiode (Dezimalbruch) = r_v
Zweizahlungsfall	m = Anzahl Zinsperioden pro Jahr
$r_v = \frac{K_V - K_0}{K_0}$	v = Anzahl Tage/zinspflichtige Zeit
$r = \left(\frac{K_V}{K_0}\right)^{\frac{365}{v}} - 1$	K_0 = Kapitalbetrag zum Zeitpunkt 0
	K_v = Kapitalbetrag zum Zeitpunkt v
Faustformel (ungenau)	S = Skontosatz
$r_{appr} = \frac{S}{z - s} \cdot 360$	z = Zielfrist
$r'_{appr} = \frac{S}{1 - S} \cdot \frac{365}{z - s}$	s = Skontofrist
$r_{appr} = \frac{DB}{WE} \cdot \frac{360}{v}$	r'_{appr} = verbesserte rechnerische Skontoverzinsung
	$z - s$ = v = zinspflichtige Zeit
	DB = Diskontbetrag
	WE = Wechselerlös
Ratenfälle	
$DSF_n = \frac{K_0}{g}$	DSF = Diskontierungssummenfaktor
$KWF_n = \frac{g}{K_0}$	g = Geldbetrag pro Periode
$EWF_n = \frac{K_n}{g}$	KWF = Kapitalwiedergewinnungsfaktor
$RVF_n = \frac{g}{K_n}$	EWF = Endwertfaktor
	K_n = Kapitalbetrag zum Zeitpunkt n
	RVF = Restwertverteilungsfaktor

FRAGEN UND AUFGABEN

4.6.1 Eine dänische Bank bietet ihren Kunden in der Hochzinsphase nominal 13 % p. J. auf einem Kronen-Festgeldkonto. Wie hoch ist der effektive Jahreszinssatz dieser Geldanlage, falls die Zinsen dem Konto jährlich, halbjährlich, vierteljährlich oder monatlich gutgeschrieben und anschließend mitverzinst werden?

Zinstermine pro Jahr	Formel allgemein $r = \left(1 + \frac{r_{nom}}{m}\right)^m - 1$	Effektivzinssatz (% p. J.)
1		
2		
4		
12		

4.6.2 Gegeben sind die Zahlungsreihen zweier Investitionen (1) und (2). Wie lautet die Zahlungsreihe der Differenzinvestition, wie die der Differenzfinanzierung?

	0	1	2	3	4	(Periode)
(1)	- 100					(€)
(2)	- 25	- 25	- 25	- 25	- 25	(€)
(1) - (2) Differenz-investition						(€)
(2) - (1) Differenz-finanzierung						(€)

4.6.3 Bei der HOCHBAU GmbH machen die durchschnittlich während des Jahres bestehenden Lieferantenkredite mit 147.311 € 19 % der Bilanzsumme aus. Die kurzfristigen Bankkredite betragen 64.943 € (= 8 % der Bilanzsumme). Eine Erhöhung des Kontokorrentlimits ist möglich. Die Bank berechnet hierfür 11,5 % auf den jeweils in Anspruch genommenen Betrag. Die in der Branche übliche Zahlungskondition lautet: „10 Tage 2 % Skonto, 30 Tage netto Kasse".

a) Wie hoch ist der effektive Jahreszinssatz des Lieferantenkredits nach genauer Formel und nach Faustformel? Welche Minderauszahlungen sind realisierbar, falls die HOCHBAU ihre Lieferantenkredite durch Inanspruchnahme des Kontokorrentkredits ablöst?

b) Errechnen Sie die Effektivzinssätze. Zielfrist: 30 und 60 Tage.

Skontoklausel: „10 Tage S % Skonto, 30 Tage netto"		
Skontosatz	Ermittlung der rechnerischen Skontoverzinsung pro Jahr (%)	
S (%)	Faustformel	genaue Formel
1,0		
1,5		
2,0		
2,5		
3,0		
5,0		

Skontoklausel: „10 Tage S % Skonto, 60 Tage netto"		
Skontosatz	Ermittlung der rechnerischen Skontoverzinsung pro Jahr (%)	
S (%)	Faustformel	genaue Formel
1,0		
1,5		
2,0		
2,5		
3,0		
5,0		

c) Wie sollte sich eine Unternehmung verhalten, die in der Lage ist, ohne Lieferantenkredite auszukommen? Welche Empfehlung geben Sie einer Unternehmung, die genötigt ist, Lieferantenkredite einzusetzen?

4.6.4 Ihr Fabrikgebäude soll durch einen Anbau erweitert werden. Sie sind sich mit dem Bauunternehmer einig, dass das Vorhaben innerhalb eines Jahres erstellt wird und dass nach zwölfmonatiger Bauzeit ein Festpreis von 240.000 € zu zahlen ist.

Welche Zahlung(en) würden Sie alternativ dazu anbieten, falls der Bauunternehmer

- eine einmalige Zahlung bei Baubeginn oder
- vier Raten, jeweils zum Quartalsende,

anstrebt? Sie kalkulieren mit einem Zinssatz von 3 % p. Q.

4.6.5 Die Firma FLIESEN-BOLLERMANN GmbH beabsichtigt, eine größere Partie exklusiver Bodenfliesen zum Gesamtpreis von 200.000 € zu kaufen. Die Hausbank bietet ihre Mithilfe bei der Finanzierung der Einkaufspartie an und offeriert:

1) einen Kontokorrentkredit zu 1,8 % für 90 Tage oder

2) einen Wechselkredit mit einem Diskont von 1,6 % für 90 Tage, wobei die Diskontspesen (50 €) vom Kreditnehmer zu tragen sind.

Welchen Kredit soll die Firma zur Finanzierung der Bodenfliesen heranziehen?

4.6.6 Eine Kreditbank wirbt mit folgendem Anzeigentext: „370,26 € – das ist die monatliche Rate für einen Ratenkredit über 20.000 € mit einer Laufzeit von 72 Monaten".

a) Wie hoch ist der effektive Jahreszinssatz? Genauigkeit: zwei Kommastellen. Berechnung mit DSF und KWF.

b) Kontrollieren Sie das Ergebnis des Ratenkreditbeispiels mit Hilfe der Regula falsi.

4.6.7 Die Textil AG plant den Kauf eines Webautomaten, der im Rahmen einer Einzelfertigung hergestellt wird. Die Produktionszeit wird auf ein Jahr veranschlagt. Nach Jahresablauf soll der Webautomat geliefert und aufgestellt werden. Der vereinbarte Kaufpreis beträgt 2,4 Mio €. Die Textil AG könnte anstelle der Endzahlung, die in einer Summe bei Ablieferung des Automaten fällig wird, auch Anzahlungen tätigen und während der Bauzeit von 12 Monaten jeweils zum Monatsende eine Zahlung von 186.900 € leisten.

Welche Zahlungsweise ist rechnerisch günstiger für die Textil AG, wenn diese bei ihren Real- und Finanzinvestitionen mit einem Kalkulationszinssatz von 12 % p. J. rechnet? Genauigkeit: zwei Nachkommastellen.

4.6.8 Ein Autofahrer kann bei der Prämienzahlung an seine Haftpflichtversicherung zwischen drei verschiedenen Zahlungsweisen wählen, nämlich

(1) eine Zahlung zu Beginn des Versicherungsjahres;

(2) zwei Zahlungen, eine zum Jahresbeginn, eine zur Jahresmitte;

(3) vier Zahlungen, jeweils zum Quartalsbeginn.

Bei jährlicher Zahlungsweise beträgt der zu entrichtende Tarifbeitrag genau 1.000 €. Bei halbjährlicher Teilzahlung wird ein Zuschlag von 3 %, bei vierteljährlicher Teilzahlung wird ein Zuschlag von 5 % auf den Versicherungsbeitrag erhoben.

a) Stellen Sie die Zahlungsverhältnisse am Zeitstrahl dar.

b) Entwickeln Sie die Differenzinvestitionen „Jährliche oder halbjährliche Zahlung" sowie „Jährliche oder vierteljährliche Zahlung" und errechnen Sie den jeweiligen effektiven Jahreszinssatz. Genauigkeit: zwei Nachkommastellen.

4.7 Sonderformen der Fremdfinanzierung

4.7.1 Leasing

4.7.1.1 Begriff und Bedeutung

Definition: Leasing (to lease = mieten, vermieten) ist die miet- oder pachtweise Überlassung von Wirtschaftsgütern durch die Produzenten dieser Güter oder durch besondere Leasing-Gesellschaften gegen periodische Zahlung von Leasing-Raten. Rechtlich ist der Leasing-Vertrag ein Vertrag eigener Art, der Elemente des Miet- oder Pachtvertrages, des Ratenkauf- und Geschäftsbesorgungsvertrages, des Nutzungsrechts, Mietkaufes usw. enthalten kann.

Für Leasing-Verträge gibt es keine gesetzliche Regelung. Wesentlich beim Leasing ist die entgeltliche Überlassung von beweglichen oder unbeweglichen Gütern. Das ist auch das Kernstück des Mietvertrags. Somit hat Leasing die größte Ähnlichkeit mit dem gesetzlich geregelten Mietvertrag.

Die Idee, Anlagegüter zu mieten anstatt zu kaufen, ist nicht neu. So vermietete die BELL TELEPHONE COMPANY in den USA bereits 1877 ihre Telefonanlagen. Um die Jahrhundertwende gab es in den USA schon Vermietungsgeschäfte im großen Stil, insbesondere auf dem Sektor der Schuhmaschinenindustrie sowie der glas- und datenverarbeitenden Maschinen. Die Entwicklung des Leasings vollzog sich in der Bundesrepublik zunächst nur zögernd. In den letzten drei Jahrzehnten setzte jedoch eine stürmische Aufwärtsbewegung dieser Finanzierungsform ein, wobei die Leasing-Quote[1] von 1 % 1962 über 11,5 % 1995 auf 19,2 % 2006 stieg.

ABB. 4.78: Leasing-Quote

	1995	1998	2001	2004	2006
			(Mrd €)		
Gesamtwirtschaftliche Investitionen	262,7	271,4	290,1	262,3	282,3
Leasing-Investitionen	30,1	39,8	47,2	47,1	54,1
			in %		
	11,5	14,7	16,3	18,0	19,2

Quelle: Bundesverband Deutscher Leasing-Unternehmen, ifo Institut, Stand 12/2006

Heute führen Straßenfahrzeuge die Hitliste der Leasing-Objekte an, gefolgt von Maschinen für die Produktion, EDV und Büromaschinen sowie Geschäfts- und Bürogebäuden.

1 Leasing-Quote ist der Anteil der Leasing-Investitionen an den gesamtwirtschaftlichen Investitionen.

ABB. 4.79: Leasing-Objekte

Leasing-Güterarten	2002	2003	2004	2005
	(%)			
Mobilien				
– Fahrzeuge	53,1	56,3	60,1	59,5
– Produktionsmaschinen	9,7	10,1	10,5	10,1
– Büromaschinen	9,6	8,8	8,9	8,0
– Sonst. Ausrüstungen	8,6	8,6	9,9	9,4
Immobilien				
– Produktionsgebäude	10,6	8,2	6,4	6,1
– Bürogebäude/Handelsobjekte	8,4	8,0	4,2	6,9
IDW 2006, S. 24				

Die wichtigsten Leasing-Nehmer sind Dienstleister, Industrie und Handel. Danach kommen die privaten Haushalte und der Staat als Kunden der Leasinggesellschaften.

ABB. 4.80: Leasing-Nehmer

Kundensegment	2002	2003	2004	2005
	(%)			
Produzierendes Gewerbe	30,4	27,3	25,6	24,9
Handel und Verkehr	22,7	22,4	24,6	22,2
Dienstleistungssektor	33,8	36,4	35,3	35,8
Staat	4,7	4,8	4,5	7,0
Private Haushalte	8,4	9,1	10,0	10,2
IDW 2006, S. 24				

Die Wirtschaftspraxis hat viele Formen des Leasings entwickelt. Die Wesentlichsten sind in der folgenden Abbildung zusammengestellt. Diese analysiert den Leasingbegriff unter Berücksichtigung von fünf Kriterien, nämlich

- der Person des Vermieters,
- dem Verpflichtungscharakter des Vertrages,
- der Objektzahl,
- der Objektart,
- der Zahlungshöhe während der Grundmietzeit.

ABB. 4.81: Leasing tritt in vielen Formen auf

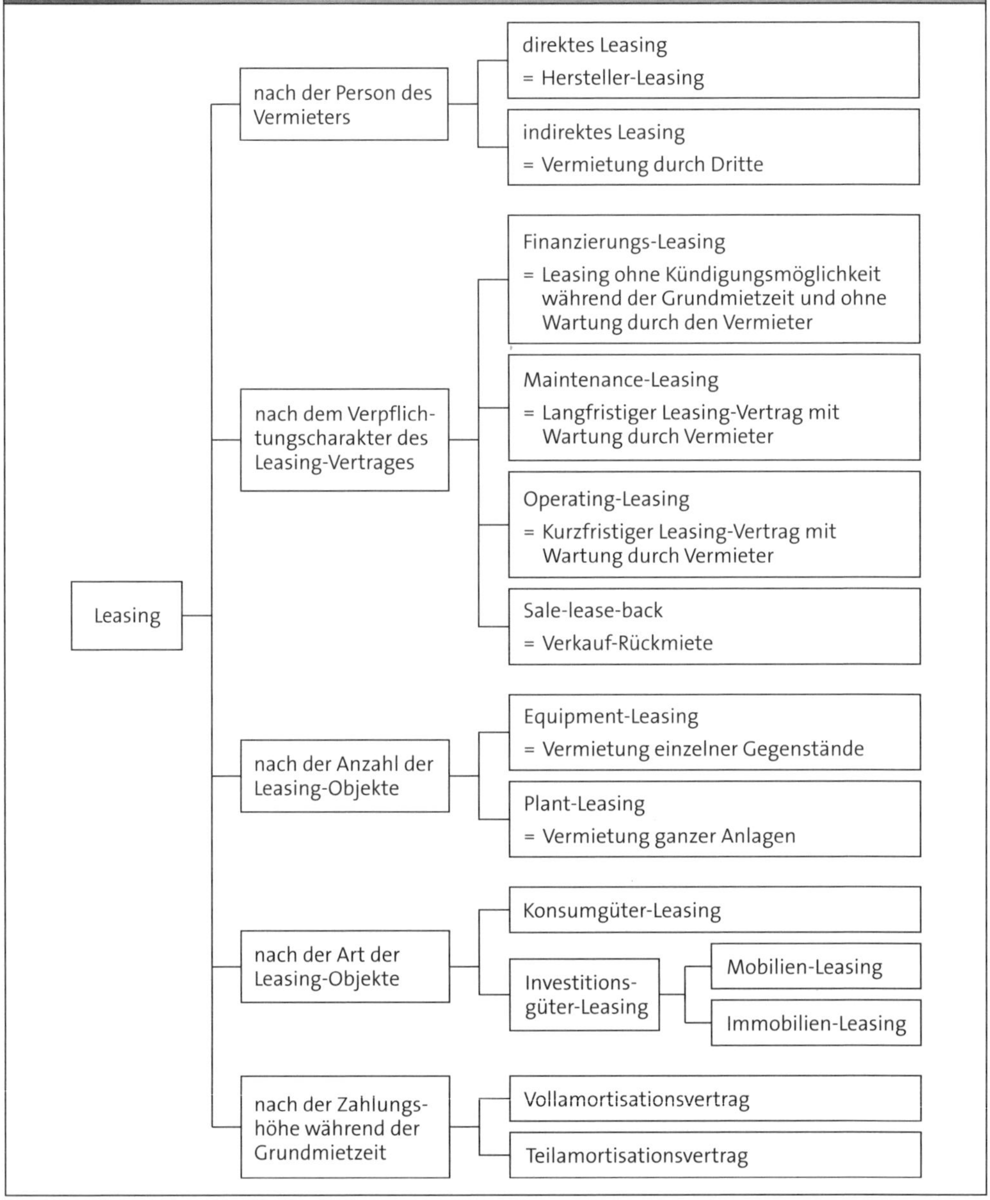

Ist der Leasing-Geber gleichzeitig Hersteller des Leasing-Objektes, so spricht man von direktem Leasing oder auch Hersteller-Leasing. Erfolgt die Vermietung durch Dritte (Leasing-Gesellschaften), so liegt indirektes Leasing vor.

Beim Finanzierungs-Leasing existiert keine Kündigungsmöglichkeit während der Grundmietzeit. Ferner ist der Leasing-Nehmer für die Wartung des Objektes verantwortlich und trägt das Risiko des zufälligen Untergangs.

Erfolgt die Wartung des Leasing-Objektes durch den Vermieter, so sprechen wir von Maintenance-Leasing, sofern es sich um einen langfristigen Vertrag handelt, und von Operating-Leasing beim kurzfristigen Vertrag (to operate = eine Maschine bedienen; maintenance = Erhaltung, Unterhalt).

Beim Sale-lease-back-Verfahren (wörtlich: Verkauf – Rückmiete), das oftmals im Immobilienbereich angewendet wird, kauft die Leasing-Gesellschaft das Objekt von dem Leasing-Nehmer gegen bar an und vermietet es wieder an den Leasing-Nehmer. Somit existieren zwei Verträge, ein Kauf- und ein Leasing-Vertrag[1].

ABB. 4.82: Verfahren beim Sale-and-lease-back

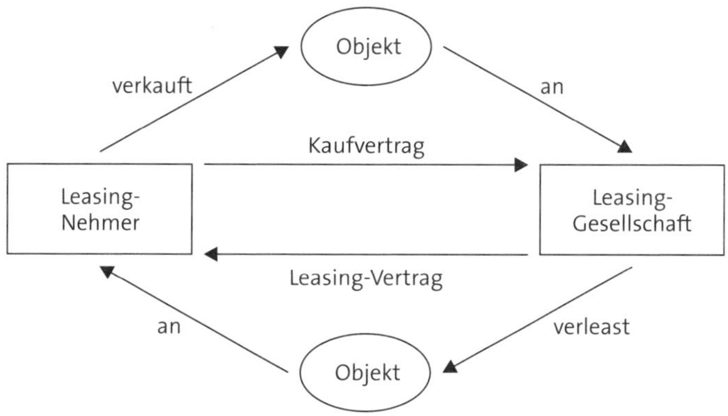

Wenn einzelne Objekte vermietet werden, so bezeichnen wir das als Equipment-Leasing. Werden dagegen komplette Industrieanlagen vermietet, so liegt Plant-Leasing vor (equipment = Ausrüstung; plant = Anlage).

Leasing-Verträge können sich auf Konsumgüter oder auf Investitionsgüter beziehen. Demzufolge unterscheiden wir Konsumgüter-Leasing und Investitionsgüter-Leasing. Beim Investitionsgüter-Leasing trennt man zwischen beweglichen und unbeweglichen Objekten in Mobilien-Leasing und Immobilien-Leasing. Beim Mobilien-Leasing wurde 2001 die Quote von 20 % erreicht; beim Immobilien-Leasing 9 %.

Wird während der Grundmietzeit über die Leasing-Raten eine Wiedergewinnung der Investitionsauszahlung des Objektes nebst sonstigen Auszahlungen, Gewinn- und Zinsansprüchen des Leasing-Gebers erzielt, so liegt ein Vollamortisationsvertrag (Full-pay-out-Vertrag) vor. Beim Teilamortisationsvertrag (Non-full-pay-out-Vertrag) dagegen ergibt sich während der Grundmietzeit keine vollständige Wiedergewinnung der eingesetzten Mittel. Es muss dann eine Vereinbarung über mögliche Verwertungen des Leasing-Objektes nach Ablauf der Grundmietzeit getroffen werden. Unter Berücksichtigung der Verwertung des Leasing-Objektes ergibt sich stets eine Vollamortisation für den Leasing-Geber, so dass der Begriff „Teilamortisationsvertrag" mit Vorsicht zu betrachten ist. Die Teilamortisation bezieht sich nur auf die Höhe der Leasing-Raten während der Grundmietzeit.

1 Vgl. O. Teichert, Effektivzinsermittlung beim Leasing, S. 8.

4.7.1.2 Finanzierungs-Leasing als Alternative zum Kreditkauf

Wenn Sie sich Wirtschaftsgüter beschaffen wollen, so haben Sie grundsätzlich die Möglichkeit, diese zu kaufen oder zu mieten. Die beiden Möglichkeiten Kauf oder Miete unterscheiden sich in rechtlicher und in wirtschaftlicher Hinsicht[1].

(1) Rechtlicher Unterschied: Ein gekauftes Anlagegut wird mit seinen Anschaffungskosten aktiviert. Gemietete Güter dagegen erscheinen in der Regel nicht in der Bilanz des Mieters (Leasing-Nehmers), sondern in der Bilanz des Vermieters (Leasing-Gebers). Der Mieter hat dem Vermieter gegenüber die Verpflichtung zur Zahlung der Leasing-Raten. Juristisch ist Leasing dann ein Mietvertrag im Sinne des § 535 BGB.

(2) Wirtschaftlicher Unterschied: Durch die besondere Gestaltung des Leasing-Vertrages kann sich die Reihe der Leasing-Raten von der (alternativen) Reihe der Fremdfinanzierungs-Raten unterscheiden. Der Leasing-Nehmer hat zu prüfen, welche Möglichkeit unter Liquiditäts- und Rentabilitätsgesichtspunkten günstiger ist. Damit die Zahlungsreihen vergleichbar werden, sind sie auf den Zeitpunkt der Inbesitznahme des Leasing-Gutes abzuzinsen, d. h. Sie ermitteln die Barwerte beider Zahlungsreihen und (ergänzend) den zugehörigen effektiven Jahreszinssatz. Günstiger ist die Alternative mit dem geringeren Auszahlungsbarwert und/oder dem kleineren jährlichen Effektivzinssatz.

Es muss betont werden, dass der Vergleich zwischen dem kreditfinanzierten Kauf und dem Leasing im praktischen Fall häufig auch Elemente einschließt, die einer exakten Quantifizierung nicht zugänglich sind. Dazu zählen etwa die Beratungsleistung der Leasing-Gesellschaft bei der Anschaffung komplizierter Investitionsgüter oder die Übernahme von Wartungsarbeiten durch einen darauf spezialisierten Leasing-Geber (meist Hersteller) beim Operating- und Maintenance-Leasing.

Rechtlich sind Finanzierungs-Leasing-Verträge atypische Mietverträge, die über eine bestimmte Zeit abgeschlossen werden und von keiner der beiden Vertragsparteien gekündigt werden können. Dabei werden typisch mietrechtliche Regelungen weitgehend durch kaufrechtliche ersetzt, so dass das Investitionsrisiko in bedeutendem Umfang auf dem Leasing-Nehmer lastet, der auch für die Unterhaltung und Reparatur des Leasing-Objektes zuständig ist. Er hat insofern typische Eigentümerfunktionen zu übernehmen. Bei anderen Mietverträgen, beispielsweise bei der Wohnungsvermietung, trägt der Vermieter (= Eigentümer) das Investitionsrisiko und sorgt für Unterhaltung und Reparaturen.

Wegen seiner dominierenden Bedeutung setzt man den Leasing-Begriff häufig mit Finanzierungs-Leasing gleich. Finanzierungs-Leasing ist die Alternative zum kreditfinanzierten Kauf eines Gutes[2]. Deshalb stellen die folgenden Betrachtungen das Finanzierungs-Leasing schwerpunktmäßig dar. Die Beziehungen zwischen den Beteiligten im Falle des Finanzierungs-Leasings bei Einschaltung einer Leasing-Gesellschaft verdeutlicht die folgende Grafik[3]:

1 Vgl.: G. Wöhe, Einführung in die Allgemeine Betriebswirtschaftslehre, S. 790 f.

2 So auch: J. Süchting, Finanzmanagement, S. 171 f. – H. E. Büschgen, Bankbetriebslehre, S. 366.

3 Vgl. G. Wöhe/J. Bilstein, Grundzüge der Unternehmensfinanzierung, S. 280.

ABB. 4.83: Beim indirekten Leasing gibt es vier Partner

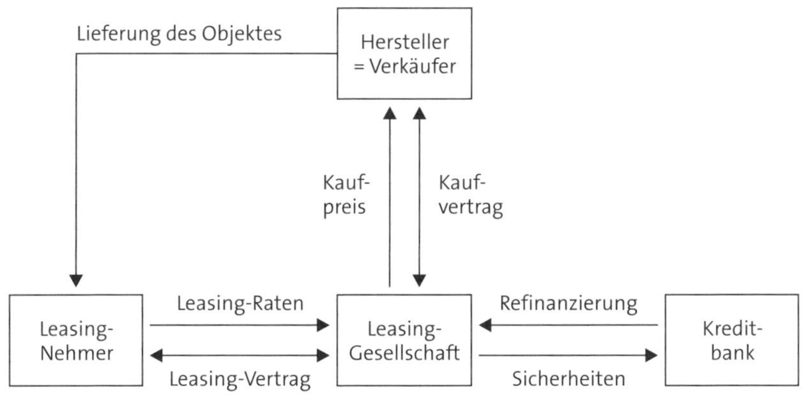

4.7.1.3 Vertragsformen des Finanzierungs-Leasings

4.7.1.3.1 Vertragselemente

Finanzierungs-Leasing-Verträge sind üblicherweise durch folgende Elemente gekennzeichnet:

(1) Sie sind für einen bestimmten Zeitraum (Grundmietzeit) unkündbar.

(2) Die vereinbarte Grundmietzeit ist in der Regel kürzer als die betriebsgewöhnliche Nutzungsdauer des Leasing-Objektes.

(3) Die Leasing-Raten sind im Regelfall so zu bemessen, dass der Leasing-Geber

a) sein eingesetztes Kapital zurückgewinnt,

b) die ausstehenden Beträge mit seinem Kalkulationszinssatz verzinst bekommt,

c) eine Marge (Spanne) zur Deckung seiner Wagnisse, Finanzierungs- und Verwaltungsaufwendungen sowie Gewinnansprüche erhält.

Beim Vollamortisationsvertrag stehen dafür die Leasing-Raten während der Grundmietzeit zur Verfügung. Beim Teilamortisationsvertrag erhält der Leasing-Geber nur einen Teil seines Kapitaleinsatzes nebst Zinsen, Wagnissen, Verwaltungsaufwendungen und Gewinnansprüchen durch die Leasing-Raten während der Grundmietzeit zurück. Er muss daher dafür sorgen, dass zusätzlich zu den Leasing-Raten weitere Zahlungen eingehen, so dass die Summe der Zahlungen eine vollständige Amortisation ergibt. Das erreicht der Leasing-Geber beispielsweise, wenn er den Leasing-Nehmer verpflichtet, anschließend das Objekt zu einem vorher vereinbarten Preis (Restwert) zu übernehmen.

(4) Das Investitionsrisiko beim Finanzierungs-Leasing tragen Sie als Leasing-Nehmer, d. h. Sie werden mit den Reparatur- und Instandhaltungsauszahlungen für den Leasing-Gegenstand sowie mit dem Risiko der Verschlechterung oder des zufälligen Unterganges belastet.

(5) Leasing-Raten sind unabhängig von der Funktionsfähigkeit des Mietobjektes fällig.

4.7.1.3.2 Vertragsgestaltung

Für die steuerliche Abzugsfähigkeit der Leasing-Raten ist die Vertragsgestaltung ausschlaggebend. Je nach Vertragsgestaltung wird das Leasing-Objekt beim Vermieter oder beim Mieter bilanziert. Nur dann, wenn das Objekt beim Leasing-Geber (Vermieter) bilanziert wird, gelten die Leasing-Raten als Betriebsausgaben, die die Steuerbemessungsgrundlage des Leasing-Nehmers reduzieren, so dass Ertragsteuerzahlungen des Mieters auf spätere Perioden verschoben werden können.

Für die ertragsteuerliche Behandlung des Leasings ist das BFH-Urteil IV R 144/66 vom 26.01.1970 maßgebend. Die beiden Schreiben (Leasingerlasse) des Bundesministers der Finanzen vom 19.04.1971 und 21.03.1972 erläutern die praktische Anwendung des BFH-Urteils für bewegliche und unbewegliche Wirtschaftsgüter. Das Schreiben des Bundesministers der Finanzen vom 22.12.1975 (Teilamortisationserlass) stellt die Kriterien zur Entscheidung über die Zurechnung beweglicher Leasing-Objekte bei bestimmten Teilamortisationsverträgen zusammen. Der Leasing-Geber muss danach an einer möglichen Wertsteigerung oder -minderung der Objekte in irgendeiner Form beteiligt sein, wenn diese bei ihm bilanziert werden sollen. Das Schreiben vom 23.12.1991 regelt die Objekt-Zurechnung bei unbeweglichen Wirtschaftsgütern. Die genannten Quellen beschäftigen sich ausführlich mit der Vertragsgestaltung und den Vereinbarungen über das Leasing-Objekt nach Ablauf der Grundmietzeit[1]. Danach ist folgendermaßen zu unterscheiden:

ABB. 4.84: Leasing-Vertragsformen

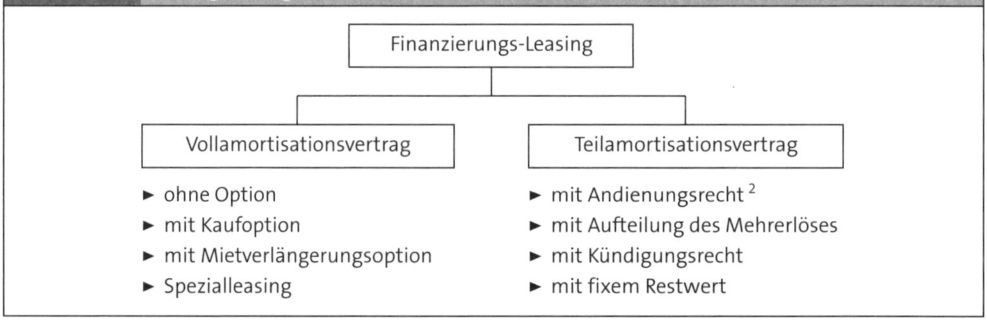

Bei allen Vertragstypen gilt als Voraussetzung für eine Bilanzierung beim LeasingGeber eine Grundmietzeit von mindestens 40 % und höchstens 90 % der betriebsgewöhnlichen Nutzungsdauer. Begründet wird dies folgendermaßen: Wenn die Grundmietzeit 90 % der betriebsgewöhnlichen Nutzungsdauer übersteigt, so ist der Leasing-Nehmer schon wegen der langen Mietdauer als wirtschaftlicher Eigentümer anzusehen. Damit wird die Bilanzierungspflicht bei ihm ausgelöst. Bei einer Grundmietzeit von weniger als 40 % der betriebsgewöhnlichen Nutzungsdauer, bei der die Mietraten die Anschaffungskosten des Mietobjektes sowie alle Nebenkosten decken, ist der Leasing-Nehmer ebenfalls als wirtschaftlicher Eigentümer anzusehen, da nach Auffassung der Finanzverwaltung kein Mietvertrag, sondern ein Abzahlungskauf vorliegt[3].

1 Das BFH-Urteil und die genannten BdF-Schreiben sind im Anhang abgedruckt.

2 Der Leasing-Geber hat das Recht, vom Leasing-Nehmer den Kauf des Objekts zu einem vorher vereinbarten Preis zu verlangen.

3 Vgl. K. Hock/H. Frost, Ratgeber Leasing, S. 23. – H. Vormbaum, Finanzierung der Betriebe, S. 392 f.

4.7.1.3.3 Vollamortisationsvertrag

Vertrag ohne Option: Soll das Leasing-Objekt also dem Leasing-Geber zugerechnet werden, so ist die Grundmietzeit unter Beachtung der Grenzen von 40 % und 90 % der betriebsgewöhnlichen Nutzungsdauer festzulegen. Bei Verträgen ohne Kauf- oder Verlängerungsoption kann dann von einem normalen Mietvertrag gesprochen werden. Die Mietsache ist vom Vermieter zu bilanzieren. Die Leasing-Raten mindern als Betriebsausgaben die Steuerbemessungsgrundlage des Mieters.

Vertrag mit Kaufoption: Hat der Leasing-Nehmer dagegen das Recht, den Leasing-Gegenstand nach Ablauf der Grundmietzeit zu erwerben (Kaufoption), so ist der Leasing-Gegenstand nur dann dem Leasing-Geber zuzurechnen, wenn der Kaufpreis bei Ausübung der Kaufoption mindestens dem Restbuchwert der Anlage, der unter Anwendung der linearen AfA nach der amtlichen Tabelle ermittelt wurde, entspricht. Erlasskonform ist auch der niedrigere gemeine Wert[1] des Leasing-Objektes im Zeitpunkt der Optionsausübung. Liegt der Kaufpreis darunter, wird der Gegenstand dem Leasing-Nehmer zugerechnet.

Vertrag mit Mietverlängerungsoption: Wurde eine Mietverlängerungsoption vereinbart, so erfolgt die Zurechnung des Leasing-Objektes beim Vermieter nur dann, wenn die Verlängerungsmiete (Anschlussmiete) so bemessen ist, dass sie mindestens den Werteverzehr des Leasing-Gegenstandes deckt, der sich auf Grund des mittels linearer AfA ermittelten Buchwertes oder des niedrigeren gemeinen Wertes ergibt. Dabei ist die Restnutzungsdauer laut AfA-Tabelle zugrunde zu legen. Bei einer niedrigeren Verlängerungsmiete wird der Gegenstand dem Leasing-Nehmer zugerechnet.

Spezialleasing: Ist das Leasing-Objekt schließlich so auf die Bedürfnisse des Mieters zugeschnitten, dass es nach Ablauf der Grundmietzeit wirtschaftlich sinnvoll nur noch vom Mieter genutzt werden kann (Spezialleasing), so erfolgt auf jeden Fall eine Zurechnung beim Leasing-Nehmer.

ABB. 4.85: Zurechnung des Leasing-Objektes bei verschiedenen Vertragstypen

Art des Leasing-Vertrages	Der Leasing-Gegenstand wird zugerechnet	
	dem Leasing-Geber	dem Leasing-Nehmer
Vertrag ohne Option	Grundmietzeit mindestens 40 % und höchstens 90 % der Nutzungsdauer	Grundmietzeit < 40 % oder > 90 % der Nutzungsdauer
Kaufoption (nach Grundmietzeit von mindestens 40 % und höchstens 90 % der Nutzungsdauer)	Kaufpreis ≥ Restbuchwert	Kaufpreis < Restbuchwert
Verlängerungsoption (nach Grundmietzeit von mindestens 40 % und höchstens 90 % der Nutzungsdauer)	Summe der Anschlussmieten ≥ Werteverzehr für den Zeitraum der Anschlussmiete	Summe der Anschlussmieten < Werteverzehr für den Zeitraum der Anschlussmiete
Spezialleasing	–	in jedem Fall

1 Der gemeine Wert ist in § 9 des Bewertungsgesetzes (BewG) definiert als der „Preis, der im gewöhnlichen Geschäftsverkehr nach der Beschaffenheit des Wirtschaftsgutes bei einer Veräußerung zu erzielen wäre. Dabei sind alle Umstände, die den Preis beeinflussen, zu berücksichtigen".

Das Zurechnungsschema kann grundsätzlich für Mobilien und Immobilien verwendet werden. Beim Immobilien-Leasing ist jedoch zu beachten, dass die Anschlussmiete mindestens 75 % der örtlichen Vergleichsmiete betragen muss, wenn das Objekt dem Leasing-Geber zugerechnet werden soll.

4.7.1.3.4 Teilamortisationsvertrag

Der Vollamortisationsvertrag verlangt – strenggenommen – die vollständige Amortisation für den Leasing-Geber im Laufe der Grundmietzeit. Die Lust des Leasing-Nehmers, danach weitere Zahlungen im Rahmen von Kauf- oder Mietverlängerungsoptionen zu leisten, ist gering. Auch die Rückgabe des Objekts an den Leasing-Geber, beim optionslosen Vertrag vorgeschrieben, wird vom Leasing-Nehmer unfroh getätigt. In der Praxis waren Umgehungen häufig: Man sicherte dem Kunden mündlich zu, er könne das Objekt behalten. Auch wurde vereinbart, das Objekt an einen Dritten abzugeben, von dem es der Kunde dann günstig erwerben könne. Die Teilamortisationserlasse (vgl. Anhang) brachten neue Regelungen, die sich in der Praxis durchgesetzt haben. Heute dominieren die Teilamortisationsverträge.

Teilamortisationsverträge erbringen während der Grundmietzeit keine vollständige Amortisation der gesamten Auszahlungen des Leasing-Gebers. Für die Zurechnung eines Leasing-Objektes zum Leasing-Geber (Voraussetzung für die steuerliche Berücksichtigungsfähigkeit der Leasing-Raten) gilt auch bei Teilamortisationsverträgen die 40/90-Regel, die Grundmietzeit von mindestens 40 % und höchstens 90 % der betriebsgewöhnlichen Nutzungsdauer. Im Wesentlichen kennen wir drei erlass-konforme Vertragsmodelle und eine in den Erlassen noch nicht geregelte Variante, die im Bereich des Kfz-Leasings vorkommt[1]:

Teilamortisationsvertrag mit Andienungsrecht des Leasing-Gebers, jedoch ohne Optionsrecht des Leasing-Nehmers: Nach Ablauf der Grundmietzeit kann der Leasing-Geber dem Leasing-Nehmer das Objekt andienen, von ihm also den Kauf des Objekts zu einem vorher festgelegten Preis verlangen. Der Andienungspreis besteht in der Regel aus dem Restwert. Der Restwert ist so kalkuliert, dass er zusammen mit der Summe der bisher geleisteten Leasing-Raten die Vollamortisation gewährleistet. Das verdeutlicht, dass auch der Teilamortisationsvertrag auf eine volle Amortisation gerichtet ist. Der Leasing-Geber fordert sein Andienungsrecht vor allem dann ein, wenn der Marktpreis unter dem kalkulierten Restwert liegt. Im umgekehrten Fall, bei einem Marktpreis über dem kalkulierten Restwert, ist es für den Leasing-Geber reizvoll, das Andienungsrecht nicht auszuüben, um das Objekt zum höheren Marktpreis zu verkaufen. Der Leasing-Nehmer hat nicht das Recht, den Kauf des Objekts oder eine Mietverlängerung zu verlangen. Er trägt daher das Wertminderungsrisiko. Der Leasing-Geber hat die Wertsteigerungschance. In beiden Fällen erlangt er seine Restamortisation und ist deshalb als wirtschaftlicher Eigentümer anzusehen, der den Leasing-Gegenstand zu bilanzieren hat. Falls der Leasing-Geber einen höheren Preis erzielen kann, und der Leasing-Nehmer bereit ist, diesen Preis ebenfalls zu zahlen, ist es sachgerecht, das Objekt an den Leasing-Nehmer zu veräußern.

Teilamortisationsvertrag mit Aufteilung des Mehrerlöses: Bei dieser Vertragsvariante verkauft der Leasing-Geber das Objekt nach Ablauf der Grundmietzeit. Liegt der erzielte Verkaufspreis unter dem kalkulierten Restwert, hat der Leasing-Nehmer die Differenz an den Leasing-Geber zu

1 Vgl. u. a.: J. Engel, Miete, Kauf, Leasing, S. 37 ff. – K.-F. Hagenmüller/W. Eckstein (Hrsg.), Leasing-Handbuch, S. 82 ff. – K. Hock/H. Frost, Ratgeber Leasing, S. 35 ff. – M. Kroll, Kauf oder Leasing, S. 67 ff. – L. Perridon/M. Steiner, Finanzwirtschaft der Unternehmung, S. 456 ff. – H. R. Tacke, Leasing, S. 17 ff.

zahlen (Nachschusspflicht). Durch eine realistische Festlegung des Restwertes kann der Leasing-Nehmer bewirken, dass keine oder nur eine geringe Nachschusspflicht entsteht. Der Leasing-Geber neigt dazu, den Restwert hoch anzusetzen, um die Leasing-Raten zu drücken. Umgekehrt, wenn der tatsächlich erzielte Verkaufspreis über dem kalkulierten Restwert liegt, wird der Mehrerlös entsprechend vertraglicher Regelung aufgeteilt. Dabei ist aus Gründen der steuerlichen Zurechnung der Leasing-Geber mit mindestens 25 Prozent am Mehrerlös zu beteiligen, damit das Objekt bei ihm bilanziert werden kann. Der Leasing-Geber erzielt wieder Vollamortisation.

Kündbarer Vertrag mit Anrechnung des Verkaufserlöses auf die vom Leasing-Nehmer zu leistende Abschlusszahlung: Der Leasing-Nehmer hat das Recht, den Vertrag nach Ablauf der Grundmietzeit zu kündigen. Dann ist eine Abschlusszahlung an den Leasing-Geber fällig, die die Differenz zwischen den Gesamtkosten des Objekts und den bereits geleisteten Leasing-Raten ausmacht. Je früher der Leasing-Nehmer kündigt, desto größer ist die zu leistende Ab*schluss*zahlung für die Restamortisation. Auf die Abschlusszahlung werden bis zu 90 Prozent des erzielten Verkaufserlöses des Objekts angerechnet. Reicht der Verkaufserlös zur Restamortisation nicht aus, muss der Leasing-Nehmer die Differenz bezahlen. Übersteigt der Verkaufserlös den erforderlichen Betrag, erhält der Leasing-Geber den vollen Unterschiedsbetrag. Die Wertminderung trägt der Leasing-Nehmer, die Wertsteigerung erhält der Leasing-Geber. Er ist wirtschaftlicher Eigentümer und hat das Objekt zu bilanzieren. Er erzielt Vollamortisation.

Vertrag mit fixem Restwert und ohne Restwertbeteiligung des Leasing-Nehmers (in den Erlassen nicht geregelt): Dieser Vertrag fixiert die Kilometerlaufleistung innerhalb der Grundmietzeit und schließt die Restwertbeteiligung des Leasing-Nehmers aus. Er kommt nur beim Kfz-Leasing vor, gehört hier aber zu den dominierenden Formen. Der Leasing-Geber erzielt die Vollamortisation durch die Summe aus Leasing-Raten und dem späteren Verkaufserlös des Pkw. Er kann das Verwertungsrisiko übernehmen, wenn der Pkw-Restwert gut einschätzbar ist und der Gebrauchtwagenmarkt gut funktioniert. Dabei ist es günstig, wenn es sich um ein herkömmliches und marktgängiges Auto handelt. Und es ist für die Einschätzung des Restwertes erforderlich, die Kilometerlaufleistung zu fixieren. Nach Ablauf der Grundmietzeit ist der Pkw zurückzugeben. Bei Über- oder Unterschreitung der vertraglichen Kilometerleistung erfolgt eine Nachberechnung oder Vergütung. Die Chance der Wertsteigerung und das Risiko der Wertminderung liegen beim Leasing-Geber. Er ist wirtschaftlicher Eigentümer und erzielt stets dann eine Vollamortisation, wenn er den Restwert nicht zu hoch kalkuliert hat.

4.7.1.3.5 Immobilienleasing

Der Teilamortisations-Immobilien-Erlass von 1991 (vgl. Anhang) kennt die 40 %-Grenze nicht mehr. Gebäude sind also auch bei einer Vertragsdauer von weniger als 40 % der betriebsgewöhnlichen Nutzungsdauer dem Leasing-Geber zurechenbar. Gebäude sind grundsätzlich dem Leasing-Geber zuzurechnen, ausgenommen in folgenden Fällen[1]:

- Spezialleasing;
- Leasing mit Kaufoption und
  - einer Grundmietzeit (GMZ) über 90 % der betriebsgewöhnlichen Nutzungsdauer oder
  - einem Optionspreis unter dem Restbuchwert (Anerkennungsgebühr);

1 Vgl. K. Hock/H. Frost, Ratgeber Leasing, S. 218 ff.

- Leasing mit Mietverlängerungsoption und
  - einer GMZ über 90 % der betriebsgewöhnlichen Nutzungsdauer oder
  - einer An*schluss*miete, die maximal 75 % der ortsüblichen Vergleichsmiete ausmacht;
- Leasing mit Kauf- oder Mietverlängerungsoption mit zusätzlichen Verpflichtungen für den Leasing-Nehmer (Risikoverträge):
  - Übernahme der Gefahr des zufälligen Untergangs,
  - Übernahme eventueller Wiederaufbau- und Wiederherstellungskosten,
  - keine Minderung der Leasing-Raten, falls die Nutzung des Objekts aus vom Leasing-Nehmer nicht zu vertretenden Gründen ganz oder teilweise ausgeschlossen ist,
  - Übernahme der Restkosten des Leasing-Gebers bei vorzeitiger Vertragsbeendigung,
  - Freistellung des Leasing-Gebers von Ansprüchen Dritter,
  - Erwerb des Erbbaurechts, das der Leasing-Nehmer an einem ihm gehörenden Grundstück zunächst dem Leasing-Geber zwecks Bebauung mit dem zu leasenden Gebäude bestellt hat.

ABB. 4.86: Gebäude-Zurechnung bei Teilamortisationsverträgen

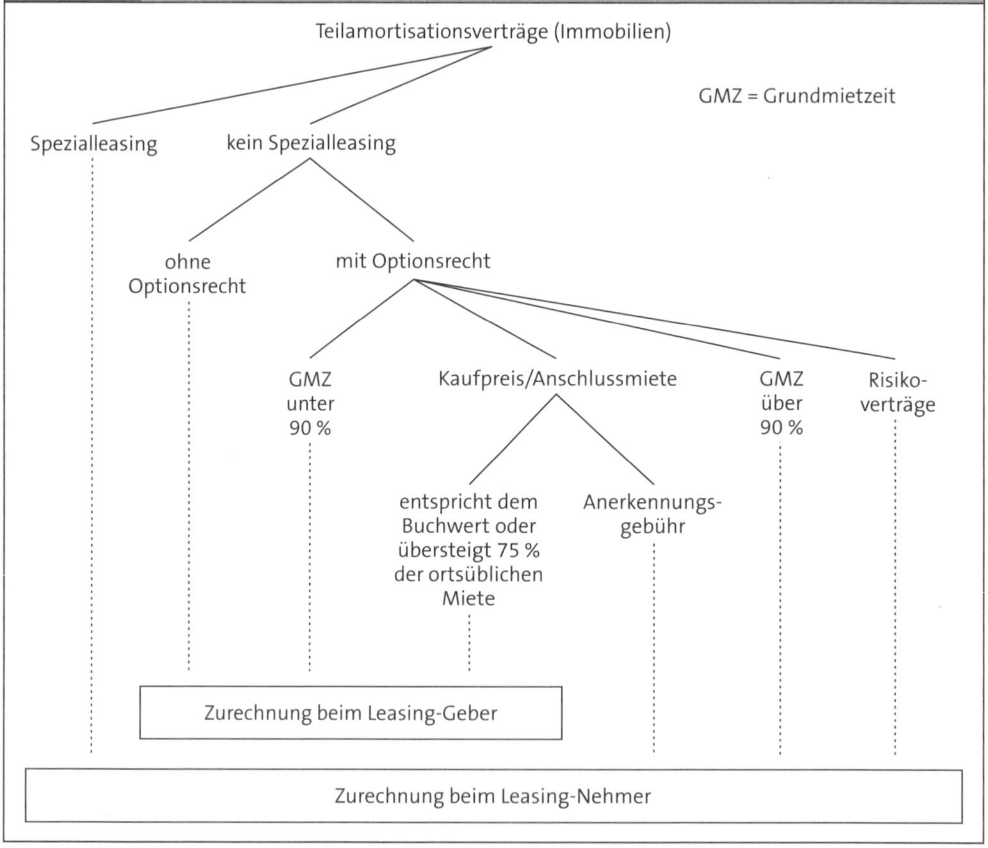

4.7.1.4 Zinsvergleich zwischen Kreditkauf und Finanzierungs-Leasing

Der Leasing-Nehmer erhält beim Finanzierungs-Leasing einen Sachkredit in Höhe der Anschaffungs- oder Herstellungskosten, die der Leasing-Geber für das Leasing-Objekt aufwenden muss. Weil Leasing somit eine besondere Form der Fremdfinanzierung darstellt, ist als Alternative zum Leasing stets der fremdfinanzierte Kauf in Erwägung zu ziehen.

Es gibt heute mehrere hundert Leasing-Gesellschaften in der Bundesrepublik. Die meisten der größeren Leasing-Gesellschaften sind bankähnliche Finanzinstitute (oder Töchter von Banken). Sie besitzen – wie die Kreditinstitute – nur eine geringe Eigenkapitalquote von in der Regel weniger als 5 % ihrer Bilanzsumme. Daraus wird deutlich, dass die Leasing-Gesellschaften bei ihrer Refinanzierung auf die Kreditwirtschaft angewiesen sind, was sich auch in der Kalkulation ihrer Mietraten niederschlagen muss. Somit können Sie die Monatsraten bei fremdfinanziertem Kauf und Leasing wie folgt vergleichen:

ABB. 4.87: Kreditkauf oft günstiger als Leasing

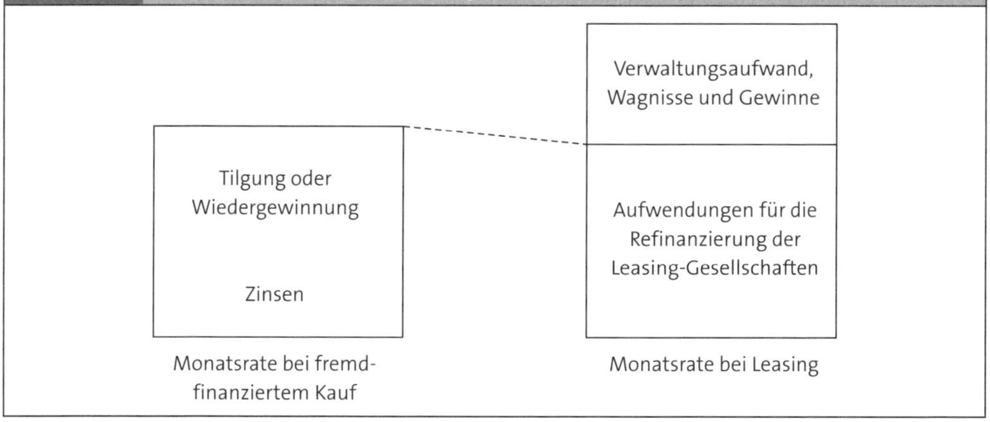

Die Konditionen für die Refinanzierung der Leasing-Gesellschaft sind im Regelfall günstiger als jene, die ein privater Kreditnehmer erhält. Addiert man jedoch die Verwaltungsaufwendungen, Wagnisse und Gewinnansprüche der Leasing-Gesellschaft und ihre Refinanzierungsaufwendungen, so gelangt man üblicherweise zu einem vergleichsweise höheren Gesamtbetrag. Leasing ist im Regelfall also teurer als viele andere Arten der Fremdfinanzierung. Das kann als herrschende Lehre angesehen[1] und durch praktische Beispiele erhärtet werden.

BEISPIEL: (Effektivzinssatz des Computer-Leasing)

In einer Computer-Fachzeitschrift findet sich folgende Übersicht der Leasing-Konditionen bei verschiedenen Laufzeiten und Objektwerten. Ermitteln Sie den effektiven Jahreszins für den Fall, dass die Leasing-Rate 3,52 % (1,88 %) vom Objektwert beträgt.

1 Vgl. H. E. Büschgen, Kritische Auseinandersetzung mit Finanz-Leasing, S. 211 ff. – L. Perridon/M. Steiner, Finanzwirtschaft der Unternehmung, S. 458 ff. – D. Schneider, Investition, Finanzierung und Besteuerung, S. 695 ff. – J. Süchting, Finanzmanagement, S. 173 ff.- G. Wöhe/J. Bilstein, Grundzüge der Unternehmensfinanzierung, S. 288 ff.

ABB. 4.88: Leasing-Raten hängen von Objektwert und Laufzeit ab

Objektwert in €[1]	Leasing-Raten in Prozenten vom Objektwert Laufzeit in Monaten				
	36	48	54	60	72
5.000 bis 10.000	3,52	2,86	2,62	2,35	2,00
bis 20.000	3,41	2,76	2,53	2,35	2,00
bis 40.000	3,31	2,64	2,42	2,24	2,00
bis 150.000	3,23	2,54	2,33	2,16	1,90
über 150.000	3,21	2,53	2,30	2,12	1,88

Quelle: Computer Persönlich, Heft 8 v. 04. 04. 1984, S. 147.

Lösung

Der potentielle Computernutzer steht vor der Frage, ob Kauf oder Leasing günstiger ist und möchte wissen, mit welchem Zinssatz die Leasing-Gesellschaft ihre Leasing-Raten kalkuliert. Für einen PC zum Preis von 10.000 € betragen die Monatsraten bei 36-monatiger Leasingzeit 352 €. Diese Raten lassen sich beim Kreditkauf vermeiden. Bei nachschüssiger Zahlungsweise ergibt sich folgender Zeitstrahl:

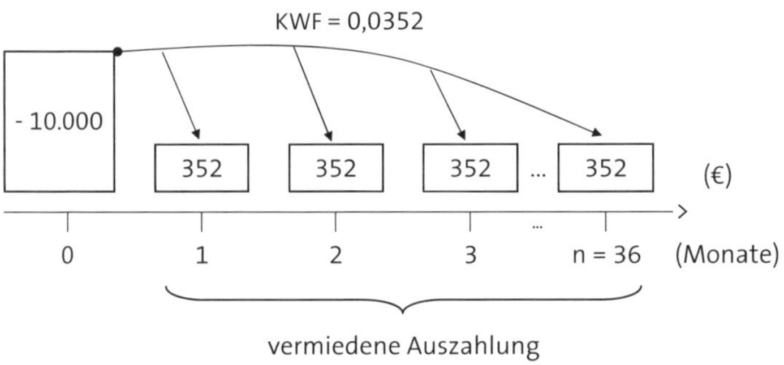

Interner Zinssatz (Rendite, Effektivzins) ist der Zinssatz, bei dessen Anwendung sich ein Kapitalwert C_0 von Null und damit ein durchschnittlicher jährlicher Überschuss DJÜ und ein Horizontwert C_n von Null ergeben. Wir nutzen das aus Kapitel 8 bekannte 3-Schritte-Schema:

1. Zielgrößenfunktion aufstellen:	DJÜ	$= g - K_0 \cdot KWF_n$	DJÜ	$= 352 - 10.000 \cdot KWF_n$
2. Zielgröße gleich Null setzen:	0	$= g - K_0 \cdot KWF_n$	0	$= 352 - 10.000 \cdot KWF_n$
3. Gleichung nach KWF auflösen:	KWF_n	$= \frac{g}{K_0}$	KWF_n	$= \frac{352}{10.000} = 0{,}0352$
Zugehöriger Tabellenzinssatz		zwischen 1,30 und 1,35 % p. M. (vgl. finanzmathematischer Tabellenanhang)		

Der effektive Monatszinssatz r_v liegt zwischen 1,30 und 1,35 Prozent. Wir setzen diese Zinssätze und die zu ihnen gehörenden Kapitalwerte in die Gleichung (4.4.1) zur Effektivzinsbestimmung (Regula falsi) ein.

1 Bei Beispielen aus den Jahren vor der Einführung des Euro sind die DM-Werte durch €-Werte ersetzt worden.

$$i_1 = 1{,}30\ (\%\ p.\ M.) \rightarrow C_{0,1} = -10.000 + 352 \cdot DSF_{36}$$
$$C_{0,1} = -10.000 + 352 \cdot 28{,}604224$$
$$C_{0,1} = 68{,}69\ (€)$$

$$i_2 = 1{,}35\ (\%\ p.\ M.) \rightarrow C_{0,2} = -10.000 + 352 \cdot 28{,}364084$$
$$C_{0,2} = -15{,}84\ (€)$$

$$r_v = 1{,}30 - C_{0,1} \cdot \frac{i_2 - i_1}{C_{0,2} - C_{0,1}} = 1{,}30 - 68{,}69 \cdot \frac{1{,}35 - 1{,}30}{-15{,}84 - 68{,}69}$$
$$= 1{,}30 + \frac{3{,}43}{84{,}53} = 1{,}340577\ (\%\ p.\ M.)$$

Setzt man den effektiven Monatszinssatz r_v als Dezimalbruch in die Zinsumrechnungsformel (4.6.1) ein, ergibt sich der zugehörige effektive Jahreszinssatz r:

$$r = (1 + r_v)^m - 1 = 1{,}01340577^{12} - 1 = 0{,}17328 = 17{,}33\ (\%\ p.\ J.)$$

Ergebnis: Die Leasing-Finanzierung kostet effektiv 17,33 % jährlich. Der Kreditkauf dürfte in den meisten Fällen günstiger sein. So ermittelte die Deutsche Bundesbank für den Monat April 1984, also den Monat, für den die in Abbildung 4.85 ausgewiesenen Leasing-Konditionen galten, folgende Effektivzinssätze bei Kreditfinanzierung:

ABB. 4.89: Effektivzinssätze verschiedener Kreditarten

Finanzierungsform	Zinssatz	Streubreite
Kontokorrentkredit	9,77 %	8,50 % – 11,00 %
Wechseldiskontkredit	5,94 %	4,75 % – 8,25 %
Hypothekarkredit (Gleitzinssatz)	8,32 %	7,37 % – 9,18 %

Quelle: Deutsche Bundesbank, Monatsbericht Mai 1985, Statistischer Teil, S. 52.

Es könnte sein, dass das Leasing bei hohen Objektwerten und längeren Laufzeiten konkurrenzfähig im Vergleich zum Kreditkauf wird. Wir greifen daher den unteren rechten Wert von 1,88 % aus Abbildung 4.86 heraus und erhalten den folgenden Zeitstrahl:

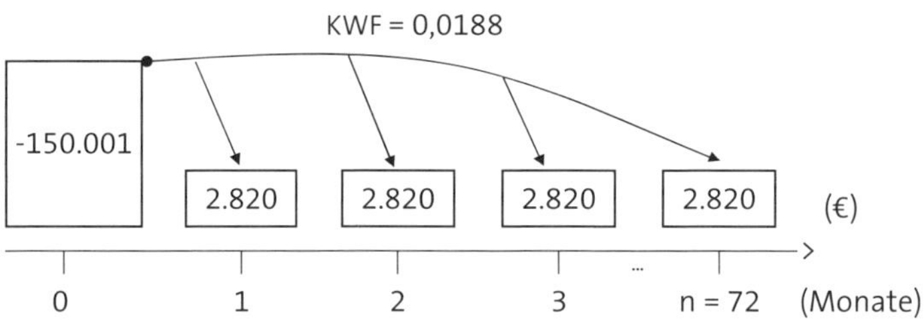

Es gilt: $KWF_{72} = \frac{2.820}{150.001} = 0{,}0188$

Der zugehörige Tabellenzinssatz (vgl. Tabellenanhang) liegt zwischen 0,85 und 0,90 % p. M. Wir errechnen die zugehörigen Kapitalwerte und nutzen die Gleichung (4.4.1) zur Effektivzinsbestimmung (Regula falsi).

$$i_1 = 0{,}85\ (\%\ \text{p. M.}) \rightarrow C_{0,1} = -150.001 + 2.820 \cdot DSF_{72}$$

$$C_{0,1} = -150.001 + 2.820 \cdot 53{,}685934$$

$$C_{0,1} = 1.393{,}33\ (€)$$

$$i_2 = 0{,}90\ (\%\ \text{p. M.}) \rightarrow C_{0,2} = -150.001 + 2.820 \cdot 52{,}821183$$

$$C_{0,2} = -1.045{,}26\ (€)$$

$$r_v = i_1 - C_{0,1} \cdot \frac{i_2 - i_1}{C_{0,2} - C_{0,1}} = 0{,}85 - 1\,393{,}33 \cdot \frac{0{,}90 - 0{,}85}{-1.045{,}26 - 1.393{,}33}$$

$$= 0{,}85 + \frac{69{,}67}{2.438{,}59} = 0{,}878570\ (\%\ \text{p. M.})$$

Setzt man den effektiven Monatszinssatz r_v als Dezimalbruch in die Zinsumrechnungsformel (4.6.1) ein, erhält man den zugehörigen effektiven Jahreszinssatz r:

$$r = (1 + r_v)^m - 1 = 1{,}00878570^{12} - 1 = 0{,}110675 = 11{,}07\ (\%\ \text{p. J.})$$

Ergebnis: Die Kreditfinanzierung ist auch in diesem Fall günstiger; selbst der Kontokorrentzinssatz lag im April 1984 unter dem Leasing-Zinssatz.

Es könnte sein, dass der hohe Effektivzinssatz des Leasings im obigen Beispiel eine atypische Momentaufnahme darstellt. Deshalb sollen im Folgenden die Zinskonditionen des Computer-Leasings (1996) und des Pkw-Leasings (1995) untersucht werden.

BEISPIEL (Effektivzinssatz des Computer-Leasings 1996)

Der Computer-Handel in Kiel wurde um Angabe eines schriftlichen Angebotes für eine genau spezifizierte Anlage, bestehend aus PC Pentium, Monitor und Laserdrucker gebeten. Zwölf verwertbare Angebote gingen ein, ausschließlich Vollamortisationsverträge, die wegen des raschen Werteverfalls beim PC-Leasing auch sinnvoll erscheinen. Für den Fall des optionslosen Vertrages, der (jedenfalls formal) die Rückgabe des Objekts an den Leasing-Geber nach Ablauf der Grundmietzeit vorsieht, konnten die nachstehend zusammengefassten Effektivzinssätze errechnet werden. Bei Verträgen mit Kaufoption ergaben sich ähnliche Werte[1].

1 Vgl. K. Grell, Vergleich zwischen Leasing und Kreditkauf, dargestellt am Beispiel Personal-Computer, S. 92.

ABB. 4.90: Jahreseffektivzinssätze der Leasingangebote für Computer bei Vertrag ohne Option

U	A	B	n	g	g	i_1	i_2	$C_{0,1}$	$C_{0,2}$	r_v	r
	(€)	(€)	(Monate)	(%)	(€)	(%)	(%)	(€)	(€)	(%)	(%)
A	8.450,00	150,00	24	4,93	416,59	1,70	1,60	– 7,67	80,23	1,69	22,29
			36	3,43	289,84	1,40	1,30	– 33,74	98,28	1,37	17,80
			48	2,73	230,69	1,40	1,30	– 164,31	5,56	1,30	16,81
			54	2,58	218,01	1,50	1,40	– 150,13	37,06	1,42	18,43
B	8.460,00		36	4,02	340,09	2,35	2,25	– 66,71	57,87	2,30	31,32
C	8.652,00		24	4,85	419,62	1,40	1,30	– 29,32	63,56	1,37	17,72
			36	3,43	296,76	1,30	1,20	– 52,95	85,43	1,26	16,24
			48	2,74	237,06	1,30	1,20	– 116,74	63,25	1,24	15,87
			54	2,51	217,17	1,30	1,20	– 154,36	45,22	1,22	15,70
D	8.360,00		24	4,76	397,94	1,20	1,10	– 5,35	85,60	1,19	15,31
			36	3,38	282,57	1,20	1,10	– 40,53	94,37	1,17	14,98
			48	2,7	225,72	1,20	1,10	– 61,82	114,92	1,17	14,91
E	7.590,00	140,00	24	5,00	379,50	1,90	1,80	– 52,25	25,32	1,83	24,35
			36	3,48	264,13	1,50	1,40	– 34,34	83,20	1,47	19,15
			48	2,77	210,24	1,40	1,30	– 35,25	119,57	1,38	17,84
F	9.692,00		36	3,46	335,34	1,40	1,30	– 127,82	24,93	1,32	16,99
			48	2,74	265,56	1,30	1,20	– 130,77	70,86	1,24	15,87
			54	2,57	249,08	1,40	1,30	– 166,61	54,63	1,32	17,11
G	8.683,48		36	3,46	300,45	1,40	1,30	– 114,52	22,34	1,32	16,99
			48	2,77	240,53	1,30	1,20	– 23,37	159,25	1,29	16,59
			54	2,55	221,43	1,30	1,20	– 19,01	184,49	1,29	16,64
H	7.722,00		24	4,80	370,66	1,30	1,20	– 23,46	59,90	1,27	16,38
			36	3,40	262,55	1,30	1,20	– 114,39	8,04	1,21	15,48
I	9.055,65		36	3,53	319,66	1,50	1,40	– 80,88	61,37	1,44	18,76
			48	2,81	254,46	1,40	1,30	– 81,35	106,04	1,36	17,55
J	6.080,00	10 %	24	4,48	272,38	1,70	1,60	– 50,06	7,41	1,61	21,17
		von A	36	3,11	189,09	1,40	1,30	– 79,10	7,03	1,31	16,88
K	9.800,00		36	3,44	337,12	1,30	1,20	– 31,58	125,61	1,28	16,49
L	8.800,00	150,00	36	3,43	301,84	1,40	1,30	– 41,35	96,14	1,37	17,74
			48	2,74	241,12	1,40	1,30	– 146,30	31,26	1,32	17,01

Symbole auf Oberzeile:

U = Unternehmen A bis L
A = Anschaffungsauszahlung
B = Bearbeitungsgebühr
n = Grundmietzeit
g = Leasing-Rate
i_1 = Versuchszinssatz 1
$C_{0,1}$ = Kapitalwert 1
r_v = Effektivzinssatz p. M.
r = Effektivzinssatz p. J.

Die Technik der Effektivzinserrechnung ist exemplarisch für das Unternehmen A bei n = 36 Monaten dargestellt. Da die Leasingraten meist vorschüssig anfallen, ist im Zeitpunkt 0 die erste und im Zeitpunkt 35 die letzte Rate anzusetzen.

ABB: 4.91: Differenzinvestition „Sofortige Zahlung oder Leasing“

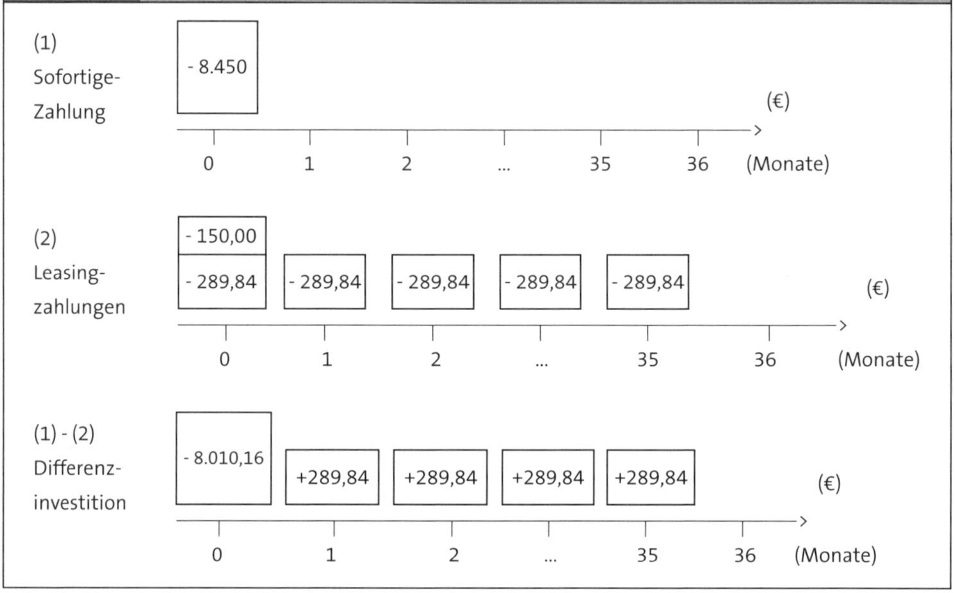

Es gilt: $DSF_{35} = \frac{K_0}{g} = \frac{8.010,16}{289,84} = 27,636489$

In den finanzmathematischen Tabellen (vgl. Anhang) findet man für DSF = 27,636489 und n = 35 einen Tabellenzinssatz zwischen 1,35 und 1,40 % pro Monat.

$i_1 = 1,35\ (\%\ p.\ M.) \rightarrow C_{0,1} = -8.010,16 + 289,84 \cdot DSF_{35}$

$C_{0,1} = -8.010,16 + 289,84 \cdot 27,747000$

$C_{0,1} = 32,03\ (€)$

$i_2 = 1,40\ (\%\ p.\ M.) \rightarrow C_{0,2} = -8.010,16 + 289,84 \cdot 27,520583$

$C_{0,2} = -33,59\ (€)$

(1) $r_v = i_1 - C_{0,1} \cdot \frac{i_2 - i_1}{C_{0,2} - C_{0,1}} = 1,35 - 32,03 \cdot \frac{0,05}{-33,59 - 32,03}$

$= 1,35 + \frac{1,6015}{65,62} = 1,374404\ (\%\ p.\ M.)$

(2) $r = (1 + r_v)^m - 1 = 1,01374404^{12} - 1 = 17,80\ (\%\ p.\ J.)$

Ergebnis: Die Effektivzinssätze für geleaste PC liegen in der Bandbreite von 15 bis über 20 Prozent jährlich. Ein Anbieter verlangte sogar mehr als 30 Prozent. Die Kreditfinanzierung war 1996 im Raum Kiel weitaus günstiger.

BEISPIEL: (Effektivzinssatz des Pkw-Leasings 1995)

Der Pkw-Handel in Kiel wurde mündlich befragt, wieviel ein Auto bei Leasing und bei Barzahlung koste. Aufgrund der Angaben der Pkw-Händler konnten für den Bereich des Geschäftsleasings (hier ist der Leasing-Nehmer vorsteuerabzugsberechtigt) folgende Effektivzinssätze festgestellt werden[1]:

ABB. 4.92: Jahreseffektivzinssätze Pkw-Geschäfts-Leasing

Autotyp	Tkm (ges.)	Barzahlungspreis (€)	Anzahlung (€)	Rate (€/Mon)	Restwert (€)	Effektivzinssatz (% p. J.)
Audi A4	45	45.009,35	0,00	979,00	24.163,00	14,79
BMW 316i comp.	45	31.326,78	0,00	510,05	17.762,61	6,74
BMW 316i Coupé	45	38.027,88	10.130,43	346,96	19.602,00	6,08
BMW 316i Coupé	45	38.027,88	0,00	837,00	19.602,00	14,40
Mercedes C 200	45	45.951,27	0,00	876,39	25.581,12	10,95
Volvo 850	90	40.734,70	0,00	1.056,05	18.633,96	19,26
Volvo 850	90	40.734,70	8.695,65	754,82	18.633,96	19,67

Bei der Effektivzinsberechnung wurde der Kauf des Pkw durch den Leasing-Nehmer zum vereinbarten Restwert unterstellt, so dass etwaige Mehr- oder Minderkosten bei Abweichungen der Istlaufleistung von der vereinbarten Kilometerlaufleistung vernachlässigt werden können. Für den Audi A4 ergibt sich folgende exemplarische Berechnung:

Listenpreis:	47.378,26 €
5 % Rabatt	2.368,91 €
= Barzahlungspreis	45.009,35 €

Sonderzahlung:	0,00 €
Leasingrate:	979,00 €/Monat
Restwert:	24.163,00 € (51 % vom Listenpreis)
Laufzeit:	36 Monate
Fahrleistung:	15.000 km/Jahr

ABB. 4.93: Differenzinvestition „Sofortige Zahlung oder Leasing"

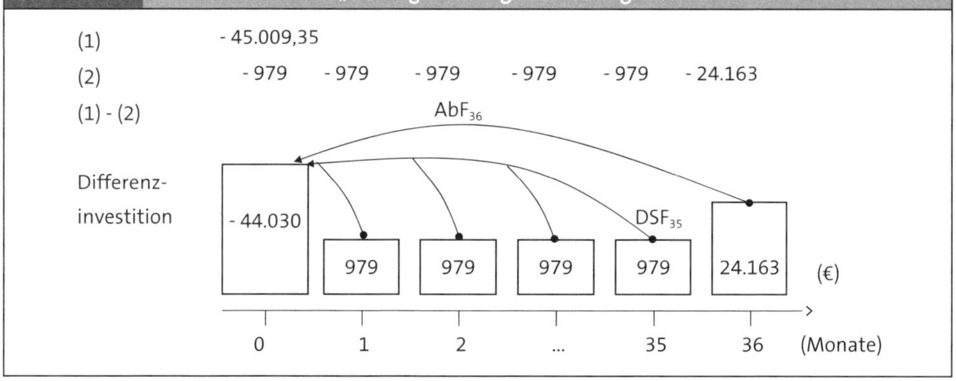

1 A. Windisch, Effektivzinsermittlung beim Leasing, S. 78.

Es gilt:

$i_1 = 1{,}10\ (\%\ p.\ M.) \rightarrow C_{0,1} = -44.030{,}35 + 979 \cdot 28{,}919771 + 24\,163 \cdot 0{,}674463$

$C_{0,1} = -44.030{,}35 + 28.312{,}46 + 16.297{,}05$

$C_{0,1} = 579{,}16\ (€)$

$i_2 = 1{,}20\ (\%\ p.\ M.) \rightarrow C_{0,2} = -44.030{,}35 + 979 \cdot 28{,}442375 + 24.163 \cdot 0{,}650881$

$C_{0,2} = -44.030{,}35 + 27.845{,}09 + 15.727{,}24$

$C_{0,2} = -458{,}02\ (€)$

$$(1)\ r_v = i_1 - C_{0,1} \cdot \frac{i_2 - i_1}{C_{0,2} - C_{0,1}} = 1{,}10 - 579{,}16 \cdot \frac{0{,}10}{-458{,}02 - 579{,}16}$$

$$= 1{,}10 + \frac{57{,}916}{1.037{,}18} = 1{,}155840\ (\%\ p.\ M.)$$

$$(2)\ r = (1 + r_v)^m - 1 = 1{,}0115584^{12} - 1 = 14{,}79\ (\%\ p.\ J.)$$

Ergebnis: Die Effektivzinssätze des Pkw-Geschäfts-Leasings liegen zwischen 6,08 und 19,67 % pro Jahr. Dabei ist zu berücksichtigen, dass Leasing um so teurer ist, je geringer der sich aus Verhandlungen ergebende Barverkaufspreis ausfällt. Der Rabatt wurde in der Rechnung pauschal mit 5 % auf den Listenpreis angenommen. Da der tatsächlich erzielbare Rabatt eher bei 10 Prozent liegt, sind die Effektivzinssätze des Pkw-Leasings nach oben zu korrigieren. Zu beachten ist auch, dass ein günstiges Leasing-Angebot der Förderung des Verkaufs von Ladenhütern dienen kann[1].

Vergleicht man die bei den letzten beiden Beispielen errechneten Effektivzinssätze des Leasings mit den von der Deutschen Bundesbank veröffentlichten Zinssätzen unterschiedlicher Fremdfinanzierungsarten 1996, wird deutlich, dass die Kreditaufnahme meist zinsgünstiger als das Leasing ist.

ABB. 4.94: Effektivzinssätze verschiedener Kreditarten April 1996

Finanzierungsform	Zinssatz (%)	Streubreite (%)
Kontokorrentkredit (unter 1 Mio DM)	10,25	7,75 – 12,25
Wechseldiskontkredit (unter 100.000 DM)	5,11	3,50 – 7,25
Hypothekarkredit (Gleitzinssatz)	6,67	5,54 – 8,04
Quelle: Deutsche Bundesbank, Monatsbericht November 1996, Statistischer Teil, S. 45.		

4.7.1.5 Argumente pro und contra Leasing

Wenn Leasing häufig teurer ist als der Kreditkauf[2], ist zu fragen, auf welche Faktoren sich der Erfolg dieser Finanzierungsform gründet. Bei der Beantwortung dieser Frage stößt man auf eine

1 Gerade beim Pkw wird gelegentlich auch mit besonders günstigen Leasing- oder Finanzierungskonditionen geworben (Null-Leasing oder Finanzierung zu 2,9 % p. J.). Das sind versteckte Rabatte. Meist lassen sich dann auch hohe Barzahlungsrabatte aushandeln.

2 Beim Fonds-Leasing sind aufgrund der Steuerspareffekte auch Leasing-Zinssätze denkbar, die unter den jeweiligen Kapitalmarktkonditionen liegen: Anleger erwerben Kommanditanteile an einem geschlossenen Fonds, der ein Leasing-Objekt verwaltet. Sie bringen nur einen Teil der benötigten Mittel auf, der Rest wird fremdfinanziert. Daraus ergibt sich eine Hebelwirkung für die steuerlichen Abschreibungen.

Fülle von Argumenten, die teilweise mit den Werbeaussagen der Leasing-Gesellschaften identisch sind und von daher mit Vorsicht gewertet werden müssen.

(1) *Günstigere Kostenverrechnung bei öffentlichen Aufträgen:* Ein möglicher Leasing-Vorteil könnte darin bestehen, dass bei Durchführung von Aufträgen der öffentlichen Hand, bei denen die Leitsätze für die Preisermittlung auf Grund von Selbstkosten (LSP) angewendet werden, eine günstigere Kostenverrechnung besteht. Die LSP gestatten beim Kreditkauf die Verrechnung von kalkulatorischen Zinsen und AfA. Dabei kann der Zinssatz zur Ermittlung der kalkulatorischen Zinsen unter dem tatsächlich zu entrichtenden Fremdkapitalzinssatz liegen. Ferner ist die Bemessung der AfA im Regelfall nach der linearen Methode unter Berücksichtigung der amtlichen AfA-Tabellen vorzunehmen. Da die Leasing-Raten meist höher sind als die Summe aus linearer AfA und kalkulatorischen Zinsen, wäre es für den Betrieb reizvoll, diese höhere Summe in Rechnung zu stellen und vergütet zu bekommen. Zu bedenken ist hierbei allerdings, dass die Leasingkosten gemäß LSP nicht in allen Fällen sofort in voller Höhe verrechnet werden dürfen. Liegt die Leasing-Dauer, wie dies häufig der Fall ist, deutlich unter der betriebsgewöhnlichen Nutzungsdauer und übersteigt der Leasing-Zinssatz den Sollzinssatz im Falle eines Kreditkaufes, so ergibt sich eine relativ hohe Belastung für die Jahre der Grundmietzeit. Dann fordert der staatliche Auftraggeber, die Leasingaufwendungen gleichmäßig auf die tatsächliche Nutzungszeit zu verteilen[1].

(2) *Leichtere Genehmigung bei der Beschaffung von Wirtschaftsgütern:* Die Genehmigungspraxis bei Investitionsvorhaben privater und staatlicher Stellen sieht häufig so aus, dass die unteren Entscheidungsinstanzen beim Kauf langlebiger Wirtschaftsgüter das Einverständnis der vorgesetzten Stellen einzuholen haben, sofern eine bestimmte Investitionssumme überschritten wird. Die Versuchung ist dann groß, nicht zu kaufen, sondern zu leasen, falls die Genehmigungshürden beim Leasen niedriger liegen.

(3) *Erhaltung der Liquidität und sichere Kalkulationsbasis:* Die Leasing-Gesellschaften betonen insbesondere folgende Leasing-Vorteile:

- Erhaltung der Liquidität,
- Schonung des Eigenkapitals,
- sichere Kalkulationsbasis durch feste Mietraten.

Es liegt auf der Hand, dass dies keine exklusiven Leasing-Vorteile sind. Vielmehr wird auch beim Kreditkauf die Liquidität gewahrt. Auch wird beim Einsatz von Fremdmitteln das Eigenkapital – je nach Höhe der Beleihungsgrenze – geschont. Ferner ist die Kalkulationsbasis eines Kreditnehmers, der Zins und Tilgung zu zahlen hat, genauso sicher wie die des Leasing-Nehmers, der Leasing-Raten zu entrichten hat.

Ein weiterer, dem Leasing zugeschriebener Vorteil, nämlich die Möglichkeit, die laufenden Leasing-Raten aus den Nettoeinzahlungen des Leasing-Objektes zu erwirtschaften (pay as you earn), erscheint mehr als fragwürdig, wenn man bedenkt, dass die Leasing-Raten während der Grundmietzeit meist deutlich höher sind als die Summe aus Zinsen und Tilgung im Falle der Kreditfinanzierung. Bei der Fremdfinanzierung haben die Vertragsparteien die Möglichkeit, die Kreditlaufzeit und die Zahlungstermine so zu vereinbaren, dass die Netto-

1 Vgl. K.-D. Däumler/J. Grabe, Kalkulationsvorschriften bei öffentlichen Aufträgen, S. 37.

einzahlungen des fremdfinanzierten Objektes zur Begleichung der Annuitäten herangezogen werden können. Dagegen gehört zum Finanzierungs-Leasing nicht selten die Finanzierungslücke, die um so größer ist, je mehr die betriebsgewöhnliche Nutzungsdauer des Objekts über der Grundmietzeit liegt[1].

(4) *Ausdehnung des Kreditspielraumes:* Die Leasing-Gesellschaften betonen im Rahmen ihrer Werbung gern, dass der Finanzierungsrahmen eines Betriebes durch die Beanspruchung des Leasings ausgedehnt werden könne. Dafür spricht der Umstand, dass sich die Leasing-Gesellschaften in der dinglichen Sicherheit für ihre Finanzierung meist auf das juristische Eigentum an dem Leasing-Gegenstand beschränken und diesen im Extremfall bis zu 100 % beleihen, während die Banken im Falle des Kreditkaufes das Investitionsobjekt nur teilweise (z. B. bis 60%) beleihen oder bei höherer Beleihung Zusatzsicherheiten verlangen. Der gesamte Kreditspielraum einer Unternehmung kann allerdings auch durch Leasing nicht (oder nicht wesentlich) erweitert werden. Denn ein potentieller Kreditgeber wird im Rahmen seiner Kreditwürdigkeitsprüfung alle Zahlungsverpflichtungen des Kreditnehmers auflisten, also auch Zahlungen aus vorhandenen Leasing-Verträgen. Falls der Leasing-Nehmer seine Leasing-Verpflichtungen verheimlicht, ist der Tatbestand der Kredittäuschung erfüllt[2].

(5) *Vorteile für den Leasing-Geber:* Aus der Sicht der Leasing-Gesellschaften, d. h. unter Berücksichtigung ihrer Interessenlage, lassen sich allerdings einige tatsächliche Vorteile der Leasing-Finanzierung aufzeigen:

- Leasing zählte bis zur Novellierung des Kreditwesengesetzes (KWG) von 1985 nicht zu den Bankgeschäften des § 1 Abs. 1 KWG. Somit brauchten die Leasing-Gesellschaften, überwiegend Töchter von Kreditinstituten, bis dahin auch die Anforderungen des KWG hinsichtlich der Bankenaufsicht nicht zu beachten. Heute gilt: Betreibt ein Kreditinstitut Leasing, so gehört auch dieses Geschäft zu den Krediten (§ 19 KWG) und unterliegt den in § 10 KWG genannten Grundsätzen. Grundsatz I begrenzt die Risikoaktiva von Kreditinstituten (unter anderem Kredite und Leasinggeschäfte) auf das 12,5-fache des haftenden Eigenkapitals (gegenüber dem früheren 18-fachen).

- Der Leasing-Geber hat im Falle des Konkurses des Leasing-Nehmers eine vergleichsweise starke Stellung. Er kann dann gemäß § 47 Insolvenzordnung (InsO) sein Aussonderungsrecht geltend machen, d. h. der Gegenstand gehört nicht zum Vermögen des Leasing-Nehmers, sondern in die Vermögensmasse des Leasing-Gebers und wird von der Konkursmasse getrennt. Bei normaler Kreditfinanzierung dagegen besitzt die Bank als Sicherungseigentümer nur ein Absonderungsrecht (vgl. § 50 InsO), das ist die vorzugsweise Befriedigung eines Anspruchs aus einem Pfand- oder pfandähnlichen Recht an einem zur Konkursmasse gehörenden Gegenstand.

- Eine Expansion des Geschäftsvolumens der Kreditinstitute lässt sich häufig am besten durch Produkt- und Preisdifferenzierung bewerkstelligen. In diesem Sinne ist die Leasing-Finanzierung ein geeigneter Weg, neue und zusätzliche Kreditnachfrage zu erschließen. Wegen der im Extremfall bis zu 100 Prozent gehenden Finanzierung operieren die Kapitalanbieter hier in einer schlechteren Risikoklasse, was den Ansatz eines höhe-

1 Vgl. G. Wöhe/J. Bilstein, Grundzüge der Unternehmensfinanzierung, S. 223.

2 So auch: J. Süchting, Finanzmanagement, S. 179.

ren Zinssatzes notwendig und verständlich macht[1]. Zweckmäßig für die Angebotsdifferenzierung ist, dass die Banken Leasing nicht direkt, sondern indirekt über ihre Tochtergesellschaften anbieten. Es werden also die klassischen Instrumente zur Produktdifferenzierung eingesetzt:

(a) Ein vom üblichen Bankgeschäft losgelöster Vertriebsweg über die Töchter.

(b) Ein neues Produkt (Leasing), das vom Standardprodukt (Kredit) äußerlich getrennt wird (anderer Begriff, andere Laufzeit, andere Sicherung und insbesondere anderer Zinssatz).

(6) *Mögliche Steuerentlastung:* In manchen Unternehmungen neigt man dazu, die höheren Leasing-Raten zu akzeptieren, weil man sich durch das Leasing pauschal eine Steuerersparnis verspricht. Bei der Würdigung dieses Argumentes ist zunächst zu beachten, dass auch beim Kreditkauf Steuerwirkungen eintreten. So mindern Zinsen und AfA bei Kreditfinanzierung die Steuerbemessungsgrundlagen für die Einkommensteuer, Kirchensteuer, Körperschaftsteuer und Gewerbeertragsteuer. Das Steuerersparnis-Argument ist also nur auf solche Steuern zu beziehen, die beim Kreditkauf auftreten, jedoch beim Leasing vermieden werden könnten. Eine solche Steuerersparnis ist aus der Sicht des Leasing-Nehmers nur im Bereich der Gewerbekapital- und Gewerbeertragsteuer möglich, falls der Leasing-Gegenstand beim Leasing-Geber bilanziert wird, also nicht zum Betriebsvermögen des Leasing-Nehmers gehört. Der Leasing-Gegenstand gehört dann zum Betriebsvermögen des Leasing-Gebers, so dass die Steuerersparnis letztlich doch nicht eintritt, vielmehr wird lediglich die Steuerzahlungspflicht vom Leasing-Nehmer auf den Leasing-Geber verlagert. Dem steuerlichen Vorteil des Leasing-Nehmers steht der steuerliche Nachteil des Leasing-Gebers gegenüber. Im praktischen Fall wird der Leasing-Geber seine Raten unter Berücksichtigung der bei ihm entstehenden Steuerbelastung kalkulieren.

Haberstock zeigt, dass Kreditkauf und Leasing steuerlich als nahezu gleichwertig betrachtet werden müssen, wenn man von einer degressiven Abschreibung beim Kreditkauf ausgeht[2]. Bei steuerlicher Gleichwertigkeit ist der Kreditkauf dann die richtige Entscheidung, wenn sein Effektivzins unter dem Leasingzins liegt. Im Übrigen wird die Bedeutung der steuerlichen Seite meist überschätzt. Das zeigt das Beispiel Großbritannien, wo 25 % aller fremdfinanzierten Investitionen dem Leasing zuzurechnen sind, obwohl dort günstigere Abschreibungsmöglichkeiten als in Deutschland existieren (oftmals Sofortabschreibung) und außerdem keine Gewerbesteuer besteht, die bei uns die Kreditfinanzierung im Vergleich zur Anlagenmiete benachteiligt[3].

Die in den vergangenen Jahren zu verzeichnenden Erfolge des Leasings sind denn auch nicht auf Finanzierungsvorteile, sondern auf andere Ursachen, beispielsweise die erfolgreiche Werbung der Leasing-Gesellschaften, zurückzuführen. Diese Werbung wendet sich mehr und mehr an den privaten Kunden. Und so zeigt eine genauere Betrachtung des Leasing-Marktes, dass dessen Wachstum seit 1983 wesentlich durch das Pkw-Leasing, vor 1980 eine unbedeutende Leasing-Form, getragen wird. Das Auto ist der Leasing-Renner, zweistellige Zuwachsraten sind hier seit

1 Ähnlich argumentiert J. Süchting, Finanzmanagement, S. 151 f.

2 Vgl. L. Haberstock, Kreditkauf oder Leasing? Ein Vorteilhaftigkeitsvergleich unter Berücksichtigung der steuerlichen Auswirkungen, S. 469 f.

3 Vgl. D. Schneider, Investition, Finanzierung und Besteuerung, S. 695.

Jahren die Regel. Schon 1990 befand sich jedes fünfte neu in den Verkehr gekommene Straßenfahrzeug im Eigentum von Leasing-Gesellschaften, die häufig genug Töchter von Pkw-Herstellern sind. Seit 1991 macht sich auch die Nachfrage aus den neuen Bundesländern bemerkbar. Und so ist es kein Wunder, dass 2001 Straßenfahrzeuge mit 50,5 % die Hälfte aller Leasing-Objekte ausmachten[1].

Eine vergleichende Betrachtung der Finanzierungsmöglichkeiten „Leasing – kreditfinanzierter Kauf" fällt wegen der beim Finanzierungs-Leasing üblichen hohen Zinsen im Regelfall zuungunsten des Leasings aus. Im folgenden Beispiel wird als Grenzfall eine Situation untersucht, bei der die Leasing-Raten unter Zugrundelegung des Zinssatzes für die Leasing-Alternative, also des Sollzinssatzes für Fremdkapital, berechnet werden. Ferner wird, ebenfalls im Sinne einer Grenzfallbetrachtung, der Kalkulationszinssatz des Investors in Höhe des Fremdkapitalzinssatzes festgelegt.

BEISPIEL (Vergleich: Leasing oder Kreditkauf?)

Ein Unternehmen plant die Anschaffung eines Lkw mit folgenden Daten:

Anschaffungsauszahlung	100.000 €
jährliche Betriebseinnahmen	45.000 €
Nutzungsdauer	5 Jahre

Zu vergleichen sind die finanziellen Konsequenzen der Möglichkeiten „kreditfinanzierter Kauf oder Leasing". Dabei gilt:

1. Konditionen Kreditfinanzierung:

– Kredithöhe	100.000 €
– Zinssatz	10 %
– Tilgung	20.000 €/Jahr

2. Konditionen Leasing:

– Grundmietzeit	3 Jahre
– Zinssatz	10 %
– Sonderzahlung bei Vertragsabschluss	0 €
– Verlängerungsmiete	0 €

Im Rahmen der Grenzfallbetrachtung sei angenommen, dass die Leasing-Raten als Betriebsausgaben steuerlich anerkannt werden, obwohl eine Verlängerungsmiete von Null vereinbart wurde.

Es ist zu untersuchen, welche Alternative für den Betrieb günstiger ist. Der Betrieb rechnet mit einem Gewinnsteuersatz von pauschal 60 %.

Lösung

Aus der tabellarischen Zusammenstellung der Zahlungsreihen für Kreditkauf und Leasing lassen sich die Barwerte beider Finanzierungsformen ermitteln.

1 Vgl. Bundesverband Deutscher Leasing-Unternehmen, Leasing 2001, S. 27.

ABB. 4.95: Barwertermittlung bei Kreditkauf und Leasing

Ermittlung des Gewinnes nach Steuern beim kreditfinanzierten Kauf

Jahr	Betriebs-einnahmen	Restschuld und Restbuchwert	AfA bzw. Tilgung	Zinsen auf Restschuld	Betriebs-ausgaben	Gewinn vor Steuer	Gwinnsteuer	Gewinn nach Steuer
1	*2*	*3*	*4*	*5 = 3 · 0,1*	*6 = 4 +5*	*7 = 2 − 6*	*8 = 7 · 0,6*	*9 = 7 − 8*
1	45.000	100.000	20.000	10.000	30.000	15.000	9.000	6.000
2	45.000	80.000	20.000	8.000	28.000	17.000	10.200	6.800
3	45.000	60.000	20.000	6.000	26.000	19.000	11.400	7.600
4	45.000	40.000	20.000	4.000	24.000	21.000	12.600	8.400
5	45.000	20.000	20.000	2.000	22.000	23.000	13.800	9.200

Ermittlung des Gewinnes nach Steuern beim Finanzierungs-Leasing

Jahr	Betriebs-einnahmen	Leasingraten = Betriebsausgaben	Gewinn vor Steuer	Gewinnsteuer	Gewinn nach Steuer
	10	*11*	*12 = 10 − 11*	*13 = 12 · 0,6*	*14 = 12 − 13*
1	45.000	40.212	4.788	2.873	1.916
2	45.000	40.212	4.788	2.873	1.916
3	45.000	40.212	4.788	2.873	1.916
4	45.000	0	45.000	27.000	18.000
5	45.000	0	45.000	27.000	18.000

Vergleich der Werte bei Kauf und Leasing unter Zugrundelegung identischer Zinssätze

Jahr	Gewinn nach Steuer bei Kreditkauf	AbF für 10 %	Barwerte der Gewinne nach Steuer	Gewinn nach Steuer bei Leasing	AbF für 10 %	Barwerte
	15	*16*	*17 = 15 · 16*	*18*	*19*	*20 = 18 · 19*
1	6.000	0,909091	5.455	1.916	0,909091	1.742
2	6.800	0,826446	5.620	1.916	0,826446	1.583
3	7.600	0,751315	5.710	1.916	0,751315	1.440
4	8.400	0,683013	5.737	18.000	0,683013	12.294
5	9.200	0,620921	5.712	18.000	0,620921	11.177
	Barwert Kreditkauf:		28.234	Barwert Leasing:		28.236

Ergebnis: Die Vergleichsrechnung zeigt in den Spalte 17 und 20, dass im gegebenen Fall Kauf und Leasing gleich vorteilhaft sind, da ihre Barwerte jeweils ca. 28.235 € betragen[1].

Die Gleichwertigkeit von Kauf und Leasing im gegebenen Fall stützt sich auf zwei Annahmen:

a) Die Leasing-Rate wird unter Berücksichtigung eines Zinssatzes kalkuliert, der mit dem Fremdkapitalzinssatz identisch ist. Dem Leasing-Nehmer entstehen neben den Leasing-Raten keine weiteren Ausgaben, d. h. Sonderzahlungen oder Verlängerungsmieten fallen nicht an.

b) Der Leasing-Nehmer setzt bei Berechnungen zum Zwecke des Wirtschaftlichkeitsvergleichs einen Kalkulationszinssatz an, der dem Fremdkapitalzinssatz entspricht.

Ist auch nur eine der beiden Annahmen a) und b) nicht erfüllt, so erweist sich die Kreditfinanzierung der Alternative Leasing als klar überlegen. In allen praktisch bedeutsamen Fällen, die durch die Bedingungen:

Leasingzinssatz > Fremdkapitalzinssatz
und
Kalkulationszinssatz > Fremdkapitalzinssatz

gekennzeichnet sind, kann die klassische Kreditfinanzierung somit als die vorteilhaftere Finanzierungsform angesehen werden.

4.7.1.6 Kalkulation von Leasing-Raten

Der Leasing-Geber hat die Leasing-Raten so zu berechnen, dass er sein eingesetztes Kapital wiedergewinnt und die ausstehenden Beträge zu dem von ihm subjektiv festgesetzten Kalkulationszinsfuß i verzinst erhält. Dann prüft er, ob diese Leasing-Raten am Markt erzielbar sind. Die Kalkulation von Leasing-Raten wird nachfolgend exemplarisch für vier typische Vollamortisationsverträge gezeigt. Verträge mit Teilamortisation sind mit Hilfe der dargestellten Gleichungen analog lösbar.

Fall 1: Leasing-Vertrag

- ohne Sonderzahlung bei Vertragsabschluss
- ohne Kaufoption
- ohne Verlängerungsoption

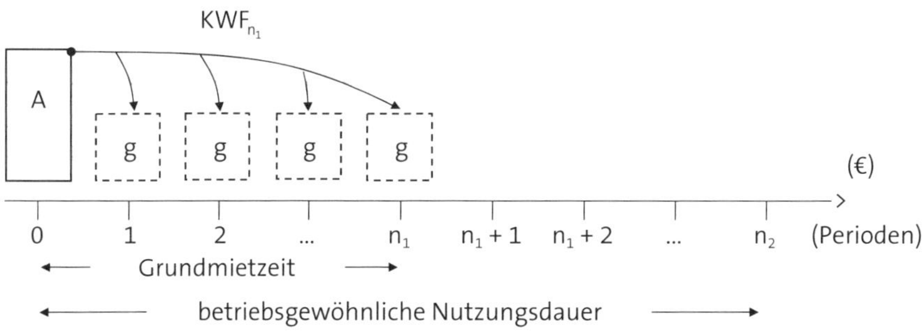

1 Tabellarische Rundungsfehler wurden im Gewinnbarwert des 5. Jahres (Spalte 17) ausgeglichen.

(4.7.1) $$g = A \cdot \frac{i\,(1+i)^{n_1}}{(1+i)^{n_1} - 1} = A \cdot KFW_{n_1}$$ Bestimmungsgleichung der Leasing-Raten Fall 1

→ Kapitalwiedergewinnungsfaktor (KWF)

Rechenvorgang: Die Anschaffungsauszahlung wird mit Hilfe des Kapitalwiedergewinnungsfaktors KWF auf die Grundmietzeit von n_l Perioden verteilt.

Symbole

g = Leasing-Raten (€/Periode)

A = gesamte Anschaffungsauszahlung für Leasing-Objekt (€)

n_1 = Grundmietzeit (Perioden: Monate, Quartale oder Jahre)

n_2 = betriebsgewöhnliche Nutzungsdauer (Perioden: Monate, Quartale oder Jahre)

i = Kalkulationszinssatz des Leasing-Gebers

Fall 2: Leasing-Vertrag

- mit Sonderzahlung S bei Vertragsabschluss
- ohne Kaufoption
- ohne Verlängerungsoption

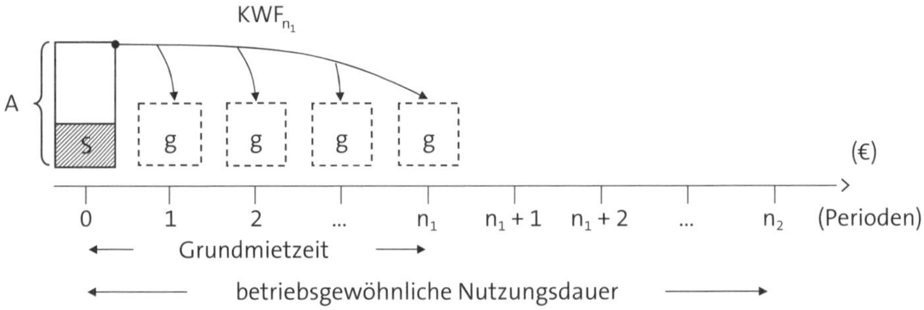

(4.7.2) $$g = (A - S) \cdot \frac{i\,(1+i)^{n_1}}{(1+i)^{n_1} - 1} = (A - S) \cdot KFW_{n_1}$$ Bestimmungsgleichung der Leasing-Raten Fall 2

→ KWF

Rechenvorgang: Die um die Sonderzahlung verminderte Anschaffungsauszahlung A wird mit Hilfe des Kapitalwiedergewinnungsfaktors KWF auf die Grundmietzeit von n_1 Perioden verteilt.

Fall 3: Leasing-Vertrag

- ohne Sonderzahlung
- mit Kaufoption zum Zeitpunkt n_1
- Optionspreis = Restwert R

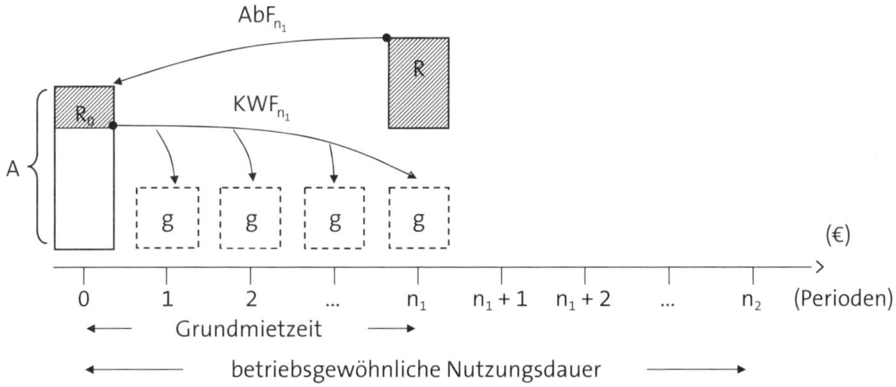

(4.7.3)

$$g = \underbrace{\left[A - R\,(1+i)^{-n_1}\right]}_{R_0} \cdot \frac{i\,(1+i)^{n_1}}{(1+i)^{n_1} - 1}$$

$$g = \left[A - R \cdot AbF_{n_1}\right] \cdot KFW_{n_1}$$

Bestimmungsgleichung der Leasing-Raten Fall 3

Rechenvorgang: Der Optionspreis (= Restwert) wird mit Hilfe des Abzinsungsfaktors AbF auf den Zeitpunkt 0 bezogen. Die um den barwertigen Restwert verminderte Anschaffungsauszahlung wird durch Multiplikation mit dem Kapitalwiedergewinnungsfaktor KWF auf die Grundmietzeit von n_1 Perioden verteilt.

Fall 4: Leasing-Vertrag:

- ohne Sonderzahlung
- mit Mietverlängerungsoption ab n_1
- Verlängerungsmiete = m

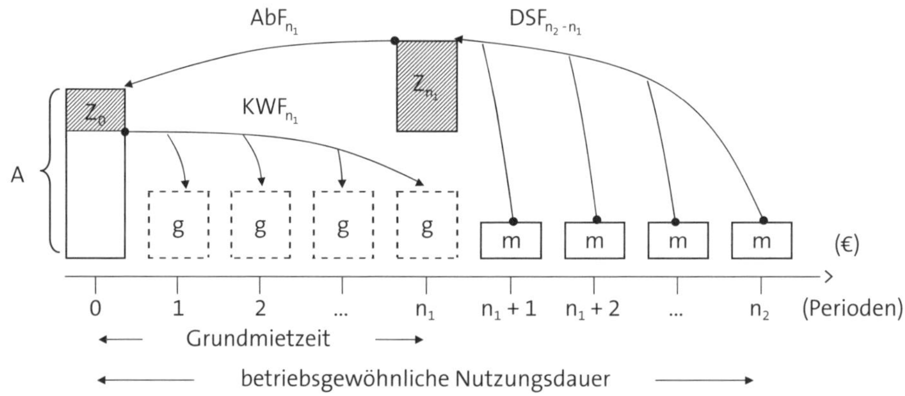

Zeitwert Z_{n_1} der Verlängerungsmiete

(4.7.4)

$$g = (A - Z_0) \cdot KWF_{n_1} = \left[A - m \cdot \frac{(1+i)^{n_2-n_1} - 1}{i\,(1+i)^{n_2-n_1}} \cdot (1+i)^{-n_1}\right] \cdot \frac{i\,(1+i)^{n_1}}{(1+i)^{n_1} - 1}$$

$$g = (A - Z_0) \cdot KWF_{n_1} = \left[A - m \cdot DSF_{n_2-n_1} \cdot AbF_{n_1}\right] \cdot KWF_{n_1}$$

Barwert Z_0 der Verlängerungsmiete

Bestimmungsgleichung der Leasing-Raten (Fall 4)

Rechenvorgang: Man ermittelt den auf n_1 bezogenen Zeitwert der Verlängerungsmiete Z_{n1} mit Hilfe des Diskontierungssummenfaktors DSF. Durch Abzinsen des Zeitwertes Z_{n1} auf den Zeitpunkt 0 erhält man den Barwert der Verlängerungsmiete Z_0. Die um den Barwert der Verlängerungsmiete verminderte Anschaffungsauszahlung ($A - Z_0$) wird dann mit Hilfe des Kapitalwiedergewinnungsfaktors KWF auf die Grundmietzeit von n_1 Perioden verteilt.

BEISPIEL (Wie man Leasing-Raten kalkuliert)

Eine Leasing-Gesellschaft steht vor der Kalkulation der Jahresmiete eines Bürogebäudes, für das die folgenden Daten gelten:

Baukosten des Leasing-Objektes	$A =$	2.000.000 (€),
Grundmietzeit	$n_1 =$	20 (Jahre),
betriebsgewöhnliche Nutzungsdauer	$n_2 =$	25 (Jahre).

Berechnen Sie die Mindestmiete, die die Gesellschaft verlangen muss, wenn sie sich zu 8 % refinanzieren kann und zusätzlich im Durchschnitt 3,5 % für die Deckung von Wagnissen, Nebenkosten und zur Gewinnerzielung veranschlagt. Dabei sind vier Vertragsvarianten zu prüfen:

(1) Sonderzahlung = 0, Verlängerungsmiete = 0;

(2) Sonderzahlung S = 200.000 €, Verlängerungsmiete = 0;

(3) Sonderzahlung = 0, Kaufoption R = 400.000 €;

(4) Sonderzahlung = 0, Verlängerungsmiete m = 80.000 (€/Jahr).

Lösung

Variante (1):

$$g = A \cdot KWF_{20}$$

$$g = 2.000.000 \cdot 0{,}129705 = 259.410 \text{ (€/Jahr)}$$

Variante (2):

$$g = (A - S) \cdot KWF_{20}$$

$$g = 1.800.000 \cdot 0{,}129705 = 233.469 \text{ (€/Jahr)}$$

Variante (3):

$$g = (A - R \cdot AbF_{20}) \cdot KWF_{20}$$

$$g = (2.000.000 - 400.000 \cdot 0{,}113371) \cdot 0{,}129705$$

$$g = 1.954.652 \cdot 0{,}129705 = 253.528 \text{ (€/Jahr)}$$

Variante (4):

$$g = (A - m \cdot DSF_5 \cdot AbF_{20}) \cdot KWF_{20}$$

$$g = (2.000.000 - 80.000 \cdot 3{,}649878 \cdot 0{,}113371) \cdot 0{,}129705$$

$$g = (2.000.000 - 33.103) \cdot 0{,}129705 = 255.116 \text{ (€/Jahr)}$$

Ergebnis

(1) Wenn die Leasing-Gesellschaft 259.410 € pro Jahr erhält, so gewährleistet dies eine Zurückgewinnung der eingesetzten Mittel und eine Verzinsung der ausstehenden Beträge mit 11,5 % während der Grundmietzeit.

(2) Leistet der Leasing-Nehmer eine Sonderzahlung von 200.000 € im Zeitpunkt 0, so kann die Jahresmiete im Vergleich zu (1) während der Grundmietzeit um rund 26.000 € auf 233.469 € gesenkt werden.

(3) Der Optionspreis von 400.000 € hat nur geringen Einfluss auf die Höhe der Jahresmiete. Die Leasing-Rate verringert sich gegenüber (1) um 5.882 € auf 253.528 €/Jahr. Der geringe Einfluss des Optionspreises ist darauf zurückzuführen, dass er mit einem relativ hohen Zinssatz (11,5 %) über einen langen Zeitraum (20 Jahre) abgezinst wird, so dass sein Barwert entsprechend gering ausfällt.

(4) Analoges gilt für die Verlängerungsmiete. Ihr Barwert ist so gering, dass sich die Leasing-Rate während der Grundmietzeit im Vergleich zu (1) nur um 4.294 €/Jahr auf 255.116 €/Jahr ermäßigt.

Die Ausführungen zeigen, dass die Leasing-Raten während der Grundmietzeit sowie eventuelle Sonderzahlungen bei Vertragsabschluss dominierenden Einfluss haben. Kaufoption und Verlängerungsoption sind dagegen aus finanzmathematischer Sicht bei langfristigen Verträgen von untergeordneter Bedeutung. Trotzdem sollten Sie die vertraglichen Abmachungen bezüglich Kauf- und Verlängerungsoption sorgfältig prüfen, da sie bei der steuerlichen Zurechnung des Leasing-Gegenstandes zum Leasing-Geber oder Leasing-Nehmer eine entscheidende Rolle spielen.

Wenn Sie nähere Informationen über die in Deutschland tätigen Leasing-Gesellschaften benötigen, wenden Sie sich an den Bundesverband Deutscher Leasinggesellschaften:

Bundesverband

Deutscher Leasinggesellschaften e.V.

Kommandantenstraße 80

10117 Berlin

Tel.: 030/206337-0

Fax: 030/206337-30

4.7.2 Factoring

4.7.2.1 Begriff und Bedeutung

> Definition: Factoring ist ein Finanzierungsgeschäft, bei dem ein Finanzierungsinstitut, der Factor (meist eine Bank), von seinem Klienten neu entstandene Forderungen aus Warenlieferungen und Dienstleistungen laufend bevorschusst oder ankauft und die Rechnungsbeträge unter Abzug eines bestimmten Prozentsatzes sofort an den Klienten auszahlt.

Zur Abgrenzung des Factorings von anderen Finanzierungsformen sind folgende Definitionsmerkmale wichtig:

- Der Factor kauft nicht nur Einzelforderungen oder Bündel bestimmter Forderungen auf, er erwirbt vielmehr laufend alle aus dem Güterverkauf neu entstehenden Forderungen vom Klienten.
- Der Factor erwirbt Forderungen aus Warenlieferungen und Dienstleistungen. Andere Forderungen, etwa aus Darlehensgewährung, sind vom Ankauf ausgeschlossen.
- Factoring beschränkt sich nicht auf die Einziehung notleidender Forderungen. Der Factor legt vielmehr Wert darauf, alle neu entstandenen Forderungen (und nicht nur die zweifelhaften) hereinzunehmen.
- Da sich der Factor vor Forderungsankauf über die Seriosität und Bonität des Abnehmers unterrichten muss, kommt der Ankauf von Forderungen gegen Endabnehmer (Private) meist nicht in Betracht. Das Factoring bezieht sich also auf Forderungen gegenüber Abnehmern, die regelmäßig oder mehrfach beim Klienten kaufen. Factoring geeignet sind Forderungen gegen Mehrfachabnehmer.
- Da hohe Anfangsaufwendungen anfallen, um die Arbeitsvoraussetzungen zu schaffen, sind Klient und Factor an einer langfristigen Zusammenarbeit interessiert.
- Die Factorbank verlangt von ihrem künftigen Klienten, dass dieser
  - in den Bereichen Produktion oder Handel tätig ist (Dienstleistungsfactoring wird nur in Ausnahmefällen durchgeführt),
  - einen Jahresumsatz von mindestens 1.000.000 € erreicht,

- über einen hinreichend konstanten Kundenstamm ohne übermäßige Fluktuationen verfügt,
- maximal 90 Tage (Inland) oder 120 Tage (Ausland) Zahlungsziel gewährt,
- die seinen Forderungen zugrundeliegenden Leistungen voll erbracht hat; Forderungen, die häufig nachträglichen Korrekturen unterliegen (Bauwirtschaft) sind nicht factoring geeignet,
- einen Rechnungsdurchschnitt von im Regelfall mindestens 500 € aufweist.

Der Begriff „Factoring" kommt von den Faktoreien, von größeren Handelsniederlassungen, die im 18. Jahrhundert den Im- und Export mit den Kolonien betrieben. Der Bedeutungswandel vom Waren-Factoring (Handelsgeschäft) zum Finanz-Factoring vollzog sich im 19. Jahrhundert in den USA. Neben Kreditkauf und Leasing ist Factoring eine weitere Möglichkeit zur Finanzierung eines Teils des Betriebsvermögens durch Dritte. Für die Klienten ist Factoring die zeitlich vorgezogene Verflüssigung der in den Außenständen gebundenen Geldmittel. Damit unterscheidet sich das Factoring vom bloßen Inkasso. Der Markt für Factoringleistungen hat sich in den letzten Jahren stetig ausgeweitet. Der Factoring-Umsatz stieg nach Angaben des Deutschen Factoring-Verbandes von 16,7 Mrd € 1991 auf 35,1 Mrd € 2003[1]. Das Factoringwachstum dürfte im Wesentlichen durch die Aufgaben bedingt sein, die der Factor über die reine Finanzierungsfunktion hinaus übernimmt.

ABB. 4.96: Entwicklung des Factorings

Factoring-Umsatz	1999	2000	2001	2002	2003
in Deutschland	(Mrd €)				
Inland	16,25	18,67	22,91	23,27	27,13
International	3,74	4,83	6,46	6,89	7,95
Gesamt	19,99	23,50	29,37	30,16	35,08
Quelle: Deutscher Factoring-Verband e.V.					

Die Beteiligten beim Factoring (Factor, Klient und Kunde) und ihre gegenseitigen Beziehungen sind nachfolgend grafisch dargestellt:

1 Deutscher Factoring-Verband e.V., www.factoring.de.

ABB. 4.97: Beim Factoring gibt es drei Partner

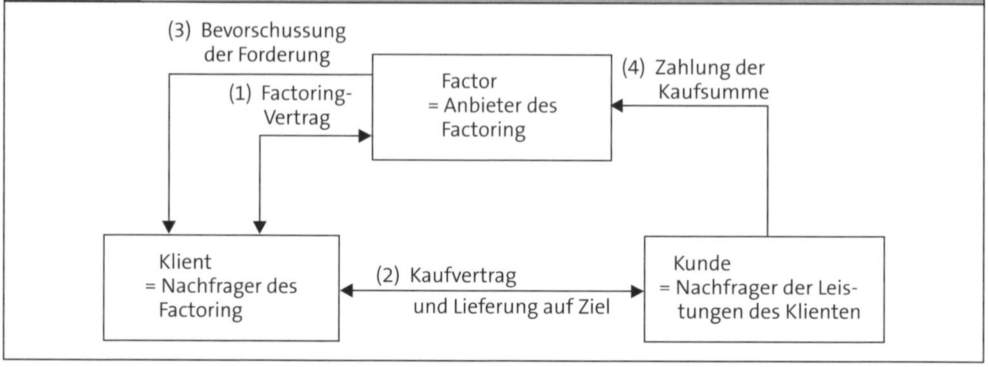

Aus der Sicht des Klienten, häufig auch Anschlusskunde genannt, stellt Factoring einen Aktivtausch dar (Forderungen gegen Kasse), wobei allerdings die abgehende Forderung größer als der Kassenzugang ist (Grund: Zinsen und Gebühren des Factors). Heute ist das Factoring meist dadurch gekennzeichnet, dass der Factor über die Finanzierungsfunktion hinaus Dienstleistungen übernimmt und das Ausfallrisiko für die angekauften Forderungen trägt[1].

4.7.2.2 Factoringfunktionen

Das Factoringgeschäft kann im Einzelfall durch die Übernahme dreier Funktionen gekennzeichnet sein:

(1) Die Finanzierungsfunktion des Factorings liegt in dem Aktivtausch „Forderungen gegen Kasse“. Der Klient ist vertraglich verpflichtet, dem Factor alle zukünftigen Forderungen aus Waren- oder Dienstleistungsgeschäften zum Kauf anzubieten. Von Seiten des Factors können jedoch dubiose Forderungen von der Verpflichtung zum Ankauf ausgeschlossen werden.

1 W. Grill/H. Perczynski, Wirtschaftslehre des Kreditwesens, S. 440 f. – K. F. Hagenmüller/H. J. Sommer, Factoring-Handbuch, S. 43 ff. u. 63 ff. – W. Schwarz, Factoring, S. 21 ff.

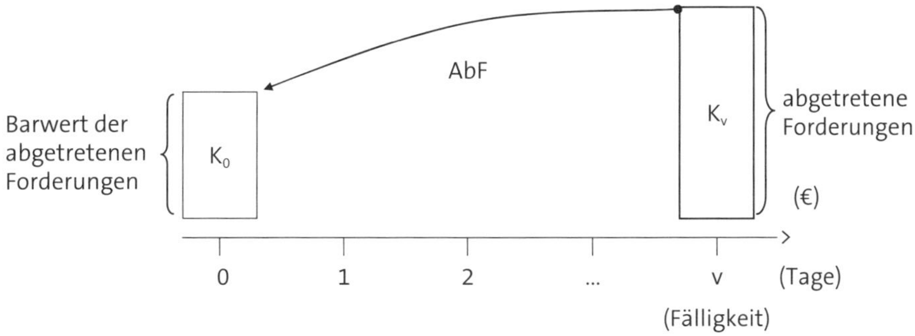

Der Factor kauft und bezahlt die Forderungen v Tage vor Fälligkeit und berechnet dafür einen Zinssatz, der etwas über dem bankmäßigen Kontokorrentzinssatz liegt. Zu beachten ist, dass dem Klienten, je nach Umfang der an den Factor delegierten Aufgaben, neben dieser Zinsbelastung weitere Aufwendungen entstehen können. Grundsätzlich behält der Factor außer den Zinsen, je nach Vereinbarung, weitere 10 % – 20 % der angekauften Forderungssumme ein, um sie für eine gewisse Zeit einem Sperrkonto gutzuschreiben, aus dem eventuell anfallende Ansprüche der Kunden (etwa Rechnungskürzungen infolge von Mängelrügen) befriedigt werden können. Durch den Forderungsverkauf erhält der Klient (Anschlusskunde) rasch flüssige Mittel, die er beispielsweise dazu einsetzen kann, seine eigenen Lieferantenrechnungen mit Skontoabzug zu zahlen. Der Unterschied zwischen dem effektiven Jahreszinssatz des Lieferantenkredits und jenem des Factorings ist erheblich, er liegt im praktischen Fall leicht bei 20 Prozentpunkten und darüber, so dass das Factoring einen beachtlichen Nutzen erbringen kann. Überdies bessert sich für den Klienten durch rasches Bezahlen sein Ansehen, und er kann sich eine bevorzugte Belieferung im Fall von Lieferengpässen sichern. Und schließlich bringt der Forderungsverkauf zwecks Liquiditätserzielung und Verwendung dieser zum Abbau von Krediten bessere Bilanzrelationen: Die Bilanzsumme verkleinert sich, das Eigenkapital bleibt konstant, die Relation Eigenkapital zu Bilanzsumme steigt. Ein Nachteil des Factorings besteht darin, dass der Klient den Zinsverdienst aus den von ihm gewährten Lieferantenkrediten an den Factor verliert.

(2) Die Dienstleistungsfunktion des Factorings besteht z. B. in der Übernahme folgender Bereiche:

- Debitorenbuchhaltung,
- Mahnwesen,
- Inkassodienst,
- Beratung.

So erhalten beispielsweise die Klienten der Süd-Factoring GmbH regelmäßig die nachfolgend beschriebenen Auswertungen von ihrem Factor:

(a) Buchungstäglich
- Rechnungs-/Gutschrifts-/Zahlungsjournal,
- Verrechnungs- und Sachkontenauszüge,
- Warenkreditlimits,
- Auszahlungen an den Anschlusskunden.

(b) Alle 10 Werktage
- Debitorenliste,
- Informationen über angemahnte Forderungen,
- Umsatz- und Exportstatistik.

(c) Monatlich
- Offene-Posten-Liste für Debitoren,
- Verzugszinsenabrechnung,
- Provisionsabrechnung,
- summierte Tagesabrechnungen.

Da die Factoring-Gesellschaften zur Bewältigung dieser Aufgaben moderne EDV-Anlagen einsetzen, kann die Übertragung der Dienstleistungsfunktion auf den Factor gerade bei kleineren und mittleren Unternehmungen erhebliche Vorteile erbringen. Dies gilt besonders dann, wenn es sich für den Klienten nicht lohnt, zur Bewältigung der angesprochenen Aufgaben eine besondere Abteilung für Debitorenbuchhaltung, Mahn- und Inkassowesen zu unterhalten. Als Vorteil und gleichzeitig als Nachteil der Übertragung der Dienstleistungsfunktion auf einen Dritten wird häufig der Umstand genannt, dass individuelle Wünsche auf Schonung säumiger Kunden nur noch in engen Grenzen berücksichtigt werden können. Der Factor berechnet für die Übernahme der Verwaltungsarbeiten ca. 0,5 % bis 3 % des Forderungsumsatzes[1] als Factoringgebühr.

(3) Die Delkrederefunktion[2] des Factorings besteht in der Übernahme des Risikos der Uneinbringlichkeit der Forderung. Der Factor erbringt hierbei gleichsam eine Versicherungsleistung, für die er eine Delkrederegebühr (= Versicherungsgebühr = Risikoprämie) erhebt, die – je nach Bonität des Klienten und seiner Kunden – zwischen 0,2 % und 1,2 % der Rechnungssumme liegen kann[3]. Der Factor hat die Forderung des Klienten in diesem Falle nicht nur bevorschusst, er hat sie vielmehr endgültig erworben. Die Factoring-Gesellschaften legen bei Übernahme des Delkredererisikos großen Wert darauf, dass sie alle Forderungen des Klienten, also auch die mit einem geringen Uneinbringlichkeitsrisiko, erwerben können. Auf diese Weise will man zu einer ausgeglichenen Risikostreuung kommen. Gelegentlich wird das Delkredererisiko auch nur bis zu einem bestimmten Limit übernommen.

Der vom Factor gewährte Delkredereschutz sichert den Klienten gegen Zahlungsausfall und Zahlungsverzögerung, nicht aber gegen Gewährleistungsrisiken. Diese Risiken, die sich aus der Qualität der gelieferten Waren ergeben, sind weiterhin vom Klienten zu tragen. Weiter-

1 Vgl. U. Hielscher/H.-D. Laubscher, Finanzierungskosten, S. 110.
2 Del credere, ital. = (Bürgschaft) des Glaubens.
3 Vgl. U. Hielscher/H.-D. Laubscher, Finanzierungskosten, S. 110.

hin kann der Factor bei ungünstiger Risikolage einseitig den Ankauf der Forderungen stoppen oder die bereitgestellten Limits reduzieren. Will der Klient seine Abnehmer dennoch weiterbeliefern, muss er das Delkredererisiko selbst tragen.

Die Factoring-Bank ist mit Wirkung für künftige Forderungen zur Herabsetzung oder Streichung des Limits berechtigt, wenn ihr Umstände bekannt werden, die die Kreditwürdigkeit des Debitors beeinträchtigen, insbesondere bei schleppender Zahlungsweise, Nichteinlösung von Schecks, Wechselprotesten usw. Diese Limitänderungen sind jedoch nur wirksam, wenn und soweit nicht bereits Auslieferungen auf solche Forderungen an den Debitor erfolgt sind.
Quelle: Inlands-Factoring-Vertrag der ABC-Factoring-Bank, § 3 Abs. 2.

Forderungsausfälle und Überschreitung der Zahlungsziele sind nach den Feststellungen der Kreditreform eine beachtliche Last für die Wirtschaft.

ABB. 4.98: Forderungsausfälle nach Branchen

Betriebe mit Forderungsverlusten über 1 % vom Bruttoumsatz		
Branchen	(in % der Betriebe)	Häufigstes Zahlungsziel in Tagen
Bauhauptgewerbe	44,8	20
Gastgewerbe	35,4	30
Grundstücks-, Wohnungswesen	34,2	30
Holz, Papier	33,5	30
Leder, Textil	31,3	30
Ausbaugewerbe	31,3	30
Datenverarbeitung	29,5	30
Dienstleistungen	29,2	30
Hersteller von Möbeln	24,5	30
Feinmechanik, Optik	24,1	60
Quelle: Verband Creditreform, impulse 5/2005, S. 113.		

Neben Totalausfällen durch Insolvenzen sind auch teilweise Forderungsausfälle zu beachten. Sie resultieren überwiegend aus nicht gezahlten Raten, aus Nebenvereinbarungen und ungerechtfertigten Skontoabzügen. Dabei ist die Zahlungsmoral der inländischen Geschäftspartner in den Ländern der EU sehr unterschiedlich, wie die folgende Übersicht zeigt:

ABB. 4.99: Zahlungsziel und Zahlungseingänge

Zahlungsdauer inländischer Firmen		
Land	Zahlungsdauer in Tagen	
	2005	2006
Deutschland	37	29
Niederlande	40	41
Großbritannien	46	46
Belgien	45	51
Frankreich	56	62
Italien	90	96
Quelle: Atradius, impulse 4/2007, S. 10.		

Angesichts der Forderungsausfälle und der Überschreitungen von Zahlungszielen ist es verständlich, dass die Praxis der Factoring-Dienstleistung und dem Delkredere eine hohe Bedeutung zumisst: „Wir sind mit dem Factoring so gut gefahren", schreibt Boss-Vorstand U. Holy im Industriemagazin schon 7/1986, „dass wir es auch heute nicht mehr missen möchten, obwohl wir es mittlerweile für unsere Wachstumsfinanzierung nicht mehr brauchen. Inzwischen dient es bei uns zur betriebswirtschaftlichen Vereinfachung und als Versicherungsschutz".

4.7.2.3 Factoringformen

4.7.2.3.1 Echtes und unechtes Factoring

Übernimmt der Factor neben der Finanzierungs- und der Dienstleistungsfunktion auch das Risiko der Zahlungsunfähigkeit des Kunden, so ist die höchste Form des Factorings erreicht. Diese Form des Factorings, das echte Factoring, wurde zuerst in den USA bekannt. Sie wird in zunehmendem Maße auch in Europa praktiziert. So wurden bei einem bedeutenden Factoring-Institut bereits 1970 mehr als 90 % der Verträge unter Einschluss des Delkredererisikos abgeschlossen[1]. Wenn der Factor nicht alle Funktionen übernimmt, wenn also insbesondere die Delkrederefunktion beim Klienten bleibt, so handelt es sich um unechtes Factoring.

4.7.2.3.2 Offenes und stilles Factoring

Beim offenen (notifizierten) Factoring erfährt der Abnehmer, dass sein Lieferant mit einem Factor zusammenarbeitet und dass an den Factor zu zahlen ist. Dies geschieht durch einen Rechnungszusatz, der beispielsweise wie folgt lautet:

> „Wir bitten Sie, die Zahlungen direkt an die Märkische Factoring-Bank in Berlin zu leisten, auf die wir die dieser Rechnung zugrundeliegende Forderung übertragen haben. Bitte geben Sie unsere Konto-Nr. 123 456 sowie Ihre Kundennummer, Rechnungsdatum und Rechnungsnummer an".

Dieser Aufdruck enthält sowohl eine Abtretungsanzeige (§ 407 ff. BGB) als auch eine Zahlungsaufforderung. Die Abtretungsanzeige bewirkt, dass der Debitor (Schuldner) mit schuldbefreiender Wirkung nur noch an den Factor und nicht mehr an den Klienten zahlen kann. Die Zahlungsaufforderung bewirkt, dass alle Zahlungen direkt beim Factor eingehen und von ihm bearbeitet werden können.

Vor allem bei Einführung des Factorings in Deutschland, zum Teil aber auch heute noch, brachte (bringt) man dem offenen Verfahren Bedenken entgegen. Man betrachtet die Forderungsabtretung als Zeichen finanzieller Schwäche und sieht die Kreditwürdigkeit des Klienten als beeinträchtigt an. Diesen Vorbehalten trägt das stille (nicht notifizierte) Verfahren Rechnung. Beim stillen Factoring hat der Kunde keine Kenntnis vom Forderungsverkauf des Klienten und leistet weiterhin seine Zahlung direkt an ihn. Der Factor erledigt beim stillen Verfahren für seinen Klienten die Debitorenbuchhaltung und die damit zusammenhängenden Arbeiten, kann aber nicht in eigenem Namen mahnen oder Forderungen einziehen. Die Mahnungen erfolgen unter Verwendung der Briefbögen des Klienten, der auch weiterhin festlegen kann, wann welche Debitoren zu mahnen sind. Da die Debitoren schuldbefreiend nur an den Klienten zahlen können, trägt der Factor mit seiner Vorfinanzierung ein vergleichsweise hohes Risiko. Neben diesem Risi-

1 Vgl. T. Swidler, Die Delkredere-Funktion im Spiegel von Fragen und Antworten, in: Handelsblatt v. 10. 12. 1970.

ko ist die umständliche Handhabung des stillen Factorings der Grund dafür, dass heute das offene Verfahren dominiert. Die meisten Factoring-Gesellschaften bieten heute ausschließlich offenes Factoring an.

4.7.2.3.3 Inkassofactoring

Übernimmt der Factor nur Kreditrisiko und Dienstleistungsfunktion, so dass die Finanzierungsfunktion beim Klienten verbleibt, so spricht man von Inkassofactoring (auch Fälligkeitsfactoring oder maturity factoring). Beim Inkassofactoring kann der Klient erst dann über den Forderungsgegenwert verfügen, wenn der Factor die Zahlung des Debitors erhalten hat. Daher ist diese Form des Factorings nur für solche Klienten interessant, die weniger an der Finanzierungsfunktion und mehr an der Dienstleistungs- und Delkrederefunktion interessiert sind.

4.7.2.3.4 Factoring mit Eigenservice

Diese Factoring-Variante ist auch unter dem Namen neues Factoring, bulk Factoring oder Inhouse-Factoring bekannt und bedeutet Factoring ohne Buchhaltung. Factoring mit Eigenservice entwickelte sich aus einer Problemsituation: Der mögliche Klient (Anschlusskunde) hat eine große Menge von Rechnungen mit kleinen Beträgen. Dadurch ist das Factoring wegen des hohen Aufwandes teuer. Es sei denn, der Factor übernimmt nur die Finanzierungs- und die Delkrederefunktion, während die Debitorenbuchhaltung weiterhin beim Anschlusskunden bleibt. Der Anschlusskunde erledigt Buchhaltung, Mahnwesen und Inkasso treuhänderisch für den Factor. Heute spielt die zu verarbeitende Datenmenge keine so große Rolle mehr. Dennoch lässt sich so die Factoring-Gebühr senken, vor allem dann, wenn der Klient die Debitorenbuchhaltung schon auf eigener EDV-Anlage organisiert hat.

4.7.2.3.5 Export- und Importfactoring

Das Exportfactoring umfasst im Regelfall alle drei Funktionen (Finanzierungs-, Dienstleistungs- und Delkrederefunktion). Es bezieht sich auf Auslandsforderungen des Klienten und ist meist mit größeren Risiken verbunden als dies bei einem Inlandsgeschäft der Fall ist. Die Abwicklung entspricht dem „normalen" Factoring, allerdings mit dem Unterschied, dass

- zwei Factoring-Institute (Export- und Importfactor) beteiligt sind und
- das Zahlungsziel statt bis zu 90 Tagen (Inland) bis zu 120 Tage (Ausland) beträgt.

Die Arbeitsteilung zwischen den beiden Instituten ist sachgerecht, wenn der deutsche Factor die Finanzierungsfunktion und der ausländische die Delkrederefunktion und das Inkasso übernimmt. Wie beim Inlandsfactoring muss auch beim Exportfactoring der Klient dem Factor alle Exportforderungen für die in den Vertrag einbezogenen Länder zum Kauf anbieten. Allerdings ist es möglich, das Exportfactoring auf einzelne Länder zu beschränken; auch kann der Inlandsumsatz von der Factoringvereinbarung ausgenommen werden[1].

Beim Importfactoring hat der Klient seinen Sitz im Ausland. Der ausländische Factor übernimmt die Finanzierungfunktion, der deutsche das Delkredererisiko und das Inkasso.

1 Vgl. B. Arnebold, Export-Factoring, S. 26.

4.7.2.4 Finanzierungsaufwand

Bei der Ermittlung der Finanzierungsaufwendungen des Factorings wollen Sie beachten, dass Factoring meist drei Geschäfte verbindet:

> Echtes Factoring ist eine Kombination aus
> - Finanzierungsgeschäft,
> - Dienstleistungsgeschäft und
> - Versicherungsgeschäft (Delkrederefunktion).

Entsprechend dürfen Sie Factoring- und Delkrederegebühr nicht dem Finanzierungsaufwand zurechnen, da diese Gebühren Entgelte für die Inanspruchnahme von Dienstleistungen und Versicherungsleistungen darstellen. Somit besteht der Finanzierungsaufwand nur aus den Sollzinsen, die der Factor dem Klienten für den Zeitraum vom Verkauf der Forderung bis zum Eingang des Rechnungsbetrages berechnet[1]. Die Tatsache, dass der Factorzins über dem vergleichbaren Bankzins liegt, ist damit zu erklären, dass die Factoring-Unternehmungen

(1) sich (ähnlich wie die Leasing-Geber) überwiegend bei Kreditinstituten refinanzieren und

(2) die bevorschussten Forderungen als alleinige Sicherheit akzeptieren, diese also zu einem sehr hohen Prozentsatz beleihen, so dass der Tatbestand der Preisdifferenzierung als gegeben angesehen werden kann[2].

Factoring ist für Ihre Unternehmung dann vorteilhaft, wenn die gegenüber dem Bankkredit höheren Gesamtaufwendungen durch entsprechende Einsparungen im Verwaltungs- und Risikobereich ausgeglichen werden. Ein Nachteil des Factorings bleibt auch in diesem Falle weiterhin bestehen: Die Abhängigkeit, in die sich der Klient bei Auslagerung der Buchhaltung samt Debitorenbeständen und den damit zusammenhängenden Dienstleistungen begibt.

BEISPIEL (Möglicher Klient prüft Factoring)

Eine Unternehmung hat einen Monatsumsatz von 1.000.000 €. Sie gewährt ihren Kunden ein durchschnittliches Zahlungsziel von 30 Tagen. Die Forderungen an die Kunden sollen an einen Factor verkauft werden, der auch die Dienstleistungs- und die Delkrederefunktion übernimmt. Konditionen:

Zinssatz für Kreditgewährung:	1,0 % pro Monat
Gebühr für Dienstleistungen:	1,5 % des Forderungsumsatzes
Delkrederegebühr:	1,2 % des Forderungsumsatzes

a) Welchen Betrag erhält der Klient sofort ausgezahlt?

b) Stellen Sie die möglichen Vor- und Nachteile des Factorings zusammen, die im gegebenen Fall vor dessen Einführung zu erwägen sind.

c) Offenes (notifiziertes) Factoring bringt für den Klienten im allgemeinen Imagenachteile. Überlegen Sie, ob es im Einzelfall auch Imagevorzüge aufweisen kann.

1 Vgl. U. Hielscher/H.-D. Laubscher, Finanzierungskosten, S. 110.
2 Das betont auch: J. Süchting, Finanzmanagement, S. 197.

Lösung a)

Forderungsumsatz	1.000.000 €
– Kreditgebühr	10.000 €
– Dienstleistungsgebühr	15.000 €
– Delkrederegebühr	12.000 €
= Barauszahlung	963.000 €

Lösung b)

Mögliche Factoring-Vorteile	Mögliche Factoring-Nachteile
► Verbesserung der Liquidität, dadurch Verzicht auf teure Lieferantenkredite möglich, ► Befreiung von Debitorenbuchhaltung, Mahn- und Inkassowesen, dadurch Einsparungen bei Personal-, Raum- und Sachkosten wahrscheinlich, ► Übernahme des Ausfallrisikos durch den Factor.	► hoher Gesamtzins von 3,7 % p. M., ► entgangene Gewinne aus gewährten Lieferantenkrediten, ► Anpassungsschwierigkeiten bei späterer Wiedereingliederung der Dienstleistungsfunktion, ► Beeinträchtigung des Images des Klienten bei bekannt gewordenem Forderungsverkauf.

Lösung c)

Wenn der Kunde eines Versandhändlers, der Mandant eines Anwalts, der Privatpatient eines Internisten die offene Rechnung nicht bezahlen kann oder will, dann lautet aus der Sicht des Gläubigers die Frage: „Will ich meinen Kunden (Mandanten, Patienten) gerichtlich verfolgen?" Aus Imagegründen tut man das nur ungern. Auch derjenige, der formal im Recht ist, kann ins Gerede kommen. Die Delegation dieser unangenehmen und imageschädlichen Tätigkeiten auf den Factor zeigt, dass eine weitere Factoringfunktion existiert: die Buhmann- oder Sündenbockfunktion.

Informationen zu in Deutschland tätigen Factoring-Gesellschaften erhalten Sie über den Deutschen Factoring Verband, Behrenstr. 73, 10117 Berlin, Tel. 030-20654654, Internet: www.factoring.de.

4.7.3 Checkliste und Zusammenfassung

Leasing ist die miet- oder pachtweise Überlassung von Wirtschaftsgütern durch die Produzenten dieser Güter oder durch besondere Leasing-Gesellschaften. Diese sind vielfach Tochter-Gesellschaften von Kreditinstituten, bei denen sie sich auch refinanzieren.

Leasing-Arten: Von den unterschiedlichen Leasing-Arten (direkt – indirekt, Finanzierungs-, Maintenance-, Operating-Leasing; Sale-lease-back; Equipment und Plant Leasing; Mobilien- und Immobilien-Leasing; Voll- und Teilamortisationsvertrag) ist vor allem das Finanzierungs-Leasing als Alternative zum Kreditkauf zu beachten, weil hier Vergleichbarkeit vorliegt.

Betrachtet man die Aufwandseite (Effektivbelastung), so ist Leasing in der Regel teurer als die Kreditfinanzierung. Die tatsächlichen Vorteile des Leasings liegen auf einer anderen Ebene: 100 %-ige Fremdfinanzierungsmöglichkeit, rascher Vertragsabschluss, oft einzige finanzielle Expansionsmöglichkeit für kleinere und mittlere Unternehmungen, Dienstleistungen des Leasing-Gebers.

Die **Leasing-Raten** enthalten neben Zins und Amortisationsrate auch einen Risiko-, Verwaltungsaufwand- und Gewinnzuschlag. Der Leasing-Vertrag ist während der Grundmietzeit unkündbar. Das Investitionsrisiko trägt meist der Leasing-Nehmer (Ausnahme ist möglich beim Immobilien-Leasing). Er kann die Leasing-Raten nur dann als Betriebsausgaben abziehen, wenn das Objekt beim Leasing-Geber bilanziert wird. In Deutschland gibt es genaue Richtlinien dafür, wann ein Leasing-Objekt dem Leasing-Geber und wann es dem Leasing-Nehmer zugerechnet wird (Leasing-Erlasse).

Vollamortisationsverträge sind so gestaltet, dass die Leasing-Raten während der Grundmietzeit die volle Wiedergewinnung der Anschaffungsauszahlung nebst Finanzierungs- und Verwaltungsaufwendungen plus Gewinnansprüchen gewährleisten. Vollamortisationsverträge können mit oder ohne Kauf- oder Mietverlängerungsoption abgeschlossen werden. Beim Vertrag ohne Option ist die 40/90-Regel zu beachten (Grundmietzeit mindestens 40 % und höchstens 90 % der betriebsgewöhnlichen Nutzungsdauer ist Voraussetzung für die Anerkennung der Leasing-Raten als Betriebsausgaben). Bei Kaufoption sollten Sie neben der 40/90-Regel die Untergrenze für den Optionspreis beachten (Restbuchwert oder gemeiner Wert). Bei Mietverlängerungsoption sollten Sie neben der 40/90-Regel die Untergrenze für die Anschlussmiete beachten (Abschreibung des Restbuchwertes oder des gemeinen Wertes über die Restnutzungsdauer).

Spezial-Leasing: Das Leasing-Objekt ist derart auf die Bedürfnisse des Leasing-Nehmers zugeschnitten, dass es nur von ihm selbst wirtschaftlich sinnvoll genutzt werden kann. Es muss dann auch von ihm bilanziert werden, und die Leasing-Raten sind keine Betriebsausgaben (statt dessen: Fremdkapitalzinsen und Abschreibungen).

Teilamortisationsverträge sind dadurch gekennzeichnet, dass während der Grundmietzeit keine volle Amortisation durch die Leasing-Raten erzielt wird. Die Restamortisation muss dann am Ende der Grundmietzeit oder danach erzielt werden. Das kann wie folgt geschehen:

(1) Der Leasing-Nehmer ist verpflichtet, das Objekt auf Verlangen des Leasing-Gebers zu kaufen (Teilamortisationsvertrag mit Andienungsrecht des Leasing-Gebers). Statt dessen kommt auch ein Mietverlängerungsvertrag auf der Basis des vereinbarten Restwertes in Frage.

(2) Das Leasing-Objekt wird vom Leasing-Geber verkauft. Erbringt es mehr als den Restwert, wird der Mehrerlös aufgeteilt, wobei der Leasing-Geber mindestens 25 % erhält (Teilamortisationsvertrag mit Aufteilung des Mehrerlöses). Ein Mindererlös dagegen geht voll zu Lasten des Leasing-Nehmers.

(3) Der Leasing-Nehmer kann den Vertrag frühestens nach Ablauf von 40 % der betriebsgewöhnlichen Nutzungsdauer kündigen, ist aber zu einer Abschlusszahlung verpflichtet, die die Restamortisation gewährleistet. Wird das Objekt verkauft, werden 90 % des Verkaufserlöses auf die Abschlusszahlung angerechnet (kündbarer Vertrag mit Anrechnung des Verkaufserlöses auf die Abschlusszahlung).

Leasing-Effektivzins: Sie können den Leasing-Effektivzins bei jährlich fälligen Leasing-Raten leicht mit Hilfe des Instrumentariums der internen Zinsfuß-Methode ausrechnen. Dabei ist es stets hilfreich, die Zahlungsvorgänge am Zeitstrahl darzustellen. Alle Praxisfälle lassen sich mit Hilfe der Gleichung zur Effektivzinsbestimmung (Regula falsi) lösen. In manchen Fällen bietet sich der schnellere Weg über die finanzmathematischen Faktoren an.

Auch bei unterjährigen Leasing-Raten lässt sich der Leasing-Effektivzinssatz mit Hilfe des Instrumentariums der internen Zinsfuß-Methode ermitteln. Der Weg über 1. Zeitstrahldarstellung und 2. Regula falsi oder finanzmathematische Faktoren führt Sie zum Effektivzinssatz der unterjährigen Periode. Diesen setzen Sie in die Zinsumrechnungsformel ein und haben den effektiven Jahreszinssatz der Leasing-Finan-zierung.

Im Einzelnen können Sie sich an der folgenden Tabelle orientieren:

Fall Nr.	Zahlungsweise	Zahlungsverlauf	Lösung mit
1	Zahlungen fallen jährlich an	gleichbleibende Leasing-Raten, keine weiteren Zahlungen	DSF oder KWF oder Regula falsi
2		unterschiedliche Leasing-Raten, eventuell Optionspreis	nur Regula falsi
3	Zahlungen fallen monatlich, viertel- oder halbjährlich an	gleichbleibende Leasing-Raten, keine weiteren Zahlungen	DSF oder KWF oder Regula falsi und Zinsumrechnungsformel
4		unterschiedliche Leasing-Raten, eventuell Optionspreis	nur Regula falsi und Zinsumrechnungsformel

Factoring ist ein Finanzierungsgeschäft, bei dem der Factor (ein Finanzierungsinstitut, meist liiert mit einer Bank) neben der Übernahme verschiedener Dienstleistungen von seinem Klienten Forderungen aus Warenlieferungen und Dienstleistungen laufend bevorschusst oder ankauft und die Rechnungsbeträge unter Abzug eines bestimmten Prozentsatzes sofort an den Klienten auszahlt.

Echtes und unechtes Factoring: Der echte Factor übernimmt neben der Finanzierungsfunktion auch Dienstleistungen (Buchhaltung, Mahnwesen, Inkasso) und Versicherungsleistungen (Delkredere), letztere für den Fall der Uneinbringlichkeit der Forderung. Beim unechten Factoring fällt die Delkrederefunktion weg, beim Inkassofactoring fehlt die Finanzierungsfunktion. Daneben unterscheidet man zwischen offenem und stillem Factoring. Beim offenen Factoring erfährt der Geschäftspartner des Klienten (Anschlusskunden), dass dieser mit einem Factor zusammenarbeitet, beim stillen Factoring wird diese Zusammenarbeit verschwiegen.

Vor- und Nachteile des Factorings: Factoring ist für eine Unternehmung (Klient) dann vorteilhaft, wenn die gegenüber dem Bankkredit höheren Zinsaufwendungen durch entsprechende Einsparungen im Verwaltungs- und Risikobereich mehr als ausgeglichen werden. Nachteilig ist das Factoring für den Klienten insofern, als es eine gewisse Abhängigkeit vom Factor mit sich bringt und zu Imageeinbußen bei seinen Kunden führen kann.

Formeln und Symbolverzeichnis

Formeln	Symbole
$g = A \cdot \frac{i(1+i)^{n_1}}{(1+i)^{n_1}-1} = A \cdot KWF_{n_1}$ $g = (A-S) \cdot \frac{i(1+i)^{n_1}}{(1+i)^{n_1}-1} = (A-S) \cdot KWF_{n_1}$ $g = \left[A - R(1+i)^{-n_1}\right] \cdot \frac{i(1+i)^{n_1}}{(1+i)^{n_1}-1}$ $g = \left[A - R \cdot AbF_{n_1}\right] \cdot KWF_{n_1}$	g = Leasing-Raten A = Anschaffungsauszahlung n_1 = Grundmietzeit i = Kalkulationszinssatz KWF = Kapitalwiedergewinnungsfaktor S = Sonderzahlung bei Vertragsabschluss R = Restwert = Optionspreis m = Verlängerungsmiete n_2 = betriebsgewöhnliche Nutzungsdauer Z_0 = Barwert der Verlängerungsmiete
$g = (A-Z_0) \cdot KWF_{n_1} = \left[A - m \cdot \frac{(1+i)^{n_2-n_1}-1}{i(1+i)^{n_2-n_1}} \cdot (1+i)^{-n_1}\right] \cdot \frac{i(1+i)^{n_1}}{(1+i)^{n_1}-1}$ $g = (A-Z_0) \cdot KWF_{n_1} = \left[A - m \cdot DSF_{n_2-n_1} \cdot AbF_{n_1}\right] \cdot KWF_{n_1}$	

FRAGEN UND AUFGABEN

4.7.1 Definieren Sie kurz die folgenden Begriffe:

Leasing, direktes Leasing, Operating Leasing, Equipment Leasing, Sale-lease-back.

4.7.2 Welche steuerlichen Konsequenzen hat die Zurechnung des Leasing-Objektes zum Leasing-Geber oder Leasing-Nehmer?

4.7.3 Erläutern Sie die Leasing-Art, die als Alternative zum Kreditkauf gelten kann.

4.7.4 Wie muss der Vertrag beim Financial Leasing gestaltet sein, damit der Leasing-Geber als wirtschaftlicher Eigentümer gilt?

4.7.5 Welche Gesichtspunkte hat der Leasing-Geber bei der Festlegung seines Zinssatzes zu beachten?

4.7.6 a) Welcher Vorteil ergibt sich für den Leasing-Nehmer, wenn er beim Sale-lease-back seine Immobilie zu einem über dem Buchwert liegenden Preis verkauft und dann wieder anmietet?

b) Spart der Leasing-Nehmer Geld, wenn er anstelle eines Vollamortisationsvertrages einen Teilamortisationsvertrag abschließt? Begründen Sie Ihre Aussage.

4.7.7 Vergleichen Sie Kreditkauf und Leasing in finanzwirtschaftlicher Sicht. Ist Leasing unter Rentabilitäts- und Liquiditätsgesichtspunkten die günstigere Alternative? Begründen Sie Ihre Aussage.

4.7.8 Erläutern Sie kurz einige mögliche Vorteile des Leasings.

4.7.9 Definieren Sie den Begriff Factoring.

4.7.10 Welche Leistungen kann eine Factoring-Gesellschaft erbringen? Welche Aufwendungen können dem Klienten dabei entstehen?

4.7.11 Welche Gesichtspunkte hat der Factor bei der Festlegung seines Zinssatzes zu beachten?

4.7.12 Welches sind die Vor- und Nachteile des Factorings?

4.7.13 Die Autofirma BLITZSTART KG bietet ihren Kunden die Möglichkeit, Neuwagen gegen eine bestimmte Monatszahlung zu mieten. Die Monatsrate soll so bemessen sein, dass der Betrieb jeweils 1 % pro Monat für Zinsen, Wagnisse, Nebenkosten und Gewinn erhält. Zur Senkung der Monatsrate wird vereinbart, dass der Kunde nur für die Nutzung während der Mietzeit, die mit zwei Jahren angenommen wird, bezahlt, d. h. die BLITZSTART KG bleibt während und nach Ablauf der Leasing-Zeit Eigentümer. Als Restwert nach zwei Jahren werden unter Zugrundelegung der üblichen Nutzungsintensität 55 % des Neuwertes angesetzt.

Stellen Sie die angesprochenen Zusammenhänge am Zeitstrahl dar, und ermitteln Sie die genaue Monatsmiete, falls ein Wagen für 18.000 € angeschafft wird.

4.7.14 Die BAUKRAFT GmbH & Co plant die Errichtung einer Traglufthalle mit festem Fundament. Zur Finanzierung der Gesamtkosten von 1,6 Mio € stehen zwei Möglichkeiten zur Verfügung:

1. Ein Bankdarlehen mit den Konditionen:
   - Zinssatz 10 % auf die jeweilige Restschuld
   - Laufzeit 10 Jahre
   - Tilgung in gleichen Jahresraten während der Laufzeit
   - Beleihungsgrenze 75 % der Gesamtkosten
2. Ein Leasing-Vertrag mit den Konditionen:
   - Sonderzahlung von 25 % zum Zeitpunkt 0
   - Jahresmiete 360.000 € während der Grundmietzeit
   - Grundmietzeit 5 Jahre
   - Verlängerungsmiete bis zum 10. Jahr 50.000 € jährlich

Den amtlichen AfA-Tabellen entnehmen Sie eine betriebsgewöhnliche Nutzungsdauer von 10 Jahren bei linearer Abschreibung. Ein Viertel der Investitionssumme kann in Form von Eigenmitteln aufgebracht werden. Die Halle soll fest vermietet werden. Die nachhaltig erzielbare Jahresnettomiete beträgt 400.000 €, der Gewinnsteuersatz 60 % (pauschal).

Stellen Sie in einer Tabelle die liquiditätsmäßigen und steuerlichen Auswirkungen beider Finanzierungsmöglichkeiten dar. Ermitteln Sie jeweils die Gewinne nach Steuern und bewerten Sie die Vorteilhaftigkeit beider Varianten unter Zugrundelegung eines Kalkulationszinssatzes von 12 %.

4.7.15 Bei der WÜSTENGOLD-BRAUEREI wird erwogen, die Forderungen an eine Factorbank zu verkaufen.

Die Factorbank berechnet 8,5 % p. J. Zinsen auf die ausstehenden Forderungen. Der Jahresumsatz der WÜSTENGOLD beläuft sich auf 40 Mio €, von denen 15 % als Sperrbetrag für nachträgliche Abzüge, Retouren etc. nicht finanziert werden. Das den Kunden eingeräumte Zahlungsziel beträgt ein Quartal. Die Kunden, hauptsächlich Gastwirte, schöpfen dieses Ziel in aller Regel voll aus.

Der Factor übernimmt gegen eine Gebühr von 1 % des Jahresumsatzes auch die Dienstleistungsfunktion. Das Delkredere dagegen wird nicht übernommen.

a) Wie viel Prozent vom Finanzierungsvolumen machen die jährlich an den Factor abzuführenden Beträge aus?

b) Unter welchen Umständen würden Sie im gegebenen Fall die Einführung des Factorings bei der WÜSTENGOLD empfehlen? Wie heißt die Factoring-Form, bei der das Delkredererisiko beim Klienten verbleibt?

4.7.16 In einem Betrieb soll eine Spiralbohrschleifmaschine angeschafft und durch Leasing finanziert werden. Die anzuschaffende Maschine kostet A = 275.000 €. Die Leasing-Zeit beläuft sich auf 6 Jahre. Während der sechs Jahre ist jeweils am Jahresende eine Leasing-Rate in Höhe von 59.094 € fällig. Beim Abschluss des Vertrages verlangt die Leasing-Gesellschaft eine Sonderzahlung von 25.000 €.

a) Wie hoch ist der effektive Jahreszins der Leasing-Finanzierung, wenn keine weiteren Zahlungen anfallen (Zeitstrahl, Rechnung, Ergebnis auf zwei Nachkommastellen genau)?

b) Wie hoch ist der effektive Jahreszins der Leasing-Finanzierung, wenn die Sonderzahlung bei Vertragsabschluss 5.000 € beträgt und nach Abschluss der Grundmietzeit zusätzlich zu den Leasing-Raten ein Optionspreis von 50.000 € zu entrichten ist (Zeitstrahl, Rechnung, Ergebnis auf zwei Nachkommastellen genau)?

c) Wie hoch ist der effektive Jahreszins der Leasing-Finanzierung, wenn die Sonderzahlung bei Vertragsabschluss 5.000 € beträgt und nach Abschluss der Grundmietzeit zusätzlich zu den Leasing-Raten eine Verlängerungsmiete von 10.000 € pro Jahr, jeweils fällig am Jahresende, für die Dauer von 5 Jahren zu entrichten ist (Zeitstrahl, Rechnung, Ergebnis auf zwei Nachkommastellen genau)?

4.7.17 In einem Betrieb sollen Lkw-Wechselaufbauten angeschafft und mittels Leasings finanziert werden. Die anzuschaffenden Aufbauten kosten 275.000 €. Die steuerliche Nutzungsdauer gemäß AfA-Tabelle beträgt 5 Jahre. Die Leasingzeit beläuft sich auf 4,5 Jahre (= 90 % der steuerlichen Nutzungsdauer). Am Ende des Leasingzeitraumes hat der Leasing-Nehmer eine Restzahlung von 25 % der Anschaffungskosten zu leisten. Die Leasing-Raten – 2,23 % der Anschaffungskosten pro Monat – sind jeweils zum Monatsende zu überweisen.

a) Wie hoch ist der effektive Jahreszinssatz, mit dem die Leasing-Gesellschaft kalkuliert hat (Zeitstrahl, Rechnung, Ergebnis auf zwei Nachkommastellen genau)?

b) Mit welcher Monatsrate müsste die Leasing-Gesellschaft rechnen, wenn nach Ablauf der Grundmietzeit von 4,5 Jahren keine Restzahlung mehr fällig wäre und das Leasing-Objekt wegen Schwierigkeiten im Bereich der Zweitverwertung bei dem Leasing-Nehmer bliebe (Zeitstrahl, Rechnung, Ergebnis auf volle Mark gerundet)?

c) Mit welchem Effektivzins pro Monat und Jahr hat die Leasing-Gesellschaft gerechnet, wenn außer monatlichen Leasing-Raten von 6.781 € keine weiteren Zahlungen zu berücksichtigen sind (Zeitstrahl, Rechnung, Ergebnis auf zwei Nachkommastellen genau)?

5. Innenfinanzierung

5.1 Innenfinanzierung aus Gewinngegenwerten

5.1.1 Begriff Innenfinanzierung

Der Begriff Innenfinanzierung ist unscharf: Allzu leicht verbindet sich damit die Vorstellung, der Unternehmung flössen Finanzmittel von innen zu. Richtig ist aber, dass die meisten Unternehmungen auf Geldmittelzuflüsse von außen angewiesen sind, ausgenommen vielleicht Notenbanken und Falschmünzereien. Innenfinanzierung liegt demnach dann vor, wenn die Geldmittel in dem Sinne aus der Unternehmung selbst stammen, dass sie von ihr selbst erwirtschaftet worden sind. Man spricht anstelle von Innenfinanzierung gelegentlich auch von interner Finanzierung oder auch von Selbstfinanzierung im weiteren Sinne. Der Zusatz „im weiteren Sinne" ist dabei allerdings unerlässlich, denn üblicherweise versteht man unter Selbstfinanzierung die Finanzierung aus nicht ausgeschütteten Gewinnen. Wer also von Selbstfinanzierung oder (präziser) von Selbstfinanzierung im engeren Sinne spricht, meint stets die Finanzierung aus Gewinnen[1].

Definition: Innenfinanzierung ist ein Teil des Geldmittelzuflusses aus dem betrieblichen Umsatzprozess. Sie erfolgt im Wesentlichen als Verwendung von Gewinngegenwerten, Abschreibungsgegenwerten und Rückstellungsgegenwerten.

Bei der Innenfinanzierung unterscheiden wir zwischen der zusätzlichen Kapitalbildung (Bilanzverlängerung) und der Schaffung von disponiblen Finanzmitteln durch Vermögensumschichtung (Aktivtausch). Finanzwirtschaftlich bedeutsam sind vor allem solche Vorgänge, bei denen der Unternehmung liquide Mittel zufließen, denen keine (oder noch keine) Auszahlungen gegenüberstehen. Somit erfolgt Innenfinanzierung, wenn zwei Bedingungen erfüllt sind[2]:

(1) Die Unternehmung hat einen Zufluss liquider Mittel in einer Periode aus dem ordentlichen betrieblichen Umsatzprozess oder aus außerordentlichen Umsätzen.

(2) Dem Mittelzufluss steht in dieser Periode kein auszahlungswirksamer Aufwand gegenüber.

Ferner kann die Vermeidung oder Verschiebung bisher geplanter Auszahlungen als Innenfinanzierung gesehen werden.

Definitionen als Begriffsbestimmungen durch Erklärung der Begriffsinhalte sind Sprachregelungen aus Zweckmäßigkeitsgründen. Definitionen sind also nicht richtig oder falsch, sie sind zweckmäßig oder unzweckmäßig und werden an ihrer Tauglichkeit gemessen, ein bestimmtes Ziel zu erreichen[3]. Und so ist auch die Einteilung des Fachgebietes Finanzierung in seine Teile Eigen- und Fremdfinanzierung sowie Außen- und Innenfinanzierung nicht mit den Kriterien richtig oder falsch, sondern als zweckmäßige oder unzweckmäßige Sprachregelung zu beurtei-

1 Der Begriffsinhalt „Selbstfinanzierung = Finanzierung aus einbehaltenen Gewinnen" geht auf Prion zurück. Vgl. W. Prion, Selbstfinanzierung der Unternehmen, S. 47 f.

2 Vgl. hierzu: L. Perridon/M. Steiner, Finanzwirtschaft der Unternehmung, S. 464 f.

3 Das gilt nicht nur in der Ökonomie, sondern grundsätzlich. Für die Kommunikation zwischen den Menschen ist es hilfreich, wenn alle Beteiligten unter einer Sache das Gleiche verstehen, sich also für einen bestimmten Zweck auf eine einheitliche Definition einigen.

len. Wir schließen uns der herrschenden Lehre an, die die Unterscheidungen Eigen- und Fremdfinanzierung sowie Außen- und Innenfinanzierung nutzt, weisen aber darauf hin, dass die Grenzen zwischen den vier Begriffen nicht eindeutig, sondern fließend sind[1]: Ist Leasing ein Ersatz für Fremdfinanzierung oder eine Anlageinvestition mit angekoppelter Finanzierung? Gehören Lieferantenkredite in den Finanzierungsbereich, obgleich kein Bargeldzufluss stattfindet, sondern lediglich Zahlungen zeitlich hinausgeschoben werden? Wir systematisieren die Innenfinanzierung wie folgt[2]:

ABB. 5.1: Systematik der Innenfinanzierung

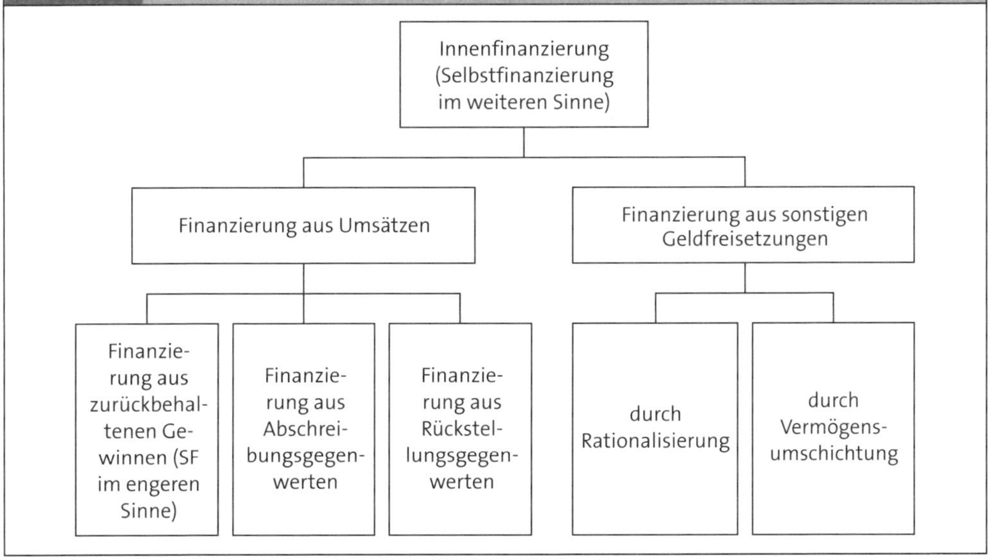

Betrachtet man die folgende problematische Einteilung der Finanzierung aus Umsätzen, so wird deutlich, dass hierbei eine Zuordnung von Verkaufserlösen zu bestimmten Kosten- oder Aufwandspositionen vorgenommen wird, die auf dem Denk- und Begriffsschema der internen und externen Erfolgsrechnung beruht.

1 So auch: D. Schneider, Investition, Finanzierung und Besteuerung, S. 13 ff. – J. Süchting, Finanzmanagement, S. 22 ff. – G. Wöhe/J. Bilstein, Grundzüge der Unternehmensfinanzierung, S. 19 f.

2 Ähnlich: K. Olfert, Finanzierung, S. 359.

ABB. 5.2: Problematische Kopplung von Aufwendungen und Erträgen

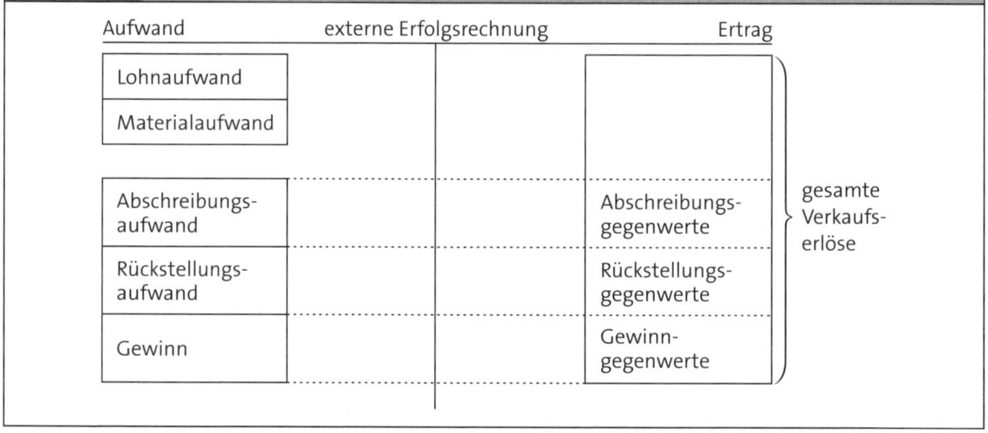

Diese Denkweise sollten Sie nicht unkritisch auf den Finanzierungsbereich übertragen. Vielmehr sind folgende Punkte zu beachten:

- Die Zuordnung von Umsätzen zu bestimmten Kosten- oder Aufwandspositionen stellt keine Kausalbeziehung zwischen diesen Größen dar.
- Für den Finanzierungsbereich ist die Analyse der Ein- und Auszahlungsströme wesentlich, nicht die Betrachtung von Kosten und Leistungen oder von Aufwendungen und Erträgen.
- Die Zuordnung der Verkaufserlöse beschränkt sich in obiger Übersicht auf solche Positionen, die im Allgemeinen erst erheblich später zu Auszahlungen führen (Abschreibungsgegenwerte werden oft erst Jahre später oder überhaupt nicht reinvestiert, Pensionsrückstellungsgegenwerte können jahrzehntelang, einbehaltene Gewinne unbegrenzt im Unternehmen verbleiben). Andere Positionen hingegen, die relativ rasch zu Auszahlungen führen (Beispiel: Lohn- und Gehaltsaufwendungen), bleiben bei dieser Sichtweise unbeachtet. Sie sind jedoch finanzierungstechnisch genau so bedeutsam wie Gewinnzahlungen oder Zahlungen für Investitionsobjekte.

5.1.2 Finanzierung aus Gewinngegenwerten (Selbstfinanzierung)

5.1.2.1 Formen der Selbstfinanzierung

Die Finanzierung aus Gewinngegenwerten (= Selbstfinanzierung im engeren Sinn) können Sie einteilen nach der Begriffsausdehnung, der Art des Ausweises einbehaltener Gewinne, dem Zeitaspekt und dem Zwangscharakter:

ABB. 5.3: Systematik der Selbstfinanzierung

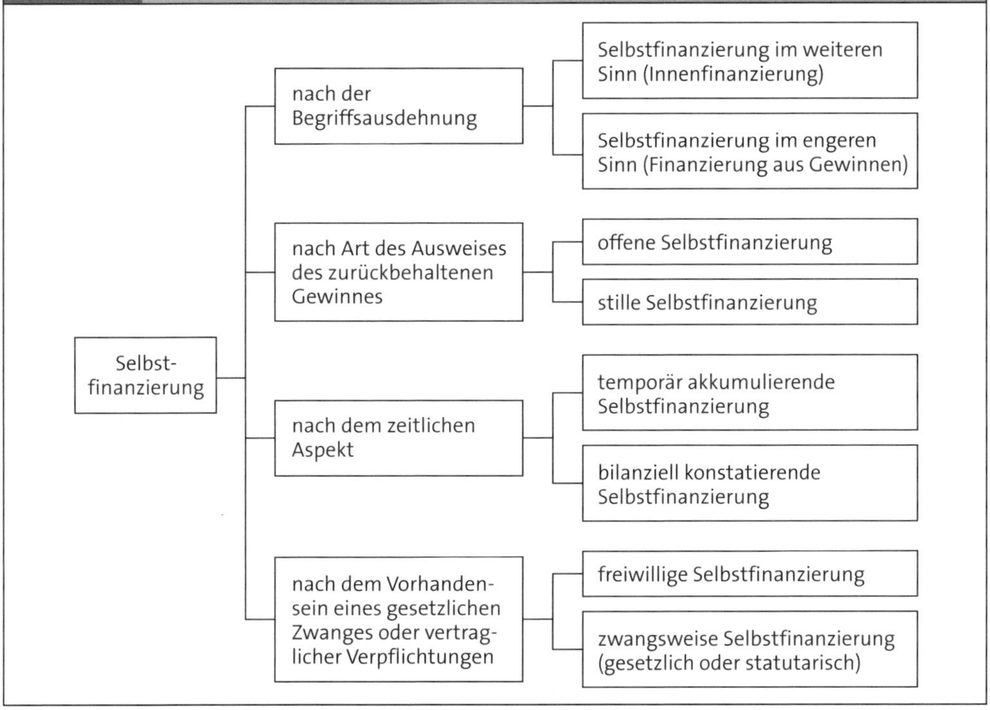

Begriffsextension: Bereits bekannt ist Ihnen die Unterscheidung nach der Begriffsausdehnung: Selbstfinanzierung im weiteren Sinn umfasst die gesamte Innenfinanzierung, während Selbstfinanzierung im engeren Sinn lediglich die Finanzierung aus Gewinngegenwerten meint. Selbstfinanzierung ohne weitere Hinzufügung soll für uns künftig stets Finanzierung aus Gewinngegenwerten bedeuten, also Selbstfinanzierung im engeren Sinn.

Gewinnausweis: Offene Selbstfinanzierung liegt vor, wenn Gewinne nicht ausgeschüttet werden und die Gewinneinbehaltung bilanziell erkennbar ist. Die einbehaltenen Gewinne werden ausgewiesen und versteuert. Bei Personengesellschaften und Einzelunternehmungen erfolgt die offene Selbstfinanzierung durch Gutschrift auf dem Kapitalkonto und Verzicht auf Gewinnentnahme. Bei Kapitalgesellschaften erfolgt die offene Selbstfinanzierung durch Zuführung des einbehaltenen Gewinns in die offenen Rücklagen oder in den Gewinnvortrag, wobei gemäß HGB §§ 266 und 272 folgendes Schema vorgesehen ist:

- Kapitalrücklagen
- Gewinnrücklagen
  - gesetzliche Rücklage
  - Rücklage eigener Anteile
  - satzungsgemäße Rücklagen
  - andere Gewinnrücklagen.

Für die offene Selbstfinanzierung sind nur die Gewinnrücklagen von Bedeutung, da die Kapitalrücklagen lediglich Agio-Beträge aus der Ausgabe von Aktien, Wandelschuldverschreibungen und Optionsschuldverschreibungen sowie Zuzahlungen der Gesellschafter auf das Eigenkapital enthalten. Die Einbehaltung von Gewinngegenwerten führt zu einer Bilanzverlängerung; die Ausschüttung von Gewinngegenwerten bewirkt eine Bilanzverkürzung.

Die stille Selbstfinanzierung dagegen erfolgt durch Einbehaltung nicht ausgewiesener Gewinne. Hierbei werden durch bilanzielle Bewertungsakte stille Reserven gebildet, die nicht aus der Bilanz ersichtlich sind. Der Gewinnausweis kann verringert werden durch[1]:

1. Unterbewertung von Aktiva, z. B.
   - Unterlassung von Aktivierungen,
   - zu niedriger Wertansatz von Vermögensteilen (insbesondere bei Immobilien),
   - Unterlassung oder Unmöglichkeit (Zwangsreserven) der Zuschreibung bei Wertsteigerungen von Vermögensteilen.
2. Überbewertung von Passiva, z. B.
   - Ansatz zu hoher Rückstellungen.

Zeitaspekt: Nach einer Unterscheidung von Lipfert[2] kann man weiter die temporär akkumulierende und die bilanziell konstatierende Selbstfinanzierung voneinander trennen. Zur temporär akkumulierenden Selbstfinanzierung gehört der Gewinn, der sich vom Zeitpunkt seiner Entstehung bis zur Ausschüttung in der Unternehmung ansammelt.

ABB. 5.4: Gewinne: im Jahresablauf akkumuliert, am Jahresende ausgeschüttet

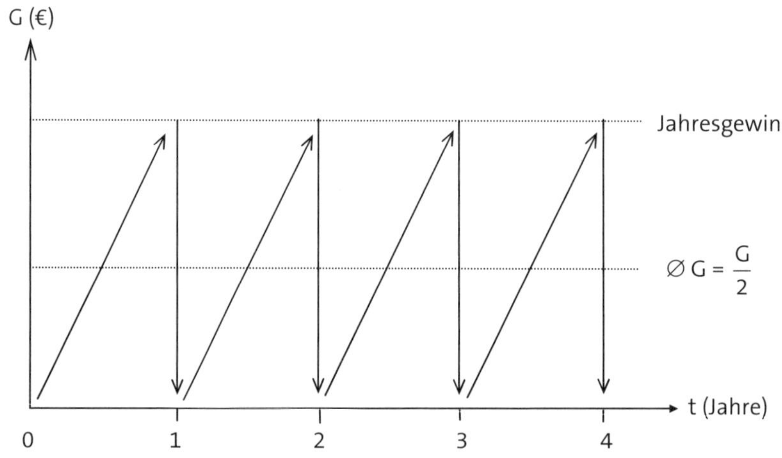

Die Abbildung zeigt Ihnen, wie der Gewinn, der jeweils am Jahresende voll ausgeschüttet wird, sich während des Jahres ansammelt (akkumuliert) und in dieser Zeit der Unternehmung auch

1 Ähnlich bei: L. Perridon/M. Steiner, Finanzwirtschaft der Unternehmung, S. 467.

2 Vgl. H. Lipfert, Optimale Unternehmensfinanzierung, S. 17 f.

zu Finanzierungszwecken zur Verfügung steht. In unserem Beispiel ist es jeweils die Hälfte des Gewinnbetrags[1]: Selbst bei einer jährlichen Ausschüttung des vollen und unmanipulierten Gewinns liegt Selbstfinanzierung (temporär akkumulierend) vor.

Soll ein Teil oder die Gesamtheit der temporär akkumulierten Gewinne der Unternehmung weiterhin zur Verfügung stehen, so werden Reserven (offene oder stille) gebildet: Die Selbstfinanzierung wird bilanziell konstatiert. Durch diesen Bilanzierungsvorgang fließen der Unternehmung keine neuen Finanzierungsmittel zu, es wird lediglich festgestellt, dass die vorhandenen Beträge ganz oder teilweise nun auch formal dem Eigenkapital oder den Rücklagen zugeschrieben werden. In der bilanziell konstatierenden Selbstfinanzierung ist kein materieller Finanzierungsvorgang zu sehen.

Zwangscharakter: Eine letzte Unterscheidung stellt bei Aktiengesellschaften auf das Vorhandensein eines gesetzlichen oder statutarischen (satzungsmäßigen) Zwanges ab[2]. So schreibt § 150 AktG die Bildung einer gesetzlichen Rücklage vor. In diese ist der zwanzigste Teil des um einen Verlustvortrag aus dem Vorjahr geminderten Jahresüberschusses einzustellen, bis die gesetzliche Rücklage nach HGB und die Kapitalrücklagen nach § 272 Abs. 2 Nr. 1 bis 3 des HGB zusammen den zehnten oder den in der Satzung bestimmten höheren Teil des Grundkapitals erreicht haben. Diese zwangsweise Bildung offener Rücklagen heißt auch gesetzliche Selbstfinanzierung. Solange die gesetzlichen Rücklagen und die Kapitalrücklage nach HGB zusammen den zehnten oder den in der Satzung vorgeschriebenen höheren Teil des Grundkapitals nicht übersteigen, dürfen sie nur verwendet werden

- zum Ausgleich eines Jahresfehlbetrags, soweit der nicht durch einen Gewinnvortrag aus dem Vorjahr gedeckt ist und nicht durch Auflösung anderer Gewinnrücklagen ausgeglichen werden kann;
- zum Ausgleich eines Verlustvortrags aus dem Vorjahr, soweit der nicht durch einen Jahresüberschuss gedeckt ist und nicht durch Auflösung anderer Gewinnrücklagen ausgeglichen werden kann.

Übersteigen die gesetzliche Rücklage und die Kapitalrücklagen nach § 272 Abs. 2 Nr. 1 bis 3 des HGB den zehnten oder den in der Satzung bestimmten höheren Teil des Grundkapitals, so darf der übersteigende Betrag verwendet werden

- zum Ausgleich eines Jahresfehlbetrags, soweit der nicht durch einen Gewinnvortrag aus dem Vorjahr gedeckt ist;
- zum Ausgleich eines Verlustvortrags aus dem Vorjahr, soweit der nicht durch einen Jahresüberschuss gedeckt ist;
- zur Kapitalerhöhung aus Gesellschaftsmitteln nach den §§ 207 bis 220 HGB.

Die Verwendung des Jahresüberschusses ist in § 58 AktG geregelt:

(1) Die Satzung kann nur für den Fall, dass die Hauptversammlung den Jahresabschluss feststellt, bestimmen, dass Beträge aus dem Jahresabschluss in andere Gewinnrücklagen einzustellen sind. Auf Grund einer solchen Satzungsbestimmung kann höchstens die Hälfte

1 Vorausgesetzt, der Gewinn fällt gleichmäßig während des Jahres an. Ein Spielwarenverkäufer gelangt möglicherweise erst mit dem Weihnachtsgeschäft in die Gewinnzone.

2 Die Begriffe statutarisch und statuarisch werden leicht verwechselt. Statutarisch bezieht sich auf die Satzung, das Statut. Statuarisch bezieht sich auf das Standbild, die Statue.

des Jahresüberschusses in andere Gewinnrücklagen eingestellt werden. Dabei sind Beträge, die in die gesetzliche Rücklage einzustellen sind, und ein Verlustvortrag vorab vom Jahresüberschuss abzuziehen.

(2) Stellen Vorstand und Aufsichtsrat den Jahresabschluss fest, so können sie einen Teil des Jahresüberschusses, höchstens jedoch die Hälfte, in andere Gewinnrücklagen einstellen. Die Satzung kann Vorstand und Aufsichtsrat zur Einstellung eines größeren oder kleineren Teils, bei börsennotierten Gesellschaften nur eines größeren Teils des Jahresüberschusses, ermächtigen. Auf Grund einer solchen Satzungsbestimmung dürfen Vorstand und Aufsichtsrat keine Beträge in andere Gewinnrücklagen einstellen, wenn die anderen Gewinnrücklagen die Hälfte des Grundkapitals übersteigen oder soweit sie nach der Einstellung die Hälfte übersteigen würden.

5.1.2.2 Beurteilung der Selbstfinanzierung

Die Beurteilung der Selbstfinanzierung stützt sich im Wesentlichen auf ihre Vorteile für die selbstfinanzierende Unternehmung und mögliche Nachteile aus der Sicht der Anteilseigner und der Volkswirtschaft.

Die selbstfinanzierende Unternehmung

- vermeidet künftige Zins- und Tilgungsbelastungen, falls die Alternative zur Gewinneinbehaltung in der Fremdfinanzierung zu sehen ist oder durch Gewinneinbehaltung die Schulden gesenkt werden können;
- spart bei Gewinneinbehaltung die Emissionsaufwendungen, falls die Alternative zur Selbstfinanzierung in neuem Beteiligungskapital liegt;
- stabilisiert die gegenwärtigen Mehrheits- und Herrschaftsverhältnisse;
- verbreitert die Eigenkapital- und somit Haftungsbasis, schafft also auch die Voraussetzung für zusätzliche und günstigere Fremdfinanzierungsmöglichkeiten;
- kann über die Verwendung der einbehaltenen Mittel frei entscheiden;
- realisiert möglicherweise einen Steuerstundungsvorteil, wenn durch die Bildung stiller Reserven Steuern eingespart und erst später bei der Reservenauflösung fällig werden.

Die Anteilseigner müssen als unmittelbare Folge der Selbstfinanzierung mit einer Dividendenschmälerung rechnen. Diesem Nachteil in der laufenden Periode steht der (allerdings ungewisse) Vorteil späterer Kurs- und Dividendensteigerungen gegenüber, die aus dem selbstfinanzierten Unternehmenswachstum oder einem Abbau der Schulden und Fremdkapitalzinsen resultieren. Volkswirtschaftlich liegt das Problem der Selbstfinanzierung in der dadurch ermöglichten Kapitalfehlleitung. Die einbehaltenen Mittel werden nicht der Selektion des Kapitalmarktes unterworfen, so dass die Gefahr besteht, dass mit ihnen, zins- und tilgungsfrei, wie sie ihrer Optik nach erscheinen[1], auch solche Investitionen finanziert werden, die der Kapitalmarkt abgelehnt hätte, weil ihre Rendite unter dem Kalkulationszinssatz liegt. *Fazit:* Vorteile aus der Selbstfinanzierung zieht vor allem die selbstfinanzierende Unternehmung. Nachteile können den Anteilseignern und der Volkswirtschaft erwachsen.

1 Selbstfinanzierung ist langfristig nicht zinslos. Die Aktionäre erwarten ein Bündel an Wohltaten, bestehend aus Dividende und/oder Kurssteigerungen und/oder Gratisaktien, sofern die Gewinnpolitik der Gesellschaft zu entsprechenden offenen und stillen Rücklagen geführt hat.

5.1.2.3 Selbstfinanzierung und Besteuerung bei der AG

5.1.2.3.1 Möglichkeiten der Selbstfinanzierung

Eine Aktiengesellschaft, die ihren Gewinn ganz oder teilweise zur offenen Selbstfinanzierung verwenden will, hat grundsätzlich die Wahl zwischen drei Möglichkeiten:

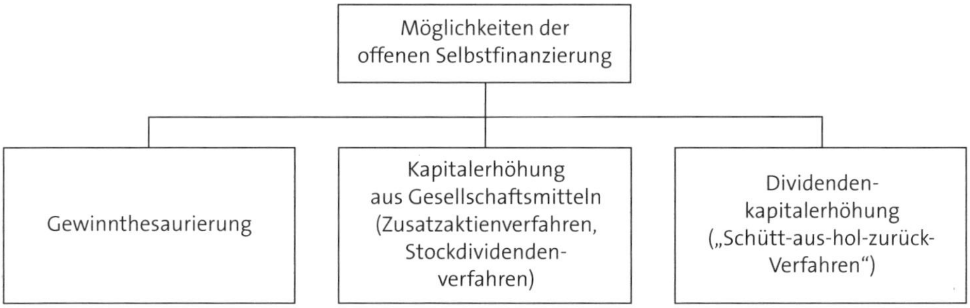

Welche der drei Möglichkeiten die AG in der Praxis wählt, hängt wesentlich von der Höhe und Ausgestaltung der Steuern ab, die den Gewinn belasten. Entscheidungen zur Selbstfinanzierung sind deshalb unter Berücksichtigung der Körperschaftsteuer und der Gewerbeertragsteuer zu fällen. Wir betrachten bei den folgenden Ausführungen stets den Fall der AG; jedoch sind die für die AG ermittelten Ergebnisse auch auf andere Kapitalgesellschaften übertragbar.

5.1.2.3.2 Gewinnthesaurierung

Bei der Gewinnthesaurierung[1] wird der erzielte Gewinn im Unternehmen zurückbehalten. Er erhöht die Rücklagen. Es erfolgt jedoch keine Umwandlung der zusätzlichen Rücklagen in Grundkapital. Infolgedessen entfallen auch die Ausgabe junger Aktien und die damit verbundenen Emissionsaufwendungen.

Durch die Unternehmensteuerreform 2008[2] hat sich die Ermittlung des Selbstfinanzierungsnettobetrages im Falle der Thesaurierung des Gewinns in folgender Weise geändert:

	Gewinn (G)
–	Gewerbeertragsteuer (GewSt)
–	Körperschaftsteuer (KSt)
–	Solidaritätszuschlag (SolZ)
=	Selbstfinanzierungsnettobetrag (S_{Th}) bei Thesaurierung

Gewerbeertrag ist grundsätzlich der nach den Vorschriften des Einkommensteuergesetzes oder des Körperschaftsteuergesetzes zu ermittelnde Gewinn aus Gewerbebetrieb, der im praktischen

1 Der Fachbegriff Thesaurierung geht zurück auf thesauros (griech.) = Schatz, Schatzhaus.
2 Verabschiedet durch den Deutschen Bundestag am 25. 05. 2007.

Fall noch durch Hinzurechnungen und Kürzungen (vgl. §§ 8 und 9 GewStG) zu korrigieren ist. Im Folgenden wollen wir aus Vereinfachungsgründen von Hinzurechnungen und Kürzungen absehen. Dann gilt: Gewerbeertrag = Gewinn aus Gewerbebetrieb.

Nach der Unternehmensteuerreform 2008 ist die Gewerbesteuer ab 01. 01. 2008 nicht mehr als Betriebsausgabe abzugsfähig. Daher wird die Bemessungsgrundlage weder bei der Ermittlung der Gewerbesteuer noch bei der Körperschaftsteuer um die Gewerbesteuer verringert[1].

Die Gewerbeertragsteuer hat als Bemessungsgrundlage den Gewerbeertrag[2]. Der Gewerbesteuersatz t_{GewSt} ergibt sich durch die Multiplikation der Steuermesszahl m, kurz Messzahl, die durch die Unternehmensteuerreform auf 3,5 % = 0,035 abgesenkt wurde, mit dem Hebesatz h der steuerberechtigten Gemeinde, z. B. h = 400 % = 4,00[3].

Hebesatz

(5.1.1) $$t_{GewSt} = m \cdot h = 0{,}035 \cdot 4{,}00 = 0{,}14 = 14\,\%$$

Messzahl

Der Körperschaftsteuersatz ist durch die Unternehmensteuerreform auf 15 % abgesenkt worden. Der Solidaritätszuschlag von derzeit 5,5 % auf die Körperschaftsteuer ist unverändert geblieben.

(5.1.2) $$S_{Th} = G - G\,(t_{GewSt} + t_{KSt} + t_{KSt} \cdot 0{,}055)$$

Selbstfinanzierungsnettobetrag bei Gewinnthesaurierung

Die folgenden Berechnungen zur Ermittlung des Selbstfinanzierungsnettobetrages sind an folgende vereinfachende Voraussetzungen geknüpft:

(1) Keine Hinzurechnungen und Kürzungen bei der Ermittlung des Gewerbeertrags.

(2) Der Gewinn aus Gewerbebetrieb ist gleich dem körperschaftsteuerpflichtigen Gewinn.

BEISPIEL (Selbstfinanzierungsnettobetrag bei Gewinnthesaurierung)

Eine Kapitalgesellschaft erzielt einen Gewinn von 100 T€ vor Steuern, der vollständig thesauriert werden soll. Der Hebesatz der Gemeinde für die Gewerbesteuer beträgt 400 %.

Wie hoch ist der Selbstfinanzierungsnettobetrag?

1 Vgl. B. Kaminski/G. Strunk, Besteuerung unternehmerischer Tätigkeit, S. 245.
2 Die bis zum 31. 12. 2007 geltende Regelung wird hier nicht mehr dargestellt.
3 Vgl. A. Lühn/M. Lühn, Vergleich der Besteuerung von Personenunternehmen und Kapitalgesellschaften …, in: Steuern und Bilanzen 7/2007, S. 254.

Lösung

$S_{Th} = G - G\,(t_{GewSt} + t_{KSt} + t_{KSt} \cdot 0{,}055)$

	Gewinn vor Steuern	100,00 T€
–	Gewerbeertragsteuer (14 %)	14,00 T€
–	Körperschaftsteuer (15 %)	15,00 T€
–	Solidaritätszuschlag (5,5 % auf die KSt)	0,83 T€
=	Selbstfinanzierungsnettobetrag S_{Th}	70,17 T€

Ergebnis: Bei vollständiger Gewinnthesaurierung kann die Unternehmung über einen Selbstfinanzierungsnettobetrag verfügen, der 70,17 % des Gewinns ausmacht. Die Steuerbelastung auf Gesellschaftsebene beträgt 29,83 %.

5.1.2.3.3 Kapitalerhöhung aus Gesellschaftsmitteln

Bei der Kapitalerhöhung aus Gesellschaftsmitteln (Zusatzaktienverfahren, Stockdividendenverfahren[1]) erhalten die Aktionäre anstelle einer Bardividende neue Aktien (Zusatzaktien, Gratisaktien, Berichtigungsaktien). Der ausschüttungsfähige Gewinn wird einer offenen Rücklage zugeführt. Die Rücklagen werden sodann durch Ausgabe neuer Aktien in Grundkapital umgewandelt, ein Passivtausch, der die Höhe des Eigenkapitals nicht berührt. Die Aktionäre, die Wert auf Bargeld legen, können ihre Bezugsrechte auf Gratisaktien oder später die Gratisaktien selbst an der Börse veräußern, wodurch allerdings ihr relativer Anteil an der Gesellschaft sinkt. Behält der Aktionär seine Gratisaktien, bleibt für ihn rechnerisch alles gleich. Seine Beteiligung wird nunmehr lediglich durch eine größere Zahl von Aktien repräsentiert, deren Kurs entsprechend geringer sein dürfte. Das zeigt auch das folgende Beispiel[2].

BEISPIEL: (Effekte einer Kapitalerhöhung aus Gesellschaftsmitteln im Verhältnis 1 : 1)

A. Bilanz-Effekt	Grundkapital	20.000.000,00 €	40.000.000,00 €
	Zahl der Aktien	200.000	400.000
	Rücklagen	30.000.000,00 €	10.000.000,00 €
	Eigenkapital	50.000.000,00 €	50.000.000,00 €
B. GuV-Effekt	Gewinn	5.000.000,00 €	5.000.000,00 €
	Gewinn pro Aktie	25,00 €	12,50 €
C. Markt-Effekt	Kurs/Gewinn-Verhältnis	10	10
	Kurs	250	125

Die Frage ist, welcher Betrag der Unternehmung bei Durchführung einer Kapitalerhöhung aus Gesellschaftsmitteln netto zu Selbstfinanzierungszwecken zur Verfügung steht (Selbstfinanzierungsnettobetrag). Der Selbstfinanzierungsnettobetrag S_Z nach dem Zusatzaktienverfahren beläuft sich auf:

(5.1.3) $$S_Z = G - (G \cdot t_{GewSt}) - (G \cdot t_{KSt}) - (G \cdot t_{KSt} \cdot 0{,}055) - \text{Emissionsaufwand}$$

1 Stockdividende bedeutet, dass die Dividendenzahlung nicht in bar, sondern in Form zusätzlicher Aktien erfolgt.

2 Vgl. J. Süchting, Finanzmanagement, S. 95.

Die bei der Ausgabe von jungen Aktien anfallenden Emissionsaufwendungen müssen berücksichtigt werden. Diese kann man pauschal mit einem Prozentsatz e des an die Unternehmung zurückfließenden Betrags angeben. Daraus ergibt sich die folgende Konkretisierung des Selbstfinanzierungsnettobetrags nach dem Zusatzaktienverfahren:

$$S_Z = G - (G \cdot t_{GewSt}) - (G \cdot t_{KSt}) - (G \cdot t_{KSt} \cdot 0{,}055) - (e \cdot S_Z) \quad | + e \cdot S_Z$$

$$S_Z (1 + e) = G - G\,(t_{GewSt} + t_{KSt} + t_{KSt} \cdot 0{,}055) \quad | : (1 + e)$$

(5.1.4) $$S_Z = \frac{G - G\,(t_{GewSt} + t_{KSt} + t_{KSt} \cdot 0{,}055)}{1 + e}$$ Selbstfinanzierungsnettobetrag bei Zusatzaktien

BEISPIEL: (Selbstfinanzierungsnettobetrag bei Zusatzaktien)

Eine Kapitalgesellschaft erzielt einen Gewinn von 100 T€ vor Steuern, der im Rahmen des Zusatzaktienverfahrens zur offenen Selbstfinanzierung verwendet werden soll.

Ermitteln Sie den Selbstfinanzierungsnettobetrag S_Z unter Berücksichtigung der Emissionsaufwendungen in Höhe von e = 5 % des Selbstfinanzierungsnettobetrags.

Lösung

$$S_z = \frac{G - G\,(t_{GewSt} + t_{KSt} + t_{KSt} \cdot 0{,}055)}{1 + e}$$

$$S_z = \frac{100 - 100\,(0{,}14 + 0{,}15 + 0{,}15 \cdot 0{,}055)}{1 + 0{,}05}$$

$$S_z = \frac{100 - 29{,}83}{1{,}05} = 66{,}83 \text{ T€}$$

Gewinn vor Steuern	100,00 T€	
– Gewerbeertragsteuer (14 %)	14,00 T€	
– Körperschaftsteuer (15 %)	15,00 T€	
– Solidaritätszuschlag (5,5 % auf die KSt)	0,83 T€	
= Zwischensumme	70,17 T€	105 %
– Emissionsaufwendungen (5 % von S_Z)	3,34 T€	5 %
= Selbstfinanzierungsnettobetrag S_Z	66,83 T€	100 %

Ergebnis: Somit zeigt sich, dass 66,83 % des Gewinns im Unternehmen bleiben, wenn das Zusatzaktienverfahren gewählt wird, bei dem man 33,17 % des körperschaftsteuerpflichtigen Gewinns für Steuern und Emissionsaufwendungen einplanen muss. Es stehen weniger Mittel zur Verfügung als bei der Gewinnthesaurierung, weil die Emissionsaufwendungen anfallen.

5.1.2.3.4 Dividendenkapitalerhöhung

Die Dividendenkapitalerhöhung geht wie folgt vor sich: Die Gewinne werden

(1) zwar ausgeschüttet, aber – nach erfolgter Versteuerung –

(2) wieder auf dem Wege der Kapitalerhöhung in die Gesellschaft eingebracht.

Weil die Unternehmung die Dividende durch die Ausgabe junger Aktien wieder zurückholt, nennt man dieses Verfahren auch plastisch „Schütt-aus-hol-zurück-Politik“.

BEISPIEL: (Dividendenkapitalerhöhung bei der FSG)

„Das Grundkapital der Flensburger Schiffbau-Gesellschaft (FSG) soll nach dem Willen von Vorstand und Aufsichtsrat auf 20 Millionen DM verdoppelt werden. Die Kapitalerhöhung erfolgt aus Mitteln der Gesellschaft durch den Fortfall von Risiken bei Schiffsbeteiligungen, für die in den Vorjahren Rückstellungen und Wertberichtigungen gebildet worden waren. Der für die Kapitalerhöhung vorgesehene Betrag soll zunächst ausgeschüttet und dann durch Emission neuer Aktien gegen Bareinlage der Gesellschaft wieder zugeführt werden ...“.
Quelle: Kieler Nachrichten vom 26. 06. 1982, S. 8.

Die „Schütt-aus-hol-zurück-Politik“ funktioniert auch dann, wenn nicht alle Aktionäre die erhaltene Nettodividende wieder zum Aktienerwerb verwenden, da ein Aktionär, der auf sein Bezugsrecht verzichtet, dieses Recht an einen Dritten verkauft, der es an seiner Stelle ausübt.

Die Wirkung der „Schütt-aus-hol-zurück-Politik“ hängt in entscheidender Weise von der steuerlichen Behandlung der Ausschüttungen an die Aktionäre ab. Durch die Unternehmensteuerreform 2008 wird das Halbeinkünfteverfahren abgeschafft. Ab 01. 01. 2009 wird für private Kapitalerträge eine Abgeltungssteuer von 25 % eingeführt; für Anteile an Kapitalgesellschaften, die im Betriebsvermögen gehalten werden, gilt in Zukunft das Teileinkünfteverfahren. Diese Änderung hat Folgen für die „Schütt-aus-hol-zurück-Politik“.

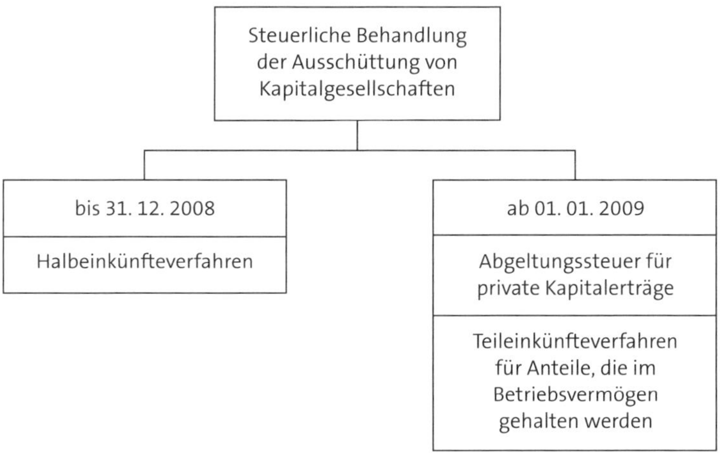

(1) Wirkungsweise des Halbeinkünfteverfahrens (bis Ende 2008)

Beim Halbeinkünfteverfahren liegt der Vorteil einer Dividendenkapitalerhöhung im Anrechnungssystem, wonach vorweg gezahlte Steuern (Körperschaftsteuer und Kapitalertragsteuer) dem Aktionär als Steuergutschrift zufließen und mit seiner individuellen Einkommensteuer verrechnet werden. Die Kapitalertragsteuer ist eine Quellensteuer, die die Einkünfte aus Kapitalvermögen mit 20 % belastet. Diese Einkünfte werden aber auch im Rahmen der Einkommensteuer erfasst. Deshalb ist die Kapitalertragsteuer als vorweg gezahlte Einkommensteuer anzusehen und wirkt mindernd auf die Einkommensteuerschuld: Sie wird angerechnet.

Das folgende Beispiel zeigt die Wirkungsweise des Halbeinkünfteverfahrens bei der Realisierung von Dividendeneinkünften. Hierbei war es das Ziel des Gesetzgebers, im Rahmen des Halbeinkünfteverfahrens die Gesamtsteuerbelastung von in der Kapitalgesellschaft erwirtschafteten und an die Anteilseigner ausgeschütteten Erträgen der persönlichen Steuerbelastung des Anteilseigners zu unterwerfen[1].

BEISPIEL (Dividendenbesteuerung bei Kapitalgesellschaft)

Eine GmbH hat einen Jahresüberschuss vor Steuern erwirtschaftet in Höhe von 100.000 €. Die Körperschaftsteuer darauf beträgt 25 % = 25.000 €[2]. Im Falle der Vollausschüttung muss die GmbH auf Rechnung des Anteilseigners 20 % Kapitalertragsteuer (KapESt) der Bardividende = 15.000 € abführen.

Die Gesellschafter haben zu versteuern:

Steuersatz	48,5 %	20 %
Einnahme gemäß § 20 Abs. 1 Nr. 1 EstG	75.000 €	75.000 €
zu versteuern, 50 % nach § 3 Nr. 40 d EStG	37.500 €	37.500 €
Einkommensteuer	18.187 €	7.500 €
– anrechenbare KapESt	15.000 €	15.000 €
= endgültige Einkommensteuerschuld	3.187 €	– 7 500 €
Steuerschuld GmbH	25.000 €	25.000 €
abzuführende KapESt	15.000 €	15.000 €
Einkommensteuer Gesellschafter	3.187 €	–7.500 €
= Gesamtsteuerbelastung	43.187 €	32.500 €

Bezogen auf den erwirtschafteten Ertrag in Höhe von 100.000 € ergibt dies eine Gesamtbelastung in Höhe von 43,18 % im ersten Fall bzw. 32,5 % in der Alternative.

Bei einem Steuersatz des Anteilseigners von 40 % würde sich folgende Berechnung ergeben:

Steuersatz	40 %
Einnahme gemäß § 20 Abs. 1 Nr. 1 EstG	75.000 €
zu versteuern, 50 % nach § 3 Nr. 40 d EStG	37.500 €
Einkommensteuer	15.000 €
– anrechenbare KapESt	15.000 €
= endgültige Einkommensteuerschuld	0 €
Steuerschuld GmbH	25.000 €
abzuführende KapESt	15.000 €
Einkommensteuer Gesellschafter	0 €
= Gesamtsteuerbelastung	40.000 €

1 Vgl. G. Kulemann/G. Harle, Das Halbeinkünfteverfahren aus der Sicht des Anteilseigners, S. 532 f.

2 Der Solidaritätszuschlag wird in diesem Beispiel außer Acht gelassen.

Die Gesamtsteuerbelastung im Halbeinkünfteverfahren entspricht nur dann dem persönlichen Steuersatz des Anteilseigners, wenn dieser die Dividende einem Durchschnittssteuersatz von 40 % unterwerfen muss.

Wichtig ist, darauf hinzuweisen, dass im ersten Berechnungsbeispiel die Gesamtbelastung eigentlich 48,5 % betragen müsste, der Dividendenertrag allerdings nur mit 43,18 % versteuert wird, während in der Alternativberechnung eine Gesamtbelastung der Einnahmen in Höhe von 32,5 % vorliegt, die im Anrechnungsverfahren unter Berücksichtigung der persönlichen Verhältnisse des Anteilseigners nur 20 % betragen würde.

Daraus wird deutlich, dass im Rahmen des Halbeinkünfteverfahrens Anteilseigner mit Spitzensteuersätzen bevorteilt werden, während der „normale" Dividendenempfänger mit einer Durchschnittssteuerbelastung von unter 40 % als Eigner von Anteilen an Kapitalgesellschaften benachteiligt wird.

(2) Wirkungsweise der Abgeltungssteuer für private Kapitalerträge

Für private Kapitalerträge wird ab 01. 01. 2009 eine Abgeltungssteuer von 25 % eingeführt (zuzüglich Solidaritätszuschlag und eventuell Kirchensteuer), die in der Höhe der Kapitalertragsteuer entspricht, sodass die Besteuerung der Einkünfte aus Kapitalvermögen (= Dividende D) nicht mehr anhand des persönlichen Steuersatzes erfolgt. In diesem Fall steht dem Unternehmen nach Abzug der Emissionsaufwendungen folgender Selbstfinanzierungsnettobetrag S_D zur Verfügung:

$$S_D = \frac{D - D\,(t_{ESt} + t_{ESt} \cdot 0{,}055)}{1 + e}$$

BEISPIEL (Ausschüttung ins Privatvermögen)

Eine Kapitalgesellschaft erzielt einen Gewinn von 100 T€ vor Steuern, der vollständig an die Aktionäre, die ihre Beteiligung im Privatvermögen halten, ausgeschüttet werden soll und im Rahmen des Schütt-aus-hol-zurück-Verfahrens wieder im Unternehmen angelegt werden sollen. Der Gewerbeertragsteuersatz beträgt 14 %. Die Emissionsaufwendungen betragen 5 % vom Selbstfinanzierungsnettobetrag S_D.

Wie hoch ist der Selbstfinanzierungsnettobetrag S_D?

Lösung

Nach Abzug der Gewerbeertragsteuer, der Körperschaftsteuer und des Solidaritätszuschlages steht ein Betrag von 70,17 T€ zur Verfügung (siehe Beispiel zur Gewinnthesaurierung).

Damit ergibt sich folgender Selbstfinanzierungsnettobetrag:

$$S_D = \frac{D - D\,(t_{ESt} + t_{ESt} \cdot 0{,}055)}{1 + e}$$

$$S_D = \frac{70{,}17 - 70{,}17\,(0{,}25 + 0{,}25 \cdot 0{,}055)}{1 + 0{,}05} = 49{,}20\ T€$$

Ausführlich ist das Ergebnis noch einmal tabellarisch dargestellt:

Gewinn der Kapitalgesellschaft vor Steuern	100,00 T€	
– Gewerbeertragsteuer (14 %)	14,00 T€	
– Körperschaftsteuer (15 %)	15,00 T€	
– Solidaritätszuschlag (5,5 % auf die KSt)	0,83 T€	
= Dividendenbezüge vor persönlichen Steuern (Einkünfte aus Kapitalvermögen gem § 20 Abs. 1 EStG)	70,17 T€	
– Abgeltungssteuer (25 %)[1]	17,54 T€	
– Solidaritätszuschlag (5,5 % auf die ESt)	0,96 T€	
= Dividendenbezüge nach persönlichen Steuern	51,67 T€	105 %
– Emissionsaufwendungen (5 % S_D)	2,47 T€	5 %
= Selbstfinanzierungsnettobetrag S_D	49,20 T€	100 %

Ergebnis: Bei vollständiger Ausschüttung verfügen die Aktionäre über 51,67 % des Gewinns der Kapitalgesellschaft vor Steuern, die sie wieder dem Unternehmen zur Verfügung stellen können. Die Gesamtsteuerbelastung beträgt 48,33 %. Nach Abzug der Emissionsaufwendungen hat das Unternehmen 49,2 % des Gewinns vor Steuern für Finanzierungszwecke zur Verfügung.

Wenn der persönliche Steuersatz eines Aktionärs niedriger ist als die Abgeltungssteuer, kann er auf Antrag eine Besteuerung im Rahmen der Veranlagung verlangen. Bei einer entsprechenden Aktionärsstruktur stünden dann mehr als 49,20 % des ursprünglichen Gewinns für Finanzierungszwecke zur Verfügung.

(3) Ausschüttung in das Betriebsvermögen eines Personenunternehmens

Wenn ein Einzelunternehmer oder eine Personengesellschaft Anteile an einer Kapitalgesellschaft im Betriebsvermögen hält, sind die Dividenden bei einer Kapitalbeteiligung von mindestens 10 % von der Gewerbesteuer befreit[2]. Bei der Ermittlung der Einkommensteuer entfällt das Halbeinkünfteverfahren; an seine Stelle tritt das Teileinkünfteverfahren[3]. 40 % der Dividenden sind steuerfrei. Die Besteuerung der übrigen 60 % ist davon abhängig, ob die erhaltene Dividende im Unternehmen verbleibt und thesauriert wird, ob sie möglicherweise in einem späteren Geschäftsjahr ausgeschüttet wird oder ob sie im gleichen Geschäftsjahr ausgeschüttet wird[4].

5.1.2.4 Selbstfinanzierung und Besteuerung bei Personenunternehmen

Durch die Unternehmensteuerreform 2008 wird mit der Vorschrift des § 34a EStG auch Einzelunternehmern und Gesellschaftern von Personengesellschaften die Möglichkeit eröffnet, nicht entnommene Gewinne in vergleichbarer Weise wie Kapitalgesellschaften zu versteuern. Auf Antrag des Steuerpflichtigen wird der Anteil seines Gewinns aus einem Betrieb oder Mitunterneh-

1 Der Aktionär erhält nur den Nettobetrag in Höhe von 51,67 T€ ausgezahlt, weil die Abgeltungssteuer in Form der Kapitalertragsteuer, die ebenfalls 25 % beträgt, und der Solidaritätszuschlag von der auszahlenden Bank einbehalten und an das Finanzamt abgeführt wird.

2 § 9 Nr. 2a GewStG.

3 § 3 Nr. 40 Satz 1 Buchst. d i.V. mit Satz 2 EStG.

4 Siehe dazu den nächsten Gliederungspunkt.

meranteil nur mit einem ermäßigten Steuersatz von 28,25 % (zzgl. Solidaritätszuschlag und ev. Kirchensteuer) belastet[1].

Bei der Gesamtsteuerbelastung auf Gesellschafts- und Gesellschafterebene ist auch die Gewerbesteuer zu beachten, die die Bemessungsgrundlage der Einkommensteuer nicht mehr mindert; aber die Einkommensteuerbelastung reduziert sich nach § 35 Abs. 1 EStG um das 3,8-fache des Gewerbesteuermessbetrages, maximal jedoch um die tatsächliche Gewerbesteuerzahlung. Durch die Absenkung der Steuermesszahl von 5 % auf 3,5 % ergibt sich ein Anrechnungsbetrag von maximal (3,8 · 3,5 % =) 13,3 % des Gewerbeertrages[2].

BEISPIEL: (Selbstfinanzierungsnettobetrag bei Personenunternehmen)[3]

Eine Personengesellschaft erzielt einen Gewinn von 200 T€ vor Steuern. Der Gesellschafter A, der mit 50 % an der Gesellschaft beteiligt ist, entnimmt keinen Gewinn und beantragt die Anwendung des Thesaurierungssatzes. Der persönliche Steuersatz des Gesellschafters entspricht dem Höchststeuersatz (45 %). Der Gewerbesteuersatz beträgt 14 % (Gewerbesteuerhebesatz = 400 %).

Ermitteln Sie den Selbstfinanzierungsnettobetrag.

Lösung

	Gewinn vor Steuern (= Gewerbeertrag)		100,00 T€
–	Gewerbeertragsteuer (14 %)		14,00 T€
=	begünstigter Gewinn		86,00 T€
–	festzusetzende ESt		
	ermäßigte ESt (28,25 % von 86,00 T€)	– 24,30 T€	
	reguläre ESt (45 % von 14,00 T€)	– 6,30 T€	
	Anrechnung GewSt (höchstens 13,3 %)	+ 13,30 T€	17,30 T€
–	Solidaritätszuschlag (5,5 %)		0,95 T€
=	Gewinnanteil nach Steuern (Selbstfinanzierungsnettobetrag)		67,75 T€

Ergebnis: Somit zeigt sich, dass 67,75 % des Gewinns im Unternehmen bleiben, die Gesamtsteuerbelastung auf Gesellschafts- und Gesellschafterebene beträgt 32,25 %.

Werden die thesaurierten Gewinne allerdings zu einem späteren Zeitpunkt entnommen, so werden sie mit einem Nachversteuerungssatz von 25 % belastet (zuzüglich Solidaritätszuschlag).

BEISPIEL: (Entnahme thesaurierter Gewinne)

Der Gesellschafter A entnimmt im folgenden Jahr den gesamten Gewinnanteil aus dem Vorjahr.

Wie hoch ist dann die Gesamtsteuerbelastung?

1 Zu den Voraussetzungen siehe: C. Merker, Überblick über den Regierungsentwurf des Unternehmensteuerreformgesetzes 2008, in: Steuern und Bilanzen, 7/2007.

2 Vgl.. A. Lühn/M. Lühn, Vergleich der Besteuerung von Personenunternehmen und Kapitalgesellschaften ..., in: Steuern und Bilanzen 7/2007, S. 254.

3 In Anlehnung an: A. Lühn/M. Lühn, a. a. O., S. 254 ff.

Lösung

	Begünstigter Gewinn	86,00 T€
–	darauf entfallende ESt (28,25 % von 86,00 T€)	24,30 T€
–	darauf entfallender Solidaritätszuschlag (5,5 % von 24,30 T€)	1,34 T€
=	Nachversteuerungsbetrag	60,37 T€
–	ESt (25 % von 60,37 T€)	15,09 T€
–	Solidaritätszuschlag (5,5 % von 15,09 T€)	0,83 T€
=	Gewinnanteil nach Steuern	51,83 T€

Ergebnis: Werden die thesaurierten Gewinne wieder entnommen, so steigt die Gesamtsteuerbelastung auf Gesellschafts- und Gesellschafterebene 48,17 % %.

Wenn die Gewinne im Jahr der Entstehung entnommen werden oder wenn kein Antrag auf den Thesaurierungssteuersatz gestellt wird, so unterliegen die Gewinne dem persönlichen Steuersatz des Gesellschafters, wobei die Gewerbesteuer auf die Einkommensteuer angerechnet wird.

BEISPIEL: (Sofortige Entnahme der Gewinne)

Der Gesellschafter A entnimmt im Jahr der Entstehung den gesamten Gewinnanteil.

Wie hoch ist dann die Gesamtsteuerbelastung?

Lösung

	Gewinn vor Steuern (= Gewerbeertrag)		100,00 T€
–	Gewerbeertragsteuer (14 %)		14,00 T€
–	festzusetzende ESt		
	ESt vor Anrechnung der GewSt (persönlicher Steuersatz = 45 %)	– 45,00 T€	
	Anrechnung GewSt (höchstens 13,3 %)	+ 13,30 T€	31,70 T€
–	Solidaritätszuschlag (5,5 %)		1,74 T€
=	Gewinnanteil nach Steuern		52,56 T€

Ergebnis: Bei einem persönlichen Höchststeuersatz von 45 % ist die Gesamtsteuerbelastung auf Gesellschafts- und Gesellschafterebene 47,44 % und damit nur unwesentlich niedriger als bei Thesaurierung mit anschließender Entnahme.

Als Ergebnis zeigt sich, dass die Gewinnthesaurierung nach der Unternehmensteuerreform 2008 bei Kapitalgesellschaften und Personenunternehmen zu einem fast gleich hohen Selbstfinanzierungsnettobetrag führt.

Formen der offenen Selbstfinanzierung	Selbstfinanzierungnettobetrag (in % vom Gewinn)	
	Kapitalgesellschaften	Personenunternehmen
Gewinnthesaurierung	70,17 %	67,75 %
Zusatzaktienverfahren	66,83 %	–
Dividendenkapitalerhöhung	49,20 %	–

5.1.3 Checkliste und Zusammenfassung

Innenfinanzierung: ist ein Teil des Geldmittelzuflusses aus dem betrieblichen Umsatzprozess (Selbstfinanzierung i.w.S.); sie erfolgt im Wesentlichen aus Gewinngegenwerten, Abschreibungsgegenwerten und Rückstellungsgegenwerten. Daneben kann Innenfinanzierung auch durch Rationalisierung und Vermögensumschichtung zustande kommen.

Selbstfinanzierung im engeren Sinne bedeutet Finanzierung aus Gewinngegenwerten, d.h. erzielte Gewinne (ob ausgewiesen oder nicht) werden einbehalten und nicht ausgeschüttet. Die Selbstfinanzierung ist vor allem für die selbstfinanzierende Unternehmung vorteilhaft: Sie vermeidet die Aufnahme von Fremdkapital (oder kann Kredite zurückzahlen) und die damit verbundenen Zins- und Tilgungsbelastungen; sie wahrt ihre Unabhängigkeit gegenüber Fremd- oder neuen Eigenkapitalgebern; sie schafft dank höherer Eigenmittel auch die Voraussetzung für zusätzliche günstigere Fremdfinanzierung. Nachteile aus der Selbstfinanzierung können den Anteilseignern erwachsen (kleinere Gewinnausschüttungen) und der Volkswirtschaft insgesamt (Fehlleitung von Kapital durch Wegfall der Selektion des Kapitalmarktes).

Selbstfinanzierung der AG: Bei der Aktiengesellschaft kann die Selbstfinanzierung auf drei Wegen erfolgen: Gewinnthesaurierung, Kapitalerhöhung aus Gesellschaftsmitteln (Zusatzaktienverfahren, Stockdividendenverfahren) oder Dividendenkapitalerhöhung („Schütt-aus-hol-zurück-Verfahren"). Der tatsächlich zur Selbstfinanzierung zur Verfügung stehende Betrag ist bei den drei Wegen verschieden und hängt unter anderem von Steuersätzen und den Emissionsaufwendungen der Gesellschaften ab.

Formeln und Symbolverzeichnis

Formeln (Stand: Unternehmensteuerreform 2008)	Symbole
$GewSt = h \cdot m \cdot E$	GewSt = Gewerbeertragsteuer h = Hebesatz m = Messzahl E = Gewerbeertrag
$S_{Th} = G - G\,(t_{GewSt} + t_{KSt} + t_{KSt} \cdot 0{,}055)$	S_{Th} = Selbstfinanzierungsnettobetrag bei Thesaurierung t_{KSt} = Körperschaftsteuersatz G = Gewinn
$S_Z = \frac{G - G\,(t_{GewSt} + t_{KSt} + t_{KSt} \cdot 0{,}055)}{1 + e}$	S_Z = Selbstfinanzierungsnettobetrag bei Zusatzaktien e = Emissionsaufwendungen in % des an die Unternehmung zurückfließenden Betrags
$S_D = \frac{D - D\,(t_{ESt} + t_{ESt} \cdot 0{,}055)}{1 + e}$	S_D = Selbstfinanzierungsnettobetrag bei Dividendenkapitalerhöhung t_{ESt} = Abgeltungssteuersatz (25 %) D = Dividende vor persönlicher Steuer

FRAGEN UND AUFGABEN

5.1.1 Geben Sie eine Kurzbeschreibung folgender Begriffspaare:

- Selbstfinanzierung im engeren und weiteren Sinn,
- offene und stille Selbstfinanzierung,
- temporär akkumulierende und bilanziell konstatierende Selbstfinanzierung,
- freiwillige und zwangsweise Selbstfinanzierung.

5.1.2 Grenzen Sie Innenfinanzierung und Eigenfinanzierung voneinander ab.

5.1.3 a) Welche Voraussetzung muss erfüllt sein, damit Selbstfinanzierung (i. e. S.) möglich wird?

b) Sehen Sie in der bilanziell konstatierenden Selbstfinanzierung einen Finanzierungsvorgang im materiellen Sinn?

5.1.4 Geben Sie eine Kurzbeschreibung der Gewinnthesaurierung, des Zusatzaktienverfahrens und der Dividendenkapitalerhöhung.

5.1.5 Das Zusatzaktienverfahren bringt wegen der Emissionsaufwendungen für die Gesellschaft einen geringeren Selbstfinanzierungsnettobetrag als die Gewinnthesaurierung. Trotzdem wenden manche Aktiengesellschaften das Zusatzaktienverfahren gelegentlich an. Welche Gründe können aus der Sicht der AG dafür sprechen?

5.1.6 Ermitteln Sie die Gewerbeertragsteuerbelastung bei einer Messzahl von 3,5 % und einem Hebesatz von 500 %.

5.1.7 Zeigen Sie mit Hilfe einer Gleichung, wie Gewinnthesaurierung und Zusatzaktienverfahren funktionieren.

5.2 Innenfinanzierung aus Abschreibungs- und Rückstellungsgegenwerten

5.2.1 Finanzierung aus Abschreibungsgegenwerten (Lohmann-Ruchti-Effekt)

5.2.1.1 Darstellung des Lohmann-Ruchti-Effekts

Wenn in Literatur und Praxis von Finanzierung aus Abschreibungen oder (korrekter) von Finanzierung aus Abschreibungsgegenwerten die Rede ist, dann meint man einen Effekt, der häufig als Lohmann-Ruchti-Effekt oder (seltener) als Ruchti-Effekt bezeichnet wird. Vor Lohmann und Ruchti wurde der Effekt schon von Polak und Goedeke beschrieben. Erstmals findet sich eine Erörterung möglicher Finanzierungseffekte der Abschreibungen jedoch im Briefwechsel zwischen Marx und Engels, in dem Engels die Wirkungen der Abschreibungen auf die Investitionen an einem Beispiel zeigt; man könnte den Effekt deshalb auch Marx-Engels-Effekt nennen[1].

1 Vgl. hierzu: F. Engels/K. Marx, Der Briefwechsel zwischen Friedrich Engels und Karl Marx 1844 – 1883, S. 394 ff. – N. J. Polak, Grundzüge der Finanzierung mit Rücksicht auf die Kreditdauer, S. 92 ff. – H. Ruchti, Die Abschreibung. Ihre grundsätzliche Bedeutung als Aufwandsfaktor, Ertragsfaktor, Finanzierungsfaktor, S. 91 ff. – M. Lohmann, Einführung in die Betriebswirtschaftslehre, S. 187 ff.

Wer über Finanzierungseffekte von Abschreibungen spricht, geht von der Voraussetzung aus, dass die Abschreibungen als Kosten kalkuliert und über die Marktpreise erwirtschaftet wurden. Dabei sind die Abschreibungsgegenwerte, anders als Löhne, in der Periode ihrer Entstehung nicht mit Auszahlungen verbunden. Es steht dem Unternehmer frei, über sie zu disponieren. Er kann sie anlegen und Zinsen kassieren, er kann sie zum Kauf von Roh-, Hilfs- und Betriebsstoffen verwenden – und er kann weitere Maschinen anschaffen, und zwar bevor die abzuschreibenden Maschinen ausgemustert sind. Der mögliche Finanzierungseffekt der Abschreibungen hat zwei Gesichter. Er tritt auf als Kapitalfreisetzungseffekt und als Kapazitätserweiterungseffekt.

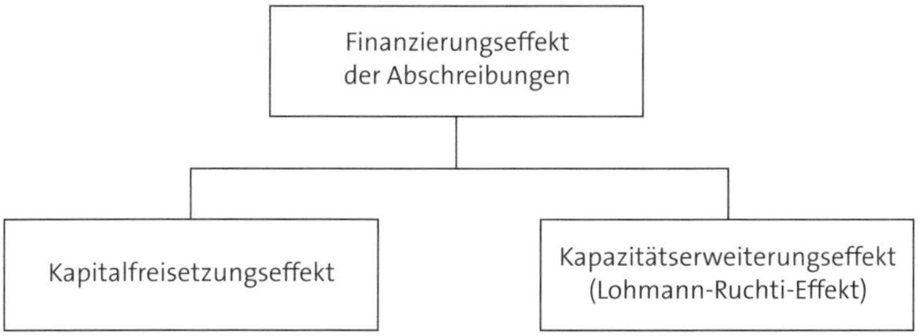

Kapitalfreisetzungseffekt: Er beruht auf der Annahme, dass die Abschreibungen bei langlebigen Wirtschaftsgütern über den Verkaufspreis der mit ihnen gefertigten Produkte hereinkommen und Jahre vor der Reinvetition der betreffenden Wirtschaftsgüter dem Betrieb zur Verfügung stehen.

BEISPIEL (Freisetzung von Geldmitteln im Zeitablauf)

Eine Maschine im Wert von 10.000 € wird über 5 Jahre linear abgeschrieben. Die Abschreibungen werden – wie auch die übrigen Kosten – über die Umsatzerlöse verdient.

ABB. 5.5: Im Laufe der Nutzungszeit werden Mittel frei

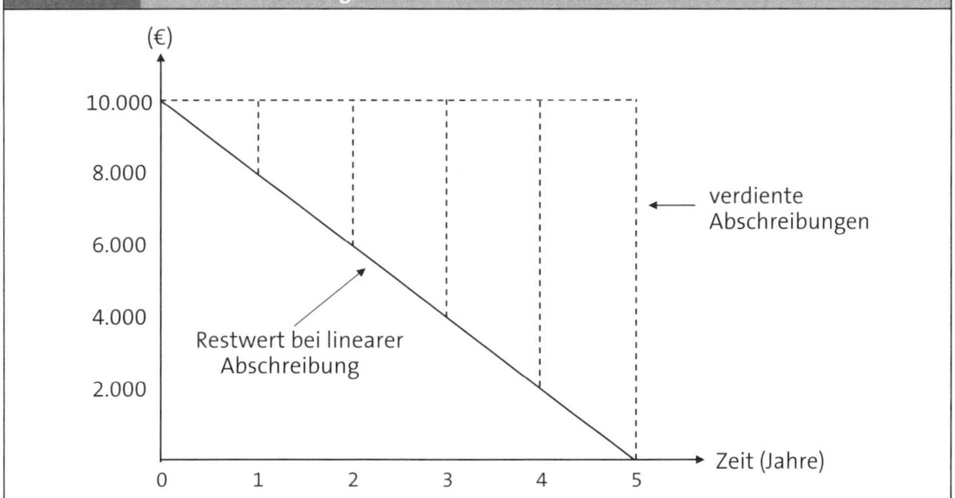

Erst nach fünf Jahren benötigt das Unternehmen die verdienten Abschreibungen für den Kauf der dann erforderlichen Neuanlage. Aber schon ab dem ersten Nutzungsjahr verfügt es über verdiente Abschreibungen (= Teile des Umsatzes): Das Unternehmen kann schon während der Nutzungszeit über die Summe der bislang freigesetzten Geldmittel disponieren, sie extern verzinslich anlegen, Schulden zurückzahlen oder betriebliche Investitionen durchführen. Das ist der Kapitalfreisetzungseffekt.

Kapazitätserweiterungseffekt: Investiert man die freigesetzten Mittel vor Ablauf der Maschinennutzungsdauer wieder, vergrößern sich Anlagenbestand und Kapazität. Häufig bezeichnet man nur den Kapazitätserweiterungseffekt als Lohmann-Ruchti-Effekt. Da die Kapazitätserweiterung die Nutzung freigesetzten Kapitals bedingt, sollte man beides zusammen sehen, wenn man vom Lohmann-Ruchti-Effekt spricht. Das folgende Beispiel zeigt, wie es durch Kapitalfreisetzung zur Kapazitätserweiterung kommt.

BEISPIEL (Agro-Technik steigert Kapazität um 60 Prozent)

Der Agro-Technik fließen dank einer neuen Beteiligung Mittel in Höhe von 100.000 € zu, die zum Erwerb von 10 motorgetriebenen Entästungsgeräten dienen, mit deren Hilfe die Agro-Technik als forstwirtschaftliche Lohnunternehmung Fuß fassen möchte. Die Maschinen kosten jeweils 10.000 € und werden über 5 Jahre linear abgeschrieben. Abschreibungsgegenwerte investiert man sofort, verbleibende Restbeträge in der Folgeperiode[1].

ABB. 5.6: Kapazitätserweiterung durch Reinvestition von Abschreibungen

Zeitpunkt	Jahr	Maschinen am Jahresanfang (Stück)	Abschreibungen am Jahresende (€)	davon werden reinvestiert (€)	nach Reinvestition verbleibt der Abschreibungsrest (€)
0	1	10	20.000	20.000	0
1	2	12	24.000	20.000	4.000
2	3	14	28.000	30.000	2.000
3	4	17	34.000	30.000	6.000
4	5	20	40.000	40.000	6.000
5	6	14	28.000	30.000	4.000
6	7	15	30.000	30.000	4.000
7	8	16	32.000	30.000	6.000
8	9	16	32.000	30.000	8.000
9	10	16	32.000	40.000	0
10	11	16	32.000	30.000	2.000
11	12	16	32.000	30.000	4.000
⋮	⋮	⋮	⋮	⋮	⋮

Sie sehen, dass der Maschinenbestand bis zum 5. Jahr auf 20 Maschinen wächst. Im 6. Jahr fallen 10 alte Maschinen aus, gleichzeitig kommen 4 neue hinzu, so dass der Bestand auf 14 Maschinen zurückgeht. In der Folgezeit stabilisiert sich die Maschinenzahl bei 16 Stück.

1 Ähnlich bei: J. Löffelholz, Repetitorium der Betriebswirtschaftslehre, S. 676 ff.

ABB. 5.7: Bestandsentwicklung gemäß Kapazitätserweiterungseffekt

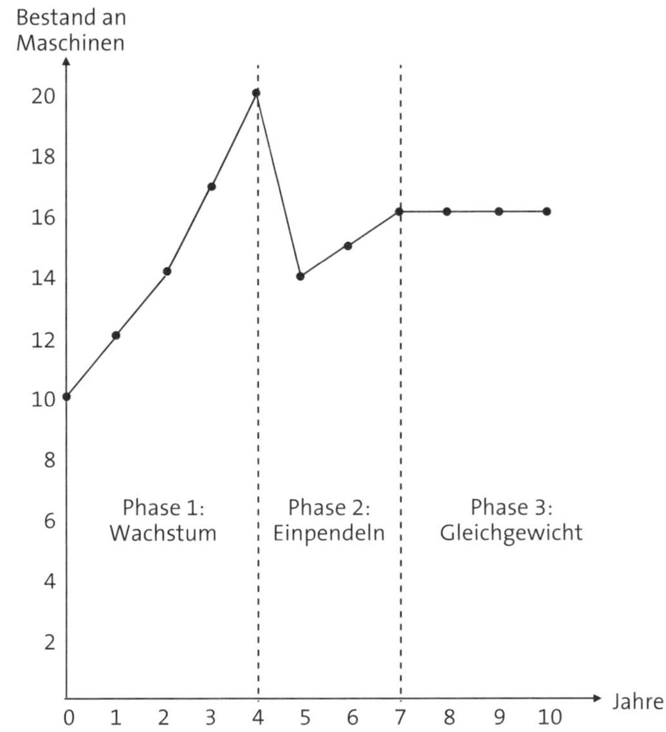

Ergebnis: Der Maschinenbestand pendelt sich schließlich beim 1,6-fachen der Anfangsausstattung ein.

Im vorangegangenen Beispiel bewirkt die Kapazitätserweiterung durch Nutzung der Kapitalfreisetzung einen Zuwachs um 60 %, ohne dass zusätzliche Geldmittel von außen beansprucht werden. Das Ausmaß der Kapazitätserweiterung hängt, wie Kosiol gezeigt hat[1], unter den gegebenen Bedingungen von der Nutzungsdauer n der Anlagen ab. Im Extremfall ($n \rightarrow \infty$) wird ein Kapazitätsmultiplikator von 2 erreicht.

(5.2.1)

$$\text{Kapazitätsmultiplikator} = \frac{2}{1 + \frac{1}{n}}$$

Kapazitätsbegriff: Wir haben gesehen, dass in unserem Beispiel die Kapazität zunimmt. Wenn wir allerdings die Sache genauer betrachten, so steigt nur die Periodenkapazität, nicht aber die Totalkapazität des Betriebes. Was heißt das? Wir können den Kapazitätsbegriff nach zwei verschiedenen Gesichtspunkten analysieren: einerseits in Bezug auf den Zeitraum (z. B. Kapazität pro Jahr), andererseits in Bezug auf den Umfang der Anlagen oder Objekte[2].

1 Vgl. E. Kosiol, Anlagenrechnung. Theorie und Praxis der Abschreibungen, S. 129.

2 Vgl. hierzu insbesondere: H. Langen, Finanzierung von Investitionen aus Abschreibungen, S. 347 ff. – L. Perridon/M. Steiner, Finanzwirtschaft der Unternehmung, S. 471 ff. – K. Olfert, Finanzierung, S. 376 f.

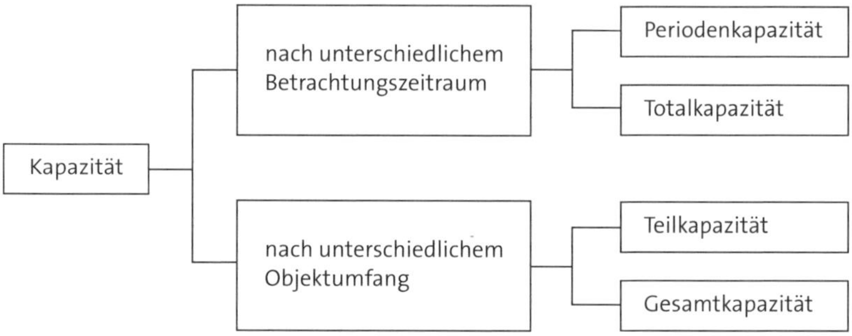

Definition: Periodenkapazität ist die Summe aller Nutzleistungen, die (1) eine einzelne Maschine (Teilkapazität) oder (2) die gesamten Anlagen des Unternehmens (Gesamtkapazität) in einer Periode abgeben kann/können.

Definition: Totalkapazität ist die Summe aller Nutzleistungen, die (1) eine einzelne Maschine (Teilkapazität) oder (2) die gesamten Anlagen eines Unternehmens (Gesamtkapazität) im Verlauf der gesamten Nutzungsdauer abgeben kann/können.

Kombiniert man die vier Möglichkeiten, so ergibt sich das folgende Begriffsschema[1]:

ABB. 5.8: Perioden- und Totalkapazität

Betrachtungszeitraum / Objektumfang	Periodenkapazität	Totalkapazität
Teilkapazität	Teil-Periodenkapazität	Teil-Totalkapazität
Gesamtkapazität	Gesamt-Periodenkapazität	Gesamt-Totalkapazität

Durch ständige Reinvestition von Abschreibungsgegenwerten steigt die Zahl der Anlagen und damit die Periodenkapazität. Durch den unterschiedlichen Altersaufbau sinkt die durchschnittliche Restnutzungsdauer. Das verdeutlicht unser obiges Agro-Technik-Beispiel, bei dem die 10 zur Erstausstattung gehörenden Maschinen im Zeitpunkt 0 eine durchschnittliche Restnutzungsdauer von 5 Jahren aufweisen. Dieser Durchschnittswert sinkt im Zeitablauf in dem Maße, wie die Zahl der älteren Anlagen steigt. Man hat also schließlich mehr Anlagen mit einer im Durchschnitt kleineren Restnutzungsdauer, so dass die Totalkapazität aller Anlagen unverändert bleibt. Ausschlaggebend für die maximale Erzeugung in einer Periode ist die Periodenkapazität des Unternehmens.

1 Vgl. H. Langen, Finanzierung von Investitionen aus Abschreibungen, S. 352.

5.2.1.2 Kritik des Lohmann-Ruchti-Effekts

Wenn der Lohmann-Ruchti-Effekt in der gezeigten Form funktionieren würde, dann wäre es in der Tat möglich, dass der Kapitalist seine Periodenkapazität erhöhen könnte, ohne „einen Farthing (der Farthing war bis 1961 die geringste britische Münze, d.V.) seines eigentlichen Profits in die neue Anlage zu stecken“[1].

In der einfachsten Version unterstellt der Lohmann-Ruchti-Effekt eine Finanzierung aus Abschreibungen. Dabei ist zunächst zu fragen, was unter Abschreibungen zu verstehen ist und wie eine Finanzierung aus Abschreibungen funktioniert. Allgemein versteht man unter Abschreibung die Verteilung des Kaufpreises für ein langfristig nutzbares Wirtschaftsgut auf eine Anzahl von Jahren:

ABB. 5.9: Der Kaufpreis wird während der Nutzungsjahre abgeschrieben

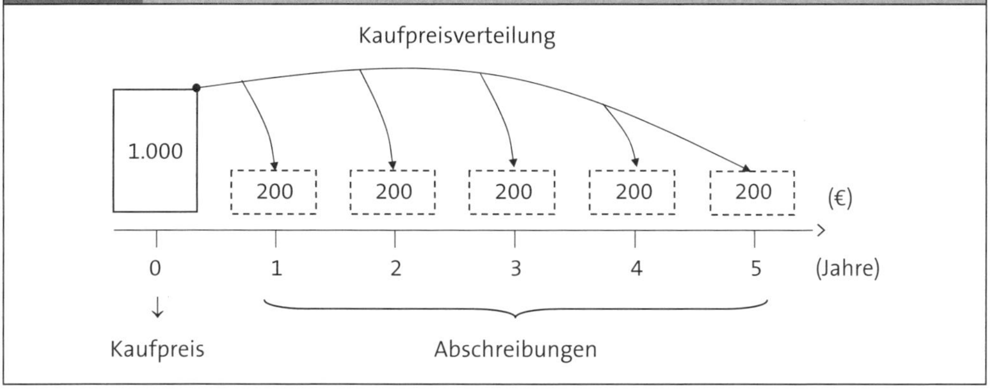

In den verschiedenen betrieblichen Erfolgsrechnungen kennt man drei unterschiedliche Abschreibungsarten:

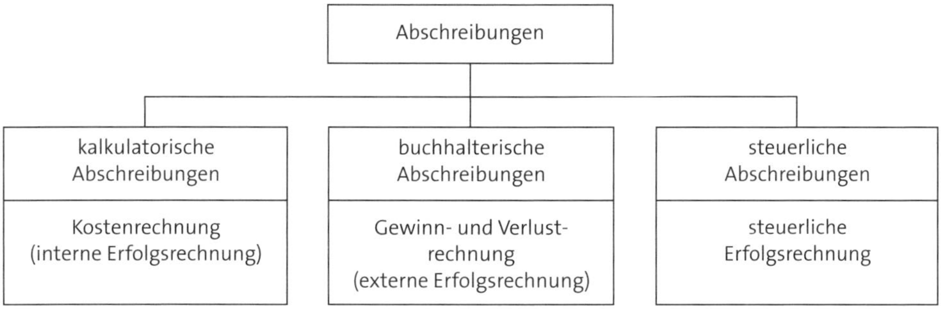

1 F. Engels, in: Der Briefwechsel zwischen Friedrich Engels und Karl Marx, zit. nach Zeitschrift für handelswissenschaftliche Forschung, S. 223.

- Im Rahmen der Kostenrechnung verwendet man die kalkulatorischen Abschreibungen. Diese haben Kostencharakter und mindern den Betriebserfolg. Sie werden nach Möglichkeit entsprechend der Nutzung in den einzelnen Jahren festgesetzt, sonst linear.
- In der Gewinn- und Verlustrechnung werden buchhalterische oder bilanzielle Abschreibungen angesetzt. Diese Abschreibungen stellen Aufwand dar und mindern den Jahresüberschuss. Sie werden im Rahmen der gesetzlichen Vorschriften unter Beachtung der Gewinnausweisinteressen der Unternehmung festgesetzt.
- Die steuerliche Erfolgsrechnung erlaubt den Ansatz von Absetzungen für Abnutzung (AfA). Die AfA verkürzen den steuerpflichtigen Gewinn. Sie werden im Rahmen der steuerlichen Vorschriften so bemessen, dass Steuerzahlungen in die Zukunft verschoben und/oder durch zeitliche Gewinnglättung minimiert werden.

Betrachtet man z. B. die kalkulatorischen Abschreibungen, so müsste eine Finanzierung aus Abschreibungen gleichzusetzen sein mit einer Finanzierung aus Kosten. Mit Kosten kann man jedoch nicht finanzieren. Ähnliche Überlegungen gelten für die bilanziellen Abschreibungen: Sie sind Aufwand, und mit Aufwand kann man nicht finanzieren. Zwischen Abschreibungen und Finanzierung lässt sich nur ein indirekter Zusammenhang feststellen:

(1) Absetzungen für Abnutzung (AfA) mindern – soweit steuerlich anerkannt – den steuerpflichtigen Gewinn und somit die Steuerschuld. Der Finanzierungseffekt liegt in den ersparten Auszahlungen für Steuern, nicht in den Abschreibungen.

(2) Abschreibungen, die in der handelsrechtlichen Erfolgsrechnung angesetzt werden, verkürzen den Jahresüberschuss. Das kann unter Umständen dazu führen, dass weniger Gewinn ausgewiesen und damit an die Anteilseigner ausgeschüttet werden muss. Der Finanzierungseffekt liegt dann in den einbehaltenen Gewinnausschüttungen, nicht in den Abschreibungen.

(3) Bei bestimmten Lieferungen an den Staat, deren Preise aufgrund der Selbstkosten kalkuliert werden, wirkt sich der Ansatz von kalkulatorischen Abschreibungen, soweit sie nach VPöA/LSP zulässig sind, preiserhöhend und somit einnahme- und einzahlungssteigernd aus[1].

Eine Finanzierung aus Abschreibungen ist also in der Wirtschaftspraxis ausgeschlossen, wenn man von den Selbstkostenpreisen bei öffentlichen Aufträgen absieht. Man sollte daher nicht von Finanzierung aus Abschreibungen sprechen, sondern von Finanzierung aus Abschreibungsgegenwerten. Abschreibungsgegenwerte aber sind Umsätze. Aus Umsätzen kann in der Tat finanziert werden, falls der Unternehmung die entsprechenden Einzahlungen zugeflossen sind. Es bleibt nur noch zu fragen, weshalb man nicht direkt von Finanzierung aus Umsätzen spricht. In Literatur und Praxis haben sich die unscharfen Formulierungen, wie Finanzierung aus Abschreibungen (Abschreibungsgegenwerten) und Finanzierung aus Rückstellungen (Rückstellungsgegenwerten), durchgesetzt, weil man sich an das erfolgsrechnerische Denkschema gewöhnt hat, was den Blick auf die zahlungsorientierte Rechnung (Finanzplanung) verstellt.

1 Die Verordnung über die Preise bei öffentlichen Aufträgen (VPöA) schreibt in § 8 vor, dass bei Vereinbarung von Selbstkostenpreisen die Leitsätze für die Preisermittlung auf Grund von Selbstkosten (LSP) anzuwenden sind. Vgl. hierzu auch: K.-D. Däumler/J. Grabe, Kalkulationsvorschriften bei öffentlichen Aufträgen, S. 40 ff.

ABB. 5.10: Interne Erfolgsrechnung

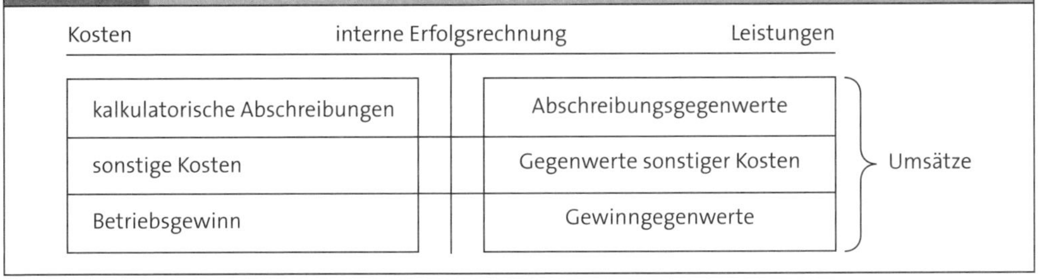

Wenn alle betrieblichen Leistungen zu Umsätzen geworden sind, wenn also keine Mehrbestände an Halb- und Fertigerzeugnissen zu berücksichtigen sind, dann können Sie die sogenannten Abschreibungsgegenwerte mit Umsätzen gleichsetzen. Die Übersicht verdeutlicht, dass die buchmäßige Verrechnung kalkulatorischer Abschreibungen allein keinen Finanzierungseffekt erbringt. Anders formuliert: Für den Finanzierungseffekt ist nicht die Höhe der Abschreibungen entscheidend, sondern die Erfüllung der folgenden Bedingungen:

(1) Die verrechneten Abschreibungen müssen über die Umsatzerlöse verdient worden sein, d. h. es müssen die entsprechenden Abschreibungsgegenwerte (Umsätze) existieren. Die Umsätze müssen also alle Kosten abdecken (Vollkostendeckung).

(2) Die Abschreibungsgegenwerte (Umsätze) müssen der Unternehmung in liquider Form zugeflossen sein (Umsätze gleich Einzahlungen).

Sind diese Bedingungen erfüllt, so wirken sich unterschiedliche Höhen der Abschreibungen lediglich auf den Gewinn als Saldo aus, nicht aber auf die Finanzierungsmöglichkeiten, die Umsätze und die aus ihnen resultierenden Einzahlungen:

- Überhöhte kalkulatorische Abschreibungen führen zu einem verminderten Betriebsgewinn, ohne dass sich dadurch die Liquiditätslage des Betriebes verschlechtert.
- Zu gering angesetzte kalkulatorische Abschreibungen haben einen entsprechend höheren Betriebsgewinn zur Folge, ohne dass dadurch die finanzielle Situation des Betriebes verbessert wird.

Im Rahmen der externen Erfolgsrechnung führen überhöhte Abschreibungen zu erhöhter stiller Selbstfinanzierung, während zu gering angesetzte Abschreibungen eine vergrößerte offene Selbstfinanzierung zur Folge haben. Es existiert also kein Kausalzusammenhang zwischen der Abschreibungshöhe und den Finanzierungsmöglichkeiten.

Der Lohmann-Ruchti-Effekt tritt nur dann ein, wenn bestimmte Voraussetzungen erfüllt sind. Die Tatsache, dass viele der im folgenden beispielhaft genannten Prämissen im praktischen Fall nicht oder nur zum Teil gegeben sind, ist für viele Autoren Grund zu einer kritischen Sicht des Effekts[1].

1 Vgl. F.-J. Busse, Grundlagen der betrieblichen Finanzwirtschaft, S. 342. – O. Hahn, Finanzwirtschaft, S. 154 ff. – L. Perridon/M. Steiner, Finanzwirtschaft der Unternehmung, S. 472 ff. – J. Süchting, Finanzmanagement, S. 263. – G. Wöhe, Einführung in die Allgemeine Betriebswirtschaftslehre, S. 986 ff. – H. Schierenbeck, Grundzüge der Betriebswirtschaftslehre, S. 441 ff.

(1) ***Vollkostendeckung:*** Die Annahme, dass der Preis stets über den Selbstkosten je Einheit liegt, ist oftmals nicht erfüllt: Der Marktpreis stellt sich unabhängig von den von einem Unternehmer kalkulierten Kosten und den darin enthaltenen kalkulatorischen Abschreibungen auf der Basis von Angebot und Nachfrage ein.

(2) ***Liquidität:*** Es ist nicht sicher, ob die Abschreibungsgegenwerte (= Umsätze) stets in liquider Form vorliegen; denkbar ist auch, dass beim Verkauf der Leistungen nur Forderungen erworben werden, die erst später zu Einzahlungen führen.

(3) ***Erstausstattung:*** Es muss die volle Ausgangskapazität vorliegen (kein sukzessiver Kapazitätsaufbau). Die Erstausstattung muss voll finanziert sein, und zwar mit Eigenkapital oder prolongierbarem (verlängerbarem) Fremdkapital.

(4) ***Nutzungszeit:*** Die Abschreibungsdauer muss der tatsächlichen Nutzungsdauer im Betrieb entsprechen.

(5) ***Gleichartigkeit:*** Die Anlagegüter müssen wirtschaftlich gleichartig sein, der technische Fortschritt wird also ausgeklammert.

(6) ***Teilbarkeit:*** Es wird eine hinreichende Teilbarkeit der Anlagen angenommen. Im Idealfall kann man die Abschreibungssumme jährlich voll investieren; meist sind Abschreibungsreste ins Folgejahr vorzutragen. Die kontinuierliche Reinvestition in gleichartige Anlagen ist nur selten möglich. Großunternehmungen sind hier besser gestellt als kleine Unternehmungen.

(7) ***Nachschüssigkeit:*** Alle Zahlungen sowie die Re- und Erweiterungsinvestitionen erfolgen zum Jahresende. Grundsätzlich sind die Rückflüsse so schnell wie möglich zu reinvestieren.

(8) ***Zinseszinsen:*** Zinseszinseffekte bei unterjähriger Ansammlung der Abschreibungsgegenwerte werden vernachlässigt.

(9) ***Kapazitive Abstimmung:*** Bei mehrstufigen Produktionsprozessen ist die Erweiterung einer Stufe nur dann sinnvoll, wenn vor- und nachgelagerte Stufen entsprechend ausgebaut werden.

(10) ***Umlaufvermögen:*** Wird die Kapazität erhöht, so setzt dies meist auch eine entsprechende Erhöhung des Umlaufvermögens voraus: mehr Maschinen – mehr Vorräte. Das muss finanzierbar sein.

(11) ***Weitere Zahlungsverpflichtungen:*** Zusätzliche Maschinen und zusätzliche Lagerbestände erfordern unter anderem weiteres Personal. Die Folgeverpflichtungen der Kapazitätserweiterung müssen beachtet werden.

(12) ***Beschaffungsmarkt:*** Der Effekt setzt konstante Wiederbeschaffungspreise voraus. Er wird reduziert, wenn die Beschaffungspreise steigen; er wirkt stärker, wenn sie fallen.

(13) ***Absatzmarkt:*** Der Effekt basiert auf konstanten Absatzpreisen und kann verstärkt (reduziert) werden durch steigende (fallende) Preise auf den Absatzmärkten. Geht man davon aus, dass die Voraussetzungen für die Kapazitätserweiterung im Sinne des Lohmann-Ruchti-Effektes gegeben sind, dann stellt sich die Frage, ob es auch Absatzmöglichkeiten für die zusätzlichen Mengen gibt – sonst wäre die Kapazitätsausweitung sinnlos. Vielleicht sind zusätzliche Mengen nicht oder nur zu geringeren Preisen absetzbar.

Fazit: Der Lohmann-Ruchti-Effekt muss korrekt als Kapazitätserweiterung mittels Finanzierung aus Abschreibungsgegenwerten bezeichnet werden. Eine Finanzierung aus Abschreibungen ist nicht möglich. Er ist an verschiedene Voraussetzungen gebunden, die in der Praxis oft nicht oder nicht vollständig erfüllt sind, so dass im praktischen Fall eine Fülle hemmender wie auch fördernder Faktoren[1] zu beobachten sind, die den Effekt beeinflussen. Er gibt somit nur eine Tendenzaussage.

5.2.2 Finanzierung aus Rückstellungsgegenwerten

5.2.2.1 Begriff und Systematik der Rückstellungen

Die Bildung von Rückstellungen ist in § 249 HGB geregelt. Danach sind Rückstellungen für ungewisse Verbindlichkeiten und für drohende Verluste aus schwebenden Geschäften zu bilden. Ferner sind Rückstellungen zu bilden für

- im Geschäftsjahr unterlassene Aufwendungen für Instandhaltung, die im folgenden Geschäftsjahr innerhalb von drei Monaten, oder für Abraumbeseitigung, die im folgenden Geschäftsjahr nachgeholt werden,
- Gewährleistungen, die ohne rechtliche Verpflichtung erbracht werden.

Rückstellungen für unterlassene Aufwendungen für Instandhaltung dürfen auch gebildet werden, wenn die Instandhaltung nach Ablauf der Dreimonatsfrist innerhalb des Geschäftsjahres nachgeholt wird.

Außerdem dürfen Rückstellungen für solche Aufwendungen gebildet werden, die

- ihrer Eigenart nach genau umschrieben und
- dem Geschäftsjahr oder einem früheren Geschäftsjahr zuzuordnen sind sowie
- am Abschlussstichtag wahrscheinlich oder sicher, aber
- hinsichtlich ihrer Höhe oder des Eintrittszeitpunktes unbestimmt sind.

Aus § 249 HGB ergibt sich eine Einteilung der Rückstellungen (R.) in Pflichtrückstellungen und Rückstellungen mit Ansatzwahlrecht:

Pflichtrückstellungen	Rückstellungen mit Ansatzwahlrecht
► R. für ungewisse Verbindlichkeiten (inkl. Pensionsrückstellungen); ► R. für drohende Verluste aus schwebenden Geschäften; ► R. für unterlassene Instandhaltungsaufwendungen, die im folgenden Geschäftsjahr innerhalb von drei Monaten nachgeholt werden; ► R. für unterlassene Abraumbeseitigung, die im folgenden Geschäftsjahr nachgeholt wird; ► R. für Gewährleistungen, die ohne rechtliche Verpflichtung erbracht werden.	► R. für unterlassene Aufwendungen, die im folgenden Geschäftsjahr (4. bis 12. Monat) nachgeholt werden; ► genau umschriebene Aufwandsrückstellungen, die dem abgelaufenen Geschäftsjahr oder früheren Geschäftsjahren zuzuordnen sind.

1 So auch: K. Olfert, Finanzierung, S. 381.

Für andere Zwecke dürfen keine Rückstellungen gebildet werden. Rückstellungen dürfen nur aufgelöst werden, soweit der Grund hierfür entfallen ist. Bei Kapitalgesellschaften sind sie gemäß § 266 HGB auf der Passivseite unter Position B wie folgt aufzuführen:

B. Rückstellungen
1. Rückstellungen für Pensionen und ähnliche Verpflichtungen;
2. Steuerrückstellungen;
3. sonstige Rückstellungen.

Rückstellungen sind nur in Höhe des Betrags anzusetzen, der nach vernünftiger kaufmännischer Beurteilung notwendig ist (§ 253 Abs. 1 HGB). Pensionsrückstellungen gehören zu den ungewissen Verbindlichkeiten im Sinne des § 249 HGB.

Definition: Rückstellungen sind bilanzielle Passivpositionen für der Art nach bekannte Verbindlichkeiten, deren Höhe und Fälligkeit jedoch nicht völlig sicher ist. Sie dienen dazu, künftige ungewisse Verbindlichkeiten der jetzigen Rechnungsperiode als Aufwand zuzurechnen[1].

In Gewinnjahren ist die Rückstellungsbildung ein angenehmer Vorgang: Künftige Auszahlungen wirken schon heute gewinnmindernd und bewirken so eine Steuerstundung. Rückstellungen werden in Anlehnung an das Definitionsmerkmal „Verbindlichkeiten" gelegentlich voll und ganz als Fremdkapital aufgefasst. Das folgende Beispiel verdeutlicht, dass die pauschale Einordnung der Rückstellungen in den Fremdkapitalbereich problematisch ist.

BEISPIEL: (Rückstellungen für Garantieverpflichtungen)

Die Vereinigte Industrie AG liefert an ein Kesseldruckimprägnierwerk einen neuentwickelten Hochdruck-Dampfkessel zur Holzimprägnierung. Man hält es für möglich, dass nach Inbetriebnahme der neuen Kesselanlage Störungen auftreten, ein Risiko, das dem Kunden so groß erscheint, dass er auf einer weitgehenden Garantie besteht. Diese wird von der Vereinigten Industrie AG auch zugestanden, um den Verkauf der Kesselanlage zu sichern. Die maximal mögliche Garantiezahlung wird nach vernünftiger kaufmännischer Beurteilung auf 500.000 € geschätzt. Der Eintritt des Entschädigungsfalls ist zwar möglich, aber nicht sicher. Wie sind die getätigten Garantierückstellungen von 500.000 € zu beurteilen, falls der Garantiefall

(1) vollständig ausbleibt;

(2) zwar eintritt, jedoch in geringerem Umfang als befürchtet, so dass nur eine Zahlung von 200.000 € zu leisten ist;

(3) in vollem Umfang eintritt und die Zahlung von 500.000 € erforderlich macht?

Lösung

(1) Wenn der Garantiefall ausbleibt, sind die dafür gebildeten Rückstellungen gewinnerhöhend aufzulösen. Der nach der Versteuerung verbleibende Betrag ist Eigenkapital (Ansprüche der Anteilseigner gegen die Unternehmung); die Steuern sind Fremdkapital (Ansprüche des Staates gegen die Unternehmung).

1 Vgl. u. a.: O. Hahn, Finanzwirtschaft, S. 334 ff. – H. D. Möser, Finanz- und Investitionswirtschaft der Unternehmung, S. 133 f. – K. Olfert, Finanzierung, S. 382 ff. – L. Perridon/M. Steiner, Finanzwirtschaft, S. 477 ff. – H. Vormbaum, Finanzierung, S. 412 ff.

(2) Tritt der Garantiefall ein und kommt die Vereinigte Industrie AG mit einer Summe von 200.000 € zwecks Regulierung aus, dann haben diese 200.000 € den Charakter von Fremdkapital (Ansprüche Dritter gegen die Unternehmung). Der nicht zur Regulierung der Schäden benötigte Teil ist gewinnerhöhend aufzulösen, wobei der nach der Versteuerung verbleibende Betrag Eigenkapital (Ansprüche der Anteilseigner gegen die Unternehmung) darstellt.

(3) Nur im dritten Fall, wenn die Rückstellungen vollständig zur Regulierung der Garantieverpflichtungen benötigt werden, sind sie in voller Höhe Fremdkapital.

Es ist deshalb sinnvoll, Rückstellungen als bedingtes Fremdkapital und/oder bedingtes Eigenkapital zu bezeichnen. Die Bedingung, von der die Einordnung der Rückstellungen im konkreten Fall abhängt, ist der Eintritt (oder Nichteintritt) jenes Ereignisses, das Grund für die Bildung der Rückstellungen war, sowie das finanzielle Ausmaß dieses Ereignisses. Rückstellungen sind klar abzugrenzen von den Rücklagen. Rücklagen haben stets den Charakter von Eigenkapital. Man kennt gesetzliche, freie und statutarische Rücklagen. Rücklagen werden gebildet, wenn Gewinne im Unternehmen verbleiben (Selbstfinanzierung). Da die Rücklagen durch eine einfache Umbuchung zu Eigenkapital gemacht werden können, bezeichnet man sie auch als getrennt verbuchtes Eigenkapital.

ABB. 5.11: Systematik der Rückstellungen

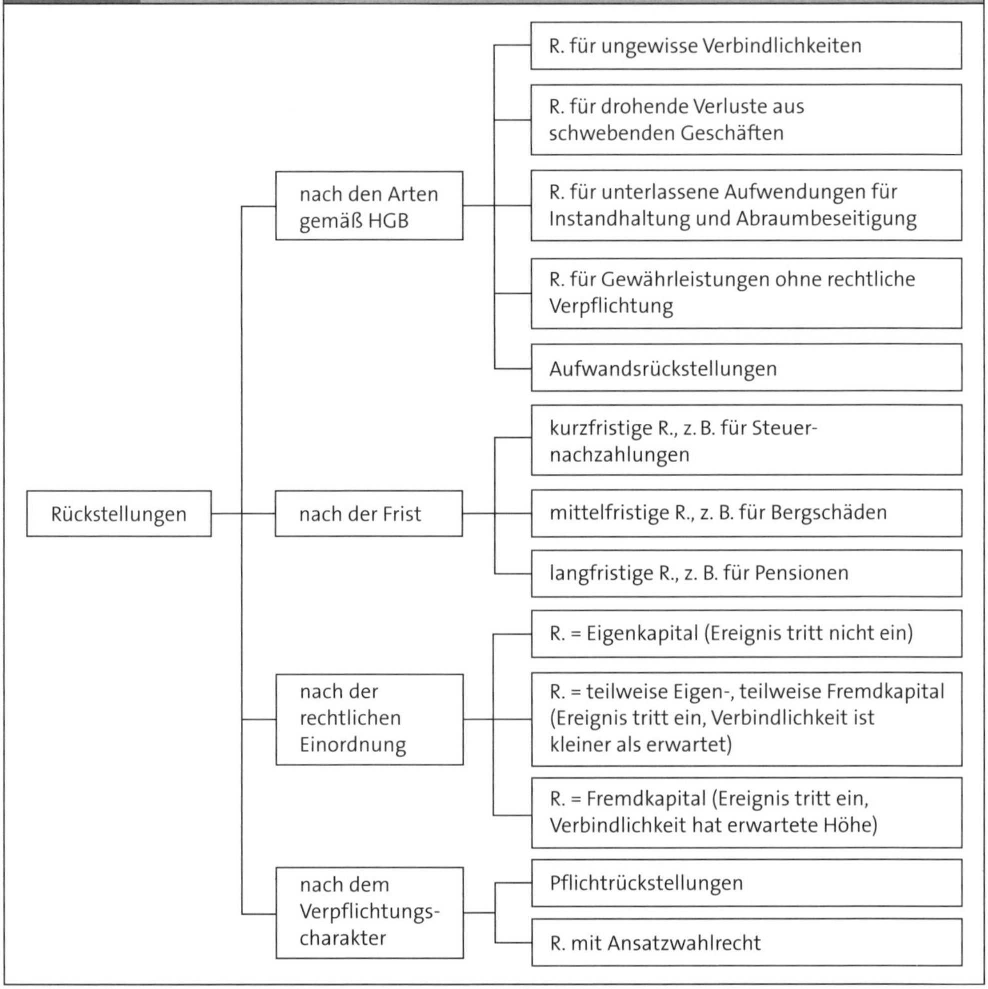

Rückstellungen dienen folgenden Zwecken[1]:

- Periodengerechte Erfolgsermittlung: Mit Hilfe der Rückstellungen wird einer Periode auch solcher Aufwand angelastet, der in ihr verursacht wurde, aber noch nicht zu Auszahlungen geführt hat.
- Kapitalsicherung: Durch Kürzung des Periodengewinns wird der Ausweis von Scheingewinnen sowie deren Besteuerung und/oder Ausschüttung verhindert.
- Liquiditätssicherung: Durch die Ausschüttungssperrfunktion der Rückstellungen bleiben dem Betrieb die entsprechenden Geldmittel zur Bestreitung zukünftiger Auszahlungen erhalten.

1 Vgl. hierzu: W. Krause, Rückstellungen, S. 299.

Fazit: Rückstellungen sind Verbindlichkeiten, die der Art nach bekannt sind, deren Höhe und Fälligkeit jedoch ungewiß ist. Sie sind bedingtes Fremdkapital und/oder bedingtes Eigenkapital. Demgegenüber sind Rücklagen stets Eigenkapital. Abbildung S. 11 zeigt Ihnen zusammenfassend, wie man Rückstellungen nach ihrer Art, der Frist, der rechtlichen Einordnung sowie ihrem Verpflichtungscharakter systematisiert.

5.2.2.2 Finanzierungswirkung der Rückstellungen

Durch die Bildung von Rückstellungen kommen keine zusätzlichen Geldmittel von außen in die Unternehmung. Die Finanzierungswirkung der Rückstellungen ist also – wie bei den Abschreibungen – indirekter Natur:

- Steuerlich anerkannte Rückstellungen mindern den steuerpflichtigen Gewinn (sofern ein solcher existiert) und führen zu einer entsprechenden Verkürzung der Steuerschuld, wenn das der Rückstellungsbildung zugrundeliegende Ereignis eintritt und die Verbindlichkeit die erwartete Höhe hat. Tritt das Ereignis nicht ein, bewirken die Rückstellungen eine Steuerstundung.
- Die Rückstellungen in der Handelsbilanz mindern den Jahresüberschuss und bewirken zumindest eine zeitliche Verlagerung von Gewinnen. Das kann dazu führen, dass die an die Anteilseigner fließenden Gewinnbestandteile vergleichsweise geringer sind.

Der Argumentation, wonach eine Finanzierung aus Rückstellungen dadurch erfolgt, dass der Aufwand für die Rückstellungen sofort verrechnet wird, die entsprechenden Auszahlungen jedoch erst später (und vielleicht überhaupt nicht) erfolgen, kann nicht zugestimmt werden: Eine Finanzierung lässt sich nicht in der Weise erreichen, dass man „Aufwand verrechnet". Man muss in diesem Zusammenhang vielmehr von einer Finanzierung aus Rückstellungsgegenwerten sprechen, womit wieder die Brücke zu den Erträgen geschlagen ist: Rückstellungsgegenwerte sind – ähnlich wie Abschreibungsgegenwerte – Umsätze. Eine Finanzierung aus Rückstellungsgegenwerten setzt voraus, dass diese Gegenwerte auch tatsächlich existieren und über den Umsatzprozess Einzahlungen in entsprechender Höhe zugeflossen sind.

ABB. 5.12: Kapitalstruktur und Rückstellungen westdeutscher Unternehmen

Wirtschaftszweig	Jahr	Bilanzsumme	Eigenkapital	Fremdkapital			Rechnungsabgrenzungsposten
				Verbindlichkeiten	Rückstellungen	insgesamt	
		Mrd. €	in % der Bilanzsumme				
Alle Unternehmen	1991	1.439,4	17,8	61,2	20,6	81,8	0,3
	1994	1.536,6	17,9	59,9	21,8	81,7	0,4
	1998	1.748,3	18,7	59,3	21,6	80,9	0,4
	2004	2.054,7	23,0	57,4	19,3	76,7	0,3
Verarbeitendes Gewerbe	1991	713,6	22,8	51,7	25,4	77,1	0,1
	1994	749,5	23,2	49,8	26,9	76,7	0,1
	1998	854,5	24,6	49,4	25,8	75,2	0,2
	2004	1.215,9	27,1	49,3	23,4	72,7	0,2
Baugewerbe	1991	123,1	5,2	83,9	10,7	94,6	0,1
	1994	143,5	5,8	83,3	10,8	94,1	0,1
	1998	149,5	5,1	84,4	10,3	94,7	0,2
	2004	120,9	7,9	80,2	11,8	92,0	0,1
Großhandel	1991	223,1	13,6	77,3	8,9	86,2	0,1
	1994	241,4	13,9	76,4	9,6	86,0	0,1
	1998	251,5	15,6	74,7	9,5	84,2	0,2
	2004	228,9	23,5	64,8	11,3	76,1	0,4
Einzelhandel	1991	141,8	5,7	86,4	7,7	94,1	0,2
	1994	149,4	4,7	86,4	8,8	95,2	0,2
	1998	204,5	3,5	86,8	9,0	95,8	0,7
	2004	158,3	15,9	73,5	10,0	83,5	0,6

Quelle: Deutsche Bundesbank, Monatsbericht November 1996, S. 50 ff., März 2001, S. 36 ff., Juni 2006, S. 72 ff.

Der Finanzierungseffekt der Rückstellungen kann also darin bestehen, dass liquide Mittel, die der Unternehmung durch Umsätze zugeflossen sind, für eine bestimmte Zeit zwischen Bildung und Auflösung der Rückstellungen in der Unternehmung verbleiben. Für das Ausmaß dieses Finanzierungseffektes durch vermiedene oder verschobene Rückstellungen ist mithin neben der absoluten Höhe der gebildeten Rückstellungen vor allem deren Fristigkeit entscheidend. Die Mehrzahl der Rückstellungsfälle ist kurzfristiger Natur. Kurzfristige Rückstellungen (z. B. für Steuernachzahlungen, Urlaubsgelder, Prozesse) werden in dem auf den Jahresabschluss folgenden Geschäftsjahr aufgelöst. Da jedoch entsprechende Rückstellungen jährlich neu gebildet werden, kann der sogenannte Bodensatz an Rückstellungen auch einen dauerhaften Finanzierungseffekt bewirken. Ähnliches gilt für die Rückstellungen für Garantieverpflichtungen, wenn sich Auflösungen und Zuführungen jährlich etwa die Waage halten[1].

1 So auch: L. Perridon/M. Steiner, Finanzwirtschaft der Unternehmung, S. 478.

5.2.2.3 Finanzierungswirkung der Pensionsrückstellungen

Eine besondere Finanzierungswirkung verspricht man sich von den Pensionsrückstellungen. Pensionsrückstellungen sind wirtschaftlich als Lohn- und Gehaltsbestandteile zu betrachten, die während der Zeit einbehalten und angesammelt werden, in der die begünstigten Arbeitnehmer im Betrieb sind, um ihnen nach ihrem Ausscheiden als Betriebsrente oder (seltener) einmalige Kapitalleistung ausgezahlt zu werden (Aufwand jetzt, Auszahlung später). Ein Unternehmen, das sich verpflichtet, einem Arbeitnehmer eine Alters-, Invaliden- oder Hinterbliebenenversorgung zu gewähren, muss für diese Anwartschaften bereits vom Jahr der Zusage an (also viele Jahre vor Eintritt des Versorgungsfalles) Rückstellungen bilden und diese in der Handelsbilanz ausweisen. Die Rückstellungspflicht folgt aus § 249 HGB. Danach sind für ungewisse Verbindlichkeiten Rückstellungen zu bilden. Pensionsverpflichtungen zählen zu den ungewissen Verbindlichkeiten, sind also rückstellungspflichtig. Für Pensionszusagen vor 1987 gilt ein Passivierungswahlrecht, und zwar auch dann, wenn solche Altzusagen nachträglich erhöht werden. Das bestimmt Artikel 28 Abs. 1 EGHGB (Einführungsgesetz zum HGB).

Pensionsrückstellungen sind vertraglich geregelte Ansprüche Dritter gegen die Unternehmungen, stellen also Fremdkapital dar. Da dieses Fremdkapital nicht von außen zugeführt wird, sondern aus dem betrieblichen Umsatzprozess stammt, spricht man auch von Quasi-Fremdkapital. Dieses aus der Innenfinanzierung stammende Fremdkapital steht den Unternehmungen langfristig und oft in beträchtlichem Umfang zur Verfügung: Pensionsrückstellungen übersteigen bei vielen Kapitalgesellschaften mittlerweile das Grundkapital.

BEISPIEL: Die Auswertung von 1.368 Abschlüssen großer Kapitalgesellschaften zeigt für 1991 folgendes Bild[1]:

- gezeichnetes Kapital insgesamt: 56,2 Milliarden €,
- Pensionsrückstellungen insgesamt: 59,8 Milliarden €.

Steuerlich sind die Pensionsrückstellungen in § 6 a EStG geregelt. Danach dürfen Pensionsrückstellungen nur gebildet werden, wenn und soweit

1. der Pensionsberechtigte einen Rechtsanspruch auf einmalige oder laufende Pensionsleistungen hat,
2. die Pensionszusage keine Pensionsleistungen in Abhängigkeit von künftigen gewinnabhängigen Bezügen vorsieht und keinen Vorbehalt enthält, dass die Pensionsanwartschaft oder die Pensionsleistung gemindert oder entzogen werden kann, oder ein solcher Vorbehalt sich nur auf Tatbestände erstreckt, bei deren Vorliegen nach allgemeinen Rechtsgrundsätzen unter Beachtung billigen Ermessens eine Minderung oder ein Entzug der Pensionsanwartschaft oder der Pensionsleistung zulässig ist, und
3. die Pensionszusage schriftlich erteilt ist; die Pensionszusage muss eindeutige Angaben zu Art, Form, Voraussetzungen und Höhe der in Aussicht gestellten künftigen Leistungen enthalten (Abs. 1).

1 Statistisches Jahrbuch 1994 (DM in € umgerechnet), S. 145.

Eine Pensionsrückstellung darf erstmals gebildet werden

1. vor Eintritt des Versorgungsfalles für das Wirtschaftsjahr, in dem die Pensionszusage erteilt wird, frühestens jedoch für das Wirtschaftsjahr, bis zu dessen Mitte der Pensionsberechtigte das 28. Lebensjahr vollendet oder für das Wirtschaftsjahr, in dessen Verlauf die Pensionsanwartschaft gemäß den Vorschriften des Gesetzes zur Verbesserung der betrieblichen Altersversorgung unverfallbar wird.
2. nach Eintritt des Versorgungsfalles für das Wirtschaftsjahr, in dem der Versorgungsfall eintritt (Abs. 2).

Eine Pensionsrückstellung darf höchstens mit dem Teilwert der Pensionsverpflichtung angesetzt werden (Abs. 3).

Bei der Berechnung des Teilwertes sind die anerkannten Regeln der Versicherungsmathematik anzuwenden, und es ist ein Rechnungszinssatz von 6 % zugrunde zu legen (Abs. 3).

Die Zuführung zu den Pensionsrückstellungen darf in einem Wirtschaftsjahr höchstens dem Unterschiedsbetrag zwischen dem Teilwert am Schluss des Wirtschaftsjahres und dem Teilwert am Schluss des vorangegangenen Wirtschaftsjahres entsprechen (Abs. 4). Dabei entspricht der Teilwert dem Barwert der künftigen Pensionsleistungen am Bilanzstichtag abzüglich des sich auf denselben Zeitpunkt ergebenden Barwertes betragsmäßig gleichbleibender Jahresbeträge, die so zu bemessen sind, dass am Beginn des Wirtschaftsjahres, in dem das Dienstverhältnis begonnen hat, ihr Barwert gleich dem Barwert der künftigen Pensionsverpflichtungen ist (Abs. 3).

So, liebe Leser, müssen sich Juristen wohl ausdrücken. Und wenn Sie diese Formulierung auch beim zweiten Lesen nicht vollständig verstanden haben, dürfen Sie sich zum größeren Teil der Menschheit zählen. Vielleicht hilft Ihnen das folgende Beispiel zum Verständnis. Es verdeutlicht das Prinzip der Rückstellungsbildung in vereinfachter Weise unter Vernachlässigung biologischer Wahrscheinlichkeiten[1].

BEISPIEL (Finanzmathematische Ermittlung der Pensionsrückstellungen)

Ein Angestellter ist am 02. 01. 01 in eine Unternehmung eingetreten. Am 02. 01. 04 sagte man ihm zu, dass er ab dem 02. 01. 08 für fünf Jahre jeweils zum Jahresende eine Zahlung von 18.000 € erhalten soll. Wie ermittelt man die jährlichen Zuführungen zu den Pensionsrückstellungen beim Kalkulationszinssatz von i = 6 %?

Lösung

Die Ermittlung der Zuführungen zu den Pensionsrückstellungen erfolgt in sechs Schritten:

(1) Ermittlung des Barwertes der Rente bezogen auf den Eintritt des Versorgungsfalls am 02. 01. 08 (vereinfachend: Zeitpunkt 7).

1 Ähnlich bei: G. Wöhe/J. Bilstein, Grundzüge der Unternehmensfinanzierung, S. 306 ff.

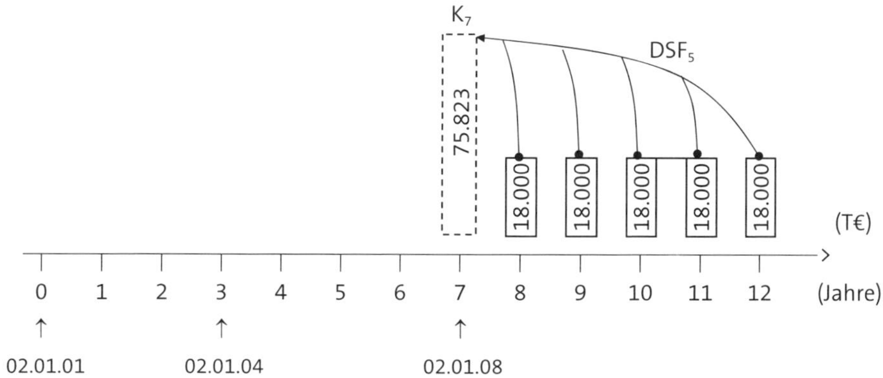

K_7 = Rente · DSF_5 = 18.000 · 4,212364 = 75.823 (€)

(2) Der Wert K_7 ist auf den jeweiligen Bilanzstichtag abzuzinsen, z. B. auf den 31. 12. 04 (vereinfachend: Zeitpunkt 4).

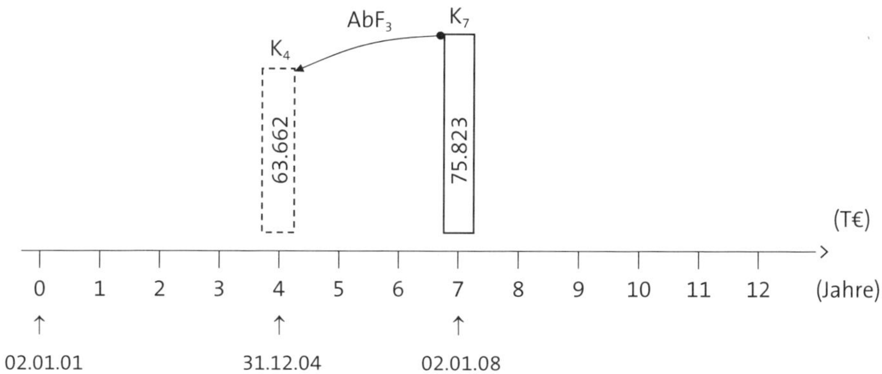

$K_4 = K_7 \cdot AbF_3$ = 75.823 · 0,839619 = 63.662 (€)

(3) Der Wert K_7 ist ferner auf den Zeitpunkt des Eintretens in das Unternehmen abzuzinsen (02. 01. 01; vereinfachend: Zeitpunkt 0).

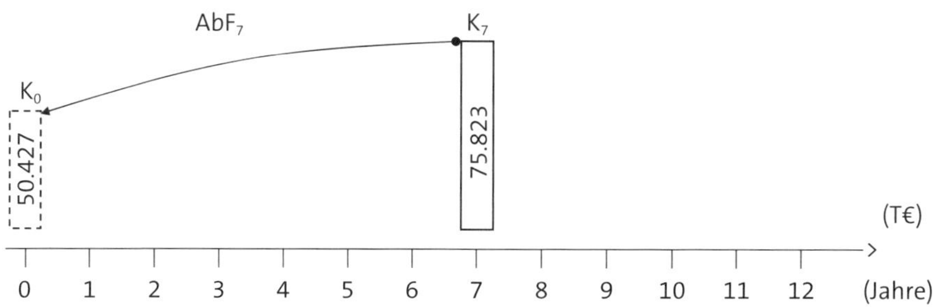

$K_0 = K_7 \cdot AbF_7$ = 75.823 · 0,665057 = 50.427 (€)

(4) Der Barwert K_0 ist in gleiche Jahresbeträge (Annuitäten) umzurechnen, die vom Zeitpunkt des Eintritts in das Unternehmen die Ansammlung des Barwerts der Pensionsleistungen (K_7) zulassen.

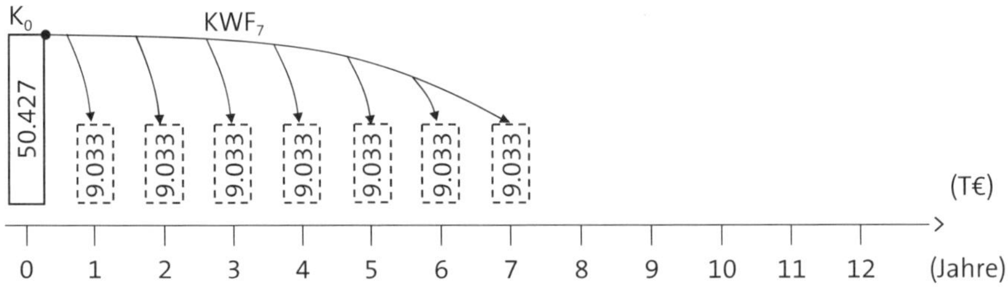

Annuität = $K_0 \cdot KWF_7$ = 50.427 · 0,179135 = 9.033 (€)

(5) Für jeden Bilanzstichtag ist der Barwert der auf die restlichen Jahre entfallenden Annuitäten zu ermitteln. Für den 31. 12. 04 (vereinfachend: Zeitpunkt 4) ergibt sich:

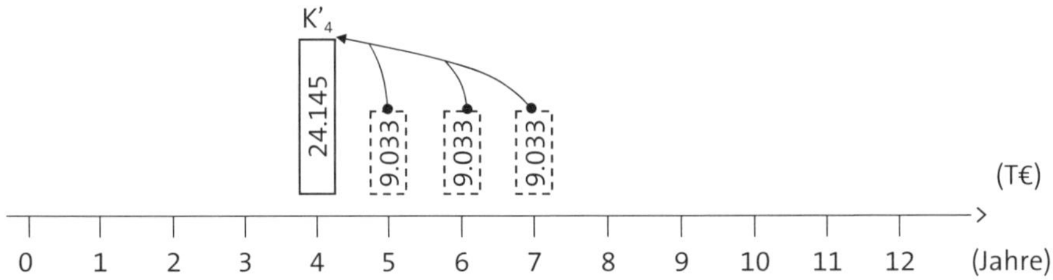

K'_4 = Annuität · DSF_3 = 9.033 · 2,673012 = 24.145 (€)

(6) Die maximale Zuführung zur Pensionsrückstellung für 04 beträgt $K_4 - K'_4$ = 63.662 – 24.145 = 39.517 (€). In den Folgejahren entspricht sie der Differenz der Teilwerte der einzelnen Jahre.

Bilanzstichtag	Barwert der künftigen Pensionsleistungen (€)	Barwert der nach dem Bilanzstichtag zu verrechnenden Jahresbeträge (€)	Teilwert (€)	Maximale Zuführung zu den Pensionsrückstellungen (€)	Bilanzausweis (€)
I	II	III	IV = II – III	V	VI = Σ V
04	63.662	24.145	39.517	39.517	39.517
05	67.482	16.561	50.921	11.404	50.921
06	71.531	8.522	63.009	12.088	63.009
07	75.823	–	75.823	12.814	75.823

Die hohe Erstzuführung im Jahr 04 ist damit zu erklären, dass die Pensionszusage erst drei Jahre nach dem Eintritt in das Unternehmen gemacht wird. Der Rückstellungsbildung liegt die gesamte Unternehmenszugehörigkeit zugrunde (frühere Jahresbeträge plus aufgelaufene Zinsen). In den Folgejahren entspricht die Zuführung zu den Pensionsrückstellungen dem Jahresbetrag zuzüglich 6 % Zinsen auf den jeweiligen Bestand.

Der Finanzierungseffekt der Pensionsrückstellungen hängt im praktischen Fall ab von

> 1. dem Ausmaß der Gewinnthesaurierung und der Gewinnausschüttung
>
> und
>
> 2. der Relation der Neuzuführungen zu den Mittelabflüssen.

Wer Gewinne thesaurieren möchte, kann durch Pensionsrückstellungen Ertragsteuern sparen. Der betriebliche Aufwand wird um die steuerlich anerkannten Rückstellungen erhöht, der ausgewiesene und steuerpflichtige Gewinn entsprechend kleiner. Soll der Gewinn dagegen ausgeschüttet werden, dann können die Pensionsrückstellungen eine Sperrfunktion wahrnehmen, so dass nur der um die Pensionsrückstellungen verkürzte Gewinn zur Ausschüttung kommt. In diesem Fall beruht der Finanzierungseffekt nicht nur auf den eingesparten Ertragsteuern, sondern auch auf der jährlichen Zuführung zu den Pensionsrückstellungen. Es muss allerdings darauf hingewiesen werden, dass die Bildung von Pensionsrückstellungen nur dann einen entsprechenden Finanzierungseffekt aufweist, wenn die Pensionsrückstellungen auch erwirtschaftet worden sind: Eine Finanzierung durch Bindung von Gewinnbestandteilen setzt das Vorhandensein von Gewinnen voraus.

In einer Verlustsituation nützen die schönsten Rückstellungen nichts. Das zeigt das Beispiel von AEG-Telefunken. Die Betriebsrenten und Anwartschaften von AEG sind als Folge des Vergleichsantrages von 1982 von dem Pensions-Sicherungs-Verein (PSV) übernommen worden und hatten bei den Mitgliedern des PSV entsprechende Beitragserhöhungen zur Folge. Die Insolvenzen Anfang der neunziger Jahre vervierfachten den Beitragssatz von 0,8 Promille auf 3,1 Promille, wobei neben größeren Schäden (Klöckner-Vergleich und Vergleich der Dillinger Hütte Saarstahl, beide zusammen kosteten den PSV 570 Millionen Mark) vor allem viele kleinere Unternehmungen scheiterten[1]. Heute zahlt die Versicherungswirtschaft im Auftrag des PSV Jahr für Jahr Renten von mehreren Milliarden € aus.

Die Auswirkung der Relation der Zuführungen zu den Mittelabflüssen auf die Finanzierungsmöglichkeiten kann beispielhaft anhand des folgenden Drei-Phasen-Modells beschrieben werden[2]:

Phase I: Wird die Altersversorgung neu eingeführt, so können in der Regel über viele Jahre oder gar Jahrzehnte Pensionsrückstellungen gebildet werden, bevor Pensionen ausgezahlt werden müssen. In diesen (Anfangs-)Jahren sind die durch die Pensionsrückstellungen vermiedenen Auszahlungen ein beachtenswertes Finanzierungsinstrument, durch das mehr Mittel an das Unternehmen gebunden als ausgezahlt werden, so dass das durch die Pensionsrückstellungen gebundene Vermögen im Zeitablauf wächst. Voraussetzungen hierfür sind:

- Die Gewinne vor Bildung der Pensionsrückstellungen müssen mindestens deren Höhe erreichen, und
- die Zuführungen zu den Pensionsrückstellungen pro Periode müssen höher sein als die Pensionszahlungen.

1 Vgl. Wirtschaftswoche, 47/1993, S. 159.
2 Vgl. hierzu: G. Wöhe/J. Bilstein, Grundzüge der Unternehmensfinanzierung, S. 385 f.

- Entstehen durch die Pensionsrückstellungen Verluste, müssen die Pensionszahlungen geringer sein als der Gewinn vor Zuführung zu den Pensionsrückstellungen.

Phase II: Später kann sich der Zustand einspielen, dass die Pensionszahlungen für die ausgeschiedenen Arbeitnehmer in etwa den Zuführungen für die noch aktiven Mitarbeiter entsprechen. Zwar ist in dieser Phase kein zusätzlicher Finanzierungseffekt mehr zu verzeichnen; jedoch werden die früher angesammelten Beträge noch nicht für Zahlungen benötigt und verbleiben weiterhin im Betrieb.

Phase III: Wenn durch Verringerung des Personalbestandes oder unerwartet lange Lebensdauer der Pensionierten die Pensionszahlungen größer als die Zuführungen zu den Pensionsrückstellungen werden, so verringern sich die in den ersten Jahren gebildeten Rückstellungen allmählich; es entsteht ein Finanzierungsminus, ein negativer Finanzierungseffekt.

ABB. 5.13: Finanzierungseffekt der Pensionsrückstellungen

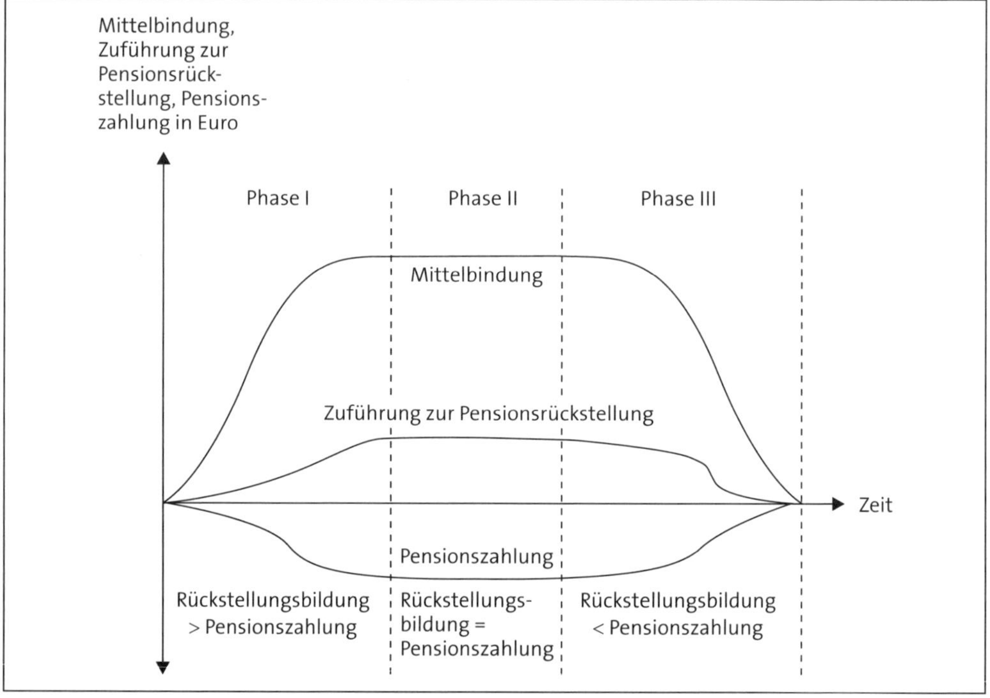

Phase I:	Zuführung > Pensionszahlungen
	Finanzierungseffekt positiv, Mittelbindung steigt
Phase II:	Zuführung = Pensionszahlungen
	Finanzierungseffekt = 0, Mittelbindung konstant
Phase III:	Zuführung < Pensionszahlungen
	Finanzierungseffekt negativ, Mittelbindung sinkt

Aus der nachfolgenden Matrix geht hervor, wie sich

- Gewinnthesaurierung und Gewinnausschüttung

  sowie

- Neuzuführungen und Mittelabflüsse

auf den Finanzierungseffekt von Pensionsrückstellungen auswirken[1].

ABB. 5.14: Finanzierungswirkung der Pensionsrückstellungen

Zuführungen zu Pensionsrückstellungen ⇒ / Gewinnverwendung ⇓	verbleiben ganz im Betrieb	werden vollständig als Pensionen ausgezahlt
Gewinn wird voll einbehalten	zusätzliche Finanzmittel nur in Höhe der ersparten Ertragssteuern (Fall 1)	Abbau der Finanzmittel in Höhe der Pensionszahlungen abzüglich der ersparten Ertragssteuern (Fall 2)
Gewinn wird voll ausgeschüttet	zusätzliche Finanzmittel in Höhe der Neuzuführungen zu den Pensionsrückstellungen (Fall 3)	unveränderter Finanzmittelstand (Fall 4)

Die Abbildung zeigt, dass insgesamt vier (Grenz-) Fälle zu unterscheiden sind. Diese vier Fälle wollen wir an einem Beispiel untersuchen. Wir treffen folgende Annahmen:

(1)	Gewinn vor Körperschaftsteuer (KSt) und vor Pensionsrückstellungen (PR)	1.000.000 €
(2)	Pensionsrückstellungen	500.000 €

Fall 1

Gewinn vor KSt und vor PR	1.000.000 €
KSt (45 %)	250.000 €
Zuführungen zu den PR	500.000 €
verbleibender Gewinn	500.000 €
KSt (45 %) auf den verbleibenden Gewinn	125.000 €
Finanzierungseffekt (250.000 – 125.000)	+ 125.000 €

Der Finanzierungseffekt im Fall 1 beträgt 125.000 €; er entspricht dem Betrag, der durch die Bildung der Pensionsrückstellungen an Körperschaftsteuern erspart wird.

1 Die Matrix geht auf eine Darstellung von Weihrauch zurück, die von Braunschweig geringfügig geändert wurde. Vgl. H. Weihrauch, Finanzierungseffekt durch Pensionsrückstellungen, S. 333. – K. E. Braunschweig, Grundlagen der Unternehmungsfinanzierung, S. 105.

Fall 2

Rentenzahlungen	– 500.000 €
Ersparnis an KSt	+ 125.000 €
Finanzierungseffekt	– 375.000 €

Die Rentenzahlungen im Fall 2 übersteigen die Steuerersparnis, so dass ein negativer Finanzierungseffekt (– 375.000 €) auftritt.

Fall 3

Finanzierungseffekt	+ 500.000 €

Die Pensionsrückstellungen, auf die keine Steuer zu zahlen ist, bleiben in voller Höhe (500.000 €) im Unternehmen.

Fall 4

Finanzierungseffekt	0 €

Pensionsrückstellungen (+ 500.000 €) und Rentenzahlungen (– 500.000 €) heben sich gegenseitig auf.

Aus den vier Fällen erkennen Sie:

- Die Finanzierungsfunktion der Pensionsrückstellungen liegt ausschließlich in der möglichen Steuerersparnis und der möglichen Minderausschüttung von Gewinnen, also in der Vermeidung von Auszahlungen.
- Der Finanzierungseffekt der Pensionsrückstellungen ist bei geplanter Gewinnausschüttung größer als bei geplanter Gewinneinbehaltung.
- Die Bildung von Pensionsrückstellungen bewirkt in keinem Fall, dass zusätzliche Finanzmittel in das Unternehmen kommen.

Bei einem Verlustunternehmen entfällt die Möglichkeit, durch den Ansatz von Pensionsrückstellungen Ertragsteuern zu sparen, da solche nicht anfallen. Ebenso entfällt die Ausschüttungssperre für Gewinne, da es keine Gewinne gibt, deren Ausschüttung zu sperren wäre.

5.2.3 Finanzierung aus sonstigen Geldfreisetzungen

Die Finanzierung aus sonstigen Geldfreisetzungen kann auf folgendem Wege erfolgen[1].

ABB. 5.15: Finanzierung aus sonstigen Geldfreisetzungen

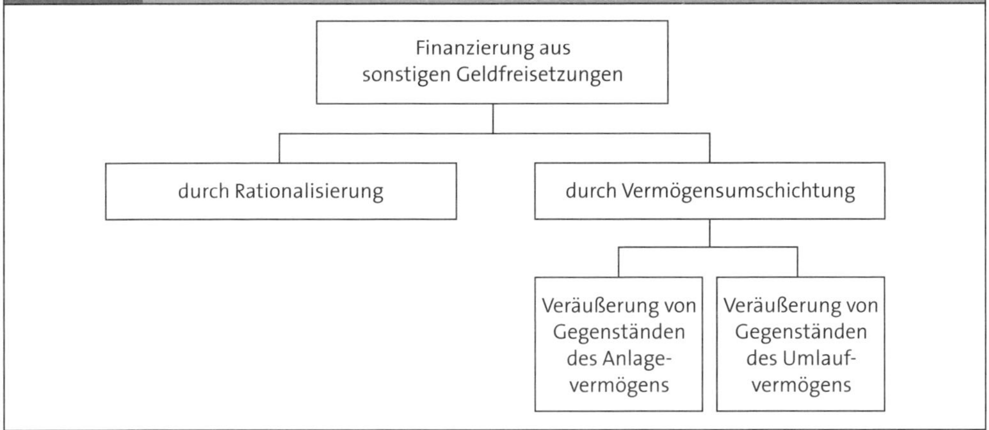

Finanzierung durch Rationalisierung: Jede erfolgreiche innenfinanzierte Rationalisierungsmaßnahme im Beschaffungs-, Produktions- und Absatzbereich hat den Effekt, dass der Kapitalumschlag (= Verhältnis von Umsatz und Kapital) steigt[2]. Durch Rationalisierungsmaßnahmen, die Unwirtschaftlichkeiten beseitigen, kann

(1) bisher gebundenes Kapital freigesetzt und für andere Zwecke verfügbar werden, wenn etwa durch bessere Terminierung und Abstimmung des Bestellwesens eine Lagerbestandsverringerung ermöglicht wird;

(2) der Produktionsprozess mit geringeren laufenden Auszahlungen betrieben werden, z. B. durch Einsparung von Personal, Energie, Material usw.

BEISPIEL: (Brauerei verkürzt Lagerdauer)

Eine Brauerei erprobt ein neues Brauverfahren, wodurch die Lagerdauer des Bieres ohne Qualitätsverlust von 90 auf 80 Tage verkürzt werden kann. Die mögliche Folge: Man erzielt die bisherigen Leistungen mit geringerem Kapitaleinsatz. Bei konstantem Kapitaleinsatz lässt sich eine höhere Leistung erzielen.

Finanzierung durch Vermögensumschichtung: Allgemein gilt: Finanzierung durch Vermögensumschichtung erfolgt durch den Verkauf nicht betriebsnotwendiger Vermögensteile (Regelfall) oder betriebsnotwendiger Vermögensteile (Ausnahmefall). Die Vermögensumschichtung kann Gegenstände des Anlagevermögens oder Gegenstände des Umlaufvermögens zum Inhalt haben. Im ersten Fall werden Mittel, die in Grundstücken, Gebäuden, Maschinen gebunden sind, freigesetzt, im zweiten Fall veräußert man Übervorräte an Fertigprodukten, reduziert Lagerbestände an Roh-, Hilfs- und Betriebsstoffen sowie Halbfabrikaten, verkauft Forderungen an einen Factor.

1 Vgl. hierzu u. a.: R. Federmann, Allgemeine Betriebswirtschaftslehre, S. 250. – K. Olfert, Finanzierung, S. 387 f. – L. Perridon/M. Steiner, Finanzwirtschaft der Unternehmung, S. 479. – J. Süchting, Finanzmanagement, S. 270 ff.

2 Außenfinanzierte Rationalisierungen führen bei konstantem Umsatz und höherem Kapital zu einer Verminderung des Kapitalumschlags.

BEISPIEL (C-Bank verkauft Verwaltungsgebäude)

Die C-Bank verkauft ihr Verwaltungsgebäude an eine Leasing-Gesellschaft und mietet es von ihr im Sale-lease-back-Verfahren wieder zurück. Dieser Verkauf bewirkt einen Aktivtausch, bei dem die Kasse um liquide Mittel in Höhe des Kaufpreises zunimmt, während das Anlagevermögen entsprechend sinkt. Die Periodenliquidität verbessert sich, allerdings ist die Liquidität künftiger Perioden durch die Leasing-Raten belastet.

Allgemein lässt sich sagen, dass sich die Finanzierungssituation einer Unternehmung in dem Maße verbessert, wie es gelingt[1],

- Einzahlungen zu erhöhen und/oder
- Einzahlungen vorzuverlegen und/oder
- Auszahlungen zu senken und/oder
- Auszahlungen aufzuschieben.

Ein umfangreicher Katalog von Einzelmaßnahmen zur Verbesserung der Finanzierungssituation findet sich bei Vollmuth[2].

(1) Einzahlungen erhöhen

- Preise für bestimmte Produkte erhöhen
- Rabatte reduzieren
- Produkte mit höheren Deckungsbeiträgen forcieren
- weniger Boni und Skonti anbieten
- nicht mehr benötigte Maschinen und Anlagen verkaufen
- neue Kunden gewinnen
- Lagerhüter zum Schrottpreis verkaufen
- bessere Kapazitätsauslastung erzielen
- Umsatzsteigerung realisieren
- Absatz erhöhen
- Reklamationen vermindern
- ABC-Analyse für Produktgruppen erstellen
- Sonderaktionen für Kundengruppen, Verkaufsgebiete und Produktgruppen durchführen
- Festgelder anlegen
- Sale-lease-back-Verfahren durchführen
- Anzahlungen vereinbaren
- bessere Qualitäten liefern
- bessere Wertstellung bei Banken aushandeln
- Verzugszinsen bei verspäteten Zahlungen berechnen
- Zahlung per Akkreditiv vereinbaren
- Verkauf an schlechte Kunden nur gegen Barzahlung
- Bankeinzug vereinbaren
- Ratenzahlungen vereinbaren
- Inkasso-Unternehmen einschalten

(2) Einzahlungen vorverlegen

- Zahlungsziele verkürzen
- Mahnwesen verbessern
- Scheck-Wechsel-Verfahren nutzen
- Klagen androhen
- Kundenwechsel diskontieren
- Ausgangsrechnungen früher schreiben
- Zahlung per Wechsel vereinbaren
- Skonti einkalkulieren und anbieten
- Schecks spätestens zum zweiten Abrechnungstermin bei der Bank einreichen
- liquide Kunden bevorzugt bedienen
- Factoring
- Durchlaufzeiten verkürzen
- Lieferung Zug um Zug
- Lieferzeiten verkürzen
- Anzahlungen vereinbaren
- Lagerbestand an Halb- und Fertigfabrikaten verringern
- Einschaltung der Außendienstmitarbeiter beim Einzug der Forderungen
- Provisionszahlung abhängig machen vom Eingang der Forderungen
- Kleinaufträge nur gegen Barzahlung oder gegen Nachnahme

1 Vgl. J. Süchting, Finanzmanagement, S. 270.
2 Vgl. H. J. Vollmuth, Finanzierung, S. 256 ff.

- Forderungen durch Lastschriftverfahren einziehen
- Lieferung per Nachnahme

(3) Auszahlungen senken

- Lieferantenskonti ausnutzen
- Kosteneinsparungen im Materialeinkauf realisieren
- Lagerbestand reduzieren
- bessere Maschinen einsetzen
- Ausschuss reduzieren
- nicht genutzte Räume vermieten
- für A-Teile Rahmenverträge mit Abrufmöglichkeiten abschließen
- Personalabbau durchführen
- Kreditlinien überprüfen
- Subunternehmer einschalten
- Eigen- oder Fremdbezug überprüfen
- Teilzeitarbeit vereinbaren
- bedarfsorientierte Materialdisposition
- freiwillige Leistungen streichen
- Lohnaufträge vergeben
- Überziehungszinsen vermeiden
- innerbetriebliche Leistungen an Handwerker vergeben
- Umschlagshäufigkeit im Lager erhöhen
- Lagerdauer verkürzen
- Kundenziel verkürzen
- Inanspruchnahme der Kontokorrentlinie reduzieren
- Gewinnausschüttungen kürzen
- auf die Valutierung (Wertstellung) achten
- Fehlinvestitionen vermeiden
- Werbeausgaben überprüfen
- Betriebsorganisation verbessern
- Fuhrpark reduzieren
- Einschaltung von Spediteuren
- kleine Beträge über Postgirokonto bezahlen
- Telefonzähler einbauen
- Stromverbrauch überprüfen
- optimale Losgröße errechnen
- optimale Bestellmenge ermitteln
- Investitionen überprüfen
- Lieferung ab Werk vereinbaren
- Wechselkredit ausnutzen
- Bildung von Rückstellungen
- Sortiment straffen
- bessere Arbeitsplatzgestaltung
- bessere Tourenplanung durchführen
- Kapazitätsauslastung verbessern
- bessere Konditionen bei Krediten aushandeln

(4) Auszahlungen aufschieben

- Maschinen leasen
- Ratenkäufe vereinbaren
- Mietkauf durchführen
- mit Wechsel bezahlen
- längere Zahlungsziele vereinbaren
- Sonderabschreibungen in Anspruch nehmen
- die Rechnungen später bezahlen
- große Rechnungen nur mit Schecks bezahlen
- mehr Rückstellungen bilden
- Stundung von Steuern beantragen
- Vorauszahlungen reduzieren
- Zinszahlungen per Jahresende vereinbaren
- Provisionszahlungen für freie Handelsvertreter und für eigene Vertreter erst nach Geldeingang vornehmen
- Tilgung aussetzen
- Rückzahlungen erst am Ende des Jahres vereinbaren
- Lieferantenziele verschieben
- Personaldecke strecken
- Lohn- und Gehaltszahlungen verschieben
- Investitionen verschieben
- Privatentnahmen verlagern
- Gewinnthesaurierung durchführen
- Schütt-aus-hol-zurück-Prinzip realisieren
- Kommissionslager einrichten
- langfristigere Kredite aufnehmen
- Überstunden reduzieren

5.2.4 Checkliste und Zusammenfassung

Finanzierung aus Abschreibungsgegenwerten

Abschreibung ist die Verteilung des Kaufpreises für ein langfristig nutzbares Wirtschaftsgut auf die Nutzungsjahre. Je nach Art der Erfolgsrechnung unterscheiden wir kalkulatorische Abschreibungen (Kosten), buchhalterische Abschreibungen (Aufwand), steuerliche Abschreibungen (Betriebsausgaben). Mit Kosten, Aufwand, Betriebsausgaben lässt sich nichts finanzieren, wohl aber mit der Gegenposition: den Einzahlungen aus dem Umsatzprozess (= Abschreibungsgegenwerte) und vermiedenen Auszahlungen.

Der ***Lohmann-Ruchti-Effekt*** zeigt als Theoriemodell einen Kapitalfreisetzungs- und Kapazitätserweiterungseffekt. Kapitalfreisetzung heißt, dass Abschreibungsgegenwerte langfristig nutzbarer Wirtschaftsgüter bereits Jahre vor der Reinvestition zur Verfügung stehen können. Erwirbt man damit weitere Anlagen, dann erhöht sich die betriebliche Periodenkapazität, ohne dass zusätzliche Finanzmittel von außen zuzuführen sind. Der Kapazitätserweiterungseffekt steigt mit wachsender Nutzungsdauer der Anlagen.

Die ***Wirkung des Lohmann-Ruchti-Effekts*** ist an die Erfüllung verschiedener praxisfremder Voraussetzungen gebunden: Vollkostendeckung (auch für die zusätzlich hergestellten Produkte), hinreichende Teilbarkeit der Anlagen, Finanzierbarkeit der Folgekosten der Kapazitätserweiterung, konstante Wiederbeschaffungspreise, Rückfluss der Abschreibungsgegenwerte in liquider Form usw.

Finanzierung aus Rückstellungswerten

Rückstellungen sind Verbindlichkeiten und damit Bilanzpositionen der Passivseite. Sie dienen der Vorwegnahme von Aufwendungen, die der laufenden Periode anzurechnen sind, aber noch nicht zu Auszahlungen geführt haben, da ihre Höhe und Fälligkeit noch ungewiß ist. Rückstellungen sind bedingtes Fremdkapital und/oder bedingtes Eigenkapital. Bis zum Eintritt des der Rückstellungsbildung zugrunde liegenden Ereignis sind sie rechtlich als Fremdkapital zu behandeln. Im Gegensatz zu den Rückstellungen sind Rücklagen stets Eigenkapital.

Finanzierung aus Rückstellungsgegenwerten setzt voraus, dass die Unternehmung vor Bildung der Rückstellungen über Gewinne verfügt. Diese Gewinne können durch die Rückstellungsbildung an die Unternehmung gebunden werden (Ausschüttungssperrfunktion); des Weiteren können Rückstellungen zur Reduzierung des steuerlichen Gewinns und damit zu einer Steuerentlastung führen. Der Bodensatz an Rückstellungen führt zu einer dauerhaften Finanzierungswirkung durch vermiedene Auszahlungen.

Pensionsrückstellungen haben einen Finanzierungseffekt infolge der möglichen Steuerersparnis und/oder Minderausschüttung von Gewinnen. Dieser Finanzierungseffekt ist größer bei geplanter Gewinnausschüttung als bei geplanter Gewinneinbehaltung. Pensionsrückstellungen bewirken in keinem Fall, dass der Unternehmung zusätzliche Finanzierungsmittel zufließen.

Formeln und Symbolverzeichnis

Formeln	Symbole
$\text{Kapazitätsmultiplikator} = \frac{2}{1+\frac{1}{n}}$	n = Nutzungsdauer der Anlagen

FRAGEN UND AUFGABEN

5.2.1 Was versteht man allgemein unter dem Begriff Abschreibung? Welche Arten von Abschreibungen lassen sich unterscheiden? In welchen Rechnungen werden diese Abschreibungsarten gebraucht?

5.2.2 Kann man aus Abschreibungen finanzieren? Kann man aus Abschreibungsgegenwerten finanzieren? Was versteht man unter Abschreibungsgegenwerten?

5.2.3 Was versteht man unter dem Lohmann-Ruchti-Effekt? Wer hat diesen Effekt erstmals beschrieben?

5.2.4 Erläutern Sie das Zustandekommen des Kapitalfreisetzungseffekts sowie des Kapazitätserweiterungseffekts.

5.2.5 Setzen Kapitalfreisetzungs- und Kapazitätserweiterungseffekt voraus, dass die Unternehmung Gewinne erwirtschaftet? Begründen Sie Ihre Antwort.

5.2.6 Eine Unternehmung weist weder Gewinn noch Verlust auf. Lässt sich ihre Finanzierungssituation verbessern, wenn man mehr abschreibt? Begründen Sie Ihre Antwort.

5.2.7 a) Wenden Sie den Kapazitätsmultiplikator auf das Agro-Technik-Beispiel (S. 362) an.

b) Wie ist die Abweichung der tatsächlichen Kapazitätserweiterung von 60 % gegenüber dem theoretischen Höchstwert von 100 % zu erklären?

5.2.8 Eine Transportunternehmung ist mit 10 Lkw gegründet worden. Nutzungsdauer: 4 Jahre; Anschaffungsauszahlung: 100.000 €/Lkw.

a) Über wieviele Lkw kann die Unternehmung schließlich verfügen, wenn die Voraussetzungen des Lohmann-Ruchti-Effekts erfüllt sind?

b) Testen Sie Ihre tabellarische Lösung mit Hilfe des Kapazitätsmultiplikators.

5.2.9 Kann man aus Rückstellungen finanzieren? Kann man aus Rückstellungsgegenwerten finanzieren? Begründen Sie Ihre Antwort.

5.2.10 Erläutern Sie den Begriff Pensionsrückstellungen.

5.2.11 Von welchen gesetzlichen Auflagen hängt die steuerrechtliche Anerkennung der Pensionsrückstellungen ab?

5.2.12 Tritt ein Finanzierungseffekt auch dann auf, wenn die Unternehmung vor Bildung der Pensionsrückstellungen einen Verlust aufweist? Begründen Sie Ihre Antwort.

Erstellen Sie anhand des folgenden Balkendiagramms eine Abgrenzung von Eigen- und Innenfinanzierung. Verwenden Sie dabei folgende Beispiele:

- Kapitalerhöhung durch Ausgabe junger Aktien,
- Selbstfinanzierung durch Gewinneinbehaltung,
- Finanzierung aus Rückstellungs- und Abschreibungsgegenwerten.

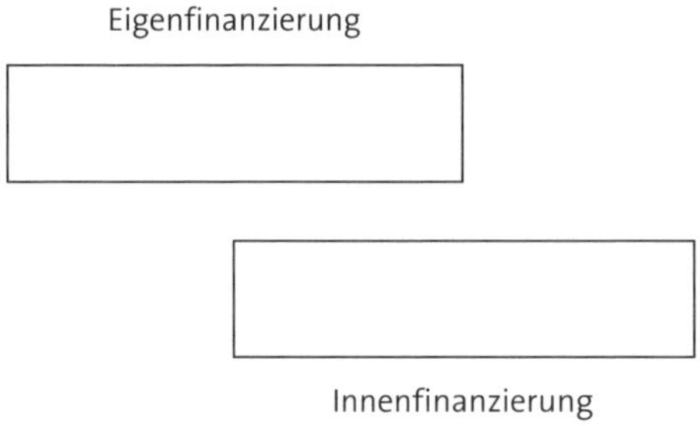

5.2.13 Die Handel-AG hat eine Rückstellung über 500.000 € wegen eines gegen sie angestrengten Schadenersatz-Prozesses vorgenommen. Kurze Zeit danach zieht der Prozessgegner seine Klage zurück. Um welchen Geldbetrag ändert sich das Eigenkapital der Handel-AG?

5.2.14 Schreiben Sie mir einen Brief!

Sie haben sich den Lehrtext dieses Buches und die Fragen und Aufgaben angesehen. Dafür danke ich Ihnen, liebe Leser, sehr herzlich. Vielleicht freut Sie etwas, was in diesem Buch steht, oder Sie ärgern sich über etwas. Vielleicht haben Sie einen Fehler entdeckt; vielleicht finden Sie, man müsse ein bestimmtes Thema anders anfassen. Schreiben Sie mir in solchen Fällen einfach einen Brief. Zwar kann ich Ihnen nicht versprechen, dass alle Ihre 25.000 Schreiben beantwortet werden. Auch wird es nicht möglich sein, Ihre 25.000 Änderungswünsche alle zu berücksichtigen. Aber ich werde jeden Brief gründlich lesen und überlegen, ob das, was Sie vorschlagen, das Buch besser machen kann. Damit Sie nicht zu viel Arbeit haben, finden Sie auf S. 427 ein Rezept (einen Musterbrief) für diese, Ihre letzte Aufgabe.

6. Finanzierungsaufwand im Vergleich

Unter Zugrundelegung pauschal vereinfachender und zeitpunktbezogener Annahmen können für einen durchschnittlichen Kreditnehmer die in Abbildung 6.1 dargestellten Finanzierungsaufwendungen angegeben werden. Der Vergleich beschränkt sich auf die Darstellung der jeweiligen Effektivbelastung und gibt somit nur einen ungefähren Anhaltspunkt. Er zeigt deutlich den gravierenden Zinsunterschied zwischen dem Lieferantenkredit und anderen Finanzierungsmöglichkeiten. Er gilt grundsätzlich für ein Kapitalmarkt-Zinsniveau von 8 Prozent, gemessen an der Umlaufrendite festverzinslicher Wertpapiere.

ABB. 6.1: Finanzierungsaufwendungen im Vergleich

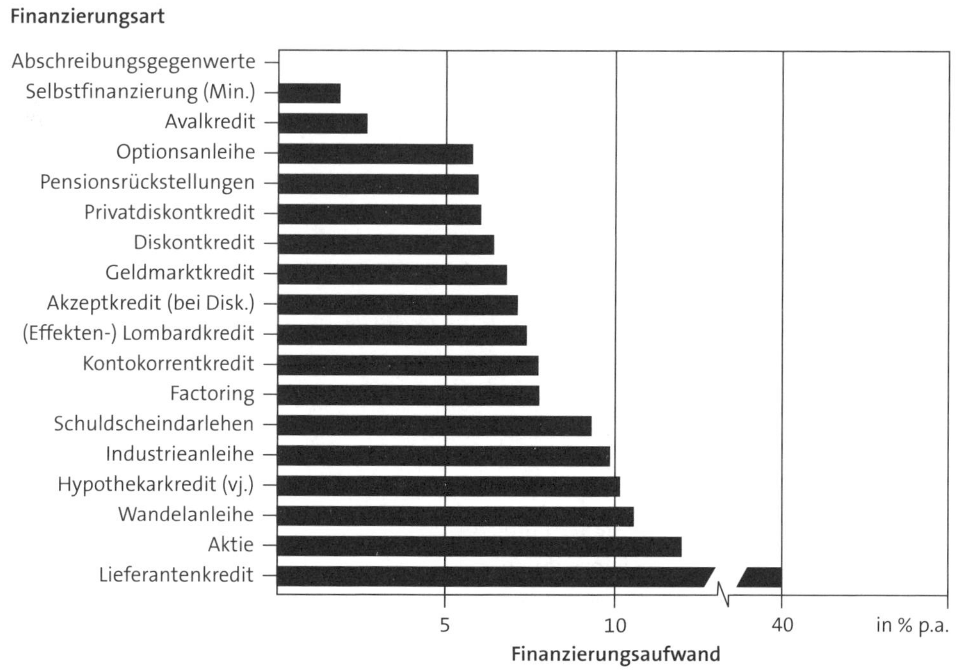

Quelle: U. Hielscher/H.-D. Laubscher, Finanzierungskosten, S. 115.

TESTKLAUSUR BETRIEBLICHE FINANZWIRTSCHAFT

Die folgenden Behauptungen sind auf ihre Richtigkeit zu überprüfen. Es können mehrere Behauptungen richtig oder falsch sein.

Kennzeichnen Sie die Behauptungen mit

richtig (+),

weiß nicht ( ),

falsch (–).

Kennzeichnen Sie die Lösungen bitte nur dann mit (+) und (–), wenn Sie sich sicher sind. Raten Sie nicht. Verzichten Sie im Zweifel auf das Ausfüllen.

1. Gegeben ist die Zahlungsreihe:

+ 100.000	- 9.500	- 9.500	- 9.500	- 9.500	(€)
0	1	2	...	n = 20	(Jahre)

- bei dieser Zahlungsreihe handelt es sich um eine Investition; ( )
- bei dieser Zahlungsreihe handelt es sich um eine Finanzierung; ( )
- in diese Zahlungsreihe gehören nur Ein- und Auszahlungen und nicht etwa Kosten und Leistungen. ( )

2. Bei einer Bilanztransaktion im Sinne eines/einer
- Passivtausches bleibt die Bilanzsumme unverändert; ( )
- Aktivtausches steigt die Bilanzsumme; ( )
- Bilanzverlängerung wächst die Bilanzsumme auf der Aktiv- und Passivseite um den gleichen Betrag. ( )

3. Unter Kapital eines Unternehmens im bilanziellen Sinne versteht man die
- Fähigkeit, mit Hilfe der eingesetzten Produktionsfaktoren künftig Gewinn zu erwirtschaften; ( )
- Kaufkraft der Gegenstände des Anlagevermögens; ( )
- Summe aller zeitlich aufgeschobenen Ansprüche gegen die Unternehmung, begrenzt durch die Höhe des Vermögens. ( )

4. Im Rahmen einer aufwandminimierenden Finanzierung bestimmen Sie die kritische Zeit t_{kr}. Diese ist stets dadurch gekennzeichnet, dass
- ein Kapitalbedarf, der über 5 Monate hinaus besteht, langfristig finanziert wird; ( )
- die Zinsdifferenz zwischen dem kurz- und dem langfristigen Fremdkapitalzinssatz gleich dem Habenzinssatz ist; ( )

- die Zinsaufwendungen bei kurzfristiger Finanzierung gleich denen bei langfristiger Finanzierung sind. ( )

5. Beim Kapitalbudget
   - handelt es sich um die Gegenüberstellung von Investitions- und Finanzierungsmöglichkeiten, die beide nach sinkenden Effektivzinssätzen geordnet sind; ( )
   - ergibt sich im Schnittpunkt von Kapitalangebots- und Kapitalnachfragekurve das theoretisch optimale Investitions- und Finanzierungsvolumen; ( )
   - muss im Fall nicht vollständig teilbarer Investitions- und Finanzierungsmöglichkeiten eine zusätzliche Grenzgewinnrechnung zwecks Bestimmung des praktischen Optimums durchgeführt werden. ( )

6. Fremdfinanzierung ist im Regelfall gekennzeichnet durch
   - Erwerb von Eigentum an fremdfinanzierenden Unternehmen; ( )
   - Anspruch auf einen bestimmten Prozentsatz am Gewinn; ( )
   - Anspruch auf Zins und Tilgung. ( )

7. Fremdfinanzierung
   - ist stets Außenfinanzierung; ( )
   - ist stets Innenfinanzierung; ( )
   - kann je nach Einzelfall Innen- oder Außenfinanzierung sein. ( )

8. Fremdfinanzierung liegt vor bei der
   - Aufnahme eines Darlehens von einem der Gesellschafter; ( )
   - Einbehaltung von Gewinnen; ( )
   - Ausgabe von Aktien. ( )

9. Zur Fremdfinanzierung zählt man
   - die Finanzierung durch Obligationen und Schuldscheindarlehen; ( )
   - die Aufnahme von Kontokorrent- und Lieferantenkrediten; ( )
   - die Finanzierung aus Gewinnen und stillen Rücklagen. ( )

10. Eine Obligation verbrieft folgende Rechte:
    - Zins und Tilgung; ( )
    - Stimmrecht in der Hauptversammlung (Generalversammlung); ( )
    - Beteiligung am Liquidationserlös. ( )

11. Der Nominalzins eines langfristigen Darlehens kann dann mit dem effektiven Jahreszins übereinstimmen, wenn unter anderem
    - das Damnum bei Darlehensauszahlung gleich Null ist; ( )
    - die Zins- und Tilgungsraten jeweils im Jahresabstand fällig sind; ( )
    - die Zins- und Tilgungsraten jeweils vierteljährlich fällig sind. ( )

12. Der interne Zinssatz ist der Zinssatz, bei dem der
    - Barwert aller Ein- und Auszahlungen einer Investition oder Finanzierung gleich Null ist; ( )
    - durchschnittliche jährliche Überschuss einer Investition oder Finanzierung gleich Null ist; ( )
    - Endwert (Horizontwert) aller Ein- und Auszahlungen einer Investition oder Finanzierung gleich Null ist. ( )

13. Die Effektivzinsbestimmung bei langfristiger Fremdfinanzierung durch Verteilung der Differenz zwischen Aus- und Rückzahlungskurs mit Hilfe des RVF auf die gesamte Laufzeit
    - ist in allen Praxisfällen anwendbar; ( )
    - ist bei Annuitätentilgung anwendbar; ( )
    - ist bei einmaliger Gesamttilgung zum Laufzeitende anwendbar. ( )

14. Die Effektivzinsbestimmung bei langfristiger Fremdfinanzierung mit Hilfe der Werte der finanzmathematischen Faktoren DSF oder KWF sowie der zu ihnen gehörenden Tabellenzinssätze
    - ist in allen Praxisfällen anwendbar; ( )
    - ist bei Annuitätentilgung anwendbar; ( )
    - ist bei Abzahlungstilgung anwendbar. ( )

15. Ein unterjähriges Investitions- oder Finanzierungsproblem
    - liegt dann vor, wenn alle Zahlungen nicht am Jahresende, sondern zur Jahresmitte anfallen; ( )
    - liegt dann vor, wenn der zeitliche Abstand zwischen den die Zahlungsreihe ausmachenden Zahlungen kleiner als ein Jahr ist; ( )
    - kann, wenn es um die Errechnung des effektiven Jahreszinses geht, wie folgt gelöst werden: Man errechnet den Effektivzinssatz der unterjährigen Periode und setzt ihn in die Zinsumrechnungsformel ein. ( )

16. Die Regula falsi ist im Rahmen der Effektivzinsberechnung
    - nur in besonderen Fällen anwendbar; ( )
    - auch in Sonderfällen anwendbar; ( )
    - allgemein sowie in Sonderfällen anwendbar. ( )

17. Eine Differenzinvestition erhält man, wenn man
    - bei einer einzelnen Investition für jeden Zeitpunkt die Differenz zwischen allen Ein- und Auszahlungen bildet; ( )
    - die Differenzen der Zahlungsreihen zweier alternativ durchführbarer Investitionen oder Finanzierungen bildet, sofern man so saldiert, dass die neue Zahlungsreihe mit einer Auszahlung beginnt; ( )

- die Differenzen der Zahlungsreihen zweier alternativ durchführbarer Investitionen oder Finanzierungen bildet, sofern man so saldiert, dass die neue Zahlungsreihe mit einer Einzahlung beginnt. ( )

18. Die Studentin Ottilie erhält von ihrem Vater zur Finanzierung ihres Studiums jährlich eine Rente in Höhe von 12 000 Euro. Deren Barwert ist bei
    - nachschüssiger Zahlungsweise größer als bei vorschüssiger Zahlung; ( )
    - monatlich nachschüssiger Zahlungsweise größer als bei jährlich nachschüssiger Zahlung; ( )
    - monatlich vorschüssiger Zahlungsweise größer als bei jährlich vorschüssiger Zahlung. ( )

19. Der Lieferantenkredit wird im Regelfall
    - ohne besondere Kreditwürdigkeitsprüfung gewährt; ( )
    - zum Zinssatz Null gewährt, da keine besonderen Zinsen zu zahlen sind; ( )
    - durch Grundpfandrechte gesichert. ( )

20. Zur kurzfristigen Fremdfinanzierung gehört
    - der Lieferantenkredit; ( )
    - die Wandelschuldverschreibung; ( )
    - die Kundenanzahlung. ( )

21. Kundenanzahlungen sowie Lieferantenkredite
    - sind meist kostenlos, da kein förmlicher Zins erhoben wird; ( )
    - spielen in unserer Wirtschaft quantitativ eine besondere Rolle; ( )
    - werden bei Kleinbeträgen im Regelfall nicht extra besichert. ( )

22. Die Kreditsicherung erfolgt im Regelfall
    - durch Eigentumsvorbehalt beim Lieferantenkredit; ( )
    - durch Forderungsabtretung beim Lieferantenkredit; ( )
    - durch Bankbürgschaft bei der Kundenanzahlung. ( )

23. Ein Kontokorrentkredit
    - ist faktisch stets langfristig; ( )
    - ist faktisch stets kurzfristig; ( )
    - ist formal zwar kurzfristig, kann aber faktisch kurz- oder langfristig sein. ( )

24. Bei einem Kontokorrentkredit kann als Aufwandposition entstehen
    - Damnum oder Disagio; ( )
    - Kredit- oder Bereitstellungsprovision; ( )
    - Umsatzprovision. ( )

25. Ein Sicherungswechsel sichert den Wechselgläubiger
- gegen Wechselkursschwankungen; ( )
- gegen Zinssatzerhöhungen durch die Notenbank; ( )
- durch Verschaffung von Prozessvorteilen infolge der Wechselstrenge bei Nichtzahlung durch den Schuldner. ( )

26. Handelswechsel
- können nur vom Inhaber eines Großhandelsunternehmens ausgestellt werden; ( )
- können nur vom Inhaber eines Einzelhandelsunternehmens ausgestellt werden; ( )
- sind Ziehungen eines Verkäufers auf einen Käufer, denen ein Waren- oder Dienstleistungsgeschäft zugrundeliegt. ( )

27. Beim Avalkredit
- geht der Avalkreditgeber kein Risiko ein, da es sich um eine Kreditleihe handelt; ( )
- erhält der Avalkreditnehmer leichter Kredit, da neben ihm eine Bank haftet; ( )
- kann es sich um eine Bankbürgschaft oder eine Bankgarantie handeln. ( )

28. Beim Lombardkredit
- werden unter anderem Immobilien beliehen; ( )
- werden unter anderem Wertpapiere und Edelmetalle beliehen; ( )
- kommt es auf die Wertbeständigkeit und die schnelle Umsetzbarkeit des Sicherungsguts in Geld an. ( )

29. Leasing-Verträge können unterschiedlich gestaltet werden; so
- enthält das Maintenance-Leasing neben der Finanzierungsfunktion auch die Wartung des Leasing-Objekts durch den Leasing-Geber; ( )
- bezieht sich das Sale-lease-back-Verfahren meist auf Immobilien; ( )
- bedeutet das Equipment Leasing die Vermietung kompletter Industrieanlagen. ( )

30. Leasing-Verträge können über unterschiedliche Zeiten laufen; so ist
- Maintenance-Leasing kurzfristig; ( )
- Finanzierungs-Leasing wahlweise lang- oder kurzfristig; ( )
- Operating-Leasing langfristig. ( )

31. Leasing-Verträge können bewegliche und unbewegliche Güter zum Inhalt haben, dabei gilt:
- Konsumgüter-Leasing bezieht sich auf Mobilien; ( )
- Plant Leasing bezieht sich auf Mobilien und Immobilien; ( )
- Equipment Leasing bezieht sich auf Immobilien. ( )

32. Vorzugsaktien räumen dem Vorzugsaktionär
- ausschließlich Vorrechte ein, Nachteile hat er nicht in Kauf zu nehmen; ( )

- häufig Dividendenvorzüge ein; ( )
- gelegentlich auch Stimmrechtsvorzüge oder Liquidationsvorzüge ein. ( )

33. Eine AG kann eigene Aktien erwerben:
    - zur Abwehr eines schweren Schadens; ( )
    - zum Zwecke der Weitergabe an die Arbeitnehmer der Gesellschaft (Belegschaftsaktien); ( )
    - zur Abfindung von Minderheitsaktionären. ( )

34. Gratisaktien
    - bringen zusätzliches Eigenkapital in die AG; ( )
    - machen die Aktionäre, die sie empfangen, reicher; ( )
    - machen die ausgebende Gesellschaft reicher. ( )

35. Eine AG verstärkt ihr Grundkapital durch eine Kapitalerhöhung um 50 %. Kurs der alten Aktien 180 %, Kurs der jungen Aktien 120 %. Dann hat das Bezugsrecht
    - den Wert von 10 Euro; ( )
    - den Wert von 20 Euro; ( )
    - den Wert von 40 Euro. ( )

36. Nach der Kapitalerhöhung ergibt sich bei der oben beschriebenen AG ein
    - Mittelkurs von 120 %; ( )
    - Mittelkurs von 140 %; ( )
    - Mittelkurs von 160 %. ( )

37. Stammaktien haben folgende Rechte:
    - Recht auf Tilgung; ( )
    - Stimmrecht; ( )
    - Recht auf Mindestverzinsung in Verlustjahren. ( )

38. Der einfache Bilanzkurs
    - ergibt sich aus Angebot und Nachfrage; ( )
    - berücksichtigt unter anderem die stillen Rücklagen; ( )
    - ist das Resultat einer zukunftsorientierten Rechnung. ( )

39. Der korrigierte Bilanzkurs
    - ergibt sich als Quotient aus bilanziertem Eigenkapital und Grundkapital (gezeichnetem Kapital); ( )
    - ergibt sich als Quotient aus bilanziertem Eigenkapital plus stille Rücklagen und Grundkapital (gezeichnetem Kapital); ( )
    - ist das Resultat einer vergangenheitsorientierten Rechnung. ( )

40. Der Ertragswertkurs einer Aktie
    - ergibt sich, indem man die auf das Papier entfallenden künftigen Nettoeinzahlungen mit dem Kalkulationszinssatz auf den Zeitpunkt Null abzinst; ( )
    - steigt unter sonst gleichen Umständen mit fallendem Kalkulationszinssatz; ( )
    - steigt unter sonst gleichen Umständen mit der Länge des Planungshorizontes, sofern die Gesellschaft keine Verluste macht. ( )

41. Zur Innenfinanzierung zählt man
    - die Bildung von Pensionsrückstellungen; ( )
    - die Kapitaleinlage eines Personengesellschafters aus seinem Privatvermögen; ( )
    - die Finanzierung zusätzlicher Periodenkapazitäten aus Abschreibungsgegenwerten. ( )

42. Der Kapazitätserweiterungseffekt verändert die
    - Periodenkapazität; ( )
    - Totalkapazität; ( )
    - Relation von Fremd- zu Eigenkapital. ( )

43. Wenn die Nutzungsdauer aller Maschinen genau neun Jahre beträgt,
    - ergibt sich ein Kapazitätsmultiplikator von 1,6; ( )
    - ergibt sich ein Kapazitätsmultiplikator von 1,8; ( )
    - ergibt sich ein Kapazitätsmultiplikator von 2,0. ( )

44. Für die rechtliche Einordnung von Rücklagen und Rückstellungen gilt:
    - Rücklagen sind stets Eigenkapital; ( )
    - Rückstellungen sind stets Fremdkapital; ( )
    - Rückstellungen sind stets Eigenkapital. ( )

45. Rückstellungen können
    - kurz-, mittel- oder langfristiger Natur sein; ( )
    - Teil der Innenfinanzierung sein; ( )
    - aufgeteilt werden in Pflichtrückstellungen und solche mit Ansatzwahlrecht. ( )

Lösungen auf Seite 428.

KURZANTWORTEN UND KURZLÖSUNGEN

(Die linke Ziffer gibt jeweils die Kapitelnummer wieder.)

Kapitel 1: Grundlagen

1.1 Finanzierung war ursprünglich nur als Kapitalbeschaffung definiert. Danach erfolgte eine Ausweitung des Begriffes. Finanzierung wird heute im Allgemeinen monetär aufgefasst, d. h. sie befasst sich mit der Analyse und Gestaltung der betrieblichen Zahlungsströme.

1.2

Vorgang	Begriff
Kauf einer Maschine gegen Barzahlung	Aktivtausch
Erwerb von Roh-, Hilfs- und Betriebsstoffen gegen spätere Zahlung (Zielkauf)	Bilanzverlängerung
Hausbank der Unternehmung wandelt einen Kredit in Beteiligung um	Passivtausch
Anteilseigner scheidet gegen Rückerstattung seiner Sacheinlage (Grundstück) aus	Bilanzverkürzung
Kurzfristiges Bankdarlehen wird in langfristiges umgewandelt	Passivtausch
Verkauf von Fertigprodukten gegen bar	Aktivtausch

1.3 a) Der Begriff Kapital kann bedeuten:

1. Volkswirtschaftlich: dritter Produktionsfaktor neben Boden und Arbeit.
2. Betriebswirtschaftlich:
   - Geld für Investitionszwecke;
   - abstrakte Wertsumme der Bilanz;
   - Summe aller zeitlich aufgeschobenen Ansprüche auf Gegenleistung, Steuerzahlung, Schadenersatz usw. gegen einen Betrieb, limitiert durch die Höhe des Vermögens.

b) Investition und Finanzierung können sich spiegelbildlich entsprechen. Es gibt in diesem Fall nur noch einen Unterschied beim Vorzeichen.

c) Finanzierung nennt man eine Zahlungsreihe, die mit einer Einzahlung beginnt.

d) Investition nennt man die Zahlungsreihe, die mit einer Auszahlung beginnt.

1.4

Personengesellschaften	Eigenkapital
Einzelunternehmung und OHG	Kapital der Inhaber
KG	Kapital der Komplementäre, Einlagen der Kommanditisten, Rücklagen

Kapitalgesellschaften	Eigenkapital bei großen und mittelgroßen	Eigenkapital bei kleinen (§ 266 HGB)
GmbH	I. gezeichnetes Kapital	I. gezeichnetes Kapital
	II. Kapitalrücklage	II. Kapitalrücklage
	III. Gewinnrücklagen	III. Gewinnrücklagen
	1. gesetzliche Rücklage	IV. Gewinnvortrag
	2. Rücklage für eigene Anteile	V. Jahresüberschuss
AG	3. satzungsgemäße Anteile	
	4. andere Gewinnrücklagen	
	IV. Gewinnvortrag	
KGaA	V. Jahresüberschuss	

Daneben können weitere Bilanzpositionen mehr oder weniger versteckt Eigenkapital enthalten, etwa die Rückstellungen.

1.5 Die rechtliche Einordnung von Rückstellungen hängt vom Eintritt einer Bedingung ab.

Beispiel: Prozessrückstellungen.

Wird der Prozess verloren, so sind die Rückstellungen Fremdkapital.

Wird er gewonnen, so sind sie Eigenkapital.

Vergleicht man sich auf der Basis 50 %, so sind die Rückstellungen zur Hälfte Fremd-, zur anderen Hälfte Eigenkapital.

1.6 Wenn erwirtschaftete Gewinne ganz oder teilweise einbehalten werden, steigen die Gewinnrücklagen. Wenn die Unternehmung eine Kapitalerhöhung aus Gesellschaftsmitteln durchführt, werden die Gewinnrücklagen umgewandelt zu gezeichnetem Kapital. Die Erhöhung des gezeichneten Kapitals wurde intern erwirtschaftet. Es liegt Innenfinanzierung vor.

1.7 Die Eigenfinanzierung umfasst neben der Beteiligungsfinanzierung (= Außenfinanzierung) auch die Selbstfinanzierung (= Eigenfinanzierung durch Gewinneinbehaltung = Innenfinanzierung).

1.8

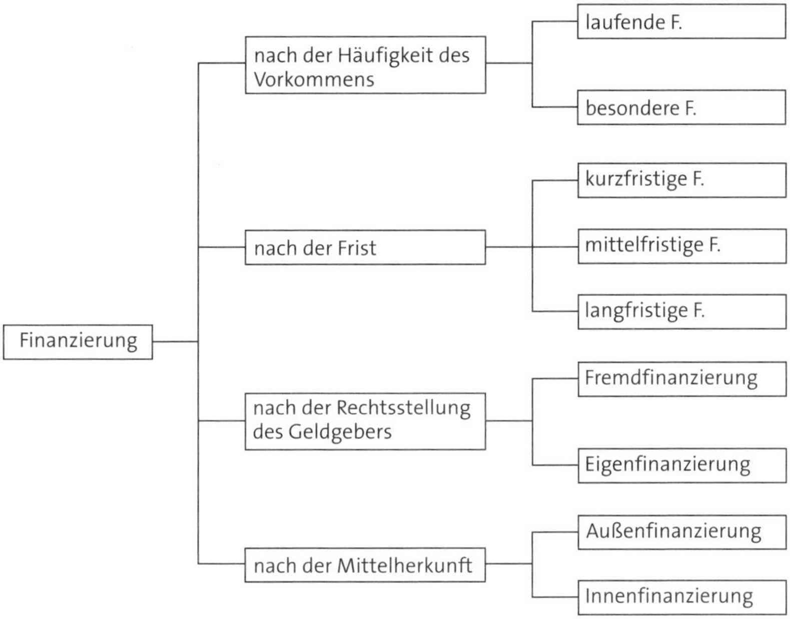

Kapitel 2: Finanzplanung

2.1 Ein Vermögensgegenstand ist liquide, wenn man ihn schnell und ohne wesentliche Werteinbuße zu Geld machen kann.

Eine Unternehmung ist in einem Zeitpunkt liquide, wenn sie in der Lage ist, alle zu diesem Zeitpunkt fälligen Zahlungsverpflichtungen zu begleichen.

Eine Unternehmung ist in einem Zeitraum liquide, wenn sie in der Lage ist, allen während des Zeitraumes anfallenden Zahlungsverpflichtungen nachzukommen.

2.2 Unter dem Kapitalbedarf zum Zeitpunkt t KB_t eines Betriebes versteht man die Differenz zwischen den kumulierten Auszahlungen und den kumulierten Einzahlungen, die im Zeitraum 0 bis t anfallen.

$$KB_t = \sum_0^t a - \sum_0^t e$$

2.3 Ein Kassenbestand zu Beginn einer Periode vermindert den Kapitalbedarf in entsprechender Höhe. Er wird von den kumulierten Auszahlungen abgezogen und wie eine Einzahlung zum Periodenanfang behandelt.

Ein negativer Kapitalbedarf bedeutet, dass Geldmittel zur Verfügung stehen. Sie haben dann eines der angenehmsten Probleme zu lösen: Wie sollen die überschüssigen Geldmittel angelegt werden?

2.4 Der ideale Kassenbestand hat den Wert null. Denn eine Sicherheitsreserve in Gestalt liquider Mittel bedeutet Zinsentgang.

2.5 Die ex ante-Rechnung ist zukunftsorientiert. Die ex post-Rechnung dagegen befasst sich mit einer vergangenen Periode. Investitionsrechnung und Finanzplanung sind typische Beispiele für ex ante-Rechnungen. Die Jahresbilanz und die steuerliche Erfolgsrechnung sind ex post-Rechnungen.

2.6 a) Finanzplanung ist die Gegenüberstellung aller Ein- und Auszahlungen sowie Kassenbestände mit dem Ziel, den künftigen Kapitalbedarf zu ermitteln.

b) Man unterscheidet:

langfristige Finanzplanung (2 – 5 Jahre),

mittelfristige Finanzplanung (1 Jahr),

kurzfristige Finanzplanung (bis 1 Monat).

c) Bei der rollenden Planung wird der Planungshorizont nach Ablauf einer Teilperiode verlängert, so dass der gesamte Planungszeitraum konstant bleibt.

2.7 Die Nettobelastung ist dann kleiner als der Betrag, den man der Bank zu zahlen hat, wenn der langfristige Kredit zwischenzeitlich extern angelegt wurde, so dass Habenzinsen anfallen, die von den an die Bank zu zahlenden Sollzinsen abgezogen werden können.

2.8 Im Normalfall gilt: $p_h < p_1 < p_k$

2.9 a) Tabellarische Ermittlung des Kapitalbedarfes

Monate	J	F	M	A	M	J	J	A	S	O	N	D
e (T€)	44	46	50	54	56	60	64	60	50	48	50	56
Σ e	(+ 10)	100	150	204	260	320	384	444	494	542	592	648
a (T€)	64	48	52	50	54	54	56	58	62	54	56	52
Σ a		112	164	214	268	322	378	436	498	552	608	660
KB (T€)	10	12	14	10	8	2	– 6	– 8	4	10	16	12

b) Grafische Darstellung des Kapitalbedarfes

ABB. L.1: Kapitalbedarf im Zeitablauf

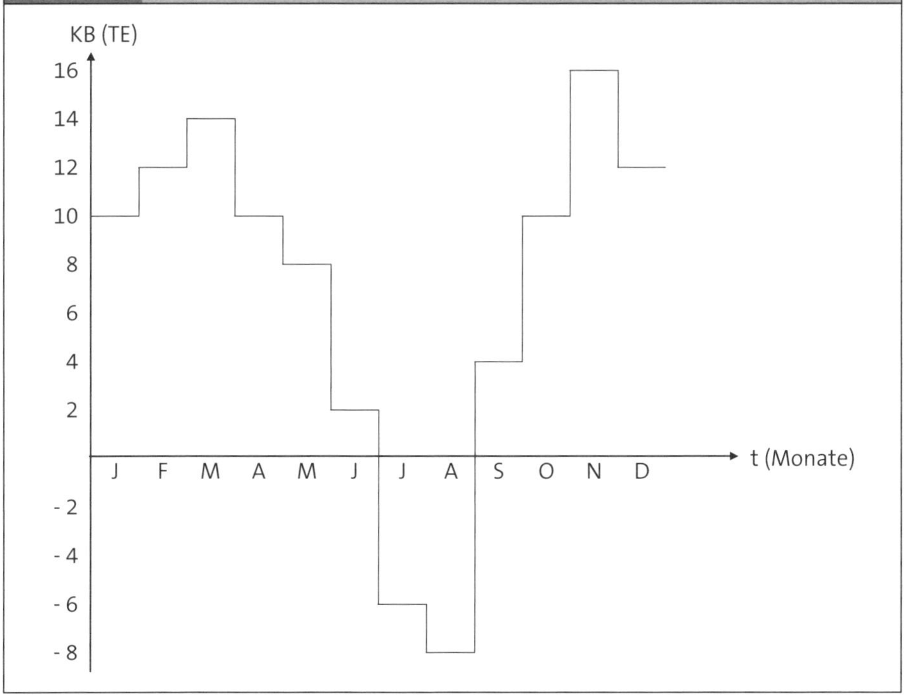

c) Es gilt:

$$t_{kr} = \frac{p_l - p_h}{p_k - p_h} \cdot 12$$

$$t_{kr} = \frac{7{,}5 - 4}{10 - 4} \cdot 12 = 7 \text{ (Monate)}$$

Deckung des Kapitalbedarfes		
Kapitalbedarf (€)	Dauer (Monate)	Deckung
16.000	1	kurzfristig
14.000	2	kurzfristig
12.000	4	kurzfristig
10.000	7	Indifferenz
8.000	8	langfristig
4.000	9	langfristig
2.000	10	langfristig

2.10 a) Steigendes Zinsniveau bedeutet, dass alle Zinssätze steigen, dann gilt:

$$t_{kr} = \frac{9{,}5 - 6}{12 - 6} \cdot 12 = \frac{3{,}5}{6} \cdot 12 = 7 \text{ (Monate)}$$

kritische Zeit bleibt konstant

b) Bei geänderter Zinsstruktur gilt:

$t_{kr} = \frac{7-4}{10-4} \cdot 12 = \frac{3}{6} \cdot 12 = 6$ (Monate)	kritische Zeit sinkt

c) Bei höherem Habenzins gilt:

$t_{kr} = \frac{7{,}5-6}{10-6} \cdot 12 = \frac{1{,}5}{4} \cdot 12 = 4{,}5$ (Monate)	kritische Zeit sinkt

2.11 $$z_k = \frac{p_k}{100 \cdot 12} \cdot C \cdot M = \frac{15}{1.200} \cdot 1.000 \cdot M$$

$$z_k = 12{,}5\,M$$

$$Z_1 = \frac{p_1}{100} \cdot C - \frac{p_h}{100 \cdot 12} \cdot C \cdot (12 - M)$$

$$Z_1 = \frac{10}{100} \cdot 1.000 - \frac{5}{1.200} \cdot 1.000 \cdot (12 - M)$$

$$Z_1 = 100 - \frac{5.000}{1.200} \cdot 12 + \frac{5.000}{1.200} \cdot M$$

$$Z_1 = 50 + 4{,}1\overline{6}\,M$$

ABB. L.2: Kritische Zeit

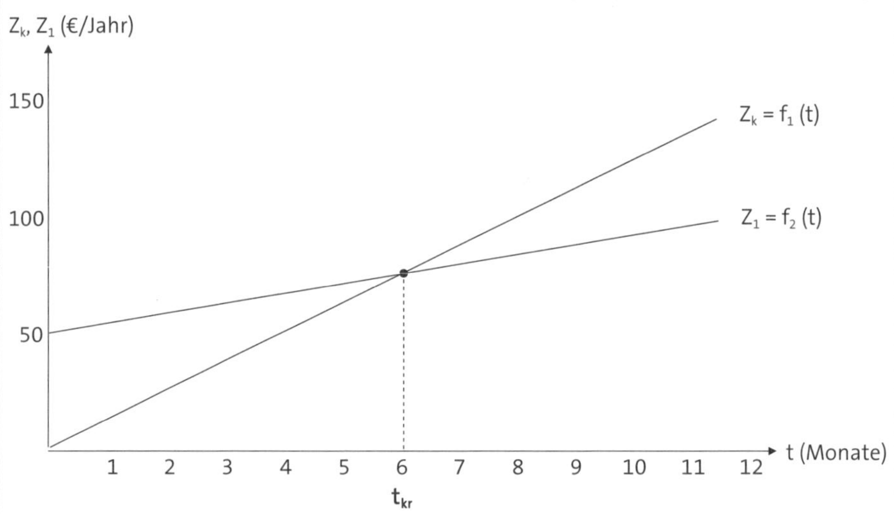

2.12 Bei einer qualifizierten Finanzplanung lassen sich möglicherweise die aus Sicherheitsgründen gehaltenen Kassenbestände reduzieren. Ein fremdfinanzierender Unternehmer spart dann Sollzinsen, ein eigenfinanzierender Unternehmer kann zusätzliche Habenzinseinnahmen erzielen. Diesem unmittelbar greifbaren wirtschaftlichen Vorteil ist noch die durch die Finanzplanung gewonnene Überlebenssicherheit durch frühzeitige Aufdeckung möglicher Liquiditätsengpässe hinzuzurechnen. Dazu kommt die durch die Finanzplanung bedingte bessere Abstimmung zwischen den einzelnen betrieblichen Teilbereichen.

Kapitel 3: Bestimmung des optimalen Finanzvolumens

3.1 Gesamtkapitalrentabilität ist das Verhältnis von Bruttogewinn (= Gewinn inkl. Fremdkapitalzinsen) und der Summe aus Eigen- und Fremdkapital.

Eigenkapitalrentabilität ist das Verhältnis von Nettogewinn (= Gewinn abzüglich Fremdkapitalzinsen) und Eigenkapital.

Kapitalstruktur ist das Verhältnis von Fremdkapital zu Eigenkapital.

3.2 a) Der Leverage-Effekt besagt, dass die Eigenkapitalrentabilität durch zusätzlichen Fremdkapitaleinsatz gesteigert werden kann, solange die Fremdkapitalzinsen kleiner als die Investitionsrendite sind.

b) Die Voraussetzungen lauten:

der Eigenkapitaleinsatz ist konstant,

der Fremdkapitaleinsatz ist variabel,

die Rendite der durchzuführenden Investitionen ist konstant,

der Sollzinssatz ist konstant,

der Sollzinssatz liegt unter der Investitionsrendite.

Diese Voraussetzungen sind unrealistisch. So erbringen verschiedene Investitionen normalerweise unterschiedliche Renditen. Kredite weisen im Regelfall keine einheitliche Effektivbelastung auf. Es ist in Einzelfällen auch möglich, dass der Sollzinssatz die Investitionsrendite übersteigt. Dies berücksichtigt das Kapitalbudget. Es stellt die logische Fortentwicklung des Leverage-Effektes dar und ersetzt die unrealistischen Voraussetzungen dieses Effektes durch wirklichkeitsnahe.

c) Wenn der Sollzinssatz höher ist als die Rendite der mittels zusätzlichen Fremdkapitals durchzuführenden Investitionen, dann **sinkt** die Rentabilität des Eigenkapitals bei zusätzlichem Fremdmitteleinsatz.

3.3 Der Bruttogewinn ergibt sich, indem man das Gesamtkapital mit der Investitionsrendite multipliziert:

$$G_{br} = C \cdot r = (EK + FK) \cdot r = EK \cdot r + FK \cdot r$$

Zieht man vom Bruttogewinn die Fremdkapitalzinsen ab, so erhält man den Nettogewinn:

$$G_n = EK \cdot r + FK \cdot r - FK \cdot i_f$$
$$G_n = EK \cdot r + FK\,(r - i_f)$$

Bezieht man den Nettogewinn auf das eingesetzte Eigenkapital, so ergibt sich die Eigenkapitalrentabilität:

$$R_e = \frac{G_n}{EK} = r + \frac{FK}{EK}\,(r - i_f)$$

3.4

Kapitalstruktur (FK : EK) ⇓ / Investitionsrenditen ⇒	R_e = 18 %	R_e = 16 %	R_e = 6 %
0	R_e = 18 %	R_e = 16 %	R_e = 6 %
1	R_e = 26 %	R_e = 22 %	R_e = 2 %
2	R_e = 34 %	R_e = 28 %	R_e = - 2 %
3	R_e = 42 %	R_e = 34 %	R_e = - 6 %

ABB. L.3: Kapitalstruktur und Eigenkapitalrentabilität

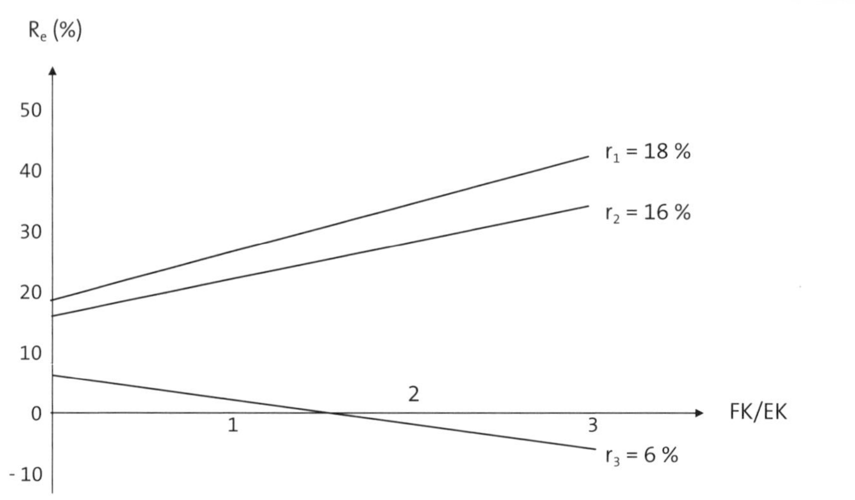

3.5 Finanziere die beste (= renditestärkste) Investition mit dem besten (= zinsgünstigsten) Kredit. Verwende die teureren Kredite zur Finanzierung der renditeschwächeren Investitionen.

3.6 Die Lösung des Kapitalbudgets gibt sowohl das optimale Investitions- als auch das optimale Finanzierungsvolumen an.

Schritte zur Erstellung eines Kapitalbudgets:

- Auflistung aller in Frage kommender Investitionen,
- Ermittlung der Investitionsrenditen,
- Ordnung nach fallenden Renditen,

} ergibt Kapitalnachfragefunktion

- Auflistung der Finanzierungsmöglichkeiten,
- Ermittlung der Effektivbelastungen,
- Ordnung nach steigenden Effektivbelastungen.

} ergibt Kapitalangebotsfunktion

→ Ermittlung des Schnittpunktes S,
Prüfung, ob S praktisch relevant ist.

3.7 Sind die Investitions- und/oder Finanzierungsmöglichkeiten nicht beliebig teilbar, so ist der theoretische Schnittpunkt S nicht mit der praktisch sinnvollen Lösung identisch. Es ist in diesem Fall mittels Grenzgewinnrechnung zu untersuchen, ob man eine nicht teilbare Investition vollständig unterlassen oder zur Gänze durchführen soll. Entsprechend ist im Bereich der Finanzierungsmöglichkeiten zu prüfen, ob ein nicht teilbarer Kredit ganz oder gar nicht in Anspruch genommen werden soll. Mit Hilfe dieser Zusatzrechnung erhält man ein praktisch sinnvolles Ergebnis.

3.8 a) ABB. L.4: Kapitalbudget

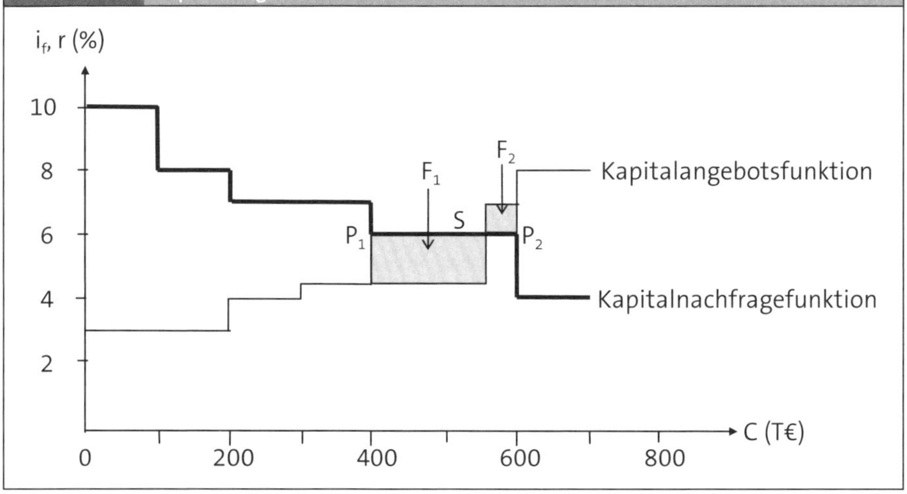

b) Bei beliebiger Teilbarkeit wäre Punkt S mit einem Investitions- und Finanzierungsvolumen von 550.000 € optimal.

Investitionen (Nr.)	Erträge (€)	Kredite (Nr.)	Zinsaufwand (€)
1	10.000	1	6.000
3	8.000	3	4.000
2	14.000	2	4.500
5 (z. T.)	9.000	5	7.500
	41.000		22.000
Gesamtüberschuss		19.000 (€)	

c) Da die Investitionsmöglichkeiten nicht teilbar sind, ist P_2 praktisch relevant. Die Summe der Grenzgewinne (F_l = 1.500 €) übersteigt die der Grenzverluste (F_2 = 500 €) beim Übergang von P_1 zu P_2. Das praktische Optimum liegt also bei 600.000 €. Dabei wird ein Gesamtüberschuss von 18.500 € erzielt.

Investitionen (Nr.)	Erträge (€)	Kredite (Nr.)	Zinsaufwand (€)
1	10.000	1	6.000
3	8.000	3	4.000
2	14.000	2	4.500
5	12.000	5	7.500
		4	3.500
	44.000		25.500
Gesamtüberschuss		18.500 (€)	

3.9 Zutreffendes bitte ankreuzen

Satz	Satz trifft zu auf A	Satz trifft zu auf B	Satz trifft zu auf C	Satz trifft auf keine Grafik zu
$\overline{OD}$ ist ein Fremdkapitalzinssatz				x
$\overline{OD}$ ist eine Investitionsrendite			x	
$\overline{OD}$ ist die Eigenkapitalrentabilität		x		
$\overline{OB}$ ist ein Fremdkapitalzinssatz			x	
$\overline{OB}$ ist eine Investitionsrendite		x		
$\overline{OA}$ ist eine kritische Zeit	x			
$\overline{OA}$ ist das optimale Investitions- und Finanzierungsvolumen			x	
$\overline{OA}$ ist die Kapitalstruktur		x		
Bei S sind die Zinsaufwendungen gleich	x			
Wird der Fremdmitteleinsatz erhöht, dann steigt die Eigenkapitalrentabilität		x		

Kapitel 4.1: Beteiligungsfinanzierung

4.1.1 a) Beteiligungsfinanzierung kann in Form von Geld- und Sacheinlagen sowie von Rechten durchgeführt werden, und zwar durch die bisherigen Gesellschafter und/oder neue Gesellschafter.

b) Sacheinlagen und Rechte bedürfen der Bewertung in Geldeinheiten. Dabei besteht die Gefahr, dass sie zu hoch oder zu niedrig bewertet werden.

4.1.2 Eine Stammaktie verbrieft: Stimmrecht, Recht auf Dividende, Recht auf einen Teil des Liquidationserlöses, Bezugsrecht. Während Stammaktien gleiche Rechte verbriefen, heben sich die Vorzugsaktien davon ab, indem sie dem Inhaber besondere Rechte, etwa bei der Gewinnverteilung oder der Stimmrechtsausübung, verleihen. Häufig ist die Gewährung eines Vorteiles an die Hinnahme eines Nachteiles gebunden.

4.1.3 Da auch eine Nennbetragsaktie letztlich einen bestimmten quotalen Anteil an der Gesellschaft verbrieft, gibt es keinen ökonomischen Unterschied zwischen Nennbetrags- und Stückaktien.

4.1.4 Inhaberaktien lauten auf den jeweiligen Inhaber, enthalten also keine namentliche Bezeichnung des Eigentümers. Sie werden durch Einigung und Übergabe übertragen. Namensaktien dagegen tragen den Namen des Aktionärs, der auch in das Aktienbuch der Gesellschaft eingetragen ist. Die Übertragung erfolgt durch Indossament und Übergabe. Daneben ist eine Umschreibung im Aktienbuch erforderlich. Die Übertragung kann auch an die Zustimmung der Gesellschaft gebunden sein (vinkulierte Namensaktien).

Eine AG kann in bestimmten Fällen eigene Aktien an der Börse kaufen. Im Gegensatz zu diesen früher geschaffenen Wertpapieren handelt es sich bei Vorratsaktien um Papiere, die noch nicht in Umlauf gesetzt sind, sondern später verkauft werden sollen.

4.1.5 Ist die Übertragung einer Namensaktie an die Zustimmung der Gesellschaft gebunden, so spricht man von vinkulierten Namensaktien. Die Vinkulierung kann mit der Zwecksetzung verbunden sein, ein Unternehmen vor Überfremdung und unerwünschter Einflussnahme zu schützen und die Zusammensetzung der Aktionäre unter Kontrolle zu halten.

4.1.6 Man kennt die folgenden Arten von Dividendenvorzugsaktien:

- Vorzugsaktien mit prioritätischem Dividendenanspruch. – Die Vorzugsaktionäre erhalten ihren Gewinn, bevor eine Ausschüttung an die Stammaktionäre erfolgt, mit der Folge, dass die Stammaktionäre bei geringem Gewinn weniger oder gar nichts bekommen.
- Vorzugsaktien mit prioritätischem Dividendenanspruch mit Überdividende. – Die Vorzugsaktionäre erhalten ihren Gewinn vor den Stammaktionären und zusätzlich einen Anspruch auf eine vergleichsweise höhere Dividende.
- Kumulative Vorzugsaktien. – In Verlustjahren wird der Dividendenanspruch der Vorzugsaktionäre vorgetragen, so dass ausgefallene Dividendenzahlungen in späteren Jahren nachgeholt werden.
- Limitierte Vorzugsaktien. – Hier ist die Vorzugsdividende auf einen bestimmten Prozentsatz begrenzt. Ein höherer Gewinn wird nur an die Stammaktionäre verteilt.

4.1.7 Für die Bewertung einer beliebigen Geldanlage sind nur solche Faktoren bestimmend, die sich auf die Zukunft beziehen. Die Bilanzkurse sind aber weder zukunfts- noch zeitraumbezogen, sondern vergangenheits- und zeitpunktorientiert. Sie eignen sich somit, im Gegensatz zum Ertragswertkurs, weniger zur Beurteilung eines aktuellen Börsenkurses.

4.1.8 Bei der Kapitalerhöhung aus Gesellschaftsmitteln fließen der Gesellschaft keine neuen Geldmittel zu. Es wird lediglich bilanziell konstatiert, dass früher zugeflossene Mittel, die zu entsprechenden Rücklagen geführt haben, im Betrieb bleiben sollen. Bei den anderen Formen der Kapitalerhöhung fließen dem Betrieb sofort oder später Geldmittel zu.

4.1.9 a) Gratisaktien sind junge Aktien, die bei einer Kapitalerhöhung aus Gesellschaftsmitteln entstehen (Rücklagen werden zu Grundkapital).

b) Nein, da der Gesellschaft keine zusätzlichen Eigenmittel von außen zufließen.

4.1.10 Verbesserte (verschlechterte) Gewinnerwartungen führen unter sonst gleichen Umständen zu einer Erhöhung (einem Rückgang) des Ertragswertkurses, so dass es infolge der gestiegenen (geringeren) Nachfrage und des gesunkenen (höheren) Angebotes zu einem Kursanstieg (Kursrückgang) kommt.

Steigendes (fallendes) Zinsniveau bewirkt unter sonst gleichen Umständen:

(1) einen höheren (geringeren) Kalkulationszinsfuß und damit

(2) einen geringeren (höheren) Ertragswert und Ertragswertkurs, so dass

(3) die Nachfrage nach dem Papier abnimmt (zunimmt), während

(4) das Angebot steigt (sinkt), was einen

Kursrückgang (eine Kurserhöhung) zur Folge hat.

4.1.11 Der Kurs einer Aktie kann sich unabhängig von den Gewinnaussichten der Gesellschaft nach oben bewegen, wenn das Publikum erwartet,

- dass ein Großaktionär seine Beteiligung ausbaut (interessant ist dabei die Überwindung bestimmter Prozentstufen, z. B. 25 %, 50 %, 75 %);
- die Gesellschaft eigene Aktien kauft.

Ergänzend sei angemerkt, dass der Kurs gewisser alter Wertpapiere, die häufig nur noch mit Pfennigbeträgen gehandelt werden, steigt, falls es dem modischen Zeitgeist entspricht, derartige Papiere gerahmt an die Wohnzimmerwand zu hängen.

4.1.12 Das Bezugsrecht steht den Inhabern der alten Aktien zu. Es handelt sich um das Recht des Altaktionärs, bei der Ausgabe von jungen Aktien einen seinem bisherigen Anteil am Grundkapital entsprechenden Teil der jungen Aktien zugeteilt zu bekommen. Wenn der Altaktionär sein Bezugsrecht veräußert, erhält er einen bestimmten Geldbetrag. Reicher wird er jedoch nicht, weil der Wert seines quotalen Anteils an der Gesellschaft bei Nichtausübung des Bezugsrechtes entsprechend abnimmt.

4.1.13

ABB. L.5: Festlegung des Einheitskurses

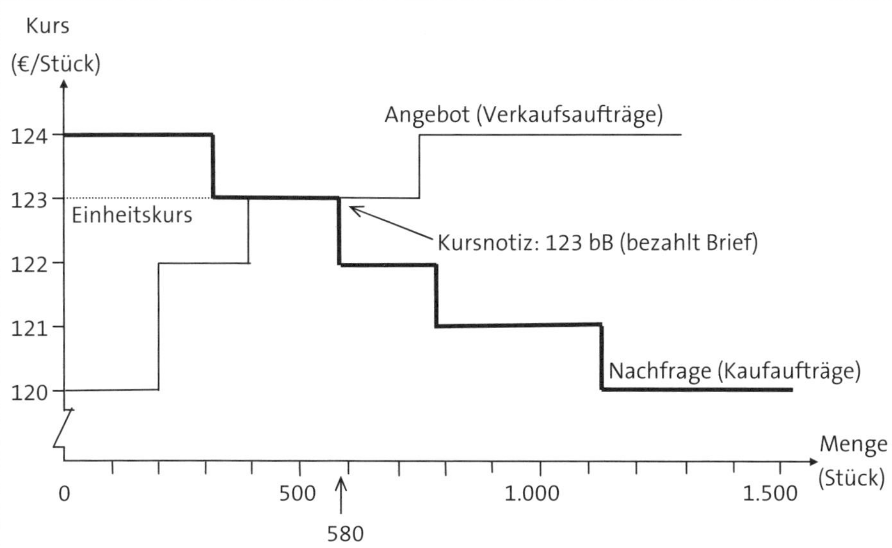

Kurs (€)	Angebot (Stück)	Nachfrage (Stück)	Absatzmöglichkeiten (Stück)
120	120 + 80	1.530	200
121	200	1.130	200
122	400	780	400
123	740	580	**580**
124	1.290	100 + 220	320

4.1.14

einfacher Bilanzkurs	$= \frac{\text{bilanziertes EK}}{\text{Grundkapital}} = \frac{900.000}{600.000} = 1{,}50 = 150\ (\%)$
korrigierter Bilanzkurs	$= \frac{\text{korrigiertes EK}}{\text{Grundkapital}} = \frac{1.000.000}{600.000} = 1{,}67 = 167\ (\%)$
Ertragswert der Gesellschaft	$= 120.000 \cdot \frac{1}{0{,}10} = 1.200.000\ (€)$
Ertragswertkurs (Prozentnotierung)	$= \frac{1.200.000}{600.000} = 2{,}00 = 200\ (\%)$

4.1.15 a)

Jahresgewinn	Ertragswert	Ertragswertkurs
150.000 (€)	1.500.000 (€)	250 (%)
90.000 (€)	900.000 (€)	150 (%)

b)

Kapitalisierungszinsfuß	Ertragswert	Ertragswertkurs
5 %	2 400.000 (€)	400 (%)
12 %	1.000.000 (€)	167 (%)

4.1.16 a) Limitierte Börsenaufträge wirken schwankungsdämpfend, sofern bei fallenden Kursen mehr gekauft und bei steigenden mehr angeboten wird (= Regelfall). Denkbar ist aber auch, dass eine Abwärtsbewegung durch Stop-loss-Orders verstärkt wird, wenn Papiere bei Unterschreitung eines bestimmten Kurses als zusätzliches Angebot den Markt belasten.

b) Der Zusatz bG (bezahlt Geld) bedeutet, dass nicht alle Kaufaufträge zum Einheitskurs erledigt werden konnten. Somit besteht tendenziell eine Aktiennachfrage, die das Angebot übersteigt: Die Börsentendenz ist steigend.

4.1.17 Wegen Gleichung (4.1.6) $K = \frac{g}{i}$ gilt $\frac{k}{g} = \frac{1}{i}$.

1/i ist der Diskontierungssummenfaktor bei unbegrenzter Laufzeit. Das Kurs/Gewinn-Verhältnis ist also mit dem Diskontierungssummenfaktor identisch. Es kann wie dieser als Vervielfältiger genutzt werden, mit dem der konstante künftige Gewinn je Aktie multipliziert wird, um den heutigen Kurs als Barwert zu erhalten. Je nach Einschätzung von Gewinn, Risiko und branchentypischen Besonderheiten verwenden die Anleger unterschiedliche Diskontierungszinssätze:

Gesellschaft	Kurs/Gewinn-Verhältnis (KGV)	$i = \frac{1}{KGV}$
Paderborn-Peiner Lebensversicherung	64,8	1,54 (%)
Ostfriesen-Elektra	12,2	8,20 (%)
Aarau-Chemie	17,6	5,68 (%)

4.1.18 a) In einer Hausse-Situation kann der Börsenwert des Bezugsrechts höher sein als der rechnerisch ermittelte.

b) Die Gesellschaft kommt auf diese Weise zu günstigem Eigenkapital, da nur der Nennwert dividendenberechtigt ist. Durch das Agio erhält die Gesellschaft praktisch gratis zusätzliche liquide Mittel.

4.1.19 Motive für die Ausgabe von Gratisaktien können sein:

1) Erhöhung des Haftungskapitals (gezeichnetes Kapital).

2) Verbesserung der Marktgängigkeit des Papiers: Nach Ausgabe von Gratisaktien im Verhältnis 2 : 1 besitzt der Aktionär mit früher 2 Aktien nunmehr deren drei, wobei der Gesamtwert konstant bleibt. Der daraus resultierende Kursrückgang verbessert die Fungibilität der Aktien.

3) Dividendenpolitik: Liegt der Kurswert weit über dem Nominalwert, dann ist der Dividendensatz meist entsprechend hoch. Die Ausgabe von Gratisaktien im Verhältnis 2 : 1 ermöglicht es, den Dividendensatz um ein Drittel zu senken, wobei die Dividendensumme konstant bleibt. Aus politischen Gründen wird ein Dividendensatz von 10 % in der Öffentlichkeit eher akzeptiert als ein solcher von 15 %.

4) Vorbereitung einer Kapitalerhöhung: Die Senkung des Kursniveaus durch Ausgabe junger Aktien kann auch zur Vorbereitung einer Kapitalerhöhung dienen, die sich bei breiterem Markt, in dem auch Kleinaktionäre als Käufer angesprochen werden, leichter durchführen lässt.

5) Vorbereitung einer Fusion: Eine Kurswertreduzierung durch größere Aktienstückzahl kann auch psychologisch günstig gewertet werden, wenn eine Fusion bevorsteht.

6) Bargeldlose Gewinnausschüttung: Die Gesellschaft kann ihren Aktionären anstelle einer Bardividende auch Gratisaktien zukommen lassen, so dass die liquiden Mittel der AG unberührt bleiben. Der Aktionär hat die Möglichkeit, die Gratisaktien zu verkaufen, um zu Barmitteln zu kommen.

4.1.20

Aktienkapital	Nennwert (€)	Kurs (%)	Zahl der Aktien (Stück)	Gesamtwert (€)
alte Aktien	1.200.000	490	12.000	5.880.000
junge Aktien	200.000	280	2.000	560.000
neues Grundkapital	1.400.000		14.000	6.440.000

a) Mittelkurs $= \frac{6.440.000}{14.000} = 460$ (€/Aktie)

b) Wert des Bezugsrechtes $= 490 - 460 = 30$ (€)

Probe $= B = \frac{490 - 280}{6 + 1} = 30$ (€)

c) Wert des Bezugsrechtes $= \frac{490}{6 + 1} = 70$ (€)

4.1.21 a) Neben einer guten Gewinnbeteiligung kann die Attraktivität der Stillen durch den Ausschluss von der Verlustbeteiligung attraktiv gemacht werden.

b) Die OHG kann sinnvoll nur von einer begrenzten Personenzahl geführt werden.

Die Bewertung der stillen Reserven, in die sich der neue Gesellschafter einkaufen muss, ist umstritten.

Die Familienangehörigen wollen unter sich bleiben und lehnen familienfremde Gesellschafter ab.

4.1.22 B = Kurs der alten Aktie − neuer Mittelkurs

$$B = K_a - \frac{a \cdot K_a + n \cdot K_n}{a + n}$$

$$B = \frac{K_a (a + n) - a \cdot K_a - n \cdot K_n}{a + n}$$

$$B = \frac{a \cdot K_a + n \cdot K_a - a \cdot K_a - n \cdot K_n}{a + n}$$

$$B = \frac{n (K_a - K_n)}{a + n} = \frac{K_a - K_n}{\frac{a}{n} + 1}$$

4.1.23 Die Gleichungen zur Ermittlung des rechnerischen Wertes des Bezugsrechtes setzen voraus, dass sich die der Unternehmung zugeführten Mittel mit der bisherigen Aktienrendite verzinsen. Liegt die Verzinsung der Zusatzinvestitionen, die mit diesen Mitteln realisiert werden, wesentlich über oder unter dem bisherigen Wert, so sind die Gleichungen entsprechend zu modifizieren.

Kapitel 4.2: Grundlagen der Fremdfinanzierung

4.2.1
- Der Kreditgeber hat Anspruch auf Zins und Tilgung und (im Konkursfall) auf einen Teil der Konkursmasse.
- Im Regelfall kein Mitspracherecht bei der Geschäftsführung (Ausnahme möglich).
- Die Kreditüberlassungsdauer ist üblicherweise zeitlich begrenzt.

4.2.2 Kreditsicherheiten werden nach der Art der zur Verfügung gestellten Sicherheiten in Personal- und Realsicherheiten eingeteilt. Bei den Personalsicherheiten haftet neben dem Schuldner mindestens eine weitere Person. Bei den Realsicherheiten erwirbt der Gläubiger Rechte an einer Sache. Kreditsicherheiten werden weiter nach der Art der Verbindung von Kredit und Sicherheit in akzessorische und fiduziarische Sicherheiten eingeteilt. Akzessorische Sicherheiten sind vom Bestand der Forderung abhängig; sie erlöschen mit der Forderung. Fiduziarische Sicherheiten sind nicht vom Bestand der Forderung abhängig und können auch bei nicht mehr bestehender Forderung verwertet werden.

4.2.3 a) Kreditfähig ist

- ein Milliardär, auch wenn er wegen Trunksucht entmündigt wurde; (–)
- eine Milliardärin, auch wenn sie erst 15 Jahre alt ist; (–)
- ein Sozialhilfeempfänger, falls er unbeschränkt geschäftsfähig ist. (+)

b) Bei der Feststellung der Kreditwürdigkeit achtet man

- ausschließlich auf den guten Ruf des Kreditnehmers (persönliche Kreditwürdigkeit); (–)
- ausschließlich auf Vermögens- und Ertragslage des Kreditnehmers (wirtschaftliche Kreditwürdigkeit); (–)
- gleichermaßen auf die persönliche und wirtschaftliche Kreditwürdigkeit. (+)

c) Realsicherheit ist die

- Hypothek; (+)
- Bürgschaft; (–)
- Grundschuld. (+)

d) Grundpfandrecht ist

- die Grundschuld; (+)
- das Pfandrecht; (–)
- die Hypothek. (+)

e) Akzessorische Sicherheiten sind

- vom Bestand der Hauptforderung abhängig; (+)
- auch bei nicht mehr bestehender Hauptforderung verwertbar; (–)
- z. B. Hypothek, Bürgschaft, Pfandrechte. (+)

f) Personalsicherheit ist

- die Garantie; (+)
- der Eigentumsvorbehalt; (–)
- die Schuldmitübernahme. (+)

4.2.4 Die Negativerklärung verlangt, dass der Schuldner darauf verzichtet, anderen Gläubigern ohne Zustimmung des bisherigen Kreditgebers Sicherheiten einzuräumen.

4.2.5 Beim erweiterten Eigentumsvorbehalt erfolgt der Eigentumsübergang bei einer gelieferten Sache erst dann, wenn neben dem Kaufpreis der Sache auch alle übrigen Verpflichtungen des Käufers gegenüber dem Verkäufer erfüllt sind.

4.2.6 Bei der Sicherungsübereignung bleibt das Sicherungsgut (in unserem Beispiel die Verpackungsmaschine) im Besitz (nicht im Eigentum!) des Unternehmens, während beim Pfandrecht der Pfandgegenstand körperlich dem Gläubiger übergeben werden muss. Die Bank wird deshalb die Form der Sicherungsübereignung wählen, da der Kosmetikahersteller die Verpackungsmaschine benötigt, um zu produzieren und um dadurch seinen Kredit zurückzahlen zu können.

4.2.7

	Bodenwert 1.500 · 100		150.000 (€)
+	Herstellungskosten		800.000 (€)
–	Abschreibung		160.000 (€)
=	Sachwert		790.000 (€)
	Mieteinnahmen	59.000	
–	Bewirtschaftung	9.000	
=	Nettoeinnahmen	50.000	
			Ertragswert = 50.000 · DSF_{40} = 50.000 · 17,159086 = 857.954 (€)
			Rechnerischer Verkehrswert = $\frac{790.000 + 857.954}{2}$ = 823.977 (€)

4.2.8 Die Grundschuld hat keine rechtliche Verbindung mit der dazugehörigen Forderung. Auch wenn der mittels Grundschuld gesicherte Kredit nicht mehr oder nicht in voller Höhe beansprucht wird, bleibt die Grundschuld unverändert bestehen. Die Hypothek dagegen erlischt, wenn die dazugehörige Forderung befriedigt ist.

Die Grundschuld kann wie die Hypothek als Buch- oder als Briefgrundschuld bestellt werden. Die Buchgrundschuld wird im Grundbuch eingetragen. Bei der Briefgrundschuld wird zusätzlich ein Grundschuldbrief ausgestellt, so dass eine Übertragung außerhalb des Grundbuches möglich ist.

Kapitel 4.3: Langfristige Fremdfinanzierung

4.3.1 Definitionsmerkmale:

- Langfristigkeit,
- Schuldner sind Großunternehmungen,
- Aufnahme über Börse,
- Vielzahl von Gläubigern,
- Aufteilung in Teilschuldverschreibungen in Gestalt von Inhaberpapieren.

4.3.2 Effektivzinserhöhende Faktoren bei Unter-pari-Emission:

1. Die Zinsen sind nicht auf den Nominalbetrag, sondern auf den (kleineren) Effektivbetrag zu beziehen.
2. Der Gläubiger erhält auch das Disagio im Zusammenhang mit der Tilgung; es ist somit auf die Laufzeit umzulegen und zu den jährlichen Zinsen zu addieren.

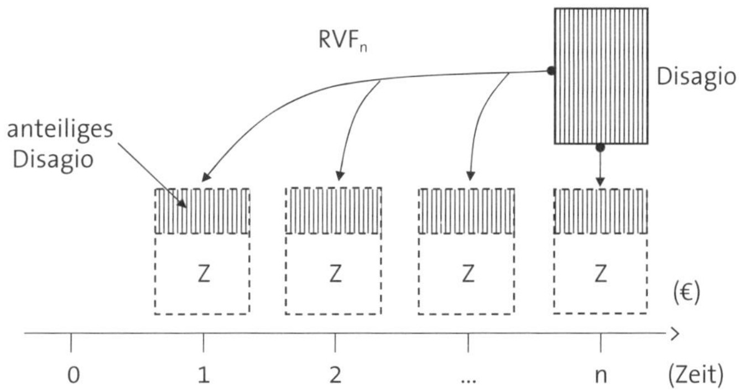

Effektivzinsmindernde Faktoren bei Über-pari-Emissionen:

1. Die Zinsen sind nicht auf den Nominalbetrag, sondern auf den (höheren) Effektivbetrag zu beziehen.
2. Der Gläubiger erhält das Agio nicht zurück, erleidet also einen entsprechenden Verlust, der jeder Periode gleichmäßig anzulasten, d. h. von den Zinsen abzuziehen ist.

4.3.3 In Deutschland kennt man drei Gruppen von Emittenten festverzinslicher Wertpapiere:

1) Öffentliche Hand (Bund, Länder, Kommunen und Kommunalverbände sowie Sondervermögen des Bundes).

2) Kreditinstitute (Realkreditinstitute, Kreditbanken, Landesbanken und Girozentralen, Genossenschaftliche Zentralbanken, Großsparkassen, Kreditinstitute mit Sonderaufgaben, Schiffspfandbriefbanken).

3) Industrie-, Handels- und Verkehrsunternehmen.

Daneben sind ausländische Emittenten zu nennen: Staaten, Städte, Unternehmen, internationale Institutionen.

4.3.4 Voraussetzung für die Begebung einer Anleihe:

- Erstellung eines Emissions- oder Wertpapierverkaufsprospekts,
- Einplanung durch Zentralen Kapitalmarktausschuss,
- Deckungsstockfähigkeit (ist zwar nicht zwingend erforderlich, wird aber üblicherweise beantragt).

Man rechnet mit langfristig sinkendem Zinsniveau.

4.3.5 Ausstattungsmerkmale können sein:

Stückelung – Besicherung – Laufzeit – Nominalzinssatz – Tilgungsmodalitäten - Zinstermine – Deckungsstockfähigkeit – Rückzahlungskurs – einmalige und laufende Nebenkosten – usw.

Zur Anpassung an unterschiedliche Kapitalmarktsituationen ist zunächst die Möglichkeit der Konversion (Zinssatzänderung) zu nennen, und zwar:

- Heraufkonvertierung (Zins steigt). – Sie ist durch einseitige Handlung des Emittenten möglich und wird eingesetzt,
  - wenn wegen allgemein gestiegenen Zinsniveaus ein Kursverfall der Anleihe eintreten könnte oder
  - wenn eine Anleihe wegen zu ungünstiger Ausstattung nicht oder nur in ungenügendem Maße untergebracht werden kann.
- Herunterkonvertierung (Zins sinkt). – Voraussetzung: Kündigungsrecht des Emittenten. Durchführung: wenn Zinsniveau erheblich (mindestens 2 Prozentpunkte) gesunken ist.

Bei angespannter Kapitalmarktsituation (hohem Zinsniveau) wird die Obligation mit Vorteilen für die Gläubiger ausgestattet, z. B.:

- hoher Effektivzins;
- Kündigungsschutz (die Gläubiger haben ein Interesse daran, die für sie im Moment günstige Situation mittels Kündigungsschutzklausel für die gesamte Laufzeit zu erhalten; sie sind dadurch vielleicht auch zu einem gewissen Zinszugeständnis bereit);
- einmalige Gesamttilgung am Ende der Laufzeit;
- Versprechen der Kursstützungspolitik in Zeiten eines schwächeren Kapitalmarktes zur Vermeidung von starken Kursrückgängen usw.

4.3.6 Denkbare Tilgungsmodalitäten:

(1) Anleihe

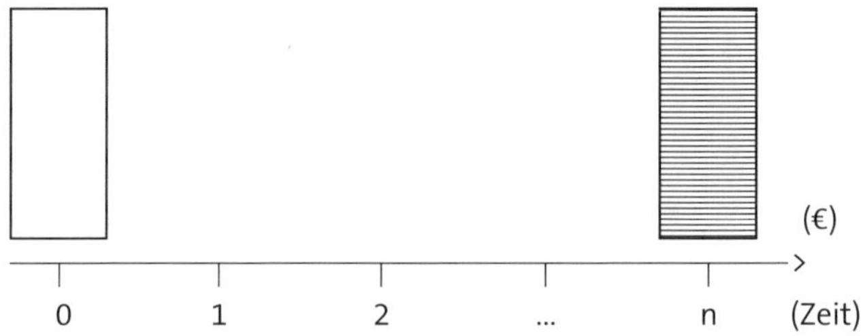

Einmalige Gesamttilgung am Ende der Laufzeit

(2) Anleihe

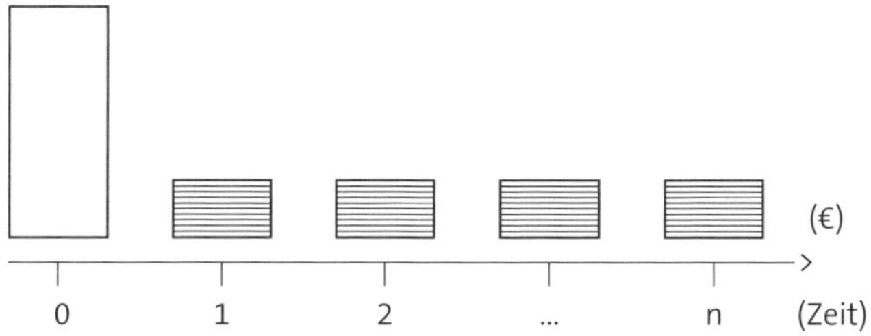

Tilgung in gleichen Jahresraten während der Laufzeit

(3) Anleihe

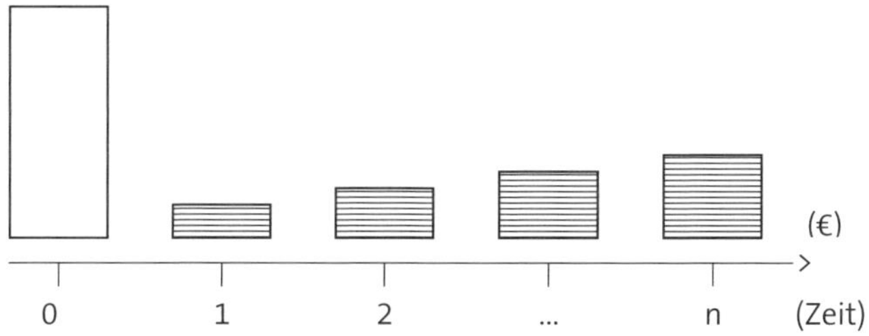

Tilgung in wachsenden Jahresraten während der Laufzeit

(4) Tilgung mit Hilfe eines Tilgungsfonds

4.3.7 Sonderformen der Obligation:

- Wandelschuldverschreibung (kann nach Sperrfrist in Aktien umgetauscht werden);
- Optionsanleihe (ermöglicht Bezug junger Aktien);
- Gewinnschuldverschreibung (Zinssatz hängt von Gewinnsituation der Gesellschaft ab);
- Genussscheine (verbriefen das Recht auf Beteiligung am Gewinn und/oder Liquidationserlös oder das Recht auf Erhalt einer festen Summe).

4.3.8 a) Bei Wandelschuldverschreibungen hat der Inhaber die Möglichkeit,

- gegen Hergabe des Papiers Aktien der Gesellschaft zu erwerben; (+)
- gegen Hergabe des Papiers Anleihen der Gesellschaft zu erwerben; (–)
- ohne Hergabe des Papiers Aktien oder Anleihen der Gesellschaft zu vorher vereinbarten Konditionen zu erwerben. (–)

b) Optionsanleihen verbriefen

- ein Umtauschrecht gegen Aktien; (–)
- ein Umtauschrecht gegen andere Anleihen; (–)
- die Möglichkeit, Aktien oder andere Anleihen später zu jetzt festgelegten Bedingungen zu erwerben, ohne die Optionsanleihe hergeben zu müssen. (+)

c) Die Gewinnschuldverschreibung

- ist eine Sonderform der Industrieobligation; (+)

- setzt zur Begebung eine absolute Mehrheit in der Hauptversammlung voraus; (–)
- beteiligt den Obligationär am Gewinn der Gesellschaft. (+)

4.3.9 Unter einem Schuldscheindarlehen versteht man einen anleiheähnlichen, meist langfristigen Großkredit, der auf nichtöffentlichem Wege (d. h. unter Ausschaltung der Börse) vorwiegend bei Nichtbanken-Kapitalsammelstellen aufgenommen wird. Dabei ist ein Schuldschein nicht zwingend erforderlich; er stellt lediglich ein beweiserleichterndes Dokument dar.

4.3.10 Ausstattungsmerkmale der Schuldscheindarlehen:

- Nominalzinssatz geringfügig über dem Anleihezinssatz,
- Emissionsaufwendungen geringer als bei Anleihen,
- Laufzeit bis zu 15 Jahren,
- üblicherweise kein Kündigungsrecht,
- Besicherung durch vollstreckbare erstrangige Grundschuld, Bürgschaft oder Negativklausel.

Mögliche Vorteile für Darlehensnehmer:

- kein Emissions- oder Wertpapierverkaufsprospekt erforderlich,
- Kreditnehmer kann beliebige Rechtsform haben,
- keine Publizitätspflicht für Schuldner,
- keine laufenden Nebenkosten,
- Emissionsaufwendungen geringer als bei Anleihen,
- keine Kurspflege erforderlich.

4.3.11 Das direkte (indirekte) Schuldscheindarlehen wird ohne (mit) Einschaltung eines Finanzmaklers oder einer Bank begeben. Das Einzelschuldscheindarlehen (Teilschuldscheindarlehen) wird durch einen (mehrere) Kapitalgeber finanziert. Beim revolvierenden (fristenkongruenten) Schuldscheindarlehen erfolgt eine (keine) zeitliche Aneinanderreihung verschiedener Schuldscheindarlehen mit möglicherweise unterschiedlichen Konditionen.

4.3.12 Beim direkten Revolvingsystem wird ein Schuldscheindarlehen von Kapitalsammelstellen dergestalt finanziert, dass kurzfristige Mittel zeitlich aneinandergereiht werden. Zins- und Liquiditätsrisiko liegen beim Kreditnehmer.

Beim indirekten Revolving wird eine Bank zwischengeschaltet, die das Zinsrisiko übernimmt.

Beim 7-M-System erfolgt die Refinanzierung am Geldmarkt. Die Maklerfirma trägt das Prolongationsrisiko sowie die Verpflichtung zur Darlehensrückzahlung. Daneben übernimmt sie das Zinsrisiko, d. h. sie gewährt dem Darlehensnehmer einen Festzinssatz.

4.3.13 Bei der Annuitäten- oder Tilgungshypothek zahlt der Schuldner einen festen Jahresbetrag (Annuität), wobei der Tilgungsanteil laufend zu- und der Zinsanteil entsprechend abnimmt.

Bei der Zinshypothek erfolgt eine einmalige Gesamttilgung am Ende der Laufzeit. Während der Laufzeit sind nur Zinsen zu zahlen.

Bei der Abzahlungshypothek sind die jährlichen Tilgungsraten konstant, die Zinsen nehmen mit sinkender Restschuld ab, so dass die gesamte Jahresleistung (Zins + Tilgung) im Zeitablauf sinkt.

4.3.14 Die meisten Realinvestitionen sind durch eine Zahlungsreihe gekennzeichnet, bei der die künftigen Ein- und Auszahlungen sowie die Lebensdauer des Investitionsobjektes subjektiv geschätzt werden müssen. Bei Finanzinvestitionen dagegen sowie bei Finanzierungsmaßnahmen werden die Konditionen häufig über die Laufzeit fixiert, d. h. man verfügt über Zahlungsreihen mit relativ sicheren Zukunftswerten. In diesem Fall lohnen sich genaue Renditenberechnungen, da man nur auf diese Art und Weise die Zinsunterschiede alternativer Angebote feststellen und zur Grundlage seines Handelns machen kann.

4.3.15 Annuitätentilgung (aus Banksicht):

Annuität = Darlehen · KWF_5

Annuität = 100.000 · 0,237396

Annuität = 23.740 (€/Jahr)

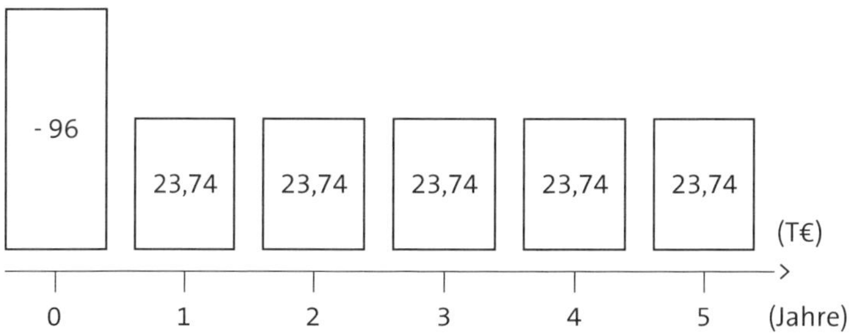

Einmalige Gesamttilgung (aus Banksicht):

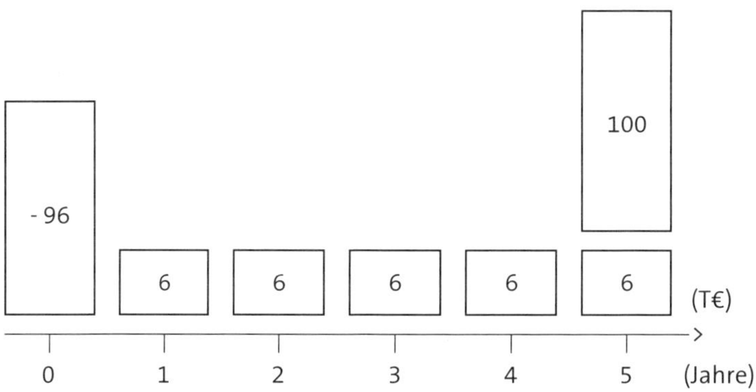

Abzahlungstilgung (aus Banksicht):

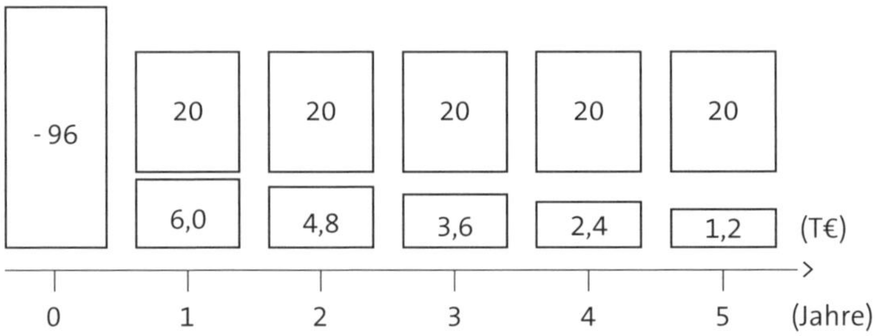

4.3.16 a) Langfristige Fremdfinanzierung liegt vor,

- bei Obligationen; (+)
- bei Schuldscheindarlehen; (+)
- bei Aufnahme eines stillen Gesellschafters. (–)

b) Schuldscheindarlehen haben im Vergleich zu Obligationen (Schuldverschreibungen) den Vorteil,

- für Unternehmungen aller Größenklassen, also auch für kleine, geeignet zu sein; (+)
- ohne Publizität und Prospekt aufgenommen werden zu können; (+)
- fungibler zu sein als durch Wertpapiere verbriefte Anleihen. (–)

c) Schuldscheindarlehen haben gegenüber Obligationen den Nachteil,

- grundsätzlich nicht deckungsstockfähig zu sein; (–)
- höhere Nebenkosten bei der Begebung zu verursachen; (–)
- dass der Schuldner einen höheren Nominalzins hinnehmen muss. (+)

d) Das Zins- und Prolongationsrisiko

- existiert nur beim direkten Revolving-System; (–)
- liegt beim indirekten Revolving-System beim Kreditnehmer; (–)
- liegt beim indirekten Revolving-System beim Kreditgeber. (+)

Kapitel 4.4: Effektivzinsbestimmung bei langfristiger Fremdfinanzierung

4.4.1 $r = \frac{Z + (R - A) \cdot RVF}{A} = \frac{8.000.000 + (100.000.000 - 102.000.000) \cdot 0{,}069029}{102.000.000}$

$r = 0{,}0771 = 7{,}71$ (% p. J.)

$i_1 = 7\,\% \quad \rightarrow \quad C_{0,1} = -\,102.000.000 + 8.000.000 \cdot 7{,}023582 + 100.000.000 \cdot 0{,}508349$

$C_{0,1} = 5.023.556$ (€)

$i_2 = 8\,\% \quad \rightarrow \quad C_{0,2} = -\,102.000.000 + 8.000.000 \cdot 6{,}710081 + 100.000.000 \cdot 0{,}463193$

$C_{0,2} = -\,2.000.052$ (€)

$r = i_1 - C_{0,1} \frac{i_2 - i_1}{C_{0,2} - C_{0,1}} = 7{,}0 - 5.023.556 \frac{8{,}0 - 7{,}0}{-\,2.000.052 - 5.023.556} = 7{,}72$ (% p. J.)

4.4.2 a) Annuität = Nennbetrag · KWF_8

Annuität = 50.000.000 · 0,161036 = 8.051.800 (€/Jahr)

Jahr	Schuld am Jahresanfang (T€)	Annuität (T€/Jahr)	= Zinsanteil (T€/Jahr)	+ Tilgungsanteil (T€/Jahr)
1	50.000,000	8.051,800	3.000,000	5.051,800
2	44.948,200	8.051,800	2.696,892	5.354,908
3	39.593,292	8.051,800	2.375,598	5.676,202
4	33.917,090	8.051,800	2.035,025	6.016,775
5	27.900,315	8.051,800	1.674,019	6.377,781
6	21.522,534	8.051,800	1.291,352	6.760,448
7	14.762,086	8.051,800	885,725	7.166,075
8	7.596,011	8.051,800	455,761	7.596,011

Tabellarische Rundungsfehler im Tilgungsanteil des 8. Jahres ausgeglichen.

b) Lösung mit DSF

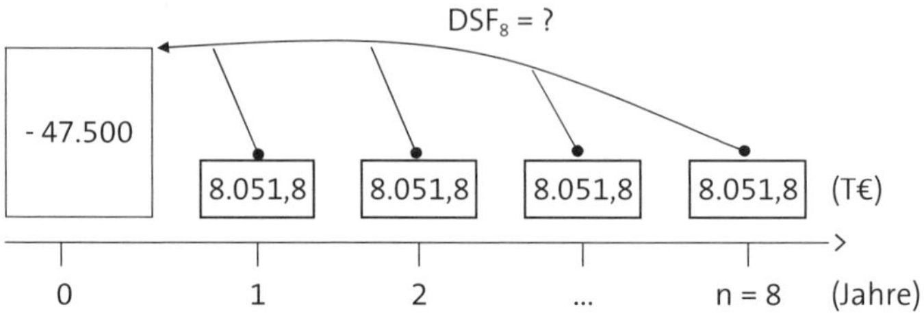

$$DSF_8 = \frac{47.500}{8.051,00} = 5,899302$$

Tabelle → 5,971299 → 7 %

Tabelle → 5,746639 → 8 %

DSF		Tabellenzins			
5,971299	→	7,0 %	0,224660	→	1,0 %
5,746639	→	8,0 %			
5,971299	→	7,0 %	0,071997	→	x %
5,899302	→	? %			

$$x = \frac{1,0}{0,224660} \cdot 0,071997 = 0,320471$$

$r = 7 + x = 7,32$ (% p. J.)

Lösung mit Regula falsi

$$i_1 = 7\,\% \rightarrow C_{0,1} = -47.500.000 + 8.051.800 \cdot \underset{\uparrow\ DSF}{5,971299}$$

$$C_{0,1} = 579.705\ (€)$$

$$i_2 = 8\,\% \rightarrow C_{0,2} = -47.500.000 + 8.051.800 \cdot \underset{\uparrow\ DSF}{5,746639}$$

$$C_{0,2} = -1.229.212\ (€)$$

$$r = i_1 - C_{0,1} \cdot \frac{i_2 - i_1}{C_{0,2} - C_{0,1}} = 7 - 579.705 \cdot \frac{8-7}{-1.229.212 - 579.705}$$

$$r = 7 + \frac{579.705}{1.808.917} = 7,32\ (\%\ p.\ J.)$$

4.4.3 Es gibt nur einen Fall, bei dem mittlere Laufzeit und Gesamtlaufzeit identisch sind: die einmalige Gesamttilgung zum Laufzeitende. Bei jeder anderen Tilgungsform, zum Beispiel Annuitätentilgung oder Tilgung in gleichen Abzahlungsraten, ist die mittlere Laufzeit kleiner als die Gesamtlaufzeit.

4.4.4 a) Ermittlung der Rendite vor Steuern für einen Kapitalanleger

Zeitstrahl aus der Sicht der Anleger:

								4,08	4,08	4,08	4,08	4,08
	- 19,2	1,6	1,6	1,6	1,6	1,6	1,6	1,6	1,28	0,96	0,64	0,32 (Mio €)
(Jahre)	0	1	2	3	4	5	6	7	8	9	10	11
	1.4.01	1.4.02	1.4.03	1.4.04	1.4.05	1.4.06	1.4.07	1.4.08	1.4.09	1.4.10	1.4.11	1.4.12

tilgungsfreie Zeit (0 bis 6) — Tilgungszeit (6 bis 11)

Ermittlung der mittleren Laufzeit

$$t_m = t_f + \frac{t+1}{2} = 6 + \frac{5+1}{2} = 9 \text{ (Jahre)}$$

Renditebestimmung nach den verschiedenen Methoden

(1) $$r_{appr} = \frac{Z}{K} \cdot 100 = \frac{8}{96} \cdot 100 = \mathbf{8{,}33} \text{ (\% p. J.)}$$

(2) $$r_{appr} = \frac{Z}{K} \cdot 100 + \frac{R-K}{n} = \frac{8}{96} \cdot 100 + \frac{102-96}{9} = \mathbf{9{,}00} \text{ (\% p. J.)}$$

(3) $$r_{appr} = \frac{Z + \frac{R-K}{n}}{K} \cdot 100 = \frac{8 + \frac{102-96}{9}}{96} \cdot 100 = \mathbf{9{,}03} \text{ (\% p. J.)}$$

(4) $$r = \frac{Z + (R-K) \cdot RVF}{K} \cdot 100 = \frac{8 + 6 \cdot 0{,}076799}{96} \cdot 100$$

$$= \mathbf{8{,}81} \text{ (\% p. J.)}$$

(5) Regula falsi

$$i_1 = 8{,}5\,\% \rightarrow \quad C_{0,1} = -19{,}2 + 1{,}6 \cdot 4{,}553587 + 5{,}68 \cdot 0{,}564926 + 5{,}36 \cdot 0{,}520669 + 5{,}04 \cdot 0{,}479880 + 4{,}72 \cdot 0{,}442285 + 4{,}4 \cdot 0{,}407636$$

$$C_{0,1} = 0{,}385083 \text{ (Mio €)}$$

$$i_2 = 9{,}0\,\% \rightarrow \quad C_{0,2} = -19{,}2 + 1{,}6 \cdot 4{,}485919 + 5{,}68 \cdot 0{,}547034$$
$$+ 5{,}36 \cdot 0{,}501866 + 5{,}04 \cdot 0{,}460428$$
$$+ 4{,}72 \cdot 0{,}422411 + 4{,}4 \cdot 0{,}387533$$
$$C_{0,2} = -0{,}205893 \text{ (Mio €)}$$

$$r = i_1 - C_{0,1} \cdot \frac{i_2 - i_1}{C_{0,2} - C_{0,1}} = 8{,}5 - 385.083 \cdot \frac{0{,}5}{-205.893 - 385.083}$$

$$r = 8{,}5 + \frac{192.542}{590.976} = 8{,}83 \text{ (\% p. J.)}$$

Ergebnis: Ein Anleger erhält also eine Rendite von 8,83 Prozent pro Jahr. Die Ergebnisse der Faustformeln (1) bis (3) weichen vom genauen Wert so stark ab, dass man seine Entscheidung nicht auf diese Formeln stützen sollte. Nur (4) bringt ein hinlänglich genaues Ergebnis im Vergleich zu (5).

b) Ermittlung des Effektivzinssatzes aus der Sicht der AG

Zeitstrahl aus der Sicht der AG:

+18,9	- 1,6	- 1,6	- 1,6	- 1,6	- 1,6	- 1,6	- 5,68	- 5,36	- 5,04	- 4,72	- 4,40	(Mio €)
0	1	2	3	4	5	6	7	8	9	10	11	(Jahre)
1.4.01	1.4.02	1.4.03	1.4.04	1.4.05	1.4.06	1.4.07	1.4.08	1.4.09	1.4.10	1.4.11	1.4.12	

tilgungsfreie Zeit (0–6) — Tilgungszeit (6–11)

Effektivzinsbestimmung nach Regula falsi

$$i_1 = 9{,}0\,\% \rightarrow \quad C_{0,1} = +18{,}9 - 1{,}6 \cdot 4{,}485919 - 5{,}68 \cdot 0{,}547034$$
$$- 5{,}36 \cdot 0{,}501866 - 5{,}04 \cdot 0{,}460428$$
$$- 4{,}72 \cdot 0{,}422411 - 4{,}4 \cdot 0{,}387533$$
$$C_{0,1} = -0{,}094107 \text{ (Mio €)}$$

$$i_2 = 9{,}5\,\% \rightarrow \quad C_{0,2} = +18{,}9 - 1{,}6 \cdot 4{,}419825 - 5{,}68 \cdot 0{,}529787$$
$$- 5{,}36 \cdot 0{,}483824 - 5{,}04 \cdot 0{,}441848$$
$$- 4{,}72 \cdot 0{,}403514 - 4{,}4 \cdot 0{,}368506$$
$$C_{0,2} = 0{,}472867 \text{ (Mio €)}$$

$$r = i_1 - C_{0,1} \cdot \frac{i_2 - i_1}{C_{0,2} - C_{0,1}} = 9 + 94\,107 \cdot \frac{0{,}5}{472.867 + 94.107}$$

$$r = 9 + \frac{47.053{,}5}{566.974} = 9{,}08 \text{ (\% p. J.)}$$

Ergebnis: Die AG hat unter Berücksichtigung der Emissionskosten einen Effektivzinssatz von 9,08 Prozent zu entrichten.

c) Ermittlung des neuen Ausgabekurses

Wir verwenden Gleichung (4), in der alle Größen bis auf den Ausgabekurs K bekannt sind. Die Rendite soll laut Aufgabenstellung konstant bleiben. Wir gehen dazu von dem Rechenergebnis nach (4), nämlich 8,81 Prozent aus. Man erhält dann:

$$r = \frac{Z + (R - K) \cdot RVF}{K} \cdot 100$$

$$8{,}81 = \frac{8 + (100 - K) \cdot RVF}{K} \cdot 100 \qquad \Big| \cdot \frac{K}{100}$$

$$0{,}0881\ K = 8 + (100 - K) \cdot RVF$$

$$0{,}0881\ K = 8 + 7{,}67988 - 0{,}076799 \cdot K$$

$$0{,}164899\ K = 15{,}67988$$

$$K = 95{,}09\ (€)$$

Ergebnis: Wenn der Rückzahlungskurs um 2 Prozentpunkte zurückgenommen wird, so ist zur Konstanthaltung der Rendite der Ausgabekurs um 0,91 Punkte zu reduzieren. Die Verminderung des Ausgabekurses liegt unter 2 Punkten, weil sie zum Zeitpunkt 0 wirksam wird, während sich die Änderung des Rückzahlungskurses erst ab dem siebten Jahr auswirkt.

4.4.5

Ausgeber	Laufzeit n (Jahre)	Anlagesumme K_0 (€)	Endbetrag K_n (€)	Rendite (%)
Weltbank	10	81,00	200	9,46
Co-Bank	6	58,00	100	9,50
Niederlande	5	64,50	100	9,17
D-Bank	4	141,50	200	9,04

4.4.6 Ableitung der Gleichung zur Effektivzinsbestimmung (Regula falsi)

ABB. L.6: Die Regula falsi ersetzt die Kurve durch eine Gerade

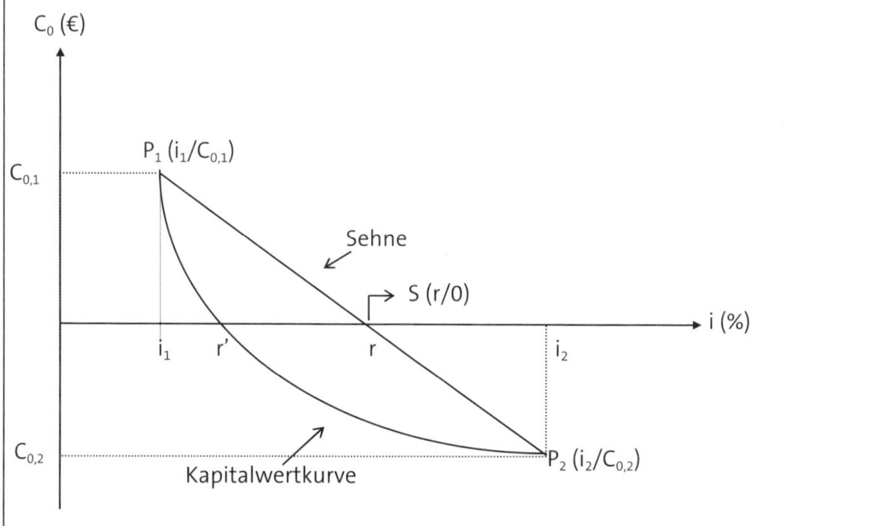

Zwei-Punkte-Form der Geradengleichung (allgemein: $\frac{y - y_1}{x - x_1} = \frac{y_2 - y_1}{x_2 - x_1}$):

$$\frac{C_0 - C_{0,1}}{i - i_1} = \frac{C_{0,2} - C_{0,1}}{i_2 - i_1} \qquad \text{Für r gilt: } C_0 = 0 \rightarrow$$

$$\frac{0 - C_{0,1}}{r - i_1} = \frac{C_{0,2} - C_{0,1}}{i_2 - i_1} \qquad | \cdot (r - r_1) \cdot (i_2 - i_1) \rightarrow$$

$$- C_{0,1} (i_2 - i_1) = (C_{0,2} - C_{0,1})(r - i_1) \qquad | : (C_{0,2} - C_{0,1}) \text{ und Seiten vertauschen} \rightarrow$$

$$r - i_1 = - C_{0,1} \cdot \frac{i_2 - i_1}{C_{0,2} - C_{0,1}} \qquad |+ i_1 \rightarrow$$

$$r = i_1 - C_{0,1} \cdot \frac{i_2 - i_1}{C_{0,2} - C_{0,1}}$$

4.4.7 a)

Jahr	Darlehen am Jahresanfang	Annuität	Zinsen	Tilgung	Darlehen am Jahresende
1	100.000	6.500	6.500	-	100.000
2	100.000	6.500	6.500	-	100.000
3	100.000	6.500	6.500	-	100.000
4	100.000	6.500	6.500	-	100.000
5	100.000	6.500	6.500	-	100.000
6	100.000	6.500	6.500	-	100.000
7	100.000	15.024	6.500	8.524	91.476
8	91.476	15.024	5.946	9.078	82.398
9	82.398	15.024	5.356	9.668	72.730
10	72.730	15.024	4.727	10.297	62.433
11	62.433	15.024	4.058	10.966	51.467
12	51.467	15.024	3.345	11.679	39.788
13	39.788	15.024	2.586	12.438	27.350
14	27.350	15.024	1.778	13.246	14.104
15	14.104	15.024	920	14.104	0

Aus der Tabelle ersehen Sie: mittlere Laufzeit $t_m \approx 11$ Jahre.

b) $$r_{appr} = \frac{6{,}5 + \frac{5}{11}}{95} \cdot 100 = 7{,}32 \text{ (\% p. J.)}$$

$$r_{appr} = \frac{6{,}5 + 5 \cdot 0{,}0633569}{95} \cdot 100 = 7{,}18 \text{ (\% p. J.)}$$

c) $i_1 = 7{,}0\,\%$ $\rightarrow$ $C_{0,1} = -95 + 6{,}5 \cdot 4{,}766540 + 15{,}024 \cdot 6{,}515232 \cdot 0{,}666342$

$C_{0,1} = +1{,}20$ (€)

$i_2 = 7{,}5\,\%$ $\rightarrow$ $C_{0,2} = -95 + 6{,}5 \cdot 4{,}693846 + 15{,}024 \cdot 6{,}378887 \cdot 0{,}647962$

$C_{0,2} = -2{,}39$ (€)

$$r = 7 - 1{,}20 \cdot \frac{7{,}5 - 7{,}0}{-2{,}39 - 1{,}20} = 7{,}17 \text{ (\% p. J.)}$$

4.4.8 a) Ermittlung der tatsächlichen Effektivverzinsung

(1) $$r_{appr} = \frac{6{,}75 + (100 - 99) \cdot 0{,}225228}{99} \cdot 100 = 7{,}05 \text{ (\% p. J.)}$$

(2) $$r_{appr} = \frac{6{,}50 + (100 - 98) \cdot 0{,}225228}{98} \cdot 100 = 7{,}09 \text{ (\% p. J.)}$$

(3) $$r_{appr} = \frac{5{,}75 + (100 - 95) \cdot 0{,}225228}{95} \cdot 100 = 7{,}24 \text{ (\% p. J.)}$$

b) (1) $r_{appr} = 6{,}75 + \frac{1}{4} = 7$ (% p. J.)

(2) $r_{appr} = 6{,}50 + \frac{2}{4} = 7$ (% p. J.)

(3) $r_{appr} = 5{,}75 + \frac{5}{4} = 7$ (% p. J.)

4.4.9 Voraussetzung: Kein Damnum oder geringes Damnum.

Wert des Damnums (Disagio)	Fehler bei approximativen Methoden
Damnum Null	kein Fehler
Damnum gering (z. B. 1 %)	geringer (tolerierbarer) Fehler
Damnum hoch (z. B. 10 %)	großer Fehler

Kapitel 4.5: Kurzfristige Fremdfinanzierung

4.5.1 Vorteile: Schnelligkeit, Bequemlichkeit, keine Abhängigkeit von Banken.

Nachteil: Hoher Effektivzinssatz.

4.5.2 Kundenanzahlungen stehen deshalb nicht zinslos zur Verfügung, weil der Endpreis bei Zahlung in einer Gesamtsumme nach Fertigstellung der Ware in aller Regel größer ist als der Anzahlungspreis. Kundenanzahlungen sollen den Besteller an den Lieferbetrieb binden, was insbesondere bei langfristigen Produktionsprozessen und bei Spezialanfertigungen von Bedeutung ist, etwa beim Spezialmaschinenbau, Hochbau, Tiefbau, Schiffbau usw.

4.5.3 Unter Kontokorrent versteht man ein in laufender Rechnung geführtes Konto, auf dem sich alle Geschäftsvorfälle zweier Geschäftspartner niederschlagen, wobei die gegenseitigen Forderungen in regelmäßigen Abständen saldiert werden.

Der Finanzierungsaufwand kann sich zusammensetzen aus:

Sollzinssatz oder Nettozinssatz
+ Kreditprovision oder Bereitstellungsprovision
+ Umsatzprovision
+ Überziehungsprovision
+ Barauslagen
= gesamter Finanzierungsaufwand

4.5.4 Der Kontokorrentkredit ist ein außerordentlich elastisches Finanzierungsmittel. Man bezahlt nur Zinsen auf den jeweils in Anspruch genommenen Betrag. Formal ist der Kredit kurzfristig; tatsächlich aber häufig langfristig, da die Banken die Kontokorrentlinie in aller Regel prolongieren.

4.5.5 Man unterscheidet Wechsel, die eine Zahlungsaufforderung enthalten (Tratte oder gezogener Wechsel), von solchen, die ein Zahlungsversprechen darstellen (eigener Wechsel, Solawechsel). Die Tratte enthält nur eine Zahlungsanweisung, das Akzept auch die Zahlungsverpflichtung.

Daneben kann nach der jeweiligen ökonomischen Transaktion differenziert werden in: Handelswechsel (ihnen liegt ein Waren- oder Dienstleistungsgeschäft zugrunde); Finanzwechsel (dienen der Kreditbeschaffung, kein Handelsgeschäft); Sicherungswechsel (werden zur Sicherung eines Kreditverhältnisses beim Gläubiger hinterlegt).

Nach der Zahlungsfrist unterscheidet man Tagwechsel (sind an einem bestimmten Tag fällig), Datowechsel (sind eine bestimmte Zeit nach Ausstellung fällig), Sichtwechsel (bei Vorlage zahlbar), Nachsichtwechsel (eine bestimmte Zeit nach Vorlage zahlbar).

Ein Finanzwechsel ist nicht rediskontierbar, weil die Deutsche Bundesbank nur Wechsel annimmt, denen ein Handels- oder Warengeschäft zugrundeliegt.

4.5.6 Ein Diskontkredit liegt vor, wenn eine Bank Kundenwechsel ankauft, also eine zum Diskontierungszeitpunkt noch nicht fällige Forderung bevorschusst und dem Kunden den Wechselbarwert zur Verfügung stellt.

Beim Akzeptkredit leiht die Bank kein Geld, sie akzeptiert vielmehr einen Wechsel, den der Kunde auf sie gezogen hat, stellt also ihren guten Ruf zur Verfügung (Kreditleihe). Der Kunde kann den Wechsel zu Finanzierungszwecken an seine Gläubiger weitergeben. Er hat der Bank einen Werktag vor Fälligkeit den Wechselbetrag zur Verfügung zu stellen. Wenn die Bank ihr eigenes Akzept hereinnimmt, ist der Akzeptkredit gleichzeitig ein Diskontkredit.

4.5.7 Geldleihe: Die Bank stellt einem Kunden leihweise Geldmittel zur Verfügung.

Kreditleihe: Die Bank stellt einem Kunden ihre Bonität zur Verfügung, d. h. sie verbürgt sich Dritten gegenüber für eine bestimmte Verbindlichkeit des Kunden. Typische Arten: Akzeptkredit, Avalkredit.

4.5.8 Unter einem Avalkredit versteht man eine Bürgschaft oder Garantieübernahme seitens einer Bank zur Besicherung einer bestimmten Forderung von Dritten gegenüber dem Bankkunden. Anwendungsformen: Besicherung gestundeter Zölle, Frachten, Steuern, Gewährleistungen, Vertragserfüllungsbürgschaften sowie Stellung von Garantien im Außenhandelsgeschäft.

4.5.9 Der Lombardkredit ist ein durch Verpfändung von Waren oder Wertpapieren gesichertes Darlehen. Man unterscheidet: Effektenlombard, Warenlombard, Wechsellombard, Forderungslombard, Edelmetallombard.

4.5.10 Beim Dokumenteninkasso werden die das Eigentum an der Ware repräsentierenden Dokumente dem Importeur zugeleitet, der nach Erhalt der Dokumente den Kaufpreis bar entrichtet („documents against payment" – d/p –) oder ein Akzept in entsprechender Höhe ausstellt („documents against acceptance" – d/a –).

Erteilt der Importeur dagegen einem Kreditinstitut den Auftrag, den Kaufpreis gegen Vorlage der Dokumente an den Verkäufer zu zahlen, so liegt ein Dokumentenakkreditiv vor.

4.5.11 Wenn sich die Beteiligten eines Außenhandelsgeschäftes nicht kennen, ist zur Verringerung des Risikos der Wechselrembours zu wählen. Der Rembourskredit stellt eine Kombination von Akzeptkredit, Dokumentenakkreditiv und Diskontkredit dar. Der Importeur beantragt bei seiner Hausbank ein Akzept zugunsten des Exporteurs und zu seinen Lasten. Da der Importeur erst nach Ablauf einer Zielfrist bezahlt, wird der Exporteur seine Forderung absichern, indem er ein Dokumentenakkreditiv zu seinen Gunsten eröffnen lässt. Bei Vorlage der Dokumente erhält der Exporteur das Akzept, das er sodann bei seiner Bank diskontieren lassen kann, um über den Diskonterlös zu verfügen.

4.5.12 Der Negoziationskredit tritt in verschiedenen Formen auf:

1) Authority to purchase. – Auf Veranlassung des Importeurs erklärt sich dessen Bank bereit, gegen Übergabe bestimmter Dokumente die vom Exporteur auf den Importeur gezogene Tratte anzukaufen.

2) Order to negotiate. – Die Importbank beauftragt die Exportbank, eine vom Exporteur auf die Importbank gezogene Tratte mit Dokumenten anzukaufen.

3) Der commercial letter of credit stellt ein an den Exporteur gerichtetes Zahlungsversprechen dar. Der Exporteur kann eine Tratte mit Dokumenten unter Vorlage des CLC einer beliebigen Bank zum Ankauf anbieten.

4.5.13

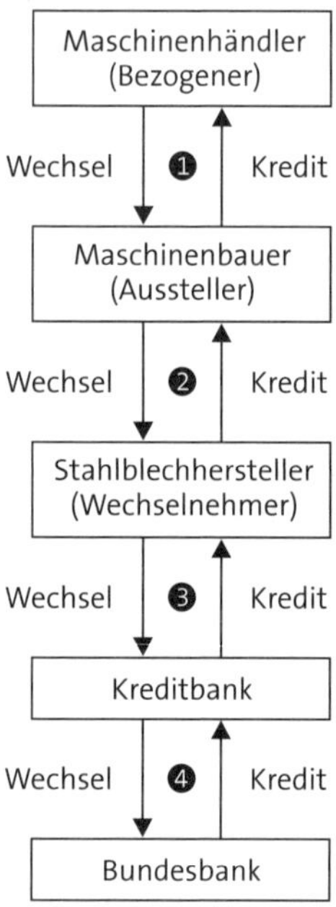

❶ Ein Maschinenhändler kauft bei einem Maschinenbauer eine Maschine. Der Hersteller gewährt ihm Zahlungsaufschub, indem er einen Wechsel ausstellt, der vom Händler akzeptiert wird.

❷ Der Maschinenbauer kauft Blech und gibt den später fälligen Wechsel zum Ausgleich von Zahlungsverpflichtungen an den Hersteller.

❸ Der Blechhersteller benötigt Geld und lässt den Wechsel von seiner Bank diskontieren.

❹ Die Bank verkauft den Wechsel an die Bundesbank; die Bundesbank rediskontiert ihn.

Kapitel 4.6: Effektivzinsbestimmung bei kurzfristiger Fremdfinanzierung

4.6.1

Zinstermin pro Jahr	Formell allgemein $r = \left(1 + \frac{r_{nom}}{m}\right)^m - 1$	Effektivzinssatz (% p. J.)
1	$r = \left(1 + \frac{0{,}13}{1}\right)^1 - 1 = 0{,}1300$ =	13,00
2	$r = \left(1 + \frac{0{,}13}{2}\right)^2 - 1 = 0{,}1342$ =	13,42
4	$r = \left(1 + \frac{0{,}13}{4}\right)^4 - 1 = 0{,}1365$ =	13,65
12	$r = \left(1 + \frac{0{,}13}{12}\right)^{12} - 1 = 0{,}1380$ =	13,80

4.6.2

(1) - (2) Differenz-investition

- 75	+ 25	+ 25	+ 25	+ 25	(€)
0	1	2	3	4	(Periode)

(2) - (1) Differenz-finanzierung

+ 75	- 25	- 25	- 25	- 25	(€)
0	1	2	3	4	(Periode)

4.6.3 a) Effektivzinssatz Lieferantenkredit und jährliche Minderauszahlungen

(1) Faustformel: $r_{appr} = \frac{\text{Skontosatz (\%)}}{\text{zinspflichtige Zeit}} \cdot 360$

$$r_{appr} = \frac{2}{30 - 10} \cdot 360 = 36\ (\%)$$

(2) Genaue Formel: $r = \left(\frac{\text{Zielpreis}}{\text{Barpreis}}\right)^{\frac{365}{v}} - 1$

Beim Skontosatz von 2 % und einem beispielhaft angenommenen Zielpreis von 100 € ergibt sich ein Barpreis von 98 €. Somit erhält man:

$$r = \left(\frac{100}{98}\right)^{18{,}25} - 1 = 44{,}58\ (\%)$$

Vergleicht man die beiden Ergebnisse, so wird deutlich, dass man bei Anwendung der Faustformel auf einen rund 9 Prozentpunkte zu niedrigen Wert gekommen wäre. Der effektive Jahreszinssatz ist nicht 36 %, sondern 44,58 %. Ein ins Auge fallender Unterschied, der sich auch bei der Berechnung der möglichen Minderauszahlungen bei vernünftiger kurzfristiger Fremdfinanzierung (und das heißt hier: Inanspruchnahme des Banklimits) bemerkbar macht:

jährlicher Zinsaufwand Lieferantenkredit	147.311 · 0,4458 = 65.671 (€)
jährlicher Zinsaufwand Bankkredit	147.311 · 0,1150 = 16.941 (€)
Minderauszahlungen bei Ablösung der Lieferantenverbindlichkeiten durch Bankkredit	= 48.730 (€)

b) Tabellen für Effektivzinssätze bei verschiedenen Skontosätzen und Zahlungszielen

Skontoklausel: „10 Tage S % Skonto, **30 Tage netto**"		
Skontosatz S (%)	Ermittlung der rechnerischen Skontoverzinsung pro Jahr (%)	
	Faustformel	genaue Formel
1,0	18	**20,13**
1,5	27	31,76
2,0	36	44,58
2,5	45	58,73
3,0	54	74,35
5,0	90	**155,00**

Skontoklausel: „10 Tage S % Skonto, **60 Tage netto**"		
Skontosatz S (%)	Ermittlung der rechnerischen Skontoverzinsung pro Jahr (%)	
	Faustformel	genaue Formel
1,0	7,2	**7,61**
1,5	10,8	11,66
2,0	14,4	15,89
2,5	18,0	20,30
3,0	21,6	24,90
5,0	36,0	**45,42**

c) Empfehlung

1. Wer ohne Lieferantenkredite auskommen kann (also über genügend Eigenmittel oder ein entsprechendes Limit bei der Bank verfügt), sollte bei Verhandlungen mit den Lieferanten Verständnis für Verkürzungen der Zahlungsfristen, insbesondere der Zielfrist, zeigen, einen möglichst hohen Skontosatz anstreben und unter Skontoziehung zahlen.

2. Wer genötigt ist, Lieferantenkredite zur kurzfristigen Finanzierung einzusetzen, sollte versuchen, den Effektivzins dieser Finanzierungsform durch Verlängerung der Zielfrist zu senken. Wer es schafft, auf dem Verhandlungswege eine Verlängerung der Zielfrist von 30 auf 60 Tage zu erwirken, hat es geschafft, den effektiven Jahreszins des Lieferantenkredits in etwa zu dritteln (vgl. unterlegte Ergebnisse). Die enorme Effektivzinsverminderung bei Ausdehnung der Zielfrist ist nicht allen Wirtschaftssubjekten bekannt; darin kann ein Vorteil für Sie liegen.

4.6.4 $K_0 = K_n \cdot AbF_4 = 240.000 \cdot 0{,}888487 = 213.237$ (€)

$g = K_n \cdot RVF_4 = 240.000 \cdot 0{,}239027 = 57.366$ (€)

4.6.5

Zinssatz Kontokorrentkredit (90 Tage)			1,80 (%)
	Wechselbetrag	200.000	
–	Diskontbetrag	3.200	
–	Diskontspesen	50	
=	effektiver Kreditbetrag	196.750	
Zinssatz Wechselkredit (90 Tage) $= \frac{3.200 + 50}{196.750} =$			1,65 (%)

4.6.6 a) **Zeitstrahl aus der Sicht des Kunden (= Finanzierung)**

+ 20.000	- 370,26	- 370,26	- 370,26	...	- 370,26	(€)
0	1	2	3	...	n = 72	(Monate)

Zeitstrahl aus der Sicht der Bank (= Investition)

- 20.000	+ 370,26	+ 370,26	+ 370,26	...	+ 370,26	(€)
0	1	2	3	...	n = 72	(Monate)

Schritte	Kapitalwertmethode	Annuitätenmethode
(1) Stelle Zielgrößenfunktion auf:	$C_0 = -K_0 + g \cdot DSF_n$	$DJÜ = g - K_0 \cdot KWF_n$
(2) Setze Zielgröße gleich Null:	$0 = -K_0 + g \cdot DSF_n$	$0 = g - K_0 \cdot KWF_n$
(3) Löse nach Faktor auf:	$DSF_n = \frac{K_0}{g}$	$KWF_n = \frac{g}{K_0}$
Wert des Faktors	$DSF_{72} = \frac{20.000}{370{,}26}$ $= 54{,}016097$	$KWF_{72} = \frac{370{,}26}{20.000}$ $= 0{,}018513$
Zugehöriger Tabellenzinssatz	zwischen 0,8 % p. M. und 0,85 % p. M.	

Es ist also klar, dass der gesuchte Zinssatz zwischen 0,8 % p. M. und 0,85 % p. M. liegen muss. Mit Hilfe der linearen Interpolation erhalten Sie ein hinlänglich genaues Ergebnis:

DSF		Tabellenzins			
54,570971	→	0,80 (% p. M.)	0,885037	→	0,05 (% p. M.)
53,685934	→	0,85 (% p. M.)			
54,570971	→	0,80 (% p. M.)	0,554874	→	x (% p. M.)
54,016097	→	? (% p. M.)			

$$x = \frac{0{,}05}{0{,}885037} \cdot 0{,}554874 = 0{,}031348 \text{ (\% p. M.)}$$

Der effektive Monatszins beläuft sich auf $r_v = 0{,}8 + x = 0{,}831348\,\%$.

Dem entspricht ein effektiver Jahreszinssatz von

$r = (1 + 0{,}0083134)^{12} - 1 = 0{,}1045 = 10{,}45$ (% p. J.)

b) $i_1 = 0{,}80$ (% p. M.) $\rightarrow C_{0,1} = -20.000 + 370{,}26 \cdot 54{,}570971 = +205{,}45$ (€)

$i_2 = 0{,}85$ (% p. M.) $\rightarrow C_{0,2} = -20.000 + 370{,}26 \cdot 53{,}685974 = -122{,}25$ (€)

$$r_v = 0{,}80 - 205{,}45 \cdot \frac{0{,}85 - 0{,}80}{-122{,}25 - 205{,}45} = 0{,}80 + \frac{10{,}27}{327{,}70} = 0{,}83134 \text{ (\% p. M.)}$$

$r = (1 + 0{,}0083134)^{12} - 1 = 0{,}1045 = 10{,}45$ (% p. J.)

4.6.7 Zeitstrahl der Finanzinvestition „Anzahlungsraten“

					+ 2.400,0	
	- 186,9	- 186,9	- 186,9	- 186,9	- 186,9	(T€)
0	1	2	3	...	n = 12	(Monate)

Wenn die Textil AG die Anzahlungsraten während der Bauzeit des Webautomaten entrichtet, vermeidet sie die spätere Zahlung von 2,4 Mio € und verbessert ihre Nettoposition zum Zeitpunkt 12 entsprechend. Es gilt:

$$EWF_{12} = \frac{K_n}{g} = \frac{2.400.000}{186.900} = 12{,}841091$$

EWF		Tabellenzins			
12,824552	→	1,20 (% p. M.)	0,035809	→	0,05 (% p. M.)
12,860361	→	1,25 (% p. M.)			
12,824552	→	1,20 (% p. M.)	0,016539	→	x (% p. M.)
12,841091	→	? (% p. M.)			

$$x = \frac{0{,}05}{0{,}035809} \cdot 0{,}016539 = 0{,}023093 \text{ (\% p. M.)}$$

Es gilt: $r_v = 1{,}20 + x = 1{,}223093$ (% p. M.) und

$r = (1 + 0{,}01223093)^{12} - 1 = 0{,}15706 = 15{,}71$ (% p. J.).

Die Zahlung der Anzahlungsraten ist beim Kalkulationszinssatz von 12 % p. J. also rechnerisch lohnend.

4.6.8 a) **jährliche Zahlung**

jährliche Zahlung

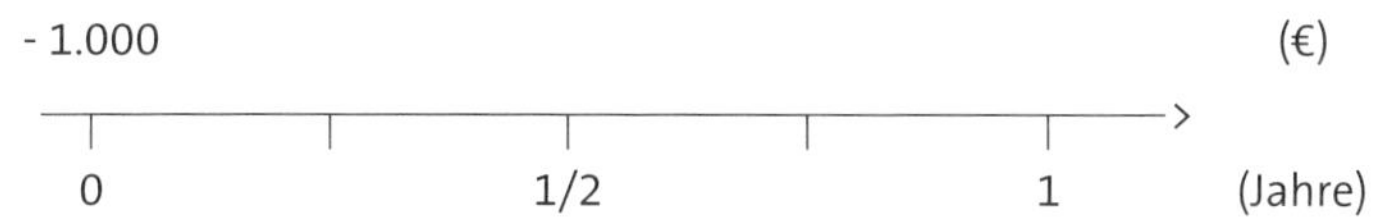

halbjährliche Teilzahlung

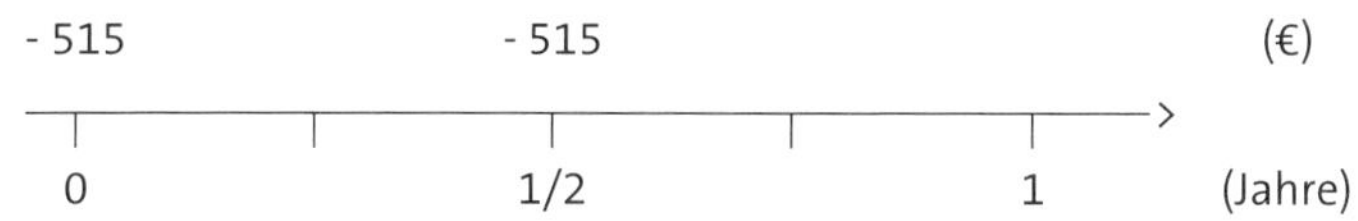

vierteljährliche Teilzahlung

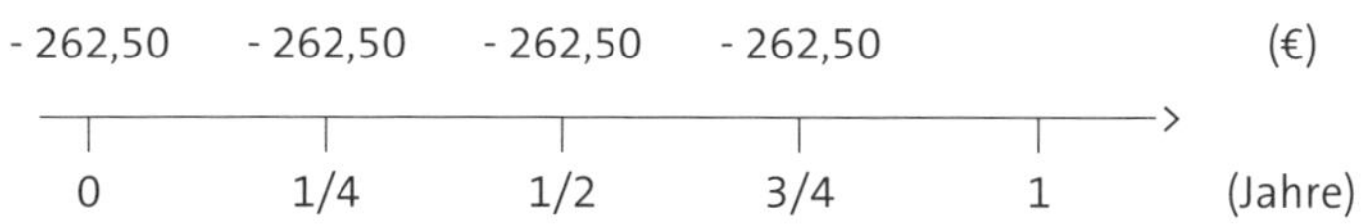

b) Differenzinvestition „Jährliche oder halbjährliche Zahlung" (= Finanzinvestition)

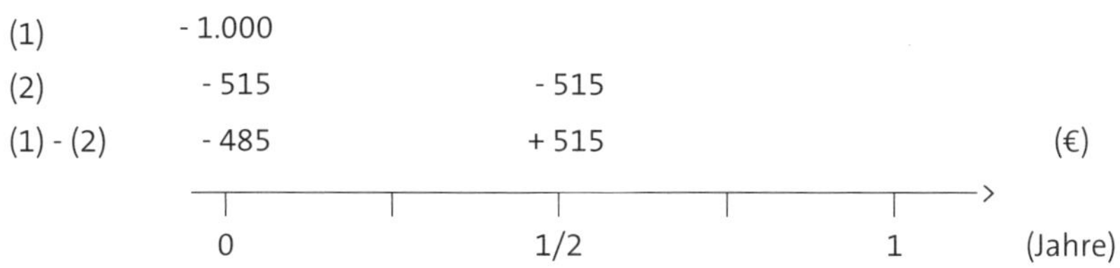

Die Anwendung der Zweizahlungsformel ergibt:

$$r = \left(\frac{K_v}{K_0}\right)^{\frac{365}{v}} - 1 = \left(\frac{515}{485}\right)^2 - 1 = 0{,}1275 = 12{,}75\ (\%\ \text{p. J.})$$

Die Versicherung verlangt für den kreditierten Betrag von 485 € effektiv 12,75 % pro Jahr, falls man die halbjährliche Teilzahlung wählt.

Differenzinvestition „Jährliche oder vierteljährliche Zahlung" (= Finanzinvestition)

	0	1/4	1/2	3/4	1	
(1)	- 1.000,00					
(2)	- 262,50	- 262,50	- 262,50	- 262,50		
(1) - (2)	- 737,50	+ 262,50	+ 262,50	+ 262,50		(€)
	0	1/4	1/2	3/4	1	(Jahre)

Das Ergebnis lässt sich mit Hilfe des DSF oder KWF ermitteln:

$$DSF_n = \frac{K_0}{g} \rightarrow DSF_3 = \frac{737{,}50}{262{,}50} = 2{,}809524$$

DSF		Tabellenzins				
2,809684	→	3,35 (% p. Q.)	}	0,002687	→	0,05 (% p. Q.)
2,806997	→	3,40 (% p. Q.)				
2,809684	→	3,35 (% p. Q.)	}	0,000160	→	x (% p. Q.)
2,809524	→	? (% p. Q.)				

$$x = \frac{0{,}05}{0{,}002687} \cdot 0{,}000160 = 0{,}002977 \text{ (\% p. Q.)}$$

Es gilt: $r_v = 3{,}35 + x = 3{,}3530$ (% p. Q.) und

$r = (1 + 0{,}03353)^4 - 1 = 0{,}14102 = 14{,}10$ (% p. J.).

Der Versicherungskredit von anfänglich 737,50 € kostet effektiv 14,10 (% p. J.), falls man die vierteljährliche Zahlung wählt.

Kapitel 4.7: Sonderformen der Fremdfinanzierung

4.7.1 Leasing = miet- oder pachtweise Überlassung von Wirtschaftsgütern durch den Hersteller oder spezielle Leasing-Gesellschaften.

Direktes Leasing = Vermietung durch den Hersteller.

Operating-Leasing = Vermietung und Wartung durch Hersteller, kurzfristige Kündigung durch beide Partner möglich

Equipment Leasing = Vermietung eines einzelnen Leasing-Gegenstandes.

Sale-lease-back = Leasing-Gesellschaft kauft Anlagegüter von Unternehmung an und vermietet sie wieder an Verkäufer.

4.7.2 Nur wenn das Leasing-Objekt beim Leasing-Geber bilanziert wird, sind die Leasing-Raten Betriebsausgaben des Leasing-Nehmers und führen zu einer Minderung des steuerpflichtigen Gewinnes. Wird das Objekt beim Leasing-Nehmer bilanziert, sind die Leasing-Raten keine Betriebsausgaben.

4.7.3 Die Alternative zum Kreditkauf ist das Finanzierungs-Leasing. Hier erfolgt die Vermietung durch spezielle Finanzierungsinstitute (meist Töchter von Banken). Während der festen Grundmietzeit kann kein Partner kündigen. Der Mieter hat die Leasing-Raten zu bezahlen und trägt das Investitionsrisiko inkl. Wartung der Anlage. Der Vermieter hat nur die Finanzierungsfunktion.

4.7.4 Der Leasing-Geber gilt als wirtschaftlicher Eigentümer

1. bei einem Vertrag ohne Option, wenn die Grundmietzeit mindestens 40 % und höchstens 90 % der betriebsgewöhnlichen Nutzungsdauer beträgt;
2. bei einem Vertrag mit Kaufoption, wenn der Optionspreis nach der Grundmietzeit von mindestens 40 % und höchstens 90 % der betriebsgewöhnlichen Nutzungsdauer mindestens dem Restbuchwert entspricht;
3. bei einem Vertrag mit Verlängerungsoption, wenn die Verlängerungsmiete nach der Grundmietzeit von mindestens 40 % und höchstens 90 % der betriebsgewöhnlichen Nutzungsdauer mindestens dem Werteverzehr für den Zeitraum der Anschlussmiete entspricht.

4.7.5 Die Leasing-Raten müssen die Aufwendungen für die Refinanzierung der Leasing-Gesellschaft decken, also einen Zins- und Wiedergewinnungsanteil enthalten. Daneben müssen sie eine Marge zur Deckung der Verwaltungsaufwendungen, der Wagnisse und des Gewinnes enthalten. Der zur Ermittlung der Leasing-Raten heranzuziehende Leasing-Zinssatz liegt meist über dem Fremdkapitalzinssatz.

4.7.6 a) Ist der Verkaufspreis beim Sale-lease-back höher als der Buchwert, werden stille Reserven (stille Rücklagen) aufgelöst. Wegen der gesetzlichen Höchstbewertungsvorschriften lassen sich stille Reserven oft nur auf diese Art realisieren. Beliebt ist das Sale-lease-back, wenn man einen im laufenden Geschäftsjahr sonst auftretenden Verlust kaschieren und gleichzeitig steuerlich nutzen möchte: Man verkauft (wie einst eine der Großbanken) sein eigenes Verwaltungsgebäude an eine Leasing-Gesellschaft, verrechnet die Differenz zwischen Preis und Buchwert als außerordentlichen Ertrag mit dem steuerlichen Verlust, so dass die stillen Reserven steuerneutral aufgelöst werden, und mietet das Objekt wieder zurück.

b) Der Leasing-Nehmer spart nichts: Die Teilamortisation bietet lediglich die Möglichkeit, Teilbeträge später, nach Ablauf der Grundmietzeit zu begleichen.

4.7.7 In finanzwirtschaftlicher Sicht sind die Barwerte der bei Kreditkauf und Leasing zu erwartenden Nettoeinzahlungen zu vergleichen. Diese Barwerte sind gleich, wenn die Bedingungen

$$\text{Leasingzinssatz} = \text{Fremdkapitalzinssatz} \quad \text{und}$$
$$\text{Kalkulationszinssatz} = \text{Fremdkapitalzinssatz}$$

erfüllt sind. Normalerweise gilt aber:

$$\text{Leasingzinssatz} > \text{Fremdkapitalzinssatz} \quad \text{und}$$
$$\text{Kalkulationszinssatz} > \text{Fremdkapitalzinssatz}$$

Im Normalfall ist der Barwert der Nettoeinzahlungen bei Kreditkauf höher, Kreditkauf also vorteilhafter.

4.7.8 Mögliche Vorteile des Leasing:

- mittels Leasings können bis zu 100 % des Anschaffungspreises einer neuen Anlage finanziert werden;
- bei der Miete bebauter Grundstücke ist es möglich, über die Leasing-Raten auch das Entgelt für Grund und Boden als Aufwand geltend zu machen, während beim Kauf Grund und Boden nicht abgeschrieben werden dürfen;
- bei öffentlichen Aufträgen können Leasing-Raten im Kostenpreis nach LSP berücksichtigt werden;
- Leasing-Verträge lassen das Bilanzbild unberührt;
- man kann von den Erfahrungen und der Marktstellung der Leasing-Gesellschaft profitieren.

4.7.9 Unter Factoring versteht man die laufende Bevorschussung oder den Ankauf von Forderungen aus Warenlieferungen und Leistungen durch eine darauf spezialisierte Unternehmung, den Factor.

4.7.10

Mögliche Leistungen	Aufwendungen
Finanzierungen	Kontokorrentzinssatz + x %
Dienstleistungen	0,5 % bis 3 % des Forderungsumsatzes
Delkredere	0,2 % bis 1,2 % des Forderungsumsatzes

4.7.11 Der Factor hat den von ihm verlangten Zinssatz so zu bemessen, dass neben den Refinanzierungsaufwendungen auch die übernommenen Funktionen (Dienstleistungen und Delkredere) honoriert werden. Daneben muss der Zinssatz eine Marge zur Deckung der Verwaltungsaufwendungen, der Wagnisse sowie des Gewinnes enthalten.

4.7.12 Mögliche Vorteile des Factoring:

- Verbesserung der Liquidität,
- Befreiung von administrativen Tätigkeiten wie Debitorenbuchhaltung und Mahnwesen,
- Abwälzung des Delkredererisikos auf den Factor.

Mögliche Nachteile des Factoring:

- hoher Zinssatz,
- Anpassungsschwierigkeiten bei beabsichtigter Wiedereingliederung der Dienstleistungsfunktion,
- Image des Klienten kann durch Forderungsverkauf beeinträchtigt werden.

4.7.13

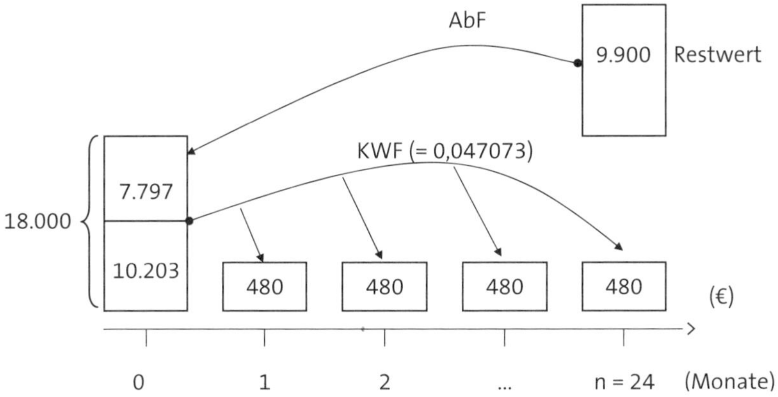

Leasing-Rate = (18.000 – 9 900 · 0,787566) · 0,047073 = 480 (€/Monat)

4.7.14

Barwertermittlung beim Kreditkauf (T€)

Jahr	AfA	Zinsen auf Restschuld	Betriebsausgaben	Gewinn vor Steuer	Gewinn nach Steuer	Barwerte
	1	*2*	*3 = 1 + 2*	*4 = E* – 3*	*5 = 4 · 0,4*	*6 = 5 · AbF*
1	160	120	280	120	48,0	42,857
2	160	108	268	132	52,8	42,092
3	160	96	256	144	57,6	40,999
4	160	84	244	156	62,4	39,656
5	160	72	232	168	67,2	38,131
6	160	60	220	180	72,0	36,477
7	160	48	208	192	76,8	34,740
8	160	36	196	204	81,6	32,957
9	160	24	184	216	86,4	31,157
10	160	12	172	228	91,2	29,364
		Barwert Kreditkauf:				368,430

* E = Ertrag (Betriebseinnahmen) = 400

Barwertermittlung beim Leasing (T€)

Jahr	Leasing-Raten	Gewinn vor Steuer	Gewinn nach Steuer	Barwerte
	7	*8 = E – 7*	*9 = 8 · 0,4*	*10 = 9 · AbF*
1	360	40	16	14,268
2	360	40	16	12,756
3	360	40	16	11,388
4	360	40	16	10,168
5	360	40	16	9,079
6	50	350	140	70,928
7	50	350	140	63,329
8	50	350	140	56,544
9	50	350	140	50,485
10	50	350	140	45,076
		Barwert Leasing:		344,038

4.7.15 a)

	Forderungsumsatz	40.000.000 €
–	Sperrkonto (15 %)	6.000.000 €
=	Finanzierungsvolumen	34.000.000 €
	Duchschnittlich ausstehender Betrag (34 Mio : 4)	8.500.000 €
–	Kreditgebühr	722.500 €
–	Dienstleistungsgebühr	400.000 €
=	Barauszahlung	7.377.500 €
	Factoringaufwand in v. H. vom Finanzierungsvolumen	13,2 %

b) Die Einführung des Factorings wäre dann empfehlenswert, wenn der hohe Zinssatz durch entsprechende Einsparungen auf dem Verwaltungssektor ausgeglichen wird. Factoring ohne Übernahme des Delkredererisikos heißt unechtes Factoring.

4.7.16 a)

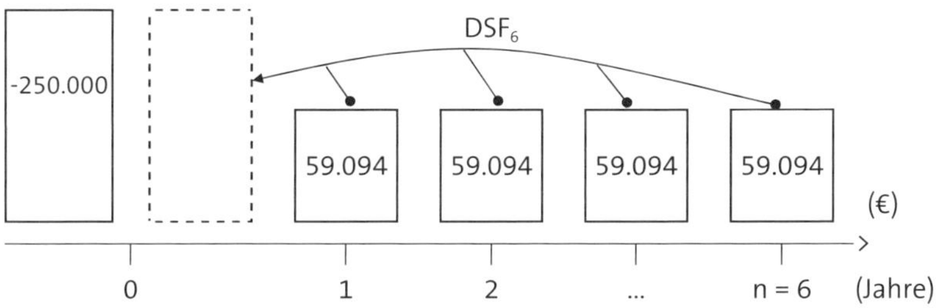

Die Leasing-Gesellschaft muss die Nettoanschaffungsauszahlung K_0 von 275.000 – 25.000 = 250.000 über die Leasing-Raten von g = 59.094 € während der sechs Jahre wiedergewinnen. Außerdem ist der jeweils noch ausstehende Betrag zu verzinsen. Es gilt:

$$K_0 = g \cdot DSF_6$$

$$250.000 = 59.094 \cdot DSF_6$$

$$DSF_6 = \frac{250.000}{59.094} = 4,230548$$

Sie kennen den Wert des finanzmathematischen Faktors DSF_6 und lesen in der Tabelle einen Tabellenzins von i = 11 % ab. Also hat die Leasing-Gesellschaft bei ihrem Angebot mit einem Zinssatz von 11 % p. J. für den kreditierten Betrag von 250.000 € gerechnet.

b)

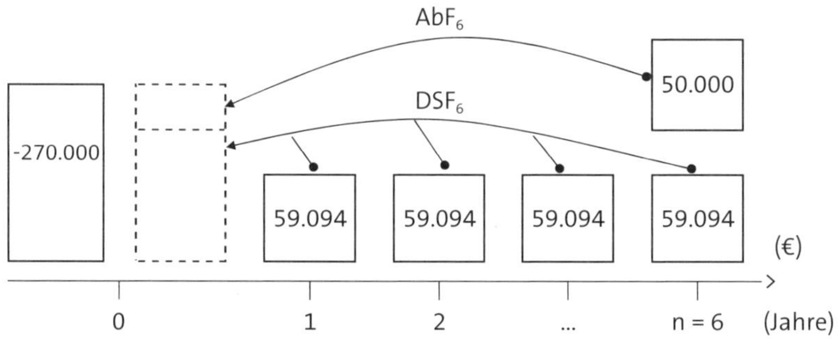

Sie nutzen die Regula falsi:

$i_1 = 11$ (% p. J.) $\rightarrow$ $C_{0,1} = -270.000 + 59.094 \cdot DSF_6 + 50.000 \cdot AbF_6$

$C_{0,1} = -270.000 + 249.999 + 26.732 = +6.731$ (€)

$i_2 = 12$ (% p. J.) $\rightarrow$ $C_{0,2} = -270.000 + 59.094 \cdot DSF_6 + 50.000 \cdot AbF_6$

$C_{0,2} = -270.000 + 242.959 + 25.332 = -1.709$ (€)

Es gilt:

$$r = i_1 - C_{0,1} \cdot \frac{i_2 - i_1}{C_{0,2} - C_{0,1}} \qquad \text{(Regula falsi)}$$

$$r = 11 - 6.731 \cdot \frac{12 - 11}{-1.709 - 6.731}$$

$$r = 11 + \frac{6.731}{8.440} = 11{,}80 \text{ (\% p. J.)}$$

Unter Berücksichtigung des Optionspreises kostet die Leasing-Finanzierung 11,80 % pro Jahr.

c)

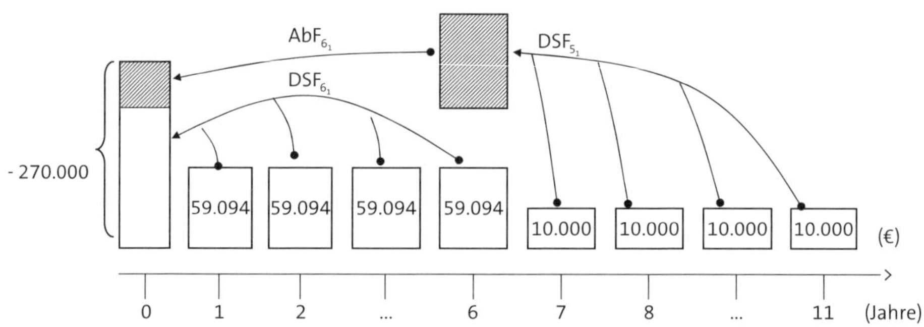

Sie nutzen die Regula falsi:

$$i_1 = 10\ (\%\ p.\ J.) \rightarrow C_{0,1} = -270.000 + 59.094 \cdot DSF_6 + 10.000 \cdot DSF_5 \cdot AbF_6$$
$$C_{0,1} = -270.000 + 257.370 + 21.398 = +8.768\ (€)$$
$$i_2 = 11\ (\%\ p.\ J.) \rightarrow C_{0,2} = -270.000 + 59.094 \cdot DSF_6 + 10.000 \cdot DSF_5 \cdot AbF_6$$
$$C_{0,2} = -270.000 + 249.999 + 19.760 = -241\ (€)$$

Es gilt:

$$r = i_1 - C_{0,1} \cdot \frac{i_2 - i_1}{C_{0,2} - C_{0,1}} \qquad \text{(Regula falsi)}$$

$$r = 10 - 8.768 \cdot \frac{11 - 10}{-241 - 8.768}$$

$$r = 10 + \frac{8.768}{9.009} = 10{,}97\ (\%\ p.\ J.)$$

Unter Berücksichtigung der Verlängerungsmiete kostet die Leasing-Finanzierung effektiv 10,97 % pro Jahr.

4.7.17 a) Die Grundmietzeit beträgt 4,5 Jahre = 54 Monate. Die Restzahlung nach Ablauf der 54 Monate beläuft sich auf 25 % von 275.000 € = 68.750 €. Die monatliche Leasing-Rate beträgt 275.000 · 0,0223 = 6.132,50 €.

Daraus ergibt sich der folgende Zeitstrahl:

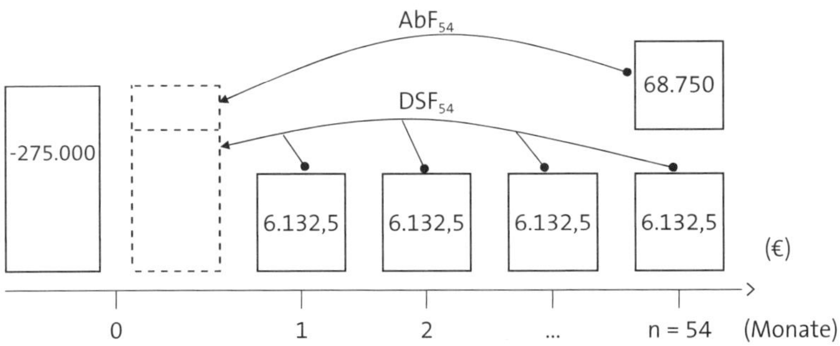

Die Gleichung zur Effektivzinsbestimmung verlangt die Kenntnis zweier Wertepaare (Zinssätze und zugehörige Kapitalwerte), wobei im gegebenen Fall darauf zu achten ist, dass die Zahlungen monatlich erfolgen. Die anzusetzenden Zinssätze sind somit pro Monat zu verstehen:

$$i_1 = 1{,}20\ (\%\ \text{p. M.}) \rightarrow C_{0,1} = -275.000 + 6.132{,}50 \cdot DSF_{54} + 68.750 \cdot AbF_{54}$$

$$C_{0,1} = -275.000 + 6.132{,}50 \cdot 39{,}573962 + 68.750 \cdot 0{,}525112$$

$$C_{0,1} = -275.000 + 242.687 + 36.101$$

$$C_{0,1} = 3.788\ (€)$$

$$i_2 = 1{,}30\ (\%\ \text{p. M.}) \rightarrow C_{0,2} = -275.000 + 6.132{,}50 \cdot DSF_{54} + 68.750 \cdot AbF_{54}$$

$$C_{0,2} = -275.000 + 6.132{,}50 \cdot 38{,}627678 + 68.750 \cdot 0{,}497840$$

$$C_{0,2} = -275.000 + 236.884 + 34.227$$

$$C_{0,2} = -3.889\ (€)$$

Es gilt:

$$r_v = i_1 - C_{0,1} \cdot \frac{i_2 - i_1}{C_{0,2} - C_{0,1}} \qquad \text{(Regula falsi)}$$

$$r_v = 1{,}20 - 3.788 \cdot \frac{1{,}30 - 1{,}20}{-3.889 - 3.788} = 1{,}20 + \frac{3.788 \cdot 0{,}1}{7.677} = 1{,}25\ (\%\ \text{p. M.})$$

Die Leasing-Gesellschaft hat mit einem Monatszinssatz von 1,25 % gerechnet. Für den Leasing-Nehmer ergibt sich aus 1,25 % pro Monat (dezimal: 0,0125) der folgende effektive Jahreszinssatz r:

$$r = (1 + r_v)^m - 1 \qquad \text{(Zinsumrechnungsformel)}$$

$$r = (1 + 0{,}0125)^{12} - 1 = 0{,}1608 = 16{,}08\ (\%\ \text{p. J.})$$

b) Wenn die Leasing-Gesellschaft das eingesetzte Kapital während der Grundmietzeit von 54 Monaten allein mit Hilfe der Leasing-Raten nebst einer Verzinsung von 1,25 % im Monat wiedergewinnen soll, dann ist der investierte Betrag von 275.000 € mit Hilfe des Kapitalwiedergewinnungsfaktors (KWF) für i = 1,25 % und n = 54 Monate auf die Laufzeit zu verteilen.

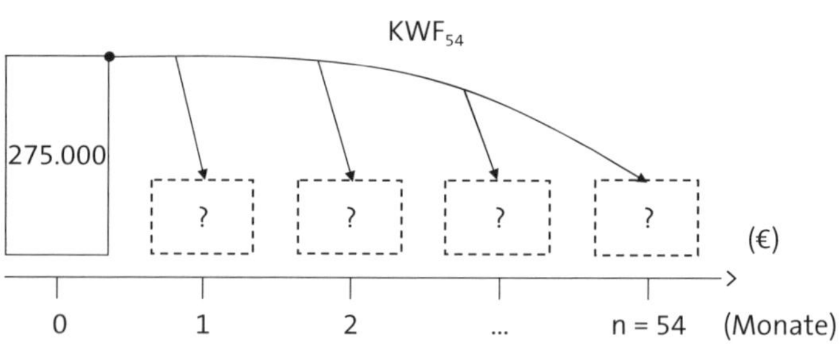

Es gilt:

Monatliche Leasing-Rate = $K_0 \cdot KWF_{54}$

Monatliche Leasing-Rate = 275.000 · 0,025578

Monatliche Leasing-Rate = 7.034 (€/Monat)

Bei einer monatlichen Leasing-Rate von 7.034 € erzielt die Leasing-Gesellschaft eine Verzinsung von 1,25 % pro Monat und die Wiedergewinnung der eingesetzten Mittel.

c)

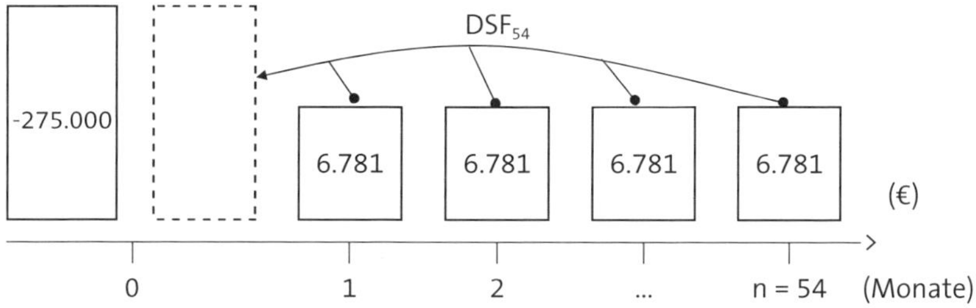

Man fragt, bei welchem Wert des Diskontierungssummenfaktors (DSF_{54}) der Barwert der monatlichen Leasing-Raten gerade den Wert 275.000 annimmt:

$$275.000 = 6.781 \cdot DSF_{54}$$

$$DSF_{54} = \frac{275.000}{6.781} = 40{,}554490$$

Für DSF = 40,554490 und n = 54 findet man in der Tabelle einen Zinssatz von $r_v = 1{,}10\ \%$ pro Monat. Dem entspricht ein effektiver Jahreszinssatz r von

$r = (1 + r_v)^{12} - 1$ (Zinsumrechnungsformel)

$r = (1 + 0{,}011)^{12} - 1$

$r = 0{,}1403 = 14{,}03$ (% p. J.)

Kapitel 5.1: Innenfinanzierung aus Gewinngegenwerten

5.1.1

Art der Selbstfinanzierung (S.)	Kurzbeschreibung
S. i. w. S.	Gesamte Innenfinanzierung.
S. i. e. S.	Finanzierung aus Gewinn.
offene S.	Gewinneinbehaltung ist bilanziell erkennbar.
stille S.	Gewinneinbehaltung ist bilanziell nicht erkennbar.
temporär akkumulierende S.	Gewinn entsteht im Laufe des Jahres und kann bis zur Ausschüttung zu Finanzierungszwecken verwendet werden.
bilanziell konstatierende S.	Gewinn wird formal dem Grundkapital oder den Rücklagen zugeschrieben.
freiwillige S.	Erfolgt ohne gesetzlichen oder statutarischen Zwang.
zwangsweise S.	Ist gesetzlich oder durch die Statuten der Gesellschaft vorgeschrieben.

5.1.2 Die Eigenfinanzierung zerfällt in:

- Selbstfinanzierung i. e. S. (diese gehört zur Innenfinanzierung) und
- Beteiligungsfinanzierung (diese gehört zur Außenfinanzierung).

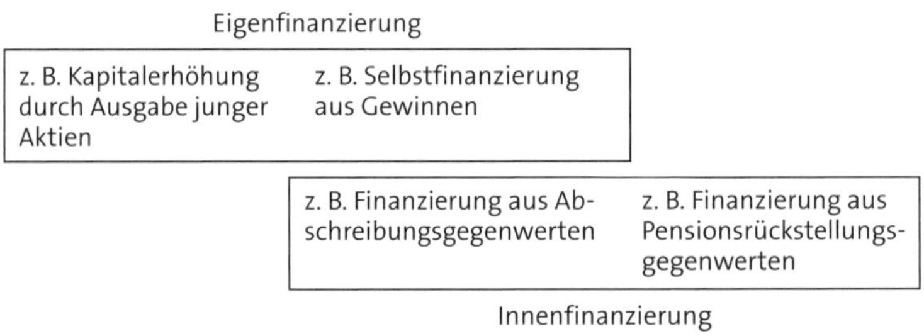

5.1.3 a) Die Unternehmung muss Gewinne erzielt haben.

b) Da bei der bilanziell konstatierenden Selbstfinanzierung keine zusätzlichen Finanzierungsmittel in den Betrieb kommen, liegt kein Finanzierungsvorgang im materiellen Sinne vor.

5.1.4

Verfahren	Kurzbeschreibung
Gewinnthesaurierung	Erzielter Gewinn wird einbehalten und erhöht offene Rücklagen (Bilanzverlängerung).
Zusatzaktienverfahren	Kapitalrücklagen oder Gewinnrücklagen werden in entsprechender Höhe durch Ausgabe junger Aktien in gezeichnetes Kapital umgewandelt (Passivtausch).
Dividendenkapitalerhöhung	Gewinne werden ausgeschüttet und nach Versteuerung durch die Aktionäre im Rahmen einer Kapitalerhöhung wieder in die AG eingebracht.

5.1.5 Die Ausgabe von Gratisaktien führt zu einem Kursrückgang (die Aktien werden „leichter"). Dies kann erwünscht sein, um eine breite Streuung der Aktien zu erreichen, die eventuell durch hohe Aktienkurse beeinträchtigt wird. Wichtiger ist jedoch ein anderer Aspekt: Wird eine gegebene Dividendensumme auf eine größere Stückzahl von Aktien verteilt, so kann die Dividende pro Aktie niedrig gehalten werden, was gerade bei besonders gewinnträchtigen Unternehmungen aus Gründen der Dividendenoptik erwünscht ist. In den vergangenen zwei Jahrzehnten hat insbesondere die Daimler-Benz AG des öfteren Gratisaktien (auch Berichtigungsaktien genannt) ausgegeben.

5.1.6

$$\text{GewSt} = 0{,}035 \cdot 5\ \text{E}$$

$$\text{GewSt} = 0{,}175\ \text{E}$$

Die Abzugsfähigkeit der Gewerbeertragsteuer ist durch die Unternehmensteuerreform 2008 entfallen.

5.1.7

Gewinnthesaurierung
$S_{Th} = G - G\,(t_{GewSt} + t_{KSt} + t_{KSt} \cdot 0{,}055) = 70{,}17\,\%$

Zusatzaktienverfahren
$S_z = \frac{G - G\,(t_{GewSt} + t_{KSt} + t_{KSt} \cdot 0{,}055)}{1 + e} = 66{,}83\ \%$

Kapitel 5.2: Innenfinanzierung aus Abschreibungs- und Rückstellungsgegenwerten

5.2.1 Abschreibung = Verteilung des Kaufpreises für ein langfristig nutzbares Wirtschaftsgut auf eine Anzahl von Jahren.

Man kennt die kalkulatorischen Abschreibungen in der Kostenrechnung (interne Erfolgsrechnung), die buchhalterischen Abschreibungen in der Gewinn- und Verlustrechnung (externe Erfolgsrechnung) und die steuerlichen Abschreibungen in der steuerlichen Erfolgsrechnung.

5.2.2 Aus Abschreibungen, also Kosten in der internen und Aufwand in der externen Erfolgsrechnung, lässt sich nichts finanzieren. Man kann jedoch mit Abschreibungsgegenwerten (= Umsätze) finanzieren, sofern diese zu Einzahlungen geführt haben.

5.2.3 Der Lohmann-Ruchti-Effekt, erstmals von Marx und Engels beschrieben, kann als Kapitalfreisetzungseffekt oder als Kapazitätserweiterungseffekt interpretiert werden.

5.2.4 Im Fall des Kapitalfreisetzungseffektes wird darauf abgestellt, dass die Abschreibungsgegenwerte langfristiger Wirtschaftsgüter bereits vor dem Reinvestitionszeitpunkt im Preis hereinkommen können und temporär zu Finanzierungszwecken zur Verfügung stehen. Werden mit Hilfe der vorzeitig freigesetzten Mittel weitere Anlagen gekauft, so erhöht sich die betriebliche Kapazität (Kapazitätserweiterungseffekt), ohne dass zusätzliche Mittel von außen zugeführt werden müssten.

5.2.5 Kapitalfreisetzungseffekt und Kapazitätserweiterungseffekt setzen voraus, dass die Abschreibungsgegenwerte zur Verfügung stehen, und zwar in liquider Form (also Vollkostendeckung und Umsatz = Einzahlungen); der Gewinn darf im Grenzfall gleich null sein.

5.2.6 Durch höhere Abschreibungen weist die Unternehmung anstelle des Ergebnisses von null einen Verlust auf. Mehr Geld kommt dadurch nicht in die Unternehmung: Der Finanzierungseffekt ist gleich null.

5.2.7 a) $\text{Kapazitätsmultiplikator} = \frac{2}{1+\frac{1}{n}} = \frac{2}{1+\frac{1}{5}} = 1{,}67$

b) Abweichungsursachen:

(1) Die tatsächliche Nutzungsdauer der Maschinen ist nicht unbegrenzt, sie beträgt fünf Jahre. Folge: Aus dem Kapazitätsmultiplikator von 2 wird ein Multiplikator von 1,67.

(2) Zur tatsächlichen Zahl von 16 Maschinen gehört der Kapazitätsmultiplikator von 1,60. Er liegt unter dem Wert von 1,67, weil die Maschinen nicht beliebig teilbar sind, so dass zwischenzeitlich Abschreibungsreste auf Halde liegen.

5.2.8 a)

Jahr	Maschinen am Jahresanfang (Stück)	Abschreibungen am Jahresende (€)	davon werden reinvestiert (€)	nach Reinvestition verbleibt der Abschreibungsrest (€)
1	10	250.000	200.000	50.000
2	12	300.000	300.000	50.000
3	15	375.000	400.000	25.000
4	19	475.000	500.000	0
5	14	350.000	300.000	50.000
6	15	375.000	400.000	25.000
7	16	400.000	400.000	25.000
8	16	400.000	400.000	25.000
9	15	375.000	400.000	0
10	16	400.000	400.000	0
11	16	400.000	400.000	0
⋮	⋮	⋮	⋮	⋮

b) Probe: Kapazitätsmultiplikator $= \frac{2}{1+\frac{1}{n}} = \frac{2}{1+\frac{1}{4}} = 1{,}6$

5.2.9 Rückstellungen dürfen nicht mit Geldmitteln verwechselt werden. Rückstellungen gehören zu den Verbindlichkeiten auf der Passivseite der Bilanz, die Kasse steht auf der Aktivseite. Allenfalls lässt sich aus Rückstellungsgegenwerten finanzieren; das setzt voraus, dass Umsätze vorhanden sind, die durch die Rückstellungsbildung an die Unternehmung gebunden werden, und zwar entweder durch Nichtausschüttung an die Anteilseigner oder durch Steuerersparnisse.

5.2.10 Pensionsrückstellungen sind Lohn- und Gehaltsaufwendungen, die während der Zeit, zu der die Begünstigten im Unternehmen sind, einbehalten und angesammelt werden, um später als Rente oder einmalige Kapitalleistung ausgezahlt zu werden. Pensionsrückstellungen sind also Ansprüche der Berechtigten gegen das Unternehmen und stellen somit Fremdkapital dar. Da aber keine Geldzuführung von außen erfolgt, sondern Mittel aus dem laufenden Umsatzprozess gebunden werden, die Mittel also von dem Betrieb selbst stammen, spricht man auch von Quasi-Fremdkapital.

5.2.11 a) Steuerrechtlich wird eine Pensionsrückstellung nur anerkannt, wenn sie auch in der Handelsbilanz berücksichtigt ist.

b) Eine weitere Voraussetzung für die steuerliche Anerkennung ist, dass eine rechtliche Verpflichtung vorliegt, d. h. die Pensionszahlung muss verbindlich und unverfallbar sein. Steuerschädlich sind also Vorbehalte, wie z. B.

„freiwillig und ohne Rechtsanspruch“,

„jederzeitiger Widerruf vorbehalten“,

„ein Rechtsanspruch auf die Leistungen besteht nicht“,

„die Leistungen sind unverbindlich“ usw.

c) Die Pensionsrückstellungen sind nach versicherungsmathematischen Grundsätzen zu bemessen.

d) Dabei ist ein Zinssatz von 6 % zu verwenden (§ 6 a EstG).

5.2.12 Die Finanzierungsfunktion der Pensionsrückstellungen kann darin bestehen, dass

- Ertragssteuern gespart (besser: zeitlich verlagert) und/oder
- Gewinnbestandteile vorläufig nicht ausgeschüttet werden.

Voraussetzung für eine Finanzierungswirkung ist, dass vor Bildung der Pensionsrückstellungen Gewinne erzielt werden. In einer Verlustsituation tritt keine Finanzierungswirkung auf.

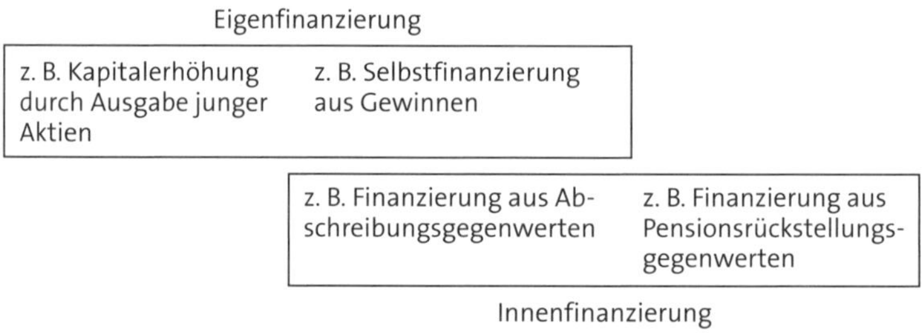

5.2.13 Die Rückstellung von 500.000 € wird aufgelöst. Damit steigt der Gewinn der Handel-AG um 500.000 €. Der Mehrgewinn von 500.000 € ist steuerpflichtig. Nur der um die Steuern verminderte Rückstellungsbetrag wird zu Eigenkapital.

5.2.14

<table>
<tr><td colspan="2">Herrn
Jürgen Grabe
Fachhochschule Kiel
Fachbereich Wirtschaft
Sokratesplatz 2
24149 Kiel</td></tr>
<tr><td colspan="2">Ich habe im Buch „Betriebliche Finanzwirtschaft, 9. Auflage“
die folgenden Schreib- und Rechenfehler gefunden:</td></tr>
<tr><td>Seite o = oberes Drittel
m = mittleres Drittel
u = unteres Drittel</td><td>Art des Fehlers
(Kurzbeschreibung)</td></tr>
<tr><td></td><td></td></tr>
<tr><td colspan="2">Die folgenden Passagen des Buches sollte man bei einer Neuauflage p praxis-näher, v verständlicher, k kürzer, a ausführlicher formulieren:</td></tr>
<tr><td>Seite o = oberes Drittel
m = mittleres Drittel
u = unteres Drittel</td><td>Vorschlag für Neuformulierung</td></tr>
<tr><td></td><td></td></tr>
<tr><td colspan="2">Außerdem möchte ich noch bemerken:</td></tr>
</table>

Lösung Testklausur

1.	(–)	(+)	(+)	16.	(–)	(+)	(+)	31.	(+)	(+)	(–)
2.	(+)	(–)	(+)	17.	(–)	(+)	(–)	32.	(–)	(+)	(+)
3.	(–)	(–)	(+)	18.	(–)	(+)	(–)	33.	(+)	(+)	(+)
4.	(–)	(–)	(+)	19.	(+)	(–)	(–)	34.	(–)	(–)	(–)
5.	(–)	(+)	(+)	20.	(+)	(–)	(+)	35.	(–)	(+)	(–)
6.	(–)	(–)	(+)	21.	(–)	(+)	(–)	36.	(–)	(–)	(+)
7.	(–)	(–)	(+)	22.	(+)	(–)	(+)	37.	(–)	(+)	(–)
8.	(+)	(–)	(–)	23.	(–)	(–)	(+)	38.	(–)	(–)	(–)
9.	(+)	(+)	(–)	24.	(–)	(+)	(+)	39.	(–)	(+)	(+)
10.	(+)	(–)	(–)	25.	(–)	(–)	(+)	40.	(+)	(+)	(+)
11.	(+)	(+)	(–)	26.	(–)	(–)	(+)	41.	(+)	(–)	(+)
12.	(+)	(+)	(+)	27.	(–)	(+)	(+)	42.	(+)	(–)	(–)
13.	(–)	(–)	(+)	28.	(–)	(+)	(+)	43.	(–)	(+)	(–)
14.	(–)	(+)	(–)	29.	(+)	(+)	(–)	44.	(+)	(–)	(–)
15.	(–)	(+)	(+)	30.	(–)	(+)	(–)	45.	(+)	(+)	(+)

Punktvergabe

Kennzeichen richtig	=	1 Punkt,
Kennzeichen weiß nicht oder falsch	=	0 Punkte.

Beispiel

	(a)	(b)	(c)	Punktzahl
Musterlösung zu Satz (1)	(–)	(+)	(+)	3
andere Lösungen	(–)	(+)	(–)	2
	( )	(+)	( )	1
	(+)	(–)	(–)	0

Bewertung

Note	Punkte
4	67 bis 84
3	85 bis 105
2	106 bis 125
1	126 bis 135

Leasing-Erlasse und BFH-Urteil

1. BFH-Urteil

Bilanzierung von Leasing-Gütern beim wirtschaftlichen Eigentümer

BFH-Urteil vom 26. 01. 1970 - IV R 144/66 (BStBl II S. 264) § 1 Abs. 2 u. 3, § 11 StAnpG; § 21 BHG 1962; § 5, § 6 Abs. 1 Nr. 1 EStG

Rechtsspruch (des BFH):

1. Maßgeblich für die steuerliche Beurteilung von sogenannten Leasing-Verträgen über bewegliche Wirtschaftsgüter ist die wirtschaftliche Betrachtungsweise.
2. Ob Wirtschaftsgüter, die Gegenstand eines solchen Leasing-Vertrages sind, steuerlich dem Leasing-Geber oder dem Leasing-Nehmer zuzurechnen sind, beurteilt sich nach den Umständen des Einzelfalles.
3. In den Fällen des sogenannten Finanzierungs-Leasing (financial lease) sind die Leasing-Gegenstände in der Regel dem Leasing-Nehmer zuzurechnen, wenn ihre betriebsgewöhnliche Nutzungsdauer erheblich länger ist als die Grundmietzeit und dem Leasing-Nehmer ein Recht auf Verlängerungs- oder Kaufoption zusteht, bei dessen Ausübung er nur einen einer Anerkennungsgebühr ähnendeln, wesentlich geringeren Betrag zu zahlen hat, als sich bei Berechnung des dann üblichen Mietzinses oder Kaufpreises ergeben würde.
4. Dasselbe gilt, und zwar hier ohne Rücksicht auf ein etwaiges Optionsrecht, wenn die Nutzungsdauer und die Grundmietzeit sich annähernd decken.
5. Dasselbe gilt ferner, hier ohne Rücksicht auf das Verhältnis von Grundmietzeit und Nutzungsdauer, wenn die Leasing-Gegenstände speziell auf die Verhältnisse des Leasing-Nehmers zugeschnitten sind und nach Ablauf der Grundmietzeit nur noch bei diesem eine wirtschaftlich sinnvolle Verwendung finden können.
6. Die Zurechnung beim Leasing-Nehmer bedeutet, dass nicht der Leasing-Geber, sondern nur der Leasing-Nehmer als wirtschaftlicher Eigentümer (Investor) die Investitionszulage beanspruchen darf.

2. Leasing-Erlasse

(1) Mobilien-Leasing-Erlass

Bilanzierung von Leasing-Verträgen über bewegliche Wirtschaftsgüter

BdF-Schreiben vom 19. 04. 1971 – IV B/2 – S 2170 – 31/71 betr. ertragsteuerliche Behandlung von Leasing-Verträgen über bewegliche Wirtschaftsgüter

Unter Bezugnahme auf das Ergebnis der Erörterungen mit den obersten Finanzbehörden der Länder wird zu der Frage der steuerlichen Behandlung von Leasing-Verträgen über bewegliche Wirtschaftsgüter wie folgt Stellung genommen:

I. Allgemeines

Der Bundesfinanzhof hat mit Urteil vom 26. 01. 1970 (BStBl 1970 II S. 264) zur steuerlichen Behandlung von sogenannten Finanzierungs-Leasing-Verträgen über bewegliche Wirtschaftsgüter Stellung genommen.

Um eine einheitliche Rechtsanwendung durch die Finanzverwaltung zu gewährleisten, kann bei vor dem 24. 04. 1970 abgeschlossenen Leasing-Verträgen aus Vereinfachungsgründen von dem wirtschaftlichen Eigentum des Leasing-Gebers am Leasing-Gut und einer Vermietung oder Verpachtung an den Leasing-Nehmer ausgegangen werden, wenn die Vertragsparteien in der Vergangenheit übereinstimmend eine derartige Zurechnung zugrunde gelegt haben und auch in Zukunft daran festhalten. Das gilt auch, wenn die Vertragslaufzeit über den genannten Stichtag hinausreicht (vgl. Schreiben vom 21. 07. 1970 – IV B/2 – S 2170 – 52/70/IV A/1 – S 7471 – 10/70, BStBl 1970 I S. 913).

Für die steuerliche Behandlung von nach dem 23. 04. 1970 abgeschlossenen Leasing-Verträgen über bewegliche Wirtschaftsgüter sind die folgenden Grundsätze zu beachten. Dabei ist als betriebsgewöhnliche Nutzungsdauer der in den amtlichen AfA-Tabellen angegebene Zeitraum zugrunde zu legen.

II. Begriff und Abgrenzung des Finanzierungs-Leasing-Vertrages bei beweglichen Wirtschaftsgütern

1. Finanzierungs-Leasing im Sinne dieses Schreibens ist nur dann anzunehmen, wenn

   a) der Vertrag über eine bestimmte Zeit abgeschlossen wird, während der der Vertrag bei vertragsgemäßer Erfüllung von beiden Vertragsparteien nicht gekündigt werden kann (Grundmietzeit) und

   b) der Leasing-Nehmer mit den in der Grundmietzeit zu entrichtenden Raten mindestens die Anschaffungs- oder Herstellungskosten sowie alle Nebenkosten einschließlich der Finanzierungskosten des Leasing-Gebers deckt.

2. Beim Finanzierungs-Leasing von beweglichen Wirtschaftsgütern sind im Wesentlichen folgende Vertragstypen festzustellen:

   a) Leasing-Vertrage ohne Kauf- oder Verlängerungsoption

   Bei diesem Vertragstyp sind zwei Fälle zu unterscheiden:

   Die Grundmietzeit

   aa) deckt sich mit der betriebsgewöhnlichen Nutzungsdauer des Leasing-Gegenstandes,

   bb) ist geringer als die betriebsgewöhnliche Nutzungsdauer des Leasing-Gegenstandes.

   Der Leasing-Nehmer hat nicht das Recht, nach Ablauf der Grundmietzeit den Leasing-Gegenstand zu erwerben oder den Leasing-Vertrag zu verlängern.

b) **Leasing-Verträge mit Kaufoption**

Der Leasing-Nehmer hat das Recht, nach Ablauf der Grundmietzeit, die regelmäßig kürzer ist als die betriebsgewöhnliche Nutzungsdauer des Leasing-Gegenstandes, den Leasing-Gegenstand zu erwerben.

c) **Leasing-Verträge mit Mietverlängerungsoption**

Der Leasing-Nehmer hat das Recht, nach Ablauf der Grundmietzeit, die regelmäßig kürzer ist als die betriebsgewöhnliche Nutzungsdauer des Leasing-Gegenstandes, das Vertragsverhältnis auf bestimmte oder unbestimmte Zeit zu verlängern.

Leasing-Verträge ohne Mietverlängerungsoption, bei denen nach Ablauf der Grundmietzeit eine Vertragsverlängerung für den Fall vorgesehen ist, dass der Mietvertrag nicht von einer der Vertragsparteien gekündigt wird, sind steuerlich grundsätzlich ebenso wie Leasing-Verträge mit Mietverlängerungsoption zu behandeln. Etwas anderes gilt nur dann, wenn nachgewiesen wird, dass der Leasing-Geber bei Verträgen über gleiche Wirtschaftsgüter innerhalb eines Zeitraumes von neun Zehnteln der betriebsgewöhnlichen Nutzungsdauer in einer Vielzahl von Fällen das Vertragsverhältnis auf Grund seines Kündigungsrechts beendet.

d) **Verträge über Spezial-Leasing**

Es handelt sich hierbei um Verträge über Leasing-Gegenstände, die speziell auf die Verhältnisse des Leasing-Nehmers zugeschnitten und nach Ablauf der Grundmietzeit regelmäßig nur noch beim Leasing-Nehmer wirtschaftlich sinnvoll verwendbar sind. Die Verträge kommen mit oder ohne Optionsklausel vor.

III. Steuerliche Zurechnung des Leasing-Gegenstandes

Die Zurechnung des Leasing-Gegenstandes ist von der von den Parteien gewählten Vertragsgestaltung und deren tatsächlicher Durchführung abhängig. Unter Würdigung der gesamten Umstände ist im Einzelfall zu entscheiden, wem der Leasing-Gegenstand steuerlich zuzurechnen ist. Bei den unter II.2. genannten Grundvertragstypen gilt für die Zurechnung das Folgende:

1. Leasing-Verträge ohne Kauf- oder Verlängerungsoption

Bei Leasing-Verträgen ohne Optionsrecht ist der Leasing-Gegenstand regelmäßig zuzurechnen

a) dem Leasing-Geber,

wenn die Grundmietzeit mindestens 40 v. H. und höchstens 90 v. H. der betriebsgewöhnlichen Nutzungsdauer des Leasing-Gegenstandes beträgt,

b) dem Leasing-Nehmer,

wenn die Grundmietzeit weniger als 40 v. H. oder mehr als 90 v. H. der betriebsgewöhnlichen Nutzungsdauer beträgt.

2. Leasing-Verträge mit Kaufoption

Bei Leasing-Verträgen mit Kaufoption ist der Leasing-Gegenstand regelmäßig zuzurechnen

a) dem Leasing-Geber,

wenn die Grundmietzeit mindestens 40 v. H. und höchstens 90 v. H. der betriebsgewöhnlichen Nutzungsdauer des Leasing-Gegenstandes beträgt und der für den Fall der Ausübung des Optionsrechts vorgesehene Kaufpreis nicht niedriger ist als der unter Anwendung der linearen AfA nach der amtlichen AfA-Tabelle ermittelte Buchwert oder der niedrigere gemeine Wert im Zeitpunkt der Veräußerung,

b) dem Leasing-Nehmer,

aa) wenn die Grundmietzeit weniger als 40 v. H. oder mehr als 90 v. H. der betriebsgewöhnlichen Nutzungsdauer beträgt oder

bb) wenn bei einer Grundmietzeit von mindestens 40 v. H. und höchstens 90 v. H. der betriebsgewöhnlichen Nutzungsdauer der für den Fall der Ausübung des Optionsrechts vorgesehene Kaufpreis niedriger ist als der unter Anwendung der linearen AfA nach der amtlichen AfA-Tabelle ermittelte Buchwert oder der niedrigere gemeine Wert im Zeitpunkt der Veräußerung.

Wird die Höhe des Kaufpreises für den Fall der Ausübung des Optionsrechts während oder nach Ablauf der Grundmietzeit festgelegt oder verändert, so gilt Entsprechendes. Die Veranlagungen sind gegebenenfalls zu berichtigen.

3. Leasing-Verträge mit Mietverlängerungsoption

Bei Leasing-Verträgen mit Mietverlängerungsoption ist der Leasing-Gegenstand regelmäßig zuzurechnen

a) dem Leasing-Geber,

wenn die Grundmietzeit mindestens 40 v. H. und höchstens 90 v. H. der betriebsgewöhnlichen Nutzungsdauer des Leasing-Gegenstandes beträgt und die Anschlussmiete so bemessen ist, dass sie den Wertverzehr für den Leasing-Gegenstand deckt, der sich auf der Basis des unter Berücksichtigung der linearen Absetzung für Abnutzung nach der amtlichen AfA-Tabelle ermittelten Buchwerts oder des niedrigeren gemeinen Werts und der Restnutzungsdauer lt. AfA-Tabelle ergibt.

b) dem Leasing-Nehmer,

aa) wenn die Grundmietzeit weniger als 40 v. H. oder mehr als 90 v. H. der betriebsgewöhnlichen Nutzungsdauer des Leasing-Gegenstandes beträgt oder

bb) wenn bei einer Grundmietzeit von mindestens 40 v. H. und höchstens 90 v. H. der betriebsgewöhnlichen Nutzungsdauer die Anschlussmiete so bemessen ist, dass sie den Wertverzehr für den Leasing-Gegenstand nicht deckt, der sich auf der Basis des unter Berücksichtigung der linearen AfA nach der amtlichen AfA-Tabelle ermittelten Buchwerts oder des niedrigeren gemeinen Werts und der Restnutzungsdauer lt. AfA-Tabelle ergibt.

Wird die Höhe der Leasing-Raten für den Verlängerungszeitraum während oder nach Ablauf der Grundmietzeit festgelegt oder verändert, so gilt Entsprechendes.

Abschnitt II Nr. 2 Buchst. c Sätze 2 und 3 sind zu beachten.

4. Verträge über Spezial-Leasing

Bei Spezial-Leasing-Verträgen ist der Leasing-Gegenstand regelmäßig dem Leasing-Nehmer ohne Rücksicht auf das Verhältnis von Grundmietzeit und Nutzungsdauer und auf Optionsklauseln zuzurechnen.

IV. Bilanzmäßige Darstellung von Leasing-Verträgen bei Zurechnung des Leasing-Gegenstandes beim Leasing-Geber

1. Beim Leasing-Geber

Der Leasing-Geber hat den Leasing-Gegenstand mit seinen Anschaffungs- oder Herstellungskosten zu aktivieren. Die Absetzung für Abnutzung ist nach der betriebsgewöhnlichen Nutzungsdauer vorzunehmen.

2. Beim Leasing-Nehmer

Die Leasing-Raten sind Betriebsausgaben.

V. Bilanzmäßige Darstellung von Leasing-Verträgen bei Zurechnung des Leasing-Gegenstandes beim Leasing-Nehmer

1. Beim Leasing-Nehmer

Der Leasing-Nehmer hat den Leasing-Gegenstand mit seinen Anschaffungs- oder Herstellungskosten zu aktivieren. Als Anschaffungs- oder Herstellungskosten gelten die Anschaffungs- oder Herstellungskosten des Leasing-Gebers, die der Berechnung der Leasing-Raten zugrunde gelegt worden sind, zuzüglich etwaiger weiterer Anschaffungs- oder Herstellungskosten, die nicht in den Leasing-Raten enthalten sind (vgl. Schreiben vom 05. 05. 1970 – IV B/2 – S 2170 – 4/70).

Dem Leasing-Nehmer steht die AfA nach der betriebsgewöhnlichen Nutzungsdauer des Leasing-Gegenstandes zu.

In Höhe der aktivierten Anschaffungs- oder Herstellungskosten mit Ausnahme der nicht in den Leasing-Raten berücksichtigten Anschaffungs- oder Herstellungskosten des Leasing-Nehmers ist eine Verbindlichkeit gegenüber dem Leasing-Geber zu passivieren.

Die Leasing-Raten sind in einen Zins- und Kostenanteil sowie einen Tilgungsanteil aufzuteilen. Bei der Aufteilung ist zu berücksichtigen, dass sich infolge der laufenden Tilgung der Zinsanteil verringert und der Tilgungsanteil entsprechend erhöht.

Der Zins- und Kostenanteil stellt eine sofort abzugsfähige Betriebsausgabe dar, während der andere Teil der Leasing-Rate als Tilgung der Kaufpreisschuld erfolgsneutral zu behandeln ist.

2. Beim Leasing-Geber

Der Leasing-Geber aktiviert eine Kaufpreisforderung an den Leasing-Nehmer in Höhe der den Leasing-Raten zugrunde gelegten Anschaffungs- oder Herstellungskosten. Dieser Betrag ist grundsätzlich mit der vom Leasing-Nehmer ausgewiesenen Verbindlichkeit identisch.

Die Leasing-Raten sind in einen Zins- und Kostenanteil sowie in einen Anteil Tilgung der Kaufpreisforderung aufzuteilen. Wegen der Aufteilung der Leasing-Raten und deren steuerlicher Behandlung gelten die Ausführungen unter V. 1. entsprechend.

VI. Die vorstehenden Grundsätze gelten entsprechend auch für Verträge mit Leasing-Nehmern, die ihren Gewinn nicht durch Bestandsvergleich ermitteln.

(2) Immobilien-Leasing-Erlass

Bilanzierung von Finanzierungs-Leasing-Verträgen über unbewegliche Wirtschaftsgüter

BMWF-Schreiben vom 21. 03. 1972 – F/IV B 2 – S 2170 – 11/72 betr. ertragsteuerliche Behandlung von Finanzierungs-Leasing-Verträgen über unbewegliche Wirtschaftsgüter (BStBl I S. 188)

Auf Grund einer Besprechung mit den obersten Finanzbehörden der Länder hat der Bundesminister für Wirtschaft und Finanzen durch Schreiben vom 21. 03. 1972 zur ertragsteuerlichen Behandlung von Verträgen über das Finanzierungs-Leasing bei unbeweglichen Wirtschaftsgütern ausgeführt:

I. Finanzierungs-Leasing-Verträge

1. Allgemeines

a) In meinem Schreiben vom 19. 04. 1971 – IV B/2 – S 2170 – 31/71 habe ich unter Berücksichtigung des BFH-Urteils vom 26. 01. 1970 (BStBl II S. 264) zur steuerlichen Behandlung von Finanzierungs-Leasing-Verträgen über bewegliche Wirtschaftsgüter Stellung genommen. Die in Abschnitt II dieses Schreibens enthaltenen Ausführungen über den Begriff und die Abgrenzung des Finanzierungs-Leasing-Vertrages bei beweglichen Wirtschaftsgütern gelten entsprechend für Finanzierungs-Leasing-Verträge über unbewegliche Wirtschaftsgüter.

b) Ebenso wie bei den Finanzierungs-Leasing-Verträgen über bewegliche Wirtschaftsgüter kann bei vor dem 24. 04. 1970 abgeschlossenen Finanzierungs-Leasing-Verträgen über unbewegliche Wirtschaftsgüter zur Gewährleistung einer einheitlichen Rechtsanwendung und aus Vereinfachungsgründen von dem wirtschaftlichen Eigentum des Leasing-Gebers am Leasing-Gegenstand, einer Vermietung oder Verpachtung an den Leasing-Nehmer und von der bisherigen steuerlichen Behandlung ausgegangen werden, wenn die Vertragsparteien in der Vergangenheit übereinstimmend eine derartige Zurechnung zugrunde gelegt haben und auch in Zukunft daran festhalten. Das gilt auch, wenn die Vertragslaufzeit über den genannten Stichtag hinausreicht.

c) Für die steuerliche Zurechnung von unbeweglichen Wirtschaftsgütern bei Finanzierungs-Leasing-Verträgen, die nach dem 23. 04. 1970 abgeschlossen wurden, gelten unter Berücksichtigung der in Abschnitt III meines Schreibens vom 19. 04. 1971 aufgestellten Grundsätze und des BFH-Urteils vom 18. 11. 1970 (BStBl 1971 II S. 133) über Mietkaufverträge bei unbeweglichen Wirtschaftsgütern die in Nummer 2 aufgeführten Kriterien.

d) Die Grundsätze für die Behandlung von unbeweglichen Wirtschaftsgütern gelten nicht für Betriebsvorrichtungen, auch wenn sie wesentliche Bestandteile eines Grundstücks sind (§ 50 Abs. 1 Satz 2 BewG a. F.). Die Zurechnung von Betriebsvorrichtungen, die Gegenstand eines Finanzierungs-Leasing-Vertrages sind, ist vielmehr nach den Grundsätzen für die ertragsteuerliche Behandlung von beweglichen Wirtschaftsgütern zu beurteilen. Für die Abgrenzung der Betriebsvorrichtungen von den Gebäuden sind die Anweisungen in dem übereinstimmenden Ländererlass über die Abgrenzung der Betriebsvorrichtungen vom Grundvermögen vom 28. 03. 1960 (BStBl 1960 II S. 93) maßgebend.

2. Steuerliche Zurechnung unbeweglicher Leasing-Gegenstände

a) Die Zurechnung des unbeweglichen Leasing-Gegenstandes ist von der von den Parteien gewählten Vertragsgestaltung und deren tatsächlicher Durchführung abhängig. Unter Würdigung der gesamten Umstände ist im Einzelfall zu entscheiden, wem der Leasing-Gegenstand zuzurechnen ist.

Die Zurechnungs-Kriterien sind dabei für Gebäude und Grund und Boden getrennt zu prüfen.

b) Bei Finanzierungs-Leasing-Verträgen ohne Kauf- oder Verlängerungsoption und Finanzierungs-Leasing-Verträgen mit Mietverlängerungsoption ist der Grund und Boden grundsätzlich dem Leasing-Geber zuzurechnen, bei Finanzierungs-Leasing-Verträgen mit Kaufoption dagegen regelmäßig dem Leasing-Nehmer, wenn nach Buchstabe c) auch das Gebäude dem Leasing-Nehmer zugerechnet wird. Für die Zurechnung des Grund und Bodens in Fällen des Spezial-Leasings ist entsprechend zu verfahren.

c) Für die Zurechnung der Gebäude gilt im Einzelnen das Folgende:

aa) Ist die Grundmietzeit kürzer als 40 % oder länger als 90 % der betriebs-gewöhnlichen Nutzungsdauer des Gebäudes, so ist das Gebäude regelmäßig dem Leasing-Nehmer zuzurechnen. Wird die Absetzung für Abnutzung des Gebäudes nach § 7 Abs. 4 Satz 1 oder Abs. 5 EStG bemessen, so gilt als betriebsgewöhnliche Nutzungsdauer ein Zeitraum von 50 Jahren. Hat der Leasing-Nehmer dem Leasing-Geber an dem Grundstück, das Gegenstand des Finanzierungs-Leasing-Vertrages ist, ein Erbbaurecht eingeräumt und ist der Erbbaurechtszeitraum kürzer als die betriebsgewöhnliche Nutzungsdauer des Gebäudes, so tritt bei Anwendung des vorstehenden Satzes an die Stelle der betriebsgewöhnlichen Nutzungsdauer des Gebäudes der kürzere Erbbaurechtszeitraum.

bb) Beträgt die Grundmietzeit mindestens 40 % und höchstens 90 % der betriebsgewöhnlichen Nutzungsdauer, so gilt unter Berücksichtigung der Sätze 2 und 3 des vorstehenden Doppelbuchstabens aa) Folgendes:

Bei Finanzierungs-Leasing-Verträgen ohne Kauf- oder Mietverlängerungsoption ist das Gebäude regelmäßig dem Leasing-Geber zuzurechnen.

Bei Finanzierungs-Leasing-Verträgen mit Kaufoption kann das Gebäude regelmäßig nur dann dem Leasing-Geber zugerechnet werden, wenn der für den Fall der Ausübung des Optionsrechtes vorgesehene Gesamtkaufpreis nicht niedriger ist als der unter Anwendung der linearen AfA ermittelte Buchwert des Gebäudes zuzüglich des Buchwertes für den Grund und Boden oder der niedrigere gemeine Wert des Grundstücks im Zeitpunkt der Veräußerung. Wird die Höhe des Kaufpreises für den Fall der Ausübung des Optionsrechtes während oder nach Ablauf der Grundmietzeit festgelegt oder verändert, so gilt Entsprechendes. Die Veranlagungen sind ggf. zu berichtigen.

Bei Finanzierungs-Leasing-Verträgen mit Mietverlängerungsoption kann das Gebäude regelmäßig nur dann dem Leasing-Geber zugerechnet werden, wenn die Anschlussmiete mehr als 75 % des Mietentgeltes beträgt, das für ein nach Art, Lage und Ausstattung vergleichbares Grundstück üblicherweise gezahlt wird. Wird die Höhe der Leasing-Raten für den Verlängerungszeitraum während oder nach Ablauf der Grundmietzeit festgelegt oder verändert, so gilt Entsprechendes. Die Veranlagungen sind ggf. zu berichtigen.

Verträge ohne Mietverlängerungsoption, bei denen nach Ablauf der Grundmietzeit eine Vertragsverlängerung für den Fall vorgesehen ist, dass der Mietvertrag nicht von einer der Vertragsparteien gekündigt wird, sind steuerlich grundsätzlich ebenso wie Finanzierungs-Leasing-Verträge mit Mietverlängerungsoption zu behandeln.

d) Bei Spezial-Leasing-Verträgen ist das Gebäude stets dem Leasing-Nehmer zuzurechnen.

II. Bilanzmäßige Darstellung

1. Zurechnung des Leasing-Gegenstandes beim Leasing-Geber

a) Darstellung beim Leasing-Geber

Der Leasing-Geber hat den Leasing-Gegenstand mit seinen Anschaffungs- oder Herstellungskosten zu aktivieren.

Die Leasing-Raten sind grundsätzlich Betriebseinnahmen.

b) Darstellung beim Leasing-Nehmer

Die Leasing-Raten sind grundsätzlich Betriebsausgaben.

2. Zurechnung des Leasing-Gegenstandes beim Leasing-Nehmer

a) Bilanzierung beim Leasing-Nehmer

Der Leasing-Nehmer hat den Leasing-Gegenstand mit seinen Anschaffungsoder Herstellungskosten zu aktivieren. Als Anschaffungs- oder Herstellungskosten gelten die Anschaffungs- oder Herstellungskosten des Leasing-Gebers, die der Berechnung der Leasing-Raten zugrunde gelegt worden sind, zuzüglich etwaiger weiterer Anschaffungs- oder Herstellungskosten, die nicht in den Leasing-Raten enthalten sind (vgl. Schreiben vom 05. 05. 1970 – IV B/2 – S 2170 – 4/70 –).

In Höhe der aktivierten Anschaffungs- oder Herstellungskosten mit Ausnahme der nicht in den Leasing-Raten berücksichtigten Anschaffungs- oder Herstellungskosten des Leasing-Nehmers ist eine Verbindlichkeit gegenüber dem Leasing-Geber zu passivieren.

Die Leasing-Raten sind in einen Zins- und Kostenanteil sowie einen Tilgungsanteil aufzuteilen. Bei der Aufteilung ist zu berücksichtigen, dass sich infolge der laufenden Tilgung der Zinsanteil verringert und der Tilgungsanteil entsprechend erhöht.

Der Zins- und Kostenanteil stellt eine sofort abzugsfähige Betriebsausgabe dar, während der andere Teil der Leasing-Rate als Tilgung der Kaufpreisschuld erfolgsneutral zu behandeln ist.

b) Bilanzierung beim Leasing-Geber

Der Leasing-Geber aktiviert eine Kaufpreisforderung an den Leasing-Nehmer in Höhe der den Leasing-Raten zugrunde gelegten Anschaffungs- oder Herstellungskosten. Dieser Betrag ist grundsätzlich mit der vom Leasing-Nehmer ausgewiesenen Verbindlichkeit identisch.

Die Leasing-Raten sind in einen Zins- und Kostenanteil sowie in einen Anteil Tilgung der Kaufpreisforderung aufzuteilen. Wegen der Aufteilung der Leasing-Raten und deren steuerlicher Behandlung gelten die Ausführungen unter a) entsprechend.

III. Andere Verträge

Erfüllen Verträge über unbewegliche Wirtschaftsgüter nicht die Merkmale, die als Voraussetzung für den Begriff des Finanzierungs-Leasing in Abschnitt II meines Schreibens vom 19. 04. 1971 aufgeführt sind, so ist nach allgemeinen Grundsätzen, insbesondere auch nach den von der Rechtsprechung aufgestellten Grundsätzen über Mietkaufverträge zu entscheiden, wem der Leasing- oder Mietgegenstand zuzurechnen ist (vgl. hierzu insbesondere BFH-Urteile vom 05. 11. 1957, BStBl 1957 III S. 445, vom 25. 10. 1963, BStBl 1964 III S. 44, vom 02. 08. 1966, BStBl 1967 III S. 63, und vom 18. 11. 1970, BStBl 1971 II S. 133).

(3) Ertragsteuerliche Behandlung von Finanzierungs-Leasingverträgen

BdF-Schreiben vom 13. 12. 1973 – IV B 2 – S 2170 – 94/73 betr. Aufteilung der Leasing-Raten in einen Zins- und Kostenanteil und in einen Tilgungsanteil

Nach dem Rundschreiben des Bundesministers der Finanzen vom 19. 03. 1973 – IV B 2 – S 2170 – 4/73 – (BB 1973 S. 506) ergibt sich in Fällen, in denen der Leasing-Gegenstand dem Leasing-Nehmer zugerechnet wird, der in den Leasing-Raten enthaltene Zins- und Kostenanteil, wenn die Summe der Leistungen, die der Leasing-Nehmer vor und während des Grundmietzeitraums zu erbringen hat, um den Betrag der Anschaffungs- oder Herstellungskosten des Leasing-Gebers, die der Berechnung der Leasing-Raten zugrunde gelegt worden sind, vermindert wird. Bei der Aufteilung der einzelnen Raten ist zu berücksichtigen, dass sich infolge der laufenden Tilgung der Zinsanteil verringert und der Tilgungsanteil erhöht.

Der Leasing-Nehmer kann den in den einzelnen Leasing-Raten enthaltenen Zins- und Kostenanteil in der Weise ermitteln, dass er die Summe der auf das Wirtschaftsjahr entfallenden Leasing-Raten um die Differenz zwischen den Barwerten der zu passivierenden Verbindlichkeit gegenüber dem Leasing-Geber am Beginn und am Ende des Wirtschaftsjahres (Tilgungsanteil) verringert. Als Barwert der Verbindlichkeit im Zeitpunkt ihrer Begründung sind die vom Leasing-Nehmer zu aktivierenden Anschaffungs- und Herstellungskosten mit Ausnahme der nicht in den Leasing-Raten berücksichtigten Anschaffungs- oder Herstellungskosten des Leasing-Nehmers anzusehen.

Da der Zinsanteil bei der Barwertvergleichsmethode nur unter Zuhilfenahme von Zinstabellen ermittelt werden kann, bestehen jedoch keine Bedenken, den Zinsanteil statt durch Vergleich der Barwerte nach der Zinsstaffelmethode zu ermitteln. Denn auch die Zinsstaffelmethode geht davon aus, dass der Zinsanteil infolge der laufenden Tilgung fortlaufend geringer wird. Bei der Zinsstaffelmethode kann der Zins- und Kostenanteil einer Leasing-Rate nach der folgenden Formel ermittelt werden:

$$\frac{\text{Summe der Zins- und Kostenanteile aller Leasing-Raten}}{\text{Summe der Zahlenreihe aller Reihen}} \cdot \text{Anzahl der restlichen Raten} + 1$$

Dabei ist die Summe der Zins- und Kostenanteile aller Leasing-Raten die Differenz zwischen der Summe aller Leasing-Raten einerseits und den Anschaffungs- oder Herstellungskosten für den Leasing-Gegenstand, die bei der Ermittlung der Leasing-Raten zugrunde gelegt worden sind, andererseits.

Die Summe der Zins- und Kostenanteile ist einheitlich zu ermitteln und zu behandeln. Es ist nicht zulässig, die Kostenanteile gesondert zu ermitteln und in gleichen Jahresbeträgen (linear) auf die Grundmietzeit zu verteilen.

Die Summe der Zahlenreihen aller Raten wird nach der Summenformel für eine endliche arithmetische Reihe ermittelt:

$$S_n = \frac{n}{2}(g_1 + g_n)$$

Dabei bedeuten:

n = Zahl der insgesamt zu leistenden Raten
g_1 = 1
g_n = Zahl der noch zu leistenden Raten

Hat der Leasing-Nehmer zu Beginn des Leasing-Verhältnisses eine einmalige Sonderzahlung zu leisten, so ist diese als Aufgeld anzusehen, vom Leasing-Nehmer zu aktivieren und auf die Grundmietzeit zu verteilen. Die Verteilung ist, da es sich bei dem Aufgeld wirtschaftlich gesehen um eine zusätzliche Vergütung für den Kredit handelt, entsprechend der Verteilung der Zins- und Kostenanteile vorzunehmen:

BEISPIEL: Die Anschaffungskosten des Leasing-Gegenstandes, die der Ermittlung der Leasing-Raten zugrunde gelegt worden sind, betragen 60.000 €. Die Grundmietzeit beträgt 6 Jahre. Die jährlich zu entrichtenden Leasing-Raten belaufen sich auf jeweils 15.000 €. Vor Beginn des Leasing-Verhältnisses hat der Leasing-Nehmer einen einmaligen Zuschlag von 6.000 € zu leisten.

Im Beispielfall sind 6 Raten zu entrichten, so dass sich als Summe aller Raten

$$\frac{6}{2} \cdot (1 + 6) = 21$$

ergibt.

Die Summe der Zins- und Kostenanteile aller Leasing-Raten beträgt:

	6 Raten zu je 15.000 €	90.000 €
–	Anschaffungskosten	60.000 €
	Gesamtgebühr	30.000 €

Für die erste Leasing-Rate ergibt sich mithin der folgende Zins- und Kostenanteil:

$$\frac{30.000}{21}(1 + 6) = 8.571{,}42\,€$$

für die zweite Leasing-Rate dementsprechend:

$$\frac{30.000}{21}(1 + 4) = 7.142{,}85\,€$$

für die dritte Leasing-Rate 5.714,28 €,
für die vierte Leasing-Rate 4.285,71 €,
für die fünfte Leasing-Rate 2.857,14 €,
für die letzte Leasing-Rate 1.428,57 €.

Der einmalige Zuschlag von 6.000 € ist als Disagio anzusehen, vom Leasing-Nehmer zu aktivieren und auf die Grundmietzeit zu verteilen. Im Beispielsfall beträgt das Verhältnis des einmaligen Zuschlags zu der Summe der Zins- und Kostenanteile der Leasing-Raten 1 : 5. Demzufolge ist der gebildete Aktivposten bei Fälligkeit der ersten Leasing-Rate mit 1/5 von 8.571,42 € = 1.714,28 €, bei Fälligkeit der zweiten Leasing-Rate mit 1/5 von 7.142,85 € = 1.428,57 € usw. gewinnmindernd aufzulösen.

(4) Teilamortisations-Erlass

a) Zurechnung des Leasing-Gegenstandes beim Leasing-Geber bei beweglichen Wirtschaftsgütern

BdF-Schreiben vom 22. 12. 1975 – IV B 2 – S 2170 – 161/75

Unter Bezugnahme auf das Ergebnis der Erörterung mit den obersten Finanzbehörden der Länder hat der Bundesminister der Finanzen zu einem Schreiben des Deutschen Leasing-Verbandes vom 24. 07. 1975 wie folgt Stellung genommen:

1. Gemeinsames Merkmal der in dem Schreiben des Deutschen Leasing-Verbandes dargestellten Vertragsmodelle ist, dass eine unkündbare Grundmietzeit vereinbart wird, die mehr als 40 %, jedoch nicht mehr als 90 % der betriebsgewöhnlichen Nutzungsdauer des Leasing-Gegenstandes beträgt und dass die Anschaffungs- oder Herstellungskosten des Leasing-Gebers sowie alle Nebenkosten einschließlich der Finanzierungskosten des Leasing-Gebers in der Grundmietzeit durch die Leasing-Raten nur zum Teil gedeckt werden. Da mithin Finanzierungs-Leasing im Sinne des BdF-Schreibens über die ertragsteuerrechtliche Behandlung von Leasing-Verträgen über bewegliche Wirtschaftsgüter vom 19. 04. 1971 (BStBl I S. 264) nicht vorliegt, ist die Frage, wem der Leasing-Gegenstand zuzurechnen ist, nach den allgemeinen Grundsätzen zu entscheiden.

2. Die Prüfung der Zurechnungsfrage hat Folgendes ergeben:

a) Vertragsmodell mit Andienungsrecht des Leasing-Gebers, jedoch ohne Optionsrecht des Leasing-Nehmers

Bei diesem Vertragsmodell hat der Leasing-Geber ein Andienungsrecht. Danach ist der Leasing-Nehmer, sofern ein Verlängerungsvertrag nicht zustande kommt, auf Verlangen des Leasing-Gebers verpflichtet, den Leasing-Gegenstand zu einem Preis zu kaufen, der bereits bei Abschluss des Leasing-Vertrags fest vereinbart wird. Der Leasing-Nehmer hat kein Recht, den Leasing-Gegenstand zu erwerben.

Der Leasing-Nehmer trägt bei dieser Vertragsgestaltung das Risiko der Wertminderung, weil er auf Verlangen des Leasing-Gebers den Leasing-Gegenstand auch dann zum vereinbarten Preis kaufen muss, wenn der Wiederbeschaffungspreis für ein gleichwertiges Wirtschaftsgut geringer als der vereinbarte Preis ist. Der Leasing-Geber hat jedoch die Chance der Wertsteigerung, weil er sein Andienungs-recht nicht ausüben muss, sondern das Wirtschaftsgut zu einem über dem Andienungspreis liegenden Preis verkaufen kann, wenn ein über dem Andienungspreis liegender Preis am Markt erzielt werden kann.

Der Leasing-Nehmer kann unter diesen Umständen nicht als wirtschaftlicher Eigentümer des Leasing-Gegenstandes angesehen werden.

b) Vertragsmodell mit Aufteilung des Mehrerlöses

Nach Ablauf der Grundmietzeit wird der Leasing-Gegenstand durch den Leasing-Geber veräußert. Ist der Veräußerungserlös niedriger als die Differenz zwischen den Gesamtkosten des Leasing-Gebers und den in der Grundmietzeit entrichteten Leasing-Raten (Restamortisation), so muss der Leasing-Nehmer eine Abschlusszahlung in Höhe der Differenz zwischen Restamortisation und Veräußerungserlös zahlen. Ist der Veräußerungserlös hingegen höher als die Restamortisation, so erhält der Leasing-Geber 25 %, der Leasing-Nehmer 75 % des die Restamortisation übersteigenden Teils des Veräußerungserlöses.

Durch die Vereinbarung, dass der Leasing-Geber 25 % des die Restamortisation übersteigenden Teils des Veräußerungserlöses erhält, wird bewirkt, dass der Leasing-Geber noch in einem wirtschaftlich ins Gewicht fallenden Umfang an etwaigen Wertsteigerungen des Leasing-Gegenstandes beteiligt ist. Der Leasing-Gegenstand ist daher dem Leasing-Geber zuzurechnen.

Eine ins Gewicht fallende Beteiligung des Leasing-Gebers an Wertsteigerungen des Leasing-Gegenstandes ist hingegen nicht mehr gegeben, wenn der Leasing-Geber weniger als 25 % des die Restamortisation übersteigenden Teils des Veräußerungserlöses erhält. Der Leasing-Gegenstand ist in solchen Fällen dem Leasing-Nehmer zuzurechnen.

c) Kündbarer Mietvertrag mit Anrechnung des Veräußerungserlöses auf die vom Leasing-Nehmer zu leistende Schlusszahlung

Der Leasing-Nehmer kann den Leasing-Vertrag frühestens nach Ablauf einer Grundmietzeit, die 40 % der betriebsgewöhnlichen Nutzungsdauer beträgt, kündigen. Bei Kündigung ist eine Abschlusszahlung in Höhe der durch die Leasing-Raten nicht gedeckten Gesamtkosten des Leasing-Gebers zu entrichten. Auf die Abschlusszahlung werden 90 % des vom Leasing-Geber erzielten Veräußerungserlöses angerechnet. Ist der anzurechnende Teil des Veräußerungserlöses zuzüglich der vom Leasing-Nehmer bis zur Veräußerung entrichteten Leasing-Raten niedriger als die Gesamtkosten des Leasing-Gebers, so muss der Leasing-Nehmer in Höhe der Differenz eine Abschlusszahlung leisten. Ist jedoch der Veräußerungserlös höher als die Differenz zwischen Gesamtkosten des Leasing-Gebers und den bis zur Veräußerung entrichteten Leasing-Raten, so behält der Leasing-Geber diesen Differenzbetrag in vollem Umfang.

Bei diesem Vertragsmodell kommt eine während der Mietzeit eingetretene Wertsteigerung in vollem Umfang dem Leasing-Geber zugute. Der Leasing-Geber ist daher nicht nur rechtlicher, sondern auch wirtschaftlicher Eigentümer des Leasing-Gegenstandes.

Die vorstehenden Ausführungen gelten nur grundsätzlich, d. h. nur insoweit, wie besondere Regelungen in Einzelverträgen nicht zu einer anderen Beurteilung zwingen.

b) Zurechnung des Leasing-Gegenstandes beim Leasing-Geber bei unbeweglichen Wirtschaftsgütern

BdF-Schreiben vom 23. 12. 1991 – IV B 2 – S 2170 – 115/91

In meinem Schreiben vom 21. März 1972 (BStBl I S. 188) habe ich zur ertragsteuerlichen Behandlung von Finanzierungs-Leasing-Verträgen über unbewegliche Wirtschaftsgüter Stellung genommen. Dabei ist unter Finanzierungs-Leasing das Vollamortisations-Leasing verstanden worden. Zu der Frage der ertragsteuerlichen Behandlung von Teilamortisations-Leasing-Verträgen über unbewegliche Wirtschaftsgüter wird unter Bezugnahme auf das Ergebnis der Erörterung mit den obersten Finanzbehörden der Länder wie folgt Stellung genommen:

I. Begriff und Abgrenzung des Teilamortisations-Leasing-Vertrages bei unbeweglichen Wirtschaftsgütern

1. Teilamortisations-Leasing im Sinne dieses Schreibens ist nur dann anzunehmen, wenn
   a) der Vertrag über eine bestimmte Zeit abgeschlossen wird, während der er bei vertragsgemäßer Erfüllung von beiden Vertragsparteien nur aus wichtigem Grund gekündigt werden kann (Grundmietzeit), und
   b) der Leasing-Nehmer mit den in der Grundmietzeit zu entrichtenden Raten die Anschaffungs- oder Herstellungskosten sowie alle Nebenkosten einschließlich der Finanzierungskosten des Leasing-Gebers nur zum Teil deckt.
2. Wegen der möglichen Vertragstypen weise ich auf Abschnitt II Ziffer 2 meines Schreibens vom 19. April 1971 (BStBl I S. 264) hin. Die dortigen Ausführungen gelten beim Teilamortisations-Leasing von unbeweglichen Wirtschaftsgütern entsprechend.

II. Steuerrechtliche Zurechnung des Leasing-Gegenstandes

1. Die Zurechnung des unbeweglichen Leasing-Gegenstandes hängt von der Vertragsgestaltung und deren tatsächlicher Durchführung ab. Unter Würdigung der gesamten Umstände ist im Einzelfall zu entscheiden, wem der Leasing-Gegenstand zuzurechnen ist. Dabei ist zwischen Gebäude sowie Grund und Boden zu unterscheiden.

2. Für die Zurechnung der Gebäude gilt im Einzelnen Folgendes:

   a) Der Leasing-Gegenstand ist – vorbehaltlich der nachfolgenden Ausführungen – grundsätzlich dem Leasing-Geber zuzurechnen.

   b) Der Leasing-Gegenstand ist in den nachfolgenden Fällen ausnahmsweise dem Leasing-Nehmer zuzurechnen:

      aa) Verträge über Spezial-Leasing

      Bei Spezial-Leasing-Verträgen ist der Leasing-Gegenstand regelmäßig dem Leasing-Nehmer ohne Rücksicht auf das Verhältnis von Grundmietzeit und Nutzungsdauer und auf etwaige Optionsklauseln zuzurechnen.

      bb) Verträge mit Kaufoption

      Bei Leasing-Verträgen mit Kaufoption ist der Leasing-Gegenstand regelmäßig dem Leasing-Nehmer zuzurechnen, wenn die Grundmietzeit mehr als 90 v. H. der betriebsgewöhnlichen Nutzungsdauer beträgt oder der vorgesehene Kaufpreis geringer ist als der Restbuchwert des Leasing-Gegenstandes unter Berücksichtigung der AfA gemäß § 7 Abs. 4 EStG nach Ablauf der Grundmietzeit.

      Die betriebsgewöhnliche Nutzungsdauer berechnet sich nach der Zeitspanne, für die AfA nach § 7 Abs. 4 Satz 1 EStG vorzunehmen ist, in den Fällen des § 7 Abs. 4 Satz 2 EStG nach der tatsächlichen Nutzungsdauer.

      cc) Verträge mit Mietverlängerungsoption

      Bei Leasing-Verträgen mit Mietverlängerungsoption ist der Leasing-Gegenstand regelmäßig dem Leasing-Nehmer zuzurechnen, wenn die Grundmietzeit mehr als 90 v. H. der betriebsgewöhnlichen Nutzungsdauer des Leasing-Gegenstandes beträgt oder die Anschlussmiete nicht mindestens 75 v. H. des Mietentgelts beträgt, das für ein nach Art, Lage und Ausstattung vergleichbares Grundstück üblicherweise gezahlt wird.

      Wegen der Berechnung der betriebsgewöhnlichen Nutzungsdauer vgl. unter Abschnitt II, Tz. 2 b) bb) Absatz 2.

      dd) Verträge mit Kauf- oder Mietverlängerungsoption und besonderen Verpflichtungen

      Der Leasing-Gegenstand ist bei Verträgen mit Kauf- oder Mietverlängerungsoption dem Leasing-Nehmer stets zuzurechnen, wenn ihm eine der nachfolgenden Verpflichtungen auferlegt wird:

      - Der Leasing-Nehmer trägt die Gefahr des zufälligen ganzen oder teilweisen Untergangs des Leasing-Gegenstandes. Die Leistungspflicht aus dem Mietvertrag vermindert sich in diesen Fällen nicht.

      - Der Leasing-Nehmer ist bei ganzer oder teilweiser Zerstörung des Leasing-Gegenstandes, die nicht von ihm zu vertreten ist, dennoch auf Verlangen des Leasing-Gebers zur Wiederherstellung bzw. zum Wiederaufbau auf seine Kosten verpflichtet oder die Leistungspflicht aus dem Mietvertrag mindert sich trotz der Zerstörung nicht.

- Für den Leasing-Nehmer mindert sich die Leistungspflicht aus dem Mietvertrag nicht, wenn die Nutzung des Leasing-Gegenstandes aufgrund eines nicht von ihm zu vertretenden Umstands langfristig ausgeschlossen ist.
- Der Leasing-Nehmer hat dem Leasing-Geber die bisher nicht gedeckten Kosten ggf. auch einschließlich einer Pauschalgebühr zur Abgeltung von Verwaltungskosten zu erstatten, wenn es zu einer vorzeitigen Vertragsbeendigung kommt, die der Leasing-Nehmer nicht zu vertreten hat.
- Der Leasing-Nehmer stellt den Leasing-Geber von sämtlichen Ansprüchen Dritter frei, die diese hinsichtlich des Leasing-Gegenstandes gegenüber dem Leasing-Geber geltend machen, es sei denn, dass der Anspruch des Dritten von dem Leasing-Nehmer verursacht worden ist.
- Der Leasing-Nehmer als Eigentümer des Grund und Bodens, auf dem der Leasing-Geber als Erbbauberechtigter den Leasing-Gegenstand errichtet, ist aufgrund des Erbbaurechtsvertrags unter wirtschaftlichen Gesichtspunkten gezwungen, den Leasing-Gegenstand nach Ablauf der Grundmietzeit zu erwerben.

3. Der Grund und Boden ist grundsätzlich demjenigen zuzurechnen, dem nach den Ausführungen unter Abschnitt II, Tz. 2 a) bis 2 b) dd) das Gebäude zugerechnet wird.

III. Bilanzmäßige Darstellung

Die bilanzmäßige Darstellung erfolgt nach den Grundsätzen unter Abschnitt II meines Schreibens vom 21. März 1972 (BStBl I S. 188).

IV. Übergangsregelung

Soweit die vorstehend aufgeführten Grundsätze zu einer Änderung der bisherigen Verwaltungspraxis für die Zurechnung des Leasing-Gegenstandes bei Teilamortisations-Leasing-Verträgen über unbewegliche Wirtschaftsgüter führen, sind sie nur auf Leasing-Verträge anzuwenden, die nach dem 31. Januar 1992 abgeschlossen werden.

Finanzmathematischer Tabellenanhang

Der Tabellenanhang ist ein notwendiges Hilfsmittel für die Beurteilung und Berechnung finanzmathematischer Probleme, wie sie beispielsweise im Bereich der

- Zinseszinsrechnung,
- Finanzierungsrechnung,
- Tilgungsrechnung,
- Effektivzinsberechnung,
- Rentenrechnung,
- Versicherungsmathematik auftreten können.

(1) Die meisten Tabellenwerke listen die Einzelnen finanzmathematischen Faktoren (Auf- und Abzinsungsfaktor, Diskontierungssummen- und Kapitalwiedergewinnungsfaktor, Endwert- und Restwertverteilungsfaktor) getrennt voneinander auf. Folge: Immer wenn Sie zur Lösung eines praktischen Problems mehr als einen Faktor benötigen, müssen Sie umblättern. Um Ihnen das ständige Umblättern zu ersparen, sind im finanzmathematischen Tabellenanhang die zu einem bestimmten Rechnungszinssatz gehörenden sechs Faktoren so zusammengefasst, dass Sie sie auf einen Blick ablesen können. Bei Zinssätzen bis 4 % benötigen Sie dazu zwei nebeneinander liegende Seiten; bei Zinssätzen über 4 % kommen Sie mit einer Seite aus.

(2) Häufig sind die Schritte, die Distanzen zwischen den einzelnen Tabellenzinssätzen für genaue Effektivzinsberechnungen zu groß. Deshalb werden die Faktoren im Anhang in dem für Effektivzinsberechnungen auf Jahresbasis wichtigen Bereich von 5 bis 12 Prozent in kleinen Schritten von 0,5 Prozent ausgewiesen[1]. Für unterjährige Finanzierungsrechnungen ist der Tabellenanhang nur eingeschränkt tauglich: Sie finden im Anhang lediglich die Zinssätze, die Sie zur Lösung der im Buch gegebenen Beispiele und Aufgaben benötigen[2].

(3) Herkömmliche Tabellenwerke enden meist bei einem Zinssatz von 10 %. Da man bei praktischen Finanzierungsrechnungen häufig mit zweistelligen Prozentsätzen pro Jahr zu tun hat, erscheint die Zehn-Prozent-Grenze heute zu niedrig bemessen. Deshalb endet der finanzmathematische Tabellenanhang nicht bei zehn, sondern bei zwanzig Prozent.

Insbesondere bei langfristigen Entscheidungsproblemen kann es notwendig werden, Investitions- und Finanzierungsentscheidungen unter Berücksichtigung erwarteter Preissteigerungsraten zu treffen. Die Berücksichtigung von Preissteigerungen im praktischen Fall ist relativ einfach, wenn man die finanzmathematischen Faktoren entsprechend umrechnet[3].

---

1 Zur Lösung praktischer Probleme benötigen Sie vielleicht ein ausführlicheres Tabellenwerk. Vgl. hierzu: K.-D. Däumler, Finanzmathematisches Tabellenwerk. Hier wird ein Bereich von 0,5 bis 30 Prozent durchgehend in Schritten von halben Prozentpunkten erschlossen. Es ist tauglich für alle Berechnungen auf Jahresbasis.

2 Für unterjährige Probleme, die im Finanzierungsbereich besonders häufig auftreten, eignet sich das „Finanzmathematische Tabellenwerk" ebenso, da es einen Bereich von 0,05 bis 7,00 Prozent in Schritten von zwanzigstel Prozentpunkten erschließt.

3 Eine genaue Herleitung finanzmathematischer Faktoren, die nicht nur Zins und Laufzeit, sondern auch Preissteigerungsraten berücksichtigen, finden Sie etwa bei: K.-D. Däumler, Anwendung von Investitionsrechnungsverfahren in der Praxis. Dieses Buch enthält auch ausführliche finanzmathematische Tabellen für Preissteigerungsraten von 1 % bis 10 %.

Die folgende Übersicht gibt eine stark komprimierte Darstellung der sechs finanzmathematischen Faktoren und ihrer Wirkungsweise.

In der ersten Spalte sind die sechs Faktoren in der Schreibweise wiedergegeben, die in der Betriebswirtschaftslehre üblich ist. In allgemein-mathematischen Darstellungen findet man gelegentlich eine alternative Schreibweise, die (1 + i) = q setzt. Diese Schreibweise ist in der zweiten Spalte ergänzend aufgenommen worden. Die dritte Spalte enthält die verschiedenen Bezeichnungen für die Faktoren sowie die von uns gewählten Abkürzungen. So wird etwa der DSF im Bereich der Rentenrechnung häufig auch (Renten-)Barwertfaktor genannt; im Bereich der Unternehmensbewertung nennt man den DSF auch Kapitalisierungsfaktor. Der KWF heißt Verrentungsfaktor, wenn es um die Ermittlung einer Rente geht; bei Banken spricht man vom Annuitätenfaktor, wenn die zu einem bestimmten Darlehen gehörende Annuität ermittelt werden soll. Die vierte Spalte beschreibt die Faktoren im Hinblick auf ihre finanzmathematische Funktion verbal. Die verbale Beschreibung wird in der fünften Spalte durch eine schematische Zeitstrahl-Darstellung ergänzt, die die Funktion von der grafischen Seite erschließt.

Faktor	Andere Schreibweise $(1+i) = q$	Bezeichnung
$(1+i)^n$	q^n	Aufzinsungsfaktor (AuF)
$(1+i)^{-n}$	q^{-n}	Abzinsungsfaktor (AbF) Diskontierungsfaktor
$\frac{(1+i)^n - 1}{i\,(1+i)^n}$	$\frac{q^n - 1}{q^n\,(q-1)}$	Diskontierungssummenfaktor (DSF) Abzinsungssummenfaktor Barwertfaktor Rentenbarwertfaktor Kapitalisierungsfaktor
$\frac{i\,(1+i)^n}{(1+i)^n - 1}$	$\frac{q^n\,(q-1)}{q^n - 1}$	Kapitalwiedergewinnungsfaktor (KWF) Verrentungsfaktor Annuitätenfaktor
$\frac{i}{(1+i)^n - 1}$	$\frac{q-1}{q^n - 1}$	Restwertverteilungsfaktor (RVF) Rückwärtsverteilungsfaktor
$\frac{(1+i)^n - 1}{i}$	$\frac{q^n - 1}{q-1}$	Endwertfaktor (EWF) Aufzinsungssummenfaktor Rentenendwertfaktor

Funktion (verbal)	Funktion (grafisch)
zinst einen jetzt fälligen Geldbetrag K_0 mit Zins und Zinseszins auf einen nach n Perioden fälligen Geldbetrag K_n auf (verwandelt „Einmalzahlung jetzt" in „Einmalzahlung nach n Perioden")	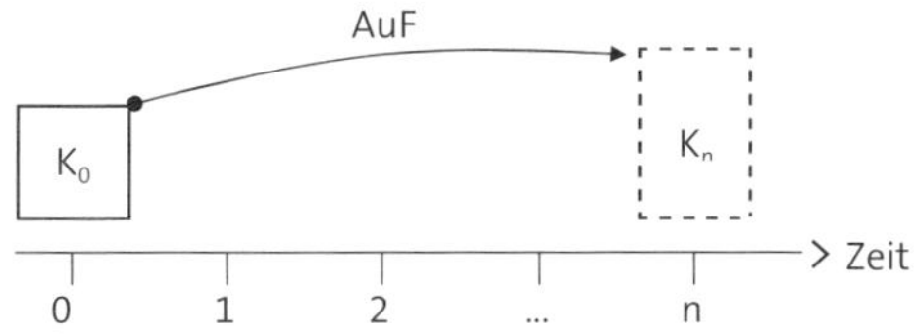
zinst einen nach n Perioden fälligen Geldbetrag K_n unter Berücksichtigung von Zins und Zinseszins auf einen jetzt fälligen Geldbetrag K_0 ab (verwandelt „Einmalzahlung nach n Perioden" in „Einmalzahlung jetzt")	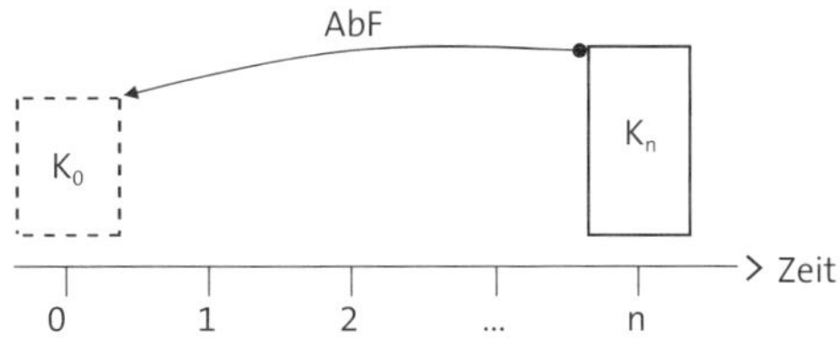
zinst die Glieder g einer Zahlungsreihe unter Berücksichtigung von Zins und Zinseszins ab und addiert gleichzeitig die Barwerte (verwandelt Zahlungsreihe in „Einmalzahlung jetzt")	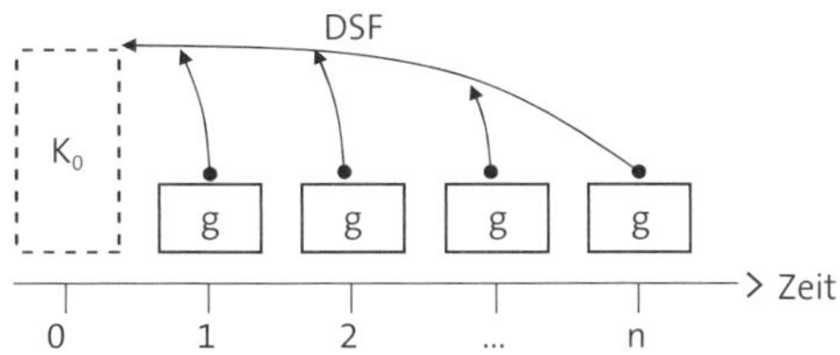
verteilt einen jetzt fälligen Geldbetrag K_0 in gleiche Annuitäten g unter Berücksichtigung von Zins und Zinseszins auf n Perioden (verwandelt „Einmalzahlung jetzt" in Zahlungsreihen)	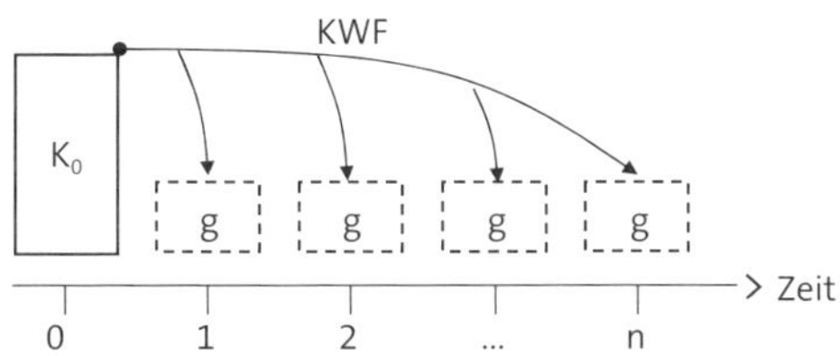
verteilt eine nach n Perioden fällige Einmalzahlung K_n unter Berücksichtigung von Zins und Zinseszins auf die Laufzeit von n Perioden (verwandelt „Einmalzahlung nach n Perioden" in Zahlungsreihe)	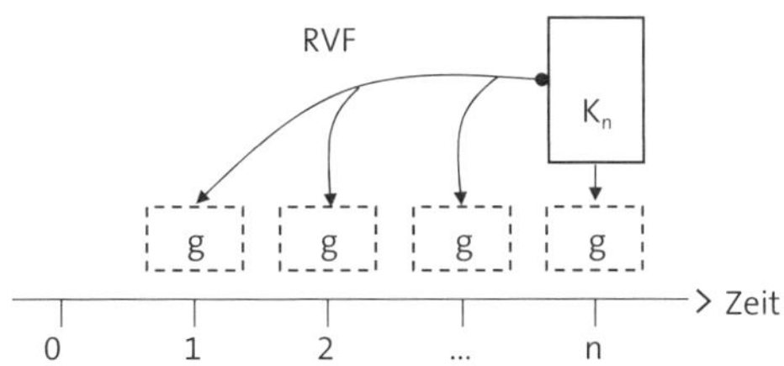
zinst die Glieder g einer Zahlungsreihe unter Berücksichtigung von Zins und Zinseszins auf und addiert gleichzeitig die Endwerte (verwandelt Zahlungsreihe in „Einmalzahlung nach n Perioden")	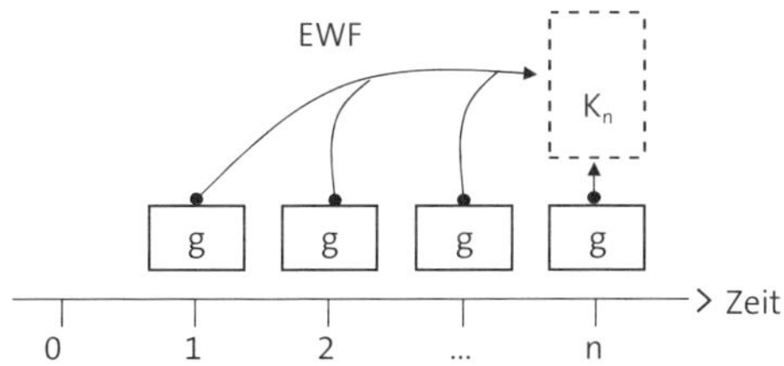

0,80 %						
n	AuF $(1+i)^n$	AbF $(1+i)^{-n}$	DSF $\frac{(1+i)^n-1}{i(1+i)^n}$	KWF $\frac{i(1+i)^n}{(1+i)^n-1}$	EWF $\frac{(1+i)^n-1}{i}$	RVF $\frac{i}{(1+i)^n-1}$
1	1.008000	0.992063	0.992063	1.008000	1.000000	1.000000
2	1.016064	0.984190	1.976253	0.506008	2.008000	0.498008
3	1.024193	0.976379	2.952632	0.333681	3.024064	0.330681
4	1.032386	0.968630	3.921262	0.255020	4.048256	0.247020
5	1.040645	0.960942	4.882205	0.204825	5.080643	0.196825
6	1.048970	0.953316	5.835520	0.171364	6.121288	0.163564
7	1.057362	0.945750	6.781270	0.147465	7.170258	0.139465
8	1.065821	0.938244	7.719514	0.129542	8.227620	0.121542
9	1.074348	0.930798	8.650312	0.115603	9.293441	0.107603
10	1.082942	0.923410	9.573722	0.104453	10.367789	0.096453
11	1.091606	0.916082	10.489804	0.095331	11.450731	0.087331
12	1.100339	0.908811	11.398615	0.087730	12.542337	0.079730
13	1.109141	0.901593	12.300213	0.081299	13.642675	0.073299
14	1.118015	0.894443	13.194656	0.075788	14.751817	0.067788
15	1.126959	0.887344	14.082000	0.071013	15.869831	0.063013
16	1.135974	0.880302	14.962301	0.066835	16.996790	0.058835
17	1.145062	0.873315	15.835616	0.063149	18.132764	0.055149
18	1.154223	0.866384	16.702000	0.059873	19.277826	0.051873
19	1.163456	0.859508	11.561508	0.056943	20.432049	0.048943
20	1.172764	0.852686	13.414195	0.054306	21.595505	0.046306
21	1.182146	0.845919	19.260114	0.051921	22.768269	0.043921
22	1.191603	0.839205	20.099319	0.049753	23.950416	0.041753
23	1.201136	0.832545	20.931864	0.047774	25.142019	0.039774
24	1.210745	0.825938	21.757802	0.045961	26.343155	0.037961
25	1.220431	0.819383	22.577184	0.044293	27.553900	0.036293
26	1.250195	0.812879	23.390064	0.042753	28.774331	0.034753
27	1.240036	0.806428	24.196492	0.041328	30.004526	0.033328
28	1.249957	0.800028	24.996520	0.040006	31.244562	0.032006
29	1.259956	0.793678	25.790198	0.038774	32.494519	0.030774
30	1.270036	0.787379	26.577578	0.037626	33.754475	0.029626
31	1.280196	0.781130	27.358708	0.036551	35.024511	0.028551
32	1.290433	0.774931	28.133639	0.035545	36.304707	0.027545
33	1.300761	0.768781	28.902419	0.034599	37.595144	0.026599
34	1.311167	0.762679	29.665099	0.033710	38.895906	0.025710
35	1.321657	0.756626	30.421725	0.032371	40.207073	0.024871
36	1.332230	0.750621	31.172346	0.032080	41.528729	0.024080

0,80 %						
n	AuF $(1+i)^n$	AbF $(1+i)^{-n}$	DSF $\frac{(1+i)^n-1}{i(1+i)^n}$	KWF $\frac{i(1+i)^n}{(1+i)^n-1}$	EWF $\frac{(1+i)^n-1}{i}$	RVF $\frac{i}{(1+i)^n-1}$
37	1.342888	0.744664	31.917010	0.031331	42.860959	0.023331
38	1.353631	0.738754	32.655764	0.030622	44.203847	0.022622
39	1.364460	0.732891	33.388655	0.029950	45.557478	0.021950
40	1.375376	0.727074	34.115729	0.029312	46.921938	0.021312
41	1.386379	0.721304	34.837033	0.028705	48.297313	0.020705
42	1.397470	0.715579	35.552612	0.028127	49.683692	0.020127
43	1.408649	0.709900	36.262512	0.027577	51.081161	0.019577
44	1.419919	0.704266	36.966777	0.027051	52.489810	0.019051
45	1.431278	0.698676	37.665454	0.026550	53.909729	0.018550
46	1.442728	0.693131	38.358585	0.026070	55.341007	0.018070
47	1.454270	0.687630	39.046215	0.025611	56.783735	0.017611
48	1.465904	0.682173	39.728388	0.025171	58.238005	0.017171
49	1.477631	0.676759	40.405147	0.024749	59.703909	0.016749
50	1.489452	0.671388	41.076535	0.024345	61.181540	0.016345
51	1.501368	0.666059	41.742594	0.023956	62.670992	0.015956
52	1.513379	0.660773	42.403367	0.023583	64.172360	0.015583
53	1.525486	0.655529	43.058896	0.023224	65.685739	0.015224
54	1.537690	0.650326	43.709222	0.022878	67.211225	0.014878
55	1.549991	0.645165	44.354387	0.022546	68.748915	0.014546
56	1.562391	0.640045	44.994432	0.022225	70.298906	0.014225
57	1.574890	0.634965	45.629396	0.021916	71.861297	0.013916
58	1.587490	0.629925	46.259322	0.021617	73.436188	0.013617
59	1.600189	0.624926	46.884248	0.021329	75.023677	0.013329
60	1.612991	0.619966	47.504214	0.021051	76.623867	0.013051
61	1.625895	0.615046	48.119260	0.020782	78.236858	0.012782
62	1.638902	0.610165	48.729425	0.020521	79.862753	0.012521
63	1.652013	0.605322	49.334747	0.020270	81.501655	0.012270
64	1.665229	0.600518	49.935265	0.020026	83.153668	0.012026
65	1.678551	0.595752	50.531016	0.019790	84.818897	0.011790
66	1.691980	0.591024	51.122040	0.019561	86.497448	0.011561
67	1.705515	0.586333	51.708373	0.019339	88.189428	0.011339
68	1.719160	0.581680	52.290053	0.019124	89.894943	0.011124
69	1.732913	0.577063	52.867116	0.018915	91.614103	0.010915
70	1.746776	0.572483	53.439599	0.018713	93.347016	0.010713
71	1.760750	0.567940	54.007539	0.018516	95.093792	0.010516
72	1.774836	0.563432	54.570971	0.018325	96.854542	0.010325

0,85 %						
n	AuF $(1+i)^n$	AbF $(1+i)^{-n}$	DSF $\frac{(1+i)^n-1}{i(1+i)^n}$	KWF $\frac{i(1+i)^n}{(1+i)^n-1}$	EWF $\frac{(1+i)^n-1}{i}$	RVF $\frac{i}{(1+i)^n-1}$
1	1.008500	0.991572	0.991572	1.008500	1.000000	1.000000
2	1.017072	0.983214	1.974786	0.506384	2.008500	0.497884
3	1.025717	0.974927	2.949713	0.339016	3.025572	0.330516
4	1.034436	0.966710	3.916424	0.255335	4.051290	0.246835
5	1.043229	0.958563	4.874986	0.205129	5.085726	0.196629
6	1.052096	0.950484	5.825470	0.171660	6.128954	0.163160
7	1.061039	0.942472	6.767942	0.147755	7.181050	0.139255
8	1.070058	0.934529	7.702471	0.129828	8.242089	0.121328
9	1.079153	0.926652	8.629124	0.115887	9.312147	0.107387
10	1.088326	0.918842	9.547966	0.104734	10.391300	0.096234
11	1.097577	0.911098	10.459064	0.095611	11.479626	0.087111
12	1.106906	0.903419	11.362483	0.088099	12.577203	0.079509
13	1.116315	0.895805	12.258288	0.081577	13.684109	0.073077
14	1.125804	0.888254	13.146542	0.076066	14.800424	0.067566
15	1.135373	0.880768	14.027310	0.071290	15.926228	0.062790
16	1.145024	0.873344	14.900654	0.067111	17.061601	0.058611
17	1.154756	0.865984	15.766638	0.063425	18.206625	0.054925
18	1.164572	0.858685	16.625323	0.060149	19.361381	0.051649
19	1.174471	0.851447	17.476770	0.057219	20.525953	0.048719
20	1.184454	0.844271	18.321041	0.054582	21.700423	0.046082
21	1.194521	0.837155	19.158196	0.052197	22.884877	0.043697
22	1.204675	0.830099	19.988296	0.050029	24.079398	0.041529
23	1.214915	0.823103	20.811399	0.048051	25.284073	0.039551
24	1.225241	0.816166	21.627565	0.046237	26.498988	0.037737
25	1.235656	0.809287	22.436852	0.044570	27.724229	0.036070
26	1.246159	0.802466	23.239317	0.043031	28.959885	0.034531
27	1.256751	0.795702	24.035020	0.041606	30.206044	0.033106
28	1.267434	0.788996	24.824016	0.040284	31.462795	0.031784
29	1.278207	0.782346	25.606362	0.039053	32.730229	0.030553
30	1.289072	0.775752	26.382114	0.037904	34.008436	0.029404
31	1.300029	0.769214	27.151327	0.036831	35.297508	0.028331
32	1.311079	0.762730	27.914058	0.035824	36.597137	0.027324
33	1.322223	0.756302	28.670360	0.034879	37.908616	0.026379
34	1.333462	0.749928	29.420287	0.033990	39.230839	0.025490
35	1.344797	0.743607	30.163894	0.033152	40.564301	0.024652
36	1.356227	0.737340	30.901234	0.032361	41.909098	0.023861

0,85 %						
n	AuF $(1 + i)^n$	AbF $(1 + i)^{-n}$	DSF $\frac{(1 + i)^n - 1}{i\,(1 + i)^n}$	KWF $\frac{i\,(1 + i)^n}{(1 + i)^n - 1}$	EWF $\frac{(1 + i)^n - 1}{i}$	RVF $\frac{i}{(1 + i)^n - 1}$
37	1.367755	0.731125	31.632359	0.031613	43.265325	0.023113
38	1.379381	0.724963	32.357321	0.030905	44.633080	0.022405
39	1.391106	0.718853	33.076174	0.030233	46.012461	0.021733
40	1.402930	0.712794	33.788968	0.029595	47.40356?	0.021095
41	1.414855	0.706786	34.495754	0.028989	48.806498	0.020489
42	1.425682	0.700829	35.196583	0.028412	50.221353	0.019912
43	1.439010	0.694922	35.891505	0.027862	51.648234	0.019362
44	1.451242	0.689065	36.580570	0.027337	53.087244	0.018837
45	1.463577	0.683257	37.263828	0.026836	54.538486	0.018336
46	1.476018	0.677499	37.941326	0.026356	56.002063	0.017856
47	1.488564	0.671789	38,613115	0.025898	57.478081	0.017398
48	1.501217	0.666126	39.279241	0.025459	58.966644	0.016959
49	1.513977	0.660512	39.939753	0.025038	60.467861	0.016538
50	1.526846	0.654945	40.594699	0.024634	61.981838	0.016134
51	1.539824	0.649425	41.244123	0.024246	63.508683	0.015146
52	1.552912	0.643951	41.888075	0.023873	65.048507	0.015373
53	1.566112	0.638524	42.526599	0.023515	66.601419	0.015015
54	1.579424	0.633142	43.159741	0.023170	68.167531	0.014670
55	1.592849	0.627806	43.787547	0.022838	69.746955	0.014338
56	1.606388	0.622514	44.410061	0.022517	71.339805	0.014017
57	1.620043	0.617268	45.027329	0.022209	72.946193	0.013709
58	1.633813	0.612065	45.639394	0.021911	74.566236	0.013411
59	1.647700	0.606906	46.246301	0.021623	76.200049	0.013123
60	1.661706	0.661791	46.848092	0.021346	77.847749	0.012846
61	1.675830	0.596719	47.444811	0.021077	79.509455	0.012577
62	1.690075	0.591690	48.036501	0.020818	81.185285	0.012318
63	1.704441	0.586703	48.623203	0.020566	82.875360	0.012066
64	1.718928	0.581758	49.204961	0.020323	84.579801	0.011823
65	1.733539	0.576855	49.781816	0.020088	86.298729	0.011588
66	1.748274	0.571993	50.353808	0.019859	88.032268	0.011359
67	1.763135	0.567172	50.920980	0.019638	89.780542	0.011138
68	1.778121	0.562391	51.483371	0.019424	91.543677	0.010924
69	1.793235	0.557651	52.041023	0.019216	93.321798	0.010716
70	1.808478	0.552951	52.593974	0.019014	95.115034	0.010514
71	1.823850	0.548291	53.142265	0.018817	96.923511	0.010317
72	1.839353	0.543670	53.685934	0.018627	98.747361	0.010127

0,90 %						
n	AuF $(1+i)^n$	AbF $(1+i)^{-n}$	DSF $\frac{(1+i)^n-1}{i(1+i)^n}$	KWF $\frac{i(1+i)^n}{(1+i)^n-1}$	EWF $\frac{(1+i)^n-1}{i}$	RVF $\frac{i}{(1+i)^n-1}$
1	1.009000	0.991080	0.991080	1.009000	1.000000	1.000000
2	1.018081	0.982240	1.973320	0.506760	2.009000	0.497760
3	1.027244	0.973479	2.946799	0.339351	3.027081	0.330351
4	1.036489	0.964796	3.911595	0.255650	4.054325	0.246650
5	1.045817	0.956190	4.867785	0.205432	5.090814	0.196432
6	1.055230	0.947661	5.815446	0.171956	6.136631	0.162956
7	1.064727	0.939208	6.754654	0.148046	7.191861	0.139046
8	1.074309	0.930831	7.685484	0.130115	8.256587	0.121115
9	1.083978	0.922528	8.608012	0.116171	9.330897	0.107171
10	1.093734	0.914299	9.522312	0.105017	10.414875	0.096017
11	1.103577	0.906144	10.428455	0.095891	11.508609	0.086891
12	1.113510	0.898061	11.326517	0.088288	12.612186	0.079288
13	1.123531	0.890051	12.216568	0.081856	13.725696	0.072856
14	1.133643	0.882112	13.098680	0.076344	14.849227	0.067344
15	1.143846	0.874244	13.972923	0.071567	15.982870	0.062567
16	1.154140	0.866446	14.839369	0.067388	17.126716	0.058388
17	1.164525	0.858717	15.698086	0.063702	18.280856	0.054702
18	1.175608	0.851058	16.549144	0.060426	19.445384	0.051426
19	1.185584	0.843466	17.392610	0.057496	20.620392	0.048496
20	1.196254	0.835943	18.228553	0.054853	21.805976	0.045859
21	1.207020	0.828487	19.057040	0.052474	23.002230	0.043474
22	1.217883	0.821097	19.878137	0.050307	24.209250	0.041307
23	1.228844	0.813773	20.691910	0.048328	25.427133	0.039328
24	1.239904	0.806514	21.498424	0.046515	26.655977	0.037515
25	1.251063	0.799320	22.297744	0.044848	27.895881	0.035848
26	1.262323	0.792191	23.089935	0.043309	29.146944	0.034309
27	1.273683	0.785124	23.875059	0.041885	30.409267	0.032885
28	1.285147	0.778121	24.653181	0.040563	31.682950	0.031563
29	1.296713	0.771181	25.424361	0.039332	32.968096	0.030332
30	1.308383	0.764302	26.188663	0.038184	34.264809	0.029184
31	1.320159	0.757485	26.946148	0.037111	35.573193	0.028111
32	1.332040	0.750728	27.696876	0.036105	36.893351	0.027105
33	1.344029	0.744032	28.440908	0.035161	38.225391	0.026161
34	1.356125	0.737395	29.173303	0.034272	39.569420	0.025272
35	1.368330	0.730818	29.909121	0.033435	40.925545	0.024435
36	1.380645	0.724299	30.633420	0.032644	42.293875	0.023644

0,90 %						
n	AuF $(1+i)^n$	AbF $(1+i)^{-n}$	DSF $\frac{(1+i)^n-1}{i(1+i)^n}$	KWF $\frac{i(1+i)^n}{(1+i)^n-1}$	EWF $\frac{(1+i)^n-1}{i}$	RVF $\frac{i}{(1+i)^n-1}$
37	1.393071	0.717839	31.351259	0.031897	43.674520	0.022897
38	1.405608	0.711436	32.062695	0.031189	45.067590	0.022189
39	1.418259	0.705090	32.767785	0.030518	46.473199	0.021518
40	1.431023	0.698801	33.466585	0.029881	47.891457	0.020881
41	1.443902	0.692568	34.159153	0.029275	49.322480	0.020275
42	1.456897	0.686390	34.845543	0.028698	50.766383	0.019698
43	1.470010	0.680268	35.525811	0.028149	52.223280	0.019149
44	1.483240	0.674200	36.200011	0.027624	53.693290	0.018624
45	1.496589	0.668186	36.868197	0.027124	55.176529	0.018124
46	1.510058	0.662226	37.530423	0.026645	56.673118	0.017645
47	1.523649	0.656319	38.186742	0.026187	58.183176	0.01718?
48	1.537361	0.650465	38.837208	0.025749	59.706825	0.016749
49	1.551198	0.644663	39.481871	0.025328	61.244186	0.016328
50	1.565159	0.638913	40.120784	0.024925	62.795384	0.015925
51	1.579245	0.633214	40.753998	0.024537	64.360542	0.015537
52	1.593453	0.627566	41.381564	0.024165	65.939787	0.015165
53	1.607799	0.621968	42.003532	0.023808	67.533245	0.014808
54	1.622269	0.616420	42.619952	0.023463	69.141045	0.014463
55	1.636870	0.610922	43.230875	0.023132	70.763314	0.014132
56	1.651602	0.605473	43.836347	0.022812	72.400184	0.013812
57	1.666466	0.600072	44.436420	0.022504	74.051786	0.013504
58	1.681464	0.594720	45.031139	0.022207	75.718252	0.013207
59	1.696598	0.589415	45.620554	0.021920	77.399716	0.012920
60	1.711867	0.584158	46.204712	0.021643	79.096313	0.012643
61	1.727274	0.578947	46.783659	0.021375	80.808180	0.012375
62	1.742819	0.573783	47.357442	0.021116	82.535454	0.012116
63	1.758505	0.568665	47.926107	0.020865	84.278273	0.011865
64	1.774331	0.563593	48.489700	0.020623	86.036777	0.011623
65	1.790300	0.558566	49.048265	0.020388	87.811108	0.011388
66	1.806413	0.553583	49.601849	0.020161	89.601408	0.011161
67	1.822670	0.548646	50.150494	0.019940	91.407821	0.010940
68	1.839075	0.543752	50.694246	0.019726	93.230491	0.010726
69	1.855626	0.538902	51.233148	0.019519	95.069566	0.010519
70	1.872327	0.534095	51.767243	0.019317	96.925192	0.010317
71	1.889178	0.529331	52.296573	0.019122	98.797519	0.010122
72	1.906180	0.524609	52.821133	0.018932	100.686696	0.009932

1,00 %						
n	AuF $(1+i)^n$	AbF $(1+i)^{-n}$	DSF $\frac{(1+i)^n-1}{i(1+i)^n}$	KWF $\frac{i(1+i)^n}{(1+i)^n-1}$	EWF $\frac{(1+i)^n-1}{i}$	RVF $\frac{i}{(1+i)^n-1}$
1	1.010000	0.990099	0.990099	1.010000	1.000000	1.000000
2	1.020100	0.980296	1.970395	0.507512	2.010000	0.497512
3	1.030301	0.970590	2.940985	0.340022	3.030100	0.330022
4	1.040604	0.960980	3.901966	0.256281	4.060401	0.246281
5	1.051010	0.951466	4.853431	0.206040	5.101005	0.196040
6	1,061520	0.942045	5.795476	0.172548	6.152015	0.162548
7	1.072135	0.932718	6.728195	0.148628	7.213535	0.138628
8	1.082857	0.923483	7.651678	0.130690	8.285671	0.120690
9	1.093685	0.914340	8.566018	0.116740	9.368527	0.106740
10	1.104622	0.905287	9.471305	0.105582	10.462213	0.095582
11	1.115668	0.896324	10.367628	0.096454	11.566835	0.086454
12	1.126825	0.887449	11.255077	0.088849	12.682503	0.078849
13	1.138093	0.878663	12.133740	0.082415	13.809328	0.072415
14	1.149474	0.869963	13.003703	0.076901	14.947421	0.066901
15	1.160969	0.861349	13.865053	0.072124	16.096896	0.062124
16	1.172579	0.852821	14.717874	0.067945	17.257864	0.057945
17	1.184304	0.844377	15.562251	0.064258	18.430443	0.054258
18	1.196147	0.836017	16.398269	0.060982	19.614748	0.050982
19	1.208109	0.827740	17.226008	0.058052	20.810895	0.048052
20	1.220190	0.819544	18.045553	0.055415	22.019004	0.045415
21	1.232392	0.811430	18.856983	0.053031	23.239194	0.043031
22	1.244716	0.803396	19.660379	0.050864	24.471586	0.040864
23	1.257163	0.795442	20.455821	0.048886	25.716302	0.038886
24	1.269735	0.787566	21.243387	0.047073	26.973465	0.037073
25	1.282432	0.779768	22.023156	0.045407	28.243200	0.035407
26	1.295256	0.772048	22.795204	0.043869	29.525631	0.033869
27	1.308209	0.764404	23.559608	0.042446	30.820888	0.032446
28	1.321291	0.756836	24.316443	0.041124	32.129097	0.031124
29	1.334504	0.749342	25.065785	0.039895	33.450388	0.029895
30	1.347849	0.741923	25.807708	0.038748	34.784892	0.028748
31	1.361327	0.734577	26.542285	0.037676	36.132740	0.027676
32	1.374941	0.727304	27.269589	0.036671	37.494068	0.026671
33	1.388690	0.720103	27.989693	0.035727	38.869009	0.025727
34	1.402577	0.712973	28.702666	0.034840	40.257699	0.024840
35	1.416603	0.705914	29.408580	0.034004	41.660276	0.024004
36	1.430769	0.698925	30.107505	0.033214	43.076878	0.023214

1,00 %						
n	AuF $(1+i)^n$	AbF $(1+i)^{-n}$	DSF $\frac{(1+i)^n-1}{i(1+i)^n}$	KWF $\frac{i(1+i)^n}{(1+i)^n-1}$	EWF $\frac{(1+i)^n-1}{i}$	RVF $\frac{i}{(1+i)^n-1}$
37	1.445076	0.692005	30.799510	0.032468	44.507647	0.022468
38	1.459527	0.685153	31.484663	0.031761	45.952724	0.021761
39	1.474123	0.678370	32.163033	0.031092	47.412251	0.021092
40	1.488864	0.671653	32.834686	0.030456	48.886373	0.020456
41	1.503752	0.665003	33.499689	0.029851	50.375237	0.019851
42	1.518790	0.658419	34.156108	0.029276	51.878989	0.019276
43	1.533978	0.651900	34.810008	0.028727	53.397779	0.018727
44	1.549318	0.645445	35.455454	0.028204	54.931757	0.018204
45	1.564811	0.639055	36.094508	0.027705	56.481075	0.017705
46	1.580459	0.632728	36.727236	0.027228	58.045886	0.017228
47	1.596263	0.626463	37.353699	0.026771	59.626344	0.016771
48	1.612226	0.620260	37.973960	0.026334	61.222608	0.016334
49	1.628348	0.614119	38.588079	0.025915	62.834834	0.015915
50	1.644632	0.608039	39.196118	0.025513	64.463182	0.015513
51	1.661078	0.602019	39.798136	0.025127	66.107814	0.015127
52	1.677689	0.596058	40.394194	0.024756	67.768892	0.014756
53	1.694466	0.590156	40.984351	0.024400	69.446581	0.014400
54	1.711410	0.584313	41.568664	0.024057	71.141047	0.014057
55	1.728525	0.578528	42.147192	0.023726	72.852457	0.013726
56	1.745810	0.572800	42.719992	0.023406	74.580982	0.013408
57	1.763268	0.567129	43.287121	0.023102	76.326792	0.013102
58	1.780901	0.561514	43.848635	0.022806	78.090060	0.012806
59	1.798710	0.555954	44.404589	0.022520	79.870960	0.012520
60	1.816697	0.550450	44.955038	0.022244	81.669670	0.012244
61	1.834864	0.545000	45.500038	0.021978	83.486366	0.011978
62	1.853212	0.539604	46.039642	0.021720	85.321230	0.011720
63	1.871744	0.534261	46.573903	0.021471	87.174442	0.011471
64	1.890462	0.528971	47.102874	0.021230	89.046187	0.011230
65	1.909366	0.523734	47.626608	0.020997	90.936649	0.010997
66	1.928460	0.518548	48.145156	0.020771	92.846015	0.010771
67	1.947745	0.513414	48.658570	0.020551	94.774475	0.010551
68	1.967222	0.508331	49.166901	0.020339	96.722220	0.010339
69	1.986894	0.503298	49.670199	0.020133	98.689442	0.010133
70	2.006763	0.498315	50.168514	0.019933	100.676337	0.009933
71	2.026331	0.493381	50.661895	0.019739	102.683100	0.009739
72	2.047099	0.488496	51.150391	0.019550	104.709931	0.009550

1,10 %						
n	AuF $(1+i)^n$	AbF $(1+i)^{-n}$	DSF $\frac{(1+i)^n-1}{i(1+i)^n}$	KWF $\frac{i(1+i)^n}{(1+i)^n-1}$	EWF $\frac{(1+i)^n-1}{i}$	RVF $\frac{i}{(1+i)^n-1}$
1	1.011000	0.989120	0.989120	1.011000	1.000000	1.000000
2	1.022121	0.978356	1.967477	0.508265	2.011000	0.497265
3	1.033364	0.967713	2.935190	0.340693	3.033121	0.329693
4	1.044731	0.957184	3.892374	0.256913	4.066485	0.245913
5	1.056223	0.946769	4.839144	0.206648	5.111217	0.195648
6	1.067842	0.936468	5.775612	0.173142	6.167440	0.162142
7	1.079566	0,926279	6.701891	0.149212	7.225282	0.138212
8	1.091464	0.916201	7.618092	0.131266	8.314870	0.120266
9	1.103470	0.906232	8.524325	0.117311	9.406S34	0.106311
10	1.115608	0.896372	9.420697	0.106149	10.509803	0.095149
11	1.127880	0.886620	10.307316	0.097018	11.625411	0.086018
12	1.140286	0.876973	11.164289	0.089411	12.753291	0.078411
13	1.152829	0.867421	12.051720	0.082976	13.893577	0.071976
14	1.165510	0.857993	12.909713	0.077461	15.046406	0.066461
15	1.178331	0.848658	13.758371	0.072683	16.211917	0.061683
16	1.191293	0.839424	14.597796	0.068503	17.390248	0.057503
17	1.204397	0.830291	15.428087	0.064817	18.581540	0.053817
18	1.217645	0.821257	16.249344	0.061541	19.785937	0.050541
19	1.231039	0.812322	17.061666	0.058611	21.003583	0.047611
20	1.244581	0.803483	17.865149	0.055975	22.234622	0.044975
21	1.258271	0.794741	18.659890	0.053591	23.479203	0.042591
22	1.272112	0.786094	19.445984	0.051424	24.737474	0.040424
23	1.286105	0.777541	20.223525	0.049447	26.009586	0.038447
24	1.300253	0.769081	20.992607	0.047636	27.295692	0.036636
25	1.314555	0.760713	21.753320	0.045970	28.595944	0.034970
26	1.329015	0.752437	22.505757	0.044433	29.910500	0.033433
27	1.343635	0.744250	23.250007	0.043011	31.239515	0.032011
28	1.358415	0.726152	23.986159	0.041691	32.583150	0.030691
29	1.373357	0.728143	24.714302	0.040462	33.941565	0.029462
30	1.388464	0.720220	25.434522	0.039317	35.314922	0.028317
31	1.403737	0.712384	26.146906	0.038245	36.703386	0.027245
32	1.419178	0.704633	26.851539	0.037242	38.107123	0.026242
33	1.434789	0.696966	27.548506	0.036300	39.526302	0.025300
34	1.450572	0.689383	28.237889	0.035413	40.961091	0.024413
35	1.466528	0.681883	28.919771	0.034578	42.411663	0.023578
36	1.482660	0.674463	29.594235	0.033790	43.878191	0.022790

1,10 %						
n	AuF $(1+i)^n$	AbF $(1+i)^{-n}$	DSF $\frac{(1+i)^n-1}{i(1+i)^n}$	KWF $\frac{i(1+i)^n}{(1+i)^n-1}$	EWF $\frac{(1+i)^n-1}{i}$	RVF $\frac{i}{(1+i)^n-1}$
37	1.498969	0.667125	30.261360	0.033045	45.360851	0.022045
38	1.515458	0.659867	30.921226	0.032340	46.859821	0.021340
39	1.532128	0.652687	31.573912	0.031672	48.375279	0.020672
40	1.548981	0.645586	32.219499	0.031037	49.907407	0.020037
41	1.566020	0.638561	32.858060	0.030434	51.456388	0.019434
42	1.583246	0.631614	33.489674	0.029860	53.022409	0.018860
43	1.600662	0.624741	34.114415	0.029313	54.605655	0.018313
44	1.618269	0.617944	34.732359	0.028792	56.206317	0.017792
45	1.636070	0.611221	35.343580	0.028294	57.824587	0.017294
46	1.654067	0.604570	35.948150	0.027818	59.460657	0.016818
47	1.672262	0.597992	36.546143	0.027363	61.114724	0.016363
48	1.690657	0.591486	37.117629	0.026927	62.786986	0.015927
49	1.709254	0.585051	37.722679	0.026509	64.477643	0.015509
50	1.728056	0.578685	38.301364	0.026109	66.186897	0.015109
51	1.747064	0.572389	38.873753	0.025724	67.914953	0.014724
52	1.766282	0.566161	39.439914	0.025355	69.662018	0.014355
53	1.785711	0.560001	39.999915	0.025000	71.428300	0.014000
54	1.805354	0.553908	40.553823	0.024659	71.214011	0.013659
55	1.825213	0.547881	41.101704	0.024330	75.019365	0.013330
56	1.845290	0.541920	41.643624	0.024013	76.844578	0.013013
57	1.865589	0.536024	42.179648	0.023708	78.689869	0,012708
58	1.886110	0.530192	42.709840	0.023414	80.555457	0.012414
59	1.906857	0.524423	43.234263	0.023130	82.441567	0.012130
60	1.927833	0.518717	43.752980	0.022856	84.348424	0.011856
61	1.949039	0.513073	44.266054	0.022591	86.276257	0.011591
62	1.970478	0.507491	44.773545	0.022335	88.225296	0.011335
63	1.992153	0.501969	45.275514	0.022087	90.195774	0.011087
64	2.014067	0.496508	45.772022	0.021847	92.187928	0.010847
65	2.036222	0.491106	46.263127	0.021615	94.201995	0.010615
66	2.058620	0.485762	46.748889	0.021391	96.238217	0.010391
67	2.081265	0.480477	47.229366	0.021173	98.296837	0.010173
68	2.104159	0.475249	47.704616	0.020962	100.378102	0.009962
69	2.127305	0.470078	48.174694	0.020758	102.482262	0.009758
70	2.150705	0.464964	48.639658	0.020559	104.609566	0.009559
71	2.174363	0.459905	49.099563	0.020367	106.760272	0.009367
72	2.198281	0.454901	49.554464	0.020180	108.934635	0.009180

1,20 %						
n	AuF $(1+i)^n$	AbF $(1+i)^{-n}$	DSF $\frac{(1+i)^n-1}{i(1+i)^n}$	KWF $\frac{i(1+i)^n}{(1+i)^n-1}$	EWF $\frac{(1+i)^n-1}{i}$	RVF $\frac{i}{(1+i)^n-1}$
1	1.012000	0.988142	0.988142	1.012000	1.000000	1.000000
2	1.024144	0.976425	1.964567	0.509018	2.012000	0.497018
3	1.036434	0.964847	2.929415	0.341365	3.036144	0.329365
4	1.048871	0.953406	3.882821	0.257545	4.072578	0.245545
5	1.061457	0,942101	4.824922	0.207257	5.121449	0.195257
6	1.074195	0.930930	5.755851	0.173736	6.182906	0.161736
7	1.087085	0.919891	6.675742	0.149796	7.257101	0.137796
8	1.100130	0.908983	7.584726	0.131844	8.344186	0.119844
9	1.113332	0.898205	8.482931	0.117884	9.444316	0.105884
10	1.126692	0.887554	9.370485	0.106718	10.557648	0.094718
11	1.140212	0.877030	10.247515	0.097585	11.684340	0.085585
12	1.153895	0.866630	11.114145	0.089975	12.824552	0.077975
13	1.167741	0.856354	11.970499	0.083539	13.978447	0.071539
14	1.181754	0.846200	12.816699	0.078023	15.146188	0.066023
15	1.195935	0.836166	13.652864	0.073245	16.227942	0.061245
16	1.210287	0.826251	14.479115	0.069065	17.523878	0.057065
17	1.224810	0.816453	15.295568	0.065378	18.734164	0.053378
18	1.239508	0.806772	16.102340	0.062103	19.958974	0.050103
19	1.254382	0.797205	16.899545	0.059173	21.198482	0.047173
20	1.269434	0.787752	17.687298	0.056538	22.452864	0.044538
21	1.284668	0.778411	18.465709	0.054154	23.722298	0.042154
22	1.300084	0.769181	19.234891	0.051989	25.006965	0.039989
23	1.315685	0.760061	19.994951	0.050013	26.307049	0.038013
24	1.331473	0.751048	20.745999	0.048202	27.622734	0.036202
25	1.347450	0.742142	21.488141	0.046537	28.954206	0.034537
26	1.363620	0.733342	22.221484	0.045001	30.301657	0.033001
27	1.379983	0.724646	22.946130	0.043580	31.665277	0.031580
28	1.396543	0.716034	23.662184	0.042262	33.045260	0.030262
29	1.413302	0.707563	24.369747	0.041034	34.441803	0.029034
30	1.430261	0.699173	25.068920	0.039890	35.855105	0.027890
31	1.447424	0.690882	25.759802	0.038820	37.285366	0.026820
32	1.464793	0.682690	26.442492	0.037818	38.732791	0.025818
33	1.482371	0.674595	27.117087	0.036877	40.197584	0.024877
34	1.500159	0.666596	27.783683	0.035992	41.679955	0.023992
35	1.518161	0.658692	28.442375	0.035159	43.180115	0.023159
36	1.536379	0.650881	29.093256	0.034372	44.698276	0.022372

1,20 %						
n	AuF $(1+i)^n$	AbF $(1+i)^{-n}$	DSF $\frac{(1+i)^n-1}{i(1+i)^n}$	KWF $\frac{i(1+i)^n}{(1+i)^n-1}$	EWF $\frac{(1+i)^n-1}{i}$	RVF $\frac{i}{(1+i)^n-1}$
37	1.554816	0.643163	29.736419	0.033629	46.234655	0.021629
38	1.573474	0.635537	30.371955	0.032925	47.789471	0.020925
39	1.592355	0.628001	30.999956	0.032258	49.362945	0.020258
40	1.611464	0.620554	31.620509	0.031625	50.955300	0.019625
41	1.630801	0.613196	32.233705	0.031023	52.566764	0.019023
42	1.650371	0.605924	32.839629	0.030451	54.197565	0.018451
43	1.670175	0.598740	33.438369	0.029906	55.847936	0.017906
44	1.690217	0.591640	34.030309	0.029386	57.518111	0.017386
45	1.710500	0.584624	34.614633	0.028890	59.208328	0.016890
46	1.731026	0.577692	35.192325	0.028415	60.918828	0.016415
47	1.751798	0.570842	35.763167	0.027962	62.649854	0.015962
48	1.772820	0.564073	36.327241	0.027528	64.401652	0.015528
49	1.794094	0.557384	36.884625	0.027112	66.174472	0.015112
50	1.815623	0.550775	37.435400	0.026715	67.968566	0.014713
51	1.837410	0.544244	37.979645	0.026330	69.784189	0.014330
52	1.859459	0.537791	38.517435	0.025962	71.521599	0.013962
53	1.881773	0.531414	39.043849	0.025609	73.481058	0,013609
54	1.904354	0.525112	39.573962	0.025269	75.362831	0.013269
55	1.927206	0.518886	40.092847	0.024942	77.267185	0.012942
56	1.950333	0.512733	40.605580	0.024627	79.194391	0.012627
57	1.973737	0.506653	41.112234	0.024324	81.144724	0.012324
58	1.997422	0.500645	41.612879	0.024031	83.118460	0.012031
59	2.021391	0.494709	42.107588	0.023749	85.115882	0.011749
60	2.045647	0.488843	42.596431	0.023476	87.137272	0.011476
61	2.070195	0.483046	43.079477	0.023213	89.182920	0.011213
62	2.095037	0.477318	43.556796	0.022959	91.253115	0.010959
63	2.120178	0.471659	44.028454	0.022713	93.348152	0.010713
64	2.145620	0.466066	44.494520	0.022475	95.468330	0.010475
65	2.171367	0.460539	44.955059	0.022244	97.613950	0.010244
66	2.197424	0.455078	45.410137	0.022022	99.785317	0.010022
67	2.223793	0.449682	45.859820	0.021806	101.982741	0.009806
68	2.250478	0.444150	46.304170	0.021596	104.206534	0.009596
69	2.277484	0.439081	46.743251	0.021393	106.457012	0.009393
70	2.304814	0.433874	47.177125	0.021197	108.734496	0.009197
71	2.332472	0.428730	47.605855	0.021006	111.039310	0.009006
72	2.360461	0.423646	48.029501	0.020821	113.371782	0.008821

1,25 %						
n	AuF $(1+i)^n$	AbF $(1+i)^{-n}$	DSF $\frac{(1+i)^n-1}{i(1+i)^n}$	KWF $\frac{i(1+i)^n}{(1+i)^n-1}$	EWF $\frac{(1+i)^n-1}{i}$	RVF $\frac{i}{(1+i)^n-1}$
1	1.012500	0.987654	0.987654	1.012500	1.000000	1.000000
2	1.025156	0.975461	1.963115	0.509394	2.012500	0.496894
3	1.037971	0.963418	2.926534	0.341701	3.037656	0.329201
4	1.050945	0.951524	3.878058	0.257861	4.075627	0.245361
5	1.064082	0.939777	4.817335	0.202562	5.126572	0.195062
6	1.077383	0.928175	5.746010	0.124034	6.190654	0.161534
7	1.090850	0.916716	6.662726	0.150089	7.268038	0.137589
8	1.104486	0.905398	7.568124	0.132133	8.358888	0.119633
9	1.118292	0.894221	8.462345	0.118171	9.463374	0.105671
10	1.132271	0.883181	9.345526	0.107003	10.581666	0.094503
11	1.146424	0.872277	10.217803	0.097868	11.713937	0.085368
12	1.160755	0.861509	11.079312	0.090258	12.860361	0.077758
13	1.175264	0.850873	11.930185	0.083821	14.021116	0.071321
14	1.189955	0.840368	12.770553	0.078305	15.196380	0,065805
15	1.204829	0.829993	13.600546	0.073526	16.336335	0.061026
16	1.219890	0.819746	14.420292	0.069347	17.591164	0.056847
17	1.235138	0.809626	15.229918	0.065660	18.811053	0.053160
18	1.250577	0.799631	16.029549	0.062385	20.046192	0.049885
19	1.266210	0.789759	16.819308	0.059455	21.296769	0.046955
20	1.282037	0.780009	17.599316	0.056820	22.562979	0.044320
21	1.298063	0.770379	18.369695	0.054437	23.845016	0.041937
22	1.314288	0.760863	19.130563	0.052272	25.143079	0.039772
23	1.330717	0.751475	19.882037	0.050297	26.457367	0.037797
24	1.347351	0.742197	20.624235	0.048487	27.788084	0.035987
25	1.364193	0.733034	21.257269	0.046822	29.135435	0.034322
26	1.381245	0.723984	22.081253	0.045287	30.499628	0.032787
27	1.398511	0.715046	22.796299	0.043867	31.880873	0.031367
28	1.415992	0.706219	23.502518	0.042549	33.279384	0.030049
29	1.433692	0.697500	24.200018	0.041322	34.695377	0.028822
30	1.451613	0.688889	24.888906	0.040179	36.129069	0.027679
31	1.469759	0.680384	25.569290	0.039109	37.580682	0.026609
32	1.488131	0.671984	26.241274	0.038108	39.050441	0.025608
33	1.506732	0.663688	26.904962	0.037168	40.538571	0.024668
34	1.525566	0.655494	27.560456	0.036284	42.045303	0.023784
35	1.544636	0.647402	28.207858	0.035451	43.570870	0.022951
36	1.563944	0.639409	28.847267	0.034665	45.115506	0.022165

1,25 %						
n	AuF $(1+i)^n$	AbF $(1+i)^{-n}$	DSF $\frac{(1+i)^n-1}{i(1+i)^n}$	KWF $\frac{i(1+i)^n}{(1+i)^n-1}$	EWF $\frac{(1+i)^n-1}{i}$	RVF $\frac{i}{(1+i)^n-1}$
37	1.583493	0.631515	29.478783	0.033923	46.679449	0.021423
38	1.603287	0.623719	30.102501	0.033220	48.262942	0.020720
39	1.623328	0.616019	30.718520	0.032554	49.866229	0.020054
40	1.643619	0.608413	31.326933	0.031921	51.489557	0.019421
41	1.664165	0.600902	31.927835	0.031321	53.133177	0.018821
42	1.684967	0.593484	32.521319	0.030749	54.797341	0.018249
43	1.706029	0.586157	33.107475	0.030205	56.482308	0.017705
44	1.727354	0.578920	33.686395	0.029686	58.188337	0.017186
45	1.748946	0.571773	34.258168	0.029190	59.915691	0.016690
46	1.770808	0.564714	34.822882	0.028717	61.664637	0.016217
47	1.792943	0.557742	35.380624	0.028264	63.435445	0.015764
48	1.815355	0.550856	35.931481	0.027831	65.228388	0.015331
49	1.838047	0.544056	36.475537	0.027416	67.043743	0.014916
50	1.861022	0.537339	37.012876	0.027018	68.881790	0.014518
51	1.884285	0.530705	37.543581	0.026636	70.742812	0.014136
52	1.907839	0.524153	38.067734	0.026269	72.627097	0.013769
53	1.931687	0.517682	38.585417	0.025917	74.534936	0.013417
54	1.955833	0.511291	39.096708	0.025578	76.456623	0.013078
55	1.980281	0.504979	39.601687	0.025251	78.422456	0.012751
56	2.005034	0.498745	40.100431	0.024937	80.402736	0.012437
57	2.030097	0.492587	40.593019	0024635	82.407771	0.012135
58	2.055473	0.486506	41.079525	0.024343	84.437868	0.011843
59	2.081167	0.480500	41.560024	0.024062	86.493341	0.011562
60	2.107181	0.474568	42.034592	0.023790	88.574508	0.011290
61	2.133521	0.468709	42.503301	0.023528	90.681639	0.011028
62	2.160190	0.462922	42.966223	0.023274	92.815210	0,010774
63	2.187193	0.457207	43.423430	0.023029	94.975400	0.010529
64	2.214532	0.451563	43.874992	0.022792	97.162593	0.010292
65	2.242214	0.445988	44.320980	0.022563	99.377125	0.010063
66	2.270242	0.440482	44.761462	0.022341	101.619339	0.009841
67	2.298620	0.435044	45.196506	0.022126	103.889581	0.009626
68	2.327353	0.429673	45.626178	0.021917	106.188201	0.009417
69	2.356444	0.424368	46.050547	0.021715	108.515553	0.009215
70	2.385900	0.419129	46.469676	0.021519	110,871998	0.009019
71	2.415724	0.413955	46.883630	0.021329	113.257898	0.008829
72	2.445920	0.408844	47.292474	0.021145	115.673621	0.008645

1,30 %						
n	AuF $(1 + i)^n$	AbF $(1 + i)^{-n}$	DSF $\frac{(1 + i)^n - 1}{i (1 + i)^n}$	KWF $\frac{i (1 + i)^n}{(1 + i)^n - 1}$	EWF $\frac{(1 + i)^n - 1}{i}$	RVF $\frac{i}{(1 + i)^n - 1}$
1	1.013000	0.987167	0.987167	1.013000	1.000000	1.000000
2	1.026169	0.974498	1.961665	0.509771	2.013000	0.496771
3	1.039509	0.961992	2.923658	0.342037	2.039169	0.329037
4	1.053022	0.949647	3.873305	0.258177	4.078678	0.245177
5	1.066712	0.937460	4.810765	0.207867	5.131701	0.194867
6	1.080579	0.925429	5.736194	0.174332	6.198413	0.161332
7	1.094627	0.913553	6.649748	0.150382	7.278993	0.137382
8	1.108857	0.901829	7.551577	3.132423	8.373619	0.119423
9	1.123272	0.890256	8.441833	0.118458	9.482476	0.105458
10	1.137875	0.878831	9.320665	0.107288	10.605749	0.094288
11	1.152667	0.867553	10.188218	0.098153	11.743623	0.085153
12	1.167652	0.856420	11.044637	0.090542	12.696291	0.077542
13	1.182831	0.845429	11.890067	0.084104	14.063942	0.071104
14	1.198208	0.834580	12.724646	0.078588	15.246774	0.065588
15	1.213785	0.823869	13.548515	0.073809	16.444982	0.060809
16	1.229564	0.813296	14.361812	0.069629	17.658766	0.056629
17	1.245548	0.802859	15.164671	0.065943	18.888330	0.052943
18	1.261740	0.792556	15.957227	0.062668	20.133879	0.049668
19	1.278143	0.782385	16.739612	0.059739	21.395619	0.046739
20	1.294759	0.772345	17.511957	0.057104	22.673762	0.044104
21	1.311591	0.762433	18.274390	0.054721	23.968521	0.041721
22	1.328641	0.752648	19.027038	0.052557	25.280112	0.039557
23	1.345914	0.742990	19.770028	0.050582	26.608753	0.037582
24	1.363411	0.733455	20.503483	0.048772	27.954667	0.035772
25	1.281135	0.724042	21.227525	0.047109	29.318078	0.034109
26	1.399090	0.714750	21.942275	0.045574	30.699213	0.032574
27	1.417278	0.705578	22.647855	0.044154	32.098303	0.031154
28	1.435703	0.696523	23.344376	0.042837	33.515580	0.029837
29	1.454367	0.687585	24.031961	0.041611	34.951283	0.028611
30	1.473273	0.678761	24.710721	0.040468	36.405650	0.027468
31	1.492426	0.670050	25.380771	0.039400	37.878923	0.026403
32	1.511828	0.661451	26.042222	0.038399	39.371349	0.025399
33	1.531481	0.652963	26.695185	0.037460	40.883177	0.024460
34	1.551391	0.644583	27.339768	0.036577	42.414658	0.023577
35	1.571559	0.636311	27.976079	0.035745	43.966049	0.022745
36	1.591989	0.628145	28.604224	0.034960	45.537607	0.021960

1,30 %						
n	AuF $(1+i)^n$	AbF $(1+i)^{-n}$	DSF $\frac{(1+i)^n-1}{i(1+i)^n}$	KWF $\frac{i(1+i)^n}{(1+i)^n-1}$	EWF $\frac{(1+i)^n-1}{i}$	RVF $\frac{i}{(1+i)^n-1}$
37	1.612685	0.620084	29.224308	0.034218	47.129596	0.021218
38	1.633650	0.612126	29.836435	0.033516	48.742281	0.020516
39	1.654887	0.604271	30.440705	0.032851	50.375931	0.019851
40	1.676401	0.596516	31.037221	0.032219	52.030818	0.019219
41	1.698194	0.588861	31.626082	0.031619	53.707218	0.018619
42	1.720270	0.581304	32.207386	0.031049	55.405412	0.018049
43	1.742634	0.573844	32.781230	0.030505	57.125682	0.017505
44	1.765288	0.566480	33.347710	0.029987	58.868316	0.016987
45	1.788237	0.559210	33.906920	0.029493	60.633604	0.016493
46	1.811484	0.552034	34.458954	0.029020	62.421841	0.016020
47	1.835033	0.544949	35.003903	0.028568	64.233325	0.015568
48	1.858889	0.537956	35.541859	0.028136	66.068358	0.015136
49	1.883054	0.531052	36.072911	0.027722	67.927247	0.014722
50	1.907534	0.524237	36.597148	0.027325	69.810301	0.014325
51	1.932332	0.517509	37.114658	0.026944	71.717835	0.013944
52	1.957452	0.510868	37.625526	0.026578	73.650167	0.013578
53	1.982899	0.504312	38.129838	0.026226	75.607619	0.013226
54	2.008677	0.497840	38.627678	0.025888	77.590518	0.012883
55	2.034790	0.491451	39.119129	0.025563	79.599195	0.012563
56	2.061242	0.485144	39.604274	0.025250	81.633985	0.012250
57	2.088038	0.478918	40.033192	0.024948	83.695226	0.011948
58	2.115182	0.472772	40.555965	0.024657	85.783264	0.011657
59	2.142680	0.466705	41.022670	0.024377	87.898447	0.011377
60	2.170535	0.460716	41.483386	0.024106	90.041127	0.011106
61	2.198752	0.454804	41.938190	0.023845	92.211661	0.010845
62	2.227335	0.448967	42.387157	0.023592	94.410413	0.010592
63	2.256291	0.443205	42.830362	0.023348	96.637748	0.010348
64	2.285623	0.437518	43.267879	0.023112	98.894039	0.010112
65	2.315336	0.431903	43.699782	0.022883	101.179661	0.009883
66	2.345435	0.426360	44.126142	0.022662	103.494997	0.009662
67	2.375926	0.420889	44.547031	0.022448	105.840432	0.009448
68	2.406813	0.415487	44.962518	0.022241	108.216358	0.009241
69	2.438101	0.410155	45.372673	0.022040	110.623170	0.009040
70	2.469797	0.404892	45.777565	0.021845	113.061272	0.008845
71	2.501904	0.399696	46.177261	0.021656	115.531068	0.008656
72	2.534429	0.394566	46.571827	0.021472	118.032972	0.008472

1,35 %						
n	AuF $(1+i)^n$	AbF $(1+i)^{-n}$	DSF $\frac{(1+i)^n-1}{i(1+i)^n}$	KWF $\frac{i(1+i)^n}{(1+i)^n-1}$	EWF $\frac{(1+i)^n-1}{i}$	RVF $\frac{i}{(1+i)^n-1}$
1	1.013500	0.986680	0.986680	1.013500	1.000000	1.000000
2	1.027182	0.973537	1.960217	0.510148	2.013500	0.496648
3	1.041049	0.960569	2.920786	0.342374	3.040682	0.328874
4	1.055103	0.947774	3.868561	0.258494	4.081731	0.244994
5	1.069347	0.935150	4.803711	0.208172	5.136835	0.194672
6	1.083783	0.922694	5.726404	0.174630	6.206182	0.161130
7	1.098415	0.910403	6.636807	0.150675	7.289966	0.137175
8	1.113243	0.898276	7.535084	0.132713	8.388380	0.119213
9	1.128272	0.886311	8.421395	0.118745	9.501623	0.105245
10	1.143504	0.874505	9.295900	0.107574	10.629895	0.094074
11	1.158941	0.86285?	10.158757	0.098437	11.773399	0.084937
12	1.174587	0.851363	11.010120	0.090826	12.932340	0.077326
13	1.190444	0.840023	11.850143	0.084387	14.106926	0.070887
14	1.206514	0.828834	12.678977	0.078871	15.297370	0.065371
15	1.222802	0.817794	13.496771	0.074092	16.503884	0.060592
16	1.239310	0.806900	14.303671	0.069912	17.726687	0.056412
17	1.256041	0.796152	15.099824	0.066226	18.965997	0.052726
18	1.272998	0.785547	15.885371	0.062951	20.222038	0.049451
19	1.290183	0.775084	16.660455	0.060022	21.495035	0.046522
20	1.307600	0.764760	17.425215	0.057388	22.785218	0.043888
21	1.325253	0.754573	18.179787	0.055006	24.092819	0.041506
22	1.343144	0.744522	18.924309	0.052842	25.418072	0.039342
23	1.361276	0.734605	19.658914	0.050868	26.761216	0.037368
24	1.379654	0.724820	20.383733	0.049059	28.122492	0.035559
25	1.398279	0.715165	21.098893	0.047396	29.502146	0.033896
26	1.417156	0.705639	21.804537	0.045862	30.900425	0.032362
27	1.436287	0.696240	22.500777	0.044443	32.317580	0.030943
28	1.455677	0.686965	23.187742	0.043126	33.753868	0.029626
29	1.475329	0.677815	23.865557	0.041901	35.209545	0.028401
30	1.495246	0.668786	24.534343	0.040159	36.684874	0.027259
31	1.515432	0.659878	25.194221	0.039692	38.180120	0.026192
32	1.535890	0.651088	25.845310	0.038692	39.695551	0.025192
33	1.556624	0.642416	26.487725	0.037753	41.231441	0.024253
34	1.577639	0.633859	27.121584	0.036871	42.788066	0.023371
35	1.598937	0.625416	27.747000	0.036040	44.365705	0.022540
36	1.620523	0.617055	28.364084	0.035256	45.964642	0.021756

1,35 %						
n	AuF $(1 + i)^n$	AbF $(1 + i)^{-n}$	DSF $\frac{(1 + i)^n - 1}{i\,(1 + i)^n}$	KWF $\frac{i\,(1 + i)^n}{(1 + i)^n - 1}$	EWF $\frac{(1 + i)^n - 1}{i}$	RVF $\frac{i}{(1 + i)^n - 1}$
37	1.642400	0.608865	28.972950	0.034515	47.585164	0.021015
38	1.664572	0.600755	29.573705	0.033814	49.227564	0.020314
39	1.687044	0.592753	30.166457	0.033149	50.892136	0.019649
40	1.709819	0.584857	30.751315	0.032519	52.579180	0.019019
41	1.732902	0.577067	31.228382	0.031920	54.288999	0.018420
42	1.756296	0.569380	31.897762	0.031350	56.021900	0.017850
43	1.780006	0.561796	32.459558	0.030808	57.778196	0.017308
44	1.804036	0.554313	33.013870	0.030290	59.558202	0.016790
45	1.828390	0.546929	33.560800	0.029797	61.362237	0.016297
46	1.853073	0.539644	34.100444	0.029325	63.190628	0.015825
47	1.878090	0.532456	34.632900	0.028874	65.043701	0.015374
48	1.903444	0.525363	35.158263	0.028443	66.921791	0.014943
49	1.929141	0.518366	35.676629	0.028030	68.825235	0.014530
50	1.955184	0.511461	36.188089	0.027633	70.754376	0.014133
51	1.981579	0.504648	36.692737	0.027253	72.709560	0.013753
52	2.008330	0.497926	37.190663	0.026888	74.691139	0.013388
53	2.035443	0.491294	37.681957	0.026533	76.699469	0.013038
54	2.062921	0.484749	38.166706	0.026201	78.734912	0.012701
55	2.090771	0.478293	38.644999	0.025877	80.797833	0.012377
56	2.118996	0.471922	39.116921	0.025564	82.888604	0.012064
57	2.147603	0.465635	39.582556	0.025264	85.007600	0.011764
58	2.176595	0.459433	40.041989	0.024974	87.155203	0.011474
59	2.205979	0.453313	40.495303	0.024694	89.331798	0.011194
60	2.235760	0.447275	40.942578	0.024424	91.537778	0.010924
61	2.265943	0.441317	41.383895	0.024164	93.773538	0.010664
62	2.296533	0.435439	41.819334	0.023912	96.039480	0.010412
63	2.327536	0.429639	42.248973	0.023669	98.336013	0.010169
64	2.358958	0.423916	42.672889	0.023434	100.663549	0.009934
65	2.390804	0.418269	43.091158	0.023207	103.02250?	0.009707
66	2.423080	0.412698	43.503856	0.022986	105.413311	0.009486
67	2.455791	0.407201	43.911057	0.022773	107.836391	0.009273
68	2.488944	0.401777	44.312834	0.022567	110.292182	0.009067
69	2.522545	0.396425	44.709259	0.022367	112.781127	0.008867
70	2.556600	0.391149	45.100403	0.022173	115.303672	0.008673
71	2.591114	0.385934	45.486338	0.021985	117.860271	0.008485
72	2.626094	0.380794	45.867132	0.021502	120.451385	0.008302

1,40 %						
n	AuF $(1+i)^n$	AbF $(1+i)^{-n}$	DSF $\frac{(1+i)^n-1}{i(1+i)^n}$	KWF $\frac{i(1+i)^n}{(1+i)^n-1}$	EWF $\frac{(1+i)^n-1}{i}$	RVF $\frac{i}{(1+i)^n-1}$
1	1.014000	0.986193	0.986193	1.014000	1.000030	1.000000
2	1.028196	0.972577	1.958771	0.510524	2.014000	0.496524
3	1.042591	0.959149	2.917920	0.342710	3.042196	0.328710
4	1.057187	0.945906	3.863826	0.258811	4.084787	0.244811
5	1.071988	0.932847	4.796673	0.208478	5.141974	0.194478
6	1.086995	0.919967	5.716640	0.174928	6.213961	0.160928
7	1.102213	0.907265	6.623905	0.150968	7.300957	0.136968
8	1.117644	0.894739	7.518644	0.133003	8.403170	0.119003
9	1.133291	0.882386	8.401030	0.119033	9.520815	0.105033
10	1.149157	0.870203	9.271232	0.107861	10.654106	0.093861
11	1.165246	0.858188	10.129420	0.098722	11.803264	0.084722
12	1.181559	0.846339	10.975760	0.091110	12.968509	0.077110
13	1.198101	0.834654	11.810414	0.084671	14.150068	0.070671
14	1.214874	0.823130	12.633344	0.079154	15.348169	0.065154
15	1.231883	0.811766	13.445310	0.074375	16.563044	0.060375
16	1.249129	0.800558	14.245868	0.070196	17.794926	0.056196
17	1.266617	0,789505	15.035373	0.066510	19.044055	0.052510
18	1.284349	0.778694	15.813977	0.063235	20.310672	0.049235
19	1.302330	0.767854	16.581831	0.060307	21.595021	0.046307
20	1.320563	0.757253	17.339084	0.057673	22.897352	0.043673
21	1.339051	0.746798	18.085882	0.055292	24.217915	0.041292
22	1.357798	0.736487	18.822369	0.053128	25.556965	0.039128
23	1.376807	0.726318	19.548687	0.051154	26.914763	0.037154
24	1.396082	0.716290	20.264977	0.049346	28.291570	0.035346
25	1.415627	0.706401	20.971378	0.047684	29.687652	0.033684
26	1.435446	0.696648	21.668026	0.046151	31.103279	0.032151
27	1.455542	0.687029	22.355055	0.044733	32.538725	0.030733
28	1.475920	0.677544	23.032599	0.043417	33.994267	0.029417
29	1.496583	0.668189	23.700788	0.042193	35.470187	0.028193
30	1.517535	0.658963	24.359751	0.041051	36.966769	0.027051
31	1.538780	0.649865	25.009616	0.039985	38.484304	0.025985
32	1.560323	0.640893	25.650509	0.038986	40.023084	0.024986
33	1.582168	0.632044	26.282554	0.038048	41.583407	0.024048
34	1.604318	0.623318	26.905871	0.037167	43.165575	0.023167
35	1.626779	0.614712	27.520583	0.036336	44.769893	0.022336
36	1.649553	0.606225	28.126808	0.035553	46.396672	0.021553

1,40 %						
n	AuF $(1+i)^n$	AbF $(1+i)^{-n}$	DSF $\frac{(1+i)^n-1}{i(1+i)^n}$	KWF $\frac{i(1+i)^n}{(1+i)^n-1}$	EWF $\frac{(1+i)^n-1}{i}$	RVF $\frac{i}{(1+i)^n-1}$
37	1.672647	0.597855	28.724663	0.034813	48.046225	0.020813
38	1.696064	0.589609	29.314263	0.034113	49.718872	0.020113
39	1.719809	0.581460	29.895723	0.033490	51.414936	0.019450
40	1.743886	0.573432	30.469155	0.032820	53.134745	0.018820
41	1.768301	0.565515	31.034669	0.032222	54.878632	0.018222
42	1.793057	0.557707	31.592376	0.031653	56.646933	0.017653
43	1.818160	0.550007	32.142383	0.031112	58.439990	0.017112
44	1.843614	0.542413	32.684795	0.030595	60.258150	0.016595
45	1.869425	0.534924	33.219719	0.030103	62.101764	0.016103
46	1.895597	0.527538	33.747253	0.029632	63.971188	0.015632
47	1.922135	0.520255	34.267513	0.029182	65.866785	0.015182
48	1.949045	0.513072	34.780584	0.028752	67.788920	0.014752
49	1.976332	0.505988	35.286572	0.028339	69.737965	0.014339
50	2.004000	0.499002	35.785574	0.027944	71.714297	0.013941
51	2.032056	0.492112	36.277687	0.027565	73.718297	0.013565
52	2.060505	0.485318	36.763005	0.027201	75.750353	0.013201
53	2.089352	0.478617	37.241622	0.026852	77.810858	0.012852
54	2.118603	0.472009	37.713631	0.026516	79.900210	0.012516
55	2.148263	0.465492	38.179123	0.026192	82.018813	0.012192
56	2.178339	0.459065	38.638189	0.025881	84.167076	0.011881
57	2.208836	0.452727	39.090916	0.025581	86.345415	0.011581
58	2.239760	0.446476	39.537393	0.025293	88.554251	0.011293
59	2.271116	0.440312	39.977705	0.025014	90.794011	0,011014
60	2.302912	0.434733	40.411938	0.024745	92.065127	0.010745
61	2.335153	0.428238	40.840175	0.024486	95.368039	0.010486
62	2.367845	0.422325	41.262500	0.024235	97.703191	0.010235
63	2.400995	0.416494	41.678994	0.023993	100.071036	0.009993
64	2.434609	0.410744	42.089738	0.023759	102.472030	0.009759
65	2.468695	0.405073	42.494810	0.023532	104.906639	0.009532
66	2.502255	0.399480	42.894290	0.023313	107.375332	0.009313
67	2.538300	0.393964	43.288255	0.023101	109.878586	0.009101
68	2.573836	0,388525	43.676780	0.022895	112.416886	0.008895
69	2.609870	0.383161	44.059941	0.022696	114.990723	0.008696
70	2.646408	0.377871	44.437811	0.022503	117.600593	0.008503
71	2.683458	0.372653	44.810465	0.022316	120.247001	0.008316
72	2.721027	0.367508	45.177973	0.022135	122.930459	0.008135

1,45 %						
n	AuF $(1+i)^n$	AbF $(1+i)^{-n}$	DSF $\frac{(1+i)^n-1}{i(1+i)^n}$	KWF $\frac{i(1+i)^n}{(1+i)^n-1}$	EWF $\frac{(1+i)^n-1}{i}$	RVF $\frac{i}{(1+i)^n-1}$
1	1.014500	0.985707	0.985707	1.014500	1.000000	1.000000
2	1.029210	0.971619	1.957326	0.510901	2.014500	0.496401
3	1.044134	0.957732	2.915058	0.343046	3.043710	0.328546
4	1.059274	0.944043	3.859101	0.259128	4.087844	0.244628
5	1.074633	0.930550	4.789651	0.208783	5.147118	0.194283
6	1.090215	0.917250	5.706901	0.175226	6.221751	0.160726
7	1.106024	0.904140	6.611041	0.151262	7.311966	0.136762
8	1.122061	0.891217	7.502258	0.133293	8.417990	0.118793
9	1.138331	0.878479	8.380737	0.119321	9.540051	0.104821
10	1.154837	0.865923	9.246661	0.108147	10.678381	0.093647
11	1.171582	0.853547	10.100208	0.099098	11.833218	0.084508
12	1.188570	0.841347	10.941555	0.091395	13.004800	0.076895
13	1.205804	0.829322	11.770877	0.084955	14.193369	0.070455
14	1.223288	0.817469	12.588346	0.079439	15.399173	0.064939
15	1.241026	0.805785	13.394131	0.074660	16.622461	0.060160
16	1.259021	0.794268	14.188400	0.070480	17.863487	0.055980
17	1.277276	0.782916	14.971316	0.066794	19.122507	0.052294
18	1.295797	0.771726	15.743041	0.063520	20.399784	0.049020
19	1.314586	0.760396	16.503737	0.060592	21.695581	0.046092
20	1.333647	0.749823	17.253561	0.057959	23.010166	0.043459
21	1.352985	0.739106	17.992667	0.055578	24.343814	0.041078
22	1.372604	0.728542	18.721209	0.053415	25.696799	0.038915
23	1.392506	0.718130	19.439339	0.051442	27.069403	0.036942
24	1.412698	0.707866	20.147205	0.049635	28.461909	0.035135
25	1.433182	0.697748	20.844953	0.047973	29.874607	0.033473
26	1.453963	0.687775	21.532728	0.046441	31.307789	0.031941
27	1.475045	0.677945	22.210673	0.045023	32.761752	0.030523
28	1.496434	0.668256	22.878929	0.043708	34.236797	0.029208
29	1.518132	0.658704	23.537632	0.042485	35.733231	0.027985
30	1.540145	0.649290	24.186923	0.041345	37.251362	0.026845
31	1.562477	0.640909	24.826932	0.040279	38.791507	0.025779
32	1.585133	0.630862	25.457794	0.039281	40.353984	0.024781
33	1.608117	0.621845	26.079640	0.038344	41.939117	0.023844
34	1.631435	0.612957	26.692597	0.037464	43.547234	0.022964
35	1.655091	0.604196	27.296793	0.036634	45.178669	0.022134
36	1.679090	0.595561	27.892354	0.035852	46.833760	0.021352

1,45 %						
n	AuF $(1+i)^n$	AbF $(1+i)^{-n}$	DSF $\frac{(1+i)^n-1}{i(1+i)^n}$	KWF $\frac{i(1+i)^n}{(1+i)^n-1}$	EWF $\frac{(1+i)^n-1}{i}$	RVF $\frac{i}{(1+i)^n-1}$
37	1.703436	0.587049	28.479403	0.035113	48.512849	0.020613
38	1.728136	0.578658	29.058061	0.034414	50.216285	0.019914
39	1.753194	0.570387	29.628449	0.033751	51.944421	0.019251
40	1.778615	0.562235	30.190684	0.033123	53.697616	0.018623
41	1.804405	0.554199	30.744883	0.032526	55.476231	0.018026
42	1.830569	0.546278	31.291161	0.031958	57.280636	0.017458
43	1.857113	0.538470	31.829631	0.031417	59.111206	0.016917
44	1.884041	0.530774	32.360405	0.030902	60.968318	0.016402
45	1.911359	0.523188	32.883593	0.030410	62.852359	0.015910
46	1.939074	0.515710	33.399303	0.029941	64.763718	0.015441
47	1.967191	0.508339	33.907643	0.029492	66.702792	0.014992
48	1.995715	0.501074	34.408716	0.029062	68.669982	0.014562
49	2.024653	0.493912	34.992628	0.028651	70.665697	0.014151
50	2.054010	0.486853	35.389481	0.028257	72.690350	0.013757
51	2.083793	0.479894	35.869375	0.027879	74.344360	0.013379
52	2.114008	0.473035	36.342410	0.027516	76.828153	0.013016
53	2.144661	0.466274	36.808684	0.027168	78.942161	0.012668
54	2.175759	0.459610	37.268294	0.026832	81.086822	0.012332
55	2.207307	0.453041	37.721334	0.026510	83.262581	0.012010
56	2.239313	0.446565	38.167900	0.026200	85.469889	0.011700
57	2.271783	0.440183	38.608083	0.025901	87.309202	0.011401
58	2.304724	0.433891	39.041974	0.025613	89.980986	0.011113
59	2.338143	0.427690	39.469664	0.025336	92.285710	0.010836
60	2.372046	0.421577	39.891241	0.025068	94.623653	0.010568
61	2.406441	0.415552	40.306732	0.024810	96.995899	0.010310
62	2.441334	0.409612	40.716404	0.024560	99.402339	0.010060
63	2.476733	0.403758	41.120162	0.024319	101.843673	0.009819
64	2.512646	0.397987	41.518149	0.024086	104.320406	0.009586
65	2.549079	0.392299	41.910447	0.023860	106.833052	0.009360
66	2.586041	0.386691	42.297139	0.023642	109.382131	0.009142
67	2.623539	0.381165	42.678304	0.023431	111.968172	0.008931
68	2.661580	0.375717	43.054020	0.023227	114.591711	0.008727
69	2.703173	0.370347	43.424367	0.023029	117.253291	0.008529
70	2.739325	0.365052	43.789420	0.022837	119.953463	0.008337
71	2.779046	0.359836	44.149256	0.022650	122.692789	0.008150
72	2.819342	0.354693	44.503949	0.022470	125.471834	0.007970

1,50 %						
n	AuF $(1+i)^n$	AbF $(1+i)^{-n}$	DSF $\frac{(1+i)^n-1}{i(1+i)^n}$	KWF $\frac{i(1+i)^n}{(1+i)^n-1}$	EWF $\frac{(1+i)^n-1}{i}$	RVF $\frac{i}{(1+i)^n-1}$
1	1.015000	0.985222	0.985222	1.015000	1.000000	1,000000
2	1.030225	0.970662	1.955883	0.511278	2.015000	0.496278
3	1.045678	0.956317	2.912200	0.343333	3.045225	0.328383
4	1.061364	0.942184	3.854385	0.259445	4.090903	0.244445
5	1.077284	0.928260	4.782645	0.209089	5.452267	0.194089
6	1.093443	0.914542	5.697187	0.175525	6.229551	0.160525
7	1.109845	0.901027	6.598214	0.151556	7.322994	0.136556
8	1.126493	0.887711	7.485925	0.133584	8.452839	0.118584
9	1.143390	0.874592	8.360517	0.119610	9.559332	0.104610
10	1.160541	0.861667	9.222185	0.108434	10.702722	0.093434
11	1.177949	0.848933	10.071118	0.099294	11.863263	0.084294
12	1.195618	0.836387	10.907505	0.091680	13.041211	0.076680
13	1.213552	0.824027	11.731532	0.085240	14.236830	0.070240
14	1.231756	0.811849	12.543381	0.079723	15.450382	0.064723
15	1.250232	0.799851	13.343233	0.074944	16.682138	0.059944
16	1.268986	0.788031	14.131264	0.070765	17.932370	0.055765
17	1.288020	0.776385	14.907649	0.067080	19.201355	0.052080
18	1.307341	0.764912	15.672561	0.063806	20.489376	0.048806
19	1.326951	0.753607	16.426168	0.060878	21.796716	0.045878
20	1.346855	0.742470	17.168659	0.058246	23.123667	0.043246
21	1.367058	0.731498	17.900137	0.055865	24.470522	0.040865
22	1.387564	0.720688	18.620824	0.053703	25.837580	0.038703
23	1.408377	0.710037	19.330861	0.051731	27.225144	0.036731
24	1.429503	0.699544	20.030405	0.049924	28.633521	0.034924
25	1.450945	0.689206	20.719611	0.048263	30.063024	0.033263
26	1.472710	0.679021	21.398632	0.046732	31.513969	0.031732
27	1.494809	0.668986	22.067617	0.045315	32.986679	0.030315
28	1.517222	0.653099	22.726717	0.044004	34.481479	0.029001
29	1.539981	0.649359	23.376076	0.042779	35.998701	0.027779
30	1.563080	0.639762	24.015838	0.041639	37.538681	0.026639
31	1.586526	0.630308	24.646146	0.040574	39.101762	0.025574
32	1.610324	0.620993	25.267139	0.039577	40.688288	0.024577
33	1.634479	0.611816	25.878954	0.038641	42.298612	0.023641
34	1.658996	0.602774	26.481728	0.037762	43.953092	0.022762
35	1.683831	0.593866	27.075595	0.036934	45.592088	0.021934
36	1.709140	0.583090	27.660684	0.036152	47.275969	0.021152

1,50 %						
n	AuF $(1+i)^n$	AbF $(1+i)^{-n}$	DSF $\frac{(1+i)^n-1}{i(1+i)^n}$	KWF $\frac{i(1+i)^n}{(1+i)^n-1}$	EWF $\frac{(1+i)^n-1}{i}$	RVF $\frac{i}{(1+i)^n-1}$
37	1.734777	0.576443	28.237127	0.035414	48.985109	0.020414
38	1.760798	0.567924	28.805052	0.034715	50.719885	0.019716
39	1.787210	0.559531	29.364583	0.034055	52.480684	0.019055
40	1.814018	0.551262	29.915849	0.033427	54.267894	0.018427
41	1.841229	0.543116	30.458961	0.032831	56.081912	0.017831
42	1.868847	0.535089	30.994050	0.032264	57.923141	0.017264
43	1.896880	0.527182	31.521232	0.031725	59.791988	0.016725
44	1.925333	0.519391	32.040622	0.031210	61.688868	0.016210
45	1.954213	0.511715	32.352337	0.030720	63.614201	0.015720
46	1.983526	0.504153	33.056490	0.030251	65.568414	0.015251
47	2.013279	0.496702	33.553192	0.029802	67.551940	0.014803
48	2.043478	0.489362	34.042554	0.029375	69.565219	0.014375
49	2.074131	0.482130	34.524683	0.028965	71.608698	0.013965
50	2.105242	0.475005	34.999688	0.028572	73.682828	0.013572
51	2.136821	0.467985	35.467673	0.028195	75.788070	0.013195
52	2.168873	0.461069	35.928742	0.027833	77.924892	0.012833
53	2.201407	0.454255	36.382997	0.027485	80.093765	0.012485
54	2.234423	0.447542	36.830539	0.027151	82.295171	0.012151
55	2.267944	0.440928	37.271467	0.026830	84.529599	0.011830
56	2.301962	0.434412	37.705879	0.026321	86.797543	0.011521
57	2.336493	0.427992	38.133871	0.026223	89.099506	0.011223
58	2.371540	0.421667	38.555538	0.025937	91.435999	0.010937
59	2.407113	0.415435	38.970973	0.025660	93.807539	0.010660
60	2.443220	0.409296	39.380269	0.025393	96.214652	0.010393
61	2.479868	0.403247	39.783516	0.025136	98.657872	0.010136
62	2.517066	0.397288	40.180804	0.024888	101.137740	0.009888
63	2.554822	0.391417	40.572221	0.024647	103.654806	0.009647
64	2.593145	0.385632	40.957853	0.024415	106.209628	0.009415
65	2.632042	0.379933	41.337786	0.024191	108.802772	0.009191
66	2.671522	0.374318	41.712105	0.023974	111.434814	0.008974
67	2.711595	0.368787	42.080891	0.023764	114.106336	0.008764
68	2.752269	0.363337	42.444228	0.023560	116.817931	0.008560
69	2.793553	0.357967	42.802195	0.023363	119.570200	0.008363
70	2.835456	0.352677	43.154872	0.023172	122.363753	0.008172
71	2.877988	0.347465	43.502337	0.022987	125.199209	0.007987
72	2.921158	0.342330	43.844667	0.022808	128.077197	0.007808

2,00 %						
n	AuF $(1+i)^n$	AbF $(1+i)^{-n}$	DSF $\frac{(1+i)^n-1}{i(1+i)^n}$	KWF $\frac{i(1+i)^n}{(1+i)^n-1}$	EWF $\frac{(1+i)^n-1}{i}$	RVF $\frac{i}{(1+i)^n-1}$
1	1.020000	0.980392	0.980392	1.020000	1.000000	1.000000
2	1.040400	0.961169	1.941561	0.515050	2.020000	0.495050
3	1.061208	0.942322	2.883883	0.346755	3.060400	0.326755
4	1.082432	0.923845	3.807729	0.262624	4.121608	0.242624
5	1.104081	0.905731	4.713460	0.212158	5.204040	0.192158
6	1.126162	0.887971	5.601431	0.178526	6.308121	0.158526
7	1.148686	0.870560	6.471991	0.154512	7.434283	0.134512
8	1.171659	0.853490	7.325481	0.136510	8.582969	0.116510
9	1.195093	0.836755	8.162237	0.122515	9.754628	0.102515
10	1.218994	0.820348	8.982535	0.111327	10.949721	0.091327
11	1.243374	0.804263	9.786848	0.102178	12.168715	0.082178
12	1.268242	0.788493	10.575341	0.094560	13.412090	0.074560
13	1.293607	0.773033	11.348374	0.088118	14.680332	0.068118
14	1.319479	0.757875	12.106249	0.082602	15.973938	0.062602
15	1.345868	0.743015	12.849264	0.077825	17.293417	0.057825
16	1.372786	0.728446	13.577709	0.073650	18.639265	0.053650
17	1.400241	0.714163	14.291872	0.069970	20.012071	0.049970
18	1.428246	0.700159	14.992031	0.066702	21.412312	0.046702
19	1.456811	0.686431	15.678462	0.063782	22.840559	0.043782
20	1.485947	0.672971	16.351433	0.061157	24.297370	0.041157
21	1.515666	0.659776	17.011209	0.058785	25.783317	0.038785
22	1.545980	0.646839	17.658048	0.056631	27.298984	0.036631
23	1.576899	0.634156	18.292204	0.054668	28.844963	0.034666
24	1.608437	0.621721	18.913926	0.052871	30.421862	0.032871
25	1.640606	0.609531	19.523456	0.051220	32.030300	0.031220
26	1.673418	0.597579	20.121036	0.049699	33.670906	0.029699
27	1.706887	0.585362	20.706898	0.048293	35.344324	0.028293
28	1.741024	0.574375	21.281272	0.046990	37.051210	0.026990
29	1.775845	0.563112	21.844385	0.045778	38.792235	0.025773
30	1.811362	0.552071	22.396456	0.044650	40.568079	0.024650
31	1.847589	0.541246	22.937702	0.043596	42.379441	0.023596
32	1.884541	0.530633	23.468335	0.042611	44.227030	0.022611
33	1.922231	0.520229	23.988564	0.041687	46.111570	0.021687
34	1.960676	0.510028	24.498592	0.040819	48.033802	0.020819
35	1.999890	0.500028	24.998619	0.040002	49.994478	0.020002
36	2.039887	0.490223	25.488842	0.039233	51.994367	0.019233

2,00 %						
n	AuF $(1+i)^n$	AbF $(1+i)^{-n}$	DSF $\frac{(1+i)^n-1}{i(1+i)^n}$	KWF $\frac{i(1+i)^n}{(1+i)^n-1}$	EWF $\frac{(1+i)^n-1}{i}$	RVF $\frac{i}{(1+i)^n-1}$
37	2.080685	0.480611	25.969453	0.038507	54.034255	0.018507
38	2.122299	0.471187	26.440641	0.037821	56.114940	0.017821
39	2.164745	0.461948	26.902589	0.037171	58.237238	0.017171
40	2.208040	0.452890	27.355479	0.036556	60.401983	0.016556
41	2.252201	0.444010	27.799489	0.035972	62.610023	0.015972
42	2.297245	0.435304	28.234794	0.035417	64.862223	0.015417
43	2.343189	0.426769	28.661562	0.034890	67.159468	0.014890
44	2.390053	0.418401	29.079963	0.034388	69.502657	0.014388
45	2.437854	0.410197	29.490160	0.033910	71.892710	0.013910
46	2.486611	0.402154	29.892314	0.033453	74.330564	0.013453
47	2.536344	0.394268	30.286582	0.033018	76.817176	0.013018
48	2.587070	0.386536	30.673120	0.032602	79.353519	0.012602
49	2.638812	0.378958	31.052078	0.032204	81.940590	0.012204
50	2.691588	0.371528	31.423606	0.031823	84.579401	0.011823
51	2.745420	0.364243	31.787849	0.031459	87.270989	0.011459
52	2.800328	0.357101	32.144950	0.031109	90.016409	0.011109
53	2.856335	0.350099	32.495049	0.030774	92.816737	0.010774
54	2.913462	0.343234	32.838283	0.030452	95.673072	0.010452
55	2.971731	0.336504	33.174788	0.030143	98.586534	0.010143
56	3.031165	0.329906	33.504694	0.029847	101.558264	0.009847
57	3.091789	0.323437	33.828131	0.029561	104.589430	0.009561
58	3.153624	0.317095	34.145227	0.029287	107.681218	0.009287
59	3.216697	0.310878	34.456104	0.029022	110.834843	0.009022
60	3.281031	0.304782	34.760887	0.028768	114.051539	0.008768
61	3.346652	0.298806	35.059693	0.028523	117.332570	0.008523
62	3.413585	0.292947	35.352640	0.028286	120.679222	0.008286
63	3.481856	0.287203	35.639843	0.028058	124.092806	0.008058
64	3.551493	0.281572	35.921415	0.027839	127.574662	0.007839
65	3.622523	0.276051	36.197466	0.027626	131.126155	0.007626
66	3.694974	0.270628	36.468103	0.027421	134.348679	0.007421
67	3.768873	0.265331	36.733435	0.027223	138.443652	0.007223
68	3.844251	0.260129	36.993564	0.027032	142.212525	0.007032
69	3.921136	0.255028	37.248592	0.026847	146.056776	0.006847
70	3.999558	0.250028	37.498619	0.026668	149.977911	0.006668
71	4.079550	0.245125	37.743744	0.026494	153.977469	0.006494
72	4.161141	0.240319	37.984063	0.026327	158.057019	0.006327

3,00 %						
n	AuF $(1+i)^n$	AbF $(1+i)^{-n}$	DSF $\frac{(1+i)^n-1}{i(1+i)^n}$	KWF $\frac{i(1+i)^n}{(1+i)^n-1}$	EWF $\frac{(1+i)^n-1}{i}$	RVF $\frac{i}{(1+i)^n-1}$
1	1.030000	0.970874	0.970874	1.030000	1.000000	1.000000
2	1.060900	0.942596	1.913470	0.522611	2.030000	0.492611
3	1.092727	0.915142	2.828611	0.353530	3.090900	0.323530
4	1.125509	0.888487	3.717098	0.269027	4.183627	0.239027
5	1.159274	0.862609	4.579707	0.218355	5.309136	0.188355
6	1.194052	0.837484	5.417191	0.184598	6.468410	0.154598
7	1.229874	0.813092	6.230283	0.160506	7.662462	0.130506
8	1.266770	0.789409	7.019692	0.142456	8.892336	0.112456
9	1.304773	0.766417	7.786109	0.128434	10.159106	0.098434
10	1.343916	0.744094	8.530203	0.117231	11.463879	0.087231
11	1.384234	0.722421	9.252624	0.108077	12.807796	0.078077
12	1.425761	0.701380	9.954004	0.100462	14.192030	0.070462
13	1.468534	0.680951	10.634955	0.094030	15.617790	0.064030
14	1.512590	0.661118	11.296073	0.088526	17.086324	0.058526
15	1.557967	0.641862	11.937935	0.083767	18.598914	0.053767
16	1.604706	0.623167	12.561102	0.079611	20.156881	0.049611
17	1.652848	0.605016	13.166118	0.075953	21.761588	0.045953
18	1.702433	0.587395	13.753513	0.072709	23.414435	0.042709
19	1.753506	0.570286	14.323799	0.069814	25.116868	0.039814
20	1.806111	0.553676	14.877475	0.067216	26.870374	0.037216
21	1.860295	0.537549	15.415024	0.064872	28.676486	0.034872
22	1.916103	0.521893	15.936917	0.062747	30.536780	0.032747
23	1.973587	0.506692	16.443608	0.060814	32.452884	0.030814
24	2.032794	0.491934	16.935542	0.059047	34.426470	0.029047
25	2.093778	0.477606	17.413148	0.057428	36.459264	0.027428
26	2.156591	0.463695	17.876842	0.055938	38.553042	0.025938
27	2.221289	0.450189	18.327031	0.054564	40.709634	0.024564
28	2.287928	0.437077	18.764108	0.053293	42.930923	0.023293
29	2.356566	0.424346	19.188455	0.052115	45.218850	0.022115
30	2.427262	0.411987	19.600441	0.051019	47.575416	0.021019
31	2.500080	0.399987	20.000428	0.049999	50.002678	0.019999
32	2.575083	0.388337	20.388766	0.049047	52.502758	0.019047
33	2.652335	0.377026	20.765792	0.048156	55.077841	0.018156
34	2.731905	0.366045	21.131837	0.047322	57.720176	0.017322
35	2.813362	0.355383	21.487220	0.046539	60.462082	0.016539
36	2.898278	0.345032	21.832252	0.045804	63.275944	0.015804

3,00 %						
n	AuF $(1+i)^n$	AbF $(1+i)^{-n}$	DSF $\frac{(1+i)^n-1}{i(1+i)^n}$	KWF $\frac{i(1+i)^n}{(1+i)^n-1}$	EWF $\frac{(1+i)^n-1}{i}$	RVF $\frac{i}{(1+i)^n-1}$
37	2.985227	0.334983	22.167235	0.045112	66.174223	0.015112
38	3.074783	0.325226	22.492462	0.044459	69.159449	0.014459
39	3.167027	0.315754	22.808215	0.043844	72.234233	0.013844
40	3.262038	0.306557	23.114772	0.043262	75.401260	0.013262
41	3.359399	0.297628	23.412400	0.042712	78.663297	0.012712
42	3.460696	0.288959	23.701359	0.042192	82.023196	0.012192
43	3.564517	0.280543	23.981902	0.041693	85.483892	0.011698
44	3.671452	0.272372	24.254274	0.041230	89.048409	0.011230
45	3.781596	0.264439	24.518713	0.040785	92.719861	0.010785
46	3.895044	0.256737	24.775449	0.040363	96.501457	0.010363
47	4.011895	0.249239	25.024708	0.039961	100.396501	0.009961
48	4.132252	0.241999	25.266707	0.039578	104.408396	0.009578
49	4.256219	0.234950	25.501657	0.039213	108.540648	0.009213
50	4.383906	0.228107	25.729764	0.038865	112.796867	0.008865
51	4.515423	0.221463	25.951227	0.038534	117.180773	0.008534
52	4.650886	0.215013	26.166240	0.038217	121.696196	0.008217
53	4.790412	0.208750	26.374990	0.037915	126.347082	0.007915
54	4.934125	0.202670	26.577660	0.037626	131.137495	0.007626
55	5.082149	0.196767	26.774428	0.037349	136.071620	0.007349
56	5.234613	0.191036	26.965464	0.037084	141.153768	0.007084
57	5.391651	0.185472	27.150936	0.036831	146.388381	0.006831
58	5.553401	0.180070	27.331005	0.036588	151.780033	0.006588
59	5.720003	0.174825	27.505831	0.036356	157.333434	0.006356
60	5.891603	0.169733	27.675564	0.036133	163.053437	0.006133
61	6.068351	0.164789	27.840353	0.035919	168.945040	0.005919
62	6.250402	0.159990	28.000343	0.035714	175.013391	0.005714
63	6.437914	0.155350	28.155673	0.035517	181.263793	0.005517
64	6.631051	0.150806	28.306478	0.035328	187.701707	0.005328
65	6.829983	0.146413	28.452892	0.035146	194.332758	0.005146
66	7.034882	0.142149	28.595040	0.034971	201.162740	0.004971
67	7.245929	0.138009	28.733049	0.034803	208.197623	0.004803
68	7.463307	0.133989	28.867038	0.034642	215.445551	0.004642
69	7.687206	0.130086	28.997124	0.034486	222.906858	0.004486
70	7.917822	0.126297	29.123421	0.034337	230.594064	0.004337
71	8.155357	0.122619	29.246040	0.034195	238.511835	0.004193
72	8.400017	0.119047	29.565088	0.034054	246.667242	0.004054

3,35 %						
n	AuF $(1+i)^n$	AbF $(1+i)^{-n}$	DSF $\frac{(1+i)^n-1}{i(1+i)^n}$	KWF $\frac{i(1+i)^n}{(1+i)^n-1}$	EWF $\frac{(1+i)^n-1}{i}$	RVF $\frac{i}{(1+i)^n-1}$
1	1.033500	0.967586	0.967586	1.033500	1.000000	1.000000
2	1.068122	0.936222	1.903808	0.525263	2.033500	0.491763
3	1.103904	0.905876	2.809684	0.355912	3.101622	0.322412
4	1.140885	0.876512	3.686196	0.271282	4.205527	0.237782
5	1.179105	0.848101	4.534297	0.220541	5.346412	0.187041
6	1.218605	0.820611	5.354908	0.186745	6.525517	0.153245
7	1.259428	0.794011	6.148919	0.162630	7.744121	0.129130
8	1.301619	0.768274	6.917193	0.144567	9.003549	0.111067
9	1.345223	0.743371	7.660564	0.130539	10.305168	0.097039
10	1.390288	0.719275	8.379840	0.119334	11.650391	0.085834
11	1.436863	0.695961	9.075800	0.110183	13.040680	0.076683
12	1.484998	0.673402	9.749202	0.102572	14.477542	0.069072
13	1.534745	0.651574	10.400776	0.096147	15.962540	0.062647
14	1.586159	0.630454	11.031230	0.090652	17.497285	0.057152
15	1.639295	0.610018	11.641248	0.085901	19.083444	0.052401
16	1.694212	0.590245	12.231493	0.081756	20.722740	0.048256
17	1.750968	0.571113	12.802606	0.078109	22.416951	0.044609
18	1.809625	0.552601	13.355206	0.074877	24.167919	0.041377
19	1.870248	0.534689	13.889895	0.071995	25.977544	0.038495
20	1.932901	0.517357	14.407252	0.069409	27.847792	0.035909
21	1.997653	0.500587	14.907839	0.067079	29.780693	0.033579
22	2.064575	0.484361	15.392201	0.064968	31.778346	0.031468
23	2.133738	0.468661	15.860862	0.063048	33.842921	0.029548
24	2.205218	0.453470	16.314332	0.061296	35.976659	0.027796
25	2.279093	0.438771	16.753103	0.059690	38.181877	0.026190
26	2.355442	0.424549	17.177651	0.058215	40.460970	0.024715
27	2.434350	0.410787	17.588439	0.056856	42.816412	0.023356
28	2.515901	0.397472	17.985911	0.055599	45.250762	0.022099
29	2.600183	0.384588	18.370499	0.054435	47.766663	0.020935
30	2.687289	0.372122	18.742621	0.053354	50.366846	0.019854
31	2.777314	0.360060	19.102681	0.052349	53.054135	0.018849
32	2.870354	0.348389	19.451070	0.051411	55.831449	0.017911
33	2.966510	0.337096	19.788167	0.050535	58.701802	0.017035
34	3.065888	0.326170	20.114337	0.049716	61.668313	0.016216
35	3.168596	0.315597	20.429934	0.048948	64.734201	0.015448
36	3.274744	0.305367	20.735301	0.048227	67.902797	0.014727

3,35 %						
n	AuF $(1 + i)^n$	AbF $(1 + i)^{-n}$	DSF $\frac{(1 + i)^n - 1}{i\,(1 + i)^n}$	KWF $\frac{i\,(1 + i)^n}{(1 + i)^n - 1}$	EWF $\frac{(1 + i)^n - 1}{i}$	RVF $\frac{i}{(1 + i)^n - 1}$
37	3.384448	0.295469	21.030770	0.047549	71.177541	0.014049
38	3.497827	0.285892	21.316662	0.046912	74.561988	0.013412
39	3.615004	0.276625	21.593287	0.046311	78.059815	0.012811
40	3.736106	0.267658	21.860945	0.045744	81.674819	0.012244
41	3.861266	0.258982	22.119928	0.045208	85.410925	0.011708
42	3.990618	0.250588	22.370516	0.044702	89.272191	0.011202
43	4.124304	0.242465	22.612981	0.044222	93.262809	0.010722
44	4.262468	0.234606	22.847587	0.043768	97.387113	0.010268
45	4.405261	0.227001	23.074588	0.043338	101.649582	0.009838
46	4.552837	0.219643	23.294231	0.042929	106.054843	0.009429
47	4.70535?	0.212524	23.536755	0.042541	110.607680	0.009041
48	4.862987	0.205625	23.712390	0.042172	115.313037	0.008672
49	5.025897	0.198969	23.911359	0.041821	120.176024	0.008321
50	5.194264	0.192520	24.103879	0.041487	125.201921	0.007987
51	5.368272	0.186280	24.290159	0.041169	130.396185	0.007669
52	5.548109	0.180242	24.470401	0.040866	135.764457	0.007366
53	5.733971	0.174399	24.644800	0.040577	141.312567	0.007077
54	5.926059	0.168746	24.813546	0.040301	147.046538	0.006801
55	6.124582	0.163276	24.976822	0.040037	152.972597	0.006537
56	6.329755	0.157984	25.134806	0.039785	159.097179	0.006285
57	6.541802	0.152863	25.287669	0.039545	165.426934	0.006045
58	6.760953	0.147908	25.435578	0.039315	171.968737	0.005815
59	6.987445	0.143114	25.578691	0.039095	178.729689	0.005595
60	7.221524	0.138475	25.717166	0.038885	185.717134	0.005385
61	7.463445	0.133986	25.851153	0.038683	192.938658	0.005183
62	7.713470	0.129643	25.980796	0.038490	200.402103	0.004990
63	7.971872	0.125441	26.106237	0.038305	208.115573	0.004805
64	8.238929	0.121375	26.227612	0.038128	216.087445	0.004628
65	8.514923	0.117441	26.345053	0.037953	224.326374	0.004458
66	8.800184	0.113634	26.458687	0.037795	232.841308	0.004295
67	9.094990	0.109951	26.568638	0.037638	241.641492	0.004138
68	9.399672	0.106387	26.675024	0.037488	250.735482	0.003988
69	9.714561	0.102938	26.777962	0.037344	260.136154	0.003844
70	10.039999	0.099602	26.877564	0.037206	269.850715	0.003706
71	10.376339	0.096373	26.973937	0.037073	279.890714	0.003573
72	10.723946	0.093249	27.067186	0.036945	290.267053	0.003445

3,40 %						
n	AuF $(1+i)^n$	AbF $(1+i)^{-n}$	DSF $\frac{(1+i)^n-1}{i(1+i)^n}$	KWF $\frac{i(1+i)^n}{(1+i)^n-1}$	EWF $\frac{(1+i)^n-1}{i}$	RVF $\frac{i}{(1+i)^n-1}$
1	1.034000	0.967118	0.967118	1.034000	1.000000	1.000000
2	1.069156	0.935317	1.902435	0.525642	2.034000	0.491642
3	1.105507	0.904562	2.806997	0.356253	3.103156	0.322253
4	1.143095	0.874818	3.681816	0.271605	4.208663	0.237605
5	1.181960	0.846052	4.527868	0.220854	5.351758	0.186854
6	1.222146	0.818233	5.346101	0.187052	6.533718	0.153052
7	1.263699	0.791327	6.137428	0.162935	7.755864	0.128935
8	1.306665	0.765307	6.902735	0.144870	9.019563	0.110870
9	1.351092	0.740142	7.642677	0.130841	10.326229	0.096841
10	1.397029	0.715805	8.358682	0.119636	11.677320	0.085636
11	1.444528	0.692268	9.050950	0.110486	13.074349	0.076486
12	1.493642	0.669505	9.720454	0.102876	14.518877	0.068876
13	1.544426	0.647490	10.367944	0.096451	16.012519	0.062451
14	1.596936	0.626199	10.994143	0.090958	17.556945	0.056958
15	1.651232	0.605608	11.599752	0.086209	19.153881	0.052209
16	1.707374	0.585695	12.185447	0.082065	20.805113	0.048065
17	1.765425	0.566436	12.751883	0.078420	22.512486	0.044420
18	1.825449	0.547810	13.299693	0.075190	24.277911	0.041190
19	1.887514	0.529797	13.829490	0.072309	26.103360	0.038309
20	1.951690	0.512377	14.341867	0.069726	27.990874	0.035726
21	2.018047	0.495529	14.837395	0.067397	29.942564	0.033397
22	2.086861	0.479235	15.316630	0.065289	31.960611	0.031289
23	2.157607	0.463476	15.780106	0.063371	34.047272	0.029371
24	2.230966	0.448236	16.228343	0.061621	36.204879	0.027621
25	2.306619	0.433497	16.661840	0.060017	38.435845	0.026017
26	2.385251	0.419243	17.081083	0.058544	40.742664	0.024544
27	2.466349	0.405458	17.486541	0.057187	43.127914	0.023187
28	2.550205	0.392125	17.878666	0.055933	45.594263	0.021933
29	2.636912	0.379231	18.257898	0.054771	48.144468	0.020771
30	2.726567	0.366762	18.624659	0.053692	50.781380	0.019692
31	2.819270	0.354702	18.979361	0.052689	53.507947	0.018689
32	2.915125	0.343038	19.322400	0.051753	56.327217	0.017753
33	3.014240	0.331759	19.654158	0.050880	59.242343	0.016880
34	3.116724	0.320850	19.975008	0.050063	62.256582	0.016063
35	3.222692	0.310300	20.285307	0.049297	65.373306	0.015297
36	3.332264	0.300096	20.585404	0.048578	68.595999	0.014578

3,40 %						
n	AuF $(1+i)^n$	AbF $(1+i)^{-n}$	DSF $\frac{(1+i)^n-1}{i(1+i)^n}$	KWF $\frac{i(1+i)^n}{(1+i)^n-1}$	EWF $\frac{(1+i)^n-1}{i}$	RVF $\frac{i}{(1+i)^n-1}$
37	3.445561	0.290229	20.875632	0.047903	71.928263	0.013903
38	3.562710	0.280685	21.156317	0.047267	75.373824	0.013267
39	3.683842	0.271456	21.427773	0.046668	78.936534	0.012668
40	3.809093	0.262530	21.690303	0.046104	82.620376	0.012104
41	3.938602	0.253897	21.944200	0.045570	86.429468	0.011570
42	4.072514	0.245549	22.189749	0.045066	90.368070	0.011066
43	4.210980	0.237474	22.427223	0.044589	94.440585	0.010589
44	4.354153	0.229666	22.556889	0.044137	98.651565	0.010137
45	4.502194	0.222114	22.879003	0.043708	103.005718	0.009708
46	4.655269	0.214810	23.093813	0.043302	107.507912	0.009302
47	4.813548	0.207747	23.301560	0.042916	112.163181	0.008916
48	4.977209	0.200916	23.502476	0.042549	116.976729	0.008549
49	5.146434	0.194309	23.696785	0.042200	121.953938	0.008200
50	5.321413	0.187920	23.884705	0.041868	127.100372	0.007868
51	5.502341	0.181741	24.066446	0.041552	132.421785	0.007552
52	5.689420	0.173765	24.242211	0.041250	137.924126	0.007250
53	5.882861	0.169989	24.412196	0.040963	143.613546	0.006963
54	6.082878	0.164396	24.576592	0.040689	149.496406	0.006689
55	6.289696	0.158990	24.735582	0.040428	155.579284	0.006428
56	6.503545	0.153762	24.889345	0.040178	161.868980	0.006178
57	6.724666	0.148706	25.038051	0.039929	168.372525	0.005939
58	6.953305	0.143817	25.181867	0.039711	175.097191	0.005711
59	7.189717	0.139088	25.320955	0.039493	182.050496	0.005493
60	7.434167	0.134514	25.455469	0.039284	189.240213	0.005284
61	7.686929	0.130091	25.585560	0.039085	196.674380	0.005085
62	7.948284	0.125813	25.711373	0.038893	204.361309	0.004893
63	8.218526	0.121676	25.833049	0.038710	212.309593	0.004710
64	8.497956	0.117675	25.950725	0.038535	220.528119	0.004535
65	8.786887	0.113806	26.064531	0.038366	229.026075	0.004366
66	9.085641	0.110064	26.174595	0.038205	237.812962	0.004205
67	9.394552	0.106445	26.281039	0.038050	246.898603	0.004050
68	9.713967	0.102945	26.383984	0.037902	256.293155	0.003902
69	10.044242	0.099560	26.483543	0.037759	266.007122	0.003759
70	10.385746	0.096286	26.579829	0.037623	276.051365	0.003623
71	10.738862	0.093120	26.672949	0.037491	286.437111	0.003491
72	11.103983	0.090058	26.763007	0.037365	297.175973	0.003365

3,45 %						
n	AuF $(1+i)^n$	AbF $(1+i)^{-n}$	DSF $\frac{(1+i)^n-1}{i(1+i)^n}$	KWF $\frac{i(1+i)^n}{(1+i)^n-1}$	EWF $\frac{(1+i)^n-1}{i}$	RVF $\frac{i}{(1+i)^n-1}$
1	1.034500	0.966651	0.966651	1.034500	1.000000	1.000000
2	1.070190	0.934413	1.901064	0.526021	2.034500	0.491521
3	1.107112	0.903251	2.804315	0.356593	3.104690	0.322093
4	1.145307	0.873128	3.677443	0.271928	4.211802	0.237428
5	1.184820	0.844010	4.521453	0.221168	5.357109	0.186668
6	1.225697	0.815863	5.337316	0.187360	6.541930	0.152860
7	1.267983	0.788654	6.125970	0.163239	7.767626	0.128739
8	1.311729	0.762353	6.888323	0.145173	9.035609	0.110673
9	1.356982	0.736929	7.625251	0.131143	10.347338	0.096643
10	1.403799	0.712352	8.237604	0.119939	11.704321	0.085439
11	1.452230	0.688596	9.026200	0.110789	13.108120	0.076289
12	1.502332	0.665632	9.691832	0.103180	14.560350	0.068680
13	1.554163	0.643433	10.335265	0.096756	16.062682	0.062256
14	1.607781	0.621975	10.957241	0.091264	17.616845	0.056764
15	1.663250	0.601232	11.558473	0.086517	19.224626	0.052017
16	1.720632	0.581182	12.139655	0.082375	20.887875	0.047875
17	1.779994	0.561800	12.701455	0.078731	22.608507	0.044231
18	1.841403	0.543064	13.244519	0.075503	24.388501	0.041003
19	1.904932	0.524953	13.769472	0.072624	26.229904	0.038124
20	1.970652	0.507446	14.276919	0.070043	28.134836	0.035543
21	2.038639	0.490523	14.767442	0.067717	30.105487	0.033217
22	2.108972	0.474165	15.241605	0.065610	32.144127	0.031110
23	2.181732	0.458351	15.699958	0.063694	34.253099	0.029194
24	2.257002	0.443066	16.143024	0.061946	36.434831	0.027446
25	2.334858	0.428290	16.571313	0.060345	38.691833	0.025845
26	2.415421	0.414006	16.985320	0.058874	41.026701	0.024374
27	2.493753	0.400200	17.385519	0.057519	43.442122	0.023019
28	2.584960	0.386853	17.772372	0.056267	45.940875	0.021767
29	2.674141	0.373952	18.146324	0.055108	48.525835	0.020608
30	2.766399	0.361481	18.567805	0.054031	51.199977	0.019531
31	2.861840	0.349426	18.857231	0.053030	53.966376	0.018530
32	2.960573	0.337772	19.195003	0.052097	56.828216	0.017597
33	3.062713	0.326508	19.521511	0.051226	59.788789	0.016726
34	3.168377	0.315619	19.837130	0.050411	62.851503	0.015911
35	3.277686	0.305093	20.142223	0.049647	66.019880	0.015147
36	3.390766	0.294919	20.437142	0.048931	69.297565	0.014431

3,45 %						
n	AuF $(1+i)^n$	AbF $(1+i)^{-n}$	DSF $\frac{(1+i)^n-1}{i(1+i)^n}$	KWF $\frac{i(1+i)^n}{(1+i)^n-1}$	EWF $\frac{(1+i)^n-1}{i}$	RVF $\frac{i}{(1+i)^n-1}$
37	3.507747	0.285083	20.722225	0.048257	72.688331	0.013757
38	3.628765	0.275576	20.997801	0.047624	76.196079	0.013124
39	3.753957	0.266386	21.264186	0.047027	79.824844	0.012527
40	3.883469	0.257502	21.521688	0.046465	83.578801	0.011965
41	4.017448	0.248914	21.770602	0.045934	87.462269	0.011434
42	4.156050	0.240613	22.011215	0.045431	91.479718	0.010931
43	4.299434	0.232589	22.243804	0.044956	95.635768	0.010456
44	4.447764	0.224832	22.468636	0.044506	99.935202	0.010006
45	4.601212	0.217334	22.685970	0.044080	104.382966	0.009580
46	4.759954	0.210086	22.896056	0.043576	108.984179	0.009176
47	4.924173	0.203080	23.099136	0.043292	113.744133	0.008792
48	5.094057	0.196307	23.295443	0.042927	118.666305	0.008427
49	5.269802	0.169760	23.485204	0.042580	123.762362	0.008080
50	5.451610	0.183432	23.668636	0.042250	129.032163	0.007750
51	5.639690	0.177315	23.845951	0.041936	134.483773	0.007436
52	5.834260	0.171401	24.017352	0.041637	140.123463	0.007137
53	6.035541	0.165685	24.183037	0.041351	145.957723	0.036851
54	6.243768	0.160160	24.343197	0.041079	151.993264	0.006579
55	6.459178	0.154818	24.498015	0.040820	158.237032	0.006320
56	6.682019	0.149655	24.647671	0.040572	164.696209	0.006072
57	6.912549	0.144664	24.792335	0.040335	171.378228	0.005835
58	7.151032	0.139840	24.932175	0.040109	178.290777	0.005609
59	7.397742	0.135176	25.067351	0.039893	185.441809	0.005393
60	7.652965	0.130668	25.198020	0.039686	192.839552	0.005186
61	7.916992	0.126311	25.324330	0.039488	200.492516	0.004988
62	8.190128	0.122098	25.446429	0.039298	208.409508	0.004798
63	8.472688	0.118026	25.564455	0.039117	216.599636	0.004617
64	8.764995	0.114090	25.678545	0.038943	225.072323	0.004443
65	9.067388	0.110285	25.788830	0.038776	233.837319	0.004276
66	9.380212	0.106607	25.895438	0.038617	242.904706	0.004117
67	9.703830	0.103052	25.998490	0.038464	252.284918	0.003964
68	10.038612	0.099615	26.098105	0.038317	261.988748	0.003817
69	10.284944	0.096293	26.194399	0.038176	272.027360	0.003676
70	10.743225	0.093082	26.287480	0.038041	282.412304	0.003541
71	11.113866	0.089978	26.377458	0.037911	293.155528	0.003411
72	11.497294	0.086977	26.464435	0.037787	304.269394	0.003287

3,50 %						
n	AuF $(1+i)^n$	AbF $(1+i)^{-n}$	DSF $\frac{(1+i)^n-1}{i(1+i)^n}$	KWF $\frac{i(1+i)^n}{(1+i)^n-1}$	EWF $\frac{(1+i)^n-1}{i}$	RVF $\frac{i}{(1+i)^n-1}$
1	1.035000	0.966184	0.966184	1.035000	1.000000	1.000000
2	1.071225	0.933511	1.899694	0.526400	2.035000	0.491400
3	1.108718	0.901943	2.801637	0.356934	3.106225	0.321934
4	1.147523	0.871442	3.673079	0.272251	4.214943	0.237251
5	1.187686	0.841973	4.515052	0.221481	5.362466	0.186481
6	1.229255	0.813501	5.328553	0.187668	6.550152	0.152668
7	1.272279	0.785991	6.114544	0.163544	7.779408	0.128544
8	1.316809	0.759412	6.873956	0.145477	9.051687	0.110477
9	1.362897	0.733731	7.607687	0.131446	10.368496	0.096445
10	1.410599	0.708919	8.316605	0.120241	11.731393	0.085241
11	1.459970	0.684946	9.001551	0.111092	13.141992	0.076092
12	1.511069	0.661783	9.663334	0.103484	14.601962	0.068484
13	1.563956	0.639404	10.302738	0.097062	16.113030	0.062062
14	1.618695	0.617782	10.920520	0.091571	17.676986	0.056571
15	1.675349	0.596891	11.517411	0.086825	19.295681	0.051825
16	1.733986	0.576706	12.094117	0.082685	20.971030	0.047685
17	1.794676	0.557204	12.651321	0.079043	22.705016	0.044043
18	1.857489	0.538361	13.189682	0.075817	24.499691	0.040817
19	1.922501	0.520156	13.709837	0.072940	26.357180	0.037940
20	1.989789	0.502566	14.212403	0.070361	28.279682	0.035361
21	2.059431	0.485571	14.697974	0.068037	30.269471	0.033037
22	2.131512	0.469151	15.167125	0.065932	32.328902	0.030932
23	2.206114	0.453286	15.620410	0.064019	34.460414	0.029019
24	2.283328	0.437957	16.058368	0.062273	36.666528	0.027273
25	2.363245	0.423147	16.481515	0.060674	38.949857	0.025674
26	2.445959	0.408838	16.890352	0.059205	41.313102	0.024205
27	2.531567	0.395012	17.285365	0.057852	43.759060	0.022852
28	2.620172	0.381654	17.667019	0.056603	46.290627	0.021603
29	2.711878	0.368748	18.035767	0.055445	48.910799	0.020445
30	2.806794	0.356278	18.392045	0.054371	51.622677	0.019371
31	2.905031	0.344230	18.736276	0.053372	54.429471	0.018372
32	3.006708	0.332590	19.068865	0.052442	57.334502	0.017442
33	3.111942	0.321343	19.290208	0.051572	60.341210	0.016572
34	3.220860	0.310476	19.700684	0.050760	63.453152	0.015760
35	3.333590	0.299977	20.000661	0.049998	66.674013	0.014998
36	3.450266	0.289833	20.290494	0.049284	70.007603	0.014284

3,50 %						
n	AuF $(1+i)^n$	AbF $(1+i)^{-n}$	DSF $\frac{(1+i)^n-1}{i(1+i)^n}$	KWF $\frac{i(1+i)^n}{(1+i)^n-1}$	EWF $\frac{(1+i)^n-1}{i}$	RVF $\frac{i}{(1+i)^n-1}$
37	3.571025	0.280032	20.570525	0.048613	73.457869	0.013613
38	3.696011	0.270562	20.841087	0.047982	77.028895	0.012982
39	3.825372	0.261413	21.102500	0.047388	80.724906	0.012388
40	3.959260	0.252572	21.355072	0.046827	84.550278	0.011827
41	4.097834	0.244031	21.599104	0.046298	88.509538	0.011298
42	4.241258	0.235779	21.834883	0.045798	92.607371	0.010798
43	4.389702	0.227806	22.062689	0.045325	96.848629	0.010325
44	4.543342	0.220102	22.282791	0.044878	101.238331	0.009878
45	4.702359	0.212659	22.495450	0.044453	105.781673	0.009453
46	4.866941	0.205468	22.700918	0.044051	110.484032	0.009051
47	5.037284	0.198520	22.899438	0.043669	115.350973	0.008669
48	5.213589	0.191806	23.091244	0.043306	120.388257	0.008306
49	5.396065	0.185320	23.276564	0.042962	125.601846	0.007962
50	5.584927	0.179053	23.455618	0.042634	130.997910	0.007634
51	5.780399	0.172998	23.628616	0.042322	136.582837	0.007322
52	5.982713	0.167148	23.795765	0.042024	142.363236	0.007024
53	6.192108	0.161496	23.957260	0.041741	148.345950	0.006741
54	6.408832	0.156035	24.113295	0.041471	154.538058	0.006471
55	6.623141	0.150758	24.264053	0.041213	160.946890	0.006213
56	6.865301	0.145660	24.409713	0.040967	167.580031	0.005967
57	7.105587	0.140734	24.550448	0.040732	174.445332	0.005732
58	7.254282	0.135975	24.686423	0.040508	181.550919	0.005508
59	7.611682	0.131377	24.817800	0.040294	188.905201	0.005294
60	7.878091	0.126934	24.944734	0.040089	196.516883	0.005089
61	8.153824	0.122642	25.067376	0.039892	204.394974	0.004892
62	8.439208	0.118495	25.185870	0.039705	212.548798	0.004705
63	8.734580	0.114487	25.300358	0.039525	220.988006	0.004525
64	9.040291	0.110616	25.410974	0.039353	229.722586	0.004353
65	9.356701	0.106875	25.517849	0.039188	238.762877	0.004188
66	9.684185	0.103261	25.621110	0.039030	248.119577	0.004020
67	10.023132	0.099769	25.720880	0.038879	257.803765	0.003879
68	10.373941	0.096395	25.817275	0.038734	267.826894	0.003734
69	10.737029	0.093136	25.910411	0.038595	278.200836	0.003595
70	11.112825	0.089986	26.000397	0.038461	288.937865	0.003461
71	11.501774	0.086943	26.087340	0.038333	300.050690	0.003333
72	11.904336	0.084001	26.171343	0.038210	311.552464	0.003210

4,00 %						
n	AuF $(1+i)^n$	AbF $(1+i)^{-n}$	DSF $\frac{(1+i)^n-1}{i(1+i)^n}$	KWF $\frac{i(1+i)^n}{(1+i)^n-1}$	EWF $\frac{(1+i)^n-1}{i}$	RVF $\frac{i}{(1+i)^n-1}$
1	1.040000	0.961538	0.961538	1.040000	1.000000	1.000000
2	1.081600	0.924556	1.886095	0.530196	2.040000	0.490196
3	1.124864	0.888996	2.775091	0.360349	3.121600	0.320349
4	1.169859	0.854804	3.629895	0.275490	4.246464	0.235490
5	1.216653	0.821927	4.451822	0.224627	5.416323	0.184627
6	1.265319	0.790315	5.242137	0.190762	6.632975	0.150762
7	1.315932	0.759918	6.002055	0.166610	7.898294	0.126610
8	1.368569	0.730690	6.732745	0.148528	9.214226	0.108528
9	1.423312	0.702587	7.435332	0.134493	10.582795	0.094493
10	1.480244	0.675564	8.110896	0.123291	12.006107	0.083291
11	1.539454	0.649581	8.760477	0.114149	13.486351	0.074149
12	1.601032	0.624597	9.385074	0.106552	15.025805	0.066552
13	1.665074	0.600574	9.985648	0.100144	16.626838	0.060144
14	1.731676	0.577475	10.563123	0.094669	18.291911	0.054669
15	1.800944	0.555265	11.118387	0.089941	20.023588	0.049941
16	1.872981	0.533908	11.652296	0.085820	21.824531	0.045820
17	1.947900	0.513373	12.165669	0.082199	23.697512	0.042199
18	2.025817	0.493628	12.659297	0.078993	25.645413	0.038993
19	2.106849	0.474642	13.133939	0.076139	27.671229	0.036139
20	2.191123	0.456387	13.590326	0.073582	29.778079	0.033582
21	2.278768	0.438834	14.029160	0.071280	31.969202	0.031280
22	2.369919	0.421955	14.451115	0.069199	34.247970	0.029199
23	2.464716	0.405726	14.856842	0.067309	36.617889	0.027309
24	2.563304	0.390121	15.246963	0.065587	39.082604	0.025587
25	2.665836	0.375117	15.622080	0.064012	41.645908	0.024012
26	2.772470	0.360689	15.982769	0.062567	44.311745	0.022567
27	2.883369	0.346817	16.329586	0.061239	47.084214	0.021239
28	2.998703	0.333477	16.663063	0.060013	49.967583	0.020013
29	3.118651	0.320651	16.983715	0.058880	52.966286	0.018880
30	3.243398	0.308319	17.292033	0.057830	56.084938	0.017830
31	3.373133	0.296460	17.588494	0.056855	59.328335	0.016855
32	3.508059	0.285058	17.873551	0.055949	62.701469	0.015949
33	3.645381	0.274094	18.147646	0.055104	66.209527	0.015104
34	3.794316	0.263552	18.411198	0.054315	69.857909	0.014315
35	3.946089	0.253415	18.664613	0.053577	73.652225	0.013577
36	4.103933	0.243669	18.908282	0.052887	77.598314	0.012887

4,00 %						
n	AuF $(1+i)^n$	AbF $(1+i)^{-n}$	DSF $\frac{(1+i)^n-1}{i(1+i)^n}$	KWF $\frac{i(1+i)^n}{(1+i)^n-1}$	EWF $\frac{(1+i)^n-1}{i}$	RVF $\frac{i}{(1+i)^n-1}$
37	4.268090	0.234297	19.142579	0.052240	81.702246	0.012240
38	4.438813	0.225285	19.367864	0.051632	85.970336	0.011632
39	4.616366	0.216621	19.584485	0.051061	90.409150	0.011061
40	4.801021	0.208289	19.792774	0.050523	95.025516	0.010523
41	4.993061	0.200278	19.993052	0.050017	99.826536	0.010017
42	5.192784	0.192575	20.185627	0.049540	104.819598	0.009540
43	5.400495	0.185168	20.370795	0.049091	110.012382	0.009090
44	5.616515	0.178046	20.548841	0.048665	115.412877	0.008665
45	5.841176	0.171198	20.720040	0.048262	121.029392	0.008262
46	6.074823	0.164614	20.884654	0.047882	126.870568	0.007882
47	6.317816	0.158283	21.042936	0.047522	132.945391	0.007522
48	6.570528	0.152195	21.195111	0.047181	139.263206	0.007181
49	6.833349	0.146341	21.341472	0.046857	145.833734	0.006857
50	7.106683	0.140713	21.482185	0.046550	152.667084	0.006550
51	7.390951	0.135301	21.617485	0.046259	159.773767	0.006259
52	7.686589	0,130097	21.747582	0.045982	167.164718	0.005982
53	7.994052	0.125093	21.872675	0.045719	174.851306	0.005719
54	8.315814	0.120282	21.992957	0.045469	182.845359	0.005469
55	8.646367	0.115656	22.108612	0.045231	191.159173	0.005231
56	8.992222	0.111207	22.219819	0.045005	199.805540	0.005005
57	9.351910	0.106930	22.326749	0.044789	208.797762	0.004789
58	9.725987	0.102817	22.429567	0.044584	218.149672	0.004584
59	10.115026	0.098863	22.528430	0.044388	227.875659	0.004388
60	10.519627	0.095060	22.623490	0.044202	237.990685	0.004202
61	10.940413	0.091404	22.714894	0.044024	248.510313	0.004024
62	11.378029	0.087889	22.802783	0.043854	259.450725	0.003854
63	11.833150	0.084508	22.887291	0.043692	270.828754	0.003692
64	12.306476	0.081258	22.968549	0.043538	282.661905	0.003538
65	12.798735	0.078133	23.046682	0.043390	294.968381	0.003390
66	13.310685	0.075128	23.121810	0.043249	307.767116	0.003249
67	13.843112	0.072218	23.194048	0.043115	321.077801	0.003115
68	14.396837	0.069460	23.263507	0.042986	334.920912	0.002986
69	14.972710	0.066788	23.330296	0.042863	349.317749	0.002863
70	15.571618	0.064219	23.394515	0.042745	364.290459	0.002745
71	16.194483	0.061749	23.456264	0.042633	379.862078	0.002633
72	16.842262	0.059374	23.515639	0.042525	396.056561	0.002525

5,00 %						
n	AuF $(1+i)^n$	AbF $(1+i)^{-n}$	DSF $\frac{(1+i)^n-1}{i(1+i)^n}$	KWF $\frac{i(1+i)^n}{(1+i)^n-1}$	EWF $\frac{(1+i)^n-1}{i}$	RVF $\frac{i}{(1+i)^n-1}$
1	1.050000	0.952381	0.952381	1.050000	1.000000	1.000000
2	1.102500	0.907029	1.859410	0.537805	2.050000	0.487805
3	1.157625	0.863838	2.723248	0.367209	3.152500	0.317209
4	1.215506	0.822702	3.545951	0.282012	4.310125	0.232012
5	1.276282	0.783526	4.329477	0.230975	5.525631	0.180975
6	1.340096	0.746215	5.075692	0.197017	6.801913	0.147017
7	1.407100	0.710681	5.786373	0.172820	8.142008	0.122820
8	1.477455	0.676839	6.463213	0.154722	9.549109	0.104722
9	1.551328	0.644609	7.107822	0.140690	11.026564	0.090690
10	1.628895	0.613913	7.721735	0.129505	12.577893	0.079505
11	1.710339	0.584679	8.306414	0.120389	14.206787	0.070389
12	1.795856	0.556837	8.863252	0.112825	15.917127	0.062825
13	1.885649	0.530321	9.393573	0.106456	17.712983	0.056456
14	1.979932	0.505068	9.898641	0.101024	19.598632	0.051024
15	2.078928	0.481017	10.379658	0.096342	21.578564	0.046342
16	2.182875	0.458112	10.837770	0.092270	23.657492	0.042270
17	2.292018	0.436297	11.274066	0.088699	25.840366	0.038699
18	2.406619	0.415521	11.689587	0.085546	28.132385	0.035546
19	2.526950	0.395734	12.085321	0.082745	30.539004	0.032745
20	2.653298	0.376889	12.462210	0.080243	33.065954	0.030243
21	2.785963	0.358942	12.821153	0.077996	35.719252	0.027996
22	2.925261	0.341850	13.163003	0.075971	38.505214	0.025971
23	3.071524	0.325571	13.488574	0.074137	41.430475	0.024137
24	3.225100	0.310068	13.798642	0.072471	44.501999	0.022471
25	3.386355	0.295303	14.093945	0.070952	47.727099	0.020952
26	3.555673	0.281241	14.375185	0.069564	51.113454	0.019564
27	3.733456	0.267848	14.643034	0.068292	54.669126	0.018292
28	3.920129	0.255094	14.898127	0.067123	58.402583	0.017123
29	4.116136	0.242946	15.141074	0.066046	62.322712	0.016046
30	4.321942	0.231377	15.372451	0.065051	66.438848	0.015051
35	5.516015	0.181290	16.374194	0.061072	90.320307	0.011072
40	7.039989	0.142046	17.159086	0.058278	120.799774	0.008278
45	8.985008	0.111297	17.774070	0.056262	159.700156	0.006262
50	11.467400	0.087204	18.255925	0.054777	209.347996	0.004777

5,50 %						
n	AuF $(1+i)^n$	AbF $(1+i)^{-n}$	DSF $\frac{(1+i)^n-1}{i(1+i)^n}$	KWF $\frac{i(1+i)^n}{(1+i)^n-1}$	EWF $\frac{(1+i)^n-1}{i}$	RVF $\frac{i}{(1+i)^n-1}$
1	1.055000	0.947867	0.947867	1.055000	1.000000	1.000000
2	1.113025	0.898452	1.846320	0.541618	2.055000	0.486618
3	1.174241	0.851614	2.697933	0.370654	3.168025	0.315654
4	1.238825	0.807217	3.505150	0.285294	4.342266	0.230294
5	1.306960	0.765134	4.270284	0.234176	5.581091	0.179176
6	1.378843	0.725246	4.995530	0.200179	6.888051	0.145179
7	1.454679	0.687437	5.682967	0.175964	8.266894	0.120964
8	1.534687	0.651599	6.334566	0.157864	9.721573	0.102864
9	1.619094	0.617629	6.952195	0.143839	11.256260	0.088839
10	1.708144	0.585431	7.537626	0.132668	12.875354	0.077668
11	1.802092	0.554911	8.092536	0.123571	14.583498	0.068571
12	1.901207	0.525982	8.618518	0.116029	16.385591	0.061029
13	2.005774	0.498561	9.117079	0.109684	18.286798	0.054684
14	2.116091	0.472569	9.589648	0.104279	20.292572	0.049279
15	2.232476	0.447933	10.037581	0.099626	22.408663	0.044626
16	2.355263	0.424581	10.462162	0.095583	24.641140	0.040583
17	2.484802	0.402447	10.864609	0.092042	26.996403	0.037042
18	2.621466	0.381466	11.246074	0.088920	29.481205	0.033920
19	2.765647	0.361579	11.607654	0.086150	32.102671	0.031150
20	2.917757	0.342729	11.950382	0.083679	34.868318	0.028679
21	3.078234	0.324862	12.275244	0.081465	37.786076	0.026465
22	3.247537	0.307926	12.583170	0.079471	40.864310	0.024471
23	3.426152	0.291873	12.875042	0.077670	44.111847	0.022670
24	3.614590	0.276657	13.151699	0.076036	47.537998	0.021036
25	3.813392	0.262234	13.413933	0.074549	51.152588	0.019549
26	4.023129	0.248563	13.662495	0.073193	54.965981	0.018193
27	4.244401	0.235605	13.898100	0.071952	58.989109	0.016952
28	4.477843	0.223322	14.121422	0.070814	63.233510	0.015814
29	4.724124	0.211679	14.333101	0.069769	67.711354	0.014769
30	4.983951	0.200644	14.533745	0.068805	72.435478	0.013805
35	6.513825	0.153520	15.390552	0.064975	100.251364	0.009975
40	8.513309	0.117463	16.046125	0.062320	136.605614	0.007320
45	11.126554	0.089875	16.547726	0.060431	184.119165	0.005431
50	14.541961	0.068767	16.931518	0.059061	246.217476	0.004061

6,00 %						
n	AuF $(1+i)^n$	AbF $(1+i)^{-n}$	DSF $\frac{(1+i)^n-1}{i(1+i)^n}$	KWF $\frac{i(1+i)^n}{(1+i)^n-1}$	EWF $\frac{(1+i)^n-1}{i}$	RVF $\frac{i}{(1+i)^n-1}$
1	1.060000	0.943396	0.943396	1.060000	1.000000	1.000000
2	1.123600	0.889996	1.833393	0.545437	2.060000	0.485437
3	1.191016	0.839619	2.673012	0.374110	3.183600	0.314110
4	1.262477	0.792094	3.465106	0.288591	4.374616	0.228591
5	1.338226	0.747258	4.212364	0.237396	5.637093	0.177396
6	1.418519	0.704961	4.917324	0.203363	6.975319	0.143363
7	1.503630	0.665057	5.582381	0.179135	8.393838	0.119135
8	1.593848	0.627412	6.209794	0.161036	9.897468	0.101036
9	1.689479	0.591898	6.801692	0.147022	11.491316	0.087022
10	1.790848	0.558395	7.360087	0.135868	13.180795	0.075868
11	1.898299	0.526788	7.886875	0.126793	14.971643	0.066793
12	2.012196	0.496969	8.383844	0.119277	16.869941	0.059277
13	2.132928	0.468839	8.852683	0.112960	18.882138	0.052960
14	2.260904	0.442301	9.294984	0.107585	21.015066	0.047585
15	2.396558	0.417265	9.712249	0.102963	23.275970	0.042963
16	2.540352	0.393646	10.105895	0.098952	25.672528	0.038952
17	2.692773	0.371364	10.477260	0.095445	28.212880	0.035445
18	2.854339	0.350344	10.827603	0.092357	30.905653	0.032357
19	3.025600	0.330513	11.158116	0.089621	33.759992	0.029621
20	3.207135	0.311805	11.469921	0.087185	36.785591	0.027185
21	3.399564	0.294155	11.764077	0.085005	39.992727	0.025005
22	3.603537	0.277505	12.041582	0.083046	43.392290	0.023046
23	3.819750	0.261797	12.303379	0.081278	46.995828	0.021278
24	4.048935	0.246979	12.550358	0.079679	50.815577	0.019679
25	4.291871	0.232999	12.783356	0.078227	54.864512	0.018227
26	4.549383	0.219810	13.003166	0.076904	59.156383	0.016904
27	4.822346	0.207368	13.210534	0.075697	63.705766	0.015697
28	5.111687	0.195630	13.406164	0.074593	68.528112	0.014593
29	5.418388	0.184557	13.590721	0.073580	73.639798	0.013580
30	5.743491	0.174110	13.764831	0.072649	79.058186	0.012649
35	7.686087	0.130105	14.498246	0.068974	111.434780	0.008974
40	10.285718	0.097222	15.046297	0.066462	154.761966	0.006462
45	13.764611	0.072650	15.455832	0.064700	212.743514	0.004700
50	18.420154	0.054288	15.761861	0.063444	290.335905	0.003444

6,50 %						
n	AuF $(1+i)^n$	AbF $(1+i)^{-n}$	DSF $\frac{(1+i)^n-1}{i(1+i)^n}$	KWF $\frac{i(1+i)^n}{(1+i)^n-1}$	EWF $\frac{(1+i)^n-1}{i}$	RVF $\frac{i}{(1+i)^n-1}$
1	1.065000	0.938967	0.938967	1.065000	1.000000	1.000000
2	1.134225	0.881659	1.820626	0.549262	2.065000	0.484262
3	1.207950	0.827849	2.648476	0.377576	3.199225	0.312576
4	1.286466	0.777323	3.425799	0.291903	4.407175	0.226903
5	1.370087	0.729881	4.155679	0.240635	5.693641	0.175635
6	1.459142	0.685334	4.841014	0.206568	7.063728	0.141568
7	1.553987	0.643506	5.484520	0.182331	8.522870	0.117331
8	1.654996	0.604231	6.088751	0.164237	10.076856	0.099237
9	1.762570	0.567353	6.656104	0.150238	11.731852	0.085238
10	1.877137	0.532726	7.188830	0.139105	13.494423	0.074105
11	1.999151	0.500212	7.689042	0.130055	15.371560	0.065055
12	2.129096	0.469683	8.158725	0.122568	17.370711	0.057568
13	2.267487	0.441017	8.599742	0.116283	19.499808	0.051283
14	2.414874	0.414100	9.013842	0.110940	21.767295	0.045940
15	2.571841	0.388827	9.402669	0.106353	24.182169	0.041353
16	2.739011	0.365095	9.767764	0.102378	26.754010	0.037378
17	2.917046	0.342813	10.110577	0.098906	29.493021	0.033906
18	3.106654	0.321890	10.432466	0.095855	32.410067	0.030855
19	3.308587	0.302244	10.734710	0.093156	35.516722	0.028156
20	3.523645	0.283797	11.018507	0.090756	38.825309	0.025756
21	3.752682	0.266476	11.284983	0.088613	42.348954	0.023613
22	3.996606	0.250212	11.535196	0.086691	46.101636	0.021691
23	4.256386	0.234941	11.770137	0.084961	50.098242	0.019961
24	4.533051	0.220602	11.990739	0.083398	54.354628	0.018398
25	4.827699	0.207138	12.197877	0.081981	58.887679	0.016981
26	5.141500	0.194496	12.392373	0.080695	63.715378	0.015695
27	5.475697	0.182625	12.574998	0.079523	68.856877	0.014523
28	5.831617	0.171479	12.746477	0.078453	74.332574	0.013453
29	6.210672	0.161013	12.907490	0.077474	80.164192	0.012474
30	6.614366	0.151186	13.058676	0.076577	86.374864	0.011577
35	9.062255	0.110348	13.686957	0.073062	124.034690	0.008062
40	12.416075	0.080541	14.145527	0.070694	175.631916	0.005694
45	17.011098	0.058785	14.480228	0.069060	246.324587	0.004060
50	23.306679	0.042906	14.724521	0.067914	343.179672	0.002914

7,00 %						
n	AuF $(1+i)^n$	AbF $(1+i)^{-n}$	DSF $\frac{(1+i)^n-1}{i(1+i)^n}$	KWF $\frac{i(1+i)^n}{(1+i)^n-1}$	EWF $\frac{(1+i)^n-1}{i}$	RVF $\frac{i}{(1+i)^n-1}$
1	1.070000	0.934579	0.934579	1.070000	1.000000	1.000000
2	1.144900	0.873439	1.808018	0.553092	2.070000	0.483092
3	1.225043	0.816298	2.624316	0.381052	3.214900	0.311052
4	1.310796	0.762895	3.387211	0.295228	4.439943	0.225228
5	1.402552	0.712986	4.100197	0.243891	5.750739	0.173891
6	1.500730	0.666342	4.766540	0.209796	7.153291	0.139796
7	1.605781	0.622750	5.389289	0.185553	8.654021	0.115553
8	1.718186	0.582009	5.971299	0.167468	10.259803	0.097468
9	1.838459	0.543934	6.515232	0.153486	11.977989	0.083486
10	1.967151	0.508349	7.023582	0.142378	13.816448	0.072378
11	2.104852	0.475093	7.498674	0.133357	15.783599	0.063357
12	2.252192	0.444012	7.942686	0.125902	17.888451	0.055902
13	2.409845	0.414964	8.357651	0.119651	20.140643	0.049651
14	2.578534	0.387817	8.745468	0.114345	22.550488	0.044345
15	2.759032	0.362446	9.107914	0.109795	25.129022	0.039795
16	2.952164	0.338735	9.446649	0.105858	27.888054	0.035858
17	3.158815	0.316574	9.763223	0.102425	30.840217	0.032425
18	3.379932	0.295864	10.059087	0.099413	33.999033	0.029413
19	3.616528	0.276508	10.335595	0.096753	37.378965	0.026753
20	3.869684	0.258419	10.594014	0.094393	40.995492	0.024393
21	4.140562	0.241513	10.835527	0.092289	44.865177	0.022289
22	4.430402	0.225713	11.061240	0.090406	49.005739	0.020406
23	4.740530	0.210947	11.272187	0.088714	53.436141	0.018714
24	5.072367	0.197147	11.469334	0.087189	58.176671	0.017189
25	5.427433	0.184249	11.653583	0.085811	63.249038	0.015811
26	5.807353	0.172195	11.825779	0.084561	68.676470	0.014561
27	6.213868	0.160930	11.986709	0.083426	74.483823	0.013426
28	6.648838	0.150402	12.137111	0.082392	80.697691	0.012392
29	7.114257	0.140563	12.277674	0.081449	87.346529	0.011449
30	7.612255	0.131367	12.409041	0.080586	94.460786	0.010586
35	10.676581	0.093663	12.947672	0.077234	138.236878	0.007234
40	14.974458	0.066780	13.331709	0.075009	199.635112	0.005009
45	21.002452	0.047613	13.605522	0.073500	285.749311	0.003500
50	29.457025	0.033948	13.800746	0.072460	406.528929	0.002460

7,50 %						
n	AuF $(1+i)^n$	AbF $(1+i)^{-n}$	DSF $\frac{(1+i)^n-1}{i(1+i)^n}$	KWF $\frac{i(1+i)^n}{(1+i)^n-1}$	EWF $\frac{(1+i)^n-1}{i}$	RVF $\frac{i}{(1+i)^n-1}$
1	1.075000	0.930233	0.930233	1.075000	1.000000	1.000000
2	1.155625	0.865333	1.795565	0.556928	2.075000	0.481928
3	1.242297	0.804961	2.600526	0.384538	3.230625	0.309538
4	1.335469	0.748801	3.349326	0.298568	4.472922	0.223568
5	1.435629	0.696559	4.045885	0.247165	5.808391	0.172165
6	1.543302	0.647962	4.693846	0.213045	7.244020	0.138045
7	1.659049	0.602755	5.296601	0.188800	8.787322	0.113800
8	1.783478	0.560702	5.857304	0.170727	10.446371	0.095727
9	1.917239	0.521583	6.378887	0.156767	12.229849	0.081767
10	2.061032	0.485194	6.864081	0.145686	14.147087	0.070686
11	2.215609	0.451343	7.315424	0.136697	16.208119	0.061697
12	2.381780	0.419854	7.735278	0.129278	18.423728	0.054278
13	2.560413	0.390562	8.125840	0.123064	20.805508	0.048064
14	2.752444	0.363313	8.489154	0.117797	23.365921	0.042797
15	2.958877	0.337966	8.827120	0.113287	26.118365	0.038287
16	3.180793	0.314387	9.141507	0.109391	29.077242	0.034391
17	3.419353	0.292453	9.433960	0.106000	32.258035	0.031000
18	3.675804	0.272049	9.706009	0.103029	35.677388	0.028029
19	3.951489	0.253069	9.959078	0.100411	39.353192	0.025411
20	4.247851	0.235413	10.194491	0.098092	43.304681	0.023092
21	4.566440	0.218989	10.413480	0.096029	47.552532	0.021029
22	4.908923	0.203711	10.617191	0.094187	52.118972	0.019187
23	5.277092	0.189498	10.806689	0.092535	57.027895	0.017535
24	5.672874	0.176277	10.982967	0.091050	62.304987	0.016050
25	6.098340	0.163979	11.146946	0.089711	67.977862	0.014711
26	6.555715	0.152539	11.299485	0.088500	74.076201	0.013500
27	7.047394	0.141896	11.441381	0.087402	80.631916	0.012402
28	7.575948	0.131997	11.573378	0.086405	87.679310	0.011405
29	8.144144	0.122788	11.696165	0.085498	95.255258	0.010498
30	8.754955	0.114221	11.810386	0.084671	103.399403	0.009671
35	12.568870	0.079562	12.272511	0.081483	154.251606	0.006483
40	18.044239	0.055419	12.594409	0.079400	227.256520	0.004400
45	25.904839	0.038603	12.818629	0.078011	332.064515	0.003011
50	37.189746	0.026889	12.974812	0.077072	482.529947	0.002072

8,00 %						
n	AuF $(1+i)^n$	AbF $(1+i)^{-n}$	DSF $\frac{(1+i)^n-1}{i(1+i)^n}$	KWF $\frac{i(1+i)^n}{(1+i)^n-1}$	EWF $\frac{(1+i)^n-1}{i}$	RVF $\frac{i}{(1+i)^n-1}$
1	1.080000	0.925926	0.925926	1.080000	1.000000	1.000000
2	1.166400	0.857339	1.783265	0.560769	2.080000	0.480769
3	1.259712	0.793832	2.577097	0.388034	3.246400	0.308034
4	1.360489	0.735030	3.312127	0.301921	4.506112	0.221921
5	1.469328	0.680583	3.992710	0.250456	5.866601	0.170456
6	1.586874	0.630170	4.622880	0.216315	7.335929	0.136315
7	1.713824	0.583490	5.206370	0.192072	8.922803	0.112072
8	1.850930	0.540269	5.746639	0.174015	10.636628	0.094015
9	1.999005	0.500249	6.246888	0.160080	12.487558	0.080080
10	2.158925	0.463193	6.710081	0.149029	14.486562	0.069029
11	2.331639	0.428883	7.138964	0.140076	16.645487	0.060076
12	2.518170	0.397114	7.536078	0.132695	18.977126	0.052695
13	2.719624	0.367698	7.903776	0.126522	21.495297	0.046522
14	2.937194	0.340461	8.244237	0.121297	24.214920	0.041297
15	3.172169	0.315242	8.559479	0.116830	27.152114	0.036830
16	3.425943	0.291890	8.851369	0.112977	30.324283	0.032977
17	3.700018	0.270269	9.121638	0.109629	33.750226	0.029629
18	3.996019	0.250249	9.371887	0.106702	37.450244	0.026702
19	4.315701	0.231712	9.603599	0.104128	41.446263	0.024128
20	4.660957	0.214548	9.818147	0.101852	45.761964	0.021852
21	5.033834	0.198656	10.016803	0.099832	50.422921	0.019832
22	5.436540	0.183941	10.200744	0.098032	55.456755	0.018032
23	5.871464	0.170315	10.371059	0.096422	60.893296	0.016422
24	6.341181	0.157699	10.528758	0.094978	66.764759	0.014978
25	6.848475	0.146018	10.674776	0.093679	73.105940	0.013679
26	7.396353	0.135202	10.809978	0.092507	79.954415	0.012507
27	7.988061	0.125187	10.935165	0.091448	87.350768	0.011448
28	8.627106	0.115914	11.051078	0.090489	95.338830	0.010489
29	9.317275	0.107328	11.158406	0.089619	103.965936	0.009619
30	10.062657	0.099377	11.257783	0.088827	113.283211	0.008827
35	14.785344	0.067635	11.654568	0.085803	172.316804	0.005803
40	21.724521	0.046031	11.924613	0.083860	259.056519	0.003860
45	31.920449	0.031328	12.108402	0.082587	386.505617	0.002587
50	46.901613	0.021321	12.233485	0.081743	573.770156	0.001743

8,50 %						
n	AuF $(1+i)^n$	AbF $(1+i)^{-n}$	DSF $\frac{(1+i)^n-1}{i(1+i)^n}$	KWF $\frac{i(1+i)^n}{(1+i)^n-1}$	EWF $\frac{(1+i)^n-1}{i}$	RVF $\frac{i}{(1+i)^n-1}$
1	1.085000	0.921659	0.921659	1.085000	1.000000	1.000000
2	1.177225	0.849455	1.771114	0.564616	2.085000	0.479616
3	1.277289	0.782908	2.554022	0.391539	3.262225	0.306539
4	1.385859	0.721574	3.275597	0.305288	4.539514	0.220288
5	1.503657	0.665045	3.940642	0.253766	5.925373	0.168766
6	1.631468	0.612945	4.553587	0.219607	7.429030	0.134607
7	1.770142	0.564926	5.118514	0.195369	9.060497	0.110369
8	1.920604	0.520669	5.639183	0.177331	10.830639	0.092331
9	2.083856	0.479880	6.119063	0.163424	12.751244	0.078424
10	2.260983	0.442285	6.561348	0.152408	14.835099	0.067408
11	2.453167	0.407636	6.968984	0.143493	17.096083	0.058493
12	2.661686	0.375702	7.344686	0.136153	19.549250	0.051153
13	2.887930	0.346269	7.690955	0.130023	22.210936	0.045023
14	3.133404	0.319142	8.010097	0.124842	25.098866	0.039842
15	3.399743	0.294140	8.304237	0.120420	28.232269	0.035420
16	3.688721	0.271097	8.575333	0.116614	31.632012	0.031614
17	4.002262	0.249859	8.825192	0.113312	35.320733	0.028312
18	4.342455	0.230285	9.055476	0.110430	39.322995	0.025430
19	4.711563	0.212244	9.267720	0.107901	43.665450	0.022901
20	5.112046	0.195616	9.463337	0.105671	48.377013	0.020671
21	5.546570	0.180292	9.643628	0.103695	53.489059	0.018695
22	6.018028	0.166167	9.809796	0.101939	59.035629	0.016939
23	6.529561	0.153150	9.962945	0.100372	65.053658	0.015372
24	7.084574	0.141152	10.104097	0.098970	71.583219	0.013970
25	7.686762	0.130094	10.234191	0.097712	78.667792	0.012712
26	8.340137	0.119902	10.354093	0.096580	86.354555	0.011580
27	9.049049	0.110509	10.464602	0.095560	94.694692	0.010560
28	9.818218	0.101851	10.566453	0.094639	103.743741	0.009639
29	10.652766	0.093872	10.660326	0.093806	113.561959	0.008806
30	11.558252	0.086518	10.746844	0.093051	124.214725	0.008051
35	17.379642	0.057539	11.087781	0.090189	192.701675	0.005189
40	26.133016	0.038266	11.314520	0.088382	295.682536	0.003382
45	39.295084	0.025448	11.465312	0.087220	450.530397	0.002220
50	59.086316	0.016924	11.565595	0.086463	683.368418	0.001463

9,00 %						
n	AuF $(1+i)^n$	AbF $(1+i)^{-n}$	DSF $\frac{(1+i)^n-1}{i(1+i)^n}$	KWF $\frac{i(1+i)^n}{(1+i)^n-1}$	EWF $\frac{(1+i)^n-1}{i}$	RVF $\frac{i}{(1+i)^n-1}$
1	1.090000	0.917431	0.917431	1.090000	1.000000	1.000000
2	1.188100	0.841680	1.759111	0.568469	2.090000	0.478469
3	1.295029	0.772183	2.531295	0.395055	3.278100	0.305055
4	1.411582	0.708425	3.239720	0.308669	4.573129	0.218669
5	1.538624	0.649931	3.889651	0.257092	5.984711	0.167092
6	1.677100	0.596267	4.485919	0.222920	7.523335	0.132920
7	1.828039	0.547034	5.032953	0.198691	9.200435	0.108691
8	1.992563	0.501866	5.534819	0.180674	11.028474	0.090674
9	2.171893	0.460428	5.995247	0.166799	13.021036	0.076799
10	2.367364	0.422411	6.417658	0.155820	15.192930	0.065820
11	2.580426	0.387533	6.805191	0.146947	17.560293	0.056947
12	2.812665	0.355535	7.160725	0.139651	20.140720	0.049651
13	3.065805	0.326179	7.486904	0.133567	22.953385	0.043567
14	3.341727	0.299246	7.786150	0.128433	26.019189	0.038433
15	3.642482	0.274538	8.060688	0.124059	29.360916	0.034059
16	3.970306	0.251870	8.312558	0.120300	33.003399	0.030300
17	4.327633	0.231073	8.543631	0.117046	36.973705	0.027046
18	4.717120	0.211994	8.755625	0.114212	41.301338	0.024212
19	5.141661	0.194490	8.950115	0.111730	46.018458	0.021730
20	5.604411	0.178431	9.128546	0.109546	51.160120	0.019546
21	6.108808	0.163698	9.292244	0.107617	56.764530	0.017617
22	6.658600	0.150182	9.442425	0.105905	62.873338	0.015905
23	7.257874	0.137781	9.580207	0.104382	69.531939	0.014382
24	7.911083	0.126405	9.706612	0.103023	76.789813	0.013023
25	8.623081	0.115968	9.822580	0.101806	84.700896	0.011806
26	9.399158	0.106393	9.928972	0.100715	93.323977	0.010715
27	10.245082	0.097608	10.026580	0.099735	102.723135	0.009735
28	11.167140	0.089548	10.116128	0.098852	112.968217	0.008852
29	12.172182	0.082155	10.198283	0.098056	124.135356	0.008056
30	13.267678	0.075371	10.273654	0.097336	136.307539	0.007336
35	20.413968	0.048986	10.566821	0.094636	215.710755	0.004636
40	31.409420	0.031838	10.757360	0.092960	337.882445	0.002960
45	48.327286	0.020692	10.881197	0.091902	525.858734	0.001902
50	74.357520	0.013449	10.961683	0.091227	815.083556	0.001227

9,50 %						
n	AuF $(1+i)^n$	AbF $(1+i)^{-n}$	DSF $\frac{(1+i)^n-1}{i(1+i)^n}$	KWF $\frac{i(1+i)^n}{(1+i)^n-1}$	EWF $\frac{(1+i)^n-1}{i}$	RVF $\frac{i}{(1+i)^n-1}$
1	1.095000	0.913242	0.913242	1.095000	1.000000	1.000000
2	1.199025	0.834011	1.747253	0.572327	2.095000	0.477327
3	1.312932	0.761654	2.508907	0.398580	3.294025	0.303580
4	1.437661	0.695574	3.204481	0.312063	4.606957	0.217063
5	1.574239	0.635228	3.839709	0.260436	6.044618	0.165436
6	1.723791	0.580117	4.419825	0.226253	7.618857	0.131253
7	1.887552	0.529787	4.949612	0.202036	9.342648	0.107036
8	2.066869	0.483824	5.433436	0.184046	11.230200	0.089046
9	2.263222	0.441848	5.875284	0.170205	13.297069	0.075205
10	2.478228	0.403514	6.278798	0.159266	15.560291	0.064266
11	2.713659	0.368506	6.647304	0.150437	18.038518	0.055437
12	2.971457	0.336535	6.983839	0.143188	20.752178	0.048188
13	3.253745	0.307338	7.291178	0.137152	23.723634	0.042152
14	3.562851	0.280674	7.571852	0.132068	26.977380	0.037068
15	3.901322	0.256323	7.828175	0.127744	30.540231	0.032744
16	4.271948	0.234085	8.062260	0.124035	34.441553	0.029035
17	4.677783	0.213777	8.276037	0.120831	38.713500	0.025831
18	5.122172	0.195230	8.471266	0.118046	43.391283	0.023046
19	5.608778	0.178292	8.649558	0.115613	48.513454	0.020613
20	6.141612	0.162824	8.812382	0.113477	54.122233	0.018477
21	6.725065	0.148697	8.961080	0.111594	60.263845	0.016594
22	7.363946	0.135797	9.096876	0.109928	66.988910	0.014928
23	8.063521	0.124015	9.220892	0.108449	74.352856	0.013449
24	8.829556	0.113256	9.334148	0.107134	82.416378	0.012134
25	9.668364	0.103430	9.437578	0.105959	91.245934	0.010959
26	10.586858	0.094457	9.532034	0.104909	100.914297	0.009909
27	11.592610	0.086262	9.618296	0.103969	111.501156	0.008969
28	12.693908	0.078778	9.697074	0.103124	123.093766	0.008124
29	13.899829	0.071943	9.769018	0.102364	135.787673	0.007364
30	15.220313	0.065702	9.834719	0.101681	149.687502	0.006681
35	23.960406	0.041736	10.086995	0.099138	241.688483	0.004138
40	37.719399	0.026512	10.247247	0.097587	386.519992	0.002587
45	59.379340	0.016841	10.349043	0.096627	614.519364	0.001627
50	93.477257	0.010698	10.413707	0.096027	973.444808	0.001027

10,00 %						
n	AuF $(1+i)^n$	AbF $(1+i)^{-n}$	DSF $\frac{(1+i)^n-1}{i(1+i)^n}$	KWF $\frac{i(1+i)^n}{(1+i)^n-1}$	EWF $\frac{(1+i)^n-1}{i}$	RVF $\frac{i}{(1+i)^n-1}$
1	1.100000	0.909091	0.909091	1.100000	1.000000	1.000000
2	1.210000	0.826446	1.735537	0.576190	2.100000	0.476190
3	1.331000	0.751315	2.486852	0.402115	3.310000	0.302115
4	1.464100	0.683013	3.169865	0.315471	4.641000	0.215471
5	1.610510	0.620921	3.790787	0.263797	6.105100	0.163797
6	1.771561	0.564474	4.355261	0.229607	7.715610	0.129607
7	1.948717	0.513158	4.868419	0.205405	9.487171	0.105405
8	2.143589	0.466507	5.334926	0.187444	11.435888	0.087444
9	2.357948	0.424098	5.759024	0.173641	13.579477	0.073641
10	2.593742	0.385543	6.144567	0.162745	15.937425	0.062745
11	2.853117	0.350494	6.495061	0.153963	18.531167	0.053963
12	3.138428	0.318631	6.813692	0.146763	21.384284	0.046763
13	3.452271	0.289664	7.103356	0.140779	24.522712	0.040779
14	3.797498	0.263331	7.366687	0.135746	27.974983	0.035746
15	4.177248	0.239392	7.606080	0.131474	31.772482	0.031474
16	4.594973	0.217629	7.823709	0.127817	35.949730	0.027817
17	5.054470	0.197845	8.021553	0.124664	40.544703	0.024664
18	5.559917	0.179859	8.201412	0.121930	45.599173	0.021930
19	6.115909	0.163508	8.364920	0.119547	51.159090	0.019547
20	6.727500	0.148644	8.513564	0.117460	57.274999	0.017460
21	7.400250	0.135131	8.648694	0.115624	64.002499	0.015624
22	8.140275	0.122846	8.771540	0.114005	71.402749	0.014005
23	8.954302	0.111678	8.883218	0.112572	79.543024	0.012572
24	9.849733	0.101526	8.984744	0.111300	88.497327	0.011300
25	10.834706	0.092296	9.077040	0.110168	98.347059	0.010168
26	11.918177	0.083905	9.160945	0.109159	109.181765	0.009159
27	13.109994	0.076278	9.237223	0.108258	121.099942	0.008258
28	14.420994	0.069343	9.306567	0.107451	134.209936	0.007451
29	15.863093	0.063039	9.369606	0.106728	148.630930	0.006728
30	17.449402	0.057309	9.426914	0.106079	164.494023	0.006079
35	28.102437	0.035584	9.644159	0.103690	271.024368	0.003690
40	45.259256	0.022095	9.779051	0.102259	442.592556	0.002259
45	72.890484	0.013719	9.862808	0.101391	718.904837	0.001391
50	117.390853	0.008519	9.914814	0.100859	1.163.908529	0.000859

10,50 %						
n	AuF $(1+i)^n$	AbF $(1+i)^{-n}$	DSF $\frac{(1+i)^n-1}{i(1+i)^n}$	KWF $\frac{i(1+i)^n}{(1+i)^n-1}$	EWF $\frac{(1+i)^n-1}{i}$	RVF $\frac{i}{(1+i)^n-1}$
1	1.105000	0.904977	0.904977	1.105000	1.000000	1.000000
2	1.221025	0.818984	1.723961	0.580059	2.105000	0.475059
3	1.349233	0.741162	2.465123	0.405659	3.326025	0.300659
4	1.490902	0.670735	3.135858	0.318892	4.675258	0.213892
5	1.647447	0.607000	3.742858	0.267175	6.166160	0.162175
6	1.820429	0.549321	4.292179	0.232982	7.813606	0.127982
7	2.011574	0.497123	4.789303	0.208799	9.634035	0.103799
8	2.222789	0.449885	5.239188	0.190869	11.645609	0.085869
9	2.456182	0.407136	5.646324	0.177106	13.868398	0.072106
10	2.714081	0.368449	6.014773	0.166257	16.324579	0.061257
11	2.999059	0.333438	6.348211	0.157525	19.038660	0.052525
12	3.313961	0.301754	6.649964	0.150377	22.037720	0.045377
13	3.661926	0.273080	6.923045	0.144445	25.351680	0.039445
14	4.046429	0.247132	7.170176	0.139467	29.013607	0.034467
15	4.471304	0.223648	7.393825	0.135248	33.060035	0.030248
16	4.940791	0.202397	7.596221	0.131644	37.531339	0.026644
17	5.459574	0.183164	7.779386	0.128545	42.472130	0.023545
18	6.032829	0.165760	7.945146	0.125863	47.931703	0.020863
19	6.666276	0.150009	8.095154	0.123531	53.964532	0.018531
20	7.366235	0.135755	8.230909	0.121493	60.630808	0.016493
21	8.139690	0.122855	8.353764	0.119707	67.997043	0.014707
22	8.994357	0.111181	8.464945	0.118134	76.136732	0.013134
23	9.938764	0.100616	8.565561	0.116747	85.131089	0.011747
24	10.982335	0.091055	8.656616	0.115519	95.069854	0.010519
25	12.135480	0.082403	8.739019	0.114429	106.052188	0.009429
26	13.409705	0.074573	8.813592	0.113461	118.187668	0.008461
27	14.817724	0.067487	8.881079	0.112599	131.597373	0.007599
28	16.373585	0.061074	8.942153	0.111830	146.415097	0.006830
29	18.092812	0.055271	8.997423	0.111143	162.788683	0.006143
30	19.992557	0.050019	9.047442	0.110528	180.881494	0.005528
35	32.936673	0.030361	9.234654	0.108288	304.158792	0.003288
40	54.261416	0.018429	9.348292	0.106971	507.251579	0.001971
45	89.392794	0.011187	9.417271	0.106188	841.836132	0.001188
50	147.269869	0.006790	9.459140	0.105718	1.393.046373	0.000718

11,00 %						
n	AuF $(1+i)^n$	AbF $(1+i)^{-n}$	DSF $\frac{(1+i)^n-1}{i(1+i)^n}$	KWF $\frac{i(1+i)^n}{(1+i)^n-1}$	EWF $\frac{(1+i)^n-1}{i}$	RVF $\frac{i}{(1+i)^n-1}$
1	1.110000	0.900901	0.900901	1.110000	1.000000	1.000000
2	1.232100	0.811622	1.712523	0.583934	2.110000	0.473934
3	1.367631	0.731191	2.443715	0.409213	3.342100	0.299213
4	1.518070	0.658731	3.102446	0.322326	4.709731	0.212326
5	1.685058	0.593451	3.695897	0.270570	6.227801	0.160570
6	1.870415	0.534641	4.230538	0.236377	7.912860	0.126377
7	2.076160	0.481658	4.712196	0.212215	9.783274	0.102215
8	2.304538	0.433926	5.146123	0.194321	11.859434	0.084321
9	2.558037	0.390925	5.537048	0.180602	14.163972	0.070602
10	2.839421	0.352184	5.889232	0.169801	16.722009	0.059801
11	3.151757	0.317283	6.206515	0.161121	19.561430	0.051121
12	3.498451	0.285841	6.492356	0.154027	22.713187	0.044027
13	3.883280	0.257514	6.749870	0.148151	26.211638	0.038151
14	4.310441	0.231995	6.981865	0.143228	30.094918	0.033228
15	4.784589	0.209004	7.190870	0.139065	34.405359	0.029065
16	5.310894	0.188292	7.379162	0.135517	39.189948	0.025517
17	5.895093	0.169633	7.548794	0.132471	44.500843	0.022471
18	6.543553	0.152822	7.701617	0.129843	50.395936	0.019843
19	7.263344	0.137678	7.839294	0.127563	56.939488	0.017563
20	8.062312	0.124034	7.963328	0.125576	64.202832	0.015576
21	8.949166	0.111742	8.075070	0.123838	72.265144	0.013838
22	9.933574	0.100669	8.175739	0.122313	81.214309	0.012313
23	11.026267	0.090693	8.266432	0.120971	91.147884	0.010971
24	12.239157	0.081705	8.348137	0.119787	102.174151	0.009787
25	13.585464	0.073608	8.421745	0.118740	114.413307	0.008740
26	15.079865	0.066314	8.488058	0.117813	127.998771	0.007813
27	16.738650	0.059742	8.547800	0.116989	143.078636	0.006989
28	18.579901	0.053822	8.601622	0.116257	159.817286	0.006257
29	20.623691	0.048488	8.650110	0.115605	178.397187	0.005605
30	22.892297	0.043683	8.693793	0.115025	199.020878	0.005025
35	38.574851	0.025924	8.855240	0.112927	341.589555	0.002927
40	65.000867	0.015384	8.951051	0.111719	581.826066	0.001719
45	109.530242	0.009130	9.007910	0.111014	986.638559	0.001014
50	184.564827	0.005418	9.041653	0.110599	1.668.771152	0.000599

11,50 %						
n	AuF $(1+i)^n$	AbF $(1+i)^{-n}$	DSF $\frac{(1+i)^n-1}{i(1+i)^n}$	KWF $\frac{i(1+i)^n}{(1+i)^n-1}$	EWF $\frac{(1+i)^n-1}{i}$	RVF $\frac{i}{(1+i)^n-1}$
1	1.115000	0.896861	0.896861	1.115000	1.000000	1.000000
2	1.243225	0.804360	1.701221	0.587813	2.115000	0.472813
3	1.386196	0.721399	2.422619	0.412776	3.358225	0.297776
4	1.545608	0.646994	3.069614	0.325774	4.744421	0.210774
5	1.723353	0.580264	3.649878	0.273982	6.290029	0.158982
6	1.921539	0.520416	4.170294	0.239791	8.013383	0.124791
7	2.142516	0.466741	4.637035	0.215655	9.934922	0.100655
8	2.388905	0.418602	5.055637	0.197799	12.077438	0.082799
9	2.663629	0.375428	5.431064	0.184126	14.466343	0.069126
10	2.969947	0.336706	5.767771	0.173377	17.129972	0.058377
11	3.311491	0.301979	6.069750	0.164751	20.099919	0.049751
12	3.692312	0.270833	6.340583	0.157714	23.411410	0.042714
13	4.116928	0.242900	6.563482	0.151895	27.103722	0.036895
14	4.590375	0.217847	6.801329	0.147030	31.220650	0.032030
15	5.118268	0.195379	6.996708	0.142924	35.811025	0.027924
16	5.706869	0.175227	7.171935	0.139432	40.929293	0.024432
17	6.363159	0.157155	7.329090	0.136443	46.636161	0.021443
18	7.094922	0.140946	7.470036	0.133868	52.999320	0.018868
19	7.910838	0.126409	7.596445	0.131641	60.094242	0.016641
20	8.820584	0.113371	7.709816	0.129705	68.005080	0.014705
21	9.834951	0.101678	7.811494	0.128016	76.825664	0.013016
22	10.965971	0.091191	7.902685	0.126539	86.660615	0.011539
23	12.227057	0.081786	7.984471	0.125243	97.626586	0.010243
24	13.633169	0.073351	8.057822	0.124103	109.853643	0.009103
25	15.200983	0.065785	8.123607	0.123098	123.486812	0.008098
26	16.949096	0.059000	8.182607	0.122210	138.687796	0.007210
27	18.898243	0.052915	8.235522	0.121425	155.636892	0.006425
28	21.071540	0.047457	8.282979	0.120730	174.535135	0.005730
29	23.494768	0.042563	8.325542	0.120112	195.606675	0.005112
30	26.196666	0.038173	8.363715	0.119564	219.101443	0.004564
35	45.146112	0.022150	8.503041	0.117605	383.879238	0.002605
40	77.802705	0.012853	8.583887	0.116497	667.849607	0.001497
45	134.081553	0.007458	8.630799	0.115864	1.157.230898	0.000864
50	231.069896	0.004328	8.658020	0.115500	2.000.607793	0.000500

12,00 %						
n	AuF $(1+i)^n$	AbF $(1+i)^{-n}$	DSF $\frac{(1+i)^n-1}{i(1+i)^n}$	KWF $\frac{i(1+i)^n}{(1+i)^n-1}$	EWF $\frac{(1+i)^n-1}{i}$	RVF $\frac{i}{(1+i)^n-1}$
1	1.120000	0.892857	0.892857	1.120000	1.000000	1.000000
2	1.254400	0.797194	1.690051	0.591698	2.120000	0.471698
3	1.404928	0.711780	2.401831	0.416349	3.374400	0.296349
4	1.573519	0.635518	3.037349	0.329234	4.779328	0.209234
5	1.762342	0.567427	3.604776	0.277410	6.352847	0.157410
6	1.973823	0.506631	4.111407	0.243226	8.115189	0.123226
7	2.210681	0.452349	4.563757	0.219118	10.089012	0.099118
8	2.475963	0.403883	4.967640	0.201303	12.299693	0.081303
9	2.773079	0.360610	5.328250	0.187679	14.775656	0.067679
10	3.105848	0.321973	5.650223	0.176984	17.548735	0.056984
11	3.478550	0.287476	5.937699	0.168415	20.654583	0.048415
12	3.895976	0.256675	6.194374	0.161437	24.133133	0.041437
13	4.363493	0.229174	6.423548	0.155677	28.029109	0.035677
14	4.887112	0.204620	6.628168	0.150871	32.392602	0.030871
15	5.473566	0.182696	6.810864	0.146824	37.279715	0.026824
16	6.130394	0.163122	6.973986	0.143390	42.753280	0.023390
17	6.866041	0.145644	7.119630	0.140457	48.883674	0.020457
18	7.689966	0.130040	7.249670	0.137937	55.749715	0.017937
19	8.612762	0.116107	7.365777	0.135763	63.439681	0.015763
20	9.646293	0.103667	7.469444	0.133879	72.052442	0.013879
21	10.803848	0.092560	7.562003	0.132240	81.698736	0.012240
22	12.100310	0.082643	7.644646	0.130811	92.502584	0.010811
23	13.552347	0.073788	7.718434	0.129560	104.602894	0.009560
24	15.178629	0.065882	7.784316	0.128463	118.155241	0.008463
25	17.000064	0.058823	7.843139	0.127500	133.333870	0.007500
26	19.040072	0.052521	7.895660	0.126652	150.333934	0.006652
27	21.324881	0.046894	7.942554	0.125904	169.374007	0.005904
28	23.883866	0.041869	7.984423	0.125244	190.698887	0.005244
29	26.749930	0.037383	8.021806	0.124660	214.582754	0.004660
30	29.959922	0.033378	8.055184	0.124144	241.332684	0.004144
35	52.799620	0.018940	8.175504	0.122317	431.663496	0.002317
40	93.050970	0.010747	8.243777	0.121304	767.091420	0.001304
45	163.987604	0.006098	8.282516	0.120736	1.358.230032	0.000736
50	289.002190	0.003460	8.304498	0.120417	2.400.018249	0.000417

12,50 %						
n	AuF $(1+i)^n$	AbF $(1+i)^{-n}$	DSF $\frac{(1+i)^n-1}{i(1+i)^n}$	KWF $\frac{i(1+i)^n}{(1+i)^n-1}$	EWF $\frac{(1+i)^n-1}{i}$	RVF $\frac{i}{(1+i)^n-1}$
1	1.125000	0.888889	0.888889	1.125000	1.000000	1.000000
2	1.265625	0.790123	1.679012	0.595588	2.125000	0.470588
3	1.423828	0.702332	2.381344	0.419931	3.390625	0.294931
4	1.601807	0.624295	3.005639	0.332708	4.814453	0.207708
5	1.802032	0.554929	3.560568	0.280854	6.416260	0.155854
6	2.027287	0.493270	4.053839	0.246680	8.218292	0.121680
7	2.280697	0.438462	4.492301	0.222603	10.245579	0.097603
8	2.565785	0.389744	4.882045	0.204832	12.526276	0.079832
9	2.886508	0.346439	5.228485	0.191260	15.092061	0.066260
10	3.247321	0.307946	5.536431	0.180622	17.978568	0.055622
11	3.653236	0.273730	5.810161	0.172112	21.225889	0.047112
12	4.109891	0.243315	6.053476	0.165194	24.879125	0.040194
13	4.623627	0.216280	6.269757	0.159496	28.989016	0.034496
14	5.201580	0.192249	6.462006	0.154751	33.612643	0.029751
15	5.851778	0.170888	6.632894	0.150764	38.814223	0.025764
16	6.583250	0.151901	6.784795	0.147388	44.666001	0.022388
17	7.406156	0.135023	6.919818	0.144512	51.249252	0.019512
18	8.331926	0.120020	7.039838	0.142049	58.655408	0.017049
19	9.373417	0.106685	7.146523	0.139928	66.987334	0.014928
20	10.545094	0.094831	7.241353	0.138096	76.360751	0.013096
21	11.863231	0.084294	7.325647	0.136507	86.905845	0.011507
22	13.346134	0.074928	7.400575	0.135125	98.769075	0.010125
23	15.014401	0.066603	7.467178	0.133919	112.115210	0.008919
24	16.891201	0.059202	7.526381	0.132866	127.129611	0.007866
25	19.002602	0.052624	7.579005	0.131943	144.020812	0.006943
26	21.377927	0.046777	7.625782	0.131134	163.023414	0.006134
27	24.050168	0.041580	7.667362	0.130423	184.401340	0.005423
28	27.056438	0.036960	7.704322	0.129797	208.451508	0.004797
29	30.438493	0.032853	7.737175	0.129246	235.507946	0.004246
30	34.243305	0.029203	7.766378	0.128760	265.946440	0.003760
35	61.707547	0.016205	7.870356	0.127059	485.660379	0.002059
40	111.199004	0.008993	7.928057	0.126134	881.592033	0.001134
45	200.384216	0.004990	7.960077	0.125627	1.595.073729	0.000627
50	361.098864	0.002769	7.977845	0.125347	2.880.790913	0.000347

13,00 %						
n	AuF $(1+i)^n$	AbF $(1+i)^{-n}$	DSF $\frac{(1+i)^n-1}{i(1+i)^n}$	KWF $\frac{i(1+i)^n}{(1+i)^n-1}$	EWF $\frac{(1+i)^n-1}{i}$	RVF $\frac{i}{(1+i)^n-1}$
1	1.130000	0.884956	0.884956	1.130000	1.000000	1.000000
2	1.276900	0.783147	1.668102	0.599484	2.130000	0.469484
3	1.442897	0.693050	2.361153	0.423522	3.406900	0.293522
4	1.630474	0.613319	2.974471	0.336194	4.849797	0.206194
5	1.842435	0.542760	3.517231	0.284315	6.480271	0.154315
6	2.081952	0.480319	3.997550	0.250153	8.322706	0.120153
7	2.352605	0.425061	4.422610	0.226111	10.404658	0.096111
8	2.658444	0.376160	4.798770	0.208387	12.757263	0.078387
9	3.004042	0.332885	5.131655	0.194869	15.415707	0.064869
10	3.394567	0.294588	5.426243	0.184290	18.419749	0.054290
11	3.835861	0.260698	5.686941	0.175841	21.814317	0.045841
12	4.334523	0.230706	5.917647	0.168986	25.650178	0.038986
13	4.898011	0.204165	6.121812	0.163350	29.984701	0.033350
14	5.534753	0.180677	6.302488	0.158667	34.882712	0.028667
15	6.254270	0.159891	6.462379	0.154742	40.417464	0.024742
16	7.067326	0.141496	6.603875	0.151426	46.671735	0.021426
17	7.986078	0.125218	6.729093	0.148608	53.739060	0.018608
18	9.024268	0.110812	6.839905	0.146201	61.725138	0.016201
19	10.197423	0.098064	6.937969	0.144134	70.749406	0.014134
20	11.523088	0.086782	7.024752	0.142354	80.946829	0.012354
21	13.021089	0.076798	7.101550	0.140814	92.469917	0.010814
22	14.713831	0.067963	7.169513	0.139479	105.491006	0.009479
23	16.626629	0.060144	7.229658	0.138319	120.204837	0.008319
24	18.788091	0.053225	7.282883	0.137308	136.831465	0.007308
25	21.230542	0.047102	7.329985	0.136426	155.619556	0.006426
26	23.990513	0.041683	7.371668	0.135655	176.850098	0.005655
27	27.109279	0.036888	7.408556	0.134979	200.840611	0.004979
28	30.633486	0.032644	7.441200	0.134387	227.949890	0.004387
29	34.615839	0.028889	7.470088	0.133867	258.583376	0.003867
30	39.115898	0.025565	7.495653	0.133411	293.199215	0.003411
35	72.068506	0.013876	7.585572	0.131829	546.680819	0.001829
40	132.781552	0.007531	7.634376	0.130986	1.013.704243	0.000986
45	244.641402	0.004088	7.660864	0.130534	1.874.164630	0.000534
50	450.735925	0.002219	7.675242	0.130289	3.459.507117	0.000289

13,50 %						
n	AuF $(1+i)^n$	AbF $(1+i)^{-n}$	DSF $\frac{(1+i)^n-1}{i(1+i)^n}$	KWF $\frac{i(1+i)^n}{(1+i)^n-1}$	EWF $\frac{(1+i)^n-1}{i}$	RVF $\frac{i}{(1+i)^n-1}$
1	1.135000	0.881057	0.881057	1.135000	1.000000	1.000000
2	1.288225	0.776262	1.657319	0.603384	2.135000	0.468384
3	1.462135	0.683931	2.341250	0.427122	3.423225	0.292122
4	1 .659524	0.602583	2.943833	0.339693	4.885360	0.204693
5	1.883559	0.530910	3.474743	0.287791	6.544884	0.152791
6	2.137840	0.467762	3.942505	0.253646	8.428443	0.118646
7	2.426448	0.412125	4.354630	0.229641	10.566283	0.094641
8	2.754019	0.363106	4.717735	0.211966	12.992731	0.076966
9	3.125811	0.319917	5.037652	0.198505	15.746750	0.063505
10	3.547796	0.281865	5.319517	0.187987	18.872561	0.052987
11	4.026748	0.248339	5.567857	0.179602	22.420357	0.044602
12	4.570359	0.218801	5.786658	0.172811	26.447106	0.037811
13	5.187358	0.192776	5.979434	0.167240	31.017465	0.032240
14	5.887651	0.169847	6.149281	0.162621	36.204823	0.027621
15	6.682484	0.149645	6.298926	0.158757	42.092474	0.023757
16	7.584619	0.131846	6.430772	0.155502	48.774957	0.020502
17	8.608543	0.116164	6.546936	0.152743	56.359577	0.017743
18	9.770696	0.102347	6.649283	0.150392	64.968120	0.015392
19	11.089740	0.090173	6.739456	0.148380	74.738816	0.013380
20	12.586855	0.079448	6.818904	0.146651	85.828556	0.011651
21	14.286080	0.069998	6.888902	0.145161	98.415411	0.010161
22	16.214701	0.061672	6.950575	0.143873	112.701491	0.008873
23	18.403686	0.054337	7.004912	0.142757	128.916193	0.007757
24	20.888184	0.047874	7.052786	0.141788	147.319879	0.006788
25	23.708088	0.042180	7.094965	0.140945	168.208062	0.005945
26	26.908680	0.037163	7.132128	0.140211	191.916151	0.005211
27	30.541352	0.032742	7.164870	0.139570	218.824831	0.004570
28	34.664435	0.028848	7.193718	0.139010	249.366183	0.004010
29	39.344133	0.025417	7.219135	0.138521	284.030618	0.003521
30	44.655591	0.022394	7.241529	0.138092	323.374752	0.003092
35	84.111457	0.011889	7.319341	0.136624	615.640419	0.001624
40	158.428920	0.006312	7.360652	0.135858	1.166.140147	0.000858
45	298.410272	0.003351	7.382585	0.135454	2.203.039053	0.000454
50	562.073456	0.001779	7.394229	0.135241	4.156.099677	0.000241

14,00 %						
n	AuF $(1+i)^n$	AbF $(1+i)^{-n}$	DSF $\frac{(1+i)^n-1}{i(1+i)^n}$	KWF $\frac{i(1+i)^n}{(1+i)^n-1}$	EWF $\frac{(1+i)^n-1}{i}$	RVF $\frac{i}{(1+i)^n-1}$
1	1.140000	0.877193	0.877193	1.140000	1.000000	1.000000
2	1.299600	0.769468	1.646661	0.607290	2.140000	0.467290
3	1.481544	0.674972	2.321632	0.430731	3.439600	0.290731
4	1.688960	0.592080	2.913712	0.343205	4.921144	0.203205
5	1.925415	0.519369	3.433081	0.291284	6.610104	0.151284
6	2.194973	0.455587	3.888668	0.257157	8.535519	0.117157
7	2.502269	0.399637	4.288305	0.233192	10.730491	0.093192
8	2.852586	0.350559	4.638864	0.215570	13.232760	0.075570
9	3.251949	0.307508	4.946372	0.202168	16.085347	0.062168
10	3.707221	0.269744	5.216116	0.191714	19.337295	0.051714
11	4.226232	0.236617	5.452733	0.183394	23.044516	0.043394
12	4.817905	0.207559	5.660292	0.176669	27.270749	0.036669
13	5.492411	0.182069	5.842362	0.171164	32.088654	0.031164
14	6.261349	0.159710	6.002072	0.166609	37.581065	0.026609
15	7.137938	0.140096	6.142168	0.162809	43.842414	0.022809
16	8.137249	0.122892	6.265060	0.159615	50.980352	0.019615
17	9.276464	0.107800	6.372859	0.156915	59.117601	0.016915
18	10.575169	0.094561	6.467420	0.154621	68.394066	0.014621
19	12.055693	0.082948	6.550369	0.152663	78.969235	0.012663
20	13.743490	0.072762	6.623131	0.150986	91.024928	0.010986
21	15.667578	0.063826	6.686957	0.149545	104.768418	0.009545
22	17.861039	0.055988	6.742944	0.148303	120.435996	0.008303
23	20.361585	0.049112	6.792056	0.147231	138.297035	0.007231
24	23.212207	0.043081	6.835137	0.146303	158.658620	0.006303
25	26.461916	0.037790	6.872927	0.145498	181.870827	0.005498
26	30.166584	0.033149	6.906077	0.144800	208.332743	0.004800
27	34.389906	0.029078	6.935155	0.144193	238.499327	0.004193
28	39.204493	0.025507	6.960662	0.143664	272.889233	0.003664
29	44.693122	0.022375	6.983037	0.143204	312.093725	0.003204
30	50.950159	0.019627	7.002664	0.142803	356.786847	0.002803
35	98.100178	0.010194	7.070045	0.141442	693.572702	0.001442
40	188.883514	0.005294	7.105041	0.140745	1.342.025099	0.000745
45	363.679072	0.002750	7.123217	0.140386	2.590.564800	0.000386
50	700.232988	0.001428	7.132656	0.140200	4.994.521346	0.000200

15,00 %						
n	AuF $(1+i)^n$	AbF $(1+i)^{-n}$	DSF $\frac{(1+i)^n-1}{i(1+i)^n}$	KWF $\frac{i(1+i)^n}{(1+i)^n-1}$	EWF $\frac{(1+i)^n-1}{i}$	RVF $\frac{i}{(1+i)^n-1}$
1	1.150000	0.869565	0.869565	1.150000	1.000000	1.000000
2	1.322500	0.756144	1.625709	0.615116	2.150000	0.465116
3	1.520875	0.657516	2.283225	0.437977	3.472500	0.287977
4	1.749006	0.571753	2.854978	0.350265	4.993375	0.200265
5	2.011357	0.497177	3.352155	0.298316	6.742381	0.148316
6	2.313061	0.432328	3.784483	0.264237	8.753738	0.114237
7	2.660020	0.375937	4.160420	0.240360	11.066799	0.090360
8	3.059023	0.326902	4.487322	0.222850	13.726819	0.072850
9	3.517876	0.284262	4.771584	0.209574	16.785842	0.059574
10	4.045558	0.247185	5.018769	0.199252	20.303718	0.049252
11	4.652391	0.214943	5.233712	0.191069	24.349276	0.041069
12	5.350250	0.186907	5.420619	0.184481	29.001667	0.034481
13	6.152788	0.162528	5.583147	0.179110	34.351917	0.029110
14	7.075706	0.141329	5.724476	0.174688	40.504705	0.024688
15	8.137062	0.122894	5.847370	0.171017	47.580411	0.021017
16	9.357621	0.106865	5.954235	0.167948	55.717472	0.017948
17	10.761264	0.092926	6.047161	0.165367	65.075093	0.015367
18	12.375454	0.080805	6.127966	0.163186	75.836357	0.013186
19	14.231772	0.070265	6.198231	0.161336	88.211811	0.011336
20	16.366537	0.061100	6.259331	0.159761	102.443583	0.009761
21	18.821518	0.053131	6.312462	0.158417	118.810120	0.008417
22	21.644746	0.046201	6.358663	0.157266	137.631638	0.007266
23	24.891458	0.040174	6.398837	0.156278	159.276384	0.006278
24	28.625176	0.034934	6.433771	0.155430	184.167841	0.005430
25	32.918953	0.030378	6.464149	0.154699	212.793017	0.004699
26	37.856796	0.026415	6.490564	0.154070	245.711970	0.004070
27	43.535315	0.022970	6.513534	0.153526	283.568766	0.003526
28	50.065612	0.019974	6.533508	0.153057	327.104080	0.003057
29	57.575454	0.017369	6.550877	0.152651	377.169693	0.002651
30	66.211772	0.015103	6.565980	0.152300	434.745146	0.002300
35	133.175523	0.007509	6.616607	0.151135	881.170156	0.001135
40	267.863546	0.003733	6.641778	0.150562	1.779.090308	0.000562
45	538.769269	0.001856	6.654293	0.150279	3.585.128460	0.000279
50	1.083.657442	0.000923	6.660515	0.150139	7.217.716277	0.000139

16,00 %						
n	AuF $(1+i)^n$	AbF $(1+i)^{-n}$	DSF $\frac{(1+i)^n-1}{i(1+i)^n}$	KWF $\frac{i(1+i)^n}{(1+i)^n-1}$	EWF $\frac{(1+i)^n-1}{i}$	RVF $\frac{i}{(1+i)^n-1}$
1	1.160000	0.862069	0.862069	1.160000	1.000000	1.000000
2	1.345600	0.743163	1.605232	0.622963	2.160000	0.462963
3	1.560896	0.640658	2.245890	0.445258	3.505600	0.285258
4	1.810639	0.552291	2.798181	0.357375	5.066496	0.197375
5	2.100342	0.476113	3.274294	0.305409	6.877135	0.145409
6	2.436396	0.410442	3.684736	0.271390	8.977477	0.111390
7	2.826220	0.353830	4.038565	0.247613	11.413873	0.087613
8	3.278415	0.305025	4.343591	0.230224	14.240093	0.070224
9	3.802961	0.262953	4.606544	0.217082	17.518508	0.057082
10	4.411435	0.226654	4.833227	0.206901	21.321469	0.046901
11	5.117265	0.195471	5.028644	0.198861	25.732904	0.038861
12	5.936027	0.168463	5.197107	0.192415	30.850169	0.032415
13	6.885791	0.145227	5.342334	0.187184	36.786196	0.027184
14	7.987518	0.125195	5.467529	0.182898	43.671987	0.022898
15	9.265521	0.107927	5.575456	0.179358	51.659505	0.019358
16	10.748004	0.093041	5.668497	0.176414	60.925026	0.016414
17	12.467685	0.080207	5.748704	0.173952	71.673030	0.013952
18	14.462514	0.069144	5.817848	0.171885	84.140715	0.011885
19	16.776517	0.059607	5.877455	0.170142	98.603230	0.010142
20	19.460759	0.051385	5.928841	0.168667	115.379747	0.008667
21	22.574481	0.044298	5.973139	0.167416	134.840506	0.007416
22	26.186398	0.038188	6.011326	0.166353	157.414987	0.006353
23	30.376222	0.032920	6.044247	0.165447	183.601385	0.005447
24	35.236417	0.028380	6.072627	0.164673	213.977607	0.004673
25	40.874244	0.024465	6.097092	0.164013	249.214024	0.004013
26	47.414123	0.021091	6.118183	0.163447	290.088267	0.003447
27	55.000382	0.018182	6.136364	0.162963	337.502390	0.002963
28	63.800444	0.015674	6.152038	0.162548	392.502773	0.002548
29	74.008515	0.013512	6.165550	0.162192	456.303216	0.002192
30	85.849877	0.011648	6.177198	0.161886	530.311731	0.001886
35	180.314073	0.005546	6.215338	0.160892	1.120.712955	0.000892
40	378.721158	0.002640	6.233497	0.160424	2.360.757241	0.000424
45	795.443826	0.001257	6.242143	0.160201	4.965.273911	0.000201
50	1.670.703804	0.000599	6.246259	0.160096	10.435.648773	0.000096

17,00 %						
n	AuF $(1+i)^n$	AbF $(1+i)^{-n}$	DSF $\frac{(1+i)^n-1}{i(1+i)^n}$	KWF $\frac{i(1+i)^n}{(1+i)^n-1}$	EWF $\frac{(1+i)^n-1}{i}$	RVF $\frac{i}{(1+i)^n-1}$
1	1.170000	0.854701	0.854701	1.170000	1.000000	1.000000
2	1.368900	0.730514	1.585214	0.630829	2.170000	0.460829
3	1.601613	0.624371	2.209585	0.452574	3.538900	0.282574
4	1.873887	0.533650	2.743235	0.364533	5.140513	0.194533
5	2.192448	0.456111	3.199346	0.312564	7.014400	0.142564
6	2.565164	0.389839	3.589185	0.278615	9.206848	0.108615
7	3.001242	0.333195	3.922380	0.254947	11.772012	0.084947
8	3.511453	0.284782	4.207163	0.237690	14.773255	0.067690
9	4.108400	0.243404	4.450566	0.224691	18.284708	0.054691
10	4.806828	0.208037	4.658604	0.214657	22.393108	0.044657
11	5.623989	0.177810	4.836413	0.206765	27.199937	0.036765
12	6.580067	0.151974	4.988387	0.200466	32.823926	0.030466
13	7.698679	0.129892	5.118280	0.195378	39.403993	0.025378
14	9.007454	0.111019	5.229299	0.191230	47.102672	0.021230
15	10.538721	0.094888	5.324187	0.187822	56.110126	0.017822
16	12.330304	0.081101	5.405288	0.185004	66.648848	0.015004
17	14.426456	0.069317	5.474605	0.182662	78.979152	0.012662
18	16.878953	0.059245	5.533851	0.180706	93.405608	0.010706
19	19.748375	0.050637	5.584488	0.179067	110.284561	0.009067
20	23.105599	0.043280	5.627767	0.177690	130.032936	0.007690
21	27.033551	0.036991	5.664758	0.176530	153.138535	0.006530
22	31.629255	0.031616	5.696375	0.175550	180.172086	0.005550
23	37.006228	0.027022	5.723397	0.174721	211.801341	0.004721
24	43.297287	0.023096	5.746493	0.174019	248.807569	0.004019
25	50.657826	0.019740	5.766234	0.173423	292.104856	0.003423
26	59.269656	0.016872	5.783106	0.172917	342.762681	0.002917
27	69.345497	0.014421	5.797526	0.172487	402.032337	0.002487
28	81.134232	0.012325	5.809851	0.172121	471.377835	0.002121
29	94.927051	0.010534	5.820386	0.171810	552.512066	0.001810
30	111.064650	0.009004	5.829390	0.171545	647.439118	0.001545
35	243.503474	0.004107	5.858196	0.170701	1.426.491022	0.000701
40	533.868713	0.001873	5.871335	0.170319	3.134.521839	0.000319
45	1.170.479411	0.000854	5.877327	0.170145	6.879.290650	0.000145
50	2.566.215284	0.000390	5.880061	0.170066	15.089.501673	0.000066

18,00 %						
n	AuF $(1+i)^n$	AbF $(1+i)^{-n}$	DSF $\frac{(1+i)^n-1}{i(1+i)^n}$	KWF $\frac{i(1+i)^n}{(1+i)^n-1}$	EWF $\frac{(1+i)^n-1}{i}$	RVF $\frac{i}{(1+i)^n-1}$
1	1.180000	0.847458	0.847458	1.180000	1.000000	1.000000
2	1.392400	0.718184	1.565642	0.638716	2.180000	0.458716
3	1.643032	0.608631	2.174273	0.459924	3.572400	0.279924
4	1.938778	0.515789	2.690062	0.371739	5.215432	0.191739
5	2.287758	0.437109	3.127171	0.319778	7.154210	0.139778
6	2.699554	0.370432	3.497603	0.285910	9.441968	0.105910
7	3.185474	0.313925	3.811528	0.262362	12.141522	0.082362
8	3.758859	0.266038	4.077566	0.245244	15.326996	0.065244
9	4.435454	0.225456	4.303022	0.232395	19.085855	0.052395
10	5.233836	0.191064	4.494086	0.222515	23.521309	0.042515
11	6.175926	0.161919	4.656005	0.214776	28.755144	0.034776
12	7.287593	0.137220	4.793225	0.208628	34.931070	0.028628
13	8.599359	0.116288	4.909513	0.203686	42.218663	0.023686
14	10.147244	0.098549	5.008062	0.199678	50.818022	0.019678
15	11.973748	0.083516	5.091578	0.196403	60.965266	0.016403
16	14.129023	0.070776	5.162354	0.193710	72.939014	0.013710
17	16.672247	0.059980	5.222334	0.191485	87.068036	0.011485
18	19.673251	0.050830	5.273164	0.189639	103.740283	0.009639
19	23.214436	0.043077	5.316241	0.188103	123.413534	0.008103
20	27.393035	0.036506	5.352746	0.186820	146.627970	0.006820
21	32.323781	0.030937	5.383683	0.185746	174.021005	0.005746
22	38.142061	0.026218	5.409901	0.184846	206.344785	0.004846
23	45.007632	0.022218	5.432120	0.184090	244.486847	0.004090
24	53.109006	0.018829	5.450949	0.183454	289.494479	0.003454
25	62.668627	0.015957	5.466906	0.182919	342.603486	0.002919
26	73.948980	0.013523	5.480429	0.182467	405.272113	0.002467
27	87.259797	0.011460	5.491889	0.182087	479.221093	0.002087
28	102.966560	0.009712	5.501601	0.181765	566.480890	0.001765
29	121.500541	0.008230	5.509831	0.181494	669.447450	0.001494
30	143.370638	0.006975	5.516806	0.181264	790.947991	0.001264
35	327.997290	0.003049	5.538618	0.180550	1.816.651612	0.000550
40	750.378345	0.001333	5.548152	0.180240	4.163.213027	0.000240
45	1.716.683879	0.000583	5.552319	0.180105	9.531.577105	0.000105
50	3.927.356860	0.000255	5.554141	0.180046	21.813.093666	0.000046

19,00 %						
n	AuF $(1+i)^n$	AbF $(1+i)^{-n}$	DSF $\frac{(1+i)^n-1}{i(1+i)^n}$	KWF $\frac{i(1+i)^n}{(1+i)^n-1}$	EWF $\frac{(1+i)^n-1}{i}$	RVF $\frac{i}{(1+i)^n-1}$
1	1.190000	0.840336	0.840336	1.190000	1.000000	1.000000
2	1.416100	0.706165	1.546501	0.646621	2.190000	0.456621
3	1.685159	0.593416	2.139917	0.467308	3.606100	0.277308
4	2.005339	0.498669	2.638586	0.378991	5.291259	0.188991
5	2.386354	0.419049	3.057635	0.327050	7.296598	0.137050
6	2.839761	0.352142	3.409777	0.293274	9.682952	0.103274
7	3.379315	0.295918	3.705695	0.269855	12.522713	0.079855
8	4.021385	0.248671	5.954366	0.252885	15.902028	0.062885
9	4.785449	0.208967	4.163332	0.240192	19.923413	0.050192
10	5.694684	0.175602	4.338935	0.230471	24.708862	0.040471
11	6.776674	0.147565	4.486500	0.222891	30.403546	0.032891
12	8.064242	0.124004	4.610504	0.216896	37.180220	0.026896
13	9.596448	0.104205	4.714709	0.212102	45.244461	0.022102
14	11.419773	0.087567	4.802277	0.208235	54.840909	0.018235
15	13.589530	0.073586	4.875863	0.205092	66.260682	0.015092
16	16.171540	0.061837	4.937700	0.202523	79.850211	0.012523
17	19.244133	0.051964	4.989664	0.200414	96.021751	0.010414
18	22.900518	0.043667	5.033331	0.198676	115.265884	0.008676
19	27.251616	0.036695	5.070026	0.197238	138.166402	0.007238
20	32.429423	0.030836	5.100862	0.196045	165.418018	0.006045
21	38.591014	0.025913	5.126775	0.195054	197.847442	0.005054
22	45.923307	0.021775	5.148550	0.194229	236.438456	0.004229
23	54.648735	0.018299	5.166849	0.193542	282.361762	0.003542
24	65.031994	0.015377	5.182226	0.192967	337.010497	0.002967
25	77.388073	0.012922	5.195148	0.192487	402.042491	0.002487
26	92.091807	0.010859	5.206007	0.192086	479.430565	0.002086
27	109.589251	0.009125	5.215132	0.191750	571.522372	0.001750
28	130.411208	0.007668	5.222800	0.191468	681.111623	0.001468
29	155.189338	0.006444	5.229243	0.191232	811.522831	0.001232
30	184.675312	0.005415	5.234658	0.191034	966.712169	0.001034
35	440.700607	0.002269	5.251215	0.190432	2.314.213721	0.000432
40	1.051.667507	0.000951	5.258153	0.190181	5.529.828982	0.000181
45	2.509.650603	0.000398	5.261061	0.190076	13.203.424228	0.000076
50	5.988.913902	0.000167	5.262279	0.190032	31.515.336327	0.000032

20,00 %						
n	AuF $(1+i)^n$	AbF $(1+i)^{-n}$	DSF $\frac{(1+i)^n-1}{i(1+i)^n}$	KWF $\frac{i(1+i)^n}{(1+i)^n-1}$	EWF $\frac{(1+i)^n-1}{i}$	RVF $\frac{i}{(1+i)^n-1}$
1	1.200000	0.833333	0.833333	1.200000	1.000000	1.000000
2	1.440000	0.694444	1.527778	0.654545	2.200000	0.454545
3	1.728000	0.578704	2.106481	0.474725	3.640000	0.274725
4	2.073600	0.482253	2.588735	0.386289	5.368000	0.186289
5	2.488320	0.401878	2.990612	0.334380	7.441600	0.134380
6	2.985984	0.334898	3.325510	0.300706	9.929920	0.100706
7	3.583181	0.279082	3.604592	0.277424	12.915904	0.077424
8	4.299817	0.232568	3.837160	0.260609	16.499085	0.060609
9	5.159780	0.193807	4.030967	0.248079	20.798902	0.048079
10	6.191736	0.161506	4.192472	0.238523	25.958682	0.038523
11	7.430084	0.134588	4.327060	0.231104	32.150419	0.031104
12	8.916100	0.112157	4.439217	0.225265	39.580502	0.025265
13	10.699321	0.093464	4.532681	0.220620	48.496603	0.020620
14	12.839185	0.077887	4.610567	0.216893	59.195923	0.016893
15	15.407022	0.064905	4.675473	0.213882	72.035108	0.013882
16	18.488426	0.054088	4.729561	0.211436	87.442129	0.011436
17	22.186111	0.045073	4.774634	0.209440	105.930555	0.009440
18	26.623333	0.037561	4.812195	0.207805	128.116666	0.007805
19	31.948000	0.031301	4.843496	0.206462	154.740000	0.006462
20	38.337600	0.026084	4.869580	0.205357	186.688000	0.005357
21	46.005120	0.021737	4.891316	0.204444	225.025600	0.004444
22	55.206144	0.018114	4.909430	0.203690	271.030719	0.003690
23	66.247373	0.015095	4.924525	0.203065	326.236863	0.003065
24	79.496847	0.012579	4.937104	0.202548	392.484236	0.002548
25	95.396217	0.010483	4.947587	0.202119	471.981083	0.002119
26	114.475460	0.008735	4.956323	0.201762	567.377300	0.001762
27	137.370552	0.007280	4.963602	0.201467	681.852760	0.001467
28	164.844662	0.006066	4.969668	0.201221	819.223312	0.001221
29	197.813595	0.005055	4.974724	0.201016	984.067974	0.001016
30	237.376314	0.004213	4.978936	0.200846	1.181.881569	0.000846
35	590.668229	0.001693	4.991535	0.200339	2.948.341146	0.000339
40	1.469.771568	0.000680	4.996598	0.200136	7.343.857840	0.000136
45	3.657.261988	0.000273	4.998633	0.200055	18.281.309940	0.000055
50	9.100.438150	0.000110	4.999451	0.200022	45.497.190750	0.000022

LITERATURVERZEICHNIS

Quellen und weiterführende Literatur

A

R. Adrian/Th. Heidorn, Der Bankbetrieb, 15. Aufl., Wiesbaden 2000.

B. Arnebold, Export-Factoring, Stuttgart 1991.

B

H.-P. Becker/A. Peppmeier, Bankbetriebslehre, 6. Aufl., Ludwigshafen 2006.

K.-H. Berger, Lieferantenkredit, in: Handwörterbuch der Finanzwirtschaft, hrsg. v. ***H. E. Büschgen***, Stuttgart 1976, Sp. 1270 ff.

H. Besters, Revolving-System, in: Handwörterbuch der Finanzwirtschaft, hrsg. v. ***H. E. Büschgen***, Stuttgart 1976, Sp. 1500 ff.

H.-T. Beyer/U. Bestmann (Hrsg.), Finanzlexikon, 2. Aufl., München 1989.

H. Bieg/H. Kußmaul, *Investitions- und Finanzierungsmanagement*, Band II: Finanzierung, München 2000.

E. Braunschweig, Grundlagen der Unternehmensfinanzierung, Wiesbaden 1977.

W. Breuer, Finanzierung, 2. Aufl., Wiesbaden 2007.

Buchführung, Bilanz, Kostenrechnung (BBK), Loseblattsammlung, Herne/Berlin 1997.

P. Buchmann, Checkliste – Kreditgespräch und Kreditbeurteilung in der Praxis, in: Kreditpraxis, Heft 6, Wiesbaden 1987, S. 15 ff.

H. E. Büschgen, Bankbetriebslehre, 5. Aufl., Wiesbaden 1999.

Derselbe, Das kleine Börsen-Lexikon, 20. Aufl., Düsseldorf 1994.

Derselbe, Grundlagen betrieblicher Finanzwirtschaft, 3. Aufl., Frankfurt/M. 1991.

Derselbe, Kritische Auseinandersetzung mit Finanz-Leasing. In: Die Bank, Zeitschrift für Bankpolitik und Bankpraxis, Köln 1981, Heft 5, S. 211 ff.

K.-B. Bugislaus, Die Finanzplanung der 500 umsatzstärksten Unternehmen der Bundesrepublik Deutschland, Diplomarbeit, FH Kiel 1990.

Bundesverband Deutscher Leasing-Unternehmen, Leasing 2001.

F. J. Busse, Grundlagen der betrieblichen Finanzwirtschaft, 3. Aufl., München 1993.

C

W. Compter, Bankbetriebslehre, 4. Aufl., Darmstadt 1991.

T. E. Copeland/J. F. Weston/K. Shastri, Finanzierungstheorie und Unternehmenspolitik, 4. Aufl., München 2007.

D

K.-D. Däumler/J. Grabe, Grundlagen der Investitions- und Wirtschaftlichkeitsrechnung, 12. Aufl., Herne/Berlin 2007.

K.-D. Däumler, Anwendung von Investitionsrechnungsverfahren in der Praxis, 4. Aufl., Herne/Berlin 1996.

Derselbe, Finanzmathematisches Tabellenwerk, 4. Aufl., Herne/Berlin 1998.

K.-D. Däumler/J. Grabe, Kostenrechnung 1. Grundlagen, 9. Aufl., Herne/Berlin 2003.

Dieselben, Kostenrechnung 2. Deckungsbeitragsrechnung, 8. Aufl., Herne/Berlin 2006.

Dieselben, Kostenrechnung 3. Plankostenrechnung, 7. Aufl., Herne/Berlin 2004.

Dieselben, Kalkulationsvorschriften bei öffentlichen Aufträgen, Herne/Berlin 1984.

Dieselben, Kostenrechnung- und Controllinglexikon, 2. Aufl., Herne/Berlin 1997.

J. Dean, Capital Budgeting, 3. Aufl., New York 1956.

Deutsche Bundesbank (Hrsg.), Monatsbericht der Deutschen Bundesbank, diverse Ausgaben, Frankfurt/Main.

Deutscher Factoring-Verband e. V., Factoring in Deutschland, Mainz 2001.

G. Diepen/H. Perczynski, Praktische Fälle für Bankkaufleute, Wiesbaden 1983.

J. Drukarczyk, Finanzierung, 9. Aufl., Stuttgart 2003.

E

R. E. Eichholz, Finanzwirtschaft, 5. Aufl., München 2004.

J. Engel, Miete, Kauf, Leasing, Bonn 1993.

F. Engels/K. Marx, Der Briefwechsel zwischen Friedrich Engels und Karl Marx 1844 - 1883, hrsg. v. ***A. Bebel/E. Bernstein***, Band 3, Stuttgart 1913, S. 394 ff; abgedruckt auch in: Zeitschrift für handelswissenschaftliche Forschung, Köln/Opladen 1958, S. 222 ff..

F

R. Federmann, Allgemeine Betriebswirtschaftslehre, Grundlagen in visueller Form, Wiesbaden 1976.

F. K. Feldbausch, Das Bankgeschäft von A - Z, 5. Aufl., Frankfurt/M. 1991.

G. Fischer, Allgemeine Betriebswirtschaftslehre, 9. Aufl., Heidelberg 1964.

O. Fischer, Finanzwirtschaft der Unternehmung I, Tübingen/Düsseldorf 1977.

Derselbe, Finanzwirtschaft der Unternehmung II, Düsseldorf 1982.

G. Franke/H. Hax, Finanzwirtschaft des Unternehmens und Kapitalmarkt, 5. Aufl., Heidelberg 2004.

H.-P. Fries/G. C. Otto, Industrielle Betriebswirtschaftslehre, Braunschweig/Wiesbaden 1982.

G

Gabler-Bank-Lexikon, hrsg. v. *W. Grill/L. Gramlich/R. Eller*, 11. Aufl., Wiesbaden 1996.

Gabler Wirtschafts-Lexikon, 15. Aufl., Wiesbaden 2000.

Th. Gerardy, Praxis der Grundstücksbewertung, 4. Aufl., München 1985.

W. Gerke/M. Bank, Finanzierung, 2. Aufl., Stuttgart 2003.

H. O. Goldschmidt, Financial Planning in Industry, Leiden 1956.

H. Gräfer/R. Beike/G. A. Scheld, Finanzierung, 5. Aufl., Berlin 2001.

K. Grell, Vergleich zwischen Leasing und Kreditkauf, dargestellt am Beispiel Personal-Computer, Diplomarbeit, FH Kiel 1996.

W. Grill/H. Perczynski, Wirtschaftslehre des Kreditwesens, 38. Aufl., Bad Homburg 2004.

L. Größl, Betriebliche Finanzwirtschaft, 4. Aufl., Renningen 1999.

P. Günther/F. A. Schittenhelm, Investition und Finanzierung, Stuttgart 2003.

E. Gutenberg, Grundlagen der Betriebswirtschaftslehre, Band 3, Die Finanzen, 8. Aufl., Berlin/Heidelberg/New York 1980.

H

L. Haberstock, Kreditkauf oder Leasing?, ein Vorteilhaftigkeitsvergleich unter Berücksichtigung der steuerlichen Auswirkungen, in: ***R. Curtius-Hartung/U. Niemann/G. Rose,*** Steuerberater-Jahrbuch 1982/83, Köln 1983.

S. G. Häberle, Handbuch der Außenhandelsfinanzierung, 2. Aufl., München 1998.

S. Hafner/H. Wiedling, Liquiditätsplanung auf dem IBM-PC und kompatiblen Computern, Wiesbaden 1986.

K. F. Hagenmüller/W. Eckstein, Leasing-Handbuch, 6. Aufl., Frankfurt/M. 1992.

K. F. Hagenmüller/H. J. Sommer, Factoring-Handbuch, 2. Aufl., Frankfurt/M. 1987.

O. Hahn, Der Skonto in der Wirtschaftspraxis, Frankfurt/M. 1962.

Derselbe, Finanzwirtschaft, 2. Aufl., Landsberg/Lech 1983.

G. Hartmann/S. Hertel, Grundlagen des betrieblichen Rechnungswesens, Band 3, 10. Aufl., Rinteln 1993.

J. Hauschildt/G. Sachs/E. Witte, Finanzplanung und Finanzkontrolle. Disposition – Organisation, München 1981.

H. Hax, Investitionstheorie, 5. Aufl., Würzburg/Wien 1985.

Derselbe, Finanzierung, in: Vahlens Kompendium der Betriebswirtschaftslehre, Band 1, 3. Aufl., München 1993.

E. Heinen, Einführung in die Betriebswirtschaftslehre, 9. Aufl., Wiesbaden 1985.

M. O. E. Hennies, Allgemeine Volkswirtschaftslehre für Betriebswirte, Band 1, 4. Aufl., Berlin 1993.

U. Hielscher/H.-D. Laubscher, Finanzierungskosten, Kostenbestandteile, Kostenvergleiche und Usancen der Industriefinanzierung, 2. Aufl., Frankfurt/M. 1989.

K. Hock/H. Frost, Ratgeber Leasing, 2. Aufl., Freiburg 1993.

S. Hoffmann, Mathematische Grundlagen für Betriebswirte, 6. Aufl., Herne/Berlin 2002.

J. C. Hull, Optionen, Futures und andere Derivate, 6. Aufl., München 2006.

J

U. Jahrmann, Finanzierung, 5. Aufl., Herne/Berlin 2003.

Derselbe, Außenhandel, 9. Aufl., Ludwigshafen 1998.

K

B. Kaminski/G. Strunk, Besteuerung unternehmerischer Tätigkeit, 2. Aufl., Wiesbaden 2007

H. J. Keßler, Außenhandelsfinanzierung, 4. Aufl., Frankfurt 1991.

H. Köhler, Finanzmathematik, 4. Aufl., München/Wien 1997.

R. Köhler/W. Zöller, Arbeitsbuch zu „Finanzierung", Heidelberger Arbeitsbücher, Band 3, Berlin/Heidelberg/New York 1971.

E. Kosiol, Anlagenrechnung. Theorie und Praxis der Abschreibungen, 2. Aufl., Wiesbaden 1955.

J. Kratzer/B. Kreuzmeier, Leasing in Theorie und Praxis, 2. Aufl., Wiesbaden 2002.

W. Krause, Rückstellungen, in: Finanzlexikon, hrsg. v. ***H.-T. Beyer,*** München 1971, S. 299.

M. Kroll, Kauf oder Leasing, Wiesbaden 1992.

L. Kruschwitz, Finanzierung und Investition, 3. Aufl., München/Wien 2002.

G. Kulemann/G. Harle, Das Halbeinkünfteverfahren aus der Sicht des Anteilseigners, in: Steuer und Studium, Heft 11/2000, Herne/Berlin, S. 531.

M. Kühner/K. Schrömgens, Die Beteiligungsfinanzierung der Aktiengesellschaft, in: *O. Hahn (Hrsg.),* Handbuch der Unternehmensfinanzierung, München 1971, S. 348.

L

L.-U. Landt, Finanzplanung in schleswig-holsteinischen Unternehmungen – Eine empirische Untersuchung, Diplomarbeit, FH Kiel 1996.

H. Langen, Finanzierung von Investitionen aus Abschreibungen, in: Finanzierungs-Handbuch, hrsg. v. *H. Janberg,* 2. Aufl., Wiesbaden 1970, S. 347 ff.

H. Lipfert, Optimale Unternehmensfinanzierung, 2. Aufl., Frankfurt 1967.

J. Löffelholz, Repetitorium der Betriebswirtschaftslehre, 6. Aufl., Wiesbaden 1980.

M. Lohmann, Einführung in die Betriebswirtschaftslehre, 4. Aufl., Tübingen 1964.

J. H. Lorie/L. J. Savage, Three Problems in Rationing Capital, in: *E Solomon (Hrsg.),* The Management of Corporate Capital, Glencoe 1959, S. 56 ff.

A. Lühn/M. Lühn, Vergleich der Besteuerung von Personenunternehmen und Kapitalgesellschaften nach der Unternehmensteuerreform 2008, in: Steuern und Bilanzen 7/2007, S. 253-259.

A. E. Luger/H.-G. Geisbüsch/J. M. Neumann, Allgemeine Betriebswirtschaftslehre, Band 2, 3. Aufl., München/ Wien 1991.

H.-J. Lwowski/W. Gößmann, Kreditsicherheiten, 7. Aufl., Berlin 1990.

M

C. Merker, Überblick über den Regierungsentwurf des Unternehmensteuerreformgesetzes 2008, in: Steuern und Bilanzen, 7/2007, S. 247–252.

H. D. Möser, Finanz- und Investitionswirtschaft der Unternehmung, 2. Aufl., Landsberg/ Lech 1993.

A. Moxter, Die Bestimmung des Kalkulationszinsfußes bei Investitionsentscheidungen, in: Zeitschrift für handelswissenschaftliche Forschung, NF, Köln/Opladen, Jg. 13 (1961), S. 186 ff.

O

G. Obst/O. Hintner, Geld-, Bank- und Börsenwesen, hrsg. v. ***N. Kloten/J. H. von Stein,*** 40. Aufl., Stuttgart 2000.

K. Olfert, Finanzierung, 2. (13.) Aufl., Ludwigshafen 1976 (2005).

P

L. Perridon/M. Steiner, Finanzwirtschaft der Unternehmung, 12. Aufl., München 2003.

F. Pohnert, Kreditwirtschaftliche Wertermittlungen, 5. Aufl., Neuwied/Kriftel/Berlin 1997.

N. J. Polak, Grundzüge der Finanzierung mit Rücksicht auf die Kreditdauer, Berlin 1926.

E. Preiser, Der Kapitalbegriff und die neue Theorie, in: Die Unternehmung im Markt, Festschrift für W. Rieger, Stuttgart/Köln 1953.

W. Prion, Selbstfinanzierung der Unternehmung, Berlin 1931.

R

M. Radke, Die große betriebswirtschaftliche Formelsammlung, 10. Aufl., Landsberg 1999.

J. Rahmann, Praktikum der Finanzmathematik, 5. Aufl., Wiesbaden 1976.

P. Reichling/C. Beinert/A. Henne, Praxishandbuch Finanzierung, Wiesbaden 2005.

H. Reinboth, Schuldscheindarlehen, in: Handwörterbuch der Finanzwirtschaft, hrsg. v. ***H. E. Büschgen,*** Stuttgart 1976, Sp. 1593 ff.

W. Reske/A. Brandenburg/H.-J. Mortsiefer, Insolvenzursachen mittelständischer Betriebe, Göttingen 1976.

F.-W. Ross/R. Brachmann/P. Holzner, Ermittlung des Bauwertes von Gebäuden und des Verkehrswertes von Grundstücken, 27. Aufl., Hannover 1993.

H. Ruchti, Die Abschreibung. Ihre grundsätzliche Bedeutung als Aufwandsfaktor, Ertragsfaktor, Finanzierungsfaktor, Stuttgart 1953.

S

H. Schierenbeck, Grundzüge der Betriebswirtschaftslehre, 15. Aufl., München 2000.

E. Schmalenbach, Kapital, Kredit und Zins in betriebswirtschaftlicher Beleuchtung, bearb. v. ***R. Bauer,*** 4. Aufl., Köln/Opladen 1961.

M. Schmidt, Derivative Finanzinstrumente, 3. Aufl., Stuttgart 2006.

O. Schneck, Finanzierung, 2. Aufl., München 2003.

D. Schneider, Investition, Finanzierung und Besteuerung, 7. Aufl., Wiesbaden 1992.

E. Schneider, Wirtschaftlichkeitsrechnung. Theorie der Investition, 8. Aufl., Tübingen 1973.

Derselbe, Geldbedarf, Kapitaldeckung und Liquidität in Handels- und Industrieunternehmungen, in: Volkswirtschaft und Betriebswirtschaft, ausgewählte Aufsätze, hrsg. v. ***E. Schneider,*** Tübingen 1964, S. 360 ff.

W. Schwarz, Factoring, 3. Aufl., Stuttgart 1996.

Statistisches Bundesamt (Hrsg.), Statistisches Jahrbuch für die Bundesrepublik Deutschland, diverse Ausgaben, Wiesbaden.

Dasselbe, Unternehmungen und Arbeitsstätten, Fachserie 2, Reihe 2.1, Abschlüsse von Kapitalgesellschaften 1991, Stuttgart 1994.

Stiftung Warentest, Test, diverse Ausgaben, Berlin.

J. Süchting, Finanzmanagement, Theorie und Politik der Unternehmensfinanzierung, 6. Aufl., Wiesbaden 1995.

T. Swidler, Die Delkredere-Funktion im Spiegel von Fragen und Antwort, in: Handelsblatt v. 10. 12. 1970.

T

H. R. Tacke, Leasing, 2. Aufl., Stuttgart 1993.

O. Teichert, Effektivzinsermittlung beim Leasing, Diplomarbeit, FH Kiel 2000.

V

Vahlens Großes Wirtschaftslexikon, hrsg. v. ***E: Dichtl/O. Issing,*** 3. Aufl., München 2001.

M. Vogels, Grundstücks- und Gebäudebewertung – marktgerecht, 5. Aufl., Wiesbaden/Berlin 1996.

Derselbe, Verrentung von Kaufpreisen, Kapitalisierung von Renten, 2. Aufl., Wiesbaden/Berlin 1992.

H. J. Vollmuth, Finanzierung, München/Wien 1994.

H. Vormbaum, Finanzierung der Betriebe, 9. Aufl., Wiesbaden 1995.

W

H. Walz/D. Gramlich, Investitions- und Finanzplanung, 6. Aufl., Heidelberg 2004.

H. Weihrauch, Finanzierungseffekt durch Pensionsrückstellungen, in: Finanzierungs-Handbuch, hrsg. v. ***H. Janberg,*** 2. Aufl., Wiesbaden 1970, S. 319 ff.

S. Welzk, Boom ohne Arbeitsplätze, Köln 1986.

H. S. Werner/R. Kobabe, Unternehmensfinanzierung, Stuttgart 2005.

H. Wiedling, Lineare Planungstechnik, Gernsbach o. J. (1981).

A. Windisch, Effektivzinsermittlung beim Leasing, Diplomarbeit, FH Kiel 1995.

E. Witte, Finanzplanung der Unternehmung. Prognose und Disposition, 3. Aufl., Opladen 1980.

G. Wöhe, Einführung in die Allgemeine Betriebswirtschaftslehre, 18. Aufl., München 1993.

Derselbe, Die Steuern des Unternehmens, 6. Aufl., München 1991.

Derselbe/H. Bieg, Grundzüge der betriebswirtschaftlichen Steuerlehre, 4. Aufl., München 1995.

Derselbe/J. Bilstein, Grundzüge der Unternehmensfinanzierung, 9. Aufl., München 2002.

Z

R. Zantow, Die Grundlagen modernen Finanzmanagements, München 2004.

STICHWORTVERZEICHNIS

A

B

C

D

E

N

O

P

R

S

Z